轻松玩转系列丛书

轻松玩转 51 单片机
——魔法入门·实例解析·开发揭秘全攻略

刘建清　编著

北京航空航天大学出版社

内 容 简 介

这是一本专门为单片机玩家和爱好者量身定做的"傻瓜式"教材(基于汇编语言),在编写上主要突出"玩",在"玩"中学,在学中"玩",不知不觉就轻松玩转了单片机!

本书采用新颖的形式,深入浅出地介绍 51 单片机的组成、开发环境及指令系统,结合大量实例,详细演练中断、定时器、串行通信、键盘接口、LED 数码管、LCD、DS1302 时钟芯片、EEPROM 存储器、单片机看门狗、温度传感器 DS18B20、红外和无线遥控电路、A/D 和 D/A 转换器、电动机、语音电路、LED 点阵屏、电子密码锁、电话远程控制/报警器、基于 VB 的 PC 与单片机通信、超声波测距仪等制作内容。本书中的实例均具有较高的实用性和针对性,且全部通过了实验板验证,尤其可贵的是,所有源程序均具有较强的移植性,读者只需将其简单修改甚至不用修改,即可移植应用到自己开发的产品中。

本书语言通俗,实例丰富,图文结合,简单明了,可作为单片机爱好者和使用汇编语言从事 51 单片机开发的技术人员的参考书,也可作为高等院校相关专业单片机课程的教材。

图书在版编目(CIP)数据

轻松玩转 51 单片机 / 刘建清编著. -- 北京 : 北京航空航天大学出版社,2011.3
 ISBN 978 - 7 - 5124 - 0318 - 5

Ⅰ. ①轻… Ⅱ. ①刘… Ⅲ. ①单片微型计算机 Ⅳ.
①TP368.1

中国版本图书馆 CIP 数据核字(2011)第 004708 号

版权所有,侵权必究。

轻松玩转 51 单片机
—— 魔法入门 · 实例解析 · 开发揭秘全攻略

刘建清 编著

责任编辑 刘 晨

*

北京航空航天大学出版社出版发行
北京市海淀区学院路 37 号(邮编 100191) http://www.buaapress.com.cn
发行部电话:(010)82317024 传真:(010)82328026
读者信箱:emsbook@gmail.com 邮购电话:(010)82316936
北京时代华都印刷有限公司印装 各地书店经销

*

开本:787 mm×1 092 mm 1/16 印张:33.5 字数:858 千字
2011 年 3 月第 1 版 2011 年 3 月第 1 次印刷 印数:5 000 册
ISBN 978 - 7 - 5124 - 0318 - 5 定价:59.00 元(含光盘 1 张)

前 言

　　单片机开发就像垒积木,真的这么简单?或许这种说法会招至很多单片机"大虾"的耻笑:"晕"、"吹牛"、"开玩笑"……但不管"大虾"们怎么说,我们都会为我们说的话负责到底。

　　本书第1篇取名为"魔法入门篇",这样一个带"魔法"的名字听起来的确有些雷人,表面上里面介绍的内容与篇名并不十分相符,例如第3章介绍的全是顶顶电子开发的一些单片机实验器材,似乎字里行间流露出推销产品的言辞,大有"老刘卖瓜"之嫌,又哪有什么"魔法"可言?不过,如果您睁大眼睛,还是可以看到一点"魔法"影子的。拿其中的DD-51编程器来说,如果单从功能上考虑,和其他同类编程器PK起来一点都不占优势,但不同的是,该编程器会随机提供下位机C语言源程序、上位机VB源程序以及详细的制作原理与制作说明,这对于喜欢编程器设计与DIY的朋友来说绝对会震惊着迷,甚至会发出"踏破铁鞋无觅处,得来全不费功夫"的感叹!再比如,第1篇第4章以一个LED流水灯为例,演示了如何设计与制作硬件电路,如何利用Keil C51软件编写源程序、编译成Hex文件,如何利用仿真器进行硬件仿真调试,以及如何利用编程器进行程序的编程与下载等内容;对于从未接触过单片机的初学者,只要按照书中所述的内容进行学习和操作,即可很快熟悉单片机实验开发的全过程。总之,第1篇冠以"魔法"二字,虽说有些牵强附会,但的确可以让初学者快速入门,相信读完本篇的您对此会有一个全面的认识。

　　本书第2篇名为"实例解析篇",这才是真正的"积木篇",这第2篇您可要看仔细了,其中的"费话"较少,大部分都是一些实用的"小实例",这些实例涉及中断、定时器、串行通信、键盘接口、LED数码管、LCD、DS1302时钟芯片、EEPROM存储器、单片机看门狗、温度传感器DS18B20、红外和无线遥控电路、A/D和D/A转换器、电动机、语音电路、LED点阵屏等多个方面。在该篇中,笔者根据多年的开发经验,通过归纳整理,总结了很多通用子程序,这些子程序具有极高的通用性,稍作修改甚至不用修改,即可移植到其他程序中,因此,把这些通用子程序比喻成单片机开发的一块块"积木"一点都不为过。

　　本书第3篇名为"开发揭秘篇",实际上也可称为"积木组合篇"。在本篇中,通过几个综合实例详细介绍了如何将一块块"积木"组合成我们所需要的"飞机大炮"、"高楼大厦"……这就是我们所向往的终极目标。要知道,本篇中的硬件电路和源程序是笔者多年来积累的珍贵资料,现在全部奉献出来,笔者是经过激烈思想斗争的!另外,本篇还揭示了"积木"组合过程中的一些小技巧、小经验、小秘密,这些知识称不上至关重要,但可以称得上"十分重要",希望读者不要错过。

　　为方便读者学习,本书配备了一张多媒体光盘,光盘中收集了书中所有的源程序、工具软件和实例演示视频等内容。建议读者在进行实验时,先看一遍视频演示,再动手做实验,这样学习起来会十分顺手。

　　本书在编写过程中,参阅了《无线电》、《单片机与嵌入式系统应用》等杂志,并从互联网上搜索了一些有价值的资料，由于其中的很多资料经过多次转载，已经很难查到原始出处，在此谨向资料提供者表示衷心感谢。

参与本书编写的人员有刘建清、王春生、李凤伟、陈素侠、孙保书、刘为国、陈培军等，最后由中国电子学会高级会员刘建清先生组织定稿。本书在编写工作中，北京航空航天大学出版社的嵌入式系统事业部主任胡晓柏先生也做了大量耐心细致的工作，使得本书得以顺利完成，在此表示衷心感谢！由于编著者水平有限，加上时间仓促，书中难免有疏漏和不足之处，恳请专家和读者不吝赐教。

如果您在使用本书的过程中有任何问题、意见或建议，请登录顶顶电子网站：www.ddmcu.com，也可通过 E-mail 地址：ddmcu@163.com 向我们提出，我们将为您提供超值的延伸服务。

请记住我们的诺言：顶顶电子携助您，轻松玩转单片机！

编著者

2011 年 1 月

配套实验开发板说明

1. DD-900 实验开发板

DD-900 实验开发板是一块非常实用的实验板,主芯片采用 STC89C51 单片机,可完成《轻松玩转 51 单片机》、《轻松玩转 51 单片机 C 语言》两本书第 1~19 章以及第 24~25 章的所有实验,其功能之强可见一斑。有关 DD-900 实验开发板的详细介绍参见本书第 3 章。

本实验开发板有配套光盘,内含开发板的所有例程,可赠送单片机开发所需的全部软件、全套原理图、开发板详细使用说明以及顶顶电子制作的视频演示等。详情请浏览顶顶电子网站:www.ddmcu.com。

2. DD-51 编程器

DD-51 编程器是专为单片机玩家打造的一款学习型编程器,和其他编程器相比,DD-51 编程器在功能上处于劣势,因为 DD-51 只能对目前常用的 AT89C51/C52、AT89C2051、AT89S51/S52 等几种芯片编程,而目前很多流行的编程器可对上千种芯片进行编程。不过,这里要强调的是,DD-51 编程器的源程序全部开放(下位机采用 C 语言、上位机采用 VB),并且在《轻松玩转 51 单片机 C 语言》一书的第 27 章,对硬件电路原理及编程思路进行了全面讲解。这么一块"大肥肉"恐怕是单片机玩家所特别垂涎的,也是其他编程器所不及的。

有关 DD-51 编程器的详情,在《轻松玩转 51 单片机》一书的第 3 章和《轻松玩转 51 单片机 C 语言》一书的第 3 章、第 27 章有介绍,另外,读者也可浏览顶顶电子网站:www.ddmcu.com。

需要说明的是,如果你手头上有 DD-900 实验开发板,并且你对编程器设计不感兴趣,就没有必要购买或制作编程器,因为 DD-900 实验开发板上设计有下载接口,可在线对 AT89S 系列、STC89C 系列等单片机进行下载编程。

3. DD-F51 仿真器

关于 DD-F51 仿真器的特点,没有什么可说的,因为该仿真器十分平淡,平淡得和市场上同类产品几乎没有什么两样;如果真的要找不同,那就是该仿真器全部元件均为直插式,制作比较方便;但个头可能稍大,看起来略显笨拙。笔者在制作时考虑了老半天,实在无法兼顾!

另外,如果你手头上有 DD-900 实验开发板,就不必购买或制作仿真器,只需一片 SST89E516RD 仿真芯片即可在 DD-900 实验开发板上进行仿真实验。

有关 DD-F51 仿真器的详情,在《轻松玩转 51 单片机》和《轻松玩转 51 单片机 C 语言》的第 3 章均有介绍,另外也可浏览顶顶电子网站:www.ddmcu.com。

4. ISD4000 语音开发板

单片机语音开发很好玩,很有趣,但不可思议的是,这方面的实例开发资料却很少,现有的一些大都只是公布"设计思想",涉及具体源程序时大都闭嘴不谈,很不厚道。笔者最初设计语音开发板时,在网上搜索了老半天,也只是找到了点皮毛,最后花高价买了国内某著名公司的语音实验板,才总算得到点真正启发,在此基础上,笔者开发了这款 ISD4000 语音开发板。毋庸讳言,笔者无论是设计硬件还是设计软件,都喜欢采用"拿来主义",一是"拿"别人的,二是"拿"自己以前的;笔者把"拿来"的东西进行打磨、整合,变成一块块设计上的"积木",再根据实际需要创造一些新的"积木",通过精心组合,就形成自己的产品了,这也算是向读者介绍的自己开发单片机的一点秘密吧。

再回到这款语音开发板,其硬件电路比较简单,主要是软件资源较丰富,既有汇编的,也有 C 语言的程序。特别是其中的"语音报时电子钟",是笔者采用"积木组合"法所精心打造的一款很有趣的程序,虽然还不太实用,有待进一步改进,但却是开拓性的,因为无论在其他书籍中还是在茫茫网络中,你都很难寻觅到类似的东西,至少目前是这样。

有关 ISD4000 语音开发板的详情,在《轻松玩转 51 单片机》和《轻松玩转 51 单片机 C 语言》的第 20 章均有介绍,另外也可浏览顶顶电子网站:www.ddmcu.com。

5. LED 点阵屏开发板

关于 LED 点阵屏开发板,市场上虽有几款,但笔者经过对照发现,这些开发板都具有两个"软肋",一是价格奇高,成本价不足百元,卖价则动不动就 300 元以上,真是狮子大开口;二是资料不全,主要表现为无源程序,有源程序则无说明、无注释等,初学人员很难看明白,学得懂。笔者设计的这款 LED 点阵屏开发板,在设计上虽无明显高明之处,但克服了以上两大"软肋",使那些"囊中羞涩"的单片机爱好者可以痛痛快快学个够。

有关 LED 点阵屏开发板的详情,在《轻松玩转 51 单片机》和《轻松玩转 51 单片机 C 语言》的第 21 章均有介绍,另外也可浏览顶顶电子网站:www.ddmcu.com。

6. IC 卡开发板

IC 卡开发板用来开发接触型 IC 卡,硬件电路比较简单,随机提供的源程序也不复杂,很适合 IC 卡爱好者学习。

有关 IC 卡开发板的详情,在《轻松玩转 51 单片机 C 语言》一书第 22 章有介绍,另外也可浏览顶顶电子网站:www.ddmcu.com。

7. 远程控制/报警器开发板

远程控制/报警器开发板是笔者十分得意的一个产品,当初笔者设计时可是吃尽了苦头,好在笔者没有放弃,最后终于尝到了成功的喜悦!通过这次设计,笔者验证了很多道理,如:坚持就是胜利,拼搏就能成功,失败是成功之母……

这款远程控制/报警器开发板实用价值非常高,和目前比较流行的 GSM 开发板有异曲同工之妙;另外,读者也可进一步对它进行改进和完善,开发出属于自己的个性化产品。

有关远程控制/报警器开发板的详情,在《轻松玩转 51 单片机》和《轻松玩转 51 单片机 C 语言》的第 23 章均有介绍,另外也可浏览顶顶电子网站:www.ddmcu.com。

8. 超声波测距开发板

超声波测距开发板用来完成《轻松玩转 51 单片机》一书第 26 章的实验,和市场上同类产品相比并无多大新意,这里不打算浪费笔墨了,对此感兴趣的读者,可浏览顶顶电子网站:www.ddmcu.com。

目 录

第1篇 魔法入门篇

第1章 单片机入门解惑 3
1.1 单片机的分类 3
1.2 51单片机家族主要成员介绍 4
1.3 51单片机学习问答 7

第2章 初步认识51单片机 11
2.1 单片机的内部结构和外部引脚 11
2.2 单片机的存储器 16
2.3 单片机的最小系统电路 25

第3章 单片机低成本实验设备的制作与使用 29
3.1 DD-900实验开发板介绍 29
3.2 编程器的制作与使用 47
3.3 仿真器的制作与使用 53

第4章 30分钟熟悉单片机实验开发全过程 57
4.1 单片机实验开发软件"吐血推荐" 57
4.2 单片机实验开发过程"走马观花" 58

第5章 单片机指令系统重点难点剖析 76
5.1 话说单片机指令系统 76
5.2 单片机指令系统剖析 81
5.3 汇编语言实用程序解析 91

第2篇 实例解析篇

第6章 中断系统实例解析 99
6.1 中断系统基本知识 99
6.2 中断系统实例解析 105

第7章 定时/计数器实例解析 110
7.1 定时/计数器基本知识 110
7.2 定时/计数器实例解析 116

第8章 RS232/RS485串行通信实例解析 133
8.1 串行通信基本知识 133
8.2 RS232和RS485串行通信实例解析 143

第9章　键盘接口实例解析 ……………………………………………………………… 155
9.1　键盘接口电路基本知识 …………………………………………………………… 155
9.2　键盘接口电路实例解析 …………………………………………………………… 157
9.3　PS/2 键盘接口介绍及实例解析 …………………………………………………… 177

第10章　LED 数码管实例解析 …………………………………………………………… 186
10.1　LED 数码管基本知识 ……………………………………………………………… 186
10.2　LED 数码管实例解析 ……………………………………………………………… 190

第11章　LCD 显示实例解析 ……………………………………………………………… 216
11.1　字符型 LCD 基本知识 …………………………………………………………… 216
11.2　字符型 LCD 实例解析 …………………………………………………………… 227
11.3　12864 点阵型 LCD 实例解析 …………………………………………………… 247

第12章　时钟芯片 DS1302 实例解析 …………………………………………………… 261
12.1　时钟芯片 DS1302 基本知识 ……………………………………………………… 261
12.2　时钟芯片 DS1302 读写实例解析 ………………………………………………… 269

第13章　EEPROM 存储器实例解析 ……………………………………………………… 279
13.1　24CXX 数据存储器实例解析 …………………………………………………… 279
13.2　93CXX 数据存储器实例解析 …………………………………………………… 293
13.3　STC89C 系列单片机内部 EEPROM 的使用 …………………………………… 297

第14章　单片机看门狗实例解析 …………………………………………………………… 298
14.1　单片机看门狗基本知识 …………………………………………………………… 298
14.2　单片机看门狗实例解析 …………………………………………………………… 301

第15章　温度传感器 DS18B20 实例解析 ………………………………………………… 305
15.1　温度传感器 DS18B20 基本知识 ………………………………………………… 305
15.2　温度传感器 DS18B20 实例解析 ………………………………………………… 310

第16章　红外遥控和无线遥控实例解析 …………………………………………………… 329
16.1　红外遥控基本知识 ………………………………………………………………… 329
16.2　红外遥控实例解析 ………………………………………………………………… 331
16.3　无线遥控电路介绍与演练 ………………………………………………………… 346

第17章　A/D 和 D/A 转换电路实例解析 ………………………………………………… 354
17.1　A/D 转换电路实例解析 …………………………………………………………… 354
17.2　D/A 转换电路实例解析 …………………………………………………………… 362

第18章　步进电动机、直流电动机和舵机实例解析 ……………………………………… 365
18.1　步进电动机实例解析 ……………………………………………………………… 365
18.2　直流电动机实例解析 ……………………………………………………………… 381
18.3　舵机实例解析 ……………………………………………………………………… 386

第19章　单片机低功耗模式实例解析 ……………………………………………………… 391
19.1　单片机低功耗模式基本知识 ……………………………………………………… 391
19.2　单片机低功耗模式实例解析 ……………………………………………………… 392

第20章　语音电路实例解析 ………………………………………………………………… 396

20.1 语音电路基本知识 396
20.2 ISD4000语音开发板制作与实例演练 402

第21章 LED点阵屏实例解析 410
21.1 LED点阵屏基本知识 410
21.2 LED点阵屏开发板的制作 411
21.3 汉字显示原理及扫描码的制作 417
21.4 LED点阵屏实例解析 420

第3篇 开发揭秘篇

第22章 单片机开发前的准备工作 433
22.1 单片机开发需掌握的基础知识 433
22.2 单片机开发需掌握的基本技能 436
22.3 单片机开发的步骤 438

第23章 基于DTMF远程控制/报警器的制作 445
23.1 DTMF基础知识 445
23.2 基于DTMF的远程控制/报警器 450

第24章 智能电子密码锁的制作 458
24.1 智能电子密码锁功能介绍及组成 458
24.2 智能电子密码锁的设计 459

第25章 在VB下实现PC与单片机的通信 465
25.1 PC与单片机串行通信介绍 465
25.2 PC与一个单片机温度监控系统通信 474
25.3 PC与多个单片机温度监控系统通信 481

第26章 超声波测距仪的设计与制作 498
26.1 超声波测距基本原理 498
26.2 超声波测距仪的设计与制作 499

第27章 单片机开发深入揭秘与研究 503
27.1 程序错误剖析 503
27.2 程序错误的常用排错方法 507
27.3 单片机抗干扰设计深入研究 514
27.4 热启动与冷启动探讨 520

参考文献 523

第1篇 魔法入门篇

本篇知识要点
- 单片机入门解惑
- 初步认识 51 单片机
- 单片机低成本实验设备的制作与使用
- 30 分钟熟悉单片机实验开发全过程
- 单片机指令系统重点难点剖析

第 1 章
单片机入门解惑

独具魅力的单片机,既神奇,又便宜,真是上帝赐予人类的礼物。单片机既涉及硬件制作,又有软件设计,既动脑、又动手,实在妙不可言!而且单片机无处不在,小到身边的智能玩具、电子钟,大到家用电器、仪器仪表、通信产品、军事装备等,在它们内部都有一至数十甚至数百个单片机。对于一般人来讲,单片机似乎很神秘,其实并不然,从小学生到中学生,再到大学生,从一般工人到工程师,再到高级工程师,都能学能用。投身到单片机世界来,将使你一生受益。

1.1 单片机的分类

单片机又称单片微控制器,它不是完成某一个固定逻辑功能的芯片,而是把一个计算机系统集成到一个芯片上,完成对实际装置的计算、控制等功能。概括的讲,一块单片机芯片就是一个小型的计算机系统,可谓"麻雀虽小,五脏俱全"。

单片机的种类繁多,一般按单片机数据总线的位数进行分类,主要分为 4 位、8 位、16 位和 32 位单片机。

1.1.1 4 位单片机

4 位单片机结构简单,价格便宜,非常适合用于控制单一的小型电子类产品,如 PC 用的输入装置(鼠标、游戏杆)、电池充电器、遥控器、电子玩具、小家电等。

1.1.2 8 位单片机

8 位单片机是目前品种最为丰富、应用最为广泛的单片机,主要分为 51 系列及非 51 系列单片机。

51 系列单片机以其经典的结构、众多的逻辑位操作功能以及丰富的指令系统,堪称一代"名机",目前主要生产厂商有 Atmel(爱特梅尔)、NXP(恩智浦)、Winbond(华邦)公司等。

非 51 系列单片机在中国应用较广的有 Microchip(微芯)公司的 PIC 单片机、Atmel 公司的 AVR 单片机、义隆 EM78 系列，以及 Freescale（飞思卡尔）公司的 68HC05/11/12 系列单片机等。

1.1.3 16 位单片机

16 位单片机操作速度及数据吞吐能力在性能上比 8 位机有较大提高，目前应用较多的有 TI 公司的 MSP430 系列、凌阳 SPCE061A 系列，Freescale 公司的 68HC16 系列、Intel 公司的 MCS-96/196 系列等。

1.1.4 32 位单片机

与 51 单片机相比，32 位单片机运行速度和功能均大幅提高，随着技术的发展以及价格的下降，将会与 8 位单片机并驾齐驱。

32 位单片机主要由 ARM 公司研制，因此，提及 32 位单片机，一般均指 ARM 单片机。

严格来说，ARM 不是单片机，而是一种 32 位处理器内核（主要有 ARM7、ARM9、ARM9E、ARM10 等），它由英国 ARM 公司开发，但 ARM 公司自己并不生产芯片，而是由授权的芯片厂商如 Samsung（三星）、NXP（恩智浦）、Atmel（爱特梅尔）、Intel（英特尔）等公司制造。芯片厂商可以根据自己的需要进行结构与功能的调整，因此，实际中使用的 ARM 芯片有很多型号，常见的 ARM 芯片主要有 NXP 的 LPC2000 系列、三星的 S3C/S3F/S3P 系列等。

1.2 51 单片机家族主要成员介绍

Intel 公司在成功研制出 51 单片机后，推出了 80 系列单片机，此后，Intel 由于忙于开发 PC 及高端微处理器，而无精力继续发展自己的单片机，于是，将其核心专利转让给 Atmel、NXP 等公司。这些公司在 51 内核的基础上进行了性能上的扩充，从而使 51 单片机进一步得到完善，形成了一个庞大的体系。下面简要介绍几种 51 单片机主流产品。

1.2.1 Intel 公司 80 系列单片机

51 单片机的创始者 Intel 公司生产的 80 系列单片机主要包括 51 和 52 两个子系列，其中，51 子系列是基本型，52 子系列属增强型。80 系列单片机中，带字母 C 的为 CHMOS 工艺，如 80C51、80C52；不带 C 的为 HMOS 工艺，如 8051、8052。

Intel 公司 80 系列单片机的技术指标如表 1-1 所列。

80 系列单片机是 51 单片机的早期产品，在程序烧写方面还存在很多弱点，目前市场上已很难见到它们的踪迹。

表 1-1　Intel 公司 80 系列单片机系列芯片的技术指标

系列	型号	ROM/EPROM（程序存储器）	RAM 数据存储器	并行 I/O 口	定时/计数器	中断源	串行口
51 子系列	8031/80C31	无	128 B	32	2	5	1
51 子系列	8051/80C51	4 KB 掩膜 ROM	128 B	32	2	5	1
51 子系列	8751/87C51	4 KB EPROM	128 B	32	2	5	1
52 子系列	8032/80C32	无	256 B	32	3	6	1
52 子系列	8052/80C52	8 KB 掩膜 ROM	256 B	32	3	6	1
52 子系列	8752/87C52	8 KB EPROM	256 B	32	3	6	1

1.2.2　Atmel 公司 AT89 系列单片机

Atmel 公司主要推出了 AT89C 和 AT89S 两大系列产品。其中，AT89C 系列为早期产品，常见型号及其技术指标如表 1-2 所列。AT89S 系列为新型产品，常见型号及其技术指标如表 1-3 所列。

表 1-2　常用 AT89C 系列单片机主要技术指标

型号	Flash ROM（程序存储器）	RAM（数据存储器）	I/O 口	定时/计数器	串口	供电电压	其他
AT89C51	4 KB	128 B	32	2	1	4.0～6.0 V	—
AT89C52	8 KB	256 B	32	3	1	4.0～6.0 V	—
AT89C55WD	20 KB	256 B	32	3	1	4.0～5.5 V	WDT
AT89C2051	2 KB	128 B	15	2	1	2.7～6.0 V	模拟比较器
AT89C4051	4 KB	128 B	15	2	1	2.7～6.0 V	模拟比较器

表 1-3　常用 AT89S 系列单片机主要技术指标

型号	Flash ROM（程序存储器）	EEPROM（数据存储器）	RAM（数据存储器）	I/O 口	定时/计数器	串口	供电电压	其他
AT89S51	4 KB	—	128 B	32	2	1	4.0～5.5 V	WDT,ISP
AT89S52	8 KB	—	256 B	32	3	1	4.0～5.5 V	WDT,ISP
AT89S53	12 KB	—	256 B	32	3	1	4.0～5.5 V	WDT,ISP
AT89S8252	8 KB	2 KB	256 B	32	3	1	4.0～6.0 V	WDT,ISP

AT89C 系列单片机属常规类型，只能用通用编程器进行编辑，不能进行下载编程，AT89S 系列单片机是 Atmel 公司的新型产品，其主要特点是具有 ISP 功能，也就是说，对 AT89S 芯片进行编程时，不需要将芯片从目标板上取下，只需用一根下载线即可对 AT89S 单片机进行下载编程。

1.2.3 STC 公司 STC89 系列单片机

STC 公司生产的 STC89 系列单片机,是 51 单片机的派生产品,它在指令系统、硬件结构和片内资源上与标准 51 单片机完全兼容;STC89 系列单片机具有高速度、低功耗、在系统编程(ISP)、在应用编程(IAP)等优异功能,大大提高了 51 单片机的性能,性价比极高。常用的 STC89 系列单片机主要技术指标如表 1-4 所列。

表 1-4 STC89 系列单片机主要技术指标

型 号	Flash ROM (程序存储器)	EEPROM (数据存储器)	RAM (数据存储器)	定时/计数器	串口	供电电压	其他
STC89C51RC	4 KB	2 KB	512 B	3	1	3.8～5.5 V	WDT,ISP/IAP
STC89C52RC	8 KB	2 KB	512 B	3	1	3.8～5.5 V	WDT,ISP/IAP
STC89C53RC	15 KB		512 B	3	1	3.8～5.5 V	WDT,ISP/IAP
STC89C54RD+	16 KB	16 KB	1280 B	3	1	3.8～5.5 V	WDT,ISP/IAP
STC89C58RD+	32 KB	16 KB	1280 B	3	1	3.8～5.5 V	WDT,ISP/IAP
STC89C516RD+	63 KB		1280 B	3	1	3.8～5.5 V	WDT,ISP/IAP

STC89 系列单片机具有 ISP/IAP 功能,无需专用编程器,无需将单片机从目标板上取下,即可通过 PC 串口,对单片机进行编程。

STC89 系列单片机的 Flash 存储器被分成 Block1(Boot ROM,即引导区)和 Block0(用户程序区)两个区,在物理结构上,Block0 在前,Block1 在后,如图 1-1 所示。

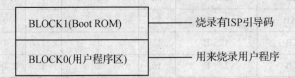

图 1-1 STC89 系列单片机 Flash 存储器的结构

在出厂时,Block1 区内已经烧录有 ISP 引导码,并设置为从 Block1 启动。单片机启动时,首先执行 ISP 引导码,如果是程序下载,ISP 引导码就会引导单片机将用户程序下载到 Flash 存储器的 Block0 用户程序区,然后,开始执行用户程序;否则,如果启动时 ISP 未检测到程序下载,则直接执行 Block0 中的用户程序。

由于 STC89 系列单片机在销售给用户之前,已在单片机内部固化有 ISP 系统引导程序,因此,最好不要用通用编程器对 STC89 系列单片机进行编程,否则,有可能将单片机内部已固化的 ISP 系统引导程序擦除,造成无法使用 STC 公司提供的 ISP 软件下载用户的程序代码。

1.2.4 SST 公司 SST89 系列单片机

SST89 系列单片机是美国 SST 公司推出的 Flash 单片机,均具有 IAP(在应用编程)和 ISP(在系统编程)功能,最大的特点在于,只需占用单片机的串口,即可实现 SoftICE(Software

In Circuit Emulator)在线仿真功能。之所以具有仿真功能,主要是基于以下两个特点:一是 SST89 系列单片机内部的 Flash 存储器分为 Block0、Block1 两个独立的 Flash 存储块,Block0(用户程序区)为 16 KB/32 KB/64 KB,Block1(Boot ROM,即引导区)为 8 KB,如图 1-2 所示;二是从 Flash 存储块(Block1)内部烧写有仿真监控程序,单片机工作时,Block1 块中的仿真监控程序可以更改 Block0 块中的用户程序。正是依靠以上两点,可以用 SST89 单片机做成仿真器。

图 1-2　SST89 系列单片机 Flash 存储器的结构

实际操作时,我们需要事先把仿真监控程序烧入 SST89 芯片的 Block1 块中,监控程序通过 SST89 芯片的串口和 PC 通信,当使用 Keil C51 环境仿真时,用户程序通过串口被 Block1 块中的监控程序写入 Block0 块中,当用户设置断点等操作进行仿真时,Block0 中的用户程序也在相应的更改,从而实现了仿真功能。

常用的 SST89 系列单片机主要技术指标如表 1-5 所列。

表 1-5　典型 SST89 系列单片机主要技术指标

型号	Flash ROM（程序存储器）	RAM（数据存储器）	串口	供电电压	看门狗（WDT）	ISP/IAP
SST89C58	32 KB+4 KB	256 B	1	5V	有	有
SST89E554RC	32 KB+8 KB	1 KB	1	5V	有	有
SST89E564RD	64 KB+8 KB	1 KB	1	5V	有	有
SST89E516RD	64 KB+8 KB	1KB	1	5V	有	有

以上几种型号中,SST89E516RD 型最为常用。

1.3　51 单片机学习问答

1.3.1　什么是单片机

单片机说起来复杂,实际上很简单,它就是一个集成化的芯片,外形如图 1-3 所示。

虽然单片机外形只是一个芯片,但其内部集成着中央处理器 CPU、随机存储器 RAM、只读存储器 ROM、中断系统、定时/计数器以及输入/输出口(I/O)等多个部件,从组成和功能上看,它已具有了计算机系统的属性,为此称为单片微型计算机,简称单片机。

单片机主要应用于控制领域,用以实现各种测试和控制功能,为了强调其控制属性,也可以把单片机称为微控制器(MCU)。在国际上,"微控制器"的叫法似乎更通用一些,而在我国则比较习惯于"单片机"这一名称,因此本书使用"单片机"一词。

图1-3 单片机的外形

1.3.2 什么是ISP和IAP

ISP,是In System Programming的缩写,意思是在系统编程,指电路板上的空白器件(单片机)可以编程写入最终用户代码,而不需要从电路板上取下器件,已经编程的器件也可以用ISP方式擦除或再编程,这样,可以减小频繁插拔芯片所带来的不便。比如,我们通过计算机给STC89C51单片机下载程序,或给AT89S51单片机下载程序,这就是利用了ISP技术。

IAP,是In Application Programming的缩写,意思是在应用编程,指单片机可以在系统中获取新代码,并对自己重新编程,即可用程序来改变程序。IAP的实现相对要复杂一些,在实现IAP功能时,单片机的程序存储器至少要有两块存储区,一般其中一块被称为Boot ROM区,另外一块被称为用户程序存储区。单片机上电运行在Boot ROM区,如果有外部改写程序的条件得到满足,则对用户程序存储区的程序进行改写操作,如果外部改写程序的条件不满足,则程序指针跳到用户程序存储区,开始执行放在用户程序存储区的程序,这样便实现了IAP功能。实际上,STC89C单片机的ISP功能就是通过IAP技术来实现的,即芯片在出厂前就已经有一段小的Boot程序在里面,芯片上电后,开始运行这段程序,当检测到上位机有下载要求时,便和上位机通信,然后下载数据到存储区,如果没有程序下载,单片机的程序指针就跳到用户程序存储区,开始执行放在用户程序存储区的程序。大家要注意千万不要尝试去擦除这段ISP引导程序,否则恐怕以后再也下载不了程序了。

1.3.3 如何学习单片机

学习单片机是否很困难呢?应当说,对于已经具有电子电路尤其是数字电路基本知识的读者来说,不会有太大困难,如果你对PC有一定基础,学习单片机就更容易。学习单片机技术,还要有好的学习方法,方法找对时,即使具有初中文化水平的电子爱好者也很容易入门,一旦入了门,就可利用单片机做各种电路实验。下面介绍学习单片机的几点经验,可供读者在学习时参考。

1. 找准突破口

目前,单片机的种类很多,学习单片机最好从51系列单片机开始,第一是书多、资料多,第二是掌握51技术的人多,碰到问题能请教的老师也就多了,另外51系列的实验芯片(如STC89C51、AT89S51)价格低廉而且很容易买到,而且这类芯片可以反复擦写1000次以上,对于初学者来说真是太合适了,就算以后考虑工业运用,也可以先学透51系列后再学其他类型的单片机,毕竟技术是相通的。

2. 多读书

单片机是一个知识密集的对象,不看书是绝对不行的,目前,很多出版社都出版了大量单片机方面的好书,你可以直接登录他们的网站或专业图书网站(如国内知名的当当网、卓越网等)采用货到付款的方式进行邮购,不但安全、方便,而且还可以打折优惠,当然也可以到当地新华书店购买。如果您在购书时看到本书,并毫不犹豫地放入了"购物车",这会让我们非常高兴,毕竟能够得到读者的认可才是我们最大的荣幸。当然,我们不会辜负您的期望,因为在这本书(包括本书的姊妹篇《轻松玩转 51 单片机 C 语言》)中,您将可以学到其他书中学不到的很多知识,包括开发经验、开发秘技等;另外,本书所有实例大都具有通用性并绝对可靠,通过消化这些实例,相信不久您就可以开发出自己的产品来。

需要说明的是,单片机技术是以数字电路为基础的,所以,学习单片机前,应对数制、数字电路有比较全面的了解,学习数字电路时,应重点掌握数字集成电路的功能使用,而对具体的内部工作原理只需作简单了解即可。

3. 购买实验设备

单片机和 PC 一样,是实践性很强的一门技术,有人说"计算机是玩出来的",单片机也一样,只有多"玩",也就是多练习、多实际操作,才能真正掌握它,才能比较容易地领会单片机那些枯燥、难懂的专业术语。因此,为配合本书进行学习和实验,笔者和顶顶电子的工程师共同开发了 DD-900 实验开发板以及多种实验开发器材,详细情况请登录顶顶电子网站:www.ddmcu.com。

4. 掌握单片机的编程语言

要进入单片机领域,不但要了解它的硬件系统,更重要的是掌握它的编程语言,即软件系统,对于 51 单片机,编程语言主要有汇编语言和 C 语言两种,二者各有所长。

汇编语言是一种用文字助记符来表示机器指令的符号语言,是最接近机器码的一种计算机语言。其主要优点是占用资源少、程序执行效率高。但是不同的单片机(例如 51 系列、PIC、AVR 单片机等),其使用的汇编语言可能有所差异甚至差异较大,所以不易移植。

C 语言是一种结构化的高级语言,它兼顾了多种高级语言的特点,并具备汇编语言的功能。C 语言有功能丰富的库函数、运算速度快、编译效率高、有良好的可移植性,而且可以直接实现对系统硬件的控制。此外,C 语言程序具有完善的模块程序结构,从而为软件开发中采用模块化程序设计方法提供了有力的保障。因此,使用 C 语言进行程序设计已成为软件开发的一个主流,特别是进行较大规模的单片机软件开发,必须采用 C 语言编程。和汇编语言相比,C 语言的缺点是占用资源较多,执行效率没有汇编语言高。

对于 51 单片机的初学者来说,应该从汇编学起,通过学习汇编语言,不但可以加深初学者对单片机各个功能模块的了解,而且还可以为学习单片机 C 语言打下扎实的基础。

总之,学习单片机,入门不难,深造也是办得到的,只要你有信心(相信自己能行)、有恒心(坚持就是胜利)、有决心(不成正果不罢休),按照本书的次序看书→实践→再看书→再实践,就一定能在单片机的世界里自由遨游。

1.3.4 学习51单片机需要多长时间

　　学习单片机到底需要多长时间？这几乎是学习者问得最多的问题，也是一个难以回答的问题。试想，每个人的基础不同，领悟不同，动手能力不同，当然需要的时间也就不同了！如果我们告诉你一个星期就够了，一个星期后你肯定会说我们在骗你！心急吃不了热豆腐，还是脚踏实地一步一个脚印地前进吧，很多退休老人最后都能用单片机开发出产品来，要相信自己也能成功，有信心你就成功了一半！

　　最后，我们还是想给那些求知心切的读者一个"相对明确"的答案，如果你具有初中以上文化程度，对51单片机基础知识有一定的了解，只要按照本书介绍的方法进行学习和实验，三个月后（注意，每天要至少学习2个小时），包你开发出简单的智能产品！如果三个月后你还是一筹莫展，就请你按照本书所述实例"照猫画虎"，最后在制作的PCB板上写上自己的大名，照样也能开发出"自己"的产品。如果这样也不行，那你就需要加倍努力了，不然就改行吧！

第 2 章 初步认识 51 单片机

单片机究竟由哪几部分组成？它们都有些什么作用？在学习编程和动手实验之前，这些问题应该弄清楚，否则叫"瞎玩"，当然，在"瞎玩"过程中搞得一头雾水时，再回过头来学习这些内容也未尝不可，这种"瞎玩法"被很多人推崇，效果也比较好，笔者也十分欣赏，不过，这种方法毕竟是"瞎玩"，缺乏系统性、指导性、易导致"蛮干"。为此，笔者在"瞎玩法"的基础上琢磨出了一些系统性、指导性的内容，准备起个好听的名字，绞尽脑汁也未能如愿，干脆就叫"玩法"吧！

本章介绍的就是一些"系统性、指导性"的基础知识，以后，在每章实验及动手制作过程中，也会穿插一些类似的内容，以指导读者快速玩转单片机！

2.1 单片机的内部结构和外部引脚

2.1.1 单片机的内部结构

单片机虽然型号众多，但它们的结构却基本相同，主要包括中央处理器(CPU)、存储器(程序存储器和数据存储器)、定时/计数器、并行接口、串行接口和中断系统等几大单元，图 2-1 所示为 51 单片机内部结构框图。

可以看出，51 单片机虽然只是一个芯片，但"麻雀虽小，五脏俱全"，作为一个计算机应该具有的基本部件在单片机内部几乎都包括，因此，51 单片机实际上已经是一个简单的微型计算机系统。

1. 中央处理器(CPU)

中央处理器(CPU)是整个单片机的核心部件，是 8 位数据宽度的处理器，能处理 8 位二进制数据或代码，负责控制、指挥和调度整个单元系统相互协调的工作，完成运算和控制输入输出等操作。中央处理器主要由运算器和控制器两部分组成。

(1) 运算器

运算器是单片机的运算部件，用于实现算术和逻辑运算。运算器主要由算术/逻辑运算部

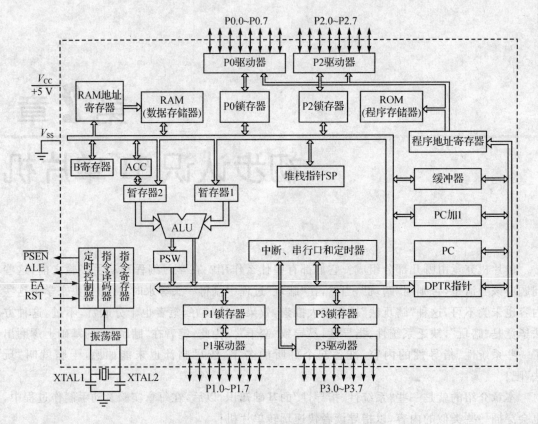

图 2-1　51 单片机内部结构框图

件 ALU、暂存器 TMP1、TMP2、累加器 ACC、寄存器 B、程序状态标志寄存器 PSW 及布尔处理器(位处理器)等组成。

(2) 控制器

控制器是单片机的指挥控制部件,保证单片机各部分能自动而协调地工作。控制器主要包括定时控制器、指令寄存器、指令译码器、地址指针 DPTR 及程序计数器 PC、堆栈指针 SP 等部件。

2. 存储器

存储器分为程序存储器(ROM)和数据存储器(RAM)两种,前者存放调试好的固定程序和常数,后者存放一些随时有可能变动的数据。

3. 定时/计数器

单片机除了进行运算外,还要完成控制功能,所以离不开计数和定时。因此,在单片机中就设置有定时器兼计数器。

4. 并行输入/输出(I/O)口

51 单片机共有 4 组 8 位 I/O 口(P0、P2、P1 和 P3),用于和外部数据进行并行交换传输。

5. 全双工串行口

51 单片机内置一个全双工串行通信口,用于同其他设备间的串行数据传送。

6. 中断系统

51单片机具备较完善的中断功能，一般包括外中断、定时/计数器中断和串行中断，以满足不同的控制要求。

至此我们已经知道了单片机的组成，实际上，单片机内部还有一条将它们连接起来的"纽带"，即所谓的"内部总线"。而CPU、ROM、RAM、I/O口、中断系统等就分布在此"总线"的两旁，并和它连通。一切指令、数据都可经内部总线传送。

以上介绍的是基本51单片机的基本组成，其他各种型号的51单片机，都是在基本51单片机内核的基础上进行功能上的增强和改进而成的，例如，比较常用的AT89S51/52型号，在基本51单片机的基础上进行了以下功能增强和改进：① 增加了在系统编程功能（ISP）；② 集成了把关定时器（WDT）；③ 片内程序存储器改进为可反复擦写1000次的Flash ROM；④ 采用了双DPTR指针。

AT89S51单片机的基本功能特性和组成如下：

① 兼容51指令系统；
② 工作电压4.0～5.5 V；
③ 时钟频率0～33 MHz；
④ 4 KB（即 4 K×8 bit，注意，B是字节，bit是位）、可反复擦写1000次的程序存储器Flash ROM；
⑤ 128B（128×8 bit）内部数据存储器RAM；
⑥ 32个可编程I/O口；
⑦ 2个16位定时/计数器；
⑧ 5个中断源（2个外中断、2个定时中断、1个串口中断）；
⑨ 1个全双工串行口；
⑩ 看门狗（WDT）电路；
⑪ 在系统编程（ISP）功能；
⑫ 低功耗的闲置和掉电模式。

AT89S52的功能特性与AT89S651基本一致，主要不同有以下三点：

① AT89S52的Flash ROM为8 KB，AT89S51的Flash ROM为4 KB；
② AT89S52的RAM为256 B，AT89S51的RAM为128 B；
③ AT89S52的定时/计数器为3个，AT89S51的定时/计数器为2个。

应用十分普及的STC89C51/52单片机的性能与以上介绍的AT89S51/52基本一致，具体情况请参见本书第1章的相关内容。

2.1.2 单片机的外部引脚

51单片机虽然型号众多，但同一封装的51单片机其引脚配置基本一致，图2-2所示为采用PDIP40（40脚双列直插式）封装的51单片机引脚配置图。

40个引脚中，正电源和地线2个，外置石英振荡器的时钟线2个，复位引脚1个，控制引脚3个，4组8位I/O口线32个。各引脚功能简介如下：

1. 电源和接地引脚(2个)

V_{SS}(20脚):接地脚。

V_{CC}(40脚):正电源脚,接+5 V电源。

2. 外接晶体引脚(2个)

XTAL1(19脚):时钟 XTAL1 脚,片内振荡电路的输入端。

XTAL2(18脚):时钟 XTAL2 脚,片内振荡电路的输出端。

时钟电路为单片机产生时序脉冲,单片机所有运算与控制过程都是在统一的时序脉冲的驱动下进行的,时钟电路就好比人的心脏,如果人的心跳停止了,人就完了,同样,如果单片机的时钟电路停止工作,那么单片机也就停止运行了。

51单片机的时钟有两种工作方式,一种是片内时钟振荡方式,但需在18和19脚外接石英晶体和振荡电容。另外一种是外部时钟方式,即将外引脉冲信号从 XTAL1 引脚注入,而将 XTAL2 引脚悬空。

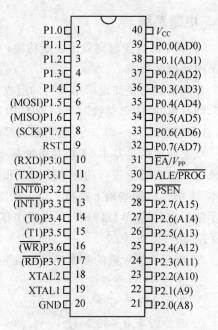

图2-2 51单片机引脚配置图

3. 复位电路

RST(9脚):复位信号引脚。

当振荡器运行时,在此引脚上出现2个以上机器周期的高电平将使单片机复位。一般在此引脚与 V_{SS} 之间连接一个下拉电阻,与 V_{CC} 引脚之间连接一个电容。单片机复位后,从程序存储器的0000H单元开始执行程序,并将一些专用寄存器初始化为复位状态值。

4. 控制引脚(3个)

$\overline{PSEN}$(29脚):外部程序存储器的读选通信号。在读外部程序存储器时,$\overline{PSEN}$产生负脉冲,以实现对外部程序存储器的读操作。

ALE/$\overline{PROG}$(30脚):地址锁存允许信号。当访问外部存储器时,ALE 用来锁存 P0 扩展地址低8位的地址信号;在不访问外部存储器时,ALE 端以固定频率(时钟振荡频率的1/6)输出信号,可用于外部定时或其他需要。另外,该引脚还是一个复用脚,在编程其间,将用于输入编程脉冲。

$\overline{EA}/V_{PP}$(31脚):内外程序存储器选择控制引脚。当$\overline{EA}$接高电平时,单片机先从内部程序存储器读取指令,当程序长度超过内部 Flash ROM 的容量时,就自动转向外部程序存储器;当$\overline{EA}$为低电位时,单片机则直接从外部程序存储器读取指令。例如,AT89S51/52 单片机内部有4KB/8KB的程序存储器,因此,一般将$\overline{EA}$接到+5 V高电平,让单片机运行内部的程序。而对于内部无程序存储器的8031(现在已很难见到了),$\overline{EA}$端却必须接地。另外,$\overline{EA}/V_{PP}$还是一个复用脚,在用通用编程器编程时,V_{PP}脚需加上12 V的编程电压。

第 2 章 初步认识 51 单片机

5. 输入/输出引脚(32 个)

(1) P0 口 P0.0～P0.7(39～32 脚)

P0 口是一个 8 位漏极开路的"双向 I/O 口",需外接上拉电阻,每根口线可以独立定义为输入或输出,输入时须先将该口置"1"。P0 口还具有第二功能,即作为地址/数据总线,当作数据总线用时,输入 8 位数据;而当作地址总线用时,则输出 8 位地址。

再强调一点,当 P0 口作为地址/数据总线用后,就不能再作 I/O 口使用了。讲到这里,也许大家会感到困惑,什么叫做地址/数据复用? 这其实是当单片机的存储器或并行口不够用,需要扩展时的一种用法,具体如何使用就比较复杂了,好在 P0 口的这第二功能很少使用,这里就不再啰嗦了。

(2) P1 口 P1.0～P1.7(1～8 脚)

P1 口是一个带有内部上拉电阻的 8 位"准双向 I/O 口",每根口线可以独立定义为输入或输出,输入时须先将该口置"1"。由于它的内部有一个上拉电阻,所以连接外围负载时不需要外接上拉电阻,这一点与下面将要介绍的 P2、P3 口都一样,与上面介绍的 P0 口则不同,请大家务必注意!

对于 AT89S51/52 单片机,P1 口的部分引脚也具有第二功能,如表 2-1 所列。

表 2-1 AT89S51/52 单片机 P1 口部分引脚的第二功能

引 脚	第二功能	适用单片机	备 注
P1.0	定时/计数器 2 外部输入(T2)	AT89S52	AT89S51 只有 T0、T1 两个定时/计数器; AT89S52 则有 T0、T1、T2 三个定时/计数器
P1.1	定时/计数器 2 捕获/重载触发信号和方向控制(T2EX)	AT89S52	
P1.5	主机输出/从机输入数据信号(MOSI)	AT89S51/52	这是 SPI 串行总线接口的三个信号,用来对 AT89S51/52 单片机进行 ISP 下载编程
P1.6	主机输入/从机输出数据信号(MISO)	AT89S51/52	
P1.7	串行时钟信号(SCK)	AT89S51/52	

随便说一下,STC89C51/C52 与 AT89S51/52 单片机有所不同,其 P1.5、P1.6、P1.7 脚没有第二功能,STC89C51/C52 的 ISP 下载编程是通过串口进行的。

(3) P2 口 P2.0～P2.7(21～28 脚)

P2 口是一个带有内部上拉电阻的 8 位"准双向 I/O 口",每根口线可以独立定义为输入或输出,输入时须先将该口置"1"。由于它的内部有一个上拉电阻,所以连接外围负载时不需要外接上拉电阻。同时,P2 还具有第二功能,在访问外部存储器时,它送出地址的高 8 位,并与 P0 口输出的低 8 位地址一起构成 16 位的地址线,从而可以寻址 64KB 的存储器(程序存储器或数据存储器)。P2 口的这第二功能很少使用,请大家不必过于深究。

(4) P3 口 P3.0～P3.7(10～17 脚)

P3 口是一个带有内部上拉电阻的 8 位"准双向 I/O 口",每根口线可以独立定义为输入或输出,输入时须先将该口置"1"。由于它的内部有一个上拉电阻,所以连接外围负载时不需要外接上拉电阻。同时,P3 还具有第二功能,如表 2-2 所列,这里要说明的是,当 P3 口的某些口线作第二功能使用时,不能再把它当作通用 I/O 口使用,但其他未使用的口线仍可作为通用 I/O 口线。

P3 口的第二功能应用十分广泛,我们会在后续章节中进行详细说明。

表 2-2 P3 口的第二功能

引　脚	第二功能	引　脚	第二功能
P3.0	串行数据接收(RXD)	P3.4	定时/计数器 0 外部输入(T0)
P3.1	串行数据发送(TXD)	P3.5	定时/计数器 1 外部输入(T1)
P3.2	外部中断 0 输入($\overline{INT0}$)	P3.6	外部 RAM 写选通信号($\overline{WR}$)
P3.3	外部中断 1 输入($\overline{INT1}$)	P3.7	外部 RAM 读选通信号($\overline{RD}$)

2.2　单片机的存储器

我们知道,存储器分为程序存储器和数据存储器两部分,顾名思义,程序存储器用来存放程序,数据存储器用来存放数据。那么,什么是程序？什么是数据呢？它们又是怎样存放的呢？

程序就是我们编写的控制代码,需要用通用编程器、下载线等写到单片机的程序存储器中,写好后,单片机就可以按照我们的要求进行工作了。由于断电后要求程序不能丢失,因此,程序存储器必须采用 ROM、EPROM、Flash ROM 等类型。

程序写到单片机后,需要通电运行,程序运行过程中,需要产生大量中间数据和运行结果,这些数据放在什么地方呢？就放在数据存储器中,由于这些数据一般不要求进行断电保存,因此,数据存储器大都采用 RAM 类型。

专家点拨：一些新型单片机如 STC89C51/52 等,内部还有 EEPROM 数据存储器,这类存储器主要用来存储一些表格、常数、密码等,存储后,即使掉电,数据也不会丢失。但是,由于 EEPROM 的写入速度相对较慢,须用几个 ms 才能完成 1 字节数据的写操作,如果使用 EEPROM 存储器替代 RAM 来存储变量,就会大幅度降低处理器的速度,同时,EEPROM 只能经受有限次数(一般在 10 万次左右)的写操作,所以,EEPROM 通常只是为那些在掉电的情况下仍需要保存的数据预留的,不能用 EEPROM 普遍代替 RAM。另外,我们平时一提到数据存储器,一般指的也是 RAM,而不是 EEPROM。

不同的单片机,其存储器的类型及大小也有所不同,例如,AT89S51 的程序存储器采用的是 4 KB 的 Flash ROM,数据存储器采用的是 128 B 的 RAM；AT89S52 的程序存储器采用的是 8 KB 的 Flash ROM,数据存储器采用的是 256 B 的 RAM。STC89C51/52 的内部 Flash ROM 分别为 4 KB 和 8 KB,RAM 要大一些,均为 512 B。一般情况下,单片机内置的存储器足够使用,如果内部存储器不够时,则可进行扩展,扩展后的单片机系统就具有内部程序存储器、内部数据存储器、外部程序存储器和外部数据存储器 4 个存储空间,图 2-3 所示为 AT89S51/52 单片机存储器的配置图。

在下面介绍时,我们重点以 AT89S51/52 单片机为主进行介绍,其他单片机如 STC89C51/52 型号与此类似。

第 2 章 初步认识 51 单片机

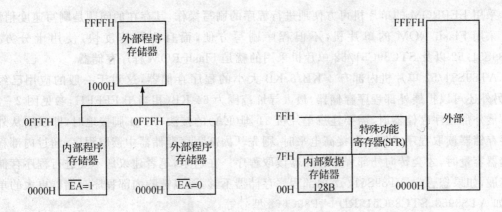

(a) AT89S51 单片机存储器的配置图

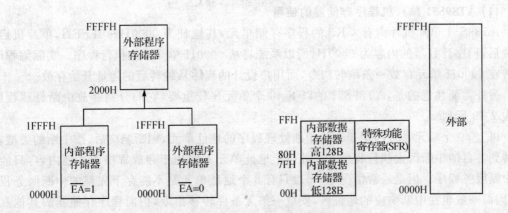

(b) AT89S52 单片机存储器的配置图

图 2-3　AT89S51/52 单片机存储器的配置图

2.2.1　程序存储器

1. 程序存储器的分类

程序存储器是专门用来存放程序和常数的，有 MASK ROM（掩膜 ROM）、OTPROM（一次性可编程 ROM）、EPROM（可擦除可编程 ROM）、EEPROM（电可擦写 ROM）、Flash ROM（快闪 ROM）等类型。

掩膜 ROM 程序存储器适用于成熟的和大批量生产的产品，如使用到彩色电视机等家电产品中的单片机就采用这种方式，只要用户把应用程序代码交给半导体制造厂家，在生产相应的单片机时将程序固化到芯片中即可，这种芯片一旦生产出来，程序就无法改变了。

采用 OTPROM 的单片机也可以进行刷写程序，但写入后就不能再擦除，使用也不够方便。

采用 EPROM 的单片机虽然可以进行刷写程序，但刷写时需要用紫外线进行擦除，因此比较麻烦。

采用 EEPROM 的单片机可方便地进行程序的刷写操作,其存在的问题是刷写速度稍慢。

采用 Flash ROM 的单片机,不但程序刷写方便,而且刷写速度快,使用十分方便。AT89S51/52 以及 STC89C51/52 单片机采用的就是 Flash ROM 程序存储器。

AT89S51/52 单片机内部有 4 KB/8 KB 大小的程序存储器,这对于一般的应用已经足够,另外还可以扩展外部程序存储器,最大寻址范围为 64 KB(相当于 FFFFH,参见图 2-3)。当扩展外部程序存储器时,需要注意单片机 31 脚($\overline{EA}$)的接法,当 31 脚接地时,即强制从外部程序存储器读取程序;当 31 脚接高电平时,则先从内部程序存储器中读取程序,超过内部程序存储器容量时,才会转向外部程序存储器读取程序。在这里,笔者建议您不要进行程序存储器的扩展,如果您感觉 AT89S51/52 内部程序存储器不够,可以选购内部程序存储器更大的单片机,如 ATS8953、STC89C516RD+、P89C668 型号等。

2. 程序存储器的使用

(1) AT89S51 单片机程序存储器的使用

AT89S51 单片机片内有 4 KB 的程序存储单元,其地址为 0000H～0FFFH,单片机启动复位后,程序计数器的内容为 0000H,所以系统将从 0000H 单元开始执行程序。实际编程时,一般在 0000H 单元存放一条跳转指令,而用户设计的程序从跳转后的地址开始存放。

另外需要注意的是,AT89S51 的以下 40 个单元比较重要,它们分别存放中断处理程序,如表 2-3 所列。

以上 40 个单元是专门用于存放中断处理程序的地址单元,中断响应后,按中断的类型,自动转到各自的中断区去执行程序。因此以上地址单元不能用于存放程序的其他内容,只能存放中断服务程序。但是通常情况下,每段只有 8 个地址单元是不能存下完整的中断服务程序的,因而一般也在中断响应的地址区,安放一条无条件转移指令,指向程序存储器的其他真正存放中断服务程序的空间去执行,这样中断响应后,CPU 读到这条转移指令,便转向其他地方去继续执行中断服务程序。

(2) AT89S52 单片机程序存储器的使用

AT89S52 单片机片内有 8 KB 的程序存储单元,其地址为 0000H～1FFFH,与 AT89S51 不同的是,AT89S52 比 AT89S51 多 1 个定时器溢出中断 2,如表 2-4 所列。

表 2-3 中断入口地址

地 址	名 称
0003H～000AH	外部中断 0
000BH～0012H	定时器 0 溢出中断
0013H～001AH	外部中断 1
001BH～0022H	定时器 1 溢出中断
0023H～002AH	串行口中断

表 2-4 AT89S52 中断入口地址

地 址	名 称
0003H～000AH	外部中断 0
000BH～0012H	定时器 0 溢出中断
0013H～001AH	外部中断 1
001BH～0022H	定时器 1 溢出中断
0023H～002AH	串行口中断
002BH～0032H	定时器 2 溢出中断

为便于理解以上内容,图 2-4 给出了用户程序(主程序和中断程序)在程序存储器中的位置示意图。

第 2 章 初步认识 51 单片机

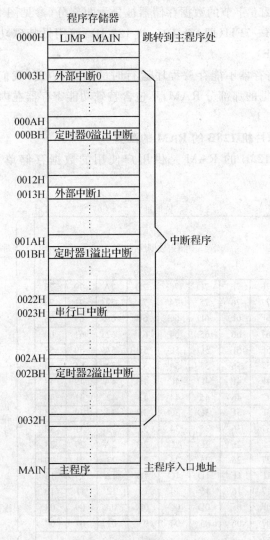

图 2-4 用户程序在程序存储器中的位置示意图

2.2.2 数据存储器

单片机的数据存储器由读写存储器 RAM 组成,用于存储程序运行时的中间数据、结果等数据。AT89S51/52 的存储器分为内容数据存储器和外部数据存储器,其最大容量可扩展到 64 KB,实际使用时,应首先充分利用内部存储器。

1. AT89S51 单片机的内部数据存储器

AT89S51 单片机的内部总的数据存储器容量为 256 个单元(字节)。其中每个存储单元对应一个地址,256 个单元共有 256 个地址,用 2 位十六进制数表示,即存储器的地址(00H~FFH)。存储器中每个存储单元可存放一个 8 位二进制信息,通常用 2 位十六进制数来表示,这就是存储器的内容。存储器的存储单元地址和存储单元的内容是不同的两个概念,不能混淆。

AT89S51 内部 256 字节的数据存储器被分为两部分(参见图 2-3),其中,用于存放数据的 RAM 地址为 00H～7FH(即 0～127,共 128 B);而用做特殊功能寄存器(SFR)的地址为 80H～FFH(共 128 B)。

由于特殊功能寄存器不能存放程序运行时的数据,因此,我们说某一单片机 RAM 容量时,均指用于存放数据的那部分 RAM,不包含特殊功能寄存器在内。例如,AT89S51 的 RAM 是 128 B,而不是 256 B。

(1) AT89S51 单片机 128B 的 RAM 的配置

AT89S51 内部 128B 的 RAM 是供用户使用的数据存储单元,其配置情况如图 2-5 所示。

图 2-5　AT89S51 内部 128B 的 RAM 配置情况

按用途可将内部 128 B 分为 3 个区域。

① 通用寄存器区:在 00H～1FH 共 32 个单元中被均匀地分为 4 块,每块包含 8 个 8 位寄存器,均以 R0～R7 来命名,我们常称这些寄存器为通用寄存器(也称为工作寄存器)。这四块中的寄存器都标为 R0～R7,那么在程序中怎么区分和使用它们呢?聪明的工程师们又安排

第 2 章 初步认识 51 单片机

了一个寄存器——程序状态字寄存器(PSW)来管理它们,CPU 只要定义 PSW 的第 3 和第 4 位(RS0 和 RS1),即可选中这 4 组通用寄存器。对应的编码关系如表 2-5 所列。

表 2-5 PSW 与工作寄存器的对应关系

RS1	RS0	工作寄存器组	R0~R7 地址
0	0	组 0	00~07H
0	1	组 1	08~0FH
1	0	组 2	10~17H
1	1	组 3	18~1FH

从表中可以看出,在任一时刻,CPU 只能使用其中的一组寄存器,并且把正在使用的那组寄存器称之为当前寄存器区。到底选择哪一个工作组为当前工作区,取决于程序状态字寄存器 PSW 中的 RS1 和 RS0 位的状态。RS1 和 RS0 的状态可通过指令来改变。用户可以通过设置 RS1 和 RS0 位的状态来选择和切换当前工作寄存器区,这给用户保护寄存器中的内容提供了极大的方便。

② 位寻址区:内部 RAM 的 20H~2FH 单元为位寻址区,既可作为一般单元用字节寻址,也可对它们的位进行寻址。位寻址区共有 16 字节,128 位,位地址为 00H~7FH。CPU 能直接寻址这些位,执行例如置"1"、清"0"、求"反"、转移、传送和逻辑等操作。我们常称 51 单片机具有布尔处理功能,布尔处理的存储空间指的就是这些位寻址区。

提个醒:位地址与字节地址的含义是不同的,例如,位地址 7CH 表示 1 位地址,在 RAM 中,处于 2FH 位地址的第 4 位;而字节地址 7CH 表示地址为 7CH 的单元地址。

③ 字节寻址区:在内部 RAM 单元中,通用寄存器占去 32 个单元,位寻址区占去 16 个单元,剩下的 60 个单元就是供用户使用的一般 RAM 区,这部分只能用于字节寻址,因此称为字节寻址区;地址单元为 30H~7FH。对这部分区域的使用不作任何规定和限制,但应当说明的是,堆栈一般开辟在此区。

(2) AT89S51 的特殊功能寄存器 SFR

单元地址为 80H~FFH 的 RAM 是给特殊寄存器使用的,因为这些寄存器的功能已作专门规定,所以称其为专用寄存器或特殊功能寄存器,英文简称 SFR。特殊功能寄存器不连续地分散在 RAM 的 80H~FFH 单元地址中,尽管其中还有许多空闲地址,但用户不能使用。特殊功能寄存器共 26 个,其配置情况如表 2-6 所列。

表 2-6 特殊功能寄存器配置情况

序 号	SFR 符号	字节地址	SFR 名称	说 明
1	B	0F0H	B 寄存器	可位寻址
2	ACC	0E0H	累加器	可位寻址
3	PSW	0D0H	程序状态字寄存器	可位寻址
4	IP	0B8H	中断优先控制寄存器	可位寻址

续表 2-6

序号	SFR 符号	字节地址	SFR 名称	说明
5	P3	0B0H	输入/输出口 3	可位寻址
6	IE	0A8H	中断允许控制寄存器	可位寻址
7	WDTRST	0A6H	看门狗寄存器	—
8	AUXR1	0A2H	辅助功能寄存器 1	—
9	P2	0A0H	输入/输出口 2	可位寻址
10	SBUF	99H	串行数据缓冲寄存器	
11	SCON	98H	串行口控制寄存器	可位寻址
12	P1	90H	输入/输出口 1	可位寻址
13	AUXR	8EH	辅助功能寄存器	
14	TH1	8DH	定时器 1 高 8 位	
15	TH0	8CH	定时器 0 高 8 位	
16	TL1	8BH	定时器 1 低 8 位	
17	TL0	8AH	定时器 0 低 8 位	
18	TMOD	89H	定时器方式选择寄存器	
19	TCON	88H	定时控制寄存器	可位寻址
20	PCON	87H	电源控制及波特率选择寄存器	
21	DP1H	85H	数据指针 1 高 8 位	
22	DP1L	84H	数据指针 1 低 8 位	
23	DP0H	83H	数据指针 0 高 8 位	
24	DP0L	82H	数据指针 0 低 8 位	
25	SP	81H	堆栈指示器	
26	P0	80H	输入/输出口 0	可位寻址

从表中可以看出，AT89S51 单片机中，有 11 个寄存器不仅可以用于字节寻址，也可以进行位寻址。凡是能进行位寻址的 SFR，其特征是字节地址都能被 8 整除（字节地址的末位是 0 或 8）。AT89S51 能位寻址的特殊功能寄存器位地址表如表 2-7 所列。

表 2-7 AT89S51 能位寻址的特殊功能寄存器位地址表

序号	SFR 符号	字节地址	位地址/位符号							
			D7	D6	D5	D4	D3	D2	D1	D0
1	B	0F0H	0F7H	0F6H	0F5H	0F4H	0F3H	0F2H	0F1H	0F0H
2	ACC	0E0H	0E7H	0E6H	0E5H	0E4H	0E3H	0E2H	0E1H	0E0H
3	PSW	0D0H	0D7H	0D6H	0D5H	0D4H	0D3H	0D2H	0D1H	0D0H
			CY	AC	F0	RS1	RS0	OV	—	P

续表 2-7

序 号	SFR 符号	字节地址	位地址/位符号							
			D7	D6	D5	D4	D3	D2	D1	D0
4	IP	0B8H	0BFH	0BEH	0BDH	0BCH	0BBH	0BAH	0B9H	0B8H
			—	—	—	PS	PT1	PX1	PT0	PX0
5	P3	0B0H	0B7H	0B6H	0B5H	0B4H	0B3H	0B2H	0B1H	0B0H
			P3.7	P3.6	P3.5	P3.4	P3.3	P3.2	P3.1	P3.0
6	IE	0A8H	0AFH	0AEH	0ADH	0ACH	0ABH	0AAH	0A9H	0A8H
			EA	—	—	ES	ET1	EX1	ET0	EX0
7	P2	0A0H	0A7H	0A6H	0A5H	0A4H	0A3H	0A2H	0A1H	0A0H
			P2.7	P2.6	P2.5	P2.4	P2.3	P2.2	P2.1	P2.0
8	SCON	98H	9FH	9EH	9DH	9CH	9BH	9AH	99H	98H
			SM0	SM1	SM2	REN	TB8	RB8	TI	RI
9	P1	90H	97H	96H	95H	94H	93H	92H	91H	90H
			P1.7	P1.6	P1.5	P1.4	P1.3	P1.2	P1.1	P1.0
10	TCON	88H	8FH	8EH	8DH	8CH	8BH	8AH	89H	88H
			TF1	TR1	TF0	TR0	IE1	IT1	IE0	IT0
11	P0	80H	87H	86H	85H	84H	83H	82H	81H	80H
			P0.7	P0.6	P0.5	P0.4	P0.3	P0.2	P0.1	P0.0

下面把几个主要特殊功能寄存器作一简要介绍。

① 累加器 A(或 ACC)：累加器 A 为 8 位寄存器，是最常用的专用寄存器，功能较多。它既可用于存放操作数，也可用来存放中间结果。

② B 寄存器：B 寄存器是一个 8 位寄存器，主要用于乘除运算。乘法运算时，B 是乘数，乘法操作后，乘积的高 8 位存于 B 中。除法运算时，B 存放除数；除法操作后，余数存于 B 中。此外，B 寄存器也可作为一般数据寄存器使用。

③ 程序状态字寄存器 PSW：程序状态字寄存器 PSW 是一个 8 位寄存器，用于存放程序运行的状态信息。其中，有些位的状态是程序执行的结果，是由硬件自动置位的；而有些位的状态则采用软件的方法来设定。PSW 的位状态可以用专门指令进行测试，也可以用指令读出。一些条件转移指令会根据 PSW 有关位的状态进行程序转移。PSW 的各位详细情况如表 2-8 所列。

表 2-8 PSW 各位详细说明

位地址	位符号	位名称	说　明
PSW.7	CY	进位标志位	AT89S51 中的运算器是一种 8 位的运算器，但 8 位运算器只能表示到 0~255，如果做加法的话，两数相加可能会超过 255，这样最高位就会丢失，造成运算的错误。有了 CY，最高位就进到这里来，这样就没事了

续表 2-8

位地址	位符号	位名称	说明
PSW.6	AC	辅助进位位	当进行加法或减法操作而产生由低4位向高4位的进位或借位时，由硬件将AC置1；否则就被清除
PSW.5	F0	用户标志位	它是用户定义的一个状态标记，可以用软件来使它置位或清除，也可用软件测试F0以控制程序的流向
PSW.4	RS1	通用寄存器组选择1	参见表2-5
PSW.3	RS0	通用寄存器组选择0	
PSW.2	OV	溢出标志位	在带符号数运算中，若OV=1，表示加减运算结果超出了累加器A所能表示的符号数的有效范围（-128～+127），即产生了溢出，因此运算结果是错误的；若OV=0，则运算结果正确，无溢出。 在乘法运行中，OV=1，表示乘积超过255，即乘积分别放在B（高8位）与A（低8位）中；OV=0，表示乘积只放在A中，B=0。 在除法运行中，OV=1，表示除数为0，除法不能进行；OV=0，表示除数不为0，除法可正常进行
PSW.1	—	保留位	
PSW.0	P	奇偶位	每个指令周期都由硬件来置位或清除，以表示累加器A中1的个数的奇偶性。若P=1，则累加器A中1的个数为奇数，若P=0，则累加器A中1的个数为偶数

④ 栈指针SP：栈指针SP是一个8位专用寄存器，它指示出堆栈顶部在内部数据存储器中的位置。系统复位后，SP初始化为07H，使得堆栈向上由08H单元开始。考虑到08H～1FH单元属于工作寄存器区，若程序设计中要用到这些区，最好把SP的值置为1FH或更大一些，一般将堆栈开辟在30H～7FH区域中。

另外，51单片机还有一个程序计数器PC，该PC是一个16位的计数器，其内容为将要执行的指令地址，寻址范围达64KB。该PC有自动加1功能，从而可实现程序的顺序执行。该PC没有地址，是不可寻址的，但在物理上又是存在的，因此用户无法对它进行读/写；但可以通过转移、调用返回等指令改变其内容，以实现程序的转移。有些书中将PC也算作特殊功能寄存器，本书不提倡这种归类方法。

2. AT89S52单片机的内部数据存储器

AT89S52单片机与AT89S51单片机内部数据存储器基本一致，但有以下几点不同：

① AT89S51单片机的内部RAM大小是128 B，地址范围为00H～7FH。而AT89S52单片机的内部RAM大小是256 B，地址范围为00H～FFH。参见图2-3所示。

专家点拨：AT89S52片内256 B的RAM数据存储器中，高128 B与特殊功能寄存器重叠，即高128 B与特殊功能寄存器有相同的地址，而在物理上又是分开的；当一条指令访问高于7FH的地址时，由寻址方式来决定是访问高128 B的RAM，还是特殊功能寄存器。直接寻址方式访问特殊功能寄存器，间接寻址方式访问高128 B的RAM，例如：

```
MOV R0,#90H
MOV @R0,A      ;累加器 A 内容送内部 RAM 90H 单元(间接寻址)
MOV 90H,A      ;累加器 A 内容送地址为 90H 的特殊功能寄存器,即 P1 口(直接寻址)
```

② AT89S51 单片机有 26 个特殊功能寄存器;而 AT89S52 比 AT89S51 增加了 RCAP2H、RCAP2L、TL2、TH2、T2MOD 和 T2CON(可以位寻址)等 6 个寄存器,如表 2-9 所列,这样,AT89S52 单片机共有 32 个特殊功能寄存器,其中 12 个可以位寻址。

表 2-9 AT89S52 单片机增加的特殊功能寄存器

增加的 SFR	字节地址	名称	位地址/位符号							
			D7	D6	D5	D4	D3	D2	D1	D0
TH2	0CDH	定时器 2 高 8 位	不能位寻址,只能字节寻址							
TL2	0CCH	定时器 2 低 8 位	不能位寻址,只能字节寻址							
RCAP2H	0CBH	定时器 2 捕捉/重载高字节	不能位寻址,只能字节寻址							
RCAP2L	0CAH	定时器 2 捕捉/重载低字节	不能位寻址,只能字节寻址							
T2MOD	0C9H	定时器 2 方式选择寄存器	不能位寻址,只能字节寻址							
T2CON	0C8H	定时器 2 控制寄存器	0CFH	0CEH	0CDH	0CCH	0CBH	0CAH	0C9H	0C8H
			TF2	EXF2	RCLK	TCLK	EXEN2	TR2	C/T2	CP/RL2

3. AT89S51/52 单片机的外部数据存储器

当用户需处理的数据量较大而 AT89S51/52 单片机的内部 RAM 不够用时,单片机需要在芯片外部连接数据存储器(RAM)。AT89S51/52 单片机可访问的外部 RAM 的地址空间为 0~64 KB。

在这里,笔者建议您最好不要进行数据存储器的扩展,如果您感觉 AT89S51/52 的内部数据存储器不够,可以选购内部数据存储器更大的单片机,如 ATS8954、STC89C516RD+、P89C668 等型号。

需要指出的是,尽管 80C51 单片机的存储器有内部 ROM、外部 ROM、内部 RAM 和外部 RAM,存储器空间也是重叠的,但在实际应用中不会发生混乱。对内部 ROM 和外部 ROM,单片机是通过 $\overline{EA}$ 引脚来控制的,内外统一,不会出错;对内、外部的 RAM 而言,则通过指令 MOV 和 MOVX 加以区分。因此,用户在使用时可尽管放心,只要使用正确的指令,就能指挥单片机正常地工作。

2.3 单片机的最小系统电路

能让单片机运行起来的最小硬件连接就是单片机的最小系统电路。51 单片机的最小系统电路一般包括工作电源、振荡电路和复位电路等几部分,如图 2-6 所示。

2.3.1 单片机的工作电源

51 单片机的 40 脚接 5 V 电源,20 脚接地,为单片机提供工作电源,由于目前的单片机均内含程序存储器,因此,在使用时,一般需要将31脚接电源(高电平)。

2.3.2 单片机的复位电路

复位是单片机的初始化操作,其主要功能是把PC初始化为0000H,使单片机从0000H单元开始执行程序。除了进入系统的正常初始化之外,当由于程序运行出错或操作错误使系统处于死锁状态时,也需按复位键以重新启动。

除PC之外,复位操作还对其他一些专用寄存器有影响,如图2-7所示(寄存器复位状态值中的X为不定值)。

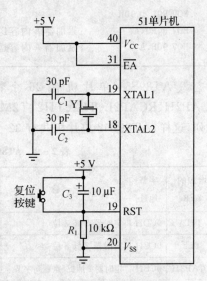

图2-6 单片机最小系统电路

51单片机的RST引脚是复位信号的输入端,复位信号是高电平有效,其有效时间应持续24个振荡脉冲周期(即2个机器周期)以上;通常为了保证应用系统可靠地复位,复位电路应使引脚RST脚保持10 ms以上的高电平。只要引脚RST保持高电平,单片机就循环复位。当引

0F8H								0FFH
0F0H	B 00000000							0F7H
0E8H								0EFH
0E0H	ACC 00000000							0E7H
0D8H								0DFH
0D0H	PSW 00000000							0DFH
0C8H								0CFH
0C0H								0C7H
0B8H	IP XX000000							0BFH
0B0H	P3 11111111							0B7H
0A8H	IE 0X000000							0AFH
0A0H	P2 11111111	AUXR1 XXXXXXX0				WDTRST XXXXXXXX		0A7H
98H	SCON 00000000	SBUF XXXXXXXX						9FH
90H	P1 11111111							97H
88H	TCON 00000000	TMOD 00000000	TL0 00000000	TL1 00000000	TH0 00000000	TH1 00000000	AUXR XXX00XX0		8FH
80H	P0 11111111	SP 00000111	DP0L 00000000	DP0H 00000000	DP1L 00000000	DP1H 00000000		PCON 0XXX0000	87H

图2-7 复位时各寄存器的状态

RST 从高电平变为低电平时,单片机退出复位状态,从程序存储器的 0000H 地址开始执行用户程序。

复位操作有上电自动复位和按键手动复位两种方式。

上电复位的过程是在加电时,复位电路通过电容加给 RST 端一个短暂的高电平信号,此高电平信号随着 V_{CC} 对电容的充电过程而逐渐回落,即 RST 端的高电平持续时间取决于电容的充电时间。

手动复位需要人为在复位输入端 RST 上加入高电平。一般采用的办法是在 RST 端和正电源 V_{CC} 之间接一个按钮,当按下按钮时,则 V_{CC} 的 +5 V 电平就会直接加到 RST 端。即使按下按钮的动作较快,也会使按钮保持接通达数十毫秒,所以,保证能满足复位的时间要求。

2.3.3 单片机的时钟电路

时钟电路用于产生时钟信号,单片机本身是一个复杂的同步时序电路,为了保证同步工作方式的实现,单片机应设有时钟电路。

1. 时钟信号的产生

在单片机芯片内部有一个高增益反相放大器,其输入端为芯片引脚 XTAL1,输出端为引脚 XTAL2,在芯片的外部通过这两个引脚跨接晶体振荡器和微调电容,形成反馈电路,就构成了一个稳定的自激振荡器,如图 2-8 所示。

电路中对电容 C_1 和 C_2 的要求不是很严格,如使用高质量的晶振,则不管频率多少,C_1、C_2 一般都选择 30 pF。对于 AT89S51/52 单片机,晶体的振荡频率范围是 0~33 MHz,晶体振荡频率高,则系统的时钟频率也高,单片机运行速度也就快。振荡电路产生的振荡脉冲并不直接使用,而是经分频后再为系统所用,如图 2-9 所示。

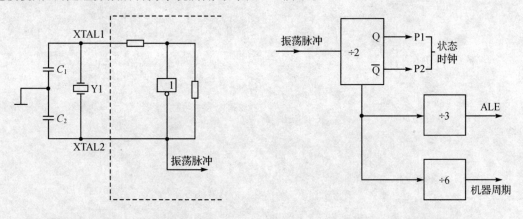

图 2-8 单片机的振荡电路　　图 2-9 时钟的分频

振荡脉冲经过 2 分频后作为单片机系统的状态时钟信号,在 2 分频的基础上再 3 分频产生 ALE 信号,即 ALE 为晶振固定频率的 1/6,在 2 分频的基础上再 6 分频得到机器周期信号,即机器周期为晶振固定频率的 1/12。

2. 振荡周期、机器周期和指令周期

(1) 振荡周期

我们把晶体振荡电路产生的振荡脉冲周期称为振荡周期,它等于晶振频率的倒数。

(2) 机器周期

在单片机中,为了便于管理,常把一条指令的执行过程划分为若干个阶段,每个阶段完成一个基本操作,例如,取指令、存储器读、存储器写等。完成一个基本操作所需要的时间称为机器周期。

一般情况下,一个机器周期由 12 个振荡周期组成。而振荡周期＝1 秒/晶振频率,因此单片机的机器周期＝12 秒/晶振频率。例如,当使用 6 MHz 的时钟频率时,一个机器周期就是 2 μs,当使用 12 MHz 的时钟频率时,一个机器周期就是 1 μs。

(3) 指令周期

指令周期是执行一条指令所需要的时间,一般由若干个机器周期组成。指令周期以机器周期的数目来表示,指令不同,所需要的机器周期数也不同,51 单片机的指令周期根据指令的不同,可包含有 1、2、3 或 4 个机器周期。

对于一些简单的单字节指令,在取指令周期中,指令取出到指令寄存器后,立即译码执行,不再需要其他的机器周期。对于一些比较复杂的指令,例如转移指令、乘除指令,则需要两个或者两个以上的机器周期。

第 3 章
单片机低成本实验设备的制作与使用

学习单片机离不开实验,边学边练,这样才能尽快掌握。单片机实验需要准备实验板、仿真器、编程器等硬件设备。目前,市场上这类产品种类很多,价格也相差很大,这对初学者来说是一个"痛苦"的选择。笔者是一名单片机开发工作者,也是一名单片机制作"发烧友",特为单片机"玩家"定制了一套电路简单,实用性强,制作容易的"傻瓜型"实验开发系统。这套系统主要由 DD-900 实验开发板、下载线、DD-51 编程器及 DD-F51 仿真器组成,DD-900 实验开发板功能强大,几乎可以完成单片机所有的实验任务,下载线、DD-51 编程器和 DD-F51 仿真器可以自己动手制作,不但成本较低,而且制作方便,实践证明效果很好。

3.1 DD-900 实验开发板介绍

DD-900 实验开发板由笔者与顶顶电子共同开发,具有实验、仿真、ISP 下载等多种功能,支持 51 系列和部分 AVR 单片机;只需一套 DD-900 实验开发板和一台计算机而不需要购买仿真器、编程器等其他任何设备,即可轻松进行学习和开发。图 3-1 所示为 DD-51 实验开发板的实物图。

下面对 DD-900 实验开发板简要进行说明,详细情况请登录查询顶顶电子网站:www.ddmcu.com。

3.1.1 DD-900 实验开发板硬件资源和接口

① DD-900 实验开发板硬件资源十分丰富,可以完成单片机应用中几乎所有的实验,主要硬件资源和接口如下:

    a. 8 路 LED 灯;

    b. 8 位共阳 LED 数码管;

    c. 1602 字符液晶接口;

    d. 12864 图形液晶接口;

    e. 4 个独立按键;

    f. 4×4 矩阵键盘;

图 3-1　DD-900 实验开发板外形图

g. RS232 串行接口；

h. RS485 串行接口；

i. PS/2 键盘接口；

j. I²C 总线接口 EEPROM 存储器 24C04；

k. Microwire 总线接口 EEPROM 存储器 93C46；

l. 8 位串行 A/D 转换器 ADC0832；

m. 10 位串行 D/A 转换器 TLC5615；

n. 实时时钟 DS1302；

o. NE555 多谐振荡器；

p. 步进电动机驱动电路 ULN2003；

q. 单总线温度传感器 DS18B20；

r. 红外遥控接收头；

s. 一个蜂鸣器；

t. 一个继电器；

u. AT89S 系列单片机 ISP 下载接口；

v. 3 V 输出接口；

w. 单片机引脚外扩接口。

DD-900实验开发板主要硬件资源在板上的位置如图3-2所示。

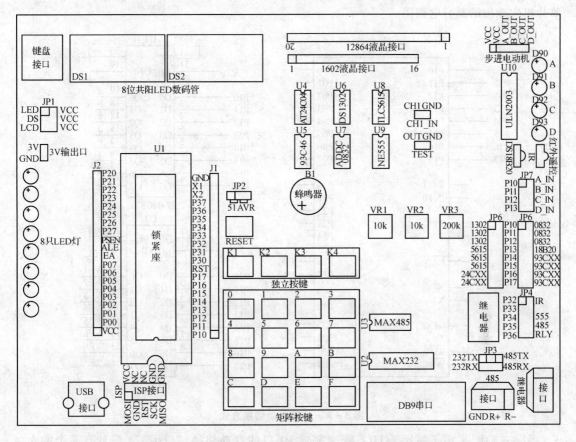

图3-2　DD-900实验开发板主要硬件资源在板上的位置

② DD-900实验开发板的外扩接口J1、J2(见图3-2)可以将单片机的所有引脚引出,方便地与外围设备(如无线遥控、nRF905无线收发等)进行连接。

③ 将仿真芯片(如SST89E516RD)插入到DD-900的锁紧插座上,配合Keil C51软件,可按单步、断点、连续等方式,对源程序进行仿真调试,也就是说,DD-900实验开发板可作为一台独立的51单片机仿真器使用。

④ 通过串口,DD-900实验开发板可完成对STC89C系列单片机的程序下载。同时,实验开发板还设有ISP下载接口,借助下载线(后面将要介绍)可方便地对AT89S系列单片机进行程序下载。因此,DD-900实验开发板可作为一台独立的51单片机下载编程器使用。

⑤ DD-900实验开发板不但支持51单片机的实验、仿真、下载,也支持AVR系列单片机的实验、下载(代表型号有AT90S8515和ATmega8515L)。

⑥ DD-900实验开发板可完成很多实验,不同的实验可能会占用单片机相同的端口。为了使各种实验互不干扰,需要对电路信号和端口进行切换,DD-900采用了"跳线"的形式来完成切换(共设置了7组,如图3-2所示的JP1~JP7)。这种切换方式的特点是:可靠性高,编程方便。

有经验的读者可能会问,现在很多单片机实验开发板,并没有采用"跳线"这种"老土"的方式,而是采用了"先进"的"自动"方式,为什么DD-900实验开发板不与时俱进呢?

问题是采用"自动"方式是否真的就先进呢？让我们揭秘一下吧！图3-3所示为取自某单片机实验板的部分电路图。

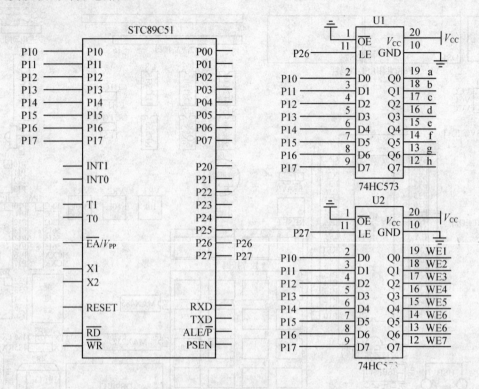

图3-3 端口自动切换方式

图3-3中，采用了两片74HC573来完成P1口的自动切换，74HC573是具有8个输入/输出端的8D锁存器，1脚$\overline{OE}$为输出使能端，低电平有效；11脚LE为锁存允许；D0～D7为信号输入端，Q0～Q7为信号输出端。表3-1所列为74HC573的真值表。

当74HC573的$\overline{OE}$端为高电平时，无论LE和D0～D7为何种电平状态，其输出Q0～Q7都为高阻态，此时，芯片处于不可控状态，因此，使用时一般将$\overline{OE}$接地，使输出状态有效。

当74HC573的$\overline{OE}$端为低电平时，我们再看LE，当LE为高电平时，D0～D7与Q0～Q7同时为高电平或者低电平；而当LE为低电平时，无论D0～D7为何种电平状态，Q0～Q7都保持上一次的电平状态。也就是说，当LE为高电平时，Q0～Q7的状态紧随D0～D7的状态变化；当LE为低电平时，Q0～Q7端数据将保持在LE端为低电平之前的数据。

表3-1 74HC573真值表

$\overline{OE}$	LE	输入D0～D7	输出Q0～Q7
L	H	H	H
L	H	L	L
L	L	X	保持
H	X	X	Z

注：表中H表示高电平，L表示低电平，X表示任意，Z表示高阻。

该电路中，两片74HC573的LE端分别由单片机的P26、P27进行控制，当P26为高电平、P27为低电平时，U1锁存器将打开，U2锁存器将关闭；当P26为低电平、P27为高电平时，U2锁存器将打开，U1锁存器将关闭。

第3章 单片机低成本实验设备的制作与使用

从以上分析可以看出,采用两片74HC573后,可以使单片机的P1口当作两个P1口来使用,从而省去8根"跳线",如果再增加几片74HC573,还可以省去更多的"跳线"。可见,这种自动切换方式的确有其优点。

那么采用自动方式真的就那么好吗?笔者则不敢苟同,主要原因是:采用74HC573后,进行不同的实验时,都须在程序中加入"P26=1,P27=0"或"P26=0,P27=1"等切换语句,不但降低了程序的可读性,而且还会大大降低程序的通用性和移植性,这是笔者在设计DD-900实验开发板时没有采用这种"先进"方式的原因。

当然,智者见智,仁者见仁,笔者只是一管之见,不想把自己的观点强加于任何人身上。

3.1.2 硬件电路介绍

1. 发光二极管和数码管电路

DD-900实验开发板的发光二极管和数码管电路如图3-4所示。

(1) 发光二极管电路

单片机的P0端口接了8个发光二极管,这些发光二极管的负极通过相应的8个电阻接到P0端口各引脚,而正极则接到电源端V_{CC}_LED(在DD-900实验开发板上V_{CC}标为VCC)。发光二极管亮的条件是P0口相应的引脚为低电平,如果P0口某引脚输出为0,则相应的灯亮;如果输出为1,则相应的灯灭。

(2) 数码管电路

单片机的P0口和P2口的部分引脚构成了8位LED数码管驱动电路。这里LED数码管采用了共阳型,使用8只PNP型晶体管作为片选端的驱动。基极通过限流电阻分别接单片机P2.0~P2.7,V_{CC}_DS电源电压经8只晶体管控制后,由集电极分别向8只数码管供电。

JP1为发光二极管、数码管和LCD供电选择插针。当短接JP1的LED、V_{CC}引脚时,可进行发光二极管实验;当短接JP1的DS、V_{CC}引脚时,可进行数码管实验;当短接JP1的LCD、V_{CC}引脚时,可进行LCD实验。

2. 1602和12864液晶接口电路

1602和12864液晶接口电路如图3-5所示。

液晶显示器由于体积小、质量轻、功耗低等优点,日渐成为各种便携式电子产品的理想显示器。DD-900实验开发板设有1602字符型和12864点阵图形两个液晶接口。

液晶接口电路由V_{CC}_LCD供电,当进行LCD实验时,需要短接插针JP1的LCD、V_{CC}端。

3. 红外遥控接收电路

红外遥控接收电路如图3-6所示。

红外遥控接收头输出的遥控接收信号送到插针JP4的IR端,再通过插针JP4送到单片机的P32引脚,由单片机进行解码处理。

进行红外遥控实验时,请将JP4的IR端与P32端短接。

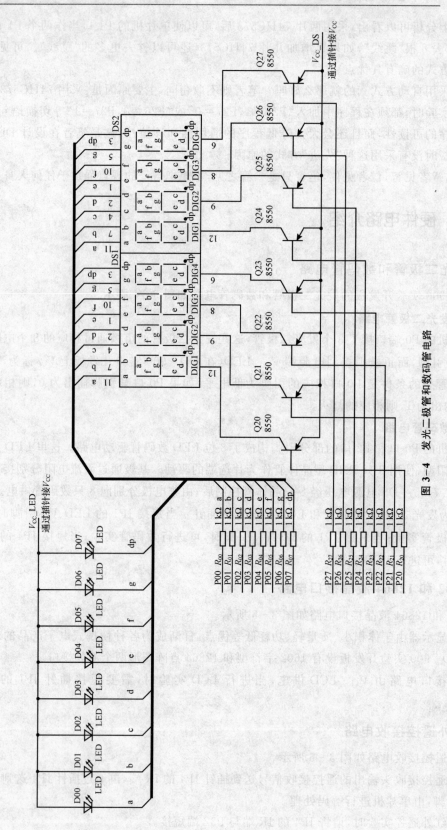

图 3-4 发光二极管和数码管电路

第3章 单片机低成本实验设备的制作与使用

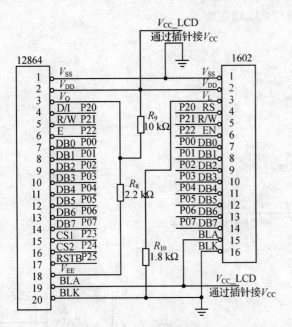
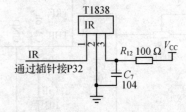

图 3-5 1602 和 12864 液晶接口电路　　　　图 3-6 红外遥控接收电路

4. 继电器电路

继电器电路如图 3-7 所示。

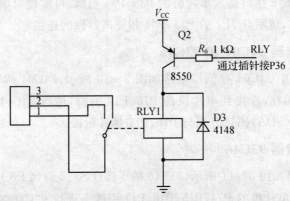

图 3-7 继电器电路

单片机 P36 引脚输出的控制信号经插针 JP4 的 P36、RLY 端加到继电器控制电路,当 P36 引脚为高电平时,晶体管 Q2 截止,继电器 RLY1 不动作(常闭触点闭合,常开触点断开);当 P36 引脚为低电平时,晶体管 Q2 导通,继电器 RLY1 动作(常闭触点断开,常开触点闭合)。

进行继电器控制实验时,请将 JP4 的 RLY 端与 P36 端短接。

5. 555 多谐振荡器

555 多谐振荡器电路如图 3-8 所示。

555 多谐振荡器产生的方波振荡信号由 NE555 的第 3 引脚输出,经插针 JP4 送到单片机的 P34 引脚,可进行计数器实验。

进行555实验时,请将JP4的555端与P34端短接。

6. PS/2键盘接口

PS/2键盘接口电路如图3-9所示。

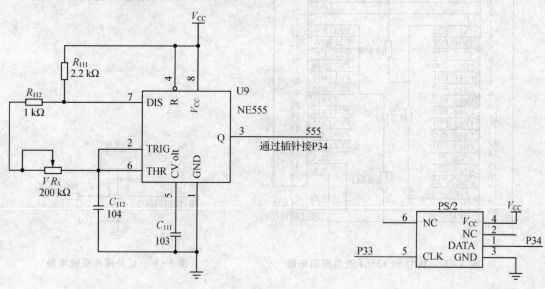

图3-8 555多谐振荡器电路   图3-9 PS/2键盘接口电路

PC的键盘通过PS/2接口接入单片机的P33、P34引脚,可实现对单片机的控制。

进行PS/2实验时,请断开JP4的P33、P34和外围器件的连接。

7. EEPROM存储器24C04和93C46

EEPROM存储器中24C04存储器电路如图3-10所示,24C04的第6引脚(SCL)、第5引脚(SDA)通过JP6插针,连接到单片机的P16、P17引脚,进行24C04实验时,须将JP5的24CXX(SCL)、24CXX(SDA)插针分别与P16、P17插针短接。

8. EEPROM存储器93C46

93C46存储器电路如图3-11所示,93C46的1脚(CS)、2脚(CLK)、3脚(DI)、4脚(DO)通过JP6插针,连接到单片机的P14、P15、P16、P17引脚。进行93C46实验时,须将JP6插针的93CXX(CS)、93CXX(CLK)、93CXX(DI)、93CXX(DO)端分别与P14、P15、P16、P17这4个插针短接。

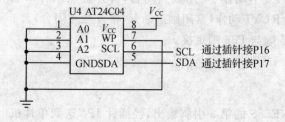

图3-10 24C04电路

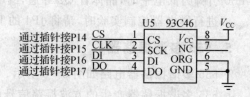

图3-11 93C46电路

第3章 单片机低成本实验设备的制作与使用

9. A/D 转换电路 ADC0832

DD-900 实验开发板设有 8 位串行 A/D 转换器 ADC0832,有关电路如图 3-12 所示。

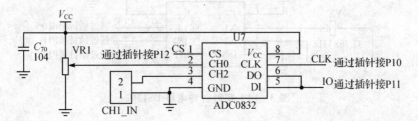

图 3-12 A/D 转换电路 ADC0832

电路中,ADC0832 的 7 脚(CLK)、5 脚和 6 脚(I/O)、1 脚(CS)通过 JP6 插针,接到单片机的 P10、P11、P12 引脚。图中,CH1_IN 为 ADC0832 通道 1(CH1)输入端;通道 0(CH0)输入端由 5 V 电压(V_{CC})经 VR1 分压后得到。

进行 A/D 转换器 ADC0832 实验时,须将 JP6 的 0832(CLK)、0832(I/O)、0832(CS)插针与 P10、P11、P13 插针短接。

10. D/A 转换电路 TLC5615

DD-900 实验开发板设有 10 位 D/A 转换器 TLC5615,有关电路如图 3-13 所示。

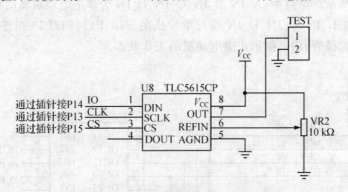

图 3-13 D/A 转换电路 TLC5615

电路中,TLC5615 的 2 脚(CLK)、1 脚(IO)、3 脚(CS)通过 JP5 插针,连接到单片机的 P13、P14、P15 引脚;TLC5615 的 7 脚为输出端,加到测试插针 TEST,以方便测试。

进行 D/A 转换器 TLC5615 实验时,须将 JP5 的 5615(CLK)、5615(IO)、5615(CS)插针和 P13、P14、P15 插针短接。

11. 实时时钟电路 DS1302

DD-900 实验开发板上设有实时时钟芯片 DS1302,有关电路如图 3-14 所示。

电路中,时钟芯片 DS1302 的 7 脚(CLK)、6 脚(IO)、5 脚(RST)通过插针 JP5,连接到单片机的 P10、P11、P12 引脚;C_{61} 为备用电源,用来在断电时维持 DS1302 继续走时。

进行 DS1302 时钟实验时,须将 JP5 的 1302(CLK)、1302(IO)、1302(RST)插针和 P10、P11、P12 插针短接。

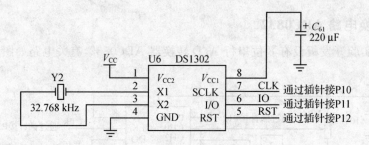

图 3-14 实时时钟电路 DS1302

12. DS18B20 接口电路

DS18B20 为单总线温度传感器,其接口电路如图 3-15 所示。温度传感器 DS18B20 产生的信号由 2 脚输出,通过插针 JP6 的 DS18B20 端,连接到单片机的 P13 脚;进行温度检测实验时,须将 JP6 的 DS18B20 插针与 P13 插针短接。

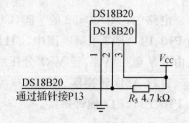

图 3-15 DS18B20 接口电路

13. 步进电动机驱动电路

步进电动机驱动电路以 ULN2003 为核心构成,有关电路如图 3-16 所示。电路中,A_IN、B_IN、C_IN、D_IN 为步进电动机驱动信号输入端,通过 JP7 插针的 A_IN、B_IN、C_IN、D_IN 端与单片机的 P10、P11、P12P13 相连,D90、D91、D92、D93 为 4 只发光二极管,用来指示步进电动机的工作状态。

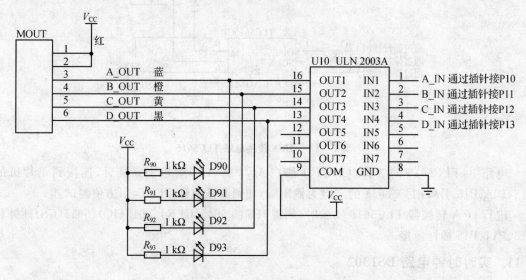

图 3-16 步进电动机驱动电路

进行步进电动机实验时,先将步进电动机插接在 MOUT 接口上,然后,再将 JP7 的 A_IN、B_IN、C_IN、D_IN 插针分别和 P10、P11、P12、P13 这 4 个插针短接即可。

14. 按键输入电路

DD-900 实验开发板设有 4 个独立按键和 16 个矩阵按键电路,如图 3-17 所示。

第 3 章 单片机低成本实验设备的制作与使用

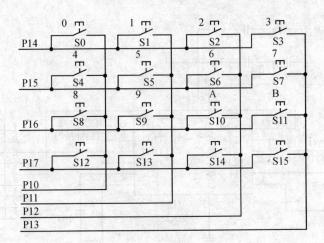

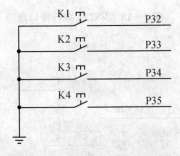

图 3-17 独立按键和矩阵按键电路

独立按键 K1～K4 接单片机的 P3.2～P3.5 引脚，矩阵按键(S0～S15)接单片机的 P1.0～P1.7 引脚。

单片机 P3.2～P3.4 和 P1.0～P1.7 引脚还通过插针 JP4、JP4、JP6、JP7 接有其他电路，为避免其他电路对键盘的干扰，在进行独立按键实验时，请将 JP4 所有插针座拔下；在进行矩阵按键实验时，请将 JP5、JP6、JP7 所有插针座拔下。

15. RS232 串行接口电路

串行通信功能是目前单片机应用中经常要用到的功能，DD-900 实验开发板具有 RS232 和 RS485 两个串口，其中，RS232 可进行常规的串口通信实验，另外，对 STC89C 等单片机进行程序下载，以及用 SST89E516RD 等进行仿真调试时，也要用到这个串口；RS232 串行接口电路如图 3-18 所示。

电路中，MAX232 的 12 脚(RXD_232)、11 脚(TXD_232)通过 JP3 插针，和单片机的 P30、P31 脚相连，使用 RS232 进行串口通信时，应将 JP3 插针的 232RX(RXD_232)、232TX(TXD_232)和中间的两插针短接。

16. RS485 串行接口电路

485 串口具有传输速率高、传输距离长等优点，是工业多机通信中应用最为广泛的接口，DD-900 实验开发板设有 RS485 接口电路，配合 RS232/RS485 转换器，可以远距离地和 PC 进行通信。图 3-19 所示为 RS485 接口电路图。

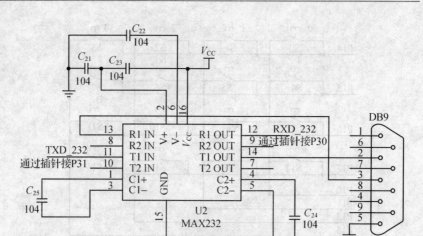

图 3-18 RS232 串行接口电路

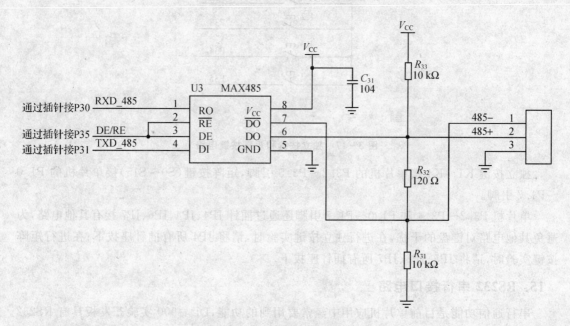

图 3-19 RS485 接口电路

电路中，MAX485 的 1 脚（RXD_485）、4 脚（TXD_485）通过 JP3 插针，和单片机的 P30、P31 脚相连，MAX485 的 2 脚和 3 脚（DE/RE）通过 JP4 插针，和单片机的 P35 脚相连，使用 RS485 进行串口通信时，应将 JP3 插针的 485RX（RXD_485）、485TX（TXD_485）和中间的两插针短接；同时，将 JP4 插针的 485（DE/RE）和 P35 插针短接。

17．蜂鸣器电路

蜂鸣器电路如图 3-20 所示。

单片机 P37 为蜂鸣器信号输出端，经晶体管 Q1 放大后，可驱动蜂鸣器 B1 发出声音。

18．ISP 下载接口电路

对于 STC89C 系列单片机，PC 可以直接通过 DD-900 实验开发板的 RS232 串口进行下载编程；对于 AT89S51/52 型等单片机，一般通过 ISP 接口下载。DD-900 实验开发板设有 ISP 下载接口，借助下载线，可方便地对 AT89S51/52 型等单片机进行程序下载，有关电路如图 3-21 所示。

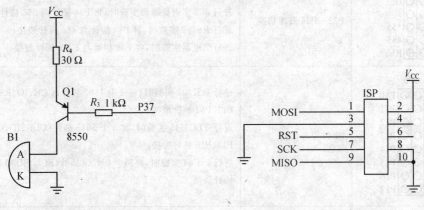

图 3-20　蜂鸣器电路　　　　　图 3-21　ISP 下载接口

电路中，ISP 接口为双排 10 脚插针，接口排列及定义符合 ATMEL 公司标准，接口的 MOSI、RST、SCK、MISO 脚分别和单片机的 P15、RST、P17、P16 脚相连。

3.1.3　插针跳线设置

DD-900 实验开发板采用插针跳线的方式和单片机的 I/O 进行连接，由于部分资源共用相同的单片机 I/O 口，实验时，需要将当前实验模块的短接帽插上，同时，要将其他占用相同 I/O 口的实验模块插针跳线断开，否则，可能无法进行实验或不能看到正确的实验结果。

DD-900 实验开发板共设有 7 组插针 JP1～JP7，各插针示意图、作用及使用说明如表 3-2 所列。

表 3-2　DD-900 实验开发板 7 组插针使用说明

插针名称及示意图	作　用	使用说明
JP1 LED ○○ V_{CC} DS ○○ V_{CC} LCD ○○ V_{CC}	发光二极管、数码管和 LCD 供电切换	进行 LED 发光二极管实验时，将 LED 插针与 V_{CC} 插针短接； 进行数管码实验时，将 DS 插针与 V_{CC} 插针短接； 进行 LCD 液晶显示实验时，将 LCD 插针与 V_{CC} 插针短接
JP2 ○○○ 51 AVR	51 单片机和 AVR 单片机复位切换	进行 51 单片机实验时，将左边插针与中间插针短接； 进行 AVR 单片机实验时，将右边插针与中间插针短接
JP3 232TX ○○○ 485TX 232RX ○○○ 485RX	RS232/RS485 串口切换	进行 RS232 串口实验时，将左边的 232RX、232TX 两插针与中间两插针短接； 进行 RS485 串口实验时，将右边的 485RX、485TX 两插针与中间两插针短接（同时短接 JP4 的 P35 和 485 插针）

续表 3-2

插针名称及示意图	作 用	使用说明
JP4 P32 ○○ IR P33 ○○ P34 ○○ 555 P35 ○○ 485 P36 ○○ RLY	P32~P36 资源切换	进行红外遥控实验时,将 P32 插针与 IR 插针短接; 进行 555 多谐振荡器实验时,将 P34 插针与 555 插针短接; 进行 RS485 实验时,将 P35 插针与 485 插针短接; 进行继电器实验时,将 P36 插针与 RLY 插针短接
JP5 1302 ○○ P10 1302 ○○ P11 1302 ○○ P12 5615 ○○ P13 5615 ○○ P14 5615 ○○ P15 24cxx ○○ P16 24cxx ○○ P17	P1 口资源切换	进行 DS1302 实验时,将 3 个 1302 插针(CLK、IO、RST)和 P10、P11、P12 插针短接; 进行 TLC5615 实验时,将 3 个 5615 插针(CLK、IO、CS)和 P13、P14、P15 插针短接; 进行 24C04 实验时,将两个 24Cxx 插针(SCL、SDA)和 P16、P17 插针短接
JP6 P10 ○○ 0832 P11 ○○ 0832 P12 ○○ 0832 P13 ○○ 18B20 P14 ○○ 93Cxx P15 ○○ 93Cxx P16 ○○ 93Cxx P17 ○○ 93Cxx	P1 口资源切换	进行 ADC0832 实验时,将 3 个 0832 插针(CLK、IO、CS)和 P10、P11、P12 3 个插针短接; 进行温度测量实验时,将 18B20 插针与 P13 插针短接; 进行 93C46 实验时,将 4 个 93Cxx 插针(CS、CLK、DI、DO)与 P14、P15、P16、P17 插针短接
JP7 P10 ○○ A_IN P11 ○○ B_IN P12 ○○ C_IN P13 ○○ D_IN	P1 口资源切换	进行步进电动机实验时,将 A_IN、B_IN、C_IN、D_IN 插针分别与 P10、P11、P12、P13 插针短接

3.1.4 仿真功能的使用

单片机仿真器是在产品开发阶段,用来替代单片机进行软硬件调试的非常有效的开发工具。使用仿真器,可以对单片机程序进行单步、断点、全速等手段的调试,在集成开发环境 Keil c51 中,用以检查程序运行中单片机 RAM、寄存器内容的变化,观察程序的运行情况。使用仿真器可以迅速发现和排除程序中的错误,从而大大缩短单片机开发的周期。

使用时,首先将仿真芯片(如 SST89E516RD)放在 DD-900 实验开发板的锁紧插座中锁紧,注意仿真芯片缺口向下。然后,与 Keil C51 调试软件配合,即可按单步、断点、连续等方式调试实际应用程序(程序调试方法将在本书第 4 章进行介绍)。

3.1.5 ISP 下载功能的使用

在 DD-900 实验开发板中,既安装有 RS232 串口,又安装有 ISP 下载接口,因此,可对 STC89C 系列、AT89S51/52 型等单片机进行下载编程。

1. 对 STC89C 系列单片机进行下载编程

STC89C 系列单片机是通过检测单片机的 P3.0 有无合法的下载命令流来实现 ISP 下载的,因此,对于 STC89C 单片机进行 ISP 编程时,需要串口接口电路(MAX232),DD-900 实验开发板上集成有此部分电路。

对 STC89C 系列单片机进行 ISP 下载编程时,还需要 STC89C 单片机 ISP 专用软件 STC-ISP,可从宏晶公司网站(http://www.mcu-memory.com)进行下载;STC-ISP 软件有多个版本,下面以 STC-ISP V3.94 版本为例,介绍 STC89C 系列单片机进行 ISP 下载编程的方法,编程步骤如下:

步骤一:将串口线一端接 PC 串口,另一端接 DD-900 实验开发板串口,同时,将实验开发板的 JP3 上 232RX、232TX 插针和中间的两个插针用短接帽短接,并将一片 STC89C51 插到锁紧插座上。

步骤二:运行 PC 上的 STC-ISP V3.94 编程软件,并进行简单的设置,如图 3-22 所示。

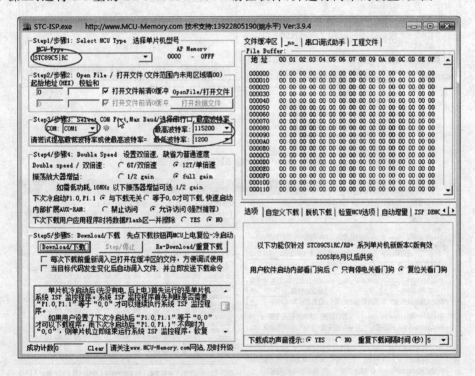

图 3-22　STC-ISP V3.94 编程软件设置窗口

步骤三:单击窗口中的【OpenFile/打开文件】按钮,打开需要写入的十六进制文件,这里选择 8 路流水灯文件 my_8LED.hex。

步骤四:单击窗口中的【Download/下载】按钮,在窗口的下部文本框中,将提示"给 MCU 加电"的信息,如图 3-23 所示。

步骤五:按照提示要求,经实验开发板通电,开始下载程序,下载完成后,将出现"下载 OK、校验 OK、已加密"等信息,如图 3-24 所示。此时,会发现 DD-900 实验开发板上的 8 个 LED 发光管循环点亮。

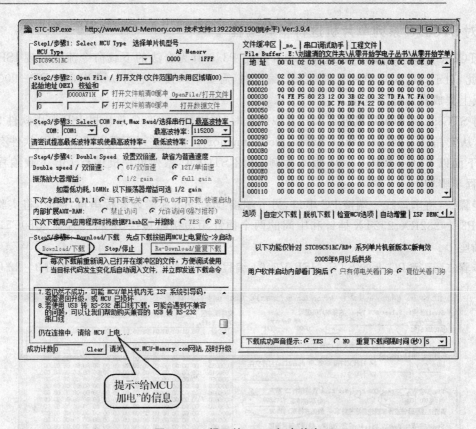

图 3-23 提示给 MCU 加电信息

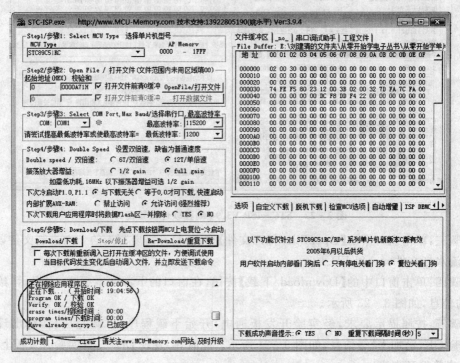

图 3-24 下载完成

2. 对 AT89S51/52 型等单片机进行下载编程

对 AT89S51/52 单片机下载编程时,需要自己制作或购买一只下载线(制作方法后面还要介绍),另外还需要 ISP 专用软件,目前,此类软件较多,其中比较常见的有"绿叶 ISP 编程软件"、"ISPlay v1.5"、"DownloadMcu"等,这几款软件均可从网上进行下载。这里以"绿叶 ISP 编程软件"为例,介绍 AT89S51 单片机进行 ISP 下载编程的方法,步骤如下:

步骤一:将下载线一端接 PC 并口,另一端接 DD-900 实验开发板 ISP 接口,并将一片 AT89S51 芯片插上锁紧插座上。

步骤二:运行 PC 上的"绿叶 ISP 编程软件",如图 3-25 所示。

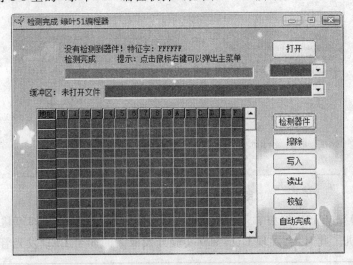

图 3-25　ISP 编程软件运行界面

步骤三:给 DD-900 实验开发板供电,并接通电源开关。

步骤四:单击绿叶 ISP 编程软件【器件检测】按钮,此时,在窗口的顶端出现检测到的器件信息,如图 3-26 所示。

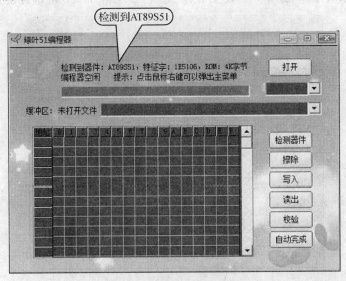

图 3-26　检测到的器件信息

步骤五：单击窗口【打开】按钮，打开需要写入的十六进制文件，这里选择 8 路流水灯文件 my_8LED.hex，如图 3-27 所示。

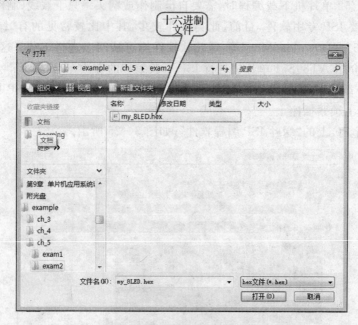

图 3-27 打开十六进制文件

步骤六：回到绿叶 ISP 编程软件窗口界面，单击【自动完成】按钮，即可将 my_8LED.hex 文件写入到单片机。此时，会发现 DD-900 实验开发板上的 8 个 LED 发光管循环点亮。

提个醒：在进行下载实验时，如果出现检测不到器件的现象，应对以下几点进行检查。
① 检查实验开发板锁紧插座放置的是不是 AT89S 系列芯片。
② 检查 ISP 编程软件设置是否正确。正确的设置如下：在 ISP 编程软件窗口右击，在出现的快捷菜单中依次选择"操作"→"设置引脚"选项，出现图 3-28 所示的设置窗口。

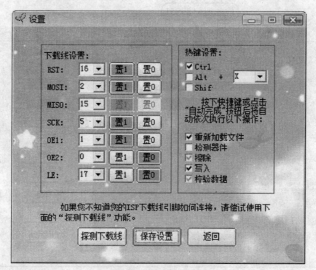

图 3-28 设置引脚窗口

单击窗口中的【探测下载线】按钮,弹出如图 3-29 所示的"探测成功"的对话框,单击【确定】按钮,返回到设置窗口,单击设置窗口中的【保存设置】按钮,返回到主窗口,单击主窗口中的【器件检测】按钮,此时应能检测到器件。

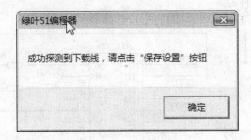

图 3-29 探测成功对话框

③ 如果在设置窗口中,单击【探测下载线】按钮,不能出现"探测成功"的对话框,则需要对 ISP 下载线进行检查,重点检查 MISO、MOSI、SCK 等引脚是否存在断路、短路等故障。另外,若下载线较长,也会引起检测不到器件或编程错误的故障。

3.2 编程器的制作与使用

单片机爱好者在进行电子制作或实验时,需要经常将设计的程序代码写入到单片机上,写入的方法主要有以下两种:

第一种是采用下载编程器写入。下载型编程器也称下载线或 ISP 线,写入程序代码时,不需要将单片机从电路板上取下,只需用下载线将 PC 和单片机实验板连接后,运行 PC 上的 ISP 下载软件,即可对实验板上的单片机写入程序。这种方法的优点是下载线电路简单,价格便宜,易于操作,比较适合单片机爱好者制作;缺点是下载线适用范围较窄,一种下载线只能对某一系列单片机(如 AT89S51/52 等)进行编程。

第二种是采用通用编程器写入。写入时,需要将单片机从实验板上取下,放到通用编程器上,写好后将单片机取下,再插到实验板上。这种方法的优点是编程器可对很多种单片机进行编程,适用范围广;缺点是通用编程器价格偏高,操作稍复杂。

下面对这两种编程器自制与使用方法分别进行介绍。

3.2.1 并口下载线的制作与使用

目前,下载线主要是针对 AT89S 系列单片机进行下载编程,STC89C 系列单片机可直接通过串口进行下载,因此,不需要下载线。

AT89S 系列单片机下载线电路形式较多,既有并口形式(通过 PC 并口下载),又有串口形式(通过 PC 串口下载),其中并口形式电路简单,适合业余电子爱好者进行制作。图 3-30 所示为 AT89S 系列单片机并口 ISP 下载线电路原理图。

图中 MOSI 为主出从入编程信号,下载编程时,应接到目标板单片机的 P1.5 脚,MISO 为主入从出编程信号,下载编程时,应接到目标板单片机的 P1.6 脚,SCK 为编程串行时钟信号,

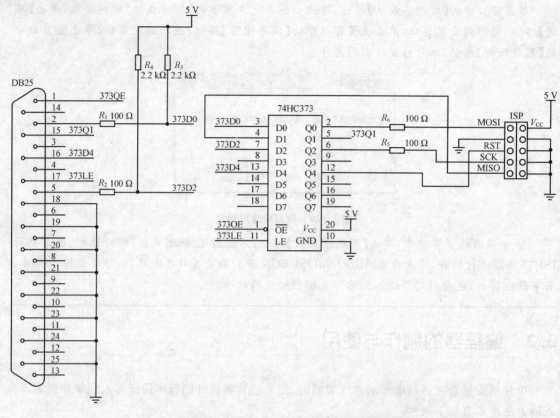

图 3-30　AT89S 系列单片机下载线电路原理图

　　下载编程时,应接到目标板单片机的 P1.7 脚,RST 为复位信号,下载编程时,应接到目标板单片机的复位脚。

　　电路的制作比较简单,首先从电子市场上购买 1 只 PC 的 DB25 并口,1 只 74HC373,2 只 2.2 kΩ 电阻,4 只 100 Ω 电阻,1 个双排插针,再购买一块万用板,然后按照本原理图进行连线和焊接,即可完成制作。图 3-31 所示为制作完成的下载线实物图。注意 ISP 接口的连线不宜过长,一般应低于 20 cm,目的在于提高抗干扰能力。

图 3-31　AT89S 系列单片机下载线实物图

　　将制作好的下载线通过并口连接到 PC,通过 ISP 接口连线接到 DD-900 实验开发板上,在 PC 上运行 ISP 下载软件(如绿叶 ISP 编程软件等),即可对 AT89S51 等单片机进行程序下载,详细使用方法在前面已进行了介绍。

　　提个醒:在制作和接线过程中,要注意以下两点。

　　① 注意 DB25 并口的引脚顺序不能接反,我们制作的下载线一般采用 DB25 公插头,其引脚排列如图 3-32 所示。如果采用 DB25 母插头,则引脚排列正好相反(即母插头的 1 脚对应公插头的 13 脚,母插头的 13 脚对应公插头的 1 脚,母插头的 14 脚对应公插头的 25 脚,母插

第3章 单片机低成本实验设备的制作与使用

头的25脚对应公插头的14脚)。

② 74HC373 不能用 74LS373 代换,因为74LS373 输出电平只有3 V 多,无法连通单片机的 ISP。

图3-32 DB25 公插头引脚排列

以上是采用74HC373制作的并口下载线,除此之外,还可以采用74HC244来进行制作,其电路原理及制作方法在网上均可方便地搜索到,这里不再介绍。

3.2.2 DD-51 通用编程器的制作与使用

通用编程器适用面较广,可对多种种类和型号的单片机、存储器进行编程。编程时,需要拆下单片机,将单片机放在编程器上写入正常的数据后,再装到原位置,即可运行程序;虽然这类编程器操作麻烦一点,但毕竟支持较多的芯片,因此,如果你的兴趣爱好比较广泛,建议购买或制作一台通用编程器。

根据功能的强弱,通用编程器价格相差较大,从几十元到上千元不等,这里,主要介绍笔者开发的 DD-51 编程器,该编程器性能稳定,经济实用,其外形实物如图3-33所示。

图3-33 DD-51 编程器外形实物

1. DD-51 编程器主要特点

DD-51 编程器的主要特点如下:

① 所有元件采用直插式元器件,制作十分方便。就连 USB 转串口贴片芯片 PL2303,笔者也充分考虑到玩家焊接时的难处,已事先将 PL2303 焊接在了一块 DIP28 转换板上,因此,您在制作时不必担心贴片集成电路的焊接问题,只需轻轻一插,即可大功告成。

② 支持串口和 USB 接口,既可以学习串口编程,又可以学习 USB 接口编程,可谓一举两得。

③ 支持 AT89C51、AT89C52、AT89C2051、AT89S51、AT89S52 等芯片的编程，这几种芯片和 STC89C 系列芯片（注：该芯片采用串口直接编程，不用编程器编程）是使用最为广泛的几种，因此，支持这几种就足矣！有的编程器号称支持几百种甚至上千种，实际意义并不大。另外，通过修改或增加源程序，DD-51 编程器还可以进行升级，支持更多的芯片。

④ 编程器的所有硬件和软件资源全部开放，编程器下位机监控程序采用 C 语言编写，上位机程序采用 VB 语言编写，易学易用，在《轻松玩转 51 单片机 C 语言》一书中，我们会对该编程器的硬件电路和软件设计进行详细的介绍，另外，读者也可登录顶顶电子网站（www.ddm-cu.com）了解该编程器更详细的信息。

2. DD-51 编程器的制作

图 3-34 所示为 DD-51 编程器的电路原理图。

电路中，U1（STC89C51）为主控芯片，其内部写有监控程序，在上位机的控制下，用于控制程序的读取、写入、校验、加密、擦除等操作；ZIP1 为锁紧插座，用来放置被编程的芯片；U2（HCF4053）为 51/2051 切换电路，用来对 51 系列和 2051 系列单片机进行切换；U3（MC34063）与外围电路组成 12 V 电源电路，主要用于产生编程时所需的 V_{PP} 电压；U4（MAX232）为 RS232 接口芯片，是主控芯片 U1 与 PC 进行串行通信的接口电路。U5（PL2303）为 USB 转换串口芯片，使编程器可通过 PC 的 USB 接口进行通信。Q1、Q2、Q3 三个晶体管组成开关电路，用来对 0 V、5 V、12 V 电压进行切换和控制。

该编程器需要的元器件十分常见，很容易在电子市场或淘宝网上买到，如果你是用万用板进行组装，那么，还需要购置万用板一块、导线若干等辅助元件。由于这个电路相对复杂一些，笔者采用了 PCB 板进行组装。

制作 PCB 板对于初学者而言是一件困难的事情，不过，如果你想投身于单片机这一行并有所作为，设计制作 PCB 板是必须掌握的技能。这里推荐使用 Protel99se 软件，这个软件功能强大，使用方便，更为重要的是，用 Protel99se 设计的 PCB 图，可以很方便地找到 PCB 生产厂家进行生产，使用其他 PCB 软件制作的 PCB 图就不好说了。

制作好 PCB 板后，将全部元件组装上，再用下载线或其他编程器把监控程序文件写到 STC89C51 中，硬件和软件就完全做好了。

组装好后，插上 USB 电缆，接通电源开关，此时电源指示灯会亮，表示电源正常，否则请检查发光管是否装反了、USB 接口焊接是否正常等。

电源指示灯正常发光后，还要测量 D31 的负端电压是否为 12 V，如果没有，需要检查 MC34063 及其外围元件是否有问题。

若以上检查均正常，就可以进行使用了。

顶顶 DD-51 编程器是一种基于串口和 USB 接口的多功能编程器，使用方法非常简单，下面简要进行说明。

3. 使用 DD-51 编程器的串口进行编程

使用串口进行编程时，先用短接帽将 DD-51 编程器的 JP1 的 232TX、232RX 与中间两个插针短接，再将编程器串口与 PC 连接好即可。

DD-51 编程软件安装完成后，运行程序，会出现图 3-35 所示的主界面。

用 DD-51 进行编程时，方法如下：

第3章 单片机低成本实验设备的制作与使用

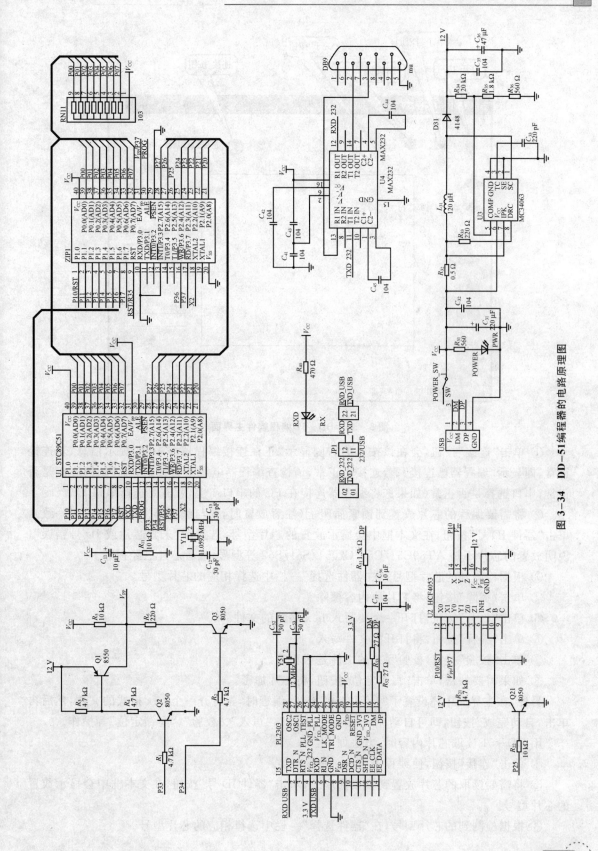

图 3-34 DD-51编程器的电路原理图

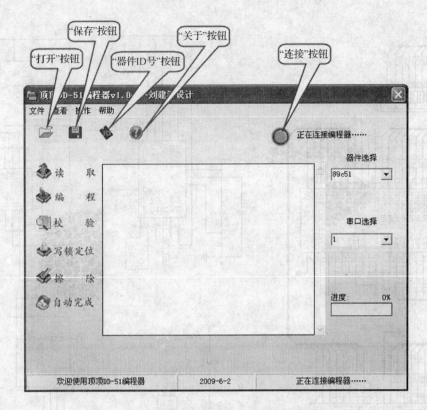

图 3-35　DD-51 编程软件主界面

①　单击"连接"按钮,会在该按钮的右侧显示"正在连接编程器……"的提示信息,若连接正常,即显示"编程器已连接";若连接不正常,请检查编程器电源是否接通,与 PC 的连接是否正常,串口选择是否正常(如果您将编程器连接在 PC 的串口 1 上,就需要选择串口 1)。

②　将需要编程的芯片放置到锁紧插座上(注意放置时,要与编程器上的标注方向一致),单击"器件 ID 号"按钮,在文本框中会显示放置的芯片型号,若显示"未知芯片或 ID 号错误",说明放置的芯片不是 AT89C51/C52/C2051/S51/S52 等型号,或者芯片已经损坏。

③　根据检测到的芯片型号,在"器件选择"一栏中选择相应的芯片型号。

④　单击"擦除"按钮,将芯片原内容擦除。

⑤　单击"打开"按钮,打开一个要写入 hex 格式的文件。

⑥　单击"编程"按钮,将打开的文件写入。

⑦　单击"校验"按钮,校验写入的文件是否正确。

⑧　如果需要加密,单击"写锁定位"按钮,将芯片加密。

另外,在主界面中还设置了"自动完成"按钮,编程时,先打开一个 hex 格式的文件,然后再单击"自动完成"按钮,即可自动完成程序的"擦除"、"写入"、"校验"、"写锁定位"等操作。

用 DD-51 读取芯片内容时,方法如下:

①　单击"连接"按钮,使编程器与 PC 进行连接。

②　将需要读取的芯片放置到锁紧插座上,单击"器件 ID 号"按钮,在文本框中会显示放置的芯片型号。

③　根据检测到的芯片型号,在"器件选择"一栏中选择相应的芯片型号。

④ 单击"读取"按钮,将芯片的内容读出来。

⑤ 单击"保存"按钮,弹出保存对话框,输入文件名(注意,要加上文件扩展名.hex),即可将读出的内容保存为 hex 格式的文件。

4. 使用 USB 接口进行编程

当使用 USB 接口编程时,先用短接帽将编程器的 JP1 的 USBTX、USBRX 与中间两个插针短接,再将编程器 USB 接口与 PC 的 USB 接口连接好即可。

使用 USB 接口进行编程与读取文件的方法同串口方式基本相同,不同之处是,使用 USB 接口时,需要安装随机附送的 USB 转串口芯片(PL2303)驱动程序,安装完驱动程序后,PC 会为编程器建立一个虚拟的串口号,这个串口号可按以下方式进行查看:以 windows XP 为例,右击"我的电脑",依次选择"属性"→"硬件"→"设备管理器"→"端口 COM 和 LPT"选项,这时会看到"Prolific USB-to-Serial Comm Port(COM3)"一栏,这就是编程器的虚拟串口(COM3),如图 3-36 所示。注意,对于不同的计算机,这个虚拟的串口号可能有所不同。了解到这个串口号后,在编程软件"串口选择"一栏中,选择相应的串口号即可(这里选择串口 3)。

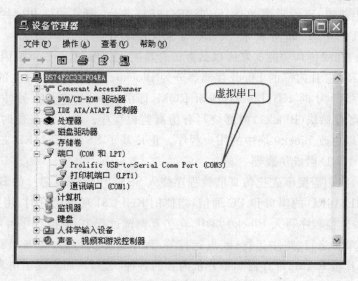

图 3-36 设备管理器中的虚拟串口

3.3 仿真器的制作与使用

单片机实验和开发中最重要的一个环节就是程序的调试,以验证自己设计的程序的正确性。在业余条件下,大部分人采用编程器直接烧写芯片,然后,在实验板或开发板上观察程序运行的结果,若程序运行不正常,修改程序后再烧写、再运行试验……对于一些小程序,这种方法可以很快找到程序上的错误,但是程序大了,变量也会变得很多,而直接烧片就很难看到这些变量的值了,在修改程序时还要不断的烧片实验,十分麻烦。当然,也可以采用 Keil c51 中提供的软件仿真的方法调试程序,但软件仿真有其局限性,而且也不能代替实际的使用环境,因此,单片机仿真器成了单片机程序调试中一个十分重要的设备。但一台好的仿真器价格不菲,业余条件下很少有人用得起这种昂贵的仿真器。为了解决这一问题,在这里特向大家介绍一种由笔者自制的 DD-F51 简易仿真器,其外形如图 3-37 所示,它支持 51 系列芯片的仿真而且成本较低,非常适合业余爱好者制作与使用。

下面对 DD-F51 仿真器的原理、制作与使用简要进行说明,有关该仿真器的详细情况请登录顶顶电子网站:www.ddmcu.com。

3.3.1 DD-F51 仿真器的原理与制作

1. DD-F51 仿真器的原理

DD-F51 仿真器的仿真 CPU 使用 SST 公司的 SST89E516RD 芯片(也可采用 SST89E564RD 或其他兼容芯片),SST89E516RD 芯片和 51 单片机的软件兼容,开发工具兼容,引脚也兼容;更为重要的是,SST89E516RD 芯片只需占用单片机的串口,即可实现 SoftICE(Software In Circuit Emulator)在线仿真功能。之所以具有仿真功能,主要是基于以下原因:

图 3-37 DD-F51 仿真器的外形

SST89E516RD 芯片内部的 Flash 存储器分为 Block0、Block1 两个独立的 Flash 存储块,Block0(用户程序区)为 64 KB,Block1(Boot ROM,即引导区)为 8 KB;另外,SST89E516RD 芯片内部的 Flash 存储块(Block1)内部烧写有仿真监控程序。单片机工作时,Block1 块中的仿真监控程序可以更改 Block0 块中的用户程序。正是基于 SST89E516RD 芯片的这些特点,可以用 SST89E516RD 做成仿真器。

实际操作时,我们需要事先把仿真监控程序烧入 SST89E516RD 芯片的 Block1 块中,监控程序通过 SST89E516RD 的串口和 PC 通信,当使用 Keil C51 环境仿真时,用户程序通过串口被 Block1 块中的监控程序写入 Block0 块中,在仿真调试过程中,监控程序可以随时改写被调试的程序来设置单步运行、跨步运行、断点运行等,程序暂停执行后,在 Keil C51 集成开发环境中可以观察单片机 RAM、寄存器和单片机内容的各种状态,从而实现了仿真功能。

图 3-38 所示为 DD-F51 仿真器的电路原理图。

可以看出,DD-F51 仿真器实际上是由仿真芯片 SST89E516RD 最小系统和 RS232 接口电路组成。JP1 为 2 脚插针,用于设置是选用仿真器上的复位电路还是采用用户目标板上的复位电路,当 JP1 插针短接时,选用仿真器上的复位电路,当 JP1 的插针断开时,则选用用户目标上的复位电路;JP2 为 6 针跳线,用于设置是选用仿真器上的晶振还是用户目标板上的晶振,当 JP1 插针 1—3、2—4 短接时,选用仿真器上的晶振,当 JP1 的 3—5、4—6 短接时,则选用用户目标上的晶振。

2. DD-F51 仿真器的制作

绘制好原理图后,就可以根据原理图中的要求购买元器件和组装了,组装时,需要设计 PCB 板。制作好 PCB 板后,将全部元件装上,再用编程器把 SST89E516RD 仿真监控程序(可到 SST 公司网站进行下载)写到 SST89E516RD 中,拿回来插到组装的仿真器上,硬件和软件就完全做好了。

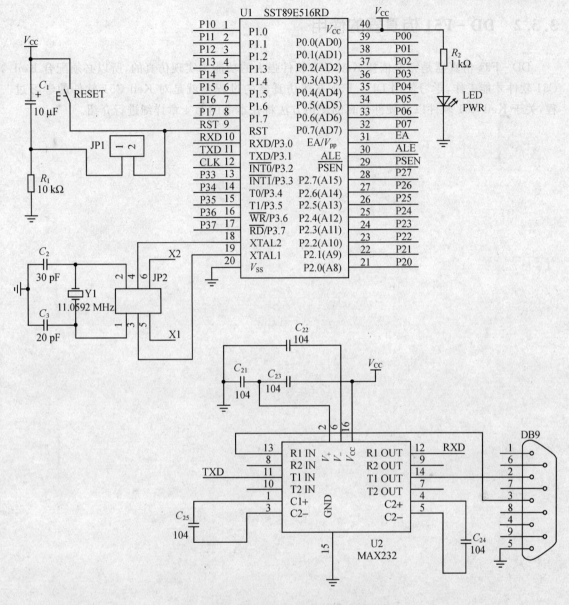

图3-38 DD-F51仿真器的电路原理图

烧写芯片时,一定要采用能够烧写 SST89E516RD 芯片的编程器,不同的编程器,烧写 SST89E516RD 芯片的方法不尽相同,但有两点要注意:一是加载监控程序文件时,要将缓冲区开始地址改为 010000(默认状态下一般为0);二是烧定时,要将编程范围设定为"Block1",即 SST89E516RD 程序存储器的引导区。

如果自己没有可用的编程器,可在仿真芯片时请商家代写,另外,市场上也有已烧写好监控程序的 SST89E516RD 芯片出售。

随便说明一下,仿真芯片 SST89E516RD 与 SST89E564RD 完全兼容,二者的监控程序可相互代换。

3.3.2　DD-F51仿真器的使用

DD-F51仿真器是完全依托Keil C51软件强大的功能来实现仿真的，所以必须配合Keil C51软件才能工作，学习使用DD-F51在线仿真器的过程也就是对Keil C51软件的学习过程，关于Keil C51软件以及硬件仿真的使用方法将在本书的第4章详细进行介绍。

第 4 章
30 分钟熟悉单片机实验开发全过程

本章以一个 LED 流水灯为例,教您一步一步的学习如何设计与制作硬件电路,如何利用 Keil C51 软件编写源程序,编译成 Hex 文件,如何利用仿真器进行硬件仿真调试,以及如何利用编程器进行程序的编程与下载等内容。对于从未接触过单片机的初学者,只要按照本章所述内容进行学习和操作,即可很快的编写出自己的第一个单片机程序,并通过自制的实验板或 DD-900 实验开发板看到程序的实际运行结果,从而熟悉单片机实验开发的全过程。通过本章的学习,你将会发现,单片机并不神秘,也不特别高深,它好玩、有趣,可谓老少皆宜。

4.1 单片机实验开发软件"吐血推荐"

单片机的实验和开发必须依赖软件的强大功能才能得以实现。在这里,向单片机玩家毫无保留地"吐血推荐"两种必备的软件——Keil C51 和 Protel。其中,Keil C51 可完成程序的编译链接与仿真调试,并能生成 hex 文件,由编程器烧写到单片机中。Protel 是一款 EDA 工具软件,它集原理图绘制、PCB 设计等多种功能于一体,是单片机硬件设计与制作中最为重要的软件。

4.1.1 Keil c51 软件介绍

Keil C51 是 51 单片机的实验、开发中应用最为广泛的软件,界面友好,易学易用,在调试程序、软件仿真方面也有很强大的功能。因此,很多开发 51 单片机应用的工程师或普通的单片机爱好者,都对它十分喜爱。

Keil C51 软件提供了文本编辑处理、编译链接、项目管理、窗口、工具引用和软件仿真调试等多种功能,通过一个集成开发环境(μVsion IDE)将这些部分组合在一起,使用 Keil C51 软件,可以对汇编语言程序进行汇编,对 C 语言程序进行编译,对目标模块和库模块进行链接以产生一个目标文件,生成 Hex 文件,对程序进行调试等。另外,Keil C51 还具有强大的仿真功能,在仿真功能中,有两种仿真模式:软件模拟方式和硬件仿真。在软件模拟方式下,不需要任何 51 单片机硬件即可完成用户程序仿真调试,极大地提高了用户程序开发的效率;在硬件仿真方式下,借助仿真器(仿真芯片和 PC 串口),可以实现用户程序的实时在线仿真。

总之，Keil C51 软件功能强大，应用广泛，无论是单片机初学者还是单片机开发工程师，都必须掌握好、使用好。

Keil C51 软件可从 Keil 公司的网站下载 Eval 版本，也可在其他相关网站上进行下载。Eval 版本具有 2K 代码的限制，对于学习和开发小型产品已经足够，如果您设计的程序较大（大于 2 KB），那么，您需要使用 Keil C51 正式版。

下载 Keil C51 软件后，双击其中的安装文件即可进行安装，安装方法十分简单，一路单击"next"、最后单击"finish"即可，安装完成后，在桌面上将生成"Keil μVision2"图标，双击"Keil μVision2"图标，即可启动 Keil C51 软件，启动后，我们就可以让它为我们服务了。有关 Keil C51 软件的使用方法，我们将在下面借助一个具体的实例进行详细介绍。

4.1.2 Protel 软件介绍

Protel 是电子爱好者设计原理图和制作 PCB 图的首选软件，在国内的普及率很高，几乎所有的电子公司都要用到它，许多大公司在招聘电子设计人才时，在其条件栏上常会写着要求会使用 Protel，可见其地位的重要性。

Protel 软件发展很快，主要版本有 Protel98、Protel99、Protel99SE、Protel DXP、Protel DXP 2004 等，从 Protel DXP 2004 以后，Protel 改名为 Altium Designer，主要版本有 Altium Designer 6.0、Altium Designer 6.6、Altium Designer 6.8、Altium Designer 6.9、Altium Designer 8.3 等。

Protel 的众多版本中，Protel99SE、Protel DXP 2004 以及 Altium Designer 新版本都有一定的用户群，它们都包含了电路原理图绘制、电路仿真与 PCB 板设计等内容。Protel99SE 是 Protel 公司 1999 年推出的，无论在操作界面上还是在设计能力方面都十分出色；Protel DXP 2004 及 Altium Designer 是 Altium 公司（Protel 公司的前身）推出的，它集所有设计工具于一体，具备了当今所有先进辅助设计软件的优点。虽然 Protel DXP 2004 及 Altium Designer 比 Protel99SE 功能强大，但其界面复杂，对计算机配置要求也较高，更为重要的是，国内很多 PCB 生产厂家水平还比较落后，即使您用 Protel DXP 2004 或 Altium Designer 设计出了 PCB 图，这些厂家可能也无法处理，必须转换为 Protel99SE 的 PCB 图后才能进行制作。因此，无论从易用性方面，还是从易于制作方面，笔者都建议您从 Protel99SE 开始学起，特别是对于初学者而言更应该如此，没有必要跟风追潮；况且，学好 Protel99SE，再学 Altium Designer 就会很快入门与上手。

有关 Protel 操作知识已超出了本书的范围，请读者自行购书学习。

4.2 单片机实验开发过程"走马观花"

见过这种灯吗？它有 8 个，通电后第 1 个灯亮，然后是第 2 个、第 3 个……依次循环点亮，这就是 8 位流水灯。这里就以制作流水灯为例，向读者介绍单片机实验开发的整个过程。尽管这个流水灯看起来还比较单调，也不够实用，但其开发过程与开发复杂的产品却是一致的，下面让我们一起开始吧！

4.2.1 硬件电路设计与制作

硬件电路设计是一门大学问,若设计不周,轻则完不成任务、达不到要求,重则可能发生短路、烧毁元件等事故。要想设计一个功能完善、电路简捷的硬件电路,不但要熟悉掌握模拟电路、数字电路等基本知识,还要学会常见元器件、集成电路的识别、检测与应用。不过,这里设计的只是一个8位流水灯,电路比较简单,对您的"基本功"要求不高。图4-1所示为用Protel99se绘制的8位流水灯电路原理图。

可以看出,8位流水灯电路由单片机最小系统(STC89C51、5V电源、复位电路、晶振电路)、8只LED发光二极管D00~D07、8只限流电阻R_{00}~R_{07}、上拉电阻排RN01、RS232接口电路等组成。另外,如果您不打算从PC的USB接口取电,那么,还要设计一个5V稳压供电电路。

图4-1中,将8位发光二极管D00~D07接在了STC89C51的P0口,由于P0口内部没有上拉电阻,因此,图中的电阻排RN01是必须的,若D00~D07接在STC89C51的P1、P2或P3口,则RN01可不接。

绘制好原理图后,就可以根据原理图中的要求购买元器件了,这些元器件都十分常用,在普通的电子市场或在淘宝网上都可以方便地购到。元件购齐后,下一步就是组装,组装的方法有两种:一种是采用万用板进行组装,另一种是采用PCB板进行组装。

如果您是用万用板进行组装,那么,还需要购置一块万用板、若干导线等辅助元件,这种做法的特点是:方法简单,用料便宜,但组装时对焊接和连线有较高的要求。

如果您是采用PCB进行组装,那么,您需要打开Protel99se软件,根据前面绘制的原理图制作出PCB图,然后交由厂家进行制板;制作出PCB板后,将元件组装在PCB板上焊接好就可以了,这种做法的特点是:不用连线,元件焊接也十分方便,更令您兴奋的是,您可以在PCB板上写上您的大名,以显示自己可以开发产品了。不过,制作PCB板费用可能要高一些。正因为如此,一般只有制作比较复杂的电路板或批量生产时才采用这种做法。

由于这里设计的这个流水灯实用价值不高,只是"玩玩而已",且电路简单,建议您别再破费制板了,还是花上几元钱买块万用板,稳下心来自己焊接吧!这里要提醒您的是,如果您是初次焊接万用板,建议多买几块以备用。

再下一步的工作就是焊接和走线,在电路板的走线方面,笔者采用的是锡接走线,这样可以保证电路既稳固又美观。在锡接走线之前,可以先考虑好整个电路的布局,USB供电接口和DB9串口尽量放到万用板的一边,单片机最小系统放在万用板的中间,这样使用起来会方便一些。先用水笔画出走线图,当确定无误后再用锡过线。焊接的时候,单片机不要插在IC座上,先焊好IC座,当电路全部完成后再上芯片。如果是想用飞线的方法也可以,不过这简单的电路用飞线好像没有必要。

焊接好后,先不要急于通电,还要检查一下电路是否有短路、断路、接错的现象,记得笔者自己第一次制作时,将单片机安装在IC座时装反了,一通电,单片机便发热并瞬间烧坏,当时后悔得把旁边的一个小凳子都快踢烂了。

烧坏元器件是小事,还有一些元器件装反后会爆炸,比如电解电容,因此,焊接后进行例行检查这一步绝不能少,希望大家吸取教训,少走一些弯路。

轻松玩转 51 单片机——魔法入门·实例解析·开发揭秘全攻略

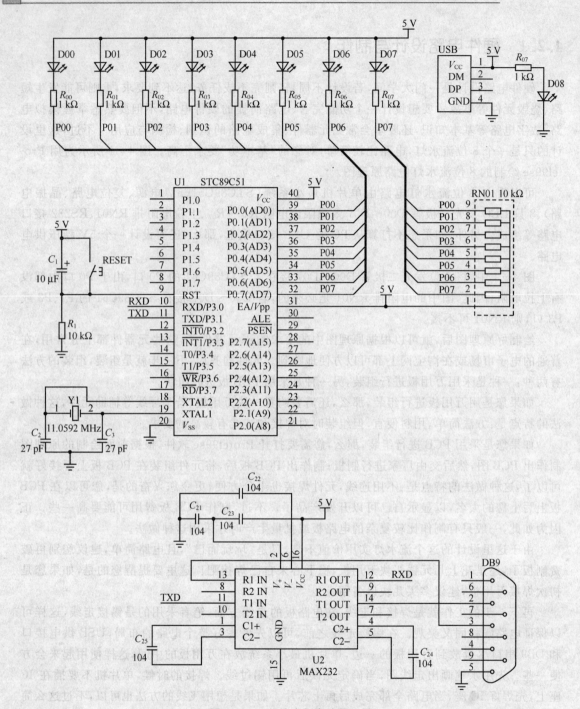

图 4-1 8 位流水灯电路原理图

图 4-2 所示为制作好的 8 位流水灯实验板正面图。您制作完成了吗？但愿您能一次成功。

现在一切完成就可以通电了，从 PC 的 USB 口为实验板供电，电源指示灯 D08 亮了，看看接到 P0 口的 8 个 LED 是什么状态呢？是不是按流水灯顺序循环闪亮呢？不是！不是就对了，因为我们还没有给单片机写程序，它现在还不知道您要让它干什么呢。

第 4 章　30 分钟熟悉单片机实验开发全过程

图 4-2　制作好的 8 位流水灯实验板正面图

　　为了将程序代码写到单片机上,您需要购买或制作编程器,我们在前面制作流水灯电路时,已设计了串行接口,因此,您只要将 DB9 串口线把实验板连接到 PC 的串口上,就可以对实验板上的 STC89C51 单片机进行下载编程了。有关 STC89C51 单片机的编程方法,请参照本书第 3 章有关内容。

　　另外,为了验证程序的正确性,需要对程序进行仿真调试,由于实验板上已设计了串口,因此,您只需一片仿真芯片(如 SST89E516RD)就可以进行硬件仿真了。

　　到此为止,一个 8 位流水灯实验板已制作完成了。接下来,您就可以编写程序进行实验了。

　　需要说明的是,由顶顶电子设计的 DD-900 实验开发板,不但集成有以上的 8 位流水灯和串行接口,而且还集成有其他多种实验电路,可以解除您元件购买、焊接、检查之苦,尽情享受单片机的实验、仿真、下载的乐趣。

4.2.2　编写程序

　　想让单片机按您的意思(想法)完成一项任务,必须先编写供其使用的程序,编写单片机的程序应使用该单片机可以识别的"语言",否则您将只是对"机"弹琴。目前较流行的编程语言有汇编和 C 语言;汇编语言可以精确地控制单片机工作的每一步,而 C 语言则注重结果,不关心单片机具体的每一步。习惯上宜先学汇编语言后学 C 语言,这样可以对单片机有一个更深的了解。当然,也有一开始就采用 C 语言的,后来再学汇编。

　　编写程序时需要软件开发平台,我们选用 Keil C51,它是一个集编辑、编译、仿真等多种功能于一体的工具软件。值得一提的是,当我们编写的程序出现了语法错误,在编译时它还可以提示我们,以方便程序的修改和维护。

下面,我们就开始启动 Keil C51,用汇编语言编写一个 8 位流水灯程序。

1. 建立一个新工程

① 先在 E 盘(其他盘也可以)新建一个文件夹,命名为 my_8LED,用来保存 8 位流水灯程序。

② 单击"Project"菜单,选择下拉菜单中的"New Project"选项,弹出文件对话窗口,选择您要保存的路径,在"文件名"中输入您的第一个汇编程序项目名称,这里我们用"my_8LED",如图 4-3 所示。

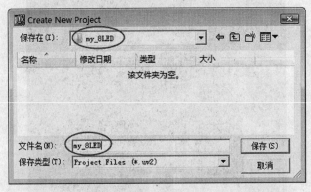

图 4-3　保存文件对话框

保存后的文件扩展名为.uv2,这是 Keil C51 项目文件扩展名,以后我们可以直接单击此文件以打开先前做的项目。

③ 单击"保存"后,会弹出一个选择器件对话框,要求您选择单片机的型号,您可以根据您使用的单片机来选择,需要说明的是,在列表中并没有列出 STC89C 系列单片机,不过,STC89C51 与 AT89S51 性能基本一致,因此,可用 AT89S51 来代替,如图 4-4 所示,然后单击【确定】按钮。

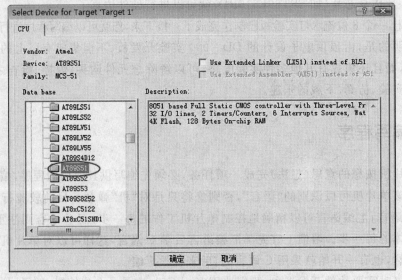

图 4-4　选择单片机型号对话框

第4章 30分钟熟悉单片机实验开发全过程

④ 随后弹出如图4-5所示的对话框,询问是否添加标准的启动代码到您的项目,一般情况下选"否"即可。

图4-5 询问添加启动代码对话框

⑤ 回到主窗口界面,单击"File"菜单,再在下拉菜单中选择"New"选项,出现文件编辑窗口,如图4-6所示。

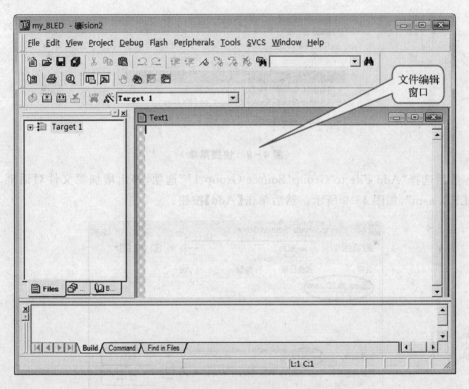

图4-6 文件编辑窗口

⑥ 此时光标在编辑窗口里闪烁,这时可以键入用户的应用程序了,但笔者建议首先保存该空白的文件,单击菜单上的"File",在下拉菜单中选择"Save As"选项,弹出文件"另存为"对话框,在"文件名"栏右侧的编辑框中键入文件名,同时必须键入正确的扩展名。注意,如果用C语言编写程序,则扩展名为.c;如果用汇编语言编写程序,则扩展名必须为.asm。这里选用的文件名和扩展名为my_8LED.asm,如图4-7所示,然后单击【保存】按钮。

⑦ 回到主窗口界面后,单击"Target 1"前面的"+"号,然后在"Source Group 1"上右击,弹出图4-8所示的快捷菜单。

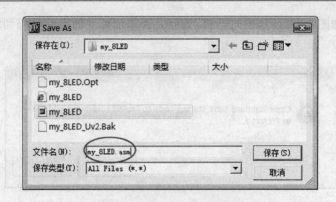

图 4-7 保存文件对话框

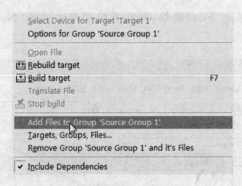

图 4-8 快捷菜单

⑧ 然后选择"Add File to Group'Source Group 1'"选项,弹出增加源文件对话框。选中"my_8LED.asm",如图 4-9 所示。然后单击【Add】按钮。

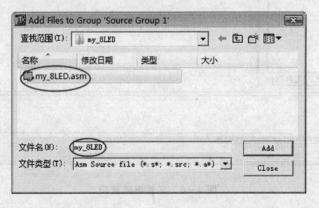

图 4-9 增加源文件对话框

提个醒:单击【Add】按钮后,增加源文件对话框并不消失,等待继续加入其他文件,但不少人员误认为操作没有成功而再次单击【Add】按钮,这时会出现图 4-10 所示的警告提示窗口,提示您所选文件已在列表中,此时应单击【确定】按钮,返回前一对话框,然后单击【Close】按钮即可返回主界面。

第4章 30分钟熟悉单片机实验开发全过程

图4-10 警告提示窗口

⑨ 单击"source Group 1"前的加号,此时会发现"my_8LED.asm"文件已加入到其中,如图4-11所示。

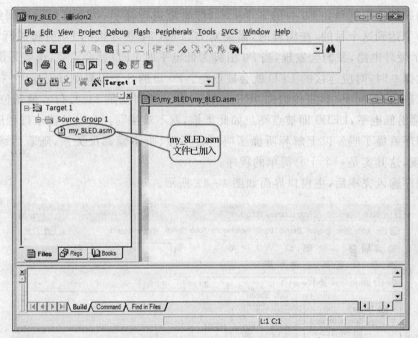

图4-11 加入源文件后的窗口

⑩ 现在,在编辑窗口中输入如下的汇编语言源程序:

```
        ORG 0000H
        LJMP MAIN
        ORG 30H
        ;以下是主程序
MAIN:   MOV A,#0FEH
LOOP:   MOV P0,A
        RL A
        LCALL DELAY
        LJMP LOOP
        ;以下是延时子程序
```

· 65 ·

```
DELAY:   MOV   R5,#250
LOOP2:   MOV   R4,#250
LOOP1:   NOP
         NOP
         NOP
         NOP
         NOP
         NOP
         DJNZ  R4,LOOP1
         DJNZ  R5,LOOP2
         RET
         END
```

以上程序在随书光盘 ch4 文件夹中。

这个程序的作用就是让 P0 口的 8 个 LED 灯轮流进行显示，每个灯显示时间约 0.5s，循环往复。为了达到这个目的，在编程时，需要对 STC89C51 单片机的 P0 引脚进行设置，观察图 4-1 所示硬件电路，我们会发现，当 P0 引脚为低电平时 LED 就会点亮，也就是说，当 P0 口各引脚为数据 0 时，对应连接的 LED 就会被点亮。P0 口的 8 个引脚刚好对应 P0 口特殊寄存器的 8 个二进位，如向 P0 口定传数据 0FEH，转换成二进制就是 11111110，最低位为 0，这里 P0.0 引脚输出低电平，LED0 即被点亮。如此类推，就不难编写出自己的流水灯程序。

以上程序看懂了吗？以上解释听懂了吗？看不懂、听不懂都没关系，随着后续内容的学习，您会发现，这其实是一个十分简单的程序。

以上程序输入完毕后，主窗口界面如图 4-12 所示。

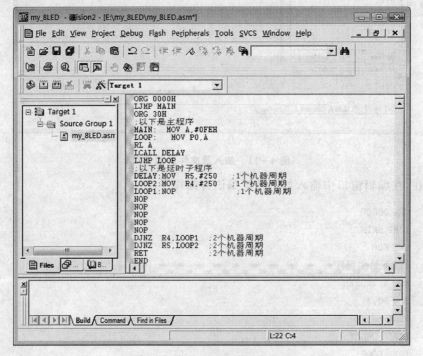

图 4-12　输入程序后的主窗口

2. 工程的设置

工程文件建立好以后,还要对工程进行进一步的设置,以满足要求。

① 右击主窗口"Target1",在弹出的快捷菜单中选择"Option for target 'target1'"选项,如图 4-13 所示。

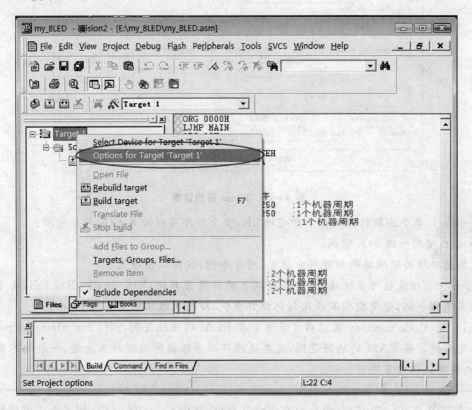

图 4-13 选择"Option for target 'target1'"选项

② 选择"Option for target 'target1'"选项后,即弹出工程设置对话框,这个对话框共有 10 个页面,单击"Target",可对 Target 页中的有关选项进行设置。其中,Xtal 后面的数值是晶振频率值,默认值是所选目标 CPU 的最高可用频率值,该值与最终产生的目标代码无关,仅用于软件模拟调试时显示程序执行时间。正确设置该数值可使显示时间与实际所用时间一致,一般将其设置成与您的硬件所用晶振频率相同,如果没必要了解程序执行的时间,也可以不设。这里,将 Xtal 设置为 11.0592,其他保持默认设置,如图 4-14 所示。

专家点拨:在 Target 页中,还有几项设置,简要说明如下。
Memory Model 用于设置 RAM 使用情况,有三个选择项:
Small:所有变量都在单片机的内部 RAM 中;
Compact:可以使用一页(256 字节)的外部扩展 RAM;
Larget:可以使用全部外部的扩展 RAM。
Code? Model 用于设置 ROM 空间的使用,同样也有三个选择项:
Small:只用低于 2K 的程序空间;

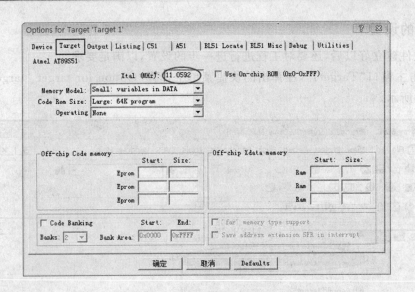

图 4-14 Target 页的设置

Compact：单个函数的代码量不能超过 2K，整个程序可以使用 64K 程序空间；

Larget：可用全部 64K 空间。

这些选择项必须根据所用硬件来决定，对于本例，按默认值设置。

Operating 项是操作系统选择，Keil 提供了两种操作系统：Rtx tiny 和 Rtx full，关于操作系统本书不作介绍，通常我们不使用任何操作系统，即使用该项的默认值 None。

Off Chip Code memory 用以确定系统扩展 ROM 的地址范围，off Chip xData memory 组用于确定系统扩展 RAM 的地址范围，这些选择项必须根据所用硬件来决定，一般均不需要重新选择，按默认值设置即可。

③ 单击选择"OutPut"页，该页也有多个选择项，其中 Creat Hex file 用于生成可执行代码文件，其格式为 Intel HEX 格式，文件的扩展名为 .HEX，默认情况下该项未被选中，如果要写片做硬件实验，就必须选中该项，这里我们选择该项。选中该项后，在编译和链接时将产生 *.hex 代码文件，该文件可用编程器去读取并烧写到单片机中，再用硬件实验板看到实验结果。最后设置的情况如图 4-15 所示。

④ 单击选择"Debug"页，进行调试器设置，Keil C51 提供了两种工作模式，即 Use Simulator（软件模拟仿真）和 Use（硬件仿真）。Use Simulator 是将 Keil 设置成软件模拟仿真模式，在此模式下不需要实际的目标硬件就可以模拟 51 单片机的很多功能，这是一个非常实用的功能。Use 是硬件仿真选项，当进行硬件仿真时应选中此项，另外，还须从右侧的下拉列表框中选择"Keil Monitor-51 Driver"选项。

这里，我们暂时选择 Use 模式，并从其后面的下拉列表框中选择"Keil Monitor-51 Driver"选项，即将 Keil 配置为硬件仿真，如图 4-16 所示。

⑤ 工程设置对话框中的其他选项页与 c51 编译器、A51 汇编器、BL51 连接器等用法有关，这里均取默认值，不作任何修改。设置完成后，单击【确定】按钮进行确认即可。

第4章　30分钟熟悉单片机实验开发全过程

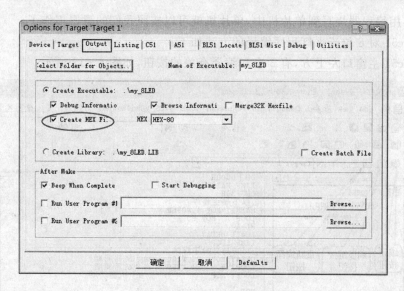

图4-15　OutPut页的设置

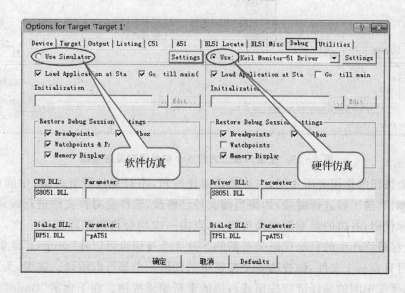

图4-16　Debug页的设置

4.2.3　编译程序

以上我们编写的8位流水灯程序是供我们"人"看的,在学完汇编语言后我们完全可以看懂,但是,单片机可看不懂,它只认识由0和1组成的机器码。因此,这个程序还必须进行编译,即将程序"翻译"成单片机可以"看懂"的机器码。

要将编写的源程序转变成单片机可以执行的机器码,可采用手工汇编和机器汇编的方法。目前手工汇编的方法已被淘汰。机器汇编是指通过编译软件将源程序变为机器码,用于51单片机的编译软件较多,如Keil C51、MedWin等,这里,我们采用Keil C51,通过Keil C51对源程序进行汇编,可以产生目标代码,生成单片机可以"看懂"的.hex(十六进制)或.bin(二进制)

目标文件,再用编程器烧写到单片机中,单片机就可以按照我们的意愿工作了。

用 Keil c51 对 8 位流水灯程序编译的方法如下:

在 Keil c51 主窗口左上方,有 3 个和编译有关的按钮,如图 4-17 所示。

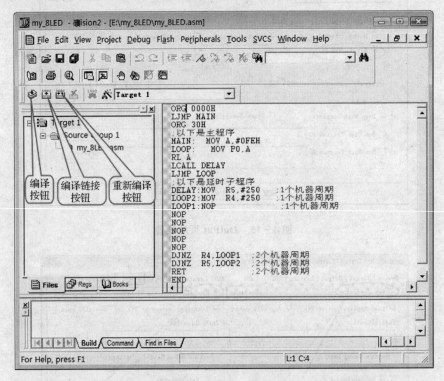

图 4-17　主窗口左上方的 3 个和编译有关的按钮

图中 3 个按钮的作用有所不同,左边的是编译按钮,不对文件进行链接;中间的是编译链接按钮,用于对当前工程进行链接,如果当前文件已修改,软件会对该文件进行编译,然后再链接以产生目标代码;右边的是重新编译按钮,每点击一次均会再次编译链接一次,不管程序是否有改动,确保最终产生的目标代码是最新的。这 3 个按钮也可以在"project"菜单中找到。

这个项目只有一个文件,你按这 3 个按钮中的任何一个都可以编译。这里,为了产生目标代码,我们选择按中间的编译链接按钮或右边的重新编译按钮。在下面的"Build"窗口中可以看到编译后的有关信息,如图 4-18 所示。提示获得了名为"my_8LED.hex"的目标代码文件。编译完成后,打开 my_8LED 文件夹,会发现文件夹里多出了一个 my_8LED.hex 文件。

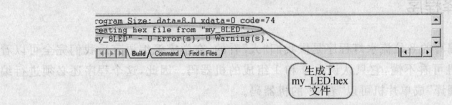

图 4-18　编译后的有关信息

如果源程序有语法错误,会有错误报告提示出现,用户应根据提示信息,更正程序中出现的错误,重新编译,直至正确为止。

4.2.4 仿真调试

程序编译通过后,只是说明源程序没有语法错误,至于源程序中存在的其他错误,往往还需要通过反复的仿真调试才能发现。所谓仿真即是对目标样机进行排错、调试和检查,一般分为硬件仿真和软件仿真两种,下面分别进行说明。

1. 硬件仿真

硬件仿真是通过仿真器(仿真机)与用户目标板进行实时在线仿真。一块用户目标板包括单片机部分及外围接口电路部分,例如,我们在前面设计的 8 位流水灯电路,单片机部分由 STC89C51 最小系统组成,外围接口电路则由 8 位发光二极管及限流电阻组成。硬件仿真就是利用仿真器来代替用户目标板的单片机部分,由仿真器向用户目标板的接口电路部分提供各种信号、数据进行测试、调试的方法。这种仿真可以通过单步执行、连续执行等多种方式来运行程序,并能观察到单片机内部的变化,便于修改程序中的错误。

该硬件电路中,由于设置了串行接口,因此,硬件仿真的确十分方便,仿真时,首先将一片仿真芯片(如 SST89E516RD)放到单片机所在的位置,然后,再将实验板串口和 PC 的串口连接起来。运行 PC 上的 Keil C51 软件,即可进行硬件仿真。

下面,简要说明仿真调试的方法和技巧。

① 依次选择"Project→Option for target 'target1'"选项,弹出工程设置对话框,在 Debug 页中,选择 Use 模式,并从右侧的下拉列表框中选择"Keil Monitor-51 Driver"(硬件仿真),然后,再单击右侧的 Settings 按钮,弹出串口设置对话框,选择您正在使用的串口,注意要与实际相符,这里选择默认值 COM1,另外,再将波特率设置为 38400,其他选项采用默认值,如图 4-19 所示。

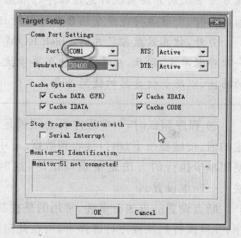

图 4-19 串口设置对话框

② 对工程成功地进行汇编、连接以后,依次选择"Debug"→"Start/Slop Debug Session"选项(或按【Ctrl+F5】键)即可进入调试状态。进入调试状态后,界面与编辑状态相比有明显的变化,Debug 菜单项中原来不能用的命令现在已经可以使用了,工具栏会多出一个用于调试的工具条,如图 4-20 所示。

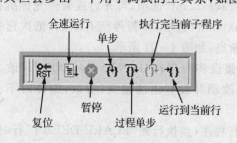

图 4-20 调试工具条

Debug 菜单上的大部分命令可以在此找到对应的快捷按钮,从左到右依次是复位、全速运行、暂停、单步、过程单步、执行完当前子程序、运行到当前行等命令。

全速执行是指一行程序执行完以后紧接着执行下一行程序,中间不停止,这样程序执行的速度很快,并可以看到该段程序执行的总体效

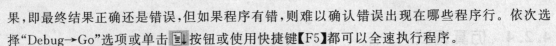

果,即最终结果正确还是错误,但如果程序有错,则难以确认错误出现在哪些程序行。依次选择"Debug→Go"选项或单击 按钮或使用快捷键【F5】都可以全速执行程序。

单步执行是每次执行一行程序,执行完该行程序以后即停止,等待命令再执行下一行程序,此时可以观察该行程序执行完以后得到的结果,是否与我们写该行程序所想要得到的结果相符,由此可以找到程序中问题所在。依次选择"Debug→Step"选项或单击 按钮或使用快捷键【F11】都可以单步执行程序。按下【F11】键,可以看到在源程序窗口的左边出现了一个黄色调试箭头,指向源程序的第一行,每按一次【F11】键,即执行该箭头所指程序行,然后箭头指向下一行。

过程单步是指将汇编语言中的子程序或 C 语言中的函数作为一个语句来全速执行。依次选择"Debug→step over"选项或单击 按钮或使用快捷键【F10】都可以用过程单步形式执行命令。

运行到当前行是指运行到光标所在位置的行。依次选择"Debug→run to cursor line"选项或单击 按钮或使用快捷键【Ctrl+F10】都可以执行该操作。

提个醒:通过单步执行程序,一般可以找出一些问题,但是仅依靠单步执行来查错有时是困难的,或虽能查出错误但效率很低,为此必须辅之以其他的方法,如在本例中的延时程序是通过将"DJNZ R4,LOOP1"这一行程序执行六万多次来达到延时的目的。如果用按【F11】键 6 万多次的方法来执行完该程序行显然不合适。为此,单步执行一般需要和过程单步、运行到当前行、全速运行等命令结合在一起进行调试。

另外,仿真器监控芯片的 Flash ROM 是有一定擦写寿命的,而每一个单步执行都将擦写一次存储单元,因此,应尽量少使用单步执行,多使用过程单步、运行到当前行等节省擦写次数的功能,以延长仿真器的使用寿命。

③ 程序调试时,一些程序行必须满足一定的条件才能被执行到(如程序中某变量达到一定的值、按键被按下、串口接收到数据、有中断产生等),这些条件往往难以预先设定,此类问题使用单步执行的方法是很难调试的,这时就要使用到程序调试中的另一种非常重要的方法——断点设置。

断点设置的方法有多种,常用的是在某一程序行设置断点,设置好断点后可以全速运行程序,一旦执行到该程序行即停下,可在此时观察有关变量值,以确定问题所在。

在程序行设置/移除断点的方法是将光标定位于需要设置断点的程序行,依次选择"Debug→Insert/Remove Breakpoint"选项,可相应设置或移除断点(也可以用鼠标在该行双击实现同样的功能);依次选择"Debug→Enable/Disable Breakpoint"选项,可开启或暂停光标所在行的断点功能;依次选择"Debug→Disable All Breakpoint"选项,可暂停所有断点;依次选择"Debug→Kill All Breakpoint"选项,可清除所有的断点,如图 4-21 所示。

④ 下面简要说明调试程序时如何进行查错。假设将程序行"DJNZ R4,LOOP1"改为"DJNZ R4,LOOP2",然后重新编译,由于这样的改动并没有语法错误,所以,编译时不会报错。

进入调试状态后,按【F10】键,开始过程单步执行程序,当执行到"LCALL DELAY"行时,程序不能继续往下执行,说明程序在此不断地执行着,而我们预期这一行程序将在执行完后停

第 4 章 30 分钟熟悉单片机实验开发全过程

图 4-21 设置断点菜单选项

止,这个结果与预期不同,可以看出调用的子程序出了差错。

为查明出错原因,重新对程序进行调试,先按下【F10】键单步执行,在执行到"LCALL DELAY"行时,改按【F11】键跟踪到子程序内部。单步执行程序,发现左侧寄存器窗口中的 R4 的值始终在 0xfa 和 oxf9 之间变化,不会减小,如图 4-22 所示。而我们的预期是 R4 的值不断减小,减到 0 后往下执行,因此这个结果与预期不符。通过这样的观察,不难发现问题是因为标号写错而产生的,发现问题即可以修改。再进行编译链接、调试,发现程序能够正确地执行了,这说明修改是正确的。

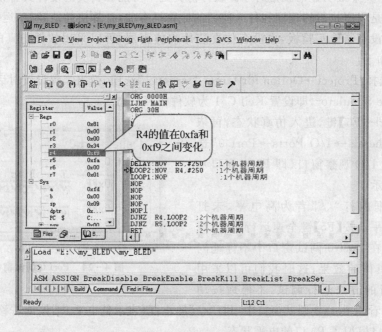

图 4-22 寄存器 R4 的变化情况

提个醒：在仿真器运行过程中，若要退出仿真状态，要先按实验板的复位按钮，再按【Ctrl＋F5】键；若还要继续进行仿真，只需再次按下【Ctrl＋F5】键即可。

⑤ 当仿真时出现图 4-23 所示的窗口时，说明 Keil c51 软件和实验板仿真芯片之间通信失败，请先退出仿真状态，重新编译和链接程序（按【F7】键），再按【Ctrl＋F5】键进入仿真状态即可；如果仍然出现通信失败窗口，请检查实验板的连接是否正确，电缆线有无断线，串口是否被其他串口软件占用，仿真芯片是否损坏等。

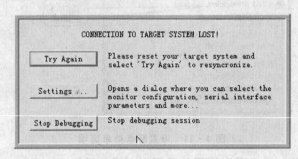

图 4-23 通信失败对话框

2. 软件仿真

在 Keil C51 软件中，内建了一个仿真 CPU，可用来模拟执行程序，该仿真 CPU 功能强大，可以在没有用户目标板和硬件仿真器的情况下进行程序的模拟调试，这就是软件仿真。

软件仿真不需要硬件，简单易行。不过，软件仿真毕竟只是模拟，与真实的硬件执行程序还是有区别的，其中最明显的就是时序。软件仿真是不可能和真实的硬件具有相同的时序的，具体的表现就是程序执行的速度和各人使用的计算机有关，计算机性能越好，运行速度越快。

如果读者没有制作实验板，也没有仿真芯片或仿真器，可以采用软件仿真的方法进行模拟，具体方法如下：

① 依次选择"Project→Option for target 'target1'"选项，弹出工程设置对话框，在 Debug 页中，选择 Use Simulator，即设置 Keil C51 为软件仿真状态。

② 按【Ctrl＋F5】键，进入仿真状态，再依次选择"Peripherals→I/O Ports→Port 0"选项，打开 Port1 I/O 观察窗口（即 P0 口窗口），如图 4-24 所示。

图中，凡框内打"√"者为高电平，未打"√"者为低电平。按【F5】键全速运行，会发现窗口中的"√"在 Port 0 调试窗口中不停地闪动，不能看到具体的效果，这时我们可以采用过程单步执行的方法进行调试，不停地按动

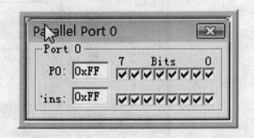

图 4-24 Port 0 调试窗口

【F10】键，可以看到 Port 0 调试窗口中未打"√"的小框（表示低电平）不停地右移。也就是说，Port 0 调试窗口模拟了 P0 口的电平状态。

4.2.5 烧写程序

仿真调试通过后,用 STC89C 系列单片机下载软件将 my_8LED.hex 代码文件下载到实验板 STC89C51 中,就可以欣赏到您的第一个"产品"了。详细写入方法可参考本书第 3 章有关内容。

4.2.6 脱机运行检查

你不太可能一次就完美正确地将源程序写好,这就需要反复修改源程序,反复编译、仿真、烧写到单片机中,反复将单片机装到电路中去实验,针对硬件或软件出现的问题进行修改,逐步进行完善。确认硬件电路没有问题,确认程序没有"臭虫"后,整个实验开发过程也就结束了。

以上以制作一个 8 位流水灯为例,全面介绍了单片机实验开发的全过程,其中的编写程序、编译程序、仿真、烧写程序等方法同样适用于 DD-900 实验开发板。

第 5 章
单片机指令系统重点难点剖析

指令就是编程者给单片机下的命令,也就是我们平常所说的单片机程序,一条指令,对应着一种基本操作;单片机所能执行的全部指令,就是该单片机的指令系统;51单片机有一百多条指令,利用单片机的指令就可以编程了,初学汇编语言时,对单片机指令只需有所了解,无须死记,重在使用。

5.1 话说单片机指令系统

5.1.1 单片机语言的前世今生

单片机语言是实现人机相互交换信息(对话)的基本工具,迄今为止,其经历了从机器语言、汇编语言到高级语言(主要是C语言)的发展历程。

单片机发明之初,就象一个白痴,什么也不懂,它只认识"0"和"1",人们为了让单片机干点活,不得不采用单片机能够识别的"0"和"1"和它沟通。这种由一串串"0"和"1"组成的代码序列,就称为"机器码"或"机器语言"。

下面是一段用51单片机机器语言所表示的程序(括号内为十六进制表示法)。

1110 0101　0011 0000(E5 30)
0010 0101　0011 0001(25 31)
1111 0101　0011 0010(F5 32)

这段程序完成的任务是将内部RAM 30H和31H单元中的内容相加,结果存入32H单元中。可见,用机器语言编程难学、难记。

虽然机器语言的运算效率是所有语言中最高的,但毫无疑问,使用机器语言是十分痛苦的,特别是在程序有错需要修改时更是如此。在那个年代,如果想叫一个人发疯,就让他去当单片机程序员好了。

为了减轻使用机器语言编程的痛苦,人们进行了一些改进:用一些简洁的英文字母、符号串作为助记符,来替代一个特定指令的二进制串。比如,用"ADD"代表加法,"MOV"代表数据传送等。这样一来,人们就很容易读懂并理解程序在干什么,纠错及维护都变得方便了。这种程序设计语言就称为汇编语言。

例如，前面提到的"将内部 RAM 30H 和 31H 单元中的内容相加，结果存入 32H 单元"的机器语言代码，如果用汇编语言编写，则表示如下：

```
MOV   A，30H          ;将 30H 中的内容送到累加器 A 中
ADD   A，31H          ;将 31H 中的内容和累加器 A 中的内容相加后送到 A
MOV   32H，A          ;将累加器 A 中的内容送到 32H 中
```

显然，汇编语言比机器语言易学易记。但是，汇编语言只是给人看的，单片机是不认识这些符号的。必须将汇编语言"翻译"成机器语言后，单片机才能够识别，这种把源程序（汇编语言程序）翻译成机器语言的过程称为汇编。早期的汇编工作由人工完成，汇编时，人们用打孔带和单片机进行沟通。您能想象一个程序员像个奴隶一样天天干着枯燥的苦力活，把大把的精力用在打孔上吗？

直到编译器被发明出来，这场噩梦才被终结。编译器不是机器，而是一种专门的汇编软件，负责将汇编语言翻译成二进制数的机器语言，大名鼎鼎的 Keil c51 软件就具有汇编功能。

汇编语言不是单片机语言发展的终点。随后，人们又发明了更人性化的高级语言，其中应用最为广泛的要算是 C 语言了，如果在汇编语言和 C 语言中二选一的话，笔者当然更愿意使用 C 语言来编写单片机程序，但是，如果没有汇编语言的基础，一切就像建在沙滩上的宫殿，总让人感觉是不那么踏实。因此，建议您先学好汇编语言后再学 C 语言！当然，如果您悟性很高，也可以直接从 C 语言学起，有关单片机 C 语言的书籍很多，笔者也写了一本——《轻松玩转 51 单片机 C 语言》，这是一本"重实践轻理论"的书籍，重点教您如何做开发、搞制作，总之，多玩！

5.1.2　汇编语言源程序的格式

汇编语言源程序由一条一条汇编语句组成，每条汇编语句独占一行，典型的汇编语句格式如下：

[标号]:操作码　[操作数];[注释]

即一条汇编语言由标号、操作码、操作数和注释四部分组成，其中，方括号括起来的是可选部分，可有可无，视需要而定。各部分说明如下。

1. 标　号

标号是指指令的符号地址，标号和操作码之间用":"作分隔符，也可再加若干空格。有了标号，程序的其他语句才能访问该语句。标号并不是每一行都必须有，而是在需要时才使用，对于不需要转移的语句，一般不需要加标号。

标号必须符合以下规定：由 8 个或 8 个以内的字母、数字构成，第一个必须是字母，同一程序内不能有相同的标号，不能用助记符、伪指令、寄存器名和特殊符号等作标号。AB1、NEXT、LOOP1 等是一些正确的标号；而 2A、S+M、EQU、ADD（后二种为指令保留字）等不能用作标号。

2. 操作码

操作码说明语句的功能，它是汇编语句中必不可少的部分。操作码和操作数之间要用空

格进行隔开。

3. 操作数

操作数说明操作的对象。操作数可以是具体的数、标号（符号地址）、寄存器、直接地址等。对于用十六进制表示的操作数,若字母A、B、C、D、E、F在最高位,应在前面补0,如0A1H（不能写作A1H）、0FFEEH（不能写作FFEEH）等。

根据指令的不同,操作数可以有1个、2个、3个或者没有,如果有2个或3个,则各个操作数之间用逗号隔开。

4. 注　释

注释用于说明语句的功能,增加程序的可读性。可有可无,如果有,则必须以";"开头,表明以下为注释内容,若一行不够,可以另起一行,新行也必须以";"开头。

5.1.3　指令的寻址方式

寻址就是寻找操作数的地址。在用C语言编程时,编程者不必关心参与运算数据（操作数）的存放问题,也不必关心这些运算是在哪里（哪个寄存器）完成的。例如,对于以下的C语言语句:

x = 10;
y = 20;
z = x + y;

编程者只需关心语句的使用是否正确,结果是否正确。至于变量 x 和 y 的值存放在何处,则根本不必关心。但在汇编语言编程时,数据的存放、传送、运算都要通过指令来完成,编程者就必须自始至终都要十分清楚操作数的位置以及如何将它们传送至适当的寄存器去运算。因此,如何从各个存放操作数的区域去寻找和提取操作数就变得十分重要了。所谓寻址方式就是指如何通过确定操作数所在的位置（地址）把操作数提取出来的方法。例如以下语句:

ADD　A,70H

这条指令表示把累加器A中的内容（设为20H）和存储器中地址为70H单元中的内容相加,并将结果保留在A中。注意70H是存储器中某个单元的地址,在该单元中,放着操作数（比如说是3AH）,"ADD A,70H"不是将70H和A中的内容相加,而是从存储器70H单元中将3AH取出和A中的内容相加。可见,要找到实际操作数,有时就要转个弯,甚至转几个弯,这个过程就是寻址。

寻址有如找人,如被找的人有手机、小灵通、固定电话等多种联系方式就容易找到他,单片机也是如此,寻址方式越多,找操作数就越方便,单片机的功能就越强。51单片机共有7种寻址方式,现介绍如下:

1. 寄存器寻址

寄存器寻址就是以通用寄存器的内容作为操作数,在指令的助记符中直接以寄存器名字来表示操作数位置。

在 51 单片机中,若操作数是以 R0～R7 来表示操作数时,就属于寄存器寻址方式,例如指令"MOV A,R0"就是寄存器寻址,其功能是把寄存器 R0 的内容传送到累加器 A 中。

2. 直接寻址

在指令中直接给出操作数地址,就属于直接寻址方式。此时,指令的操作数部分是操作数的地址。例如指令"MOV A,3AH"就是直接寻址,其中 3AH 就是表示直接地址,即内部 RAM 的 3A 单元。若 3AH 单元中存放的内容是 58H,则该指令的功能就是把内部 RAM 的 3AH 单元内容 58H 传送到累加器 A 中。

3. 立即寻址

若指令的操作数是一个数字,就称为立即寻址。指令中出现的操作数就称为立即数。
立即数前面应加"♯",以此和直接地址进行区分。例如以下两条指令:

```
MOV  A,♯3AH
MOV  A,3AH
```

前一条指令为立即寻址,表示把立即数 3AH 送到累加器 A 中,执行后,A＝3AH;后一条指令为直接寻址,表示把 3AH 单元中的内容(假设为 58H)送到累加器 A 中,执行后,A 为 3AH 单元的内容 58H。

4. 寄存器间接寻址

寄存器间接寻址方式是指寄存器中存放的是操作数的地址,即操作数是通过寄存器间接得到的,因此称为寄存器间接寻址。寄存器间接寻址也以寄存器符号的形式给出,为了区别寄存器寻址和寄存器间接寻址,在寄存器间接寻址中,相应寄存器的前面加@以示区别。

可能有人会问,在指令中直接给出实际操作数,不是简单、明了吗?为什么还要用这种复杂的寻址方式呢?下面从一个问题谈起:某程序要求从片内 RAM 的 30H 单元开始取 20 个数,分别送入 A 累加器。也就是从 30H、31H、32H、33H、…、44H 单元中取出数据,依次送入 A 中。就目前掌握的方法而言,要从 30H 单元取数,就用指令"MOV A,30H";下一个数在 31H 单元中,便只能用"MOV A,31H"。因此,取 20 个数,就要用 20 条指令才能完成。如果要送 200 个数,就要写上 200 条指令。用这种方法未免太笨了,所以应当避免使用这样的方法。如果采用寄存器间接寻址,就可以方便地解决这一类问题。

以下是解决上述问题的合理程序:

```
        MOV    R7,♯20
        MOV    R0,♯30H
LOOP:   MOV    A,@R0
        INC    R0
        DJNZ   R7,LOOP
```

其中第 1 条指令是将立即数 20 送到 R7 中,执行完该指令后,R7 中的值应当是 20。
第 2 条指令是将立即数 30H 送入 R0 中,执行完该指令后,R0 单元中的值是 30H。
第 3 条指令是应用寄存器间接寻址的方式写的一条指令。其用途是取出 R0 单元中的值,把这个值作为地址,取这个地址单元的内容送入 A 中。第 1 次执行这条指令时,工作寄存器 R0 中的值是 30H，因此执行这条指令的结果就相当于执行"MOV　A,30H"。

第 4 条指令是加 1 指令，即把 R0 中的值加 1。这条指令执行完后，R0 中的值变成 31H。

第 5 条指令是减 1 条件转移指令，即将 R7 中的值减 1，然后判断该值是否等于 0，如果 R7 的值为 0，则程序顺序执行，如果不等于 0，则转到标号 LOOP 处继续执行。由于 R7 中的值是 20，减 1 后是 19 而不等于 0，因此执行完这条指令后，将转去执行标号为"LOOP"的第 3 条指令，就相当于执行"MOV　A,31H"；此时 R0 中的值已是 31H 了，然后对 R7 中的值再次减 1，并判断是否等于 0，若不等于 0，又转去执行第 3 条指令……如此不断循环，直到 R7 中的值经过逐次相减后等于 0 为止。也就是说，第 3、4、5 这 3 条指令一共被执行了 20 次，从而实现了上述要求：将从 30H 单元开始的 20 个数据送入 A 中。这样仅用了 5 条指令，就替代了 20 行的程序。这里，R0 是用来存放"有数据的内存单元的地址"的，称之为"间址寄存器"。需要说明的是，在寄存器间接寻址方式中，内部 RAM 只能用 R0 和 R1 作为间址寄存器。

5．变址寻址

变址寻址是以某个寄存器的内容为基本地址，然后在这个基本地址基础上加上地址偏移量才作为真正的操作数地址，并将这个地址单元的内容作为指令的操作数。

在 51 单片机指令系统中，一般采用数据指针 DPTR 或者程序计数器 PC 的内容为基本地址，累加器 A 的内容为地址偏移量，并以 DPTR＋A 或者 PC＋A 的值作为实际的操作数地址。

变址寻址方式是一种专门用于程序存储器的寻址方式，且只能是从 ROM 中读数据，而不可能对 ROM 写入。例如以下指令：

```
MOVC　A,@A+DPTR
```

指令执行前，设 A＝54H，DPTR＝3F21H，故操作数地址为 3F21H＋54H＝3F75H，指令执行后，将程序存储器 3F75H 单元的内容（设为 7FH）传送到累加器 A，故指令执行后，A＝7FH，其余均不变。

6．位寻址

51 单片机有位处理功能，可以对数据位进行操作，因此就有相应的位寻址方式。采用位寻址方式的指令，其操作数将是 8 位二进制数中的某一位。

例如"MOV C,07H"，这条指令的功能是将内部 RAM 中 20H 单元的 D7 位（位地址为 07H）的内容传送到位累加器 C 中。

7．相对寻址

相对寻址方式是为解决程序转移而专门设置的，指令的操作数部分给出的是地址的相对偏移量，常以"rel"表示。把 PC 的当前值加上偏移量就构成了程序转移的目的地址。目前，在单片机的程序设计中采用机器汇编，通常用标号来表示目标位置，基本上不需要人工计算相对寻址的值，因此，读者不必对相对寻址过于深究。

讲了这么多，可能有的读者还是一头雾水，不知所云。那么，让笔者来打个比喻吧，比如，笔者要给某位朋友寄信，有以下几种方式：

① 如果笔者知道这位朋友的地址，直接写上地址交给邮局，这就是"直接寻址"。

② 如果这位朋友是个大名人或在名气很大的单位工作，那么，寄信时即使不写上地址，只

第5章 单片机指令系统重点难点剖析

写上其单位名称和收信人,如"中央电视台 毕福剑",估计也能寄到,这就是"寄存器寻址"。

③ 如果笔者不知道这位朋友的地址,偏偏他又不是名人,怎么办呢?可以写上"请某某转交某某",这就是"寄存器间接寻址"。

④ 如果这位朋友没有门牌号,寄信时只能写上"北京市长安街人民大会堂向西 200 米"等,这就是"变址寻址"。

⑤ 如果笔者每天都遇到这位朋友,那就不用麻烦了,把信直接交给他就行了,这就是"立即寻址"。

如果您还是不明白,那也没关系,学汇编指令一开始都是这样,等到把汇编指令学完,再做上一些实验,一切都清楚了!

5.2 单片机指令系统剖析

51 单片机指令系统可以分为五大类,即:数据传送类指令(29 条)、算术运算类指令(24 条)、逻辑运算类指令(24 条)、控制转移类指令(17 条)、位操作(布尔操作)类指令(17 条),总共 111 条。另外,单片机为了进行汇编,还设有伪指令。

5.2.1 数据传送类指令

数据传送指令共有 29 条,其作用一般是把源操作数传送到目的操作数,指令执行完成后,源操作数不变,目的操作数即等于源操作数。数据传送指令不影响 PSW 寄存器的 CY、AC 和 OV,但可能会对奇偶标志 P 有影响。

1. 以累加器 A 为目的操作数类指令(4 条)

```
MOV   A,direct      ;直接单元地址中的内容送到累加器 A
MOV   A,#data       ;立即数送到累加器 A
MOV   A,Rn          ;Rn(R0~R7)中的内容送到累加器 A
MOV   A,@Ri         ;Ri(R0~R1)内容指向的地址单元中的内容送到累加器 A
```

这 4 条指令的作用是把源操作数指向的内容送到累加器 A。

2. 以寄存器 Rn 为目的操作数的指令(3 条)

```
MOV   Rn,direct     ;直接寻址单元中的内容送到寄存器 Rn 中
MOV   Rn,#data      ;立即数直接送到寄存器 Rn 中
MOV   Rn,A          ;累加器 A 中的内容送到寄存器 Rn 中
```

这 3 条指令的功能是把源操作数指定的内容送到所选定的工作寄存器 Rn 中。

3. 以直接地址为目的操作数的指令(5 条)

```
MOV   direct,direct ;直接地址单元中的内容送到直接地址单元
MOV   direct,#data  ;立即数送到直接地址单元
MOV   direct,A      ;累加器 A 中的内容送到直接地址单元
MOV   direct,Rn     ;寄存器 Rn 中的内容送到直接地址单元
```

```
    MOV     direct,@Ri          ;寄存器 Ri 中的内容指定的地址单元中数据送到直接地址单元
```

这组指令的功能是把源操作数指定的内容送到由直接地址 direct 所选定的片内 RAM 中。

4. 以间接地址为目的操作数的指令(3 条)

```
    MOV     @Ri,direct          ;直接地址单元中的内容送到以 Ri 中的内容为地址的 RAM 单元
    MOV     @Ri,#data           ;立即数送到以 Ri 中的内容为地址的 RAM 单元
    MOV     @Ri,A               ;累加器 A 中的内容送到以 Ri 中的内容为地址的 RAM 单元
```

这组指令的功能是把源操作数指定的内容送到以 Ri 中的内容为地址的片内 RAM 中。有直接、立即和寄存器 3 种寻址方式。

5. 查表指令(2 条)

```
    MOVC    A,@A+DPTR           ;A+DPTR 表格地址单元中的内容送到累加器 A
    MOVC    A,@A+PC             ;A+PC 表格地址单元中的内容送到累加器 A
```

这组指令的功能是对存放于程序存储器中的数据表格进行查找和传送,其中"MOVC　A,@A+DPTR"比较常用。

6. 累加器 A 与片外数据存储器 RAM 传送指令(4 条)

```
    MOVX    @DPTR,A             ;累加器中的内容送到数据指针指向片外 RAM 地址中
    MOVX    A,@DPTR             ;数据指针指向片外 RAM 地址中的内容送到累加器 A 中
    MOVX    A,@Ri               ;寄存器 Ri 指向片外 RAM 地址中的内容送到累加器 A 中
    MOVX    @Ri,A               ;累加器中的内容送到寄存器 Ri 指向片外 RAM 地址中
```

这 4 条指令的作用是累加器 A 与片外 RAM 间的数据传送。使用 Ri 的间接寻址,只能传送外部 RAM 的 256 个单元(0000H~00FFH)的数据,若要对整个 64K 的 RAM 单元寻址,要用 DPTR 来间接寻址。需要说明的是,如果你不进行 RAM 扩展,这几条指令可以不必理会。

7. 堆栈操作指令(2 条)

```
    PUSH    direct              ;堆栈指针 SP 首先加 1,直接寻址单元中的数据送到堆栈指针 SP 所指的单元中
    POP     direct              ;堆栈指针 SP 所指的单元数据送到直接寻址单元中,堆栈指针 SP 再减 1
```

第一条常称为入栈操作指令,第二条称为出栈操作指令。关于堆栈的概念,在这里多说两句。

日常生活中,我们都注意过这样的现象,家里洗的碗,一只一只摞起来,最晚放上去的放在最上面,而最早放上去的放在最下面,在取的时候则正好相反,先从最上面取,这种现象我们用一句话来概括:"先进后出,后进先出"。其实,这种现象还有很多,如往弹仓压入子弹和从弹仓中弹出子弹等都是"先进后出,后进先出",这实际是一种存取物品的规则,我们称之为"堆栈"。

在单片机中,我们也可以在 RAM 中构造这样一个区域,用来存放数据,这个区域存放数据的规则就是"先进后出,后进先出",我们称之为"堆栈"。为什么需要这样来存放数据呢?存储器本身不是可以按地址来存放数据吗?对,知道了地址的确就可以知道里面的内容,但如果我们需要存放的是一批数据,每一个数据都需要知道地址那不是很麻烦吗?如果我们让数据

一个接一个地放置,那么我们只要知道第一个数据所在地址单元就可以了,如果第一个数据在27H,那么第二、三个就分别在 28H、29H 了。所以利用堆栈这种方法来存放数据可以简化操作。

堆栈主要是为子程序调用和中断操作而设立的,其具体功能有两个:保护断点和保护现场。因为在计算机中,无论是执行子程序调用操作还是执行中断操作,最终都要返回主程序。因此,在计算机转去执行子程序或中断服务之前,必须考虑其返回的问题。为此,应预先把主程序的断点保护起来,为程序的正确返回做准备。计算机在转去执行子程序或中断服务程序以后,很可能要使用单片机中的一些存储单元,这样就会破坏这些存储单元中的原有内容。为了既能在子程序或中断服务程序中使用这些存储单元,又能保证在返回主程序之后恢复这些存储单元的原有内容,所以在转中断服务程序之前要把单片机中各有关存储单元的内容保存起来,这就是所谓现场保护。那么,把断点和现场的内容保存在哪儿呢?就保存在堆栈中。可见,堆栈主要是为中断服务操作和子程序调用而设立的。此外,堆栈也可用于数据的临时存放,在程序设计中时常用到。

堆栈共有两种操作:进栈和出栈。但不论是数据进栈还是数据出栈,都是对堆栈的栈顶单元进行的,即对栈顶单元的写和读操作。为了指示栈顶地址,所以要设置堆栈指示器 SP。

51 单片机由于堆栈设在内部 RAM 中,因此 SP 是一个 8 位寄存器,系统复位后,SP 的内容为 07H,但使用堆栈时,应将其安排在内部 RAM 的 30H~7FH 单元中,也就是说,在程序设计时,应把 SP 值初始化为大于 30H,这样可避免占用宝贵的寄存器区和位寻址区。

堆栈的使用有两种方式。一种是自动方式,即在调用子程序或中断时,返回地址(断点)自动进栈,程序返回时,断点再自动弹回 PC。这种堆栈操作无需用户干预,因此称为自动方式。另一种是指令方式,即使用专用的堆栈操作指令,进行进出栈操作。进栈用指令 PUSH,出栈用指令 POP。例如现场保护就是指令方式的进栈操作,而现场恢复则是指令方式的出栈操作。

8. 交换指令(5 条)

```
XCH   A,Rn         ;累加器与工作寄存器 Rn 中的内容互换
XCH   A,@Ri        ;累加器与工作寄存器 Ri 所指的存储单元中的内容互换
XCH   A,direct     ;累加器与直接地址单元中的内容互换
XCHD  A,@Ri        ;累加器低 4 位与工作寄存器 Ri 所指的存储单元中的内容低 4 位交换,高 4 位不变
SWAP  A            ;累加器中的内容高低半字节互换
```

这 5 条指令的功能是把累加器 A 中的内容与源操作数所指的数据相互交换。

9. 16 位数据传送指令(1 条)

```
MOV   DPTR,#data16   ;16 位常数的高 8 位送到 DPH,低 8 位送到 DPL
```

这条指令的功能是把 16 位常数送入数据指针寄存器 DPTR。

5.2.2　算术运算类指令

算术运算指令共有 24 条,主要是执行加、减、乘、除四则运算,以及进行加 1、减 1、BCD 码

的运算和调整。需要指出的是,除加 1、减 1 指令外,这类指令大多数都会对 PSW 寄存器有影响,这在使用中应特别注意。

1. 加法指令(4 条)

```
ADD   A,#data    ;累加器 A 中的内容与立即数 data 相加,结果存于 A 中
ADD   A,direct   ;累加器 A 中的内容与直接地址单元中的内容相加,结果存于 A 中
ADD   A,Rn       ;累加器 A 中的内容与工作寄存器 Rn 中的内容相加,结果存于 A 中
ADD   A,@Ri      ;累加器 A 中的内容与 Ri 所指向地址单元中的内容相加,结果存于 A 中
```

这 4 条指令的作用是把立即数、直接地址、工作寄存器及间接地址内容与累加器 A 的内容相加,运算结果存于 A 中。

使用加法指令时要注意对程序状态字 PSW 的影响,其中包括:如果位 3 有进位,则辅助进位标志 AC 置"1",反之,AC 清"0";如果位 7 有进位,则进位标志 CY 置"1",反之,CY 清"0";如果位 6 有进位而位 7 没有进位或者位 7 有进位而位 6 没有进位,则溢出标志 OV 置"1",反之,OV 清"0"。

溢出标志的状态,只有在符号数加法运算时才有意义。当两个符号数相加时,OV=1,表示加法运算超出了累加器 A 所能表示的符号数有效范围(−128~+127),即产生了溢出,因此运算结果是错误的,否则运算是正确的,即无溢出产生。

例如:若 A 的内容=0C2H,R1 的内容=0A9H,执行"ADD A,R1"指令

```
  11000010
+ 10101001
1←01101011
```

运算结果 A 的内容=6BH,AC=0,CY=1,OV=1。

若 0C2H 和 0A9H 是两个无符号数,则结果是正确的;反之,若 0C2H 和 0A9H 是两个带符号数,则由于有溢出,表明相加结果是错误的,因为两个负数相加不可能得到正数。

2. 带进位加法指令(4 条)

```
ADDC  A,direct   ;累加器 A 中的内容与直接地址单元的内容、连同进位位 CY 相加,结果存于 A 中
ADDC  A,#data    ;累加器 A 中的内容与立即数、连同进位位 CY 相加,结果存于 A 中
ADDC  A,Rn       ;累加器 A 中的内容与 Rn 中的内容、连同进位位 CY 相加,结果存于 A 中
ADDC  A,@Ri      ;累加器 A 中的内容与 Ri 指向地址单元中的内容、连同进位位相加,结果存于 A 中
```

这四条指令除了指令中所规定的两个操作数相加外,还要加上进位标志 CY 的值。需注意,这里所指的 CY 是指令开始执行时的进位标志值,而不是相加过程中产生的进位标志值。

带进位加法指令对 CY、AC、OV 的影响与前面讲过的不带进位的加法指令相同。

3. 带借位减法指令(4 条)

```
SUBB  A,direct   ;累加器 A 中的内容减去直接地址单元中的内容、再减去借位位 CY,结果存于 A 中
SUBB  A,#data    ;累加器 A 中的内容减去立即数、再减去借位位 CY,结果存于 A 中
SUBB  A,Rn       ;累加器 A 中的内容减去 Rn 中的内容、再减去借位位 CY,结果存于 A 中
SUBB  A,@Ri      ;累加器 A 中的内容减去 Ri 指向的地址单元中的内容、再减去借位位 CY,结果存于 A 中
```

减法指令只有一组带借位减法指令,而没有不带借位的减法指令。若要进行不带借位的减法操作,则在减法之前要先用指令使 CY 清零,即使得 CY=0,然后再相减。所用的指令为

    CLR   C

减法指令也要影响 CY、AC 和 OV 标志。即如果位 7 有借位,则进位标志 CY 置"1",反之,CY 清"0";如果位 3 有借位,则辅助进位标志 AC 置"1",反之,AC 清"0";如果位 6 有借位而位 7 没有借位或者位 7 有借位而位 6 没有借位,则溢出标志 OV 置"1",反之,OV 清"0"。

4. 乘法指令(1 条)

    MUL   AB   ;累加器 A 中的内容与寄存器 B 中的内容相乘,结果存于 A、B 中

这个指令的作用是把累加器 A 和寄存器 B 中的 8 位无符号数相乘,得到 16 位乘积,其中低 8 位存于累加器 A,高 8 位存于寄存器 B 中。

乘法指令执行后,会影响 PSW 的 CY 和 OV 标志位,即执行乘法指令后,进位标志 CY=0。而溢出标志 OV 可以为 1,也可以为 0。若相乘后有效积为 8 位,即 B=0,则 OV=0;若相乘后 B≠0,则 OV=1。

5. 除法指令(1 条)

    DIV   AB   ;累加器 A 中的内容除以寄存器 B 中的内容,得到的商存于 A,余数存于寄存器 B 中

这个指令的作用是把累加器 A 中的 8 位无符号整数除以寄存器 B 中的 8 位无符号整数,所得到的商存于累加器 A,而余数存于寄存器 B 中。

除法指令也影响 CY、OV 标志位。相除之后,CY 也一定为 0,溢出标志只是在除数 B=0 时才被置 1,因为除数为 0 时的除法没有意义,故 OV=1,其他情况下 OV 都清零。

6. 加 1 指令(5 条)

    INC   A   ;累加器 A 中的内容加 1,结果存于 A 中
    INC   direct   ;直接地址单元中的内容加 1,结果送回原地址单元中
    INC   @Ri   ;寄存器 Ri 的内容指向的地址单元中的内容加 1,结果送回原地址单元中
    INC   Rn   ;寄存器 Rn 的内容加 1,结果送回原地址单元中
    INC   DPTR   ;数据指针的内容加 1,结果送回数据指针中

这 5 条指令的的功能均为原寄存器的内容加 1,结果送回原寄存器。加 1 指令不会对任何标志有影响;另外,如果原寄存器的内容为 0FFH,执行加 1 后,结果就会是 00H。

7. 减 1 指令(4 条)

    DEC   A   ;累加器 A 中的内容减 1,结果送回累加器 A 中
    DEC   direct   ;直接地址单元中的内容减 1,结果送回直接地址单元中
    DEC   @Ri   ;寄存器 Ri 指向的地址单元中的内容减 1,结果送回原地址单元中
    DEC   Rn   ;寄存器 Rn 中的内容减 1,结果送回寄存器 Rn 中

这组指令的作用是把所指的寄存器内容减 1,结果送回原寄存器,若原寄存器的内容为 00H,减 1 后即为 FFH,运算结果不影响任何标志位。

8. 十进制调整指令(1条)

    DA   A

在进行BCD码运算时,这条指令总是跟在ADD或ADDC指令之后,其功能是将执行加法运算后,存于累加器A中的结果进行调整和修正。

5.2.3 逻辑运算类指令

逻辑运算类指令共有24条,有与、或、异或、求反、左右移位、清零等逻辑操作,这类指令一般不影响程序状态字(PSW)标志。

1. 循环移位指令(4条)

    RL   A   ;累加器A中的内容循环左移一位,位7移至位0
    RR   A   ;累加器A中的内容循环右移一位,位0移到位7
    RLC   A   ;累加器A中的内容连同进位位CY循环左移一位,位7移至CY,CY移至位0
    RRC   A   ;累加器A中的内容连同进位位CY循环右移一位,位0移至CY,CY移至位7

这4条指令的作用是将累加器中的内容循环左或右移一位,后两条指令是连同进位位CY一起移位。

2. 求反指令(1条)

    CPL   A   ;累加器中的内容按位取反

这条指令将累加器中的内容按位取反。

3. 清零指令(1条)

    CLR   A   ;累加器中的内容清零

这条指令将累加器中的内容清零。

4. 逻辑与操作指令(6条)

    ANL   A,direct   ;累加器A中的内容和直接地址单元中的内容执行逻辑与操作,结果存于A中
    ANL   A,#data   ;累加器A中的内容和立即数执行逻辑与操作,结果存于A中
    ANL   A,Rn   ;累加器A中的内容和寄存器Rn中的内容执行与操作,结果存于A中
    ANL   A,@Ri   ;累加器A的内容和工作寄存器Ri指向的地址单元中的内容执行与操作,结果
                        ;存于A中
    ANL   direct,A   ;直接地址单元中的内容和累加器A的内容执行与操作,结果存于直接地址单
                        ;元中
    ANL   direct,#data ;直接地址单元中的内容和立即数执行与操作,结果存于直接地址单元中

这组指令的作用是将两个单元中的内容执行逻辑与操作。

5. 逻辑或操作指令(6条)

    ORL   A,direct   ;累加器A中的内容和直接地址单元中的内容执行或操作,结果存于A中

```
ORL    direct,#data   ;直接地址单元中的内容和立即数执行或操作,结果存于直接地址单元中
ORL    A,#data        ;累加器 A 的内容和立即数执行或操作,结果存于 A 中
ORL    A,Rn           ;累加器 A 的内容和寄存器 Rn 中的内容执行或操作,结果存于 A 中
ORL    direct,A       ;直接地址单元中的内容和累加器 A 的内容执行或操作,结果存于直接地址单
                      ;元中
ORL    A,@Ri          ;累加器 A 的内容和工作寄存器 Ri 指向的地址单元中的内容执行或操作,结果
                      ;存于 A 中
```

这组指令的作用是将两个单元中的内容执行逻辑或操作。

6. 逻辑异或操作指令(6 条)

```
XRL    A,direct       ;累加器 A 中的内容和直接地址单元中的内容执行异或操作,结果存于 A 中
XRL    direct,#data   ;直接地址单元中的内容和立即数执行异或操作,结果存于直接地址单元中
XRL    A,#data        ;累加器 A 的内容和立即数执行异或操作,结果存于 A 中
XRL    A,Rn           ;累加器 A 的内容和 Rn 中的内容执行异或操作,结果存于 A 中
XRL    direct,A       ;直接地址单元中的内容和累加器 A 的内容执行异或操作,结果存于直接地址单
                      ;元中
XRL    A,@Ri          ;累加器 A 的内容和 Ri 指向的地址单元中的内容执行异或操作,结果存于 A 中
```

这组指令的作用是将两个单元中的内容执行逻辑异或操作。

5.2.4 控制转移类指令

控制转移类指令共 17 条,用于控制程序的流向,所控制的范围即为程序存储器区间,这些指令的执行一般都不会对标志位有影响。

1. 无条件转移指令(4 条)

```
LJMP   addr16      ;长转移,执行这条指令后,PC 值等于 addr16(16 位地址),可以寻址 64K 程序存储器
AJMP   addr11      ;绝对转移,执行这条指令后,PC 值等于 addr11(11 位地址),可以寻址 2K 程序存储器
SJMP   rel         ;短转移,可以向前或向后转移,转移的范围为 256 个单元
JMP    @A+DPTR     ;变址转移,转移的地址由累加器 A 的内容和数据指针 DPTR 内容之和来决定
```

这组指令执行完后,程序就会无条件转移到指令所指向的地址上去。

2. 条件转移指令(8 条)

```
JZ     rel              ;A 中的内容为 0,则转移到偏移量所指向的地址,否则往下执行
JNZ    rel              ;A 中的内容不为 0,则转移到偏移量所指向的地址,否则往下执行
CJNE   A,direct,rel     ;A 中的内容不等于直接地址单元的内容,则转移到偏移量所指向的地址,
                        ;否则往下执行
CJNE   A,#data,rel      ;A 中的内容不等于立即数,则转移到偏移量所指向的地址,否则往下执行
CJNE   Rn,#data,rel     ;Rn 中的内容不等于立即数,则转移到偏移量所指向的地址,否则往下执行
CJNE   @Ri,#data,rel    ;Ri 指向地址单元中的内容不等于立即数,则转移到偏移量所指向的地址,
                        ;否则往下执行
DJNZ   Rn,rel           ;Rn 减 1 不等于 0,则转移到偏移量所指向的地址,否则往下执行
DJNZ   direct,rel       ;直接地址单元中的内容减 1 不等于 0,则转移到偏移量所指向的地址,否则
                        ;往下执行
```

程序可利用这组丰富的指令根据当前的条件进行判断,看是否满足某种特定的条件,从而控制程序的转向。

3. 子程序调用指令(4条)

```
LCALL    addr16        ;长调用指令,可在64 KB空间调用子程序
ACALL    addr11        ;绝对调用指令,可在2 KB空间调用子程序
RET                    ;子程序返回指令
RETI                   ;中断返回指令,除具有RET功能外,还具有恢复中断逻辑的功能
```

子程序结构是一种重要的程序结构。在一个程序中经常遇到反复多次执行某程序段的情况,如果重复书写这个程序段,会使程序变得冗长而杂乱。对此,可采用子程序结构,即把重复的程序段编写为一个子程序,通过主程序调用而使用它。这样不但减少了编程工作量,而且也缩短了程序的长度。

主程序调用子程序及子程序的返回过程如图 5-1 所示。当主程序执行到 A 处,执行调用子程序 SUB 时,CPU 将 PC 当前值(下一条指令的第一个字节地址)保存到堆栈区,将子程序 SUB 的起始单元地址送给 PC,从而转去执行子程序 SUB。这是主程序对子程序的调用过程。当子程序 SUB 被执行到位于结束处的返回指令时,CPU 将保存在堆栈区中的原 PC 当前值返回给 PC,于是 CPU 又返回到主程序(A+1)处继续执行,这就是子程序的返回过程。若主程序执行到 B 处时又需要调用子程序 SUB,则再次重复执行上述过程。这样,子程序 SUB 便可被主程序多次调用。

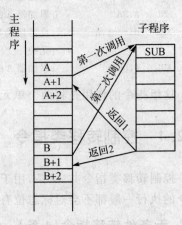

图 5-1　子程序调用与返回示意图

4. 空操作指令(1条)

```
NOP        ;这条指令除了使PC加1,消耗一个机器周期外,没有执行任何操作,主要用于延时程序
```

5.2.5　位操作类指令

51 单片机有一个布尔处理器,它是一个一位微处理器,并且有自己的位累加器(借用进位标志 CY,它是位传送的中心),自己的存储器(即位寻址区中的各位),也有完成位操作的运算器等。在指令方面,与此相应也有一个专门处理布尔变量的子集,可以完成以布尔变量为对象的传送、运算、转移控制等操作;这些指令称为位操作类指令。这一组指令共17条,其操作对象是内部 RAM 中的位寻址区的可寻址位,以及特殊功能寄存器中可以进行位寻址的各位。

1. 位传送指令(2条)

```
MOV    C,bit        ;把某位数据传送到PSW寄存器的CY位
MOV    bit,C        ;把CY数据送到某位
```

位传送指令就是可寻址位与累加位 CY 之间的传送。

第5章 单片机指令系统重点难点剖析

需要说明的是,在读单片机引脚时,一定要事先将该引脚置1,例如,若要读P1.0引脚,则需要以下2条语句:

```
ORL   P1,#01H          ;将P1.0置1
MOV   C,P1.0           ;读P1.0引脚
```

2. 位置位复位指令(4条)

```
CLR    C               ;清CY
CLR    bit             ;清某一位
SETB   C               ;置位CY
SETB   bit             ;置位某一位
```

这些指令对CY及可寻址位进行置位或复位操作。

3. 位运算指令(6条)

```
ANL   C,bit            ;CY位与某位相与,结果存于CY中
ANL   C,/bit           ;CY位与某位取反后相与,结果存于CY中
ORL   C,bit            ;CY位与某位相或,结果存于CY中
ORL   C,/bit           ;CY位与某位取反后相或,结果存于CY中
CPL   C                ;CY位取反(逻辑非)
CPL   bit              ;某位取反(逻辑非)
```

位运算都是逻辑运算,有与、或、非三种指令。

4. 位控制转移指令(5条)

```
JC    rel              ;CY=1转移,否则程序往下执行
JNC   rel              ;CY=0转移,否则程序往下执行
JB    bit,rel          ;位状态为1转移
JNB   bit,rel          ;位状态为0转移
JBC   bit,rel          ;位状态为1转移,并使该位清零
```

位控制转移指令是以位的状态作为实现程序转移的判断条件。

5.2.6 伪指令

汇编语言程序的机器汇编是由计算机自动完成的。为此,在源程序中应有向汇编程序发出指示信息,告诉它应该如何完成汇编工作的部分,这一任务是通过使用伪指令来实现的,伪指令具有控制汇编程序的输入输出、定义数据和符号、条件汇编、分配存储空间等功能。

51单片机常用的伪指令有以下几个。

1. 汇编起始地址伪指令ORG

ORG伪指令的功能是规定下面的源程序或数据的起始地址,一般格式为

[标号]:ORG   地址

其中标号是可选项,可根据情况选用,例如:

· 89 ·

```
        ORG    30H
START:  MOV    A,#00H
```

规定了标号 START 所在的地址为 30H，第一条指令就从 30H 开始存放。

一般在一个汇编语言源程序或数据块的开始，都用一条 ORG 伪指令规定程序或数据块存放的起始位置。若不用 ORG 指令，则从 0000H 开始存放目标码。

2. 汇编结束伪指令 END

END 伪指令的功能是用来告诉汇编程序汇编到此结束。其格式为

END

在 END 以后所写的指令，汇编程序都不予理会。一个源程序只能有一个 END 指令，并放到所有指令的最后。否则，就有一部分指令不能被汇编。

3. 定义字节伪指令 DB

DB 伪指令的功能是从程序存储器的某地址单元开始，存入一组规定好的 8 位二进制常数。其一般格式为

[标号]:DB 8位二进制常数表

这个伪指令在汇编以后，将影响程序存储器的内容。例如：

```
        ORG    2000H
TAB:    DB     3FH,06H,5BH,0E6H
```

以上伪指令经汇编以后，将对 2000H 开始的若干内存单元赋值：
(2000H)=33FH,(2001H)=06H,(2002H)=5BH,(2003H)=0E6H
其中 36H 为字符 6 的 ASCII 码。

4. 定义字伪指令 DW

DW 伪指令的功能是从指定地址开始，定义若干个 16 位数据。其格式为

[标号]:DW 16位数据表

每个 16 位数要占两个 ROM 单元，在 51 单片机系统中，16 位二进制数的高 8 位先存入低地址单元，低 8 位存入高地址单元。例如：

```
        ORG    2000H
TAB:    DW     100H,1A2H
```

汇编以后，将对 2000H 开始的若干内存单元赋值：
(2000H)=01H,(3001H)=00H,(3002H)=01H,(3003H)=0A2H

5. 赋值伪指令 EQU

EQU 伪指令的功能是将一个常数或特定的符号赋予规定的字符串，其格式为

字符名称 EQU 赋值项

例如：

```
ORG    2000H
FLG    EQU    30H
MOV    A,FLG
```

这里将 FLG 等值为 30H,在指令中,FLG 就可以取代 30H 来使用。

6. 位地址定义伪指令 BIT

BIT 伪指令的功能是将位地址赋予所规定的字符名称。其格式为

字符符号 BIT 位地址

例如:

```
LED0   BIT   P1.0
LED1   BIT   P1.1
```

这样就把两个位地址分别赋给两个变量 LED0 和 LED1,在编程中它们就可当作位地址来使用。

7. 数据地址赋值伪指令 DATA

DATA 伪指令的功能是将表达式指定的数据地址赋予规定的字符名称。其格式为

字符符号 DATA 表达式

例如:

```
PLUS   DATA   30H           ;将 30H 地址定义为 PLUS
```

5.3 汇编语言实用程序解析

下面对汇编语言中应用十分广泛的延时程序和查表程序作一简要解析。

5.3.1 定时(延时)程序

在单片机的控制应用中,常有定时(延时)的需要,如键盘扫描、数码管动态扫描等。延时程序除可以使用定时/计数器实现之外,还可以使用延时程序完成。定时程序是典型的循环程序,它是通过执行一个具有固定延迟时间的循环体来实现延时的。

1. 单循环定时程序

下面就是一个最简单的单循环定时程序:

```
DELAY:MOV   R3,#TIME       ;① 1 个机器周期
LOOP: NOP                  ;② 1 个机器周期
      NOP                  ;③ 1 个机器周期
      DJNZ  R3,LOOP        ;④ 2 个机器周期
      RET                  ;⑤ 2 个机器周期
```

第①条指令"MOV R3,#TIME"是将循环次数 TIME 送到 R3 中,这条指令占用 1 个机器周期的时间;

第②条"NOP"是条空指令,不进行任何操作,但它在程序存储器中占了 1B 的位置,执行时也需要占用 1 个机器周期的时间;

第③条也是空指令,占 1 个机器周期;

第④条DJNZ指令的机器周期为2；
第⑤条指令"RET"的机器周期为2。

从以上说明可以看出,第①条指令和第⑤条指令不参与循环,可忽略不计,定时程序每循环一次共占用4个机器周期(第②、③、④条指令)。由于1个机器周期是由12个振荡周期组成,若单片机的晶振频率为12 MHz,它时振荡周期是$1/12\ \mu s$,1个机器周期是$12\times(1/12)\ \mu s=1\ \mu s$。因此一次循环的延迟时间为$4\times 1\ \mu s=4\ \mu s$。定时程序的总延迟时间为$4\times TIME(\mu s)$,TIME是装入寄存器R3的时间常数,R3是8位寄存器,因此这个程序的最长定时时间为

$$255\times 4\ \mu s=1020\ \mu s\approx 1\ ms$$

以上定时程序也可以借助Keil c51软件的模拟仿真功能进行计算,方法如下:

① 打开Keil C51软件,建立一个名为ch5_1.uv2的工程项目,再建立一个名为ch5_1.asm的源程序文件,输入以下程序:

```
ORG     0000H
LJMP    DELAY
ORG     030H
DELAY:  MOV  R3,#TIME    ;① 1个机器周期
LOOP:   NOP              ;② 1个机器周期
        NOP              ;③ 1个机器周期
        DJNZ R3,LOOP     ;④ 2个机器周期
        RET              ;⑤ 2个机器周期
        END
```

② 右击Keil C51主窗口"Target1",在出现的快捷菜单中选择"Option for target 'target1'"选项,在弹出的工程设置对话框中将晶振频率设置为12 MHz,将仿真功能设置为软件仿真(Use Simulator),有关设置方法请参看本书第4章有关内容。

③ 对源程序进行编译、链接。

④ 按【Ctrl+F5】键,进入模拟仿真状态。

⑤ 将光标移到"DELAY:MOV R3,#TIME"行,依次选择"Debug→run to cursor line"选项或单击 按钮或使用快捷键【Ctrl+F10】,使程序运行光标所在处,此时,观察左侧的寄存器窗口,可看到sec显示的时间为0.00000200(单位为s),此为定时程序的起始时间,如图5-2所示。

⑥ 再将光标移到"RET"行,按【Ctrl+F10】键,使程序运行到RET行,此时,观察左侧的寄存器窗口,可看到sec显示的时间为0.00102300(单位为s),此为定时程序的结束时间,如图5-3所示。

⑦ 将结束时间减去起始时间,即为定时程序的延时时间,即定时时间为

$$(0.00102300-0.00000200)\ s=0.00102100\ s=1.021\ ms\approx 1\ ms$$

可见,软件仿真的结果与实际计算是一致的。

该源程序在随书光盘ch5/ch5_1文件夹中。

2. 多循环定时程序

单循环定时程序的时间延迟比较小,为了加长定时时间,通常采用多重循环的方法。下面就是一个采用双重循环的定时程序:

第 5 章　单片机指令系统重点难点剖析

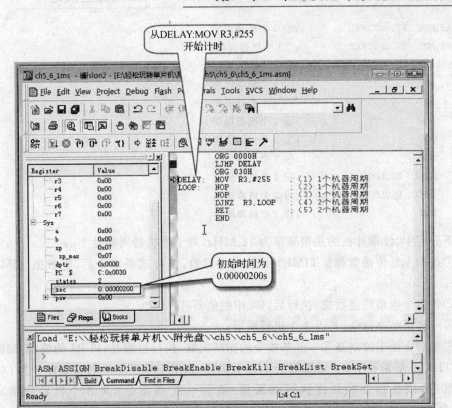

图 5-2　定时程序起始时间

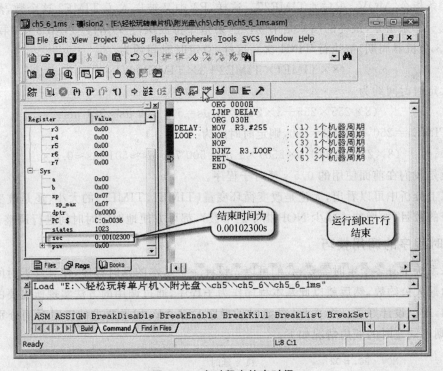

图 5-3　定时程序结束时间

```
DELAY: MOV    R5,#TIME1        ;① 1个机器周期
LOOP2: MOV    R4,#TIME2        ;② 1个机器周期
LOOP1: NOP                     ;③ 1个机器周期
       NOP                     ;④ 1个机器周期
       NOP                     ;⑤ 1个机器周期
       NOP                     ;⑥ 1个机器周期
       NOP                     ;⑦ 1个机器周期
       NOP                     ;⑧ 1个机器周期
       DJNZ   R4,LOOP1         ;⑨ 2个机器周期
       DJNZ   R5,LOOP2         ;⑩ 2个机器周期
       RET                     ;⑪ 2个机器周期
```

以下分析中,设单片机的晶振频率为 12 MHz,则 1 个机器周期是 1 μs。

第①条指令是传递数据。TIME1 是被传递的数,执行这条指令后,将数据 TIME1 送到 R5 中去。

第②条指令也是传递数据,执行后,R4 中的值是 TIME2。

第③~⑧条是空指令,各占 1 个机器周期。

第⑨条指令用于控制第③~⑨条指令的循环次数,执行过程是:将 R4 的值(TIME2)减 1,然后看 TIME2 是否等于 0。如果等于 0,往下执行;如果不等于 0,则转移到标号为 LOOP1 的位置去执行,该条指令的最终执行结果是:第③~⑨条指令(共 8 个机器周期)被执行 TIME2 次。

执行第⑩条指令时,由于 R5 中的值 TIME1 不为 0,所以减 1 后转去 LOOP2 标号处,即执行第②条指令"MOV R4,#TIME2"。这样,R4 中又被送入了 TIME2 这个数,然后再去执行第③~⑨条指令,最终的结果是第③~⑨第指令将被执行 TIM1×TIME2 次,第②、⑩条指令(共 3 个机器周期)被执行 TIM1 次。这样,总定时时间约为

$$(8 \times TIME1 \times TIME2 + 3 \times TIME1) \times 1 \ \mu s$$

最大定时时间约为

$$(8 \times 255 \times 255 + 3 \times 255) \times 1 \ \mu s = 520 \ 965 \ \mu s \approx 521 \ ms$$

若 TIME1=250,TIME2=250,则定时时间为

$$(8 \times 250 \times 250 + 3 \times 250) \times 1 \ \mu s = 500 \ 765 \ \mu s \approx 501 \ ms \approx 0.5 \ s$$

这就是我们在前面使用的 0.5 s 延时子程序。

从以上分析中可以看出,无论是改变循环变量(TIME1、TIME2)的大小,还是改变循环程序中指令的数目(如增加或减少 NOP 指令的个数),都可方便地对定时时间进行调整。

3. 延时程序的调用技巧

如果系统中有多个定时需要,我们可以先设计一个基本的延时程序,使其延迟时间为各定时时间的最大公约数,然后就以此基本程序作为子程序,通过调用的方法实现所需要的不同定时。例如,现已设计好了一个 0.5 s 的延时子程序 DELAY,如果要求的定时时间分别为 1 s、2 s、4 s,则不同定时的调用情况如下:

```
        MOV    R0,#02           ;1 s 延时
LOOP1:  LCALL  DELAY
```

```
                DJNZ   R0,LOOP1
                MOV    R0,#04          ;2 s 延时
LOOP2:          LCALL  DELAY
                DJNZ   R0,LOOP2
                MOV    R0,#08          ;4 s 延时
LOOP3:          LCALL  DELAY
                DJNZ   R0,LOOP3
```

5.3.2 查表程序

预先把数据以表格形式存放在单片机的程序存储器中,然后使用程序读出,这种能读出表格数据的程序就称之为查表程序。查表操作对单片机的控制应用十分重要,因此51单片机准备了专用的查表指令如下:

```
MOVC   A,@A+DPTR
MOVC   A,@A+PC
```

这两条 MOVC 指令都能在不改变 PC 和 DPTR 的状态下,根据 A 的内容取出表格中的数据,实际应用中,"MOVC A,@A+DPTR"指令比较常用,下面也以这条指令为例,简要介绍查表指令的使用方法。

使用"MOVC A,@A+DPTR"指令进行查表的方法如下:
① 先将所查表格的首地址用 MOV 指令存入 DPTR 数据指针寄存器。
② 将访问项的偏移值(即在表中的位置是第几项),用 MOV 指令装入累加器 A 中。
③ 用"MOVC A,@A+DPTR"指令读数,查表结果送回累加器中。

例如,有一个数(取值范围为 0~9)在 R0 中,要求用查表的方法确定它的平方值。程序如下:

```
        MOV    DPTR,#TAB       ;① 将标号 TAB 送到 DPTR
        MOV    A,R0            ;② 将 R0 的内容送 A
        MOVC   A,@A+DPTR       ;③ 查表
TAB:    DB     0,1,4,9,16,25,36,49,64,81
```

DB 是一条伪指令,它的用途是将其后面的数也就是 0、1、4、9、16、25、36、49、64 和 81 放在程序存储器中。这里的"放"不是在程序执行时,而是在程序被编译并写入芯片时就完成了。图 5-4 是查表指令存储器的示意图。

图中的数在程序存储器中是顺序存放的,而 0 所在单元的地址就是 TAB,TAB 在这里只是一个符号,到了最终变成代码时(汇编时),TAB 就是一个确定的值,如 1FEH 或 2003H 等。

以下分析上述程序的执行情况。首先执行第①条指令,即将 TAB 送入 DPTR 中,然后执行第②条指令,取出 R0 中欲查表的值(假设是2)送到 A;接着执行第③条指令,将 DPTR 中的值(现在是 TAB)与 A 中的值(目前是2)相加,得到结果 TAB+2;然后,以这个值为地址,到程序存储器中相应单元中去取数。查看图 5-4 中这个单元中的值是4,正是2的平方,这样就获得了正确的结果。其他数据也可以类推。

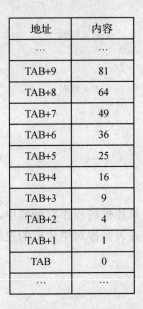

图 5-4 查表指令存储器示意图

专家点拨：这里，标号 TAB 的真实含义就是地址数值，在这里它代表了 0,1,4,9,16,25,36,49,64,81 这几个数据在程序存储器中存放的起点位置。单片机正是通过这个地址才找到这段程序的。可以通过以下的例子再来看一看标号的含义：

```
MOV DPTR,#200H
MOV A,R0
MOVC A,@A+DPTR
·
·
·
ORG 200H
DB 0,1,4,9,16,25,36,49,64,81
```

如果 R0 中的值为 2，则最终地址为 200H+2 为 202H，到 202H 单元中找到的是 4。那为什么前面的程序不这样写程序，要用标号 TAB 呢？这是因为，如果这样写程序的话，在写程序时，我们就必须确定这张表格在程序存储器中的具体的位置，如果写完程序后，又想在这段程序前插入一段程序，那么这张表格的位置就又要变了，从而要改"ORG 200H"这条指令了。由于我们是经常需要修改程序的，所以就用标号来替代，只要一编译程序，位置就自动发生变化，十分方便。

第 2 篇　实例解析篇

本篇知识要点
- 中断系统实例解析
- 定时/计数器实例解析
- RS232/RS485 串行通信实例解析
- 键盘接口实例解析
- LED 数码管实例解析
- LCD 显示实例解析
- 时钟芯片 DS1302 实例解析
- EEPROM 存储器实例解析
- 单片机看门狗实例解析
- 温度传感器 DS18B20 实例解析
- 红外遥控和无线遥控实例解析
- A/D 和 D/A 转换电路实例解析
- 步进电动机、直流电动机和舵机实例解析
- 单片机低功耗模式实例解析
- 语音电路实例解析
- LED 点阵屏实例解析

第 6 章

中断系统实例解析

中断就是打断正在执行的工作,转去做另外一件事,单片机利用中断功能,不但可提高 CPU 的效率,实现实时控制,而且还可以对一些难以预料的情况进行及时处理。那么中断是怎么回事?它是如何工作的?怎样才能学好中断系统呢?带着这些问题,让我们一起走进中断系统……

6.1 中断系统基本知识

6.1.1 什么是中断

什么是中断?中断的过程是什么?要搞清楚这个问题,我们同样先从生活中的一个例子谈起:

你正在家中看书,突然电话铃响了,你在书上做个记号去接电话,和来电话的人交谈,此时门铃响了,你让打电话的对方稍等,然后你去开门,并在门旁与来人交谈,谈话结束,关好门,然后回到电话机旁继续通话,通话完毕,放下电话,从做记号的地方又继续看书。

这是一个很典型的中断事例,就是正常的工作过程被外部的事件打断了。从看书到接电话,是一次中断过程,而从打电话到与门外来人交谈,则是在中断过程中发生的又一次中断,即所谓中断嵌套。为什么会发生上述的中断现象呢?就是因为你在一个特定的时刻,面对着三项任务:看书、打电话和接待来人。但一个人又不可能同时完成三项任务,因此你只好采用中断方法穿插着去做。

这种现象同样也出现在单片机中,在单片机运行中,要求 CPU 能及时地响应被控对象提出的分析、计算和控制等请求,使被控对象保持在最佳工作状态,以达到预定的控制效果。由于这些控制参量的请求都是随机发出的,而且要求单片机必须作出快速响应并及时处理,因而对此只有靠中断技术才能实现。

归纳起来,单片机使用中断,有以下几点好处:

第一,实行分时操作,提高 CPU 的效率。只有当服务对象向 CPU 发出中断申请时,才去为它服务,这样我们就可以利用中断功能同时为多个对象服务,从而大大提高了 CPU 的工作效率。

第二，实现实时处理。利用中断技术，各个服务对象可以根据需要随时向 CPU 发出中断申请，及时发现和处理中断请求并为之服务，以满足实时控制的要求。

第三，进行故障处理。对难以预料的情况或故障，如掉电、事故等，可以向 CPU 发出中断请求，由 CPU 作出相应的处理。

6.1.2　51 单片机的中断源

什么可引起中断？生活中很多事件都可以引起中断，例如：有人按了门铃、电话铃响了、你的闹钟响了、你烧的水开了……诸如此类的事件，我们把这些可以引起中断的事件称之为中断源。单片机中也有一些可以引起中断的事件（如掉电、运算溢出、报警等），普通的 51 单片机中有 3 类共 5 个中断源，即 2 个外中断 INT0 和 INT1（由 P3.2 和 P3.2 引入）、2 个定时中断（定时器 T0、定时器 T1）和 1 个串行中断，其中，定时中断和串行中断属于内中断。

1. 外中断

外中断是由外部信号引起的，共有 2 个中断源，即外部中断"0"和外部中断"1"。它们的中断请求信号分别由引脚 INT0(P3.2)和 INT1(P3.3)引入。

外部中断请求有两种信号方式，即电平方式和脉冲方式。可通过设置有关控制位进行定义。

电平方式的中断请求是低电平有效。只要单片机在中断请求引入端（INT0 或 INT1）上采样到有效的低电平时，就激活外部中断。

而脉冲方式的中断请求则是脉冲的后沿负跳有效。这种方式下，CPU 在两个相邻机器周期对中断请求引入端进行的采样中，如前一次为高电平，后一次为低电平，即为有效中断请求。

2. 内中断

内中断包括定时中断和串行中断两种。

（1）定时中断

定时中断是为满足定时或计数的需要而设置的。在单片机内部，有两个定时/计数器，通过对其中的计数结构进行计数，来实现定时或计数功能。当计数结构发生计数溢出时，即表明定时时间已到或计数值已满，这时就以计数溢出信号作为中断请求，去置位一个溢出标志位，作为单片机接受中断请求的标志。由于这种中断请求是在单片机芯片内部发生的，因此无需在芯片上设置引入端。

（2）串行中断

串行中断是为串行数据传送的需要而设置的。每当串行接收或发送完一组串行数据时，就产生一个中断请求。因为串行中断请求也是在单片机芯片内部自动发生的，所以同样不需要在芯片上设置引入端。

6.1.3　中断的控制

51 单片机中，有 4 个寄存器是供用户对中断进行控制的，这 4 个寄存器分别是定时器控制寄存器 TCON、串行口控制寄存器 SCON、中断允许控制寄存器 IE 以及中断优先控制寄存器 IP。这 4 个控制寄存器可完成中断请求标志寄存、中断允许管理和中断优先级的设定,由它们所构成的中断系统如图 6-1 所示。

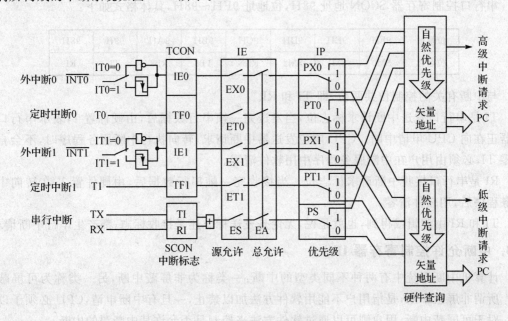

图 6-1 中断系统的结构

1. 定时器控制寄存器 TCON

定时器控制寄存器 TCON 用于保存外部中断请求以及定时器的计数溢出。寄存器地址 88H,位地址 8FH～88H。寄存器的内容及位地址表示如下:

位地址	8FH	8EH	8DH	8CH	8BH	8AH	89H	88H
位名称	TF1	TR1	TF0	TR0	IE1	IT1	IE0	IT0

TCON 寄存器既有定时/计数器的控制功能,又有中断控制功能,其中,与中断有关的控制位共六位。

① IE0(IE1)——外中断 0(外中断 1)请求标志位。

当 CPU 采样到 $\overline{INT0}$(或 $\overline{INT1}$)端出现的有效中断请求信号时,此位由硬件置 1;在中断响应完成后转向中断服务程序时,再由硬件自动清零。

② IT0(IT1)——外中断 0(外中断 1)触发方式控制位。

IT0(IT1)=1,脉冲触发方式,下降沿触发有效。

IT0(IT1)=0,电平触发方式,低电平有效。

此位由软件置位或清除。

③ TF0(TF1)——定时/计数器 0(定时/计数器 1)溢出标志位。

当定时/计数器 0(定时/计数器 1)产生计数溢出时,TF0(TF1)由硬件置 1。当转向中断服务时,再由硬件自动清零。

TCON 还有 2 位:TR0 和 TR1,在介绍定时/计数器时再作介绍。

2. 串行口控制寄存器 SCON

串行口控制寄存器 SCON 地址 98H，位地址 9FH～98H，具体格式如下：

位地址	9FH	9EH	9DH	9CH	9BH	9AH	99H	98H
位名称	SM0	SM1	SM2	REN	TB8	RB8	TI	RI

与中断有关的控制位共两位，即 TI 和 RI。

TI 是串行口发送中断请求标志位，当发送完一帧串行数据后，由硬件置 1，表示串行口发送器正在向 CPU 申请中断。CPU 响应发送器中断请求，转向执行中断服务程序时，不会自动清零 TI，必须由用户在中断服务程序中用软件清零。

RI 是串行口接收中断请求标志位。当接收完一帧串行数据后，由硬件置 1；在转向中断服务程序后，用软件清零。

TI 和 RI 由逻辑或得到，也就是说，无论是发送标志还是接收标志，都产生串行中断请求。

3. 中断允许控制寄存器 IE

计算机中断系统中有两种不同类型的中断：一类称为非屏蔽中断，另一类称为可屏蔽中断。所谓非屏蔽中断，是指用户不能用软件方法加以禁止，一旦有中断申请，CPU 必须予以响应。对于可屏蔽中断，用户则可以通过软件方法来控制是否允许某中断源的中断。

从图 6-1 中可以看出，51 单片机的 5 个中断源都是可屏蔽中断，CPU 对中断源的中断开放（允许）或中断屏蔽（禁止）是通过中断允许寄存器 IE 设置的，IE 既可按字节地址寻址，其字节地址为 0A8H，又可按位寻址，位地址为 0AFH～0A8H，具体格式如下：

位地址	0AFH	0AEH	0ADH	0ACH	0ABH	0AAH	0A9H	0A8H
位名称	EA	—	—	ES	ET1	EX1	ET0	EX0

① EA——中断允许总控制位。

EA=0，中断总禁止，关闭所有中断，由软件设置。

EA=1，中断总允许，总允许后，各中断的禁止或允许由各中断源的中断允许控制位进行设置。

② EX0(EX1)——外部中断允许控制位。

EX0(EX1)=0，禁止外中断 0(外中断 1)。

EX0(EX1)=1，允许外中断 0(外中断 1)。

③ ET0(ET1)——定时中断允许控制位。

ET0(ET1)=0，禁止定时中断 0(定时中断 1)。

ET0(ET1)=1，允许定时中断 0(定时中断 1)。

④ ES——串行中断允许控制位。

ES=0，禁止串行中断。

ES=1，允许串行中断。

可见，51 单片机通过中断允许控制寄存器对中断的允许实行两级控制。以 EA 位作为总控制位，以各中断源的中断允许位作为分控制位。当总控制位为禁止时，不管分控制位状态如何,整个中断系统均为禁止状态;当总控制位为允许时,才能由各中断源的分控制位设置各自的中断允许与禁止。单片机复位后,(IE)=00H,因此,整个系统处于禁止状态。

需要说明的是,单片机在中断响应后不会自动关闭中断。因此,在转向中断服务程序后,应使用有关指令禁止中断,即用软件方式关闭中断。

4. 中断优先级控制寄存器 IP

设想一下,我们正在看书,电话铃响了,同时又有人按了门铃,你该先做哪样呢？如果你正在等一个很重要的电话,你一般是不会去理会门铃的,反之,你正在等一个重要的客人,则可能就不会去理会电话了。如果不是这两者(即不等电话,也不是等人上门),你可能就会按你通常的习惯去处理。总之这里存在一个优先级的问题。单片机中也是如此,也有优先级的问题。51单片机的中断优先级控制比较简单,只有高低两个优先级。当多个中断源同时申请中断时,CPU 首先响应优先级最高的中断请求,在优先级最高的中断处理完了之后,再响应级别较低的中断。

51单片机各中断源的优先级由优先级控制寄存器 IP 进行设定(软件设置)。

IP 寄存器地址为 0B8H,位地址为 0BFH～0B8H,具体格式如下:

位地址	0BFH	0BEH	0BDH	0BCH	0BBH	0BAH	0B9H	0B8H
位名称	—	—	—	PS	PT1	PX1	PT0	PX0

PX0(PX1)是外中断 0(外中断 1)优先级设定位。
PT0(PT1)是定时中断 0(定时中断 1)优先级设定位。
PS 是串行中断优先级设定位。各位为 0 时,为低优先级;各位为 1 时,为高优先级。
51单片机中断优先级的控制原则是:
① 低优先级中断请求不能打断高优先级的中断服务;反之则可以,从而实现中断嵌套。
② 如果一个中断请求已被响应,则同级的其他中断响应被禁止。
③ 如果同级的多个中断请求同时出现,则按 CPU 查询次序确定哪个中断请求被响应。从高到低依次为:外部中断 0→定时中断 0→外部中断 1→定时中断 1→串行中断。如果查询到有标志位为"1",则表明有中断请求发生,随后立即开始进行中断响应。由于中断请求是随机发生的,CPU 无法预先得知,因此在程序执行过程中,中断查询要不停地重复进行。如果换成人来说,就相当于你在看书的时候,每一秒都会抬起头来听一听,看一看,是不是有人按门铃,是否有电话,烧的水是否开了……看来,单片机比人蠢多了！

专家点拨:上面所讲的 4 个寄存器都是为用户需要而设置的,因此在采用中断方式时,要在程序初始化时进行设置。外中断初始化主要包含中断总允许、外中断允许、中断方式和中断优先级设定;而定时中断则没有中断方式控制。

例如,假定要开放外中断 1,采用脉冲触发方式,则需要做如下工作——

设置中断允许位：　　　　　SETB　EA(中断总允许)
　　　　　　　　　　　　　　SETB　EX1(外中断 1 允许)
设置中断请求信号方式：　　SETB　IT1(脉冲触发方式)
设置优先级：　　　　　　　SETB　PX1(外中断 1 优先级最高)

6.1.4 中断的响应

中断响应就是对中断源提出的中断请求的接受,是在中断查询之后进行的,当查询到有效的中断请求时,接着就进行中断响应。中断响应时,根据寄存器 TCON、SCON 中的中断标记,转到程序存储器的中断入口地址。51 单片机的 5 个独立中断源所对应的矢量地址如下:

外中断 0： 0003H
定时器中断 0： 000BH
外中断 1： 0013H
定时器中断 1： 001BH
串口中断： 0023H

从中断源所对应的矢量地址中可以看出,一个中断向量入口地址到下一个中断向量入口地址之间(如 0003H～000BH)只有 8 个单元。也就是说,中断服务程序的长度如果超过了 8B (字节),就会占用下一个中断的入口地址,导致出错。但一般情况下,很少有一段中断服务程序只占用少于 8 字节的情况,为此可以在中断入口处写一条"LJMP XXXX"或"AJMP XXXX"指令,这样可以把实际处理中断的程序放到程序存储器的任何一个位置。

例如,若采用外中断 0(INT_0)和定时器 0 中断(TIME_0),程序的结构可以这样安排:

```
        ORG  0000H
        LJMP MAIN           ;跳转到主程序
        ORG  0003H          ;外中断 0 入口地址
        LJMP INT_0
        ORG  000BH          ;定时器 0 中断入口地址
        LJMP TIME_0
;以下是主程序
        ORG  030H
MAIN:   XXXX                ;主程序开始
         ⋮
;以下是外中断 0 服务程序
INT_0:  XXXX                ;外中断 0 开始
         ⋮
        RETI                ;外中断 0 返回
;以下是定时器 0 中断服务程序
TIME_0: XXXX                ;定时器 0 中断开始
         ⋮
        RETI                ;定时器 0 中断返回
        END
```

中断服务程序完成后,一定要执行一条 RETI 指令,执行这条指令后,CPU 将会把堆栈中保存着的地址取出,送回 PC,那么程序就会从主程序的中断处继续往下执行了。

需要说明的是,CPU 所做的保护工作是很有限的,只保护了一个地址(主程序中断处的地址),而其他的所有东西都不保护,所以如果你在主程序中用到了如 A、DPTR、PSW 等,在中断程序中又要用它们,还要保证回到主程序后这里面的数据仍是没执行中断以前的数据,就得自己想法保护起来。

上面的程序中,主程序 MAIN 从地址 030H 开始。那么在 030H 之前的一段地址空间究竟还要作什么用途？讲到这里,我们已经明白了,是要用作 5 个中断源所对应的中断服务程序入口地址。当然如果你在程序设计时不用中断服务程序,那么主程序也可以从 0000H 开始,但万一以后在程序调试、升级过程中要使用中断服务程序时,就没有中断入口地址可用了。所以,我们一定要养成好的习惯,使主程序从 0030H 或更后面的地址开始。

随便再提及一下,STC89C51(DIP40 封装的)以及 AT89S52 型号是具有 6 个中断源的单片机,因而此类单片机还有定时器 2 中断,其入口地址为 002BH～0032H,编写程序时,如果使用定时器 2 中断,主程序要从 0032H 或更后面的地址开始。

6.1.5 中断的撤除

中断响应后,TCON 或 SCON 中的中断请求标志应及时清除,否则就意味着中断请求仍然存在,弄不好就会造成中断的重复查询和响应。因此就存在一个中断请求的撤除问题。

1. 外中断的撤除

外部中断标志位 IE0(或 IE1)的清零是在中断响应后由硬件电路自动完成的。

2. 定时中断的撤除

定时中断响应后,硬件自动把标志位 TF0(或 TF1)清零,因此定时中断的中断请求是自动撤除的,不需要用户干预。

3. 串行中断的撤除

对于串行中断,CPU 响应中断后,没有用硬件清除它们的中断标志 RI、TI,必须在中断服务程序中用软件清除,以撤除其中断请求。

6.2 中断系统实例解析

中断的应用十分广泛,下面仅就外中断进行演练。有关定时器中断、串行中断将在学习定时/计数器、串行通信时进行介绍。

6.2.1 实例解析 1——外中断练习 1

1. 实现功能

在 DD-900 实验开发板上进行外部 0 和外部中断 1 实验:通电后,P0 口的 8 只 LED 灯全亮,按下 P3.2 脚上的按键 K1(模拟外部中断 0)时,P0 外接的 LED 灯循环左移 8 位后恢复为全亮;按下 P3.3 脚上的按键 K2(模拟外部中断 1)时,P0 口外接的 LED 灯循环右移 8 位后恢复为全亮。有关电路如图 3-4、图 3-17 所示。

2. 源程序

据上述要求,设计的相关源程序如下:

```
            ORG     0000H           ;① 程序从0000H开始
            AJMP    MAIN            ;② 转主程序
            ORG     0003H           ;③ 外中断0入口地址
            AJMP    INT_0           ;④ 转外中断0服务程序
            ORG     0013H           ;⑤ 外中断1入口地址
            AJMP    INT_1           ;⑥ 转外中断1服务程序
            ORG     030H            ;⑦ 主程序从030H开始
        ;以下是主程序
MAIN:       MOV     SP,#5FH         ;⑧ 初始化堆栈
            SETB    IT0             ;⑨ 外中断0为脉冲触发方式
            SETB    IT1             ;⑩ 外中断1为脉冲触发方式
            SETB    EA              ;⑪ 开总中断
            SETB    EX0             ;⑫ 开外中断0
            SETB    EX1             ;⑬ 开外中断1
            MOV     A,#00H          ;⑭ 将00H送A
DISP:       MOV     P0,A            ;⑮ P0外接的灯全亮
            AJMP    DISP            ;⑯ 再显示,等待中断
        ;以下是外中断0服务程序
INT_0:      CLR     EX1             ;⑰ 关闭外中断1,不影响中断0
            PUSH    ACC             ;⑱ 保护现场
            MOV     R2,#08H         ;⑲ 计数值为8
            MOV     A,#0FEH         ;⑳ 将1111 1110B送A
LEFT:       MOV     P0,A            ;㉑ P0.0外接的灯亮
            LCALL   DELAY           ;㉒ 调延时子程序
            RL      A               ;㉓ 累加器A中的值循环左移1位
            DJNZ    R2,LEFT         ;㉔ R2不等于0转LEFT,从而达到LED灯循环左移8位的目的
            POP     ACC             ;㉕ 恢复现场
            SETB    EX1             ;㉖ 开外中断1
            RETI                    ;㉗ 中断返回
        ;以下是外中断1服务程序
INT_1:      CLR     EX0             ;㉘ 关闭外中断0,不影响中断1
            PUSH    ACC             ;㉙ 保护现场
            MOV     R3,#08H         ;㉚ 计数值为8
            MOV     A,#7FH          ;㉛ 将0111 1111B送A
RIGHT:      MOV     P0,A            ;㉜ P0.7外接的灯亮
            LCALL   DELAY           ;㉝ 调延时子程序
            RR      A               ;㉞ 累加器A中的值循环右移1位
            DJNZ    R3,RIGHT        ;㉟ R3不等于0转RIGHT,从而达到LED灯循环右移8位的目的
            POP     ACC             ;㊱ 恢复现场
            SETB    EX0             ;㊲ 开外中断0
            RETI                    ;㊳ 中断返回
        ;以下是0.5 s延时子程序
DELAY:      MOV     R5,#0FAH
LOOP2:      MOV     R4,#0FAH
LOOP1:      NOP
```

第6章 中断系统实例解析

```
        NOP
        NOP
        NOP
        NOP
        NOP
        DJNZ    R4,LOOP1
        DJNZ    R5,LOOP2
        RET
        END
```

3. 源程序释疑

为实现中断而设计的有关程序称为中断程序。中断程序由中断初始化程序和中断服务程序两部分组成。

(1) 中断初始化程序

中断初始化程序也称中断控制程序,设置中断初始化程序的目的是,让 CPU 在执行主程序的过程中能够响应中断。该源程序的第⑧～⑬行即为中断初始化程序。中断初始化程序主要包括:设置堆栈、选择外中断的触发方式、开中断,另外,还可以对中断优先级进行设置等。

系统复位或加电后,堆栈指针总是初始化为 07H,使得堆栈区实际上是从 08H 单元开始,但由于 08H～1FH 单元属于工作寄存器区,考虑到程序设计中经常要用到这些区,故常在中断控制程序中设置一条指令,使 SP 的值改为 1FH 或更大些。该源程序中,堆栈由指令"MOV SP ♯5FH"(第⑧行)设置为 5FH。

(2) 中断服务程序

中断服务程序也称为中断处理服务,该源程序的 INT_0 和 INT_1 即为中断服务程序。

由于 CPU 执行完中断服务程序后仍要返回主程序,因此,在执行中断服务程序之前,要将主程序中断处的地址保存起来,称为"保护断点"。又由于 CPU 执行中断处理程序时可能要使用主程序中使用过的累加器及其他寄存器甚至一些标志位,因此,在为中断源服务之前,也要将有关的寄存器内容保存起来,称为"保护现场"。而 CPU 为中断源服务完后,还必须要恢复原寄存器的内容及原程序中断处的地址,即要"恢复断点"和"恢复现场"。

保护断点、恢复断点是由 CPU 响应中断和中断返回时自动完成的,不需要人工干预。而保护现场和恢复现场则需要通过在中断服务程序中采用堆栈操作指令 PUSH、POP 来实现。在本源程序中,第⑱、㉕、㉙、㊱行的指令就是为保护现场和恢复现场而设置的。

读者可以将该程序中第⑱、㉕、㉙、㊱行去掉,观察一下实验结果有什么变化。看到现象了吗? 如果你还没看到,那么,笔者告诉你:将程序中第⑱、㉕、㉙、㊱行去掉后,会发现,按下 K1 键时,P0 口外接的 LED 灯循环左移 8 位后只有 P0.0 脚的灯亮(不能恢复为 8 只灯全亮);按下 P3.3 脚上的按键 K2 时,P0 口外接的 LED 灯循环右移 8 位后只有 P1.7 脚的灯亮(不能恢复为 8 只 LED 灯全亮)。

明白了吧,保护和恢复现场是不是十分重要!

在使用 PUSH 和 POP 指令"保护现场"和"恢复现场"时,要注意 PUSH 和 POP 指令必须成对使用,否则,可能会使保存在堆栈中的数据丢失,或使中断不能正确返回。此外,只有那些在中断服务程序中要使用的寄存器内容才需要加以保护。

从 CPU 中止当前程序，转向另一程序这点看，中断过程很像子程序，区别在于：中断发生时间一般是随机的（例如，本程序中，中断程序 INT_0、INT_1 只有当用户按下了 K1 或 K2 键才触发），而子程序调用是按程序进行的（例如，本程序中的延时程序 DELAY 是按程序的执行顺序进行调用的），二者不要搞混。

4. 实现方法

① 打开 Keil c51 软件，建立工程项目，再建立一个名为 ch6_1.asm 的源程序文件，输入上面的源程序。对源程序进行编译、链接，产生 ch6_1.hex 目标文件。

② 将 DD-900 实验开发板 JP1 的 LED、V_{CC} 两插针短接，为 LED 灯供电。

③ 将 STC89C51 单片机插入到锁紧插座，把 ch6_1.hex 文件下载到 STC89C51 中，按压相应按键，观察显示结果是否正常。

该实验程序在随书光盘的 ch6\ch6_1 文件夹中。

6.2.2 实例解析 2——外中断练习 2

1. 实现功能

在 DD-900 实验开发板上进行外中断 0 实验：通电后，第 8 只数码管显示循环 0~9，按下 P3.2 脚的 K1 键（模拟外中断 0），循环暂停，再按下【K1】键，继续循环。有关电路参见图 3-4、图 3-17。

2. 源程序

```
            FLAG  BIT F0              ;将 FLAG 定义为 F0(PSW.5)，建立一个位标志位
            DISP_BUFF  DATA 30H       ;定义 DISP_BUFF 地址为 30H，作为显示缓冲区
            ORG 0000H                 ;程序从 0000H 开始
            LJMP MAIN                 ;跳转到主程序 MAIN
            ORG 0003H                 ;外中断 0 入口地址
            LJMP INT_0                ;跳转到外中断 0
            ORG 030H                  ;主程序开始地址
            ;以下是主程序
    MAIN:   MOV DISP_BUFF,#0FFH       ;将立即数 0FFH 送显示缓冲区 DISP_BUFF
            SETB FLAG                 ;置位标志位 FLAG
            MOV P0,#0FFH              ;立即数 0FFH 送 P0，熄灭 P0 口
    START:  SETB IT0                  ;外中断 0 为脉冲触发方式
            SETB EX0                  ;开外中断 0
            SETB EA                   ;开总中断
            JNB FLAG,NEXT             ;如果标志位 FLAG 为 0，则跳转到 NEXT，若为 1，往下执行
            MOV A,DISP_BUFF           ;显示缓冲区 DISP_BUFF 的内容（目前是 0FFH）送 A
            INC A                     ;A 的内容加 1，第一次执行时，A 的内容为 0FFH+1 = 00H
            CJNE A,#0AH,START1        ;若 A 的内容与立即数 0AH 不等，则跳转到 START1，否则往下执行
            MOV A,#00H                ;将立即数 00H 送 A
    START1: MOV DISP_BUFF ,A          ;A 的内容送显示缓冲区 DISP_BUFF
    NEXT:   MOV A,DISP_BUFF           ;显示缓冲区 DISP_BUFF 送 A
```

第6章 中断系统实例解析

```
            MOV   DPTR,#TAB      ;标号 TAB 地址送 DPTR
            MOVC  A,@A+DPTR      ;查表
            MOV   P0,A           ;A 的内容送 P0,进行显示
            CLR   P2.7           ;P2.7 清零,打开第 8 个数码管
            ACALL DELAY          ;调延时子程序
            AJMP  START          ;跳转到 START
            ;以下是外中断 0 服务程序
    INT_0:  CPL   FLAG           ;取反标志位 FLAG
            RETI                 ;中断返回
            ;以下是 0.5s 延时子程序
            (略,见光盘)
    TAB:    DB  0C0H,0F9H,0A4H,0B0H,099H
            DB  092H,082H,0F8H,080H,090H
            END
```

3. 源程序释疑

在源程序中,建立了一个标志位 FLAG 和一个显示缓冲区 DISP_BUFF。若标志位 FLAG 为 1,则使累加器 A 加 1,送到显示缓冲区 DISP_BUFF;若标志位 FLAG 为 0,则累加器 A 的内容不变。最后,再将显示缓冲区 DISP_BUFF 中的内容送 A,由 A 再送到 P0 口进行显示。每当按下 P3.2 脚的 K1 键时(外中断 0 发生时),将标志位取反,经主程序检测后,可使循环暂停或继续。

4. 实现方法

① 打开 Keil c51 软件,建立工程项目,再建立一个名为 ch6_2.asm 的源程序文件,输入上面的源程序。对源程序进行编译、链接,产生 ch6_2.hex 目标文件。

② 将 DD-900 实验开发板 JP1 的 DS、V_{CC} 两插针短接,为数码管供电。

③ 将 STC89C51 单片机,插到锁紧插座,把 ch6_2.hex 文件下载到 STC89C51 中,观察显示结果是否正常。

该实验程序在随书光盘的 ch6\ch6_2 文件夹中。

第7章
定时/计数器实例解析

　　51单片机有两个16位可编程定时/计数器,分别是定时/计数器0和定时/计数器1,它们都具有定时和计数的功能,既可以工作于定时方式,实现对控制系统的定时或延时控制,又可以工作于计数方式,用于对外部事件的计数。

7.1　定时/计数器基本知识

7.1.1　什么是计数和定时

1. 计　数

　　所谓计数是指对外部事件进行计数。外部事件的发生以输入脉冲表示,因此计数功能的实质就是对外来脉冲进行计数。51单片机有T0(P3.4)和T1(P3.5)两个信号引脚,分别是这两个计数器的计数输入端。外部输入的脉冲在负跳变时有效,进行计数器加1(加法计数)。

2. 定　时

　　定时是通过计数器的计数来实现的,不过此时的计数脉冲来自单片机的内部,即每个机器周期产生一个计数脉冲,也就是每个机器周期计数器加1。定时和计数的脉冲来源如图7-1所示。

　　由于一个机器周期等于12个振荡脉冲周期,因此计数频率为振荡频率的1/12。如果单片机采用12 MHz晶体,则计数频率为1 MHz,即每微秒计数器加1。这样不但可以根据计数值计算出定时时间,也可以反过来按定时时间的要求计算出计数器的预置值。

7.1.2　定时/计数器的组成

　　图7-2所示为51单片机内部定时/计数器结构。

　　从图中可以看出,定时/计数器主要由几个特殊功能寄存器 TH0、TL0、TH1、TL1 以及 TMOD、TCON 组成。TH0(高8位)、TL0(低8位)构成16位定时/计数器T0,TH1(高8

第 7 章 定时/计数器实例解析

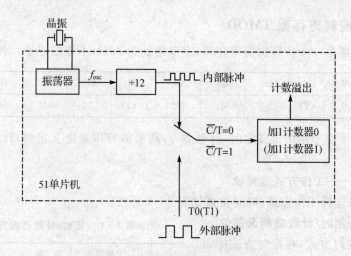

图 7-1 定时和计数脉冲的来源

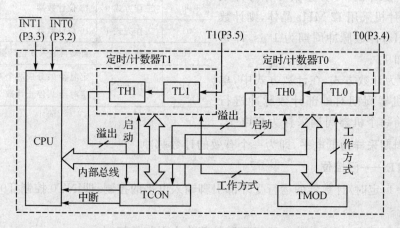

图 7-2 定时/计数器的结构

位)、TL1(低 8 位)构成 16 位定时/计数器 T1;TMOD 用来控制两个定时/计数器的工作方式,TCON 用作中断溢出标志并控制定时/计数器的启停。

两个定时/计数器都可由软件设置为定时或计数的工作方式,其中 T1 还可作为串行口的波特率发生器。不论 T0 或 T1 是工作于定时方式还是计数方式,它们在对内部时钟或外部事件进行计数时,都不占用 CPU 时间,直到定时/计数器产生溢出。如果满足条件,CPU 才会停下当前的操作,去处理"时间到"或者"计数溢出"这样的事件。因此,定时/计数器是与 CPU "并行"工作的,不会影响 CPU 的其他工作。

7.1.3 定时/计数器的寄存器

与两个定时/计数器 T0 和 T1 有关的控制寄存器有 TMOD 和 TCON,它们主要用来设置各个定时/计数器的工作方式、选择定时或计数功能、控制启动运行以及作为运行状态的标志等。

1. 工作方式控制寄存器 TMOD

TMOD 寄存器是一个特殊功能寄存器,字节地址为 89H,不能位寻址。各位定义如下:

位号	D7	D6	D5	D4	D3	D2	D1	D0
符号	GATE	C/$\overline{\text{T}}$	M1	M0	GATE	C/$\overline{\text{T}}$	M1	M0

TMOD 的低半字节用来定义定时/计数器 0,高半字节用来定义定时/计数器 1。复位时 TMOD 为 00H。

(1) M1、M0——工作方式选择位

M1、M0 用来选择工作方式,对应关系如表 7-1 所列。

(2) C/$\overline{\text{T}}$——定时/计数功能选择位

C/$\overline{\text{T}}$=0 为定时方式,在定时方式中,以振荡输出时钟脉冲的 12 分频信号作为计数信号,如果单片机采用 12 MHz 晶体,则计数频率为 1 MHz,计数脉冲周期为 1 μs,即每微秒计数器加 1。

表 7-1 定时/计数器的方式选择

M1 M0	工作方式	功 能
00	工作方式 0	13 位计数器
01	工作方式 1	16 位计数器
10	工作方式 2	自动再装入 8 位计数器
11	工作方式 3	定时器 0:分成两个 8 位计数器 定时器 1:停止计数

C/$\overline{\text{T}}$=1 为计数方式,在计数方式中,单片机在每个机器周期对外部计数脉冲进行采样。如果前一个机器周期采样为高电平,后一个机器周期采样为低电平,即为一个有效的计数脉冲。

(3) GATE——门控位

GATE=1,定时/计数器的运行受外部引脚输入电平的控制,即 $\overline{\text{INT0}}$ 控制 T0 运行,$\overline{\text{INT1}}$ 控制 T1 运行。

GATE=0,则定时/计数器的运行不受外部输入引脚的控制。

2. 定时器控制寄存器 TCON

TCON 寄存器既参与中断控制又参与定时控制。寄存器地址 88H,位地址 8FH~88H。寄存器的内容及位地址表示如下:

位地址	8FH	8EH	8DH	8CH	8BH	8AH	89H	88H
位名称	TF1	TR1	TF0	TR0	IE1	IT1	IE0	IT0

在第 6 章介绍中断时,已对 TCON 寄存器进行了简要介绍,下面再对与定时控制有关的功能加以说明。

(1) TF0 和 TF1——计数溢出标志位

当计数器计数溢出(计满)时,该位置 1;使用查询方式时,此位作状态位供查询,但应注意查询有效后应用软件方法及时将该位清零;使用中断方式时,此位作中断标志位,在转向中断服务程序时由硬件自动清零。

(2) TR0 和 TR1——定时器运行控制位

TR0(TR1)=0,停止定时/计数器工作。

TR0(TR1)=1,启动定时/计数器工作。

该位根据需要靠软件来置1或清零,以控制定时器的启动或停止。

7.1.4 定时/计数器的工作方式

51单片机的定时/计数器共有4种工作方式,由寄存器TMOD的M1M0位进行控制,现以定时/计数器0为例进行介绍,定时/计数器1与定时/计数器0完全相同。

1. 工作方式0

(1) 逻辑电路结构

工作方式0是13位计数结构的工作方式,其计数器由TH0全部8位和TL0的低5位构成。TL的高3位未用,图7-3所示为工作方式0的逻辑电路结构图。

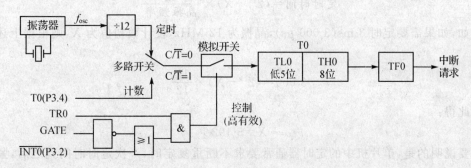

图7-3 工作方式0的逻辑电路结构图

当$C/\overline{T}=0$时,多路开关接通振荡脉冲的12分频输出,13位计数器以此进行计数,这就是定时方式。

当$C/\overline{T}=1$时,多路开关接通计数引脚P3.4(T0),外部计数脉冲由引脚P3.4输入。当计数脉冲发生负跳变时,计数器加1,这就是计数方式。

不管是定时方式还是计数方式,当TL0的低5位计数溢出时,向TH0进位,而全部13位计数溢出时,则向计数溢出标志位TF0进位。在满足中断条件时,向CPU申请中断,若需继续进行定时或计数,则应用指令对TL0、TH0重新置数,否则,下一次计数将会从0开始,造成计数或定时时间不准确。

这里要特别说明的是,T0能否启动,取决于TR0、GATE和引脚$\overline{INT0}$的状态。

当GATE=0时,GATE信号封锁了或门,使引脚$\overline{INT0}$信号无效。而或门输出端的高电平状态却打开了与门。这时如果TR0=1,则与门输出为1,模拟开关接通,定时/计数器0工作。如果TR0=0,则断开模拟开关,定时/计数器0不能工作。

当GATE=1同时TR0=1时,模拟开关是否接通由$\overline{INT0}$控制,当$\overline{INT0}=1$时,与门输出高电平,模拟开关接通,定时/计数器0工作;当$\overline{INT0}=0$时,与门输出低电平,模拟开关断开,定时/计数器0停止工作。这种情况可用于测量外信号的脉冲宽度。

(2) 计数初值的计算

工作方式0是13位计数结构,其最大计数值为$2^{13}=8192$,也就是说,每次计数到8192都会产生溢出,去置位TF0。但在实际应用中,经常会有少于8192个计数值的要求,例如,要求计数到1000就产生溢出,那么该怎样办呢?其实这个问题很好解决,在计数时,不从0开始,而是从一个固定值开始,这个固定的值的大小,取决于被计数的大小。如要计数1000,就预先在计数器里放进7192,再来1000个脉冲,就到了8192,这个7192计数初值,也称为预置值。

定时也有同样的问题,并且也可采用同样的方法来解决。假设单片机的晶振是12 MHz,那么每个计时脉冲是1 μs,计满8 192个脉冲需要8.192 ms,如果只需定时1 ms,可以作这样的处理:1 ms即1 000 μs,也就是计数1 000时溢出。因此,计数之前预先在计数器里面放进8 192－1 000＝7 192,开始计数后,计满1 000个脉冲到8 192即产生溢出。如果计数初值为X,则可按以下公式计算定时时间:

$$定时时间 = (2^{13} - X) \times 机器周期$$

因为机器周期=12×晶振周期,而晶振周期=$\dfrac{1}{晶振频率}$,所以

$$定时时间 = (2^{13} - X) \times \dfrac{12}{晶振频率}$$

例如,如果需要定时3 ms(3 000 μs),晶振为12 MHz,设计数初值为X,则根据上述公式可得

$$3\,000 = (2^{13} - X) \times \dfrac{12}{12}$$

由此得:

$$X = 5\,192$$

需要说明的是,单片机中的定时器通常要求不断重复定时,一次定时时间到之后,紧接着进行第二次的定时操作。一旦产生溢出,计数器中的值就回到0,下一次计数从0开始,定时时间将不正确。为使下一次的定时时间不变,需要在定时溢出后马上就把计数初值送到计数器。

2. 工作方式1

(1) 逻辑电路结构

工作方式1是16位计数结构的工作方式。计数器由TH0全部8位和TL0全部8位构成。其逻辑电路和工作情况与方式0基本相同,如图7-4所示(以定时/计数器0为例)。所不同的只是组成计数器的位数,它比工作方式0有更宽的计数范围,因此,在实际应用中,工作方式1可以代替工作方式0。

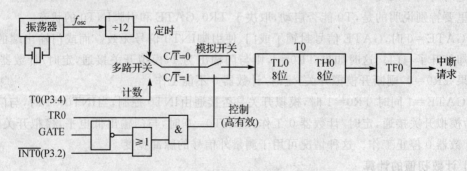

图7-4 工作方式1的逻辑电路结构图

(2) 计数初值的计算

由于工作方式 1 是 16 位计数结构,因此,其最大计数值为 $2^{16}=65\,536$,也就是说,每次计数到 65 536 都会产生溢出,去置位 TF0。如果计数初值为 X,则可按以下公式计算定时时间:

$$定时时间 = (2^{16}-X) \times 机器周期 = (2^{16}-X) \times \frac{12}{晶振频率}$$

3. 工作方式 2

(1) 逻辑电路结构

工作方式 0 和工作方式 1 若用于循环重复定时或计数时,每次计满溢出后,计数器回到 0,要进行新一轮的计数,就得重新装入计数初值。因此,循环定时或循环计数应用时就存在反复设置计数初值的问题,这项工作是由软件来完成的,需要花费一定时间;这样就会造成每次计数或定时产生误差。如果用于一般的定时,是无关紧要的;但是有些工作对时间的要求非常严格,不允许定时时间不断变化,这时用工作方式 0 和工作方式 1 就不行了,所以就引入了工作方式 2。图 7-5 所示为定时/计数器 0 在工作方式 2 的逻辑电路结构。

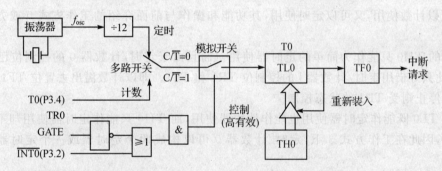

图 7-5 工作方式 2 的逻辑电路结构图

在工作方式 2 下,把 16 位计数器分为两部分,即以 TL0 作计数器,以 TH0 作预置寄存器,初始化时把计数初值分别装入 TL0 和 TH0 中。当计数溢出后,不是像前两种工作方式那样通过软件方法,而是由预置寄存器 TH0 以硬件方法自动给计数器 TL0 重新加载,即变软件加载为硬件加载。这不但省去了用户程序中的重装指令,而且也有利于提高定时精度。

(2) 计数初值的计算

由于工作方式 2 是 8 位计数结构,因此,其最大计数值为 $2^8=256$,计数值十分有限。如果计数初值为 X,则可按以下公式计算定时时间:

$$定时时间 = (2^8-X) \times 机器周期 = (2^8-X) \times \frac{12}{晶振频率}$$

4. 工作方式 3

(1) 逻辑电路结构

工作方式 3 的作用比较特殊,只适用于定时器 T0。如果企图将定时器 T1 置为方式 3,则它将停止计数,其效果与置 TR1=0 相同,即关闭定时器 T1。

当 T0 工作在方式 3 时,它被拆成两个独立的 8 位计数器 TL0 和 TH0,其逻辑电路结构如图 7-6 所示。

图中,上方的 8 位计数器 TL0 使用原定时器 T0 的控制位 $C/\overline{T}$、GATE、TR0 和 $\overline{INT0}$,

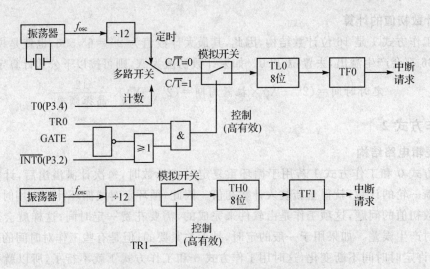

图 7-6 工作方式 3 的逻辑电路结构图

TL0 既可以计数使用，又可以定时使用，其功能和操作与前面介绍的工作方式 0 或方式 1 完全相同。

下方的 TH0 只能作为简单的定时器使用。而且由于定时/计数器 0 的控制位已被 TL0 独占，因此只好借用定时/计数器 1 的控制位 TR1 和 TF1。即以计数溢出去置位 TF1，而定时的启动和停止则受 TR1 的状态控制。

由于 TL0 既能作定时器使用也能作计数器使用，而 TH0 只能作定时器使用却不能作计数器使用，因此在工作方式 3 下，定时/计数器 0 可以构成两个定时器或一个定时器一个计数器。

通常情况下，定时/计数器 1 一般作为串行口的波特率发生器使用，以确定串行通信的速率，因为已没有计数溢出标志位 TF1 可供使用，因此只能把计数溢出直接送给串行口。当作为波特率发生器使用时，只需设置好工作方式，便可自动运行。如要停止工作，只需送入一个把它设置为方式 3 的方式控制字就可以了。因为定时/计数器 1 不能在方式 3 下使用，如果硬把它设置为方式 3，就将停止工作。

(2) 计数初值的计算

由于工作方式 3 是 8 位计数结构，因此，其最大计数值为 $2^8=256$，如果计数初值为 X，则可按以下公式计算定时/计数器 0 的定时时间：

$$定时时间=(2^8-X)\times 机器周期=(2^8-X)\times \frac{12}{晶振频率}$$

7.2 定时/计数器实例解析

7.2.1 实例解析 1——短定时实验

1. 实现功能

在 DD-900 实验开发板上进行如下实验：使用定时器 0 的工作方式 1，以定时中断方式进

第7章 定时/计数器实例解析

行定时,由 P3.7 输出周期为 2ms 的等宽方波(频率为 500Hz),驱动 P3.7 脚的蜂鸣器发声。蜂鸣器电路部分如图 3-20 所示。

2. 源程序

根据以上要求,设计的源程序如下:

```
        ORG    0000H        ;① 程序从 0000H 开始
        AJMP   MAIN         ;② 跳转到主程序 MAIN
        ORG    000BH        ;③ 定时中断 0 入口地址
        AJMP   TIME0        ;④ 跳转到定时中断 0 中断服务程序
        ORG    030H         ;⑤ 主程序从 030H 开始
        ;以下是主程序
MAIN:   MOV    TMOD,#01H    ;⑥ 将定时器 T0 设置为工作方式 1
        MOV    TH0,#0FCH    ;⑦ TH0 置计数初值
        MOV    TL0,#66H     ;⑧ TL0 置计数初值
        SETB   EA           ;⑨ 开总中断
        SETB   ET0          ;⑩ 开定时器 0 中断
        SETB   TR0          ;⑪ 启动定时器 0
HERE:   SJMP   $            ;⑫ 等待中断,此处可完成其他工作
        ;以下是定时中断 0 中断服务程序
TIME0:  MOV    TH0,#0FCH    ;⑬ TH0 重置计数初值
        MOV    TL0,#66H     ;⑭ TL0 重置计数初值
        CPL    P3.7         ;⑮ P3.7 输出取反
        RETI                ;⑯ 中断返回
        END                 ;⑰ 告诉编译器程序结束
```

3. 源程序释疑

编写定时/计数器程序时,要通过软件对有关寄存器进行初始化,初始化主要包括以下几个方面。

(1) 对工作方式寄存器 TMOD 赋值以确定工作方式

本程序要求使用定时器 0 的工作方式 1,应使 M1M0=01;为实现定时功能,应使 $C/\overline{T}$=0;为实现定时/计数器 0 的运行控制,则 GATE=0。定时/计数器 1 不用,有关位设定为 0。因此 TMOD 寄存器初始化为 01H,参见第⑥行程序。

(2) 计算计数初值

要使 P3.7 输出 2 ms 的等宽方波,只需使 P3.7 每隔 1 ms 取反一次即可。为此,定时时间应为 1 ms。设计数初值为 X,由于 DD-900 实验开发板使用 11.059 2 MHz 晶振和工作方式 1,根据

$$定时时间 = (2^{16} - X) \times \frac{12}{晶振频率}$$

$$1\,000 = (65\,536 - X) \times \frac{12}{11.059\,2}$$

所以 X=64614D(D 表示十进制)。

将 64614D 转换为十六进制后为 0FC66H。其中高 8 位为 0FCH,放入 TH0,低 8 位为

66H，放入 TL0。参见第⑦、⑧行程序。

（3）对 IE 赋初值

根据需要，对中断允许控制寄存器 IE 赋初值。对于本例，由于需要定时器 0 中断，因此，应使开放总中断和定时器 0 中断。参见第⑨、⑩行程序。

（4）启动定时器

使用定时器控制寄存器 TCON 的 TR0、TR1 位启动定时/计数器，TR0 或 TR1 置位之后，计数器即可按规定的工作方式进行定时或开始计数。

对于本例，由于只需要定时器 0 工作，因此，只需设置 TR0 为 1 即可。参见第⑪行程序。

4．实现方法

① 打开 Keil c51 软件，建立工程项目，再建立一个名为 ch7_1.asm 的源程序文件，输入上面的源程序。对源程序进行编译、链接，产生 ch7_1.hex 目标文件。

② 将 STC89C51 单片机插入到锁紧插座，把 ch7_1.hex 文件下载到 STC89C51 中，试听蜂鸣器是否发声。

该实验程序在随书光盘的 ch7\ch7_1 文件夹中。

5．总结与提高

以上程序中，我们采用的是定时中断方式，实现了 P3.7 输出周期为 2ms 的等宽方波，另外也可采用查询方式来实现，对应的源程序如下：

```
        ORG    0000H       ;程序从 0000H 开始
        AJMP   MAIN        ;跳转到主程序 MAIN
        ORG    030H        ;主程序从 030H 开始
MAIN:   MOV    TMOD,#01H   ;将定时器 T0 设置为工作方式 1
        MOV    TH0,#0FCH   ;TH0 置计数初值
        MOV    TL0,#66H    ;TL0 置计数初值
        MOV    IE,#00H     ;禁止中断
        SETB   TR0         ;启动定时器 0
LOOP:   JBC    TF0,NEXT    ;若 TF0 为 1,说明溢出,跳转到 NEXT,并对 TF0 清零;若 TF0 为 0,往下执行
        AJMP   LOOP        ;跳转到 LOOP,等待溢出（这里可插入一些指令来做其他事情）
NEXT:   MOV    TH0,#0FCH   ;TH0 重新设置计数初值
        MOV    TL0,#66H    ;TL0 重新设置计数初值
        CLR    TF0         ;此行也可不加,因为在 JBC 指令中 TF0 已清零
        CPL    P3.7        ;P3.7 输出取反
        AJMP   LOOP        ;跳转到 LOOP,重复循环
        END
```

程序中，TF0 是定时/计数器 0 的溢出标记位，当产生溢出后，该 TF0 由 0 变 1，所以查询该位就可以知道定时时间是否已到。该位为 1 后，不会自动清零，必须用软件将标记位清零；否则，在下一次查询时，即便时间未到，这一位仍是 1，会出现错误的执行结果。

这个程序不但可以定时，而且在"LOOP：…"与"AJMP　LOOP"指令之间可插入一些指令来做其他事情，不过，要保证执行这些指令的时间一定短于定时时间。

这个程序比较简单，请读者自行在 DD-900 实验开发板上进行验证。

7.2.2 实例解析 2——长定时实验

1. 实现功能

在 DD-900 实验开发板上进行如下实验:使用定时器 0 的工作方式 1,以定时中断方式进行定时,由 P0 口输出周期为 2 s 的等宽方波(频率为 0.5 Hz),驱动 P0 口的 LED 灯闪亮。有关电路参见图 3-4。

2. 源程序

根据以上要求,设计的源程序如下:

```
            ORG   0000H          ;程序从 0000H 开始
            AJMP  MAIN           ;转主程序
            ORG   000BH          ;定时器 0 的中断入口地址
            AJMP  TIME0          ;转定时器 T0 中断服务程序
            ORG   030H           ;主程序从 030H 开始
       ;以下是主程序
MAIN:       MOV   TMOD,#01H      ;将定时器 T0 设置为工作方式 1
            MOV   TH0,#4BH       ;TH0 置计数初值
            MOV   TL0,#0FDH      ;TL0 置计数初值
            SETB  EA             ;开总中断
            SETB  ET0            ;开定时器 0 中断
            SETB  TR0            ;启动定时器 T0
            MOV   R1,#20         ;软件计数器初值为 20
HERE:       AJMP  $              ;等待中断,真正工作时,这里可加入任意程序
       ;以下是中断服务程序
TIME0:      DJNZ  R1,NEXT        ;R1 不等 0,则转移到 NEXT,R1 为零则往下执行
            CPL   P0.0           ;P0.0 取反,输出方波
            CPL   P0.1           ;P0.1 取反,输出方波
            CPL   P0.2           ;P0.2 取反,输出方波
            CPL   P0.3           ;P0.3 取反,输出方波
            CPL   P0.4           ;P0.4 取反,输出方波
            CPL   P0.5           ;P0.5 取反,输出方波
            CPL   P0.6           ;P0.6 取反,输出方波
            CPL   P0.7           ;P0.7 取反,输出方波
            MOV   R1,#20         ;重装软件计数器初值
NEXT:       MOV   TH0,#4BH       ;TH0 重装定时器初值
            MOV   TL0,#0FDH      ;TL0 重装定时器初值
            RETI                 ;中断返回
            END
```

3. 源程序释疑

编写程序时,需要对有关寄存器进行初始化,初始化主要包括以下几个方面。

(1) 对 TMOD 寄存器赋值

使用定时器 0 的方式 1,应使 M1M0＝01;为实现定时功能,应使 C/$\overline{\text{T}}$＝0;为实现定时/计数器 0 的运行控制,则 GATE＝0。定时/计数器 1 不用,有关位设定为 0。因此 TMOD 寄存器初始化为 01H。

(2) 计算计数初值

周期为 2 s 的方波要求定时值为 1 s,在时钟为 11.059 2 MHz 的情况下,即使采用定时器 0 工作方式 1(16 位计数器),这个值也超过了方式 1 可能提供的最大定时值(约 71 ms)。此时可采取以下方法:让定时器 T0 工作在方式 1,定时时间为 50 ms。另设一个软件计数器,初始值为 20(注意 20 不是十六进制数)。每隔 50 ms 定时时间到,产生溢出中断,便在中断服务程序中使软件计数器减 1,这样,当软件计数器减到 0 时,就获得 1 s 定时。

选用定时器 T0 工作方式 1,时钟频率 11.059 2 MHz,50 ms 定时所需的计数初值 X 可根据下式计算:

$$50\ 000=(65\ 536-X)\times \frac{12}{11.059\ 2}$$

所以 X＝19453D＝4BFDH。

则 TH0 初值为 4BH,TL0 初值为 0FDH。

(3) 对 IE 赋初值

对于本例,因采用定时器 T0 中断方法,因此,将 IE 的 EA、ET0 置 1。

(4) 启动定时器 T0

将定时器控制寄存器 TCON 中的 TR0 设置为 1,可启动定时器 0,TR0 设置为 0,定时器 0 停止定时。

4. 实现方法

① 打开 Keil c51 软件,建立工程项目,再建立一个名为 ch7_2.asm 的源程序文件,输入上面的源程序。对源程序进行编译、链接,产生 ch7_2.hex 目标文件。

② 将 DD-900 实验开发板 JP1 的 LED、V_{CC} 两插针短接,为 LED 灯供电。

③ 将 STC89C51 单片机插入到锁紧插座,把 ch7_2.hex 文件下载到 STC89C51 中,观察显示结果是否正常。

该实验程序在随书光盘的 ch7\ch7_2 文件夹中。

7.2.3 实例解析 3——计数实验

1. 实现功能

在 DD-900 实验开发板上进行如下实验:用定时/计数器 T0 工作方式 2 计数,外部计数信号由实验开发板上的 NE555 芯片产生,由单片机的 T0(P3.4)引脚输入,每出现一次负跳变,计数器加 1,要求采用中断方式,每计满 100 次,使 P0 端 LED 灯取反一次。有关电路参见图 3-4、图 3-8。

2. 源程序

根据以上要求,设计的源程序如下:

第7章 定时/计数器实例解析

```
        ORG     0000H           ;程序从0000H开始
        AJMP    MAIN            ;转主程序
        ORG     000BH           ;定时器0的中断入口地址
        AJMP    TIME0           ;转定时器T0中断服务程序
        ORG     030H            ;主程序从030H开始
        ;以下是主程序
MAIN:   MOV     TMOD,#06H       ;将T0为工作方式2计数方式
        MOV     TH0,#9CH        ;设置计数初值
        MOV     TL0,#9CH
        SETB    EA              ;开总中断
        SETB    ET0             ;开定时器0中断
        SETB    TR0             ;启动定时器T0
HERE:   AJMP    $               ;等待中断,真正工作时,这里可加入任意程序
        ;以下是中断服务程序
TIME0:  CPL     P0.0            ;P0.0取反,输出方波
        CPL     P0.1            ;P0.1取反,输出方波
        CPL     P0.2            ;P0.2取反,输出方波
        CPL     P0.3            ;P0.3取反,输出方波
        CPL     P0.4            ;P0.4取反,输出方波
        CPL     P0.5            ;P0.5取反,输出方波
        CPL     P0.6            ;P0.6取反,输出方波
        CPL     P0.7            ;P0.7取反,输出方波
        RETI                    ;中断返回
        END
```

3. 源程序释疑

编写程序时,需要对有关寄存器进行初始化,初始化主要包括以下几个方面:

(1) 对 TMOD 寄存器赋值

使用定时器0的工作方式2,应使M1M0=10;为实现计数功能,应使C/T=1;为实现定时/计数器0的运行控制,则GATE=0。定时/计数器1不用,有关位设定为0。因此TMOD寄存器初始化为06H。

(2) 计算计数初值

计数器的初值 X 为

$$X = 2^8 - 100 = 156D = 9CH$$

故 TH0 和 TL0 的值均为 9CH。

需要说明的是,定时器0的工作方式2具有自动加载功能,因此,在中断服务程序中,不需要再重新设置计数初值。

(3) 对 IE 赋初值

对于本例,因采用定时器T0中断方法,因此,将IE的EA、ET0置1。

(4) 启动定时器 T0

将定时器控制寄存器TCON中的TR0设置为1,可启动定时器0,TR0设置为0,定时器0停止定时。

4. 实现方法

① 打开 Keil c51 软件，建立工程项目，再建立一个名为 ch7_3.c 的源程序文件，输入上面的源程序。对源程序进行编译、链接，产生 ch7_3.hex 目标文件。

② 将 DD-900 实验开发板 JP1 的 LED、V_{CC} 两插针短接，为 LED 灯供电。同时，将 JP4 的 P34、555 两插针短接，选择 555 电路输出的脉冲作为信号源。

③ 将 STC89C51 单片机插入到锁紧插座，把 ch7_3.hex 文件下载到 STC89C51 中，观察 P0 口 LED 灯的闪烁情况。

该实验程序在随书光盘的 ch7\ch7_3 文件夹中。

专家点拨：在第 3 章图 3-8 所示的电路中，NE555 及外围电路共同组成多谐振荡器，其振荡频率由下式推算：

$$f = \frac{1}{0.7 \times (R_{111} + 2 \times R_{112} + 2 \times R_{VR3} \times C_{112}}$$

当 R_{VR3} 调节到最大（200 kΩ）时，振荡频率最小，最小频率约为

$$f_{最小} = \frac{1}{0.7 \times (2 \times 10^3 + 2 \times 10^3 + 2 \times 200 \times 10^3) \times 0.1 \times 10^{-6}} \text{ Hz} \approx 35 \text{ Hz}$$

当 R_{VR3} 调节到最小（0 Ω）时，振荡频率最大，最大频率约为

$$f_{最大} = \frac{1}{0.7 \times (2 \times 10^3 + 2 \times 1 \times 10^3) \times 0.1 \times 10^{-6}} \text{ Hz} \approx 3\,400 \text{ Hz}$$

实验时，可先将电位器逆时针调到底（R_{VR3} 最大），会观察到 P0 口 LED 灯闪烁频率较慢（因为 555 电路输出的频率较低），再慢慢顺时针调整电位器 R_{VR3} 的值，使 R_{VR3} 逐步减小，会发现 P0 口的 LED 灯闪烁频率逐步加快，这是因为 R_{VR3} 减小后，555 电路输出的频率较高的缘故。

7.2.4 实例解析 4——单片机唱歌

1. 实现功能

下面是乐曲梁祝的片段，试编写程序将其在 DD-900 实验开发板上演奏出来：

$$3-5\cdot\underline{6}\,|\,1\cdot\underline{2}\,\underline{6\,1\,5}\,|\,5\,1\,\underline{6\,5\,3\,5}\,|\,2---|$$

$$2\cdot\underline{3}\,\underline{7}\,\underline{6}\,|\,5\cdot\underline{6}\,1\,2\,|\,3\,1\,\underline{6\,5}\,\underline{6\,1}\,|\,5---|$$

有关电路如图 3-20 所示。

2. 源程序

根据以上要求，编写的演奏梁祝片段源程序如下：

```
        ORG   0000H          ;① 程序从 0000H 开始
        LJMP  MAIN           ;② 调主程序
        ORG   001BH          ;③ 定时器 T1 中断入口
```

第 7 章　定时/计数器实例解析

```
            AJMP    TIME1           ;④ 定时器 T1 中断
            ORG     030H            ;⑤ 主程序从 030H 开始
;以下是主程序
MAIN:       MOV     TMOD,#10H       ;⑥ 定时器 T1 方式 1
            SETB    EA              ;⑦ 中断总允许
            SETB    ET1             ;⑧ 允许定时器 T1 中断
            MOV     DPTR,#TAB       ;⑨ 表格首地址
LOOP:       CLR     A               ;⑩ A 清零
            MOVC    A,@A+DPTR       ;⑪ 查音名高 8 位计数初值
            MOV     R1,A            ;⑫ 将高 8 位计数初值存在 R1 中
            INC     DPTR            ;⑬ DPTR 加 1,以便查找音名低 8 位计数初值
            CLR     A               ;⑭ A 清零
            MOVC    A,@A+DPTR       ;⑮ 查音名低 8 位计数初值
            MOV     R0,A            ;⑯ 将低 8 位计数初值存在 R0 中
            ORL     A,R1            ;⑰ 低 8 位与高 8 位相或后送 A,和下条指令配合用来判断是否为休止符
            JZ      XZF             ;⑱ 若 A 的值(低 8 位与高 8 位相或的值)为 0,则认为是休止符,转 XZF
            MOV     A,R0            ;⑲ 将低 8 位计数初值送 A
            ANL     A,R1            ;⑳ 低 8 位与高 8 位相与后送 A,和下条指令配合用来判断乐曲是否结束
            CJNE    A,#0FFH,NEXT    ;㉑ 若 A 的值与 0FFH 不等,转 NEXT
            SJMP    MAIN            ;㉒ 若 A 与 0FFH 相等,表示乐曲结束,再从头开始演奏
NEXT:       MOV     TH1,R1          ;㉓ 将音名计数初值高 8 位装入 TH1
            MOV     TL1,R0          ;㉔ 将音名计数初值低 8 位装入 TL1
            SETB    TR1             ;㉕ 启动定时器 T1
            SJMP    NEXT1           ;㉖ 转 NEXT1,准备查找延迟常数(调用延时子程序的次数)
XZF:        CLR     TR1             ;㉗ 关闭定时器,停止发音,使音符休止
NEXT1:      CLR     A               ;㉘ A 清零
            INC     DPTR            ;㉙ DPTR 加 1,指向延迟常数
            MOVC    A,@A+DPTR       ;㉚ 查延迟常数
            MOV     R2,A            ;㉛ 将延迟常数存在 R2 中
            SETB    TR1             ;㉜ 因休止时关闭了定时器 T1,因此,需重新启动
LOOP1:      LCALL   D130            ;㉝ 调用 130 ms 延时子程序
            DJNZ    R2,LOOP1        ;㉞ 控制调用延时子程序的次数
            INC     DPTR            ;㉟ DPTR 加 1,指向下一音名的计数初值
            AJMP    LOOP            ;㊱ 处理下一个音名
;以下是 130 ms 延时子程序
D130:       MOV     R5,#160         ;㊲ 立即数 160 送 R5
D2:         MOV     R4,#200         ;㊳ 立即数 200 送 R4
D1:         NOP                     ;㊴ 空指令
            NOP                     ;㊵ 空指令
            DJNZ    R4,D1           ;㊶ R4 不等 0 则跳转到 D1
            DJNZ    R5,D2           ;㊷ R5 不等 0 则跳转到 D2
            RET                     ;㊸ 子程序返回
;以下是定时器 T1 中断服务程序
TIME1:      MOV     TH1,R1          ;㊹ TH1 重装定时初值
            MOV     TL1,R0          ;㊺ TL1 重装定时初值
```

```
        CPL    P3.7              ;㊻ P3.7是音频输出端
        RETI                     ;㊼ 中断返回
                                 ;以下是梁祝片段每个音名计数初值和调用延迟次数表格
TAB:    DB     0FAH,1AH,08H      ;㊽ 低音3的计数初值和调用延时子程序次数
        DB     0FBH,00H,06H      ;㊾ 低音5的计数初值和调用延时子程序次数
        DB     0FBH,8CH,02H      ;㊿ 低音6的计数初值和调用延时子程序次数
        DB     0FCH,4AH,04H      ;㊼ 中音1的计数初值和调用延时子程序次数
        DB     0FCH,0AEH,02H     ;㊾ 中音2的计数初值和调用延时子程序次数
        DB     0FBH,8CH,02H      ;㊾ 低音6的计数初值和调用延时子程序次数
        DB     0FCH,4AH,04H      ;㊾ 中音1的计数初值和调用延时子程序次数
        DB     0FBH,00H,04H      ;㊾ 低音5的计数初值和调用延时子程序次数
        DB     0FDH,80H,04H      ;㊾ 中音5的计数初值和调用延时子程序次数
        DB     0FEH,2AH,04H      ;㊾ 高音1的计数初值和调用延时子程序次数
        DB     0FDH,0C6H,02H     ;㊾ 中音6的计数初值和调用延时子程序次数
        DB     0FDH,80H,02H      ;㊾ 中音5的计数初值和调用延时子程序次数
        DB     0FDH,08H,02H      ;㊿ 中音3的计数初值和调用延时子程序次数
        DB     0FDH,80H,02H      ;㊿ 中音5的计数初值和调用延时子程序次数
        DB     0FCH,0AEH,10H     ;㊿ 中音2的计数初值和调用延时子程序次数
        DB     0FBH,8CH,01H      ;㊿ 在两个相同音符间加入1个时间单位低音6,以产生节奏感
        DB     0FCH,0AEH,06H     ;㊿ 中音2的计数初值和调用延时子程序次数
        DB     0FDH,08H,02H      ;㊿ 中音3的计数初值和调用延时子程序次数
        DB     0FCH,0EH,04H      ;㊿ 低音7的计数初值和调用延时子程序次数
        DB     0FBH,08CH,04H     ;㊿ 低音6的计数初值和调用延时子程序次数
        DB     0FBH,00H,04H      ;㊿ 低音5的计数初值和调用延时子程序次数
        DB     0FBH,8CH,02H      ;㊿ 低音6的计数初值和调用延时子程序次数
        DB     0FCH,4AH,04H      ;㊿ 中音1的计数初值和调用延时子程序次数
        DB     0FCH,0AEH,04H     ;㊼ 中音2的计数初值和调用延时子程序次数
        DB     0FAH,1AH,04H      ;㊼ 低音3的计数初值和调用延时子程序次数
        DB     0FCH,4AH,04H      ;㊼ 中音1的计数初值和调用延时子程序次数
        DB     0FBH,8CH,02H      ;㊼ 低音6的计数初值和调用延时子程序次数
        DB     0FBH,00H,02H      ;㊼ 低音5的计数初值和调用延时子程序次数
        DB     0FBH,8CH,02H      ;㊼ 低音6的计数初值和调用延时子程序次数
        DB     0FCH,4AH,02H      ;㊼ 中音1的计数初值和调用延时子程序次数
        DB     0FBH,00H,10H      ;㊼ 低音5的计数初值和调用延时子程序次数
        DB     0FFH,0FFH         ;㊼ 乐曲结束
        END                      ;㊽ 程序结束
```

3. 源程序释疑

(1) 梁祝片段音乐表格的制作

程序中，第㊽~㊼条语句为梁祝片段音乐表格，这个表格中列出了梁祝片段各个音调（由频率决定）及其音长（由延时时间决定）。那么，这个表格是如何制作的呢？下面简要进行说明。

乐曲演奏的原理是这样的：组成乐曲的每个音符的频率值（音调）及其持续的时间（音长）是乐曲能连续演奏所需的两个基本数据，因此只要控制输出到扬声器的激励信号的频率的高

第7章 定时/计数器实例解析

低和持续的时间,就可以使扬声器发出连续的乐曲声。

① 音调的控制。乐曲是由不同音符编制而成的,音符中有7个音名:C、D、E、F、G、A、B,它们分别唱做哆、唻、咪、法、嗦、啦、唏。声音是由空气振动产生的,每个音名都有一个固定的振动频率,频率的高低就决定了音调的高低。简谱中从低音1至高音1之间每个音名所对应的频率如表7-2所列。

表7-2 简谱中的音名与频率的关系

音 名	频率/Hz	音 名	频率/Hz	音 名	频率/Hz
低音1	262	中音1	523	高音1	1 047
低音2	294	中音2	587	高音2	1 175
低音3	330	中音3	659	高音3	1 319
低音4	349	中音4	699	高音4	1 397
低音5	392	中音5	784	高音5	1 569
低音6	440	中音6	880	高音6	1 760
低音7	494	中音7	988	高音7	1 976

在DD-900实验开发板上,P3.7引脚经过晶体管驱动一个蜂鸣器,构成一个简单的音响电路,因此,只要知道了某个音的频率数,就能产生出这个音来。现以A(低音6)这个音名为例来进行分析。A音的频率数为440 Hz,则其周期为

$$T = \frac{1}{f} = \frac{1}{400} \text{s} \approx 0.002\ 28\ \text{s} = 2.28\ \text{ms}$$

如果用定时器1的工作方式1作定时,要P3.7输出周期为2.28ms的等宽方波,则定时值为1.14 ms,设计数初值为 X,根据定时值=$(2^{16}-X) \times \frac{12}{\text{晶振频率}}$ 可得:

1 140=(65 536-X)×1(为计算方便,这里将晶振频率设为12 MHz)

所以 X=64396D=FB8CH。

只要将计数初值装入TH0、TL0,就能使DD-900实验开发板P3.7的高电平或低电平的持续时间为1.14ms,从而发出440Hz的音调。表7-3所列为采用定时器1的工作方式1时,各音名与计数初值的对照表。

表7-3 各音名与计数初值对照表

音 名	计数初值	音 名	计数初值	音 名	计数初值
低音1	F894H	中音1	FC4AH	高音1	FE2AH
低音2	F95CH	中音2	FCAEH	高音2	FE5CH
低音3	FA1AH	中音3	FD08H	高音3	FE84H
低音4	FA6AH	中音4	FD30H	高音4	FE98H
低音5	FB00H	中音5	FD80H	高音5	FEC0H
低音6	FB8CH	中音6	FDC6H	高音6	FEE8H
低音7	FC0EH	中音7	FE02H	高音7	FF06H

② 音长的控制。乐曲中的音符不单有音调的高低,还要有音的长短,如有的音要唱 1/4 拍,有的音要唱二拍等。在节拍符号中,如用×代表某个音的唱名,×下面无短线为 4 分音符,有一条短横线代表 8 分音符,有二条横线代表 16 分音符,×右边有一条短横线代表二分音符,有"."的音符为符点音符。节拍控制可以通过调用延时子程序(设延时时间为 130 ms)的次数来进行控制,以每拍 520 ms 的节拍时间为例,那么,1 拍需要循环调用延时子程序 4 次(4×130 ms)。同理,半拍需要调用延时子程序 2 次(2×130 ms)。具体调用情况如表 7-4 所列。

表 7-4 节拍与调用延时子程序的关系

节拍符号	≚	≚	≚·	×	×·	×-	×--
名 称	16 分音符	8 分音符	8 分符点音符	4 分音符	4 分符点音符	2 分音符	全音符
拍数	1/4 拍	半拍	3/4 拍	1 拍	1 又 1/2 拍	2 拍	4 拍
调用延时程序次数	1H	2H	3H	4H	6H	8H	10H(16D)

乐曲中,每一音符对应着确定的频率,我们将每一音符的计数初值和其相应的节拍常数(调用延时程序的次数)作为一组,按顺序将乐曲中的所有常数排列成一个表,然后由查表程序依次取出,产生音符并控制节奏,就可以实现演奏效果。

③ 休止符和结束符。休止符和结束符分别用代码 00H 和 0FFH 表示。判断休止符时,首先将表格中的音名计数初值低 8 位与高 8 位相或(参见第⑰条语句),若相或后结果为 0,说明查表的数据为 00H,是休止符,于是产生相应的停顿效果;若相或后结果不为 0,则不是休止符。判断结束符时,首先将表格中的音名计数初值低 8 位与高 8 位相与(参见第⑳条语句),若相与后结果不等于 0FFH,说明不是结束符,若相与后结果为 0FFH,则认为是结束符。

另外,为了产生手弹的节奏感,在某些音符(例如两个相同长音符)之间可以插入一个时间单位的相近音符。

(2) 有关寄存器的初始化

编写程序时,需要对有关寄存器进行初始化,初始化主要包括以下几个方面:

① 对 TMOD 寄存器赋值。使用定时器 1 的工作方式 1,应使 M1M0=01;为实现定时功能,应使 C/$\overline{T}$=0;为实现定时/计数器 0 的运行控制,则 GATE=0。定时/计数器 0 不用,有关位设定为 0。因此 TMOD 寄存器初始化为 10H,参见第⑥条语句。

② 计算计数初值。该程序需要为每个音名计算计数初值,在前面已作了说明,如表 7-3 所列。

③ 对 IE 赋初值。对于本例,因采用定时器 T1 中断方法,因此,将 IE 的 EA、ET1 置 1,参见第⑦、⑧条语句。

④ 启动定时器 T1。将定时器控制寄存器 TCON 中的 TR1 设置为 1,可启动定时器 1,参见第㉕条语句。

4. 实现方法

① 打开 Keil C51 软件,建立工程项目,再建立一个名为 ch7_4.asm 的源程序文件,输入上面的源程序。对源程序进行编译、链接,产生 ch7_4.hex 目标文件。

② 将 STC89C51 单片机插入到锁紧插座,把 ch7_4.hex 文件下载到 STC89C51 中,试听

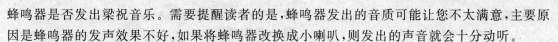

蜂鸣器是否发出梁祝音乐。需要提醒读者的是,蜂鸣器发出的音质可能让您不太满意,主要原因是蜂鸣器的发声效果不好,如果将蜂鸣器改换成小喇叭,则发出的声音就会十分动听。

该实验程序在随书光盘的 ch7\ch7_4 文件夹中。

7.2.5 实例解析 5——秒表

1. 实现功能

在 DD-900 实验开发板上做一个 00~59 不断循环运行的秒表,并通过第 7、8 只数码管显示出来;即每 1s 到,数码管显示的秒数加 1,加到 59s 后,回到 00,从 0 再开始循环加 1。有关电路参见图 3-4。

2. 源程序

秒表可以采用延时子程序来编写,特点是时间精确,但定时要占用 CPU,增加 CPU 开销;秒表也可以采用定时/计数器来实现定时控制,特点是可实现任意定时和计数,而且 CPU 不必通过等待来实现延时,因此,可以提高 CPU 的效率。以下是采用定时/计数器编写的秒表源程序:

```
            SEC_FLAG   BIT   00H        ;① 1s 到的标记,1s 时间到后,该标志位置 1
            SEC_VALUE  EQU   21H        ;② 秒值计数器,用于累加秒值
            COUNT      EQU   22H        ;③ 定时中断计数器,用于统计定时中断的次数
            DISPBUF    EQU   5EH        ;④ 定义 5EH、5FH 为显示缓冲区
            TIME_VALUE EQU   16858      ;⑤ (65 536 - 50 000)×12/11.059 2 定时器初值
            HIDDEN     EQU   10         ;⑥ 消隐码在字形表的第 10 位
            ORG        0000H            ;⑦ 程序从 0000H 开始
            JMP        MAIN             ;⑧ 跳转到主程序
            ORG        000BH            ;⑨ 定时中断 0 中断入口地址
            LJMP       TIME0            ;⑩ 跳转到定时中断 0
            ORG        030H             ;⑪ 主程序 MAIN 从 030H 开始
            ;以下是主程序
MAIN:       MOV        SP,#70H          ;⑫ 设置堆栈指针初值
            MOV        SEC_VALUE,#0     ;⑬ 秒计数器
            MOV        DISPBUF,#0       ;⑭ 立即数 0 送显示缓冲区 DISPBUF
            MOV        DISPBUF+1,#0     ;⑮ 立即数 0 送显示缓冲区 DISPBUF+1
            ACALL      DISP             ;⑯ 调显示子程序
            ACALL      TIME0_INIT       ;⑰ 调定时器 T0 初始化子程序
            CLR        SEC_FLAG         ;⑱ 清零秒标志位
LOOP:       JBC        SEC_FLAG,NEXT    ;⑲ 若 SEC_FLAG 为 1,说明 1s 到,
                                        ; 则 SEC_FLAG 清零,并跳转到 NEXT
            ACALL      DISP             ;⑳ 调用显示程序
            AJMP       LOOP             ;㉑ 1s 未到,继续循环
NEXT:       CALL       CONVER           ;㉒ 调转换子程序
            AJMP       LOOP             ;㉓ 跳转到 LOOP
            ;以下是转换子程序(将秒数据转换为适合数码管显示的十位和个位数据)
```

```
CONVER:     MOV     A,SEC_VALUE             ;㉔ 获得秒的数值,并送到 A
            MOV     B,#10                   ;㉕ 立即数 10 送 B
            DIV     AB                      ;㉖ 二进制转化为十进制,十位和个位分送显示缓冲区
            JZ      NEXT1                   ;㉗ 如果 A 中值是 0,高位 0 消隐
            AJMP    NEXT2                   ;㉘ 否则直接送去显示
NEXT1:      MOV     A,#HIDDEN               ;㉙ 消隐码送 A
NEXT2:      MOV     DISPBUF,A               ;㉚ 十位送显示缓冲区 DISPBUF
            MOV     DISPBUF+1,B             ;㉛ 个位送显示缓冲区 DISPBUF+1
            ACALL   DISP                    ;㉜ 调显示子程序 DISP
            RET                             ;㉝ 转换子程序返回
;以下是显示子程序
DISP:       PUSH    ACC                     ;㉞ ACC 进栈
            PUSH    PSW                     ;㉟ PSW 进栈
            MOV     A,DISPBUF               ;㊱ 取十位待显示数
            MOV     DPTR,#TAB               ;㊲ 将标号 TAB 送 DPTR
            MOVC    A,@A+DPTR               ;㊳ 查表,取字形码
            MOV     P0,A                    ;㊴ 将字形码送 P0 位(段口)
            CLR     P2.6                    ;㊵ 开十位显示器位口
            ACALL   DELAY                   ;㊶ 延时 10 ms
            SETB    P2.6                    ;㊷ 关闭十位显示器(准备显示个位)
            MOV     A,DISPBUF+1             ;㊸ 将个位显示缓冲区的数据送 A
            MOV     DPTR,#TAB               ;㊹ 将标号 TAB 送 DPTR
            MOVC    A,@A+DPTR               ;㊺ 查表,取字形码
            MOV     P0,A                    ;㊻ 将第个位字形码送 P0 口
            CLR     P2.7                    ;㊼ 开个位显示器
            ACALL   DELAY                   ;㊽ 延时 10 ms
            SETB    P2.7                    ;㊾ 关个位显示
            POP     PSW                     ;㊿ PSW 出栈
            POP     ACC                     ;51 ACC 出栈
            RET                             ;52 显示子程序返回
;以下是 10 ms 延时子程序
DELAY:      MOV     R5,#50                  ;53 立即数 50 送 R5
LOOP2:      MOV     R4,#100                 ;54 立即数 100 送 R4
LOOP1:      DJNZ    R4,LOOP1                ;55 R4 中的内容减 1,若不为 0,转到 LOOP1,若为 0,往下执行
            DJNZ    R5,LOOP2                ;56 R5 中的内容减 1,若不为 0,转到 LOOP2,若为 0,往下执行
            RET                             ;57 延时子程序返回
;以下是定时器 T0 中断初始化子程序
TIME0_INIT: MOV     TMOD,#01H               ;58 设置为定时器 0 方式 1
            MOV     TH0,#HIGH(TIME_VALUE)   ;59 TH0 置计数初值
            MOV     TL0,#LOW(TIME_VALUE)    ;60 TL0 置计数初值
            SETB    EA                      ;61 开总中断
            SETB    ET0                     ;62 开 T0 中断
            SETB    TR0                     ;63 定时器 0 开始运行
            RET                             ;(64)定时器 T0 初始化子程序返回
;以下是定时器 T0 中断服务程序(定时时间为 50 ms)
```

第7章 定时/计数器实例解析

```
TIME0:      PUSH   ACC                     ;65 ACC 进栈
            PUSH   PSW                     ;66 PSW 进栈
            MOV    TH0,#HIGH(TIME_VALUE)   ;67 TH0 置计数初值
            MOV    TL0,#LOW(TIME_VALUE)    ;68 TL0 置计数初值
            INC    COUNT                   ;69 定时中断计数器加 1
            MOV    A,COUNT                 ;70 将定时中断的次数送 A
            CJNE   A,#20,TIME_EXIT         ;71 若 A 的值(即 COUNT)不等于 20,即不到 1 s,
                                           ;跳转到 TIME_EXIT,本次定时中断结束,等待下一次定时中断
            MOV    COUNT,#0                ;73 若 COUNT 为 20,则总时间为 50 ms×20=1 000 ms,
                                           ;即 1 s,则 COUNT 置 0
            SETB   SEC_FLAG                ;74 将秒标志置为 1
            INC    SEC_VALUE               ;75 秒数值计数器加 1
            MOV    A,SEC_VALUE             ;76 秒数值计数器的值送到 A
            CJNE   A,#60,TIME_EXIT         ;77 若秒数值计数器的值不为 60,则跳转到 TIME_EXIT
            MOV    SEC_VALUE,#0            ;78 若秒数据计数器的值为 60,则秒数据计数器复位为 0
TIME_EXIT:  POP    PSW                     ;79 PSW 出栈
            POP    ACC                     ;80 ACC 出栈
            RETI                           ;81 定时器 T0 中断返回
            ;以下是共阳数码管 0~9 和消隐码的显示码
TAB:        DB 0C0H,0F9H,0A4H,0B0H,99H     ;82 显示码
            DB 92H,82H,0F8H,80H,90H,0FFH   ;83 显示码
            END                            ;84 程序结束
```

3. 源程序疑释

下面简要解读以上源程序。

(1) 关于程序的模块化设计

当编写一个比较复杂的程序时,常常把这个复杂的程序分解为若干个子程序,分解后的每个子程序一般只完成一项简单的功能,然后,由主程序调用子程序或子程序之间相互调用,从而完成一项比较复杂的工作。我们称这样的程序设计方法为模块化设计方法。

采用模块化设计方法编写程序,各模块(主程序、子程序)相对独立、功能单一、结构清晰,降低了程序设计的复杂性,避免程序开发的重复劳动,另外也易于维护和功能扩充,十分方便移植。因此,单片机程序员必须掌握这种高效的设计方法。

例如,以上这个程序就是由主程序(第⑫~㉓语句)、转换子程序(第㉔~㉝语句)、显示子程序(第㉞~㊺语句)、延时子程序(第㊾~㊽语句)、定时器 T0 中断初始化子程序(第㊿~㊽语句)组成。当然,这个程序还包括一个定时器 T0 中断服务程序(第㊿~㊽语句),中断服务程序不受主程序或其他子程序的控制,它是一个自动运行的程序,也就是说,当定时时间到(本例定时器 T0 中断服务程序设定为 50 ms),主程序停止运行,自动执行定时器 T0 中断服务程序,中断服务程序执行完毕后,再返回到主程序的断点处继续执行。图 7-7 所示为本例源程序的流程图。

(2) 转换子程序解读

转换子程序主要用于秒值计数器 SEC_VALUE 的显示,以及首位为"0"时的消隐。

这里的秒值计数器的值 SEC_VALUE 最大只到 59,也就是一个两位数,所以只要把这个

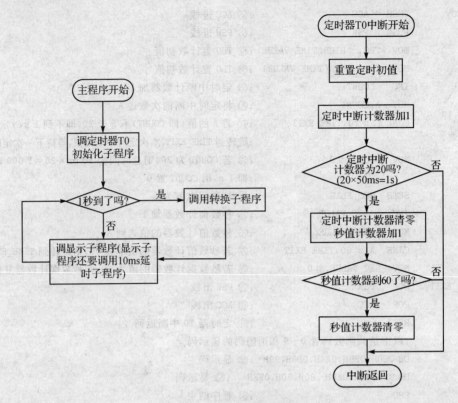

图 7-7 秒表源程序流程图

数值除以 10,得到的商和余数就分别是十位和个位了。例如:36 除以 10,商是 3,而余数是 6,分别把这两个值送到显示缓冲区的高位和低位,然后调用显示子程序,就会在数码管上显示 36,这就是想要的结果。

在程序编写时还要考虑到首位"0"消隐的问题。即十位上如果是 0,那么应该不显示。在进行了十进制转换后,对首位进行判断,如果是"0",就送一个消隐码 0FFH 到累加器 A,再将 A 中的值送显示缓冲区首位;否则,将累加器 A 中的值直接送显示缓冲区首位。

(3) 显示子程序解读

显示子程序比较简单,工作过程是:先将显示缓冲区 DISPBUF 中的内容送到数码管的十位进行显示,显示时间为 10 ms(通过调用 10 ms 延时子程序完成),再将显示缓冲区 DISPBUF+1 中的内容送到数码管的个位进行显示,显示时间也为 10 ms;如果 1 s 未到,则继续循环显示,如果 1 s 到,则调用转换子程序,经处理后再显示。

(4) 定时器 T0 中断初始化子程序解读

初始化主要包括以下几个方面:

① 对 TMOD 寄存器赋值。使用定时器 0 的工作方式 1,应使 M1M0=01;为实现定时功能,应使 C/$\overline{T}$=0;为实现定时/计数器 0 的运行控制,则 GATE=0。定时/计数器 1 不用,有关位设定为 O。因此 TMOD 寄存器初始化为 01H,参见第㊽条语句。

② 计算计数初值。在前面的几个实验中,计数初值都是计算出来的,如果读者手头上有"51 初值设定软件"(可从相关网站下载),则计算十分方便,该软件运行界面如图 7-8 所示。只要选择好定时器方式、晶振频率和定时时间后,单击【确定】按钮,即可计算出计数初值。

第7章 定时/计数器实例解析

图7-8 51初值设定软件运行界面

如果没有此软件,计算和转换过程十分麻烦。其实,也可以使用伪指令赋计数初值,参见第㊾、㊿两条语句:

```
MOV  THO,#HIGH(TIME_VALUE)    ;㊾ THO置计数初值
MOV  TLO,#LOW(TIME_VALUE)     ;㊿ TLO置计数初值
```

语句中,HIGH 和 LOW 分别是两条伪指令。HIGH 的用途是取其后面括号中数值 TIME_VALUE 的高8位,而 LOW 则是取其后面括号中数值的低8位。利用这两条伪指令,可以简化计算,明确变量的含义,防止出错。

③ 对 IE 赋初值。对于本例,因采用定时器 T0 中断方法,因此,将 IE 的 EA、ET0 置1,参见第㊶、㊷条语句。

④ 启动定时器 T1。将定时器控制寄存器 TCON 中的 TR0 设置为1,可启动定时器0,参见第㊸条语句。

(5) 定时器 T0 中断服务程序解读

定时器 T0 中断服务程序的主要作用是形成秒信号。由于 DD-900 实验开发板中单片机外接晶振是 11.059 2 MHz,即使定时器工作于方式1(16 位的定时/计数模式),最长定时时间也只有 71 ms 左右,因此,不能直接利用定时器来实现秒定时。为此,这里采用了一个定时中断计数器 COUNT,并置初值为0,把定时器 T0 的定时时间设定为 50 ms,每次定时时间一到,COUNT 单元中的值加1。这样,当 COUNT 加到 20,说明已有 20 次 50 ms 的中断,也就是 1 s 时间到了。在 1 s 时间到后,置位 1 s 时间到的标记(SEC_FLAG)后返回。

在定时器 T0 中断服务程序中,还要判断秒值计数器 SEC_VALUE 的值是否已到 60,若计数到 60,则将 SEC_VALUE 清零,重新从 0 开始。

(6) 主程序解读

主程序是一个无限循环,不断判断秒标志位 SEC_FLAG 是否为1。如果为1,则说明 1 s 时间已到,先把秒标志位 SEC_FLAG 清零,避免下次错误判断;然后把用作秒值计数器 SEC_VALUE 的值加1,再调用转换子程序,把 SEC_VALUE 单元中的数据变换成适合数码管显示的数据,送入显示缓冲区,并调用显示程序显示出来。

4. 实现方法

① 打开 Keil C51 软件,建立工程项目,再建立一个名为 ch7_5.asm 的源程序文件,输入上面的源程序。对源程序进行编译、链接,产生 ch7_5.hex 目标文件。

② 将 DD-900 实验开发板 JP1 的 DS、V_{CC} 两插针短接,为数码管供电。

③ 将 STC89C51 单片机插入到锁紧插座,把 ch7_5.hex 文件下载到 STC89C51 中,观察秒表显示结果是否正常。

该实验程序在随书光盘的 ch7\ch7_5 文件夹中。

第 8 章
RS232/RS485 串行通信实例解析

单片机真是太好玩了,不但独立工作时十分有趣,而且还可以和其他单片机、PC 进行数据通信,这样,你只需盯着 PC 的屏幕,就可以监测单片机的工作,操作鼠标和键盘,还可以对单片机发号施令……这些神奇的功能看似复杂,其实实现起来十分容易,这正是单片机的魅力所在!

8.1 串行通信基本知识

8.1.1 串行通信基本概念

1. 什么是并行通信和串行通信

并行通信是将组成数据的各位同时传送,并通过并行口(如 P1 口等)来实现,图 8-1(a)所示为 51 单片机与外部设备之间 8 位数据并行通信的连接方式。在并行通信中,数据传送线的根数与传送的数据位数相等,传送数据速度快,但所占用的传输线位数多。因此,并行通信适合于短距离通信。

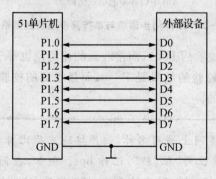
(a) 并行通信的连接方式

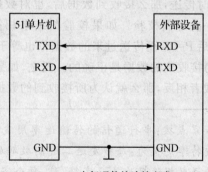
(b) 串行通信的连接方式

图 8-1 51 单片机的并行通信与串行通信连接方式

串行通信是指数据一位一位地按顺序传送。串行通信通过串口来实现。在全双工的串行通信中,仅需一根发送线和一根接收线,图 8-1(b)所示为 51 单片机与外部设备之间串行通信的连接方式,串行通信可大大节省传送线路的成本,但数据传送速度慢。因此,串行通信适合于远距离通信。

2. 什么是同步通信和异步通信

串行通信根据数据传送时的编码格式不同,分为同步通信和异步通信两种方式。

在串行同步通信中,数据是连续传送的,即数据以数据块为单位传送。在数据开始传送前用同步字符来指示(常约定 1 个或 2 个字符),并由时钟来实现发送端和接收端同步,即检测到规定的同步字符后,下面就连续按顺序传送或接收数据,直到数据传送结束为止。串行同步通信典型格式如图 8-2(a)所示。

在串行异步通信中,数据是不连续传送的。它以字符为单位进行传送,各个字符可以是连续传送也可以是间断传送。每个被传送字节数据由四部分组成:起始位、数据位、校验位和停止位,这四部分在通信中称为一帧。首先是一个起始位(0),它占用 1 位,用低电平表示;数据位占 8 位(规定低位在前,高位在后);奇偶检验位只占 1 位(可省略);最后是停止位(1),停止位表示一个被传送字传送的结束,它一定是高电平。接收端不断检测传输线的状态,若连续为 1 后,下一位检测到一个 0,就知道发送出一个新字符,应准备接收。由此可见,字符的起始位还被用作同步接收端的时钟,以保证以后的接收能正确进行。图 8-2(b)所示为串行异步传送数据格式。

为了确保传送的数据准确无误,在串行异步通信中,常在传送过程中进行相应的检测,避免不正确数据被误用。奇偶校验是常用的检测方法,其工作原理如下:P 是特殊功能寄存器 PSW 的最低位,它的值根据累加器 A 中的运算结果而变化。如果 A 中"1"的个数为偶数,则 P=0;如果为奇数,则 P=1。如果在进行串行通信时,把 A 的值(数据)和 P 的值(代表所传送数据的奇偶性)同时传送,那么接收到数据后,也对数据进行一次奇偶校验。如果校验的结果相符

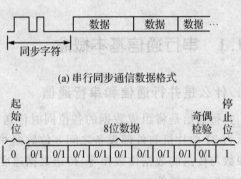

(a) 串行同步通信数据格式

(b) 串行异步通信数据格式

图 8-2 串行同步通信与串行异步通信数据格式

(校验后 P=0,而传送过来的数据位也等于 0;或者校验后 P=1,而接收到的检验位也等于 1),就认为接收到的数据是正确的。反之,如果对数据校验的结果是 P=0,而接收到的校验位等于 1,或者相反,那么就认为所接收到的数据是错误的。

专家点拨:串行通信的传输速率用波特率(这是网上惯用名称,但严格地应称比特率)表示。波特率定义为:每秒发送二进制数码的位数,单位为"位/秒",记作 bps。例如,在同步通信中传送数据速度为 450 字符/秒,每个字符又包含 10 位,则波特率为:450 字符/秒×10 位/字符=4 500 位/秒=4 500 bps,一般串行通信的波特率在 50~9 600 bps 之间。

第8章 RS232/RS485 串行通信实例解析

3. 什么是单工、半双工和全双工通信

在通信线路上按数据传输方向划分有单工、半双工和双工通信方式。

单工通信指传送的信息始终是同一方向,而不能进行反向传送,设备无发送权。

半双工通信是指信息流可在两个方向上传输,但同一时刻只能有一个站发送,两个方向上的数据传送不能同时进行。

全双工通信是指同时可以作双向通信,两个方向既可同时发送、接收,又可同时接收、发送。

单工通信、半双工通信和全双工通信示意图如图8-3所示。

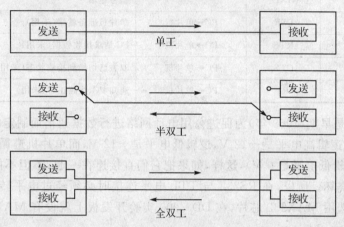

图 8-3 单工通信、半双工通信和全双工通信示意图

4. 什么是 RS232 和 RS485

RS232 和 RS485 是串行异步通信中应用最广泛的两个接口标准,采用标准接口后,能很方便地把各种计算机、外部设备、单片机等有机地连接起来,进行串行通信。

(1) RS232 接口

RS232 中的 RS 是英文"推荐标准"的缩写,232 为标识号。RS232 总线标准规定了 21 个信号和 25 个引脚,包括一个主通道和一个辅助通道,在多数情况下主要使用主通道。对于一般双工通信,仅需 3 条信号线就可实现,包括一条发送线、一条接收线和一条地线。

RS232 接口属单端信号传送,存在共地噪声和不能抑制共模干扰等问题,因此,通信距离较短,最大传输距离约 15 m。

DD-900 实验开发板上,设计了一个 RS232 接口(9 芯母插孔),其引脚排列如图 8-4 所示,引脚信号功能如表 8-1 所列。

图 8-4 RS232 接口(9 芯母插孔)引脚排列图

表8-1　9芯串口引脚功能

引脚号	信号名称	方　向	信号功能
1	DCD	PC←单片机	PC收到远程信号(未用)
2	RXD	PC←单片机	PC接收数据
3	TXD	PC→单片机	PC发送数据
4	DTR	PC→单片机	PC准备就绪(未用)
5	GND	—	信号地端
6	DSR	PC←单片机	单片机准备就绪(未用)
7	RTS	PC→单片机	PC请求接收数据(未用)
8	CTS	PC←单片机	双方已切换到接收状态(未用)
9	RI	PC←单片机	通知PC,线路正常(未用)

由于RS232是早期(1969年)为促进公用电话网络进行数据通信而制定的标准,其逻辑电平对地是对称的,逻辑高电平是+12 V,逻辑低电平是-12 V,而单片机遵循TTL标准(逻辑高电平是5 V,逻辑低电平是0 V),这样,如果把它们直接连在一起,不但不能实现通信,还有可能把一些硬件烧坏。所以,在RS232与TTL电平连接时必须经过电平转换,目前,比较常用的方法是直接选用MAX232芯片,在DD-900实验开发板上就设有MAX232串行接口电路,如图3-18所示。

(2) RS485接口

RS232接口标准几十年来虽然得到了极为广泛的应用,但随着通信要求的不断提高,RS232标准在很多方面已经不能满足实际通信应用的需要。因此,EIA(美国电子工业协会)相继公布了RS449、RS423、RS422、RS485等替代标准,其中RS485接口标准应用最为广泛。

在我们的DD-900实验开发板上,设计有一个RS485接口,接口芯片为MAX485,有关电路参见图3-19。

一般情况下,PC上大都设有RS232接口而没有RS485接口,因此,当PC的RS232串口与DD-900实验开发板RS485接口连接时,需要购买RS232/RS485转换接口,其实物如图8-5所示。

图8-5　RS232/RS485转换接口实物图

使用RS485接口进行串行通信时,一台PC既可以接一台单片机,也可以同时接多台单片机,其连接示意图如图8-6所示。

第 8 章　RS232/RS485 串行通信实例解析

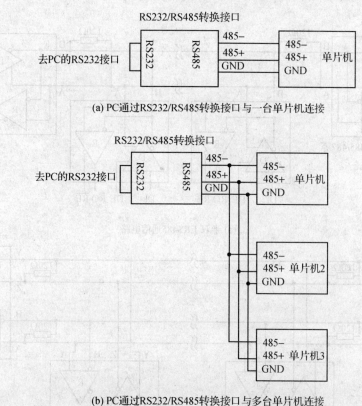

(a) PC通过RS232/RS485转换接口与一台单片机连接

(b) PC通过RS232/RS485转换接口与多台单片机连接

图 8-6　PC 通信 RS485 接口与单片机连接

根据采用的接口芯片不同,RS485 接口可工作于半双工或全双工等不同的工作状态。当采用 MAX481/483/485/487、SN75176/75276 等接口芯片时,RS485 接口工作于半双工状态,如图 8-7(a)所示。当采用 MAX489/491、SN75179/75180 等接口芯片时,RS485 接口工作于全双工状态,如图 8-7(b)所示。

RS485 接口采用的是差分传输方式,具有一定的抗共模干扰的能力,允许使用比 RS232 更高的波特率且可传输的距离更远(一般大于 1 km 以上),另外,采用 RS485 接口,一台 PC 可接多台单片机,因此,RS485 接口在工业控制中得到了广泛的应用。

8.1.2　51 单片机串行口的结构

51 单片机集成了一个全双工串行口(UART),串行口通过引脚 RXD(P3.0,串行口数据接收端)和引脚 TXD(P3.1,串行口数据发送端)与外部设备之间进行串行通信。图 8-8 所示为 51 单片机内部串行口结构示意图。

图中共有两个串行口缓冲寄存器(SBUF),一个是发送寄存器,一个是接收寄存器,以便单片机能以全双工方式进行通信。串行发送时,从片内总线向发送 SBUF 写入数据;串行接收时,从接收 SBUF 向片内总线读出数据。

在接收方式下,串行数据通过引脚 RXD(P3.0)进入,在发送方式下,串行数据通过引脚 TXD(P3.1)发出。

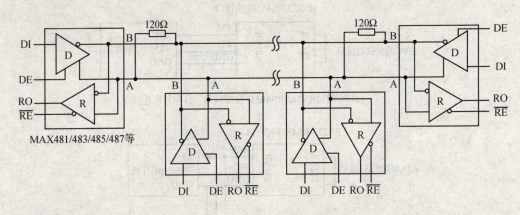

(a) 半双工RS485通信电路

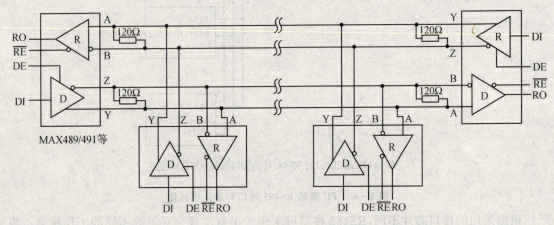

(b) 全双工RS485通信电路

图 8-7 半双工和全双工 RS485 通信电路

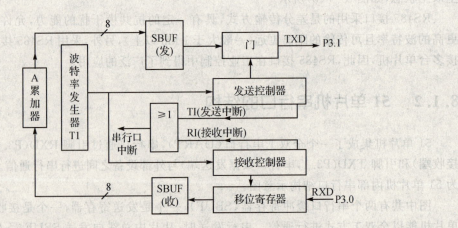

图 8-8 51 单片机内部串行口结构示意图

第8章 RS232/RS485 串行通信实例解析

8.1.3 串行通信控制寄存器

串行口的通信由二个特殊功能寄存器对数据的接收和发送进行控制。它们分别是串行口控制寄存器 SCON 和电源控制寄存器 PCON。

1. 串行口控制寄存器 SCON

串行口控制寄存器 SCON 地址 98H,位地址 9FH~98H,具体格式如下:

位地址	9FH	9EH	9DH	9CH	9BH	9AH	99H	98H
位名称	SM0	SM1	SM2	REN	TB8	RB8	TI	RI

(1) SM0、SM1——串行口工作方式选择位

SM0、SM1 对应的四种通信方式如表 8-2 所列(表中,f_{osc} 为晶振频率)。

表 8-2 串行口工作方式

SM0	SM1	工作方式	功　能	波特率
0	0	方式 0	8 位同步移位方式	$f_{osc}/12$
0	1	方式 1	10 位 UART	可变
1	0	方式 2	11 位 UART	$f_{osc}/32$ 或 $f_{osc}/64$
1	1	方式 3	11 位 UART	可变

(2) SM2——多机通信控制位

该位为多机通信控制位,主要用于方式 2 和方式 3。在方式 0 时,SM2 必须为 0。

(3) REN——允许接收位

REN 相当于串行接收的开关,由软件置位或清零。当 REN=1 时,允许接收;当 REN=0 时,则禁止接收。

在串行通信过程中,如果满足 REN=1 且 RI=1,则启动一次接收过程,一帧数据就装入接收缓冲器 SBUF 中。

(4) TB8——发送数据位 8

在方式 2 和方式 3 时,TB8 的内容是要发送的第 9 位数据,其值由用户通过软件设置,在双机通信时,TB8 一般作为奇偶校验位使用;在多机通信中,常以 TB8 位的状态表示主机发送的是地址帧还是数据帧。

在方式 0 和方式 1 中,该位未用。

(5) RB8——接收数据位 8

RB8 是接收数据的第 9 位,在方式 2 和方式 3 中,接收数据的第 9 位数据放在 RB8 中,它可能是约定的奇偶校验位,也可能是地址/数据标志等。

在方式 1 中,RB8 存放的是接收的停止位。

在方式 0 中,该位未用。

(6) TI——发送中断标志

当为方式 0 时,发送完第 8 位数据后,该位由硬件置 1,在其他方式下,于发送停止位之

前,由硬件置1,因此TI=1,表示帧发送结束,其状态既可供软件查询使用,也可请求中断。TI位必须由软件清零。

(7) RI——接收中断标志

当为方式0时,接收完第8位数据后,该位由硬件置1,在其他方式下,当接收到停止位时,该位由硬件置1,因此RI=1,表示帧接收结束。其状态既可供软件查询使用,也可以请求中断。RI位也必须由软件清零。

2. 电源控制寄存器 PCON

PCON单元地址为87H,不能位寻址。其格式如下:

位 号	D7	D6	D5	D4	D3	D2	D1	D0
位符号	SMOD	—	—	—	GF1	GF0	PD	ID

电源控制寄存器PCON中,与串行口工作有关的仅有它的最高位SMOD,SMOD称为串行口的波特率倍增位。当SMOD=1时,波特率加倍。系统复位时,SMOD=0。

8.1.4 串行口工作方式

51单片机串行口有四种工作方式,分别为方式0、方式1、方式2和方式3,可通过设置SCON的SM0、SM1来选择为何种工作方式。

1. 方式0

方式0以8位数据为一帧进行传输,不设起始位和停止位,先发送或接收最低位。其一帧数据格式如下:

…	D0	D1	D2	D3	D4	D5	D6	D7	…

使用方式0实现数据的移位输入输出时,实际上是把串行口变成为并行口使用。

串行口作为并行输出口使用时,要有"串入并出"的移位寄存器(例如CD4094、74LS164等)配合。另外,如果把能实现"并入串出"功能的移位寄存器(例如CD4014、74LS165等)与串行口配合使用,还可以把串行口变为并行输入口使用。

总之,在方式0下,串行口为8位同步移位寄存器输入/输出方式,这种方式不适合用于两个51单片机芯片之间的直接数据通信,但可以通过外接移位寄存器来实现单片机的接口扩展。

有关方式0的使用,本书不展开讨论,感兴趣的读者可参考相关书籍。

2. 方式1

方式1以10位数据为一帧进行传输,设有1个起始位(0)、8个数据位,1个停止位(1),其一帧数据格式如下:

起 始	D0	D1	D2	D3	D4	D5	D6	D7	停 止

第8章 RS232/RS485 串行通信实例解析

(1) 发送与接收

方式 1 为 10 位异步通信接口,TXD 和 RXD 分别用于发送与接收数据。收发一帧数据为 10 位,数据位是先低位,后高位。

发送时,数据从 TXD(P3.0)端输出,当 TI=0,执行数据写入发送缓冲器 SBUF 指令时,就启动了串行口数据的发送操作。指令如下:

```
MOV  SBUF,A
```

启动发送后,串行口自动在起始位清零,而后是 8 位数据和一位停止位 1,一帧数据为 10 位。一帧数据发送完毕,TXD 输出线维持在 1 状态下,并将 SCON 寄存器的 TI 置 1,以便查询数据是否发送完毕或作为发送中断申请信号。

接收时,数据从 RXD(P3.0)端输入,SCON 的 REN 位应处于允许接收状态(REN=1)。在此前提下,串行口采样 RXD 端,当采样到从 1 向 0 的状态跳变时,就认定是接收到起始位。随后在移位脉冲的控制下,把接收到的数据位移入接收寄存器中,直到停止位到来之后把停止位送入 SCON 的 RB8 中,并置位中断标志位 RI,通知 CPU 从 SBUF 取走接收到的一个字符。

(2) 波特率的设定

方式 1 的波特率是可变的,且以定时器 T1 作波特率发生器,一般选用定时器 T1 工作方式 2,之所以这样,是因为定时器 T1 方式 2 具有自动加载功能,可避免通过程序反复装入初值所引起的定时误差,使波特率更加稳定。

当选定为定时器 T1 工作方式 2 时,波特率计算公式为

$$波特率 = \frac{2^{SMOD} \times f_{osc}}{384 \times (256-X)} \quad (X \text{ 为计数初值}, f_{osc} \text{ 为晶振频率})$$

从上式可以求出定时器 T1 方式 2 的计数初值 X:

$$X = 256 - \frac{2^{SMOD} \times f_{osc}}{384 \times 波特率}$$

例如,设两机通信的波特率为 2 400 bps,若 $f_{osc}=11.059\ 2\ \text{MHz}$,串行口工作在方式 1,用定时器 T1 作波特率发生器,工作在方式 2。

若 SMOD=1,则计数初值 X 为

$$X = 256 - \frac{2^{SMOD} \times f_{osc}}{384 \times 波特率} = 256 - \frac{2 \times 11.059\ 2 \times 10^6}{384 \times 2\ 400} = 232D = 0E8H$$

若 SMOD=0,则计数初值 X 为

$$X = 256 - \frac{2^{SMOD} \times f_{osc}}{384 \times 波特率} = 256 - \frac{1 \times 11.059\ 2 \times 10^6}{384 \times 2\ 400} =$$
$$244D = 0F4H$$

以上计算计数初值的方法比较麻烦,如果读者手头上有"51 波特率初值计算软件"(可从相关网站下载),则计算十分方便,该软件运行界面如图 8-9 所示。只要选择好定时器方式、晶振频率、波特率和 SMOD 后,单击【确定】按钮,即可计算出计数初值。

3. 方式 2

方式 2 是 11 位为一帧的串行通信方式,即 1 个起始位、9 个数据位和 1 个停止位。其帧格式为:

图8-9　51波特率初值计算软件运行界面

起始	D0	D1	D2	D3	D4	D5	D6	D7	D8	停止

(1) 发送和接收

方式2的接收过程也与方式1基本类似,所不同的只在第9数据位上,串行口把接收到的前8个数据位送入SBUF,而把第9数据位送入RB8。在发送数据时,应预先在SCON的TB8位中把第9个数据位的内容准备好。这可使用如下指令完成:

```
SETB    TB8      ;TB8位置1
CLR     TB8      ;TB8位清零
```

方式2多用于单片机多机通信,下面简要归纳一下方式2发送与接收的过程:

① 数据发送。发送前先根据通信协议用指令设置好SCON中的TB8,一般规定TB8为1时发送的为地址,TB8为0时发送的为数据。然后将要发送的数据(D0～D7)写入SBUF中,而D8位的内容则由硬件电路从TB8中直接送到发送移位寄存器的第9位,并以此来启动串行发送。一帧发送完毕,硬件将TI位置"1"。

② 数据接收。接收时,串行口把接收到的前8位数据送入SBUF,而把第9位数据送入RB8。然后根据SM2的状态和接收到的RB8的状态决定串行口在数据到来后是否使RI置"1"。

当SM2为0时,则接收到的第9位数据(RB8)无论是0还是1,都将接收到的数据装入SBUF中,在接收完当前帧后,产生中断申请。

当SM2为1时,则只有当接收到的第9位数据RB8为1时,才将接收到的数据装入SBUF中,在接收完当前帧后,产生中断申请。若接收到的第9位数据RB8为0,则接收到的前8位数据丢弃,且不产生中断申请。

有关多机通信的详细内容,将在本书第25章进行介绍。

(2) 波特率的设定

方式2的波特率与PCON寄存器中SMOD位的值有关。当SMOD＝0时,波特率为f_{osc}的1/64;当SMOD＝1时,波特率等于f_{osc}的1/32。

4. 方式 3

方式 3 是 11 位为一帧的串行通信方式,其通信过程与方式 2 完全相同,所不同的仅在于波特率,方式 2 的波特率只有固定的两种,而方式 3 的波特率则可由用户根据需要设定,其设定方法与方式 1 相同,即通过设置定时器 T1 的初值来设置波特率。

8.2 RS232 和 RS485 串行通信实例解析

串行通信包括单片机和单片机之间的串行通信,以及 PC 和单片机之间的串行通信,采用的接口形式主要有 RS232 和 RS485。

实际控制中,单片机和单片机之间的串行通信应用很少,这里不作介绍;而 PC 和单片机之间的串行通信则应用十分广泛,很多仪器仪表、智能设备等单片机应用系统,都需要与 PC 之间交换数据,以实现与 PC 之间的通信功能,充分发挥 PC 和单片机之间的功能互补、资源共享的优势。

8.2.1 实例解析 1——单片机向 PC 发送字符串

1. 实现功能

在 DD-900 实验开发板上进行如下实验:每按一次 K1 键(P3.2 脚),单片机向 PC 发送字符串"DD-900",并在 PC 的接收软件上显示出来。通信波特率设置为 9 600 bps。有关电路如图 3-18 所示。

2. 源程序

这里采用查询方式进行编程,源程序如下:

```
            ORG  0000H              ;程序从 0000H 开始
            ACALL MAIN              ;调主程序 MAIN
            ORG  030H               ;主程序从 030H 开始
            ;以下是主程序            ;
MAIN:       ACALL INIT_COM          ;调串口初始化子程序
WAIT:       ACALL KEY               ;调按键子程序
            ACALL SEND_STR          ;调字符串发送子程序
            ;以下是串口初始化子程序
INIT_COM:   MOV SCON,#50H           ;设置成串口方式1,允许接收
            MOV TMOD,#20H           ;设置定时器 T1 为工作方式 2
            MOV TH1,#0FDH           ;预置计数初值
            MOV TL1,#0FDH           ;预置计数初值
            ANL PCON,#00            ;波特率不倍增(SMOD=0)
            SETB TR1                ;启动定时器 T1
            RET                     ;串口初始化子程序返回
            ;以下是按键子程序
KEY:        JB P3.2,$               ;判断 K1 键是否按下,如果没有按下就等待
```

```
                ACALL   DELAY                   ;延时 10 ms
                JB      P3.2,KEY                ;再判断 K1 键是否按下,以消除键抖动引起的误动作
                JNB     P3.2,$                  ;判断 K1 键是否松开,若没松开就等待
                RET                             ;按键子程序返回
                ;以下是字符串发送子程序
SEND_STR:       MOV     A,#'D'                  ;将字符 D 送到 A
                MOV     SBUF,A                  ;将字符 D 发送到 PC
SEND1_RE:       JBC     TI,SEND2                ;若 TI=1,说明发送完毕,清 TI,若 TI=0 则往下执行
                AJMP    SEND1_RE                ;跳转到 SEND1_RE 继续查询
SEND2:          MOV     A,#'D'                  ;将字符 D 送到 A
                MOV     SBUF,A                  ;将字符 D 发送到 PC
SEND2_RE:       JBC     TI,SEND3                ;若 TI=1,说明发送完毕,清 TI,若 TI=0 则往下执行
                AJMP    SEND2_RE                ;跳转到 SEND2_RE 继续查询
SEND3:          MOV     A,#'-'                  ;将字符 - 送到 A
                MOV     SBUF,A                  ;将字符 - 发送到 PC
SEND3_RE:       JBC     TI,SEND4                ;若 TI=1,说明发送完毕,清 TI,若 TI=0 则往下执行
                AJMP    SEND3_RE                ;跳转到 SEND3_RE 继续查询
SEND4:          MOV     A,#'9'                  ;将字符 9 送到 A
                MOV     SBUF,A                  ;将字符 9 发送到 PC
SEND4_RE:       JBC     TI,SEND5                ;若 TI=1,说明发送完毕,清 TI,若 TI=0 则往下执行
                AJMP    SEND4_RE                ;跳转到 SEND4_RE 继续查询
SEND5:          MOV     A,#'0'                  ;将字符 0 送到 A
                MOV     SBUF,A                  ;将字符 0 发送到 PC
SEND5_RE:       JBC     TI,SEND6                ;若 TI=1,说明发送完毕,清 TI,若 TI=0 则往下执行
                AJMP    SEND5_RE                ;跳转到 SEND5_RE 继续查询
SEND6:          MOV     A,#'0'                  ;将字符 0 送到 A
                MOV     SBUF,A                  ;将字符 0 发送到 PC
SEND6_RE:       JBC     TI,WAIT                 ;若 TI=1,说明发送完毕,清 TI,若 TI=0 则往下执行
                AJMP    SEND6_RE                ;跳转到 SEND6_RE 继续查询
                RET                             ;字符串发送子程序返回
                ;以下是 10 ms 延时子程序
DELAY:          MOV     R7,#50                  ;立即数 50 送 R7
D2:             MOV     R6,#100                 ;立即数 100 送 R6
D1:             DJNZ    R6,D1                   ;R6 中的内容减 1,若不为 0,转到 D1
                DJNZ    R7,D2                   ;R7 中的内容减 1,若不为 0,转到 D2
                RET                             ;子程序返回
                END                             ;程序结束
```

3. 源程序释疑

源程序主要由主程序、串口初始化子程序、按键子程序、字符串发送子程序、10 ms 延时子程序组成,下面简要进行分析。

(1) 主程序

主程序十分简捷,主要用来调用串口初始化、按键和字符串发送 3 个子程序。

(2) 串口初始化子程序

串口初始化子程序用于设置串口和定时器,编写串口初始化子程序时,需要注意以下两项

第8章 RS232/RS485串行通信实例解析

工作：

① 设置串口工作模式。程序中，将串口设置为工作方式1，另外，还需将串口设置为接收允许状态，因此，应使SCON设置为50H。

② 计算定时器T1方式2计数初值。单片机的晶振为11.059 2 MHz，选用定时器T1工作方式2(TMOD为20H)，SMOD设置为0，通信波特率为9 600 bps。根据这些条件，可计算出定时器T1方式2的计数初值为

$$X = 256 - \frac{2^{SOMD} \times f_{osc}}{384 \times 波特率} = 256 - \frac{1 \times 11.059\ 2 \times 10^6}{384 \times 9\ 600} = 253D = 0FDH$$

当然，计数初值也可以用"51波特率初值计算软件"进行计算。

(3) 按键子程序

按键子程序的作用是用来判断K1键是否被按下，这里采用了软件去抖动的编程方法，其基本思路是：在单片机获得P3.2为低电平后，不是立即判断K1键被按下，而是延时10ms后再次检测P3.2是否仍为低电平，如果仍为低电平，才确认K1键真的被按下了，以避开按键抖动引起的误动作。按键释放时，一般不进行键抖动处理。

(4) 字符串发送子程序

字符串发送子程序用来发送字符串"DD-900"，编程时，可以使用查询方式，也可以使用中断方式。这里采用的是查询方式。

所谓查询方式，是指通过查看中断标志位RI和TI来接收和发送数据。使用查询方式编程时，只要串口发送完数据或接收到数据，就会自动置位TI或RI标志位，主程序查询到TI或RI发生状态改变，从而作出相应的处理。注意在查询方式中，TI或RI的置位由硬件完成，而TI或RI的清除需要软件进行处理。

例如，本例中，以下语句：

```
SEND1_RE:    JBC  TI,SEND2
```

就是一条查询语句，当查询到TI为1时，说明第一个字符'D'发送完毕，同时对TI清零，然后跳转到SEND2，继续发送第二个字符'D'。所有字符发送完毕，返回到主程序，继续循环。

4. 实现方法

① 打开Keil C51软件，建立工程项目，再建立一个名为ch8_1.asm的源程序文件，输入上面的源程序。对源程序进行编译、链接，产生ch8_1.hex目标文件。

② 将DD-900实验开发板JP3的232RX、232TX和中间两插针短接，使单片机通过RS232串口通信。

③ 将STC89C51单片机插入到锁紧插座，用下载型编程器或通用编程器把ch8_1.hex文件下载到STC89C51中。

④ 为了能够在PC上看到单片机发出的数据，这里采用由笔者设计的顶顶串口调试助手v1.0(该软件在附书光盘中)，软件运行后，将串口设置为"COM1"、波特率设置为"9600"、校验位选"NONE"(无)，数据位选"8"、停止位选"1"，同时，单击"打开串口"按钮，注意不要选中"十六进制接收"复选框，按下DD-900实验开发板上的K1键，会发现，每按一次，串口调试助手的接收窗中接收到一个"DD-900"字符串，如图8-10所示。

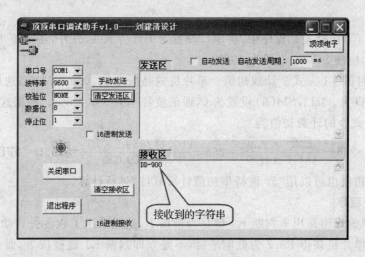

图 8-10　串口调试助手接收到的字符串

提个醒：串口调试助手的设置一定要正确，以便和单片机的串口通信方式保持一致，否则，PC 将不能收到信息或收到的信息出错。读者可以试着将波特率设置为"4800"，再按压 K1 键，观察一下串口调试助手接收了什么数据，可以告诉您的是，肯定不是"DD-900"！另外，也不要选中串口调试助手的"十六进制接收"复选框，若选中，接收窗口中显示的将是"DD-900"的 ASCII 码值（44 44 2D 39 30 30）。

该实验程序在随书光盘的 ch8\ch8_1 文件夹中。

8.2.2　实例解析 2——PC 向单片机发号施令

1. 实现功能

在 DD-900 实验开发板上进行如下实验：由 PC 的串口向单片机发送数据 55H，单片机接收到后，控制 P0 口的 LED 灯闪烁一次（闪烁时间为 0.5 s），同时，蜂鸣器响 0.5 s。通信波特率设置为 9 600 bps。有关电路参见图 3-18 和图 3-20。

2. 源程序

这里采用串行中断方式进行编程，源程序如下：

```
            ORG   0000H            ;程序从 0000H 开始
            ACALL MAIN             ;跳转到主程序 MAIN
            ORG   023H             ;串行中断入口地址
            LCALL COM_INT          ;跳转到串行中断服务程序 COM_INT
            ORG   030H             ;主程序从 030H 开始
            ;以下是主程序；
MAIN:       ACALL INIT_COM         ;调串口初始化子程序
START:      SJMP  $                ;等待串行中断
            ;以下是串口初始化子程序
```

```
        INIT_COM:  MOV  SCON,#50H         ;设置成串口方式1,允许接收
                   MOV  TMOD,#20H         ;设置定时器T1为工作方式2
                   MOV  TH1,#0FDH         ;预置计数初值
                   MOV  TL1,#0FDH         ;预置计数初值
                   ANL  PCON,#00          ;波特率不倍增(SMOD=0)
                   SETB TR1               ;启动定时器T1
                   SETB EA                ;开总中断
                   SETB ES                ;开串行中断
                   RET                    ;串行初始化子程序返回
        ;以下是串口中断服务程序
        COM_INT:   PUSH ACC               ;A的内容进栈
                   CLR  ES                ;禁止串行中断
                   CLR  RI                ;清接收中断标志RI
                   MOV  A,SBUF            ;将接收到的内容(SBUF的内容)送A
                   CJNE A,#55H,NEXT       ;若接收的不是55H则跳转到NEXT,若接收的是55H,则往下执行
                   MOV  P0,#00H           ;将00H送P0口,点亮P0口LED灯
                   CALL DELAY             ;调0.5s延时子程序,亮0.5s
                   MOV  P0,#0FFH          ;将0FFH送P0口,熄灭P0口LED灯
                   CALL DELAY             ;调0.5s延时子程序,灭0.5s
                   CLR  P3.7              ;P3.7清零,蜂鸣器响
                   ACALL DELAY            ;调0.5s延时子程序,蜂鸣器响0.5s
                   SETB P3.7              ;P3.7置位,蜂鸣器停止发声
        NEXT:      SETB ES                ;允许串口中断
                   POP  ACC               ;A的内容出栈
                   RETI                   ;串行中断服务程序返回
        ;以下是0.5s延时子程序
        DELAY:     (略,见光盘)
                   END
```

3. 源程序释疑

该源程序采用了中断方式,主要由主程序、串行中断初始化子程序、延时子程序和串行中断服务程序组成。

主程序是一个无限循环,主要作用是调用串口初始化子程序,对串口进行初始化,并打开总中断和串行中断。

在中断服务程序中,首先对接收的数据进行判断,若是55H,则控制P0口的LED灯闪烁一次,蜂鸣器响一声,若接收的不是55H,则退出,重新接收。

4. 实现方法

① 打开Keil C51软件,建立工程项目,再建立一个名为ch8_2.asm的源程序文件,输入上面的源程序。对源程序进行编译、链接,产生ch8_2.hex目标文件。

② 将DD-900实验开发板JP3的232RX、232TX两插针和中间两插针短接,使单片机通过RS232串口通信。

③ 将STC89C51单片机插入到锁紧插座,用下载型编程器或通用编程器把ch8_2.hex文

件下载到 STC89C51 中。

④ 为了能够在 PC 上看到单片机发出的数据,这里采用顶顶串口调试助手,软件运行后,将串口设置为"COM1"、波特率设置为"9600"、校验位选"NONE"(无),数据位选"8"、停止位选"1"、选中"十六进制接收"和"十六进制发送"复选框。

⑤ 在串口调试助手的发送窗口中输入 55,然后单击"手动发送"按钮,会发现,单片机 P0 口 LED 灯闪烁一次,然后蜂鸣器响一声。

该实验程序在随书光盘的 ch8\ch8_2 文件夹中。

8.2.3 实例解析 3——PC 通过 RS232 和单片机通信(不进行奇偶校验)

1. 实现功能

在 DD-900 实验开发板上进行如下实验:PC 通过 RS232 接口向单片机先发送数据 55H(H 表示 16 进制,下同)时,控制单片机 P0 口 LED 亮,P3.7 脚的蜂鸣器响 0.5 s,同时,单片机向 PC 返回数据 0AAH,表示已收到。当 PC 向单片机发送数据 0FFH 时,控制单片机 P0 口 LED 熄灭,P3.7 脚的蜂鸣器响 0.5 s,同时再向 PC 返回一个数据 0BBH。要求通信波特率为 9 600 bps,不进行奇偶校验。有关电路参见图 3-4、图 3-18 和图 3-20。

2. 源程序

下面采用查询方式进行编程,源程序如下:

```
            ORG   0000H            ;① 程序从 0000H 开始
            ACALL MAIN             ;② 调主程序
            ORG   030H             ;③ 主程序从 030H 开始
            ;以下是主程序
MAIN:       MOV   SP,#5FH          ;④ 给堆栈赋初值 5FH
            ACALL INIT_COM         ;⑤ 调串口初始化子程序
RECEIVE:    JBC   RI,NEXT          ;⑥ 若 RI=1,说明接收完毕,清 RI,同时跳转到 NEXT
            ACALL RECEIVE          ;⑦ 继续等接收
NEXT:       MOV   A,SBUF           ;⑧ 将 SBUF 接收的数据送 A
            CJNE  A,#55H,NEXT1     ;⑨ 若接收的不是 55H,则跳转到 NEXT1
            MOV   P0,#00H          ;⑩ 将立即数 00H 送 P0,LED 灯全亮
            CLR   P3.7             ;⑪ P3.7 清零,蜂鸣器响
            ACALL DELAY            ;⑫ 调 0.5 s 延时子程序,蜂鸣器响 0.5 s
            SETB  P3.7             ;⑬ P3.7 置位,蜂鸣器停止发声
            MOV   A,#0AAH          ;⑭ 将立即数 0AAH 送 A
            MOV   SBUF,A           ;⑮ 将 A 的内容 0AAH 送 SBUF,向 PC 回送 0AAH
SEND_AA:    JBC   TI,RECEIVE       ;⑯ 若 TI=1,说明发送完毕,清 TI 并跳转到 RECEIVE
            ACALL SEND_AA          ;⑰ 若 TI=0,说明未发送,跳转到 SEND_AA 继续发送
NEXT1:      CJNE  A,#0FFH,MAIN     ;⑱ 若接收的不是 0FFH,则跳转到 MAIN,继续接收
            MOV   P0,#0FFH         ;⑲ 若接收的是 0FFH,将立即数 0FFH 送 P0,LED 灯全灭
            CLR   P3.7             ;⑳ P3.7 清零,蜂鸣器响
            ACALL DELAY            ;㉑ 调 0.5 s 延时子程序,蜂鸣器响 0.5 s
            SETB  P3.7             ;㉒ P3.7 置位,蜂鸣器停止发声
```

第8章 RS232/RS485 串行通信实例解析

```
              MOV   A,#0BBH          ;㉓ 将 0BBH 送 A
              MOV   SBUF,A           ;㉔ 将 A 的内容 0BBH 送 SBUF,向 PC 回送 0BBH
SEND_BB:      JBC   TI,RECEIVE       ;㉕ 若 TI=1,说明发送完毕,跳转到 RECEIVE
              ACALL SEND_BB          ;㉖ 若 TI=0,说明未发送完毕,继续发送
;以下是串口初始化子程序
INIT_COM:     MOV   SCON,#50H        ;㉗ 设置成串口方式 1,允许接收
              MOV   TMOD,#20H        ;㉘ 设置定时器 T1 为工作方式 2
              MOV   TH1,#0FDH        ;㉙ 预置计数初值
              MOV   TL1,#0FDH        ;㉚ 预置计数初值
              ANL   PCON,#00         ;㉛ 波特率不倍增(SMOD=0)
              SETB  TR1              ;㉜ 启动定时器 T1
;以下是 0.5 s 延时子程序
DELAY:        (略,见光盘)
              END
```

3. 源程序释疑

该源程序稍复杂,由主程序、串口初始化子程序和延时子程序三部分组成。

源程序中的第④~㉖条语句为主程序,在主程序中,首先检查是否接收到 PC 发送的信号,若接收到,再判断接收到的是 55H 还是 0FFH,若接收的是 55H,则控制 P0 口 LED 灯全亮(第⑩条语句),同时控制 P3.7 蜂鸣器响 0.5 s(第⑪~⑬条语句),同时向 PC 发送 0AAH(第⑭~⑰条语句);若接收的是 0FFH,则控制 P0 口 LED 灯全灭(第⑲条语句),同时控制 P3.7 蜂鸣器响 0.5 s(第⑳~㉒条语句),同时向 PC 发送 0BBH(第㉓~㉖条语句)。

源程序中的第㉗~㉜条语句是串口初始化子程序,用于对串口进行初始化。

4. 实现方法

① 打开 Keil c51 软件,建立工程项目,再建立一个名为 ch8_3.asm 的源程序文件,输入上面的源程序。对源程序进行编译、链接,产生 ch8_3.hex 目标文件。

② 将 DD-900 实验开发板 JP3 的 232RX、232TX 两插针和中间两插针短接,使单片机通过 RS232 串口通信。

③ 将 STC89C51 单片机插入到锁紧插座,用下载型编程器或通用编程器把 ch8_3.hex 文件下载到 STC89C51 中。

④ 为了对单片机进行控制,这里采用顶顶串口调试助手,软件运行后,将串口设置为"COM1"、波特率设置为"9600"、校验位选"NONE"、数据位选"8"、停止位选"1"、选中"十六进制接收"复选框,单击"打开串口"按钮;另外,还要选中"十六进制发送"复选框。

设置完成后,在发送框口中输入 55,单击"手动发送"按钮,会发现 DD-900 实验开发板上的 8 只 LED 灯点亮,同时,串口调试助手的接收窗口中收到了单片机回复的 AA(告诉 PC,我点亮了!);再在发送框口中输入 FF,单击"手动发送"按钮,会发现 DD-900 实验开发板上的 8 只 LED 灯熄灭,同时,串口调试助手的接收窗口中收到了单片机回复的 BB(告诉 PC,我已熄灭了!)。

该实验程序在随书光盘的 ch8\ch8_3 文件夹中。

8.2.4 实例解析4——PC通过RS232和单片机通信(进行奇偶校验)

1. 实现功能

在DD-900实验开发板上进行如下实验:PC通过RS232接口向单片机先发送数据,并存储在单片机RAM从30H开始的16个单元中。同时,单片机将接收到的数据通过P0口LED灯显示出来,并将接收到的数据再返回到PC,若数据出错,LED灯全亮,同时,向PC机返回数据0BBH。要求通信波特率为9 600 bps,进行奇偶校验。有关电路参见图3-4、图3-18。

2. 源程序

下面采用查询方式进行编程,源程序如下:

```
            ORG   0000H           ;程序从0000H开始
            ACALL MAIN            ;调主程序
            ORG   030H            ;主程序从030H开始
            ;以下是主程序
MAIN:       MOV   SP,#70H         ;给堆栈初始化
            MOV   P0,#0FFH        ;P0口置1
            ACALL INIT_COM        ;调串口初始化子程序
            MOV   R7,#16          ;设置计数器初值为16
            MOV   A,#0            ;A清零
            MOV   R0,#30H         ;R0指向30H
NEXT:       MOV   @R0,#00H        ;R0间址清零
            INC   R0              ;R0加1,指向下一单元
            CJNE  R0,#3FH,NEXT    ;30H~3FH共16个单元清零
            MOV   R0,#30H         ;R0再指向30H
START:      JBC   RI,REC0         ;有接收中断申请(RI=1)时转REC0,并清RI
            SJMP  START           ;无接收中断,跳转到START等待
REC0:       MOV   A,SBUF          ;将接收缓冲器的数据送A
            JB    RB8,REC1        ;若接收的第9位RB8(奇校验位)为1,再判断P是1还是0
            JB    P,RE_OK         ;若RB8为0,且P为1,说明接收的数据正确,跳转到RE_OK
            AJMP  RE_ERR          ;若RB8为0,且P为0,说明接收的数据不正确,跳转到RE_ERR
REC1:       JNB   P,RE_OK         ;若RB8为1,且P为0,说明接收的数据正确,跳转到RE_OK
            AJMP  RE_ERR          ;若RB8为1,且P为1,说明接收的数据不正确,跳转到RE_ERR
RE_OK:      MOV   @R0,A           ;接收的数据正确,将A的内容送R0指向的存储单元
            MOV   P0,@R0          ;送P0口显示
            MOV   A,@R0           ;R0间址送A
            MOV   C,RB8           ;将RB8送C
            MOV   TB8,C           ;RB8送TB8,准备发送奇偶校验位
            MOV   SBUF,A          ;发送数据
SEND1:      JBC   TI,SEND2        ;若TI=1,说明发送完毕,清TI并跳转到SEND2
            AJMP  SEND1           ;若T1=0,说明未发送完,跳转到SEND1继续发送
SEND2:      INC   R0              ;R0加1,指向下一单元地址
            DJNZ  R7,START        ;R7不等于0,转START
```

第8章 RS232/RS485 串行通信实例解析

```
            MOV   R7,#16           ;重新赋初值16
            AJMP  START            ;继续循环
RE_ERR:     MOV   P0,#00H          ;P0口灯全亮
            MOV   A,#0BBH          ;发送字符0BBH
            MOV   C,RB8            ;将RB8送C
            MOV   TB8,C            ;RB8送TB8,准备发送奇偶校验位
            MOV   SBUF,A           ;发送数据0BBH
SEND3:      JBC   TI,SEND4         ;若TI=1,说明发送完毕,清TI并跳转到SEND4
            AJMP  SEND3            ;若TI=0,说明未发送完,跳转到SEND3继续发送
SEND4:      AJMP  START            ;继续循环
            ;以下是串口初始化子程序
INIT_COM:   MOV   SCON,#0D0H       ;设置成串口方式3,允许接收
            MOV   TMOD,#20H        ;设置定时器T1为工作方式2
            MOV   TH1,#0FDH        ;预置计数初值,设置通信波特率为9 600 bit/s
            MOV   TL1,#0FDH        ;预置计数初值
            ANL   PCON,#00         ;波特率不倍增(SMOD=0)
            SETB  TR1              ;启动定时器T1
            RET
            END
```

3. 源程序释疑

奇偶校验是对数据传输正确性的一种校验方法。在数据传输时附加一位奇校验位或偶校验位,用来表示传输的数据中"1"的个数是奇数还是偶数。例如,PC把数据"1100 1111"传输给单片机,数据中含6个"1",为偶数,如果采用奇校验,则奇校验位为"1",这样,数位中1的个数加上奇校验位1的个数总数为奇数;在单片机端,将接收到的奇偶校验位1放在SCON寄存器的RB8(接收数据的第9位数据),同时计算接收数据"1100 1111"的奇偶性(检测PSW寄存器的奇偶校验位P的值,为1说明数据为奇数,为0说明数据为偶数),若P与RB8的值不相同,说明接收正确,若P与RB8的值相同,说明接收数据不正确。

如果在PC端采用偶校验,当传输数据"1100 1111"时,偶校验位为"0",这样,数位中1的个数加上偶校验位1的个数总数为偶数;在单片机端,将接收到的奇偶校验位0放在SCON寄存器的RB8(接收数据的第9位数据),同时计算接收数据"1100 1110"的奇偶性(检测PSW寄存器的奇偶校验位P的值,为1说明数据为奇数,为0说明数据为偶数),若P与RB8的值相同,说明接收正确,若P与RB8的值不同,说明接收数据不正确。

由于要求进行奇校验,因此,应使用单片机串口方式2或方式3,在本例中,使用了串口方式3,因为串口方式3波特率可变,可方便地对波特率进行设置。

4. 实现方法

① 打开Keil C51软件,建立工程项目,再建立一个名为ch8_4.asm的源程序文件,输入上面的源程序。对源程序进行编译、链接,产生ch8_4.hex目标文件。

② 将DD-900实验开发板JP3的232RX、232TX两插针和中间两插针短接,使单片机通过RS232串口通信。

③ 将STC89C51单片机插入到锁紧插座,用下载型编程器或通用编程器把ch8_4.hex文

件下载到 STC89C51 中。

④ 为了对单片机进行控制,这里采用顶顶串口调试助手,软件运行后,将串口设置为"COM1"、波特率设置为"9600"、校验位选"ODD(奇校验)"、数据位选"8"、停止位选"1"、选中"十六进制接收"和"十六进制发送"复选框,单击"打开串口"按钮。

设置完成后,在发送框口中输入 16 进制数,单击"手动发送"按钮,会发现 DD-900 实验开发板上的 8 只 LED 灯会随着 PC 发送数据的不同而发生变化,例如,PC 发送数据 01 时,第 1 只 LED 灯灭,其余全亮;PC 发送数据 02 时,第 2 只 LED 灯灭,其余全亮;同时,在串口调试助手接收区中,会显示单片机返回来的数据。

该实验程序在随书光盘的 ch8\ch8_4 文件夹中。

8.2.5　实例解析 5——PC 通过 RS485 和单片机通信

1. 实现功能

在 DD-900 实验开发板上进行如下实验:PC 通过 RS485 接口向单片机先发送数据 55H 时,控制单片机 P0 口 LED 亮,P3.7 脚的蜂鸣器响 0.5 s,同时,单片机向 PC 返回数据 0AAH,表示已收到。当 PC 向单片机发送数据 0FFH 时,控制单片机 P0 口 LED 熄灭,P3.7 脚的蜂鸣器响 0.5 s,同时再向 PC 返回一个数据 0BBH。也就是说,这个实验和本章实例解析 3 中实验的功能是一致的。有关电路参见图 3-19 和图 3-20。

2. 源程序

本实验源程序和本章实例解析 3 的源程序基本一致,只需在该例源程序的基础上增加三个语句即可。一是在该例源程序的⑤、⑥语句之间增加 CLR　P3.5;二是在⑭、⑮之间以及㉓、㉔之间增加 SETB　P3.5。详细源程序如下:

```
            ORG    0000H              ;① 程序从 0000H 开始
            ACALL  MAIN               ;② 调主程序
            ORG    030H               ;③ 主程序从 030H 开始
            ;以下是主程序
MAIN:       MOV    SP,#5FH            ;④ 给堆栈赋初值 5FH
            ACALL  INIT_COM           ;⑤ 调串口初始化子程序
RECEIVE:    CLR    P3.5               ;(增加的语句)将 MAX485 置于接收状态
            JBC    RI,NEXT            ;⑥ 若 RI=1,说明接收完毕,清 RI,同时跳转到 NEXT
            ACALL  RECEIVE            ;⑦ 继续等接收
NEXT:       MOV    A,SBUF             ;⑧ 将 SBUF 接收的数据送 A
            CJNE   A,#55H,NEXT1       ;⑨ 若接收的不是 55H,则跳转到 NEXT1
            MOV    P0,#00H            ;⑩ 将立即数 00H 送 P0,LED 灯全亮
            CLR    P3.7               ;⑪ P3.7 清零,蜂鸣器响
            ACALL  DELAY              ;⑫ 调 0.5 s 延时子程序,蜂鸣器响 0.5 s
            SETB   P3.7               ;⑬ P3.7 置位,蜂鸣器停止发声
            MOV    A,#0AAH            ;⑭ 将立即数 0AAH 送 A
            SETB   P3.5               ;(增加的语句)将 MAX485 置于发送状态
            MOV    SBUF,A             ;⑮ 将 A 的内容 0AAH 送 SBUF,向 PC 回送 0AAH
```

```
SEND_AA:   JBC   TI,RECEIVE          ;⑯ 若 TI=1,说明发送完毕,清 TI 并跳转到 RECEIVE
           ACALL SEND_AA             ;⑰ 若 TI=0,说明未发送,跳转到 SEND_AA 继续发送
NEXT1:     CJNE  A,#0FFH,MAIN        ;⑱ 若接收的不是 0FFH,则跳转到 MAIN,继续接收
           MOV   P0,#0FFH            ;⑲ 若接收的是 0FFH,将立即数 0FFH 送 P0,LED 灯全灭
           CLR   P3.7                ;⑳ P3.7 清零,蜂鸣器响
           ACALL DELAY               ;㉑ 调 0.5 s 延时子程序,蜂鸣器响 0.5 s
           SETB  P3.7                ;㉒ P3.7 置位,蜂鸣器停止发声
           MOV   A,#0BBH             ;㉓ 将 0BBH 送 A
           SETB  P3.5                ;(增加的语句)将 MAX485 置于发送状态
           MOV   SBUF,A              ;㉔ 将 A 的内容 0BBH 送 SBUF,向 PC 机回送 0BBH
SEND_BB:   JBC   TI,RECEIVE          ;㉕ 若 TI=1,说明发送完毕,跳转到 RECEIVE
           ACALL SEND_BB             ;㉖ 若 TI=0,说明未发送完毕,继续发送
           ;以下是串口初始化子程序
INIT_COM:  MOV   SCON,#50H           ;㉗ 设置成串口方式 1,允许接收
           MOV   TMOD,#20H           ;㉘ 设置定时器 T1 为工作方式 2
           MOV   TH1,#0FDH           ;㉙ 预置计数初值
           MOV   TL1,#0FDH           ;㉚ 预置计数初值
           ANL   PCON,#00            ;㉛ 波特率不倍增(SMOD=0)
           SETB  TR1                 ;㉜ 启动定时器 T1
           ;以下是 0.5 s 延时子程序
DELAY:     (略,见光盘)
           END
```

3. 源程序释疑

在本章实例解析 3 中,采用的 RS232 是一个全双工接口,其接收和发送过程可以自动转换,不需要人工干预;本例实验中,采用的是 RS485 半双工接口,接口芯片 MAX485 的 2、3 脚为接收和发送控制端,由单片机的 P3.5 脚控制,当 P3.5 为低电平时,RS485 接口处于接收状态;当 P3.5 为高电平时,RS485 接口处于发送状态。因此,在单片机接收时,需要使用语句"CLR   P3.5",在单片机发送时,需要使用语句"SETB   P3.5"。

4. 实现方法

① 打开 Keil C51 软件,建立工程项目,再建立一个名为 ch8_5.asm 的源程序文件,输入上面的源程序。对源程序进行编译、链接,产生 ch8_5.hex 目标文件。

② 将 DD-900 实验开发板 JP3 的 485RX、485TX 两插针和中间两插针短接,使单片机通过 RS485 串口通信;同时,将 JP4 的 485 和 P35 插针短接,使单片机的 P35 脚与 MAX485 的控制端相连。

③ 使用两根导线将 DD-900 实验开发板 485 输出接线插头的 485+、485- 脚和 RS232/RS485 转换接口的 D+/A、D-/B 脚连接起来,RS232/RS485 转换接口的另一端和 PC 机的串口连接。

④ 将 STC89C51 单片机插入到锁紧插座,用下载型编程器或通用编程器把 ch8_5.hex 文件下载到 STC89C51 中。

⑤ 使用顶顶串口调试助手调试,方法和实例解析 3 相同。

怎么样,RS485 通信十分简单吧!和 RS232 通信不同的是,RS485 通信的距离很长,如果

你不嫌麻烦，可以事先将 DD-900 实验开发板放到 500m 以外，接前面的方法接好线，然后，再坐到电脑旁，喝着咖啡、听着音乐操作鼠标和键盘，照样可以对单片机进行控制，是不是十分惬意！

该实验程序在随书光盘的 ch8\ch8_5 文件夹中。

在本章中，我们简要介绍了 PC 与单片机通信的基本知识和几个实例，实际上，PC 的本领大得很，通过编写 PC 端的上位机程序，可以实现更多的功能。另外，一台 PC 还可以控制多台单片机进行工作，即所谓的"多机通信"，这些知识在实际开发中具有重要的意义。有关内容我们将在本书第 25 章进行介绍。

第 9 章

键盘接口实例解析

键盘是单片机十分重要的输入设备,是实现人机对话的纽带。键盘是由一组规则排列的按键组成,一个按键实际上就是一个开关元件,即键盘是一组规则排列的开关。根据按键与单片机的连接方式不同,按键主要分为独立式按键和矩阵式按键,有了这些按键,对单片机控制就方便多了,除此之外,单片机还可接收 PC 的 PS/2 键盘输入的信号,看来,键盘接口上的学问还真不少!

9.1 键盘接口电路基本知识

9.1.1 键盘的工作原理

1. 键盘的特性

键盘是由一组按键开关组成的。通常,按键所用开关为机械弹性开关,这种开关一般为常开(动合)型。平时(按键不按下时),按键的触点是断开状态,按键被按下时,它们才闭合。由于机械触点的弹性作用,一个按键开关从开始接上至接触稳定要经过一定的弹跳时间,即在这段时间里连续产生多个脉冲,在断开时也不会一下子就断开,存在着同样的问题,由此产生的按键抖动信号波形如图 9-1 所示。

从波形图可以看出,按键开关在闭合及断开的瞬间,均伴随有一连串的抖动。抖动时间的长短由按键的机械特性决定,一般为 5~10 ms,而按键的稳定闭合期的长短则是由操作人员的按键动作来决定,一般为十分之几秒的时间。

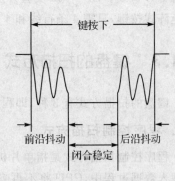

图 9-1 按键抖动信号波形

2. 按键的确认

按键的确认就是判别按键是否闭合,反映在电压上就是和按键相连的引脚呈现出高电平或低电平。如果高电平表示断开的话，那么低电平就表示闭合，所以通过检测电平的高低状态，便可确认按键是否按下。

3．按键抖动的消除

因为机械开关存在抖动问题，为了确保 CPU 对一次按键动作只确认一次按键，必须消除抖动的影响。消除按键的抖动，通常有硬件、软件两种方法。一般情况下，常用软件方法来消除抖动，其基本编程思路是：检测出键闭合后，再执行一个 10 ms 左右的延时程序，以避开按键按下去的抖动时间，待信号稳定之后再进行键查询，如果仍保持闭合状态的电平，则确认为真正有键按下。一般情况下，不对按键释放的后沿进行同样的处理。

9.1.2 键盘与单片机的连接形式

单片机中的键盘与单片机的连接形式较多，其中应用最为广泛的是独立式和矩阵式，下面对这两种连接方式简要进行介绍。

1．独立式按键

独立式按键就是各按键相互独立，每个按键各接一根输入线，一根输入线上的按键是否按下不会影响其他输入线上的工作状态。因此，通过检测输入线的电平状态可以很容易地判断哪个按键被按下了。独立式按键电路配置灵活，软件结构简单。但每个按键需占用一根输入口线，在按键数量较多时，输入口浪费大，电路结构显得很繁杂，故此种键盘适用于按键较少或操作速度较高的场合。在 DD－900 实验开发板上，采用了 4 个独立按键，分别接在单片机的 P3.2～P3.5 引脚上，电路如图 3－17 所示。由于单片机的 P3 口内部接有上拉电阻，因此，P3.2～P3.5 引脚外而不须另外再接。

2．矩阵式按键

独立式按键每个 I/O 口线只能接一个按键，如果按键数量较多，则应采用矩阵式按键，以节省 I/O 口线。DD－900 实验开发板上设有按键电路，如图 3－17 所示。从图中可以看出，利用矩阵式按键，只需 4 条行线和 4 条列线，即可组成具有 4×4 个按键的键盘。

9.1.3 键盘的扫描方式

键盘的扫描方式有 3 种，即程序控制扫描、定时扫描和中断扫描方式。

1．程序控制扫描方式

程序控制扫描方式是指单片机在空闲时，才调用键盘扫描子程序，而在执行键入命令或处理键入数据过程中，CPU 将不再响应键入要求，直到 CPU 重新扫描键盘为止。

2．定时扫描方式

定时扫描方式就是每隔一定时间对键盘扫描一次，它利用单片机内部的定时器产生一定时间（例如 10 ms）的定时，当定时时间到就产生定时器溢出中断，CPU 响应中断后对键盘进行扫描，并在有键按下时识别出该键执行响应的键功能程序。

3. 外中断扫描方式

键盘工作在程序控制扫描方式时，当无键按下时 CPU 要不间断地扫描键盘，直到有键按下为止，如果 CPU 要处理的事情很多，这种工作方式将不能适应。定时扫描方式只要定时时间到，CPU 就去扫描键盘，工作效率有了一定的提高。但这两种方式都常使 CPU 处于空扫状态。而在外中断扫描方式下，CPU 可以一直处理自己的工作，直到有键闭合时发出中断申请，CPU 响应中断，执行相应的中断服务程序，才对键盘进行处理，从而提高了 CPU 的工作效率。

9.2 键盘接口电路实例解析

9.2.1 实例解析 1——按键扫描方式练习

1. 实现功能

在 DD-900 实验开发板上进行如下实验：打开电源，P0 口 LED 灯每 3 s 闪烁一次，按下 K1 键，蜂鸣器（接在 P3.7 脚）响 0.5 s，然后 P0 口 LED 灯继续闪烁。要求使用程序控制扫描方式进行键盘扫描。有关电路如图 3-4、图 3-17 和图 3-20 所示。

2. 源程序

根据要求，使用程序控制扫描方式扫描键盘，源程序如下：

```
            ORG     0000H           ;程序从 0000H 开始运行
            LJMP    MAIN            ;跳转到 MAIN 主程序
            ORG     030H            ;主程序 MAIN 从 0030H 开始
            ;以下是主程序
MAIN:       MOV     P0,#00H         ;立即数 00H 送 P0 口，控制 P0 口 LED 灯全亮
            ACALL   DELAY_3s        ;调 3 s 延时子程序
            ACALL   KEY             ;调按键处理子程序
            MOV     P0,#0FFH        ;立即数 00H 送 P0 口，控制 P0 口 LED 灯全亮
            ACALL   DELAY_3s        ;调 3 s 延时子程序
            ACALL   KEY             ;调按键处理子程序
            AJMP    MAIN            ;跳转到 MAIN,继续循环
            ;以下是按键处理子程序
KEY:        JB      P3.2,KEY_RET    ;判断 K1 键是否按下，如果没有按下就等待
            ACALL   DELAY_10ms      ;延时 10 ms
            JB      P3.2,KEY_RET    ;再判断 K1 键是否按下,以消除键抖动引起的误动作
            JNB     P3.2,$          ;判断 K1 键是否松开,若没松开就等待
            CLR     P3.7            ;清 P3.7,蜂鸣器响
            ACALL   DELAY_05s       ;调 0.5 s 延时子程序
            SETB    P3.7            ;P3.7 置 1,蜂鸣器停止发声
KEY_RET:    RET                     ;按键处理子程序返回
            ;以下是 3 s 延时子程序
DELAY_3s:   （略，见光盘）
```

```
            ;以下是 0.5 s 延时子程序
DELAY_05s:   （略，见光盘）
            ;以下是 10 ms 延时子程序
DELAY_10ms: （略，见光盘）
            END                         ;程序结束
```

3. 源程序释疑

本例源程序比较简单，主要由主程序、按键处理子程序、3 s 延时子程序、0.5 s 延时子程序和 10 ms 延时子程序组成。

在主程序中，先点亮 P0 口的 LED 灯，并延时 3 s，然后调用按键处理子程序，判断是否按下了 K1 键，若按下了 K1 键，则控制 P3.7 脚的蜂鸣器响 0.5 s 后返回主程序，若 K1 键未按下，则直接返回主程序。

4. 实现方法

① 打开 Keil c51 软件，建立工程项目，再建立一个名为 ch9_1.asm 的源程序文件，输入上面的源程序。对源程序进行编译、链接，产生 ch9_1.hex 目标文件。

② 将 DD-900 实验开发板 JP1 的 LED、V_{CC} 两插针短接，为 LED 灯供电。

③ 将 STC89C51 单片机插入到 DD-900 实验开发板的锁紧插座上，把 ch9_1.hex 下载到单片机中。

④ 按下 K1 键并释放后，会发现只有连续按压 K1 键且要等待 P0 口 LED 灯亮 3 s 后，在亮、灭转换期间，蜂鸣器才响一声，如果仅仅短暂地按压一下 K1 键，蜂鸣器并不响，也就是说，K1 键虽可控制，但反应十分迟钝。

为什么会出现这种情况呢？分析认为，这是因为该源程序的键盘处理采用了程序控制扫描方式，在单片机控制 P0 口灯亮或灭期间，不能响应键盘的输入，只有当单片机空闲时（亮、灭转换期间），才能扫描键盘，加之 P0 口的 LED 亮、灭时间均较长（3 s），因此，按下 K1 键时，并不能立即控制蜂鸣器发声。

该实验程序在随书光盘的 ch9\ch9_1 文件夹中。

5. 总结提高

上面的实例中，键盘扫描采用了程序控制扫描方式，由于源程序中采用的延时子程序延时时间较长（3s），导致了键盘反应迟钝。那么，如何解决这一问题呢？解决的方法很简单，键盘采用定时扫描方式或外中断扫描方式，均可使这一问题得到解决，下面分别进行说明。

(1) 采用定时扫描方式进行键盘扫描

采用定时扫描方式的源程序如下：

```
        ORG    0000H              ;程序从 0000H 开始运行
        LJMP   MAIN               ;跳转到 MAIN 主程序
        ORG    000BH              ;定时器 T0 入口地址
        LJMP   TIME0              ;跳转到定时器 T0 中断服务程序
        ORG    030H               ;主程序 MAIN 从 0030H 开始
        ;以下是主程序
MAIN:   MOV    TMOD,#01H          ;将定时器 T0 设置为工作方式 1
```

第9章 键盘接口实例解析

```
            MOV   TH0,#04CH      ;TH0置计数初值(定时时间为50 ms)
            MOV   TL0,#00H       ;TL0置计数初值
            SETB  EA             ;开总中断
            SETB  ET0            ;开定时器0中断
            SETB  TR0            ;启动定时器0
START:      MOV   P0,#00H        ;立即数00H送P0口,控制P0口LED灯全亮
            ACALL DELAY_3s       ;调3 s延时子程序
            MOV   P0,#0FFH       ;立即数00H送P0口,控制P0口LED灯全亮
            ACALL DELAY_3s       ;调3 s延时子程序
            AJMP  START          ;跳转到START,继续循环
            ;以下是按键处理子程序
KEY:        JB    P3.2,KEY_RET   ;判断K1键是否按下,如果没有按下就等待
            ACALL DELAY_10ms     ;延时10 ms
            JB    P3.2,KEY_RET   ;再判断K1键是否按下,以消除键抖动引起的误动作
            JNB   P3.2,$         ;判断K1键是否松开,若没松开就等待
            CLR   TR0            ;关定时器T0
            CLR   P3.7           ;清P3.7,蜂鸣器响
            ACALL DELAY_05s      ;调0.5 s延时子程序
            SETB  P3.7           ;P3.7置1,蜂鸣器停止发声
            SETB  TR0            ;开定时器T0
KEY_RET:    RET                  ;按键处理子程序返回
            ;以下是定时器T0中断服务程序(定时时间为50ms)
TIME0:      MOV   TH0,#04CH      ;TH0重置计数初值
            MOV   TL0,#00H       ;TL0重置计数初值
            CALL  KEY            ;调按键处理子程序
            RETI                 ;中断返回
            ;以下是3 s延时子程序(略)
            ;以下是0.5 s延时子程序(略)
            ;以下是10 ms延时子程序(略)
            END                  ;程序结束
```

以上源程序主要由主程序、按键处理子程序、定时器T0中断服务程序、3 s延时子程序、0.5 s延时子程序和10 ms延时子程序组成。

在主程序中,先对定时器T0进行初始化(定时器选用T0方式1,设定定时间为50 ms,启动定时器T0),打开总中断和定时器T0中断,然后,点亮P0口的LED灯,延时3 s,熄灭P0口LED灯,再延时3 s,不断循环。

在定时器T0中断服务程序中,先加载定时器T0计数初值,然后调用按键处理子程序,判断是否按下了K1键,若按下了K1键,则控制P3.7脚的蜂鸣器响0.5 s,若K1键未按下,则直接返回。

键盘采用定时中断扫描方式后,CPU就会按设定的定时时间去扫描键盘,只要定时时间足够短(一般为几十 ms),就不会因为CPU忙于处理其他事情而延误对键盘输入的反应。

读者可自行在DD-900实验开发板上进行实验,看看按键是否变灵活了!

(2) 采用外中断方式进行键盘扫描

采用外中断扫描方式的源程序如下:

```
            ORG     0000H               ;程序从 0000H 开始运行
            LJMP    MAIN                ;跳转到 MAIN 主程序
            ORG     0003H               ;外中断 0 入口地址
            LJMP    INT_0               ;跳转到外中断 0 中断服务程序
            ORG     030H                ;主程序 MAIN 从 030H 开始
            ;以下是主程序
MAIN:       MOV     SP,#5FH             ;初始化堆栈
            SETB    IT0                 ;外中断 0 为脉冲触发方式
            SETB    EA                  ;开总中断
            SETB    EX0                 ;开外中断 0
START:      MOV     P0,#00H             ;立即数 00H 送 P0 口,控制 P0 口 LED 灯全亮
            ACALL   DELAY_3s            ;调 3 s 延时子程序
            MOV     P0,#0FFH            ;立即数 00H 送 P0 口,控制 P0 口 LED 灯全亮
            ACALL   DELAY_3s            ;调 3 s 延时子程序
            AJMP    START               ;跳转到 START,继续循环
KEY_RET:    RET                         ;按键处理子程序返回
            ;以下是外中断 0 中断服务程序
INT_0:      PUSH    ACC                 ;进栈
            CLR     EX0                 ;关闭外中断 0
            CLR     P3.7                ;清 P3.7,蜂鸣器响
            ACALL   DELAY_05s           ;调 0.5s 延时子程序
            SETB    P3.7                ;P3.7 置 1,蜂鸣器停止发声
            SETB    EX0                 ;打开外中断 0
            POP     ACC                 ;出栈
            RETI                        ;中断返回
            ;以下是 3 s 延时子程序(略)
            ;以下是 0.5 s 延时子程序(略)
            ;以下是 10 ms 延时子程序(略)
            END                         ;程序结束
```

在 DD-900 实验开发板上,K1 按键接在单片机的 P3.2 脚,因此,可方便地使用外中断扫描方式进行键盘扫描。

键盘采用外中断扫描方式后,CPU 平时不必扫描键盘,但只要 K1 键按下,就产生外中断 0 申请,CPU 响应外中断 0 申请后,将立即对键盘进行扫描,识别出闭合键,并对键进行相应处理。

读者可自行在 DD-900 实验开发板上进行本实验,实验时您会发现,只要按下 K1 键,蜂鸣器立即鸣叫 0.5 s,也就是说,K1 键反应变得十分灵敏。

通过以上几个实验,可以得出以下结论:如果您编写的程序有延时子程序,且延时时间较长(超过 0.5 s),最好不要采用程序控制扫描方式去扫描键盘,否则,键盘迟钝的反应会让您无法忍受。

9.2.2 实例解析 2——可控流水灯

1. 实现功能

在 DD-900 实验开发板上进行如下实验：按 K1 键（P3.2 脚），P0 口 LED 灯全亮，表示流水灯开始；按 K2 键（P3.3 脚），P0 口 LED 灯全灭，表示流水灯结束；按 K3 键（P3.4 脚）1 次，P0 口 LED 灯从右向左移动 1 位，按 K4 键（P3.5 脚）1 次，P0 口 LED 灯从左向右移动 1 位。有关电路如图 3-4 和图 3-17 所示。

2. 源程序

键盘采用程序控制扫描方式，编写的源程序如下：

```
            ON_OFF    BIT   20H.1           ;按键是否被按下标志位,为 1 表示有键按下,为 0 说明未按下
            KEY_VALUE EQU   21H             ;键值码,用来存放 K1、K2、K3、K4 按键的键值
            LED_CODE  EQU   22H             ;用来存放流水灯代码
            ORG       0000H                 ;程序从 0000H 开始
            AJMP      MAIN                  ;调主程序
            ORG       030H                  ;主程序从 030H 开始
            ;以下是主程序
MAIN:       MOV       P0,#0FFH              ;P0 口送 FFH,LED 灯熄灭
            MOV       LED_CODE,#0FEH        ;流水灯代码初值为 0FEH
START:      ACALL     KEY                   ;调按键判断子程序
            JNB       ON_OFF,START          ;若 ON_OFF 为 0,说明键未按下,则等待按键按下
            ACALL     KEYPROC               ;若 ON_OFF 为 1,说明有键按下,调用键值处理子程序
            AJMP      START                 ;反复循环,主程序到此结束
            ;以下是按键判断子程序
KEY:        CLR       ON_OFF                ;清 ON_OFF,表示刚开始时无键按下
            ORL       P3,#00111100B         ;将 P3 口的接有键的四位置 1
            MOV       A,P3                  ;取 P3 的值
            ANL       A,#00111100B          ;A 与 00111100B 相与后送 A
            CJNE      A,#00111100B,KEY1     ;有键按下,转 KEY1
            AJMP      KEY_RET               ;无键按下,转 KEY_RET
KEY1:       ACALL     DELAY_10ms            ;调 10ms 延时子程序,去抖动
            MOV       A,P3                  ;读取 P3 的值
            ANL       A,#00111100B          ;A 与 00111100B 相与后送 A
            CJNE      A,#00111100B,KEY2     ;确实有键按下,转 KEY2
            AJMP      KEY_RET               ;键抖动引起,转 KEY_RET
KEY2:       MOV       KEY_VALUE,A           ;确实有键按下,将键值存入 KEY_VALUE 中
            SETB      ON_OFF                ;设置有键按下的标志
KEY3:       MOV       A,P3                  ;继续读取 P3 的值
            ANL       A,#00111100B          ;A 与 00111100B 相与后送 A
            CJNE      A,#00111100B,KEY3     ;键未释放,转 KEY3,继续等待
KEY_RET:    RET                             ;按键判断子程序返回
```

```
              ;以下是键值处理子程序
   KEYPROC:   MOV   A,KEY_VALUE        ;从 KEY_VALUE 中获取键值
              JNB   ACC.2,LED_START    ;若 K1 键按下,转 LED_START
              JNB   ACC.3,LED_END      ;若 K2 键按下,转 LED_END
              JNB   ACC.4,LED_LEFT     ;若 K3 按下,转 LED_LEFT
              JNB   ACC.5,LED_RIGHT    ;若 K4 按下,转 LED_RIGHT
              AJMP  LED_RET            ;跳转到 LED_RET,程序返回
   LED_START: MOV   P0,#00H            ;P0 口 LED 灯全亮
              AJMP  LED_RET            ;跳转到 LED_RET 退出
   LED_END:   MOV   P0,#0FFH           ;P0 口的灯全灭
              AJMP  LED_RET            ;跳转到 LED_RET 退出
   LED_LEFT:  MOV   A,LED_CODE         ;从 LED_CODE 中取出流水灯的流动码送 A
              RL    A                  ;循环左移位(不带进位位)
              MOV   LED_CODE,A         ;将左移位之后的 A 的值再放到 LED_CODE
              MOV   P0,A               ;输出到 P0 口
              AJMP  LED_RET            ;跳转到 LED_RET 退出
   LED_RIGHT: MOV   A,LED_CODE         ;从 LED_CODE 中取出流水灯的流动码送 A
              RR    A                  ;循环右移位(不带进位位)
              MOV   LED_CODE,A         ;将右移位之后的 A 的值再放到 LED_CODE
              MOV   P0,A               ;输出到 P0 口
   LED_RET:   RET                      ;键值处理子程序返回
              ;以下是 10 ms 延时子程序
   DELAY_10ms:(略,见光盘)
              END                      ;程序结束
```

3. 源程序释疑

该源程序主要由主程序、按键判断子程序、键值处理子程序和 10 ms 延时子程序五部分组成。

源程序中,先控制 P0 口灯熄灭,并给流水灯代码 LED_CODE 赋初值 FEH,然后,调用按键判断子程序 KEY,判断是否有键按下。如果没有键按下,继续等待;若有键按下,则再调用键值处理子程序,去执行相应的按键操作。

以上程序本身很简单,也不是很实用,但却演示了一个键盘处理的基本思路,特别是其中的按键判断子程序,可方便地移植到其他程序中。

4. 实现方法

① 打开 Keil c51 软件,建立工程项目,再建立一个名为 ch9_2.asm 的源程序文件,输入上面的源程序。对源程序进行编译、链接,产生 ch9_2.hex 目标文件。

② 将 DD-900 实验开发板 JP1 的 LED、V_{CC} 两插针短接,为 LED 灯供电。

③ 将 STC89C51 单片机插入到锁紧插座,把 ch9_2.hex 文件下载到 STC89C51 中。实验中会发现,按下 K1 键,P0 口 LED 灯全亮,按下 K2 键,P0 口 LED 灯全灭,按下 K3 键 1 次,P0 口 LED 灯左移 1 位,按下 K4 键 1 次,P0 口 LED 灯右移 1 位。

该实验程序在随书光盘的 ch9\ch9_2 文件夹中。

9.2.3 实例解析 3——用数码管显示矩阵按键的键号

1. 实现功能

在 DD-900 实验开发板上进行如下实验:按下矩阵按键的相应键,在 LED 数码管(最后 1 只)上显示出相应键号,同时,当键按下时,蜂鸣器响一声。有关电路如图 3-4、图 3-17 和图 3-20 所示。

2. 源程序

根据要求,编写的源程序如下:

```
            BEEP    BIT   P3.7        ;① 定义蜂鸣器 BEEP 为 P3.7
            ON_OFF  BIT   F0          ;② 定义按键标志 ON_OFF 为 F0,为 0 时表示按键按下
            DISP_BUFF EQU  20H        ;③ 定义显示缓冲 DISP_BUFF 为 20H,用来存放键号
            ORG   0000H               ;④ 程序从 0000H 开始
            AJMP  MAIN                ;⑤ 跳转到主程序 MAIN
            ORG   030H                ;⑥ 主程序从 030H 开始
            ;以下是主程序
MAIN:       MOV   SP,#5FH             ;⑦ 设置堆栈指针为 5FH
            MOV   DISP_BUFF,#10H      ;⑧ 将立即数 10H(16)送显示缓冲区,使开机时显示"-"
            ACALL KEY_DISP            ;⑨ 调键值显示子程序
START:      ACALL KEY                 ;⑩ 调按键判断子程序
            JB    ON_OFF,START        ;⑪ 若 ON_OFF = 1,说明无键按下,跳转到 START 继续扫描
            ACALL DELAY_10ms          ;⑫ 若 ON_OFF = 0,则调 10ms 延时子程序,去除键抖动
            JB    ON_OFF,START        ;⑬ 若 ON_OFF = 1,说明存在键抖动,跳转到 START 继续扫描
            ACALL KEY_PROC            ;⑭ 若 ON_OFF = 0,说明键确实按下,调按键处理子程序
            ACALL KEY_DISP            ;⑮ 调键号显示子程序
            ACALL BEEP_ONE            ;⑯ 调蜂鸣器响一声子程序
            AJMP  START               ;⑰ 跳转到 START,继续循环
            ;按键判断子程序(判断键盘有无键按下,并求出按键特征码)
KEY:        SETB  ON_OFF              ;⑱ ON_OFF 为 1,表示无键按下
            MOV   P1,#0F0H            ;⑲ 置列线为 0,行线为 1
            MOV   A,P1                ;⑳ 读取 P1,求出行线的特征码 1
            ANL   A,#0F0H             ;㉑ 屏蔽低 4 位列线
            MOV   B,A                 ;㉒ 将 A 的内容存放到 B,即特征码 1 送 B
            MOV   P1,#0FH             ;㉓ 置列线为 1,行线为 0
            MOV   A,P1                ;㉔ 读取 P1,求出列线的特征码 2
            ANL   A,#0FH              ;㉕ 屏蔽高 4 位行线
            ORL   A,B                 ;㉖ 将特征码 1(B)与特征码 2(A)相或后送 A,求出特征码
            CJNE  A,#0FFH,KEY_FLAG    ;㉗ 若 A 的内容与 0FFH 不等(有键按下),则跳转到 KEY_FLAG
            AJMP  KEY_RET             ;㉘ 若 A 的内容等于 0FFH(没有键按下),跳转到 KEY_RET 退出
KEY_FLAG:   CLR   ON_OFF              ;㉙ 设置按键标志位 ON_OFF 为 0,表示有键按下
KEY_RET:    RET                       ;㉚ 子程序返回
            ;以下是按键处理子程序(根据按键特征码,查表求出按键顺序码,即按键号)
```

```
KEY_PROC:    MOV   B,A                ;㉛ 若有键按下,将 A 的内容(特征码)送 B
             MOV   DPTR,#TAB1         ;㉜ 将 TAB1 的地址送 DPTR
             MOV   R3,#0FFH           ;㉝ 将 FFH 送 R3(以方便 0 号键查表),R3 用来存放键值的顺序码
KEY_PROC1:   INC   R3                 ;㉞ R3(键值顺序码)加 1
             MOV   A,R3               ;㉟ R3(键值顺序码)送 A
             MOVC  A,@A+DPTR          ;㊱ 查表,求按键号
             CJNE  A,B,KEY_PROC2      ;㊲ 若 A 与 B 的值不等(未找到),跳转到 KEY_PROC2
             MOV   A,R3               ;㊳ 若 A 与 B 的值相等(找到),则取顺序码
             MOV   DISP_BUFF,A        ;㊴ 将 A 的内容送显示缓冲区 DISP_BUFF
KEY_PROC2:   CJNE  A,#00H,KEY_PROC1   ;㊵ 若 A 与 00H(结束码)不等,则跳转到 KEY_PROC1,继续查
             RET                      ;㊶ 子程序返回
;以下是顺序码 0~F 的特征码
TAB1:        DB    0EEH,0EDH,0EBH,0E7H   ;㊷ 顺序码 0,1,2,3 的特征码
             DB    0DEH,0DDH,0DBH,0D7H   ;㊸ 顺序码 4,5,6,7 的特征码
             DB    0BEH,0BDH,0BBH,0B7H   ;㊹ 顺序码 8,9,A,B 的特征码
             DB    07EH,07DH,07BH ,77H   ;㊺ 顺序码 C,D,E,F 的特征码
             DB    00H                    ;㊻ 00H 为结束码
;以下是键号显示子程序
KEY_DISP:    MOV   A,DISP_BUFF        ;㊼ 将显示缓冲区的内容送 A
             MOV   DPTR,#TAB2         ;㊽ 取段码表地址 TAB2 送 DPTR
             MOVC  A,@A+DPTR          ;㊾ 查显示数据对应段码
             MOV   P0,A               ;㊿ 段码放入 P0 口
             CLR   P2.7               ;51 点亮第 8 个 LED 数码管
             RET                      ;52 子程序返回
;以下是共阳数码管 0~F 的显示码
TAB2:        DB    0C0H,0F9H,0A4H,0B0H,99H  ;53 0,1,2,3,4 的显示码
             DB    92H,82H,0F8H ,80H,90H    ;54 5,6,7,8,9 的显示码
             DB    88H,83H,0C6H,0A1H,86H    ;55 A,B,C,D,E 的显示码
             DB    8EH,0BFH                  ;56 F,一 的显示码
;以下是蜂鸣器响一声子程序
BEEP_ONE:    CLR   BEEP               ;57 蜂鸣器发声
             ACALL DELAY_10ms         ;58 延时 10 ms
             SETB  BEEP               ;59 蜂鸣器关闭
             RET                      ;60 子程序返回
;以下是 10 ms 延时子程序
DELAY_10ms:  (略,见光盘)
             END
```

3. 源程序释疑

(1) 矩阵按键的识别方法

矩阵按键(以图 3-17 所示 4×4 矩阵键盘为例)的识别方法主要有行扫描法、特征编码法、反转法等多种。在本例中采用的是特征编码法,有关行扫描法和反转法,在《轻松玩转 51 单片机 C 语言》一书中有介绍。

特征编码法是一种比较简捷的矩阵按键判别方法,现简要介绍如下:

第9章 键盘接口实例解析

先读取键盘的状态,得到按键的特征编码。从 P1 口的行线(P14～P17)输出低电平,列线(P10～P13)输出高电平,从列线 P10～P13 读取键盘状态,得到特征码1。

再从 P1 口的列线(P10～P13)输出低电平,行线(P14～P17)输出高电平,从 P1 口的行线 P14～P17 读取键盘状态,得到特征码2。

将特征码1与特征码2进行或运算,就可以得到当前按键的特征码。

最后,将 16 个键的特征码按顺序排成一张表,然后用当前读得的特征码来查表,当表中有该特征码时,它的位置就是对应的顺序码(按键的顺序码就是按键的顺序号,即键值号,如 0 号键、1 号键……F 号键)。

本例源程序中,键盘识别采用的就是特征码法,其中,16 个按键的顺序码为 0～F,特征码参见源程序中的第㊷～㊺条语句。

(2) 本例源程序分析

本例源程序主要由主程序、按键判断子程序、按键处理子程序、键号显示子程序、蜂鸣器响一声子程序组成。

主程序是一个无限循环,用来组织和调用各子程序,以完成我们所要求的功能。下面主要对按键判断子程序和按键处理子程序进行分析。

① 按键判断子程序。按键判断子程序由第⑱～㉚条语句组成,其作用是用来判断按键有无按下,若有键按下,再求出按键的特征码。

为了便于理解,现假设第 2 行第 4 列按键被按下,下面我们分析,如何判断出第 2 行第 4 列按键被按下,以及如何求出第 2 行第 4 列按键的特征码。

执行第⑱条语句,设置按键标志位 ON_OFF 为 1,表示无键按下。

执行第⑲条语句后,P1 的值为 1111 0000B,即行线 P14～P17 为高电平,列线 P10～P13 为低电平,此时可判断行线上是否有键被按下。

执行第⑳条语句时,用来读取 P1 的行线输入状态,此时,由于第 2 行第 4 列的键被按下,P13、P15 接通,则 P15 被 P13 拉为低电平,因此,此时 A 的值为 1101 0000B。

执行第㉑条语句后,将低 4 位列线屏蔽,只读取高 4 位的行线状态。

执行第㉒条语句,将 A 的值存在 B 中,此时,B 的值为 1101 0000B,这就是特征码1。

执行第㉓条语句后,P1 的值为 0000 1111B,即行线 P14～P17 为低电平,列线 P10～P13 为高电平,此时可判断列线上是否有键被按下。

执行第㉔条语句时,用来读取 P1 的输入状态,此时,由于第 2 行第 4 列的键被按下,P13、P15 接通,则 P13 被 P15 拉为低电平,因此,此时 A 的值为 0000 0111B,这就是特征码2。

执行第㉕条语句后,将高 4 位行线屏蔽,只读取低 4 位的列线状态。

执行第㉖条语句,将 B 的值 1101 0000B(特征码1)与 A 的值 0000 0111B(特征码2)进行或运行,结果为 1101 0111B(这就是第 2 行第 4 列按键的特征码,16 进制为 0D7H),并存放在 A 中。

执行第㉗条语句后,因特征码为 0D7H,与 0FFH 不等,因此,跳转到第㉙条语句。

执行第㉙条语句后,设置按键标志位 ON_OFF 为 0,表示有键按下。

执行㉚条语句后,退出子程序。

② 按键处理子程序。按键处理子程序由第㉛～㊶条语句组成,其作用是根据按键判断子程序求出的特征码,查表求出按键的顺序码,即按键的键号。下面仍以第 2 行第 4 列按键被按

下为例进行说明。

执行第㉛条语句后,将 A 的值(第 2 行第 4 列的特征码 0D7H)存放到 B。

执行第㉜条语句后,将 TAB1 的地址送到 DPTR。

执行第㉝条语句后,R3 的值为 0FFH。

执行第㉞条语句后,R3 的值为 0。

执行第㉟条语句后,R3 的值送 A,此时 A 的值为 0。

执行第㊱条语句后,将查表得到的 0EEH 送 A,即 A 的值为 0EEH。

执行第㊲条语句后,将 A 的值(此时为 0EEH)和 B 的值(为 0D7H)进行比较,因为二者不相等,说明未找到第 2 行第 4 列的特征码,然后跳转到第㊵条语句,再判断 A 的值(此时为 0EEH)是否等于 00H,因为不相等,再跳转到第㉞条语句,使 R3 的值加 1,然后再进行查表,这样,一直查询到 R3 等于 7 时,才在 TAB1 表中找到第 2 行第 4 列的特征码 0D7H。

执行第㊳条语句后,将 R3 中查询得到的顺序码 7 送到 A。也就是说,将第 2 列第 4 列的按键定义为 7。

执行第㊴条语句后,将 A 的值(此时为 7)送显示缓冲区 DISP_BUFF。由 LED 数码管显示出数字 7。

采用以上方法,同样可以判断出其他按键是否被按下,以及按键的具体位置,即键号。

4. 实现方法

① 打开 Keil c51 软件,建立工程项目,再建立一个名为 ch9_3.asm 的源程序文件,输入上面的源程序。对源程序进行编译、链接,产生 ch9_3.hex 目标文件。

② 将 DD-900 实验开发板 JP1 的 DS、V_{CC} 两插针短接,为数码管供电。

③ 将 STC89C51 单片机插入到锁紧插座,把 ch9_3.hex 文件下载到 STC89C51 中。按下各矩阵按键,观察数码管是否显示相应数值。

该实验程序在随书光盘的 ch9\ch9_3 文件夹中。

9.2.4 实例解析 4——单片机电子琴

1. 实现功能

在 DD-900 实验开发板上进行如下实验:用矩阵按键的 16 个按键模拟电子琴的 16 个音符,具体音符为按压 S0、S1、S2、S3、S4 键,发出低音 3、4、5、6、7,按压 S5、S6、S7、S8、S9、S10、S11 键,发出中音 1、2、3、4、5、6、7,按压 S12、S13、S14、S15 键,发出高音 1、2、3、4。矩阵按键与各音符的对应关系如图 9-2 所示,有关电路如图 3-17 和图 3-20 所示。

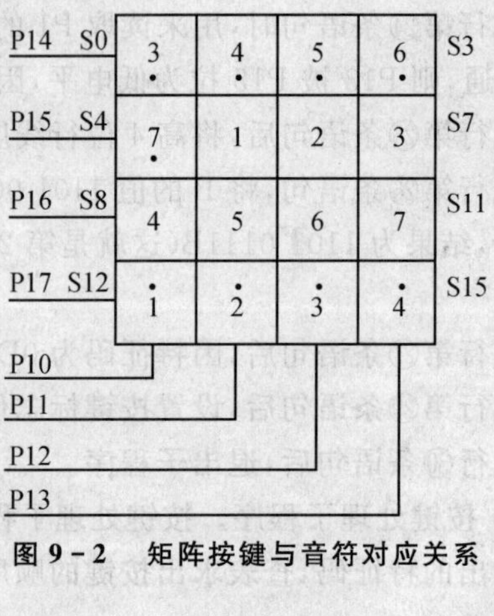

2. 源程序

根据要求编写的源程序如下:

图 9-2 矩阵按键与音符对应关系

第9章 键盘接口实例解析

```
                BEEP    BIT  P3.7              ;定义蜂鸣器 BEEP 为 P3.7
                ON_OFF  BIT  F0                ;定义按键标志位 ON_OFF 为 F0
                SOUND_BUFF  EQU  30H           ;定义音符缓冲区 SOUND_BUFF 为 30H,用来存放按键号
                SOUND_BAK   EQU  31H           ;定义音符备用缓冲区 SOUND_BAK 为 31H,用来备份按键号
                ORG   0000H                    ;程序从 0000H 开始
                AJMP  MAIN                     ;跳转到主程序 MAIN
                ORG   0BH                      ;定时器 T0 中断入口地址
                AJMP  TIME0                    ;跳转至定时器 T0 中断服务程序
                ORG   030H                     ;主程序从 030H 开始
        ;以下是主程序
MAIN:           MOV   SP,#5FH                  ;设置堆栈指针为 5FH
                MOV   TMOD,#01H                ;设定时器 T0 工作模式 1
                SETB  ET0                      ;开定时器 T0 中断
                SETB  TR0                      ;启动定时器 T0
START:          CLR   EA                       ;关断总中断
                SETB  BEEP                     ;关断蜂鸣器
NEXT1:          CALL  KEY                      ;调按键判断子程序
                JB    ON_OFF,NEXT1             ;若 ON_OFF = 1,说明无键按下,继续扫描
                ACALL KEY_PROC                 ;调按键处理子程序,求出按键号并存放到 SOUND_BUFF
                MOV   SOUND_BAK,SOUND_BUFF     ;将第 1 次 SOUND_BUFF 中的按键号备份到 SOUND_BAK 中
                ACALL DELAY_10ms               ;调 10 ms 延时子程序
                CALL  KEY                      ;再次调按键判断子程序
                JB    ON_OFF,NEXT1             ;若 ON_OFF = 1,说明无键按下,继续扫描
                ACALL KEY_PROC                 ;调按键处理子程序,再次求出按键号存放到 SOUND_BUFF
                MOV   A,SOUND_BUFF             ;将第 2 次得到的按键号(存放在 SOUND_BUFF 中)送 A
                CJNE  A,SOUND_BAK,NEXT1        ;比较第 1 次(存放在 SOUND_BAK)和第 2 次(存放在 SOUND_BUFF)
                                               ;存放的按键号是否相等,若不等,跳转到 NEXT1 继续扫描
                ACALL SOUND                    ;若两次扫描的键号相同,则调用音符处理子程序,查找出
                                               ;相应音符
                SETB  EA                       ;打开总中断
NEXT2:          CALL  KEY                      ;调用按键判断子程序,开始判断按键是否释放
                JNB   ON_OFF,NEXT2             ;若 ON_OFF = 0,说明按键仍然按下,跳转到 NEXT2 继续等待
                AJMP  START                    ;若 ON_OFF = 1,说明按键释放,跳转到 START,继续循环
                                               ;按键判断子程序(判断键盘有无键按下,并确认按键特征码)
KEY:            SETB  ON_OFF                   ;ON_OFF 为 1,表示无键按下
                MOV   P1,#0F0H                 ;置列线为 0,行线为 1
                MOV   A,P1                     ;读取 P1,求出行线的特征码 1
                ANL   A,#0F0H                  ;屏蔽低 4 位列线
                MOV   B,A                      ;送 A 的内容存放到 B,即特征码 1 送 B
                MOV   P1,#0FH                  ;置列线为 1,行线为 0
                MOV   A,P1                     ;读取 P1,求出列线的特征码 2
                ANL   A,#0FH                   ;屏蔽高 4 位行线
                ORL   A,B                      ;将特征码 1(B)与特征码 2(A)相或后送 A,求出特征码
                CJNE  A,#0FFH,KEY_FLAG         ;若 A 的内容与 0FFH 不等(有键按下),则跳转到 KEY_PROC
                AJMP  KEY_RET                  ;若 A 的内容不等 0FFH(没有键按下),跳转到 KEY_RET
```

```
KEY_FLAG:   CLR   ON_OFF              ;ON_OFF 清零,表示有键按下,且键已弹起
KEY_RET:    RET
            ;以下是按键处理子程序(根据按键特征码,查表求出按键顺序码,即按键号)
KEY_PROC:   MOV   B,A                 ;若有键按下,将 A 的内容(特征码)送 B
            MOV   DPTR,#TAB1           ;将 TAB1 的地址送 DPTR
            MOV   R3,#0FFH             ;将 FFH 送 R3(以方便 0 号键查表),R3 用来存放键值的顺序码
KEY_PROC1:  INC   R3                  ;R3(键值顺序码)加 1
            MOV   A,R3                 ;R3(键值顺序码)送 A
            MOVC  A,@A+DPTR            ;查表
            CJNE  A,B,KEY_PROC2        ;若 A 与 B 的值不等(未找到),跳转到 KEY_PROC2
            MOV   A,R3                 ;若 A 与 B 的值相等(找到),则取顺序码
            MOV   SOUND_BUFF,A         ;将 A 的内容送音符缓冲 SOUND_BUFF
KEY_PROC2:  CJNE  A,#00H,KEY_PROC1     ;若 A 与 00H(结束码)不等,则跳转到 KEY_PROC1,继续查
            RET                        ;子程序返回
            ;以下是顺序码 0~F 的特征码
TAB1:       DB    0EEH,0EDH,0EBH,0E7H  ;顺序码 0,1,2,3 的特征码
            DB    0DEH,0DDH,0DBH,0D7H  ;顺序码 4,5,6,7 的特征码
            DB    0BEH,0BDH,0BBH,0B7H  ;顺序码 8,9,A,B 的特征码
            DB    07EH,07DH,07BH,77H   ;顺序码 C,D,E,F 的特征码
            DB    00H                  ;00H 为结束码
            ;以下是音符处理子程序
SOUND:      MOV   A,SOUND_BUFF         ;将音符缓冲区 SOUND_BUFF 的内容送 A
            RL    A                    ;向左移 1 位乘 2
            MOV   DPTR,#TAB2           ;将 TAB2 的地址送 DPTR
            MOVC  A,@A+DPTR            ;到标号 TAB2 处取音符
            MOV   TH0,A                ;取到的高位字节存入 TH0
            MOV   21H,A                ;取到的高位字节存入 21H
            MOV   A,SOUND_BUFF         ;再载入取码指针值
            RL    A                    ;向左移 1 位乘 2
            INC   A                    ;加 1
            MOVC  A,@A+DPTR            ;至表取低位字节计数值
            MOV   TL0,A                ;取到的低位字节存入 TL0
            MOV   20H,A                ;取低位字节存入 20H
            RET
            ;以下是定时器 T0 中断服务程序
TIME0:      PUSH  ACC                  ;将 A 的值进栈
            PUSH  PSW                  ;将 PSW 的值进栈
            MOV   TL0,20H              ;将 20H 的计数初值送 TL0
            MOV   TH0,21H              ;将 21H 的计数初值送 TH0
            CPL   BEEP                 ;将 BEEP(P3.7)反相
            POP   PSW                  ;PSW 的值出栈
            POP   ACC                  ;A 的值出栈
            RETI                       ;返回主程序
            ;以下是字符定时值
TAB2:       DB    0FAH,1AH,0FAH,6AH    ;低音 3、4 的定时值
```

```
            DB    0FBH,00H,0FBH,8CH        ;低音 5、6 的定时值
            DB    0FCH,0EH,0FCH,4AH        ;低音 7 和中音 1 的定时值
            DB    0FCH,0AEH,0FDH,08H       ;中音 2、3 的定时值
            DB    0FDH,30H,0FDH,80H        ;中音 4、5 的定时值
            DB    0FDH,0C6H,0FEH,02H       ;中音 6、7 的定时值
            DB    0FEH,2AH,0FEH,5CH        ;高音 1、2 的定时值
            DB    0FEH,84H,0FEH,98H        ;高音 3、4 的定时值
            ;以下是 10 ms 延时子程序
DELAY_10ms  (略,见光盘)
            END                            ;程序结束
```

3. 源程序释疑

(1) 音乐产生原理

乐曲是由不同音符编制而成的,每个音符(音名)都有一个固定的振动频率,频率的高低决定了音调的高低。简谱中从低音 1 至高音 1 之间每个音名对应的频率如表 7-2 所列。

只要有了某个音的频率数,就可以计算出这个音的周期,然后,采用定时器 T0 工作方式 1 作定时,求出计数初值,装入 TH0、TL0 寄存器,并控制从单片机的 P3.7 脚输出,即可驱动蜂鸣器发出各音符的声音。各音名与计数初值的对应关系如表 7-3 所列。

(2) 流程图

为便于理解,图 9-3 给出了源程序的流程图。

(3) 源程序分析

本例源程序主要由主程序、按键判断子程序、按键处理子程序、音符处理子程序、10ms 延时子程序、定时器 T0 中断服务程序组成。

主程序是一个无限循环,用来组织和调用各子程序,工作时,首先对定时器 T0 进行初始化,并关断中断和蜂鸣器,然后调用按键判断子程序,判断按键是否按下,若未按下,继续扫描,若按下,则设置按键标志位 ON_OFF 为 0,调用按键处理子程序,求出按下的键号;延时 10ms 后,再次调用按键判断子程序和按键处理子程序,求出按键号。最后,将两次按键号进行比较,若两次按键号一致,则调用音符处理子程序,查找相应的音符;若两次按键号不一致,则重新进行按键扫描。

按键判断子程序和按键处理子程序与本节实例解析 3 一致,这里不再分析。

音符处理子程序用来查找相应按键的计数初值,并将 TL0 存放的计数初值送到 20H,将 TH0 存放的计数初值送到 21H,以便在定时器中断服务程序中重新装载。

定时器 T0 服务程序的作用是重装计数初值,并将 P3.7 不断取反,以驱动蜂鸣器发出相应的按键音。

4. 实现方法

① 打开 Keil c51 软件,建立工程项目,再建立一个名为 ch9_4.asm 的源程序文件,输入上面的源程序。对源程序进行编译、链接,产生 ch9_4.hex 目标文件。

② 将 STC89C51 单片机插入到锁紧插座,把 ch9_4.hex 文件下载到 STC89C51 中,按下各矩阵按键,试听蜂鸣器是否发出相应的音符声。

该实验程序在随书光盘的 ch9\ch9_4 文件夹中。

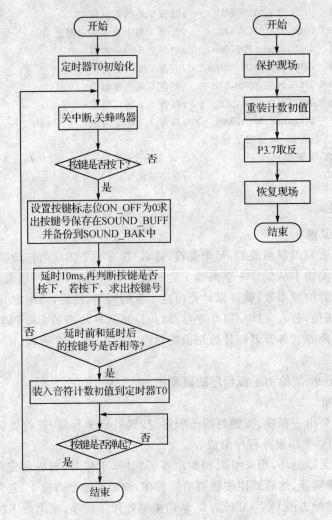

图 9-3 单片机电子琴流程图

9.2.5 实例解析 5——连加、连减和双功能按键的应用

1. 实现功能

在 DD-900 实验开发板上进行十六进制加法实验：要求，开机后第 1、2、4、5、7、8 只数码管全显示为 0。

按压 K3 键（切换键），蜂鸣器响一声，此时，可用 K2 键（减 1 键）对 4、5 只数码管的数值进行减 1 调整。再次按压 K3 键，蜂鸣器再响一声，可用 K1 键（加 1 键）对 1、2 只数码管的数值进行加 1 调整。反复按压 K3 键，可反复进行加 1 和减 1 状态的切换。

在切换到加 1 状态下时，按压 K1 键（加 1 键），第 1、2 只数码管显示值加 1，如果按着 K1 键不放且超过 0.75s，第 1、2 只数码管显示的数值将快速连加。

在切换到减 1 状态下时，按压 K2 键（减 1 键），第 4、5 只数码管显示值减 1，如果按着 K2 键不放且超过 0.75s，第 4、5 只数码管显示的数值将快速连减。

第 9 章　键盘接口实例解析

按压 K4 键(执行键),可将第 1、2 只数码管和第 4、5 只数码管显示的数值进行相加,然后,从第 7、8 只数码管上显示出来,如果相加的和大于 0FFH,则按压 K4 键时蜂鸣器鸣叫,表示相加和超出了显示范围。

以计算 08H+0FEH 为例,操作时,先按压 K3 键,切换到加 1 状态,按压 K1 键,使 1、2 只数码管显示为"08",再按压 K3 键,切换到减 1 状态,按压 K2 键,使 4、5 只数码管显示为 FE;最后,按压 K4 键,此时,第 7、8 只数码管显示为"06",同时蜂鸣器会鸣叫,表示相加结果超出了显示范围(因为 08H+0FEH=106H,两位数码管只能显示"06")。

再以计算 04H+02H 为例,输入 04H 和 02H 后,按压 K4 键,第 7、8 只数码管也显示为"06",此时蜂鸣器不叫,表示相加结果未超出了显示范围(因为 04H+02H=06H)。

有关电路如图 3-4、图 3-17 和图 3-20 所示。

2. 源程序

根据要求,编写的源程序如下:

```
            K_FLAG    BIT   20H.0    ;有键被按着时该位置1,键被松开时,该位清零
            K_FIRST   BIT   20H.1    ;第1次检测到有键按下时,该位为0,以后为1
            K3_FUN    BIT   20H.2    ;K3功能标志位,取值为0或1,表示K3是一个双功能键
                                     ;K3_FUN 为 0 表示第 1 功能,此时,按 K1 键可进行加 1 操作
                                     ;K3_FUN 为 1 表示第 2 种功能,此时,按 K2 键可进行减 1 操作
            K4_ENTER  BIT   20H.4    ;按下 K4 键时,K4_ENTER 为 1,未按 K4 键时,K4_ENTER 为 0
            K_COUNT   EQU   21H      ;键计数器,用于对定时时间进行计数
            COUNT_VAL1  EQU 22H      ;计数值1,通过第1、2只数码管显示出来
            COUNT_VAL2  EQU 23H      ;计数值2,通过第3、4只数码管显示出来
            DISP_DIGIT    EQU  24H   ;位选通控制位,传送到P2口,用于打开相应的数码管
                                     ;如等于 0FEH 时,P2.0 为 0,第 1 个数码管得电显示
            DISP_SEL EQU   25H       ;显示位数计数器,显示程序通过它知道正在显示哪一位数
                                     ;码管
                                     ;如 DISP_SEL 为 1,则查找 1 的显示代码,数码管显示出 1
            DISP_BUF   EQU 5EH       ;显示缓冲区首地址
            ORG   0000H              ;程序从 0000H 开始
            AJMP  MAIN               ;跳转到主程序 MAIN
            ORG   000BH              ;定时器 T0 中断入口地址
            AJMP  TIME0              ;跳转到定时器 T0 中断服务程序
            ORG   030H               ;主程序从 030H 开始
            ;以下是主程序
MAIN:       MOV SP,#70H              ;堆栈指针指向 70H
            ACALL   INIT_TIME0       ;调定时器 T0 初始化子程序
            CLR  A                   ;A 清零
            MOV   COUNT_VAL1,#0      ;COUNT_VAL1 清零
            MOV   COUNT_VAL2,#0      ;COUNT_VAL2 清零
            MOV   K_COUNT,#0         ;K_COUNT 清零
            MOV   DISP_SEL,#0        ;DISP_SEL 清零
            MOV   DISP_DIGIT,#0FEH   ;DISP_DIGIT 初始化
            MOV   DISP_BUF+2,#16     ;第 3 位数码管熄灭(熄灭符为 0FFH,位于第 16 位)
```

```
              MOV   DISP_BUF+5,#16    ;第6位数码管熄灭
START:        JB    K3_FUN,K3_NEXT    ;若K3_FUN为1,表示K3的第2功能,跳转到K3_NEXT
                                      ;若K3_FUN为0,表示K3的第1功能,往下执行
              MOV   A,COUNT_VAL1      ;将计数值1送A
              ACALL COVN1             ;调显示转换子程序COVN1
              AJMP  K4_ADD            ;跳转到K4_ADD
K3_NEXT:      MOV   A,COUNT_VAL2      ;将计数值2送A
              ACALL COVN2             ;调显示转换子程序COVN2
K4_ADD:       JNB   K4_ENTER,START    ;若K4_ENTER为0(未按K4键),则跳转到START
              MOV   A,COUNT_VAL1      ;若K4_ENTER为1(按下K4键),则将计数值1送A
              ADD   A,COUNT_VAL2      ;将计数值1与计数值2相加
              JNC   K4_NEXT           ;若进位标志CY为0,说明无进位,跳转到K4_NEXT
              CLR   P3.7              ;若进位标志CY为1,说明有进位,则开启蜂鸣器
              CLR   C                 ;清进位位CY
K4_NEXT:      ACALL COVN3             ;调显示转换子程序COVN3
              AJMP  START             ;跳转到START继续循环
              ;以下是数值转换子程序
COVN1:        MOV   B,#16             ;立即数16送B
              DIV   AB                ;A除以B
              MOV   DISP_BUF,A        ;将A的内容(结果)送显示缓冲区DISP_BUF
              MOV   DISP_BUF+1,B      ;将B的内容(余数)送显示缓冲区DISP_BUF+1
              RET                     ;子程序返回
COVN2:        MOV   B,#16             ;立即数16送B
              DIV   AB                ;A除以B
              MOV   DISP_BUF+3,A      ;将A的内容(结果)送显示缓冲区DISP_BUF+3
              MOV   DISP_BUF+4,B      ;将B的内容(余数)送显示缓冲区DISP_BUF+4
              RET                     ;子程序返回
COVN3:        MOV   B,#16             ;立即数16送B
              DIV   AB                ;A除以B
              MOV   DISP_BUF+6,A      ;将A的内容(结果)送显示缓冲区DISP_BUF+6
              MOV   DISP_BUF+7,B      ;将B的内容(余数)送显示缓冲区DISP_BUF+7
              RET                     ;子程序返回
              ;以下是定时器T0初始化子程序
INIT_TIME0:   MOV   TMOD,#01H         ;设置定时器T0为工作方式1
              MOV   TH0,#0F5H         ;设置定时时间为3ms,则计数初值为0F533H,将0F5H送TH0
              MOV   TL0,#33H          ;将33H送TL0
              SETB  EA                ;开总中断
              SETB  ET0               ;开定时器T0中断
              SETB  TR0               ;定时器T0开始运行
              RET                     ;子程序返回
              ;以下是定时器0中断服务程序(进行显示及键盘处理)
TIME0:        PUSH  ACC               ;ACC进栈
              PUSH  PSW               ;PSW进栈
              MOV   TH0,#0F5H         ;重装计数初值
              MOV   TL0,#33H          ;重装计数初值
```

第 9 章　键盘接口实例解析

```
            ACALL   DISP                ;调显示子程序
            ACALL   KEY                 ;调按键判断与处理子程序
            POP     PSW                 ;PSW 出栈
            POP     ACC                 ;ACC 出栈
            RETI                        ;中断服务程序返回
            ;以下是显示子程序
DISP:       MOV     P2,#0FFH            ;先关闭所有数码管
            MOV     A,#DISP_BUF         ;获得显示缓冲区基地址
            ADD     A,DISP_SEL          ;将 DISP_BUF + DISP_SEL 送 A
            MOV     R0,A                ;R0 = 基地址 + 偏移量
            MOV     A,@R0               ;将显示缓冲区 DISP_BUF + DISP_SEL 的内容送 A
            MOV     DPTR,#TAB           ;将 TAB 地址送 DPTR
            MOVC    A,@A+DPTR           ;以 TAB 为基址,根据显示缓冲区(DISP_BUF + DISP_SEL)的内
                                        ; 容查表
            MOV     P0,A                ;显示码传送到 P0 口
            MOV     P2,DISP_DIGIT       ;位选通位(初值为 FEH)送 P2
                                        ;第 1 次进入中断时,P2.0 清零,打开第 1 个数码管
                                        ;需要进入 8 次 T0 中断(需要 16 ms 时间),才能将 8 个数码管
                                        ; 扫描 1 遍
            MOV     A,DISP_DIGIT        ;位选通位送 A
            RL      A                   ;位选通位左移,下次中断时选通下一位数码管
            MOV     DISP_DIGIT,A        ;将下一位的位选通值送回 DISP_DIGIT,以便打开下一位
            INC     DISP_SEL            ;DISP_SEL 加 1,下次中断时显示下一位
            MOV     A,DISP_SEL          ;显示位数计数器内容送 A
            CLR     C                   ;CY 位清零
            SUBB    A,#8                ;A 的内容减 8,判断 8 个数码管是否扫描完毕
            JZ      RST_0               ;若 A 的内容为 0,跳转到 RST_0
            AJMP    DISP_RET            ;若 A 的内容不为 0,说明 8 个数码管未扫描完
                                        ;跳转到 DISP_RET 退出,准备下次中断继续扫描
RST_0:      MOV     DISP_SEL,#0         ;若 8 个数码管扫描完毕,则让显示计数器回 0
                                        ;准备重新从第 1 个数码管继续扫描
DISP_RET:   RET                         ;子程序返回
            ;以下是数字 0 - F 的显示码
TAB:        DB      0C0H,0F9H,0A4H,0B0H,99H     ;0,1,2,3,4 的显示码
            DB      92H,82H,0F8H,80H,90H        ;5,6,7,8,9 的显示码
            DB      88H,83H,0C6H,0A1H,86H,8EH   ;A,B,C,D,E,F 的显示码
            DB      0FFH                        ;熄灭符,在第 16 位
            ;以下是按键判断与处理子程序
KEY:        ORL     P3,#00111100B       ;将 P3.2~P3.5 置 1
            MOV     A,P3                ;读取 P3
            ORL     A,#11000011B        ;将 P3.2~P3.5 按键输入情况与 11000011 进行或运算
            CPL     A                   ;结果取反
            JZ      NO_KEY              ;如果 A 为 0,说明没有键按下,跳转到 NO_KEY 返回
                                        ;如果 A 不为 0,说明有键按下,再进行按键去抖处理
            JNB     K_FLAG,KEY_1        ;如果 K_FLAG 为 0,说明键被松开,跳转到 KEY_1
```

```asm
                                    ;如果 K_FLAG 为 1,说明本次检测前键已被按下,往下执行
            DEC   K_COUNT           ;将键计数器 K_COUNT 减 1
            MOV   A,K_COUNT         ;将键计数器 K_COUNT 的值送 A
            JNZ   KEY_RET           ;如果键计数器 K_COUNT 的值是 0,按键消抖完毕,退出
                                    ;按键消抖后,再具体判断是哪一个键被按下
            JNB   P3.4,KEY_K3       ;如果 K3 键按下,跳转到 KEY_K3
            JNB   P3.2,KEY_K1       ;如果 K1 键按下,跳转到 KEY_K1
            JNB   P3.3,KEY_K2       ;如果 K2 键按下,跳转到 KEY_K2
            JNB   P3.5,KEY_K4       ;如果 K4 键按下,跳转到 KEY_K4
            AJMP  NO_KEY            ;如果无键按下,跳转到 NO_KEY
KEY_1:      MOV   K_COUNT,#4        ;K_COUNT 置 4,延时 4×3 ms = 12 ms,用以消除按键抖动引起
                                    的误动作
            SETB  K_FLAG            ;设置 K_FLAG 为 1,表示按键被按住
            AJMP  KEY_RET           ;退出
KEY_K1:     JB    K3_FUN,KEY_RET    ;如果 K3_FUN 为 1,表示执行的是第 2 功能,跳转到 KEY-RET
                                    退出
            INC   COUNT_VAL1        ;如果 K3_FUN 为 0,表示执行的是第 1 功能,则将待显示的数
                                    值加 1
            AJMP  KEY_2             ;跳转到 KEY_2
KEY_K2:     JNB   K3_FUN,KEY_RET    ;如果 K3_FUN 为 0,表示执行的是第 1 功能,跳转到 KEY-RET
                                    退出
            DEC   COUNT_VAL2        ;如果 K3_FUN 为 1,表示执行的是第 2 功能,将待显示的数值减 1
            AJMP  KEY_2             ;跳转到 KEY_2
KEY_K3:     CPL   K3_FUN            ;若按下 K3 键,则将 K3_FUN 取反,即将 K3 的第 1 功能与第 2
                                    功能互换
            CLR   P3.7              ;按下 K3 键时,蜂鸣器开启
            AJMP  KEY_RET           ;跳转到 KEY_2
KEY_K4:     SETB  K4_ENTER          ;设置 K4_ENTER 为 1,以便执行 K4 键的操作
KEY_2:      JNB   K_FIRST,KEY_3     ;如果 K_FIRST 为 0(第 1 次检测到时,该位为 0),跳转到 KEY_3
            MOV   K_COUNT,#25       ;如果 K_FIRST 为 1(不是第 1 次检测到),将立即数 25 送 K_COUNT
                                    ;置数 25,则定时时间为 25×3 ms = 75 ms,即连加/连减的速
                                    度为 75 ms/次
            AJMP  KEY_RET           ;退出
KEY_3:      MOV   K_COUNT,#250      ;立即数 250 送 K_COUNT
                                    ;置数 250,则定时时间为 250×3 ms = 0.75 s,即按键压下的
                                    持续时间为 0.75 s
            SETB  K_FIRST           ;设置 K_FIRST 为 1,经判断后可进行连加/连减操作
            AJMP  KEY_RET           ;退出
NO_KEY:     CLR   K_FLAG            ;K_FLAG 清零
            CLR   K_FIRST           ;K_FIRST 清零
            CLR   K4_ENTER          ;K4_ENTER 清零
            MOV   K_COUNT,#0        ;立即数 0 送 K_COUNT
            SETB  P3.7              ;蜂鸣器停止
KEY_RET:    RET                     ;子程序返回
            END                     ;程序结束
```

第9章 键盘接口实例解析

3. 源程序释疑

该源程序的特点在于按键能实现连加、连减操作,并且具有双功能键,这些都是工业生产和仪器仪表开发中非常实用的功能。正确理解本源程序,对于今后的开发工作具有重要的指导意义!

本例源程序主要由主程序、定时器 T0 初始化子程序、3 个数值转换子程序、显示子程序、按键判断与处理子程序、定时器 T0 中断服务程序等组成。在源程序中,已对程序进行了详细的注释,下面简要进行说明。

(1) 主程序

主程序是一个无限循环,在主程序中,先对定时器 T0 和有关标志进行初始化,然后判断 K3 键的功能,若为第 1 功能(K3_FUN 为 0),则将计数值 1(COUNT_VAL1)送 A,若为第 2 功能(K3_FUN 为 1),则将计数值 2(COUNT_VAL2)送 A。最后,再判断 K4 键是否按下,若 K4 键按下(K4_ENTER 为 1),则将计数值 1 和计数值 2 相加,若 K4 键未按下(K4_ENTER 为 0),则继续循环。

(2) 定时器 T0 初始化子程序

定时器 T0 初始化子程序主要对定时器 T0 进行初始化设置,在本例中,选用方式 1,定时中断时间为 3 ms,通过计算,可知计数初值为 0F533H。另外,在初始化时还需要开中断和启动定时器。

(3) 数值转换子程序

数值转换子程序 COVN1 的作用是将计数值 1(COUNT_VAL1)的个位和十位进行分离,再存放到显示缓冲区 DISP_BUF 和 DISP_BUF+1 中,以便在第 1、2 只数码管上进行显示。例如,若 COUNT_VAL1 的值为 15H,调用 COVN1 子程序时,首先将 B 的值赋值为 16(十六进制为 10H),执行 DIV AB(即 15H÷10H)后,A 的值为 1,B 的值为 5,将 A 的值(数字 1)送显示缓冲区 DISP_BUF,将 B 的值(数字 5)送显示缓冲区 DISP-BUF+1,通过调用显示子程序,即可通过数码管显示出 15。

数值转换子程序 COVN2 的作用是将计数值 2(COUNT_VAL2)的个位和十位进行分离,再存放到显示缓冲区 DISP_BUF+3 和 DISP_BUF+4 中,以便在第 4、5 只数码管上进行显示。

数值转换子程序 COVN3 的作用是将和值(COUNT_VAL1+COUNT_VAL2)的个位和十位进行分离,再存放到显示缓冲区 DISP_BUF+6 和 DISP_BUF+7 中,以便在第 7、8 只数码管上进行显示。

(4) 显示子程序

显示子程序采用动态扫描法,每位数码管的扫描时间为定时中断的定时时间(3 ms),扫描 8 个数码管需要 3 ms×8=24 ms,这样,1 秒可扫描 1 000/24≈42 次,由于扫描速度足够快,加之人眼的视觉暂留特性,因此,感觉不到数码管的闪动。

读者可试着将定时中断时间改为 5 ms(将计数初值改为 0EE00H),您会发现,数码管显示的数字开始闪动。为什么改动一下定时时间会引起数码管闪动呢?这是因为,定时时间设为 5 ms 时,扫描 8 个数码管需要 5 ms×8=40 ms,这样,1 秒可扫描 1000/50≈20 次,由于扫描速度不够快,因此,人眼可以感觉到数码管的闪动。

这个子程序具有较强的通用性,在本书其他各章也多次用到,读者若理解显示子程序有困难,请先阅读本书的第10章相关内容。

(5) 按键判断与处理子程序

图9-4所示为按键判断与处理子程序的流程图。

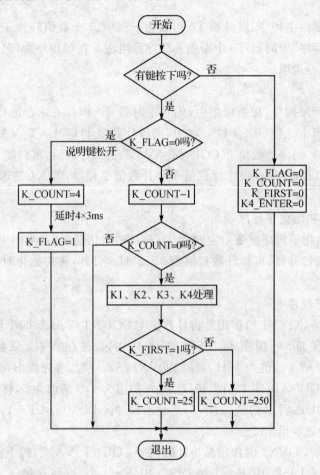

图9-4 按键判断与处理子程序流程图

这里采用定时扫描方式来扫描键盘,定时时间为3 ms,即每隔3 ms对键盘扫描一次,检测是否有键被按下。从图中可以看出,如果有键被按下,则检测K_FLAG标志(有键被按着时该位置1,键被松开时,该位清零),如果该标志为0,将K_FLAG置1,将键计数器(K_COUNT)置4后即退出。定时时间再次到后,又对键盘扫描。如果有键被按下,检测标志K_FLAG;如果K_FLAG是1,说明在本次检测之前键就已经被按下了,将键计数器(K_COUNT)减1,然后判断是否到0。如果K_COUNT=0,进行键值处理,否则退出。这里,设置键计数器(K_COUNT)为4的目的是为了消除键盘抖动引起的误动作,因K_COUNT=4,这样,4次进入定时器T0中断服务程序所用的时间为4×3 ms=12 ms,即消抖时间为12 ms。

键值处理完毕后,检测标志KFirst是否是1(第1次检测到有键按下时,KFirst为0,以后为1)。如果是1,说明处于连加/连减状态,将键计数器K_COUNT置25;如果KFirst是0,说明是第1次检测到有键按下,将键计数器K_COUNT置250,同时将KFirst设置为1。

这里的键计数器 K_COUNT 置入不同的数值,代表不同的响应时间,K_COUNT 置入 250,是设置连续按压按键的时间,即 250×3 ms=750 ms=0.75 s,也就是说,当超过 0.75 s 后进行连加/连减的操作;键计数器 K_COUNT 置入 25,是设置连加/连减的时间间隔,即 25×3 ms=75 ms,也就是每 75 ms 对数字加/减 1 一次。这些参数可以根据实际要求进行调整。

程序中,K3 键被设置为一个双功能键,这一功能的实现比较简单,由于只有两个功能,所以,设置了一个标志位 K3_FUN,按一下 K3 键,K3_FUN 取反一次,然后在主程序中根据 K3_FUN 是 1 还是 0 作相应的处理。

(6) 定时器 T0 中断服务程序

定时器 T0 中断服务程序主要是重置计数初值,调用显示子程序和按键判断与处理子程序,定时时间为 3 ms,也就是说,每隔 3 ms,执行一次定时器 T0 中断服务程序。

4. 实现方法

① 打开 Keil c51 软件,建立工程项目,再建立一个名为 ch9_5.asm 的源程序文件,输入上面的源程序。对源程序进行编译、链接,产生 ch9_5.hex 目标文件。

② 将 DD-900 实验开发板 JP1 的 DS、V_{cc} 两插针短接,为数码管供电。

③ 将 STC89C51 单片机插入到锁紧插座,把 ch9_5.hex 文件下载到 STC89C51 中,按下 K1、K2、K3、K4 各按钮,观察数码管是否显示相应的数值,计算结果是否正确。

该实验程序在随书光盘的 ch9\ch9_5 文件夹中。

9.3 PS/2 键盘接口介绍及实例解析

9.3.1 PS/2 键盘接口介绍

在单片机系统中,经常采用的是前面介绍的独立按键或矩阵按键,这类键盘都是单独设计制作的,连线多,且可靠性不高。与此相比,在 PC 中广泛使用的 PS/2 键盘具有价格低、通用可靠、使用连线少(仅使用 2 根信号线)等优点。因此,在单片机系统中应用 PS/2 键盘不失为一种很好的选择。

1. PS/2 键盘接口的引脚功能

PS/2 键盘接口为 6 脚 mini-DIN 连接器,其引脚如图 9-5 所示。

图中 1 脚为数据线(DATA),2 脚未用,3 脚为电源地(GND),4 脚为电源(+5 V),5 脚为时钟线(CLK),6 脚未用。

2. PS/2 键盘的发送时序

图 9-6 所示为 PS/2 键盘到主机(PC 或单片机)的发送时序,从图中可以看出,一个数据帧主要由起始位(START,低电平)、8bit 数据位(DATA0~DATA7,低位在前)、奇偶检验位(PARITY)和停止位(STOP,高电平)组成。

图 9-5 PS/2 键盘接口引脚图

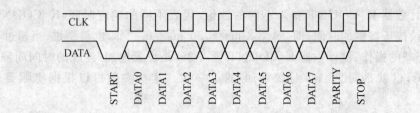

图 9-6　PS/2 键盘到 PC 的发送时序

在数据帧中，如果数据位中 1 的个数为偶数，则校验位 PARITY 为 1；如果数据位中 1 的个数为奇数，则校验位 PARITY 为 0。总之，数据位中 1 的个数加上校验位中 1 的个数之和总为奇数，因此总进行奇校验。

3. PS/2 键盘接口与单片机的连接

在 DD-900 实验开发板中，PS/2 键盘与 51 单片机的连接方式如图 9-7 所示，P3.4 接 PS/2 数据线，P3.3（外中断 1）接 PS/2 时钟线，因为单片机的 P3 口内部是带上拉电阻的，所以 PS/2 的时钟线和数据线可以直接与单片机的 P3 口相连接。

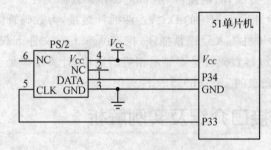

图 9-7　PS/2 键盘接口与单片机的连接

4. PS/2 键盘的编码

一次按键过程至少会发送两组扫描码，即通码和断码。通码是按键被按下时发送，断码是当按键释放时发送，按住不动将发送通码。每个键的通码和断码都是唯一的，因此通过查唯一的扫描码，就可以知道哪个键被按下或释放。101、102 和 104 键 PS/2 键盘使用的扫描码标准如表 9-1 所列。

表 9-1　101、102 和 104 键的键盘扫描码

按键	通码	断码	按键	通码	断码	按键	通码	断码
A	1C	F0 1C	9	46	F0 46	[	54	F0 54
B	32	F0 32	`	0E	F0 0E	INSERT	E0 70	E0 F0 70
C	21	F0 21	-	4E	F0 4E	HOME	E0 6C	E0 F0 6C
D	23	F0 23	=	55	F0 55	PG UP	E0 7D	E0 F0 7D
E	24	F0 24	\	5D	F0 5D	DELETE	E0 71	E0 F0 71
F	2B	F0 2B	BKSP	66	F0 66	END	E0 69	E0 F0 69
G	34	F0 34	SPACE	29	F0 29	PG DN	E0 7A	E0 F0 7A

续表 9-2

按键	通码	断码	按键	通码	断码	按键	通码	断码
H	33	F0 33	TAB	0D	F0 0D	U ARROW	E0 75	E0 F0 75
I	43	F0 43	CAPS	58	F0 58	L ARROW	E0 6B	E0 F0 6B
J	3B	F0 3B	L SHFT	12	F0 12	D ARROW	E0 72	E0 F0 72
K	42	F0 42	L CTRL	14	F0 14	R ARROW	E0 74	E0 F0 74
L	4B	F0 4B	L GUI	E0 1F	E0 F0 1F	NUM	77	F0 77
M	3A	F0 3A	L ALT	11	F0 11	KP /	E0 4A	E0 F0 4A
N	31	F0 31	R SHFT	59	F0 59	KP *	7C	F0 7C
O	44	F0 44	R CTRL	E0 14	E0 F0 14	KP -	7B	F0 7B
P	4D	F0 4D	R GUI	E0 27	E0 F0 27	KP +	79	F0 79
Q	15	F0 15	R ALT	E0 11	E0 F0 11	KP EN	E0 5A	E0 F0 5A
R	2D	F0 2D	APPS	E0 2F	E0 F0 2F	KP .	71	F0 71
S	1B	F0 1B	ENTER	5A	F0 5A	KP 0	70	F0 70
T	2C	F0 2C	ESC	76	F0 76	KP 1	69	F0 69
U	3C	F0 3C	F1	05	F0 05	KP 2	72	F0 72
V	2A	F0 2A	F2	06	F0 06	KP 3	7A	F0 7A
W	1D	F0 1D	F3	04	F0 04	KP 4	6B	F0 6B
X	22	F0 22	F4	0C	F0 0C	KP 5	73	F0 73
Y	35	F0 35	F5	03	F0 03	KP 6	74	F0 74
Z	1A	F0 1A	F6	0B	F0 0B	KP 7	6C	F0 6C
0	45	F0 45	F7	83	F0 83	KP 8	75	F0 75
1	16	F0 16	F8	0A	F0 0A	KP 9	7D	F0 7D
2	1E	F0 1E	F9	01	F0 01	]	58	F0 58
3	26	F0 26	F10	09	F0 09	;	4C	F0 4C
4	25	F0 25	F11	78	F0 78	'	52	F0 52
5	2E	F0 2E	F12	07	F0 07	,	41	F0 41
6	36	F0 36	Print Screen	E0 12 E0 7C	E0 F0 7C E0 F0 12	.	49	F0 49
7	3D	F0 3D	SCROLL	7E	F0 7E	/	4A	F0 4A
8	3E	F0 3E	PAUSE	E1 14 77 E1 F0 14 F0 77	空			

注：表中 KP 表示小键盘，表中的数字均为十六进制形式。

根据键盘按键扫描码的不同，可将按键分为 3 类：

第 1 类按键：通码为一字节，断码为 F0＋通码形式。如 A 键，其通码为 1C，断码为

F0 1C。

第2类按键:通码为两字节 E0+××形式,断码为 E0+F0+××形式。如 R CTRL 键,其通码为 E0 14,断码为 E0 F0 14。

第3类特殊按键:这类按键有两个,即 Print Screen 和 Pause 键。Print Screen 键通码为 E0 12 E0 7C,断码为 E0 F0 7C E0 F0 12。Pause 键通码为 E1 14 77 E1 F0 14 F0 77,断码为空。

组合按键扫描码的发送是按照按键发生的次序进行的,以输入大写字母"A"为例,输入时,首先按住 Shift 键,然后按下 A 键,再松开 A 键,再松开 Shift 键。查表 9-1 的扫描码表,就得到这样一组键码:

12 1C F0 1C F0 12

其中,按住左 SHIFT 是 12,按 A 是 1C,松开 A 是 F0 1C,松开左 SHIFT 是 F0 12。注意,这些数据都是十六进制数。

5. PS/2 键盘通信命令字

除了键盘可以向主机(PC 或单片机)发送按键的扫描码外,主机还可以向键盘发送预定的命令字来对键盘功能进行设定。

(1) 主机发往键盘的命令

EDH:设置状态指示灯。该命令用来控制键盘上 3 个指示灯 NumLock、ScrollLock、CapLock 的亮灭。EDH 发出后,键盘将回应主机一个收到应答信号 FAH,然后等待主机发送下一字节,该字节决定各指示灯的状态,字节中的各位(bit)作用如下:

Bit0 控制 ScrollLock(即发送 01H 时,ScrollLock 灯亮);

Bit1 控制 NumLock(即发送 02H 时,NumLock 灯亮);

Bit2 控制 CapLock(即发送 04H 时,CapLock 灯亮);

Bit3~Bit7 必须为 0,否则键盘认为该字节是无效命令,将返回 FEH,要求重发。

从以上可知,当发送 00H 时,3 个指示灯 NumLock、ScrollLock、CapLock 全灭。

EEH:回送响应。该命令用于辅助诊断,要求键盘收到 EEH 后也回送 EEH 予以响应。

F0H:设置扫描码。键盘收到该命令后,将回送收到信号 FAH,并等待下一命令字节。

F3H:设置键盘重复速率。主机发送该命令后,键盘将回送收到信号 FAH,然后等待主机的第二字节,该字节决定按键的重复速率。

F4H:键盘使能。主机发该命令给键盘后,将清除键盘发送缓冲区,重新使键盘工作,并返回收到信号 FAH。

F5H:禁止键盘。主机发该命令给键盘后,将使键盘复位,并禁止键盘扫描。键盘将返回收到信号 FAH。

FEH:重发命令。键盘收到此命令后,将会把上次发送的最后一字节重新发送。

FFH:复位键盘。此命令将键盘复位。若复位成功,键盘回送收到信号 FAH 和复位完成信号 AAH。

(2) 键盘发往主机的命令

00H:出错或缓冲区已满。

AAH:电源自检通过。

EEH：回送响应。
FAH：响应信号。键盘每当收到主机的命令后，都会发此响应信号。
FEH：重发命令。主机收到此命令后，将会把上次发送的最后一个命令字节重新发送。
FFH：出错或缓冲区已满。

9.3.2　实例解析 6——数码管显示 PS/2 键盘键值

1. 实现功能

在 DD-900 实验开发板上进行如下实验：将 PS/2 键盘上的"0～9"、"a～f"显示在第 8 只数码管上。按下没有定义的键，数码管显示"-"。有关电路如图 3-4 和图 3-9 所示。

2. 源程序

根据要求，编写的源程序如下：

```
              PS2_CLK   BIT   P3.3          ;定义时钟线引脚
              PS2_DATA  BIT   P3.4          ;定义数据线引脚
              S_DATA    EQU   31H           ;数据发送缓冲区
              PARITY    BIT   20H.0         ;当发送的数据中 1 的个数为奇数时(P=1),设置 PARITY=0
                                            ;当发送的数据中 1 的个数为偶数时(P=0),设置 PARITY=1
                                            ;总之,数据位中 1 的个数加上 PARITY 中 1 的个数总为奇数
              BREAK     BIT   20H.2         ;断码标志位
              ORG   0000H                   ;程序从 0000H 开始
              AJMP  MAIN                    ;跳转到主程序
              ORG   0013H                   ;外中断 1 中断入口地址
              AJMP  EXT_INT1                ;跳转到外中断 1 服务程序
              ORG   030H                    ;主程序从 030H 开始
              ;以下是主程序
MAIN:         MOV   SP,#60H                 ;设置堆栈指针
              MOV   P0,#0FFH                ;P0 口置 1
              MOV   P2,#0FFH                ;P2 口置 1
              MOV   P3,#0FFH                ;P3 口置 1
              CLR   IT1                     ;外部中断 1 为电平触发(低电平有效)
              SETB  EA                      ;开总中断
              SETB  EX1                     ;开外部中断 1
              MOV   R1,#00H                 ;R1 清零,R1 用来对发送数据的位数进行计数
              MOV   R3,#00H                 ;R3 清零,R3 用来暂存键盘键值的顺序码
              SETB  PS2_DATA                ;设置 PS2_DATA 为高电平
              SETB  PS2_CLK                 ;设置 PS2_CLK 为高电平
              MOV   S_DATA,#0FFH            ;发送命令字 0FFH,使 PS2 键盘复位
              ACALL SEND_DATA               ;调数据发送子程序 SEND_DATA
              CALL  DELAY_130ms             ;调 130 ms 延时子程序
              MOV   A,#0BFH                 ;将"-"的显示码 0BFH 送 A,使数码管显示"-"
DISP:         MOV   P0,A                    ;将 A 的内容送 P0 口(数码管段口)
              CLR   P2.7                    ;P2.7 清零,即打开第 8 只数码管
```

```
                AJMP  DISP                    ;跳转到DISP
                ;以下是外部中断1服务程序
EXT_INT1:       CJNE  R1,#00H,IN_LOOP         ;若R1的内容不等于00H(不是起始位),跳转到IN_LOOP
                AJMP  IN_LOOP3                ;若R1的内容等于00H(是起始位),跳转到IN_LOOP3
IN_LOOP：       CJNE  R1,#09H,IN_LOOP1        ;第2-9位为数据位DATA0~DATA7
IN_LOOP1:       JNC   IN_LOOP3                ;若C为0,跳转到IN_LOOP3
                RR    A                       ;A右移1位
                JB    PS2_DATA,IN_LOOP2       ;若PS2_DATA是1,跳转到IN_LOOP2
                ANL   A,#7FH                  ;若PS2_DATA是0,将A的内容与7FH进行与运算,取出数字0
                AJMP  IN_LOOP3                ;跳转到IN_LOOP3
IN_LOOP2：      ORL   A,#80H                  ;将A的内容与80H进行或运算,取出数字1
IN_LOOP3：      INC   R1                      ;R1的内容加1(中断计数)
                JNB   PS2_CLK,$               ;等待PS2_CLK变高
IN_LOOP4：      CJNE  R1,#0BH,IN_LOOP5        ;一桢数据(共11位)是否接收完？若R1的内容大于或等于
                                              ;11,则C=0
IN_LOOP5：      JNC   IN_LOOP6                ;若C=0,说明R1的内容大于或等于11,跳转到IN_LOOP6
                AJMP  EXT1_END                ;若C=1,说明R1的内容小于11,跳转到EXT1_END退出
                                              ;准备下次中断再接收
IN_LOOP6：      CJNE  A,#0F0H,IN_LOOP7        ;若A不等于0F0H,说明未接收到断码,跳转到IN_LOOP7
                SETB  BREAK                   ;若A等于0F0H,说明接收到断码,置断码标志BREAK为1
                MOV   R1,#00H                 ;00H送R1
                AJMP  EXT1_END                ;退出中断
IN_LOOP7：      MOV   R1,#00H                 ;R1(发送数据位数)清零
                ACALL KEY_FIND                ;调查找子程序PS2KEY_FIND
EXT1_END：      RETI                          ;退出中断
                ;以下是查找子程序(根据PS2的键值来查找通码,并取得顺序码;再根据顺序码来查找显示码)
KEY_FIND:       MOV   B,A                     ;将A的值送B
                MOV   DPTR,#TAB_PS2           ;将存放按键通码的首地址TAB_PS2送DPTR
                MOV   R3,#0FFH                ;立即数0FFH送R3
KEY_IN1:        INC   R3                      ;R3加1
                MOV   A,R3                    ;R3送A
                MOVC  A,@A+DPTR               ;查表
                CJNE  A,B,KEY_IN3             ;若A不等于B,说明未找到,跳转到KEY_IN3
                MOV   A,R3                    ;若找到,将R3的值送A,取顺序码
                CLR   C                       ;C清零
                SUBB  A,#10H                  ;A减去10H(若A小于10H,说明不够减,则C=1)
                JC    KEY_IN2                 ;若C为1,则跳转到KEY_IN2
                AJMP  KEY_END
KEY_IN2：       MOV   A,R3                    ;将R3的顺序码送A
                MOV   DPTR,#TAB_DISP          ;将存放数码管显示码的首地址TAB_DISP送DPTR
                MOVC  A,@A+DPTR               ;根据顺序码来查找小键盘数字的显示码
                CALL  BEEP_ONE                ;调蜂鸣器响一声子程序
                AJMP  PS2_RET                 ;跳转到PS2_RET
KEY_IN3:        CJNE  A,#0FFH,KEY_IN1         ;若A内容不等0FFH(结束码),说明未查找完,跳转到KEY_IN1
                                              ;继续查
```

第9章 键盘接口实例解析

```
KEY_END:     CLR   BREAK              ;若 A 内容等于 0FFH,说明查找完,BREAK 清零
             MOV   A,#0BFH            ;将"-"的显示码 0BFH 送 A,使没有定义的键显示"-"
PS2_RET:     RET                      ;子程序返回
             ;以下是数据发送子程序
SEND_DATA:   CLR   EA                 ;关总中断 EA
             MOV   A,S_DATA           ;要发送的数据入 A
             JB PSW.0,SET1            ;如果 P(PSW.0)为 1,说明 A 中 1 的个数为奇数,跳转到 SET1
             SETB  PARITY             ;如果 P(PSW.0)为 0,说明 A 中 1 的个数为偶数,设置 PARITY=1
             AJMP  SEND_0             ;跳转到 SEND_DATA0
SET1:        CLR   PARITY             ;当发送的数据中 1 的个数为奇数时(P=1),设置 PARITY=0
SEND_0:      CLR   PS2_CLK            ;PS2_CLK 清零,请求发送数据
             SETB  PS2_DATA           ;PS2_DATA 置 1
             ACALL DELAY_40us         ;调 DELAY_40us 延时子程序
             ACALL DELAY_40us         ;调 DELAY_40us 延时子程序
             ACALL DELAY_40us         ;调 DELAY_40us 延时子程序拉低 PS2_CLK 线 120us
             CLR   PS2_DATA           ;PS2_DATA 设置为低电平,表示起始位(低电平)
             SETB  PS2_CLK            ;PS2_CLK 设置为高电平,释放时钟线
             MOV   R1,#08H            ;立即数 08H 送 R1
SEND_1:      JB    PS2_CLK,$          ;若 PS2_CLK 为高电平,则等待,等待 PS2_CLK 拉低时钟
             RRC   A                  ;若 PS2_CLK 为低电平,则 A 的数据右移 1 位
             MOV PS2_DATA,C           ;将进位位 CY 送 PS2_DATA
             JNB   PS2_CLK,$          ;若 PS2_CLK 为低电平,则等待,等待 PS2 拉高时钟
             DJNZ  R1,SEND_1          ;若 PS2_CLK 为高电平,循环 8 次,发送 8 bit 数据
             JB    PS2_CLK,$          ;等待 PS2 拉低时钟
             JNB   PARITY,SEND_2      ;若 PARITY 为 0,说明 1 的个数为奇数,则跳转到 SEND_DATA2
             SETB  PS2_DATA           ;若 PARITY 为 1,说明 1 的个数为偶数,设置 PS2_DATA 为 1
             AJMP  SEND_3             ;跳转到 SEND_DATA3
SEND_2:      CLR   PS2_DATA           ;设置 PS2_DATA 为 0
SEND_3:      JNB   PS2_CLK,$          ;等待 PS2_CLK 拉高时钟
             JB    PS2_CLK,$          ;等待 PS2_CLK 拉低时钟,发送校验位 PARITY
             SETB  PS2_DATA           ;设置 PS2_DATA 为高电平,准备发送结束位
             JNB   PS2_CLK,$          ;等待 PS2 拉高时钟
             SETB  EA                 ;开总中断
             RET                      ;子程序返回
             ;以下是蜂鸣器响一声子程序
BEEP_ONE:    CLR   P3.7               ;蜂鸣器发声
             ACALL DELAY_130ms        ;延时 130 ms
             SETB  P3.7               ;蜂鸣器关闭
             RET                      ;子程序返回
             ;以下是 40us 延时子程序
DELAY_40us:  (略,见光盘)
             ;以下是 130 ms 延时子程序
DELAY_130ms: (略,见光盘)
             ;以下是 PS/2 键盘 0~9、a~f 和小键盘 0~9 的通码
TAB_PS2:     DB 45H,16H,1EH,26H,25H,2EH,36H,3DH,3EH,46H        ;0~9 的通码
```

```
              DB 1CH,32H,21H,23H,24H,2BH              ;a～f 的通码
              DB 70H,69H,72H,7AH,6BH,73H,74H,6CH,75H,7DH  ;右边数字键 0～9
              DB 0FFH                                 ;结束码
TAB_DISP:     DB 0C0H,0F9H,0A4H,0B0H,099H,092H,082H,0F8H  ;0、1、2、3、4、5、6、7 的显示码
              DB 080H,090H,088H,083H,0C6H,0A1H,086H,08EH  ;8、9、A、B、C、D、E、F 的显示码
              DB   0FFH                               ;结束码
              END
```

3. 源程序释疑

源程序主要由主程序、外部中断 1 服务程序、查找子程序、数据发送子程序、蜂鸣器响一声子程序以及 40 μs、130 ms 延时子程序等组成，下面简要进行分析。

(1) 主程序

主程序是一个无限循环，主要作用是完成初始化操作，同时，使开机时显示"-"符号。

(2) 外中断 1 服务程序

由于 PS/2 键盘接口的时钟 CLOCK 脚接到单片机的 P3.3（外中断 1 输入脚），因此，在键盘有键按下时，CLOCK 信号会引起单片机的连续中断，外部中断 1 服务程序将键盘发出的扫描码（通码和断码）进行判断和发送，然后调用查找子程序，找到相应的显示码，以便在数码管上进行显示。

(3) 查找子程序

查找子程序的作用是根据 PS/2 键盘的键值来查找通码，并取得通码的顺序码（即通码的位置）；再根据顺序码来查找出显示码，即可在数码管上显示出来。例如，从 PS/2 键盘上输入数字 2 时，查 TAB_PS2 表可知，键盘上的数字 2 的通码是 1EH，1EH 在 TAB_PS2 表中的顺序为第 2 个（从 0 开始数），即顺序码为 2。根据顺序码 2，再查 TAB_DISP 表，可知顺序码 2 的显示码为 0A4H，将 0A4H 送到 P0 口，同时打开 P2.7，在第 8 只数码管上就可以显示出数字 2。

(4) 数据发送子程序

数字发送子程序的作用是用来发送一帧数据，它是根据以下原理编写的：PS/2 键盘的 CLK（时钟脚）和 DATA（数据脚）都是集电极开路的，平时都是高电平，键盘可以发数据给主机。如果 CLK 为低电平，键盘将不发送数据，而是将要发送的数据放到发送缓冲区中，直到 CLK 变为高电平才开始发送数据。发送时，键盘先将数据线 DATA 拉低，准备发送开始位 START，通知主机准备接收数据，在 CLK 下降沿时，数据可以被主机读取，发送完 START 位后，再依次发送数据位 DATA0～DATA7、校验位 PARITY，最后，再发送一个高电平的停止位 STOP。

4. 实现方法

① 打开 Keil c51 软件，建立工程项目，再建立一个名为 ch9_6.asm 的源程序文件，输入上面的源程序。对源程序进行编译、链接，产生 ch9_6.hex 目标文件。

② 将 DD-900 实验开发板 JP1 的 DS、V_{CC} 两插针短接，为数码管供电；同时，将 PS/2 键盘与 DD-900 实验开发板的 PS/2 接口连接好。

③ 将 STC89C51 单片机插入到锁紧插座，把 ch9_6.hex 文件下载到 STC89C51 中。从

PS/2 键盘上输入数字和字母,观察数码管上显示是否正确。

该实验程序在附书光盘的 ch9\ch9_6 文件夹中。

9.3.3 实例解析 7——数码管显示 PS/2 左、右键盘键值

1. 实现功能

在 DD-900 实验开发板上进行如下实验:将 PS/2 键盘上的"0~9"、"a~f"显示在第 8 只数码管上。按 NumLock 键,数码管显示 n,同时 PS/2 键盘上的 NumLock 灯亮,右边的小键盘上的数字键有效;再按 NumLock 键,NumLock 灯灭,同时,右边的小键盘上的数字键无效。按下没有定义的键,数码管显示"-"。

2. 源程序

该源程序与上例源程序基本一致,只是增加了对小键盘的控制和显示功能,详细源程序在随书光盘的 ch9\ch9_7 文件夹中。

第 10 章

LED 数码管实例解析

LED 数码管显示器是单片机与人对话的一种重要输出设备,在前面的几章中,我们在实例解析中已多次领略了 LED 数码管的风采,很多读者在阅读这些源程序时,可能还有一些疑问和不解。没关系,在本章中,我们将带您一起走进 LED 数码管,揭开其神秘的面纱,解除您的困惑,并演练几个特别、特别……特别重要的实例!

10.1 LED 数码管基本知识

10.1.1 LED 数码管的结构

LED 是发光二极管的简称,其 PN 结是用某些特殊的半导体材料(如磷砷化镓)做成的,当外加正向电压时,可以将电能转换成光能,从而发出清晰悦目的光线。如果将多个 LED 排列好并封装在一起,就成为 LED 数码管。LED 数码管的结构如图 10-1 所示。

图中,LED 数码管内部是 8 只发光二极管,a、b、c、d、e、f、g、dp 是发光二极管的显示段位,除 dp 制成圆形用以表示小数点外,其余 7 只全部制成条形,并排列成如图所示的"8"字形状。每只发光二极管都有一根电极接到外部引脚上,而另外一根电极全部连接在一起,接到外引脚,称为公共极(COM)。

LED 数码管分为共阳型和共阴型两种,共阳型 LED 数码管是把各个发光二极管的阳极都连在一起,从 COM 端引出,阴极分别从其他 8 根引脚引出,如图 10-2(a)所示;使用时,公共阳极接+5V,这样,阴极端输入低电平的发光二极管就导通点亮,而输入高电平的段则不能点亮。共阴型 LED 数码管是把各个发光二极管的阴极都接在一起,从 COM 端引出,阳极则分别从其他 8 根引脚引出,如图 10-2(b)所示;使用时,公共阴极接地,这样,阳极端输入高电平的发光二极管就导通点亮,而输入低电平的段则不能点亮。在购买和使用 LED 数码管时,必须了解是共阴还是共阳结构。

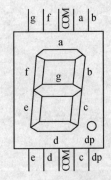

图 10-1 LED 数码管的结构示意图

第10章 LED数码管实例解析

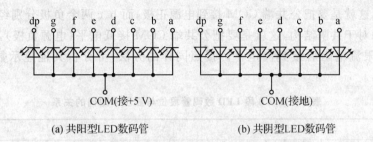

(a) 共阳型LED数码管　　　　(b) 共阴型LED数码管

图 10-2　共阳和共阴型 LED 数码管的内部电路

在 DD-900 实验开发板中，采用的是两组共阳型 LED 数码管，其中每组都集成有 4 个 LED 数码管，每组数码管结构如图 10-3 所示，这样，两组共可显示 8 位数字(或符号)。

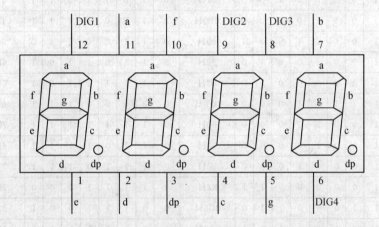

图 10-3　DD-900 实验开发板一组 LED 数码管结构示意图

图中，a、b、c、d、e、f、g、dp 是显示段位，接单片机的 P0 口，DIG1、DIG2、DIG3、DIG4 是公共极，也称位控制端口。由于该数码管为共阳型，因此，当 DIG1 接+5 V 电源时，第 1 个 LED 数码管工作，当 DIG2 接+5 V 电源时，第 2 个 LED 数码管工作，当 DIG3 接+5 V 电源时，第 3 个 LED 数码管工作，当 DIG4 接+5 V 电源时，第 4 个 LED 数码管工作。

数码管是否正常，可方便地用数字万用表进行检测，以图 10-3 所示数码管为例，判断的方法是：用数字万用表的红表笔接 12 脚，黑表笔接 a(11 脚)、b(7 脚)、c(4 脚)、d(2 脚)、e(1 脚)、f(10 脚)、g(5 脚)、dp(3 脚)，这时最左边的数码管的相应段位应点亮；同理，将数字万用表的红表笔分别接 9 脚、8 脚、6 脚，黑表笔接段位脚，其他 3 只数码管的相应段位也应点亮。若检测中发现哪个段位不亮，说明该段位损坏。

需要说明的是，LED 数码管的工作电流为 3~10 mA，当电流超过 30 mA 后，有可能把数码管烧坏，因此，使用数码管时，应在每个显示段位脚串联一只限流电阻，电阻大小一般为 470 Ω~1 kΩ。

10.1.2　LED 数码管的显示码

根据 LED 数码管结构可知，如果希望显示"8"字，那么除了"dp"管不要点亮以外，其余管应全部点亮。同理，如果要显示"1"，那么，只需 b、c 两个发光二极管点亮，其余均不必点亮。

对于共阳结构,这就是要把公共端 COM 接到电源正极,而 b、c 两个负极分别经过一个限流电阻后接低电平;对于共阴结构,这就是要把公共端 COM 接低电平(电源负极),而 b、c 两个正极分别经一个限流电阻后接到高电平。按照同样的方法,可分析其他显示数和字型码,如表 10-1 所列。

表 10-1 8 段 LED 数码管段位与显示字型码的关系

显示	共阳									共阴								
	dp	g	f	e	d	c	b	a	十六进制数	dp	g	f	e	d	c	b	a	十六进制数
0	1	1	0	0	0	0	0	0	0C0H	0	0	1	1	1	1	1	1	3FH
1	1	1	1	1	1	0	0	1	0F9H	0	0	0	0	0	1	1	0	06H
2	1	0	1	0	0	1	0	0	0A4H	0	1	0	1	1	0	1	1	5BH
3	1	0	1	1	0	0	0	0	0B0H	0	1	0	0	1	1	1	1	4FH
4	1	0	0	1	1	0	0	1	99H	0	1	1	0	0	1	1	0	66H
5	1	0	0	1	0	0	1	0	92H	0	1	1	0	1	1	0	1	6DH
6	1	0	0	0	0	0	1	0	82H	0	1	1	1	1	1	0	1	7DH
7	1	1	1	1	1	0	0	0	0F8H	0	0	0	0	0	1	1	1	07H
8	1	0	0	0	0	0	0	0	80H	0	1	1	1	1	1	1	1	7FH
9	1	0	0	1	0	0	0	0	90H	0	1	1	0	1	1	1	1	6FH
A	1	0	0	0	1	0	0	0	88H	0	1	1	1	0	1	1	1	77H
B	1	0	0	0	0	0	1	1	83H	0	1	1	1	1	1	0	0	7CH
C	1	1	0	0	0	1	1	0	0C6H	0	0	1	1	1	0	0	1	39H
D	1	0	1	0	0	0	0	1	0A1H	0	1	0	1	1	1	1	0	5EH
E	1	0	0	0	0	1	1	0	86H	0	1	1	1	1	0	0	1	79H
F	1	0	0	0	1	1	1	0	8EH	0	1	1	1	0	0	0	1	71H
H	1	0	0	0	1	0	0	1	89H	0	1	1	1	0	1	1	0	76H
L	1	1	0	0	0	1	1	1	0C7H	0	0	1	1	1	0	0	0	38H
P	1	0	0	0	1	1	0	0	8CH	0	1	1	1	0	0	1	1	73H
U	1	1	0	0	0	0	0	1	0C1H	0	0	1	1	1	1	1	0	3EH
Y	1	0	0	1	0	0	0	1	91H	0	1	1	0	1	1	1	0	6EH
灭	1	1	1	1	1	1	1	1	0FFH	0	0	0	0	0	0	0	0	00H

提个醒:以上显示码是将 a、b、c、d、e、f、g、dp 接到单片机的 P0.0、P0.1、P0.2、P0.3、P0.4、P0.5、P0.6、P0.7 上得到的(这是最为广泛的一种接法,DD-900 实验开发板也采用这种接法),这种规定和定义并非是一成不变的,在实际应用中,为了减少走线交叉便于电路板布线,设计者可能会打乱以上接法,例如,将 a 接 P0.7 脚、将 b 接到 P0.4 脚等,此时,得到的显示码会与上表不一致。设计者必须根据线路的具体接法,编制出相应的"显示码表",否则会引起显示混乱!

10.1.3 LED 数码管的显示方式

LED 数码管有静态和动态两种显示方式,下面分别进行介绍。

1. 静态显示方式

所谓静态显示,就是当显示某一个数字时,代表相应笔划的发光二极管恒定发光,例如 8 段数码管的 a、b、c、d、e、f 笔段亮时显示数字"0",b、c 亮时显示"1",a、b、d、e、g 亮时显示"2"等。

图 10-4 所示为共阳型 LED 数码管静态显示电路。每位数码管的公共端 COM 连在一起接正电压。段位引线分别通过限流电阻与段驱动电路连接。限流电阻的阻值根据驱动电压和 LED 的额定电流确定。

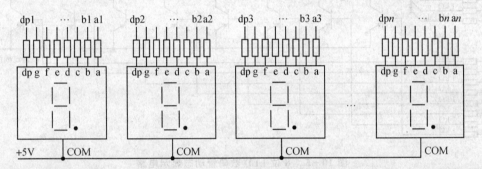

图 10-4　8 位 LED 数码管静态显示电路

静态显示的优点是显示稳定,在驱动电流一定的情况下显示的亮度高,缺点是使用元器件较多(每一位都需要一个驱动器,每一段都需要一个限流电阻),连接线多。

2. 动态显示方式

上面介绍的静态显示方法的最大缺点是使用元件多、引线多、电路复杂,而动态显示使用的元件少、引线少、电路简单。仅从引线角度考虑,静态显示从显示器到控制电路的基本引线数为"段数×位数",而动态显示从显示器到控制电路的基本引线数为"段数+位数"。以 8 位显示为例,动态显示时的基本引线数为 7+8=15(无小数点)或 8+8=16(有小数点),而静态显示的基本引线数为 7×8=56(无小数点)或 8×8=64(有小数点)。因此,静态显示的引线数大多会给实际安装、加工工艺带来困难。

动态显示是把所有 LED 数码管的 8 个显示段位 a、b、c、d、e、f、g、dp 的各同名段端互相并接在一起,并把它们接到单片机的段输出口上。为了防止各数码管同时显示相同的数字,各数码管的公共端 COM 还要受到另一组信号控制,即把它们接到单片机的位输出口上。图 10-5 所示为 DD-900 实验开发板 8 位 LED 数码管采用动态显示方法的接线图。

从图中可以看出,8 只数码管由两组信号来控制:一组是段输出口(P0 口),输出显示码(段码),用来控制显示的字形;另一组是位输出口(P2 口),输出位控制信号,用来选择第几位数码管工作,称为位码。当 P2.0 为低电平时,晶体管 Q20 导通,于是,+5 V 电源(V_{cc_DS})经 Q20 的 ec 结加到第 1 位数码管的公共端 DIG1,第 1 位数码管工作;同样,当 P2.1 为低电平时,第 2 位数码管工作……当 P2.7 为低电平时,第 8 位数码管工作。

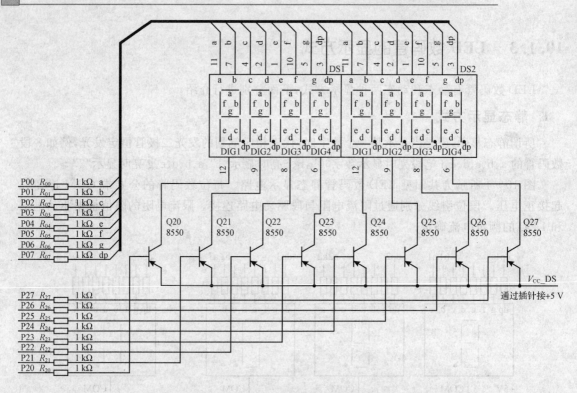

图 10-5 8 位 LED 数码管动态显示电路

当数码管的 P0 段口加上显示码后,如果使 P2 各位轮流输出低电平,则可以使 8 位数码管一位一位地轮流点亮,显示各自的数码,从而实现动态扫描显示。在轮流点亮一遍的过程中,每位显示器点亮的时间是极为短暂的(几 ms)。由于 LED 具有余辉特性以及人眼的"视觉暂留"特性,尽管各位数码管实际上是分时断续地显示,但只要适当选取扫描频率,给人眼造成的视觉印象就会是在连续稳定地显示,并不察觉有闪烁现象。

对于图 10-5 所示的动态显示电路,当定时扫描时间选择为 2 ms 时,则扫描 1 只数码管需要 2 ms,扫描完 8 只数码管需要 16 ms,这样,1 秒可扫描 8 只数码管 1 000/16≈63 次,由于扫描速度足够快,加之人眼的视觉暂留特性,因此感觉不到数码管的闪动。

如果将定时扫描时间改为 5 ms,则扫描 8 个数码管需要 5 ms×8=40 ms,这样,1 秒只扫描 1 000/50≈20 次,由于扫描速度不够快,因此,人眼会感觉到数码管的闪动。

实际编程时,我们应根据显示的位数和扫描频率来设定定时扫描时间,一般而言,只要扫描频率在 40 次以上,就基本看不出显示数字的闪动。

10.2 LED 数码管实例解析

10.2.1 实例解析 1——程序控制动态显示

1. 实现功能

在 DD-900 实验开发板上进行如下实验:在 LED 数码管上显示 1~8,同时,蜂鸣器不停

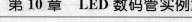
第10章 LED数码管实例解析

地鸣叫。有关电路如图3-4和图3-20所示。

2. 源程序

根据要求,编写的源程序如下:

```
            DISP_DIGIT  EQU  30H      ;位选通控制位,传送到P2口,用于打开相应的数码管
                                      ;如等于0FEH时,P2.0为0,第1个数码管得电显示
            DISP_SEL    EQU  31H      ;显示位数计数器,显示程序通过它知道正在显示哪一位数码管
                                      ;如DISP_SEL为1,表示需要装载DISP_BUF+1缓冲区的数据
            DISP_BUF    EQU 5EH       ;显示缓冲区首地址
            ORG    0000H              ;程序从0000H开始
            AJMP   MAIN               ;跳转到主程序MAIN
            ORG    030H               ;主程序从030H开始
            ;以下是主程序
MAIN:       MOV SP,#70H               ;堆栈指针指向70H
            MOV   DISP_BUF,#1         ;立即数1送显示缓冲区DISP_BUF
            MOV   DISP_BUF+1,#2       ;立即数2送显示缓冲区DISP_BUF+1
            MOV   DISP_BUF+2,#3       ;立即数3送显示缓冲区DISP_BUF+2
            MOV   DISP_BUF+3,#4       ;立即数4送显示缓冲区DISP_BUF+3
            MOV   DISP_BUF+4,#5       ;立即数5送显示缓冲区DISP_BUF+4
            MOV   DISP_BUF+5,#6       ;立即数6送显示缓冲区DISP_BUF+5
            MOV   DISP_BUF+6,#7       ;立即数7送显示缓冲区DISP_BUF+6
            MOV   DISP_BUF+7,#8       ;立即数8送显示缓冲区DISP_BUF+7
START:      ACALL  BEEP_ONE           ;调蜂鸣器响一声子程序
            ACALL  DISP               ;调显示子程序
            AJMP   START              ;跳转到START循环
            ;以下是显示子程序
DISP:       MOV P2,#0FFH              ;先关闭所有数码管
            MOV  DISP_DIGIT,#0FEH     ;将初始值0FEH送DISP_DIGIT
            MOV  DISP_SEL,#0          ;将初始值0送DISP_SEL
DISP_NEXT:  MOV  A,#DISP_BUF          ;获得显示缓冲区基地址
            ADD  A,DISP_SEL           ;将显示缓冲区DISP_BUF+DISP_SEL内容送A
            MOV  R0,A                 ;R0 = 基地址 + 偏移量
            MOV  A,@R0                ;将显示缓冲区DISP_BUF+DISP_SEL的内容送A
            MOV  DPTR,#TAB            ;将TAB地址送DPTR
            MOVC A,@A+DPTR            ;根据显示缓冲区(DISP_BUF+DISP_SEL)的内容查表
            MOV  P0,A                 ;显示代码传送到P0口
            MOV  P2,DISP_DIGIT        ;位选通位(初值为0FEH)送P2
                                      ;第1次扫描时,P2.0为0,打开第1个数码管
                                      ;需要扫描8次,才能将8个数码管扫描1遍
            ACALL  DELAY_2ms          ;每个数码管扫描的延迟时间为2 ms
            MOV  A,DISP_DIGIT         ;位选通位送A
            RL   A                    ;位选通位左移,下次中断时选通下一位数码管
            MOV  DISP_DIGIT,A         ;将下一位的位选通值送回DISP_DIGIT,以便打开下一位
            INC  DISP_SEL             ;DISP_SEL加1,下次扫描时显示下一位
            MOV  A,DISP_SEL           ;显示位数计数器内容送A
```

```
                CLR   C                  ;CY 位清零
                SUBB  A,#8               ;A 的内容减 8,判断 8 个数码管是否扫描完毕
                JZ    RST_0              ;若 A 的内容为 0,跳转到 RST_0
                AJMP  DISP_NEXT          ;若 A 的内容不为 0,说明 8 个数码管未扫描完
                                         ;跳转到 DISP_NEXT 继续扫描
        RST_0:  MOV   DISP_SEL,#0        ;若 8 个数码管扫描完毕,则让显示计数器回 0
                                         ;重新从第 1 个数码管继续扫描
                MOV   P2,#0FFH           ;关显示
                RET
                ;以下是数码管的显示码
        TAB:    DB    0C0H,0F9H,0A4H,0B0H,99H
                DB    92H,82H,0F8H,80H,90H
                ;以下是蜂鸣器响一声子程序
        BEEP_ONE: CLR  P3.7              ;蜂鸣器响
                ACALL DELAY_100 ms       ;调延时子程序
                SETB  P3.7               ;蜂鸣器关闭
                ACALL DELAY_100 ms       ;调延时子程序
                RET
                ;以下是 2 ms 延时子程序
        DELAY_2ms:（略,见光盘）
                ;以下是 100 ms 延时子程序
        DELAY_100ms:（略,见光盘）
                END
```

3. 源程序释疑

该源程序比较简单,主程序中,首先初始化各显示缓冲区,然后控制蜂鸣器连续地响一声,最后调用显示子程序,将数字 1～8 通过 8 只数码管显示出来。

该例显示子程序采用程序控制动态显示方式,也就是说,显示子程序由主程序不断地进行调用来实现显示。显示子程序流程图如图 10-6 所示。该显示子程序具有较强的通用性,稍加修改甚至不用修改,即可应用到其他产品中。

主程序在一个无限循环中,扫描一遍数码管(扫描 1 只数码管需 2 ms,扫描 8 只数码管需要 2 ms×8＝16 ms),控制蜂鸣器响一声(100 ms×2＝200 ms),这样,共需时 16 ms＋200 ms＝216 ms,扫描频率为 1 000/216≈5 次,由于扫描频率太低,因此,数码管显示时会有严重的闪烁现象。

要使数码管不出现闪烁现象,则在两次调用显示子程序之间所用的时间必须很短,为了验证这一点,我们将主程序中的"ACALL　BEEP_ONE"语句删除,此时,主程序完成一个循环需要的时间变为 16 ms,扫描频率为 1 000/16≈63 次,这个扫描频率足够高,因此,数码管显示时未出现闪烁现象。

实际工作中,CPU 要做的事情很多,在两次调用显示子程序 DISP 之间的时间间隔很难确定,也很难保证所有工作都能在很短时间内完成,因此,采用程序控制动态显示方式时,一定要考虑 CPU 做其他事情的用时情况,若用时过长,就会引起数码管的闪烁。

另外,这个显示子程序还比较"浪费"时间,每位数码管显示时都要占用 CPU 的 2 ms 时

间,显示8个数码管,就要占用16 ms,也就是说,在这16 ms之内,CPU必须"耐心"地进行等待,16 ms过后才能处理其他事情,处理完后还要再等待16 ms……对于我们来说,16 ms是那么短暂,以致于我们无法感觉出来,但对于以 μs 来计算的CPU来说,16 ms无疑是十分漫长的!

从以上分析中可以看出,程序控制动态显示方式应当应用在CPU处理事情占用时间较少的情况下,若主程序中含有延时较长的延时子程序,就不宜采用这种显示方式。

那么,当主程序中含有延时较长的延时子程序时,该如何进行显示呢? 我们将在下一实例中进行讲解和演练。

4. 实现方法

① 打开Keil c51软件,建立工程项目,再建立一个名为ch10_1.asm的源程序文件,输入上面的源程序。对源程序进行编译、链接,产生ch10_1.hex目标文件。

② 将DD-900实验开发板JP1的DS、V_{CC}两插针短接,为数码管供电。

③ 将STC89C51单片机插入到DD-900实验开发板的锁紧插座上,把ch10_1.hex目标文件下载到单片机中,观察数码管的显示情况。

正常情况下,若使用蜂鸣器响一声子程序时,数码管会出现闪烁现象,当删除蜂鸣器响一声子程序时,数码管就不会出现闪烁现象。

该实验程序在随书光盘的ch10\ch10_1文件夹中。

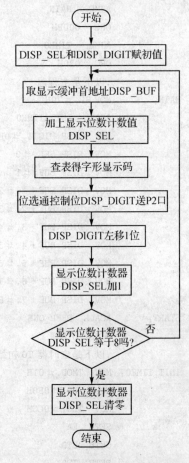

图10-6 显示子程序流程图

10.2.2 实例解析2——定时中断动态显示

1. 实现功能

该实验与上例实现的功能一样,即在LED数码管上显示1~8,同时,蜂鸣器不停地鸣叫。

2. 源程序

根据要求,编写的源程序如下:

```
            DISP_DIGIT  EQU  30H     ;位选通控制位,传送到P2口,用于打开相应的数码管
                                     ;如等于0FEH时,P2.0为0,第1个数码管得电显示
            DISP_SEL    EQU  31H     ;显示位数计数器,显示程序通过它知道正在显示哪一位数码管
                                     ;如DISP_SEL为1,表示需要装载DISP_BUF+1缓冲区的数据
            DISP_BUF    EQU  5EH     ;显示缓冲区首地址
            ORG  0000H               ;程序从0000H开始
```

```
                AJMP    MAIN                ;跳转到主程序 MAIN
                ORG     000BH               ;定时器 T0 中断入口地址
                AJMP    TIME0               ;跳转到定时器 T0 中断服务程序
                ORG     030H                ;主程序从 030H 开始
                ;以下是主程序
MAIN:           MOV     SP,#70H             ;堆栈指针指向 70H
                ACALL   INIT_TIME0          ;调定时器 T0 初始化子程序
                MOV     DISP_DIGIT,#0FEH    ;将初始值 0FEH 送 DISP_DIGIT
                MOV     DISP_SEL,#0         ;DISP_SEL 清零
                MOV     DISP_BUF,#1         ;立即数 1 送显示缓冲区 DISP_BUF
                MOV     DISP_BUF+1,#2       ;立即数 2 送显示缓冲区 DISP_BUF+1
                MOV     DISP_BUF+2,#3       ;立即数 3 送显示缓冲区 DISP_BUF+2
                MOV     DISP_BUF+3,#4       ;立即数 4 送显示缓冲区 DISP_BUF+3
                MOV     DISP_BUF+4,#5       ;立即数 5 送显示缓冲区 DISP_BUF+4
                MOV     DISP_BUF+5,#6       ;立即数 6 送显示缓冲区 DISP_BUF+5
                MOV     DISP_BUF+6,#7       ;立即数 7 送显示缓冲区 DISP_BUF+6
                MOV     DISP_BUF+7,#8       ;立即数 8 送显示缓冲区 DISP_BUF+7
START:          ACALL   BEEP_ONE            ;调蜂鸣器响一声子程序
                AJMP    START               ;跳转到 START 循环
                ;以下是定时器 T0 初始化子程序
INIT_TIME0:     MOV     TMOD,#01H           ;设置定时器 T0 为工作方式 1
                MOV     TH0,#0F8H           ;设置定时时间为 2 ms,则计数初值为:0F8CCH,将 0F8H 送 TH0
                MOV     TL0,#0CCH           ;将 0CCH 送 TL0
                SETB    EA                  ;开总中断
                SETB    ET0                 ;开定时器 T0 中断
                SETB    TR0                 ;定时器 T0 开始运行
                RET                         ;子程序返回
                ;以下是定时器 0 中断服务程序(定时时间为 2 ms)
TIME0:          PUSH    ACC                 ;ACC 进栈
                PUSH    PSW                 ;PSW 进栈
                MOV     TH0,#0F8H           ;重装计数初值
                MOV     TL0,#0CCH           ;重装计数初值
                ACALL   DISP                ;调显示子程序
                POP     PSW                 ;PSW 出栈
                POP     ACC                 ;ACC 出栈
                RETI                        ;中断服务程序返回
                ;以下是显示子程序
DISP:           MOV     P2,#0FFH            ;先关闭所有数码管
                MOV     A,#DISP_BUF         ;获得显示缓冲区基地址
                ADD     A,DISP_SEL          ;将 DISP_BUF + DISP_SEL 送 A
                MOV     R0,A                ;R0 = 基地址 + 偏移量
                MOV     A,@R0               ;将显示缓冲区 DISP_BUF + DISP_SEL 的内容送 A
                MOV     DPTR,#TAB           ;将 TAB 地址送 DPTR
                MOVC    A,@A+DPTR           ;以 TAB 为基址,根据显示缓冲区(DISP_BUF+DISP_SEL)的内容查表
                MOV     P0,A                ;显示码传送到 P0 口
```

第10章 LED 数码管实例解析

```
                MOV    P2,DISP_DIGIT      ;位选通位(初值为 FEH)送 P2
                                          ;第 1 次进入中断时,P2.0 清零,打开第 1 个数码管
                                          ;需要进入 8 次 T0 中断(需要 16 ms 时间),才能将 8 个数码管扫
                                           描 1 遍
                MOV    A,DISP_DIGIT       ;位选通位送 A
                RL     A                  ;位选通位左移,下次中断时选通下一位数码管
                MOV    DISP_DIGIT,A       ;将下一位的位选通值送回 DISP_DIGIT,以便打开下一位
                INC    DISP_SEL           ;DISP_SEL 加 1,下次中断时显示下一位
                MOV    A,DISP_SEL         ;显示位数计数器内容送 A
                CLR    C                  ;CY 位清零
                SUBB   A,#8               ;A 的内容减 8,判断 8 个数码管是否扫描完毕
                JZ     RST_0              ;若 A 的内容为 0,跳转到 RST_0
                AJMP   DISP_RET           ;若 A 的内容不为 0,说明 8 个数码管未扫描完
                                          ;跳转到 DISP_RET 退出,准备下次中断继续扫描
RST_0:          MOV    DISP_SEL,#0        ;若 8 个数码管扫描完毕,则让显示计数器回 0
                                          ;准备重新从第 1 个数码管继续扫描
DISP_RET:       RET                       ;子程序返回
                ;以下是数码管的显示码
TAB:            DB     0C0H,0F9H,0A4H,0B0H,99H    ;0,1,2,3,4 的显示码
                DB     92H,82H,0F8H,80H,90H       ;5,6,7,8,9 的显示码
                DB     88H,83H,0C6H,0A1H,86H,8EH  ;A,B,C,D,E,F 的显示码
                ;以下是蜂鸣器响一声子程序
BEEP_ONE:       CLR    P3.7               ;蜂鸣器响
                ACALL  DELAY_100ms        ;调延时子程序
                SETB   P3.7               ;蜂鸣器关闭
                ACALL  DELAY_100ms        ;调延时子程序
                RET
                ;以下是 100 ms 延时子程序
DELAY_100ms:(略,见光盘)
                END
```

3. 源程序释疑

该源程序采用定时中断动态显示方式,显示子程序流程图如图 10-7 所示。该显示子程序具有较强的通用性,稍加修改甚至不用修改,即可应用到其他产品中。

专家点拨:对比图 10-6 和图 10-7 流程图,可以看出,本章实例解析 2 与实例解析 1 中的显示子程序十分相似,主要区别是 CPU 的工作方式不同。

对于程序控制动态显示方式(实例解析 1),CPU 的工作方式为:CPU 干自己的活(控制蜂鸣器响一声)→调显示子程序→显示第 1 位,延时 2 ms→显示第 2 位,延时 2 ms……→显示第 8 位,延时 2 ms→扫描完毕,CPU 接着干自己的活(继续控制蜂鸣器响一声)→再接着调显示子程序……可以看出,这种显示方式的特点是:CPU 干完自己的活后,再显示 8 位数码管,显示完 8 位后,再接着干自己的活,循环往复……另外,对 DISP_SEL、DISP_DIGIT 赋初值时,一般安排在显示子程序中。

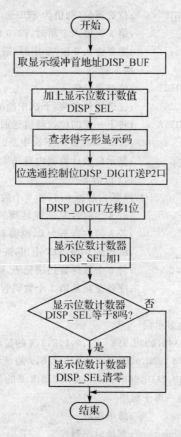

图 10-7 定时中断动态显示流程图

对于定时中断动态显示方式(实例解析2),CPU 的工作方式为:CPU 干自己的活(控制蜂鸣器响)→2 ms 后,定时中断发生,CPU 转入定时中断服务程序→调显示子程序,显示第 1 位,退出中断→CPU 继续干自己的活(继续控制蜂鸣器响)→2 ms 后,定时中断又发生,CPU 转入定时中断服务程序,显示第 2 位,退出中断→CPU 继续干自己的活……→中断 8 次后,CPU 扫描完 8 位数码管,再重新从第 1 位开始扫描……可以看出,这种显示方式的特点是:CPU 先干 2 ms 自己的活(有可能干不完),再显示 1 位数码管,显示完 1 位后,再接着干 2 ms 自己的活,再显示第 2 位……另外,对 DISP_SEL、DISP_DIGIT 赋初值时,需要安排在主程序中,切不可安排在显示子程序中。

本程序中,采用了定时器 T0 方式 1 进行定时,并将定时时间设置为 2 ms(计数初值为 0F8CCH),即每位数码管的扫描时间为 2 ms,扫描 8 个数码管需要 2 ms×8=16 ms,这样,1 秒可扫描 1 000/16≈63 次,由于扫描速度足够快,数码管的显示是稳定的。另外,CPU 只有定时中断时才进行扫描,平时总忙于自己的工作(如本例控制蜂鸣器发声),可谓"工作"、"显示"两不误!

采用定时中断是实现快速稳定显示最为有效的方法,那么,只要采用定时中断,是不是都可以使数码管显示稳定呢?不一定!读者可试着将定时时间改为 5 ms(将计数初值改为 0EE00H),也就是说,让 CPU 每 5 ms 去"看一眼"数码管,您会发现,数码管显示的数字就开

第 10 章 LED 数码管实例解析

始不停地闪动。为什么改动一下定时时间会引起数码管闪动呢？这是因为，定时时间设为 5 ms 时，扫描 8 个数码管需要 5 ms×8＝40 ms，这样，1 秒只能扫描 1 000/50＝20 次，由于扫描速度不够快，人眼于是就可以感觉到数码管的闪动。因此，采用定时中断方式扫描数码管时，一定要合理设置定时时间。

4. 实现方法

① 打开 Keil c51 软件，建立工程项目，再建立一个名为 ch10_2.asm 的源程序文件，输入上面的源程序。对源程序进行编译、链接，产生 ch10_2.hex 目标文件。

② 将 DD-900 实验开发板 JP1 的 DS、V_{CC} 两插针短接，为数码管供电。

③ 将 STC89C51 单片机插入到锁紧插座，把 ch10_2.hex 文件下载到 STC89C51 中。观察数码管的显示是否正常。

该实验程序在随书光盘的 ch10\ch10_2 文件夹中。

10.2.3 实例解析 3——简易数码管电子钟

1. 实现功能

在 DD-900 实验开发板上实现数码管电子钟功能：开机后，数码管显示"12-00-00"并开始走时；按 K1 键（设置键）走时停止，蜂鸣器响一声，此时按 K2 键（小时加 1 键），小时加 1，按 K3 键（分钟加 1 键），分钟加 1，调整完成后按 K4 键（运行键），蜂鸣器响一声后继续走时。有关电路如图 3-4、图 3-17 和图 3-20 所示。

2. 源程序

时钟一般是由走时、显示和调整时间三项基本功能组成，这些功能在单片机时钟里主要由软件设计体现出来。

走时部分可利用定时器 T1 来完成，例如，设置定时器 T1 工作在方式 1 状态下，设置每隔 10 ms 中断一次，中断 100 次正好是 1 s。中断服务程序里记载着中断的次数，中断 100 次为 1 秒，积 60 秒为 1 分，60 分为 1 小时，24 小时为 1 天。

时钟的显示使用 8 位 LED 数码管，可显示出"××-××-××"格式的时间，其软件设计原理是：将转换子程序转换的数码管显示数据，输入到显示缓冲区，再加到数码管 P0 口（段口）。同时，由定时器 T0 产生 2 ms 的定时，即每隔 2 ms 中断一次，对 8 位 LED 数码管不断进行扫描，即可在 LED 数码管上显示出时钟的走时时间。

调整时钟时间是利用了单片机的输入功能，把按键开关作为单片机的输入信号，通过检测被按下的开关，从而赋予该开关调整时间的功能。

因此，在设计程序时把单片机时钟功能分解为走时、显示和调整时间三个主要部分，每一部分的功能通过编写相应的子程序或中断服务程序来完成，然后再通过主程序或中断服务程序调用子程序，使这三部分有机地连在一起，从而完成 LED 数码管电子钟的设计。

这里要再次提醒读者的是，主程序没有办法调用中断服务程序，中断服务程序是一种和主程序交叉运行的程序，也就是说，在主程序运行时，若有中断发生，便开始运行中断服务程序，中断服务程序运行完毕再回头运行主程序；无论是主程序还是中断服务程序，它们都可以根据需要调用相应的子程序。

根据以上设计思路,编写的源程序如下:

```asm
            K1      BIT     P3.2
            K2      BIT     P3.3
            K3      BIT     P3.4
            K4      BIT     P3.5
            DISP_DIGIT  EQU 30H     ;位选通控制位,传送到 P2 口,用于打开相应的数码管
                                    ;如等于 0FEH 时,P2.0 为 0,第 1 个数码管得电显示
            DISP_SEL    EQU 31H     ;显示位数计数器,显示程序通过它知道正在显示哪一位数码管
            HOUR    EQU     32H     ;小时缓冲区
            MIN     EQU     33H     ;分钟缓冲区
            SEC     EQU     34H     ;秒缓冲区
            T1_COUNT    EQU 35H     ;定时器 T1 中断次数计数器,计满 100 次后,秒加 1
            DISP_BUF    EQU 36H     ;显示缓冲区首地址
            ORG     0000H           ;程序从 0000H 开始
            AJMP    MAIN            ;跳转到主程序 MAIN
            ORG     0000BH          ;定时器 T0 中断服务程序入口地址
            LJMP    TIME0           ;跳转到定时器 T0 中断服务程序
            ORG     0001BH          ;定时器 T1 中断服务程序入口地址
            LJMP    TIME1           ;跳转到定时器 T1 中断服务程序
            ORG     030H            ;主程序从 030H 开始
            ;以下是主程序
MAIN:       MOV     SP,#70H         ;堆栈指针指向 70H
            MOV     P0,#0FFH        ;P0 口置 1
            MOV     P2,#0FFH        ;P2 口置 1
            MOV     HOUR,#12        ;小时单元赋初值
            MOV     MIN,#0          ;分钟单元赋初值
            MOV     SEC,#0          ;秒单元赋初值
            MOV     T1_COUNT,#0     ;定时器中断 T1 计数器清零
            MOV     DISP_DIGIT,#0FEH ;位选通控制位赋初值 0FEH,即先选通第 1 只数码管
            MOV     DISP_SEL,#0     ;显示位数计数器清零
            MOV     DISP_BUF+2,#10  ;第 3 位数码管显示"-"("-"显示码为 0BFH,位于第 10 位)
            MOV     DISP_BUF+5,#10  ;第 6 位数码管显示"-"
            ACALL   T0T1_INIT       ;调定时器 T0、T1 初始化子程序
START:      ACALL   CONV            ;调转换子程序
            JB      K1,K1_NEXT      ;若 K1 未按下,跳转到 K1_NEXT
            ACALL   BEEP_ONE        ;调蜂鸣器响一声子程序
            ACALL   KEY_PROC        ;K1 键按下时,调按键处理子程序
            AJMP    START           ;跳转到 START
K1_NEXT:    JB      K2,K2_NEXT      ;若 K2 未按下,跳转到 K2_NEXT
            AJMP    START           ;跳转到 START
K2_NEXT:    JB      K3,K3_NEXT      ;若 K3 未按下,跳转到 K3_NEXT
            AJMP    START           ;跳转到 START
K3_NEXT:    JB      K4,K4_NEXT      ;若 K4 未按下,跳转到 K4_NEXT
K4_NEXT:    AJMP    START           ;跳转到 START 继续循环
```

第 10 章　LED 数码管实例解析

```
              ;以下是定时器 T0、T1 初始化子程序
T0T1_INIT:  MOV  TMOD,#11H       ;定时器 T0、T1 均设定为工作方式 1
            MOV  TH0,#0F8H       ;定时器 T0 计数初值高位(定时时间为 2 ms)
            MOV  TL0,#0CCH       ;定时器 T0 计数初值低位(定时时间为 2 ms)
            MOV  TH1,#0DCH       ;定时器 T1 计数初值高位(定时时间为 10 ms)
            MOV  TL1,#00H        ;定时器 T1 计数初值低位(定时时间为 10 ms)
            SETB EA              ;开总中断
            SETB ET0             ;允许定时器 T0 中断
            SETB ET1             ;允许定时器 T1 中断
            SETB TR0             ;启动定时器 T0
            SETB TR1             ;启动定时器 T1
            RET
              ;以下是走时转换子程序
CONV:       MOV  A,HOUR          ;小时缓冲区内容送 A
            MOV  B,#10           ;十六进制转换为十进制
            DIV  AB              ;A 除以 B,商存于 A,余数存于 B
            MOV  DISP_BUF,A      ;将小时十位数送 DISP_BUF
            MOV  A,B             ;将小时个位数送 A
            MOV  DISP_BUF+1,A    ;将小时个位数送 DISP_BUF+1
            MOV  A,MIN           ;分钟缓冲区内容送 A
            MOV  B,#10           ;十六进制转换为十进制
            DIV  AB              ;A 除以 B,商存于 A,余数存于 B
            MOV  DISP_BUF+3,A    ;将分钟十位数送 DISP_BUF+3
            MOV  A,B             ;将分钟个位数送 A
            MOV  DISP_BUF+4,A    ;将分钟个位数送 DISP_BUF+4
            MOV  A,SEC           ;将秒缓冲区内容送 A
            MOV  B,#10           ;十六进制转换为十进制
            DIV  AB              ;A 除以 B,商存于 A,余数存于 B
            MOV  DISP_BUF+6,A    ;将秒十位数送 DISP_BUF+6
            MOV  A,B             ;将秒个位数送 A
            MOV  DISP_BUF+7,A    ;将秒个位数送 DISP_BUF+7
            RET
              ;以下是定时器 T0 中断服务程序(定时时间 2 ms),用于数码管的动态扫描
TIME0:      PUSH ACC             ;ACC 入栈
            PUSH PSW             ;PSW 入栈
            MOV  TH0,#0F8H       ;重装计数初值
            MOV  TL0,#0CCH       ;重装计数初值
            ACALL DISP           ;调显示子程序
            POP  PSW             ;PSW 出栈
            POP  ACC             ;ACC 出栈
            RETI                 ;中断服务程序返回
              ;以下是显示子程序(与实例解析 2 完全一致)
DISP:       MOV  P2,#0FFH        ;先关闭所有数码管
            MOV  A,#DISP_BUF     ;获得显示缓冲区基地址
            ADD  A,DISP_SEL      ;将 DISP_BUF+DISP_SEL 送 A
```

```
            MOV   R0,A              ;R0 = 基地址 + 偏移量
            MOV   A,@R0             ;将显示缓冲区 DISP_BUF + DISP_SEL 的内容送 A
            MOV   DPTR,#TAB         ;将 TAB 地址送 DPTR
            MOVC  A,@A+DPTR         ;根据显示缓冲区(DISP_BUF + DISP_SEL)的内容查表
            MOV   P0,A              ;显示代码传送到 P0 口
            MOV   P2,DISP_DIGIT     ;位选通位(初值为 0FEH)送 P2
                                    ;第 1 次进入中断时,P2.0 清零,打开第 1 个数码管
                                    ;需要进入 8 次 T0 中断(16 ms 时间),才能将 8 个数码管扫描 1 遍
            MOV   A,DISP_DIGIT      ;位选通位送 A
            RL    A                 ;位选通位左移,下次中断时选通下一位数码管
            MOV   DISP_DIGIT,A      ;将下一位的位选通值送回 DISP_DIGIT,以便打开下一位
            INC   DISP_SEL          ;DISP_SEL 加 1,下次中断时显示下一位
            MOV   A,DISP_SEL        ;显示位数计数器内容送 A
            CLR   C                 ;CY 位清零
            SUBB  A,#8              ;A 的内容减 8,判断 8 个数码管是否扫描完毕
            JZ    RST_0             ;若 A 的内容为 0,跳转到 RST_0
            AJMP  DISP_RET          ;若 A 的内容不为 0,说明 8 个数码管未扫描完
                                    ;跳转到 DISP_RET 退出,准备下次中断继续扫描
    RST_0:  MOV   DISP_SEL,#0       ;若 8 个数码管扫描完毕,则让显示计数器回 0
                                    ;准备重新从第 1 个数码管继续扫描
    DISP_RET: RET
            ;以下是定时器 T1 中断服务程序(定时时间 10 ms),用于产生秒、分钟和小时信号
    TIME1:  PUSH  PSW               ;PSW 入栈
            PUSH  ACC               ;ACC 入栈
            MOV   TH1,#0DCH         ;重装计数初值
            MOV   TL1,#00H          ;重装计数初值
            INC   T1_COUNT          ;中断次数计数器加 1
            MOV   A,T1_COUNT        ;送 A
            CLR   C                 ;CY 位清零
            SUBB  A,#100            ;是否中断 100 次(达到 1 s)
            JC    END_T1            ;若 C=1 说明有借位,即不够 100 次(1 s)
            MOV   T1_COUNT,#00H     ;若 C=0,说明计数达到 100 次,即 1s
            INC   SEC               ;秒单元加 1
            MOV   A,SEC             ;秒单元送 A
            CJNE  A,#60,END_T1      ;是否到 1 min,若不到,退出中断
            INC   MIN               ;若到 1 min,分钟单元加 1
            MOV   SEC,#0            ;秒单元清零
            MOV   A,MIN             ;分钟单元送 A
            CJNE  A,#60,END_T1      ;是否到 1 h,若不到,退出中断
            INC   HOUR              ;若到 1 h,小时单元加 1
            MOV   MIN,#0            ;分钟单元清零
            MOV   A,HOUR            ;小时单元送 A
            CJNE  A,#24,END_T1      ;是否到 24 h,若不到,退出中断
            MOV   SEC,#0            ;若到 24 h,秒单元清零
            MOV   MIN,#0            ;分钟单元清零
```

第10章 LED 数码管实例解析

```
                MOV    HOUR,#0            ;小时单元清零
END_T1:         POP    ACC                ;ACC 出栈
                POP    PSW                ;PSW 出栈
                RETI                      ;中断服务程序返回
;以下是数码管的显示码
TAB:            DB     0C0H,0F9H,0A4H,0B0H,099H    ;0～4 的显示码
                DB     092H,082H,0F8H,080H,090H    ;5～9 的显示码
                DB     0BFH                        ;"-"的显示码,位于第 10 位
                DB     0FFH                        ;数码管熄灭码
;以下是按键处理子程序(当 K1 键按下时,对 K2、K3、K4 键进行判断并处理)
KEY_PROC:       CLR    TR1                ;定时器 T1 动作暂停,即走时功能暂停
KEY2:           JB     K2,KEY3            ;未按下 K2 键则跳转到 KEY3 继续扫描
                ACALL  DELAY_10ms         ;延时 10 ms 去除键抖动
                JB     K2, KEY3           ;未按下 K2 键则跳转到 KEY3 继续扫描
                JNB    K2, $              ;若按下 K2 则等待放开
                INC    HOUR               ;小时单元值加 1
                MOV    A, HOUR            ;小时单元值送 A
                CJNE   A,#24,KEY2_NEXT    ;小时是否是 24,若不是,跳转到 KEY2_NEXT
                MOV    HOUR,#0            ;小时单元清零
KEY2_NEXT:      ACALL  CONV               ;调转换子程序,转换为适合显示的数据
                AJMP   KEY2               ;跳转到 KEY2 继续执行
KEY3:           JB     K3,KEY4            ;未按下 K3 键则跳转到 KEY4 继续扫描
                ACALL  DELAY_10ms         ;延时 10 ms 去除键抖动
                JB     K3,KEY4            ;未按下 K3 键则跳转到 KEY4 继续扫描
                JNB    K3,$               ;若按下 K3 则等待放开
                INC    MIN                ;分钟单元值加 1
                MOV    A, MIN             ;将分钟单元值送 A
                CJNE   A,#60,KEY3_NEXT    ;是否到 60 min,若没到,跳转到 KEY3_NEXT
                MOV    MIN,#0             ;若到 60 min,则分钟单元值清零
KEY3_NEXT:      ACALL  CONV               ;调转换子程序
                AJMP   KEY2               ;跳转到 KEY2 继续执行
KEY4:           JB     K4,KEY2            ;未按下 K4 键则跳转到 KEY2 继续扫描
                JNB    K4, $              ;若 K4 按下,则等待放开
                ACALL  BEEP_ONE           ;调蜂鸣器响一声子程序
                SETB   TR1                ;启动定时器 T1
KEY_RET:        RET
;以下是蜂鸣器响一声子程序
BEEP_ONE:       CLR    P3.7               ;开蜂鸣器
                ACALL  DELAY_100ms        ;延时 100 ms
                SETB   P3.7               ;关蜂鸣器
                ACALL  DELAY_100ms        ;延时 100 ms
                RET
;以下是 10 ms 延时子程序
DELAY_10ms:     (略,见光盘)
;以下是 100ms 延时子程序
```

DELAY_100ms：(略，见光盘)
　　　　　　　END

3. 源程序释疑

该源程序主要由主程序、定时器 T0/T1 初始化子程序、定时器 T0 中断服务程序、定时器 T1 中断服务程序、显示子程序、按键处理子程序、走时转换子程序、蜂鸣器响一声子程序、延时子程序等组成，这些小程序功能基本独立，像一块块积木，将它们有序地组合到一起，就可以完成电子钟的显示、走时及调整功能。因此，这个源程序虽然稍复杂，但十分容易分析和理解。

(1) 主程序

主程序首先是对堆栈指针 SP、小时单元 HOUR、分钟单元 MIN、秒单元 SEC、定时中断次数计数器 T1_COUNT、位选用控制位 DISP_DIGIT、显示位数计数器 DISP_SEL 以及定时器 T0/T1 等进行初始化，然后调用转换子程序，将小时单元 HOUR、分钟单元 MIN、秒单元 SEC 中的数值转换为适合数码管显示的十位数和个位数，使开机时显示"12-00-00"，最后，对按键进行判断，并调用按键处理子程序，对按键进行处理。

(2) 定时器 T0/T1 初始化子程序

定时器 T0/T1 初始化子程序的作用是设置定时器 T0 的定时时间为 2 ms（计数初值为 0F8CCH），设置定时器 T1 的定时时间为 10 ms（计数初值为 0DC00H），并打开总中断、T0/T1 中断以及开启 T0/T1 定时器。

(3) 定时器 T0 中断服务程序

在定时器 T0 中断服务程序中，首先重装计数初值（0F8CCH），然后，调用显示子程序对数码管进行动态扫描。由于定时器 T0 的定时时间为 2 ms，因此，每隔 2 ms 就会进入一次定时器 T0 中断服务程序，扫描 1 位数码管，这样，进入 8 次中断服务程序，就可以将 8 只数码管扫描一遍，需要的时间为 2 ms×8＝16 ms，扫描频率为 1 000/16 Hz≈63 Hz，这个频率足够快，因而不会出现闪烁现象。定时器 T0 中断服务程序流程图如图 10－8 所示。

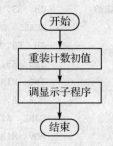

图 10－8　定时器 T0 中断服务程序流程图

(4) 走时转换子程序

走时转换子程序 CONV 的作用是将定时器 T1 中断服务程序中产生的小时(HOUR)、分(MIN)、秒(SEC)数据，转换成适应 LED 数码管显示的数据。通过执行 DIV 指令进行十进制处理，并将处理后的小时数据存入 DISP_BUF、DISP_BUF＋1 中，将处理后的分钟数据存入 DISP_BUF＋3、DISP_BUF＋4 中，将处理后的秒数据存入 DISP_BUF＋6、DISP_BUF＋7 中。

(5) 显示子程序

显示子程序的作用是将存入 DISP_BUF、DISP_BUF＋1、DISP_BUF＋3、DISP_BUF＋4、DISP_BUF＋6、DISP_BUF＋7 中的小时、分、秒数据以及 DISP_BUF＋2、DISP_BUF＋5 中的"-"符号显示出来。

显示子程序 DISP 与本章实例解析 2 所使用的显示子程序完全一致，这里不再分析。

需要说明的是，显示子程序 DISP 由定时器 T0 中断服务程序调用，在主程序和其他子程序中，切不可再调用 DISP。

第 10 章 LED 数码管实例解析

(6) 定时器 T1 中断服务程序

定时器 T1 可产生 10 ms 的定时(计数初值为 0DC00H),因此,每隔 10 ms 就会进入一次定时器 T1 中断服务程序,在中断服务程序中,可记录中断次数(存放在 T1_COUNT),记满 100 次(10 ms×100＝1 000 ms)后,秒加 1,秒计满 60 次后,分加 1,分计满 60 次后,小时加 1,小时计满 24 次后,秒单元、分单元和小时单元清零。定时器 T1 中断服务程序流程图如图 10-9 所示。

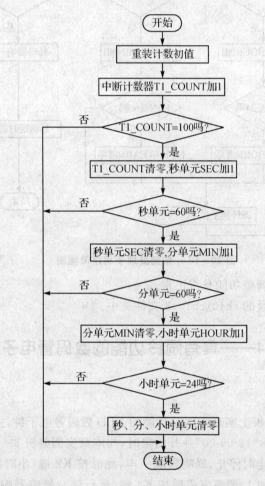

图 10-9　定时器 T1 中断服务程序流程图

(7) 按键处理子程序

按键处理子程序用来对时间进行设置,当单片机时钟每次重新启用时,都需要重新设置目前时钟的时间,其设置流程如图 10-10 所示。

4. 实现方法

① 打开 Keil c51 软件,建立工程项目,再建立一个名为 ch10_3.asm 的源程序文件,输入上面的源程序。对源程序进行编译、链接,产生 ch10_3.hex 目标文件。

② 将 DD-900 实验开发板 JP1 的 DS、V_{CC} 两插针短接,为数码管供电。

③ 将 STC89C51 单片机插入到锁紧插座,把 ch10_3.hex 文件下载到 STC89C51 中。观

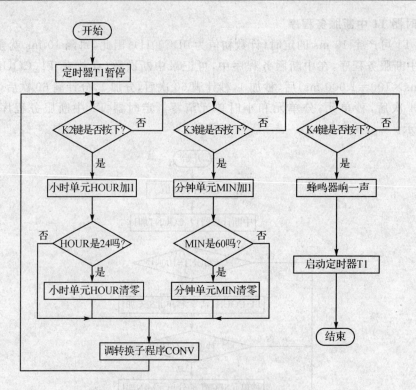

图 10-10 按键处理子程序流程图

察时钟的走时情况及时间调整功能是否正常。

该实验程序在随书光盘的 ch10\ch10_3 文件夹中。

10.2.4 实例解析 4——具有闹铃功能的数码管电子钟

1. 实现功能

在 DD-900 实验开发板上实现带闹铃功能的 LED 数码管电子钟,主要功能如下:

① 开机后,数码管显示"12-00-00"并开始走时,与本章实例解析 3 一致。

② 按 K1 键(设置键)走时停止,蜂鸣器响一声,此时按 K2 键(小时加 1 键),小时加 1,按 K3 键(分钟加 1 键),分钟加 1,调整完成后按 K4 键(运行键),蜂鸣器响一声后继续走时。与本章实例解析 3 一致。

③ 走时设置完成并进入正常走时状态后,再按一下 K2 键,此时 K2 键变为设置闹铃功能键,闹铃显示的初始值为"11-59-00"。

④ 进入闹铃设置状态后,再按 K2 键变为小时调整,按 K3 键为分钟调整。

⑤ 闹铃设置完成后,按 K4 键可打开和关闭闹铃功能,若打开闹铃,蜂鸣器响三声,若关闭闹铃,蜂鸣器响一声。

⑥ 闹铃时间到后,蜂鸣器连续响,按 K4 键,则蜂鸣器关闭。

2. 源程序

在本章实例解析 3 的基础上,加装闹铃控制功能即可完成上述要求,具体源程序如下:

第10章 LED 数码管实例解析

```
;以下是定义部分(加粗的部分为在本章实例解析3的基础上增加的部分)
        ALARM   BIT     20H.0       ;设置闹铃标志位,为1,闹铃功能打开;为0,闹铃功能关闭
        HOUR_A  EQU     28H         ;闹铃小时缓冲区
        MIN_A   EQU     29H         ;闹铃分钟缓冲区
        K1      BIT     P3.2
        K2      BIT     P3.3
        K3      BIT     P3.4
        K4      BIT     P3.5
        DISP_DIGIT EQU  30H         ;位选通控制位,传送到P2口,用于打开相应的数码管
                                    ;如等于0FEH时,P2.0为0,第1个数码管得电显示
        DISP_SEL EQU    31H         ;显示位数计数器,显示程序通过它知道正在显示哪一位数码管
        HOUR    EQU     32H         ;小时缓冲区
        MIN     EQU     33H         ;分钟缓冲区
        SEC     EQU     34H         ;秒缓冲区
        T1_COUNT EQU    35H         ;定时器T1中断次数计数器,计满100次后,秒加1
        DISP_BUF EQU    36H         ;显示缓冲区首地址
        ORG     0000H               ;程序从0000H开始
        AJMP    MAIN                ;跳转到主程序MAIN
        ORG     0000BH              ;定时器T0中断服务程序入口地址
        LJMP    TIME0               ;跳转到定时器T0中断服务程序
        ORG     0001BH              ;定时器T1中断服务程序入口地址
        LJMP    TIME1               ;跳转到定时器T1中断服务程序
        ORG     030H                ;主程序从030H开始
;以下是主程序(加粗的部分为在本章实例解析3的基础上增加的部分)
MAIN:   MOV     SP,#70H             ;堆栈指针指向70H
        MOV     P0,#0FFH            ;P0口置1
        MOV     P2,#0FFH            ;P2口置1
        CLR     ALARM               ;闹铃标志清零
        MOV     HOUR_A,#11          ;小时单元赋初值
        MOV     MIN_A,#59           ;分钟单元赋初值
        MOV     HOUR,#12            ;小时单元赋初值
        MOV     MIN,#0              ;分钟单元赋初值
        MOV     SEC,#0              ;秒单元赋初值
        MOV     T1_COUNT,#0         ;定时器中断T1计数器清零
        MOV     DISP_DIGIT,#0FEH    ;位选通控制位赋初值0FEH,即先选通第1只数码管
        MOV     DISP_SEL,#0         ;显示位数计数器清零
        MOV     DISP_BUF+2,#10      ;第3位数码管显示"-"("-"显示码为0DFH,位于第10位)
        MOV     DISP_BUF+5,#10      ;第6位数码管显示"-"
        ACALL   T0T1_INIT           ;调定时器T0、T1初始化子程序
START:  ACALL   CONV                ;调转换子程序
        ACALL   ALA_CHECK           ;调闹铃检查及处理子程序
        JB      K1,K1_NEXT          ;若K1未按下,跳转到K1_NEXT
        ACALL   BEEP_ONE            ;调蜂鸣器响一声子程序
        ACALL   KEY_PROC            ;调按键处理子程序
        AJMP    START               ;跳转到START继续循环
```

```
K1_NEXT:    JB    K2,K2_NEXT          ;若 K2 未按下,跳转到 K2_NEXT
            ACALL BEEP_ONE
            ACALL ALARM_SET
            AJMP  START                ;跳转到 START
K2_NEXT:    JB    K3,K3_NEXT          ;若 K3 未按下,跳转到 K3_NEXT
            AJMP  START                ;跳转到 START
K3_NEXT:    JB    K4,K4_NEXT          ;若 K4 未按下,跳转到 K4_NEXT
            CPL   ALARM                ;闹铃标志位取反
            JNB   ALARM,STOP_BEEP      ;若闹铃标志位为 0,则跳转到 STOP_BEEP,蜂鸣器响一声
            ACALL BEEP_ONE             ;若闹铃标志位为 1,则蜂鸣器响三声
            ACALL BEEP_ONE
            ACALL BEEP_ONE
            AJMP  START                ;跳转到 START 继续循环
STOP_BEEP:  ACALL BEEP_ONE
K4_NEXT:    AJMP  START                ;跳转到 START 继续循环
            ;以下是定时器 T0、T1 初始化子程序
T0T1_INIT:  (与实例解析 3 相同,略)
            ;以下是走时转换子程序
CONV:       (与实例解析 3 相同,略)
            ;以下是定时器 T0 中断服务程序(定时时间 2 ms),用于数码管的动态扫描
TIME0:      (与实例解析 3 相同,略)
            ;以下是显示子程序
DISP:       (与实例解析 3 相同,略)
            ;以下是定时器 T1 中断服务程序(定时时间 10ms),用于产生秒、分钟和小时信号
TIME1:      (与实例解析 3 相同,略)
            ;以下是数码的显示码
TAB:        (与实例解析 3 相同,略)
            ;以下是按键处理子程序(当 K1 键按下时,对 K2、K3、K4 键进行判断并处理)
KEY_PROC:   (与实例解析 3 相同,略)
            ;以下是蜂鸣器响一声子程序
BEEP_ONE:   (与实例解析 3 相同,略)
            ;以下是 10 ms 延时子程序
DELAY_10ms: (略,见光盘)
            ;以下是 100 ms 延时子程序
DELAY_100ms:(略,见光盘)
            ;以下是闹铃检查及处理子程序(增加的子程序)
ALA_CHECK:  JNB   ALARM,CHECK_RET      ;若闹铃标志位 ALARM 为 0,则退出
            MOV   A,HOUR                ;若闹铃标志位 ALARM 为 1,将小时单元 HOUR 的值送 A
            MOV   B,HOUR_A              ;将闹铃的小时单元 HOUR_A 的值送 B
            CJNE  A,B,CHECK_RET         ;检查闹铃小时时间,若不一致,退出
            MOV   A,MIN                 ;若小时检查一致,再检查分钟,将分钟单元 MIN 的值送 A
            MOV   B,MIN_A               ;将闹铃的分钟单元 MIN_A 的值送 B
            CJNE  A,B,CHECK_RET         ;检查闹铃分钟时间,若不一致,退出
TIME_OUT:   ACALL BEEP_ONE              ;若小时、分钟都一致,蜂鸣器响
            ACALL CONV                  ;加载现在的时间,使闹铃响时依然可以走时
```

第 10 章　LED 数码管实例解析

```
                JB      K4,TIME_OUT         ;若未按下 K4 键,蜂鸣器继续响
                JNB     K4,$                ;若按下 K4 键,则等待按键释放
                CLR     ALARM               ;按键释放后,闹铃标志位 ALARM 清零
CHECK_RET:      RET
                ;以下是闹铃时间设置子程序(增加的子程序)
ALARM_SET:      ACALL   CONV_A
AKEY2:          JB      K2,AKEY3            ;未按下 K2 键则跳转到 AKEY3 继续扫描
                ACALL   DELAY_10ms          ;延时 10 ms 去除键抖动
                JB      K2,AKEY3            ;未按下 K2 键则跳转到 AKEY3 继续扫描
                JNB     K2,$                ;若按下 K2 则等待放开
                INC     HOUR_A              ;闹铃小时单元值加 1
                MOV     A,HOUR_A            ;闹铃小时单元值送 A
                CJNE    A,#24,AKEY2_NEXT    ;闹铃小时单元是否是 24,若不是,跳转到 AKEY2_NEXT
                MOV     HOUR_A,#0           ;闹铃小时单元清零
AKEY2_NEXT:     ACALL   CONV_A              ;调闹铃数据转换程序,转换为适合显示的数据
                AJMP    AKEY2               ;跳转到 AKEY2 继续执行
AKEY3:          JB      K3,AKEY4            ;未按下 K3 键则跳转到 AKEY4 继续扫描
                ACALL   DELAY_10ms          ;延时 10 ms 去除键抖动
                JB      K3,AKEY4            ;未按下 K3 键则跳转到 AKEY4 继续扫描
                JNB     K3,$                ;若按下 K3 则等待放开
                INC     MIN_A               ;闹铃分钟单元值加 1
                MOV     A,MIN_A             ;将闹铃分钟单元值送 A
                CJNE    A,#60,AKEY3_NEXT    ;是否到 60 min,若没到,跳转到 AKEY3_NEXT
                MOV     MIN_A,#0            ;若闹铃分钟值到 60,则清零
AKEY3_NEXT:     ACALL   CONV_A              ;调闹铃数据转换子程序
                AJMP    AKEY2               ;跳转到 AKEY2 继续执行
AKEY4:          JB      K4,AKEY2            ;未按下 K4 键则跳转到 AKEY2 继续扫描
                JNB     K4,$                ;若 K4 按下,则等待放开
                ACALL   BEEP_ONE            ;调蜂鸣器响一声子程序
                ACALL   CONV                ;加载现在的时间
AKEY_RET:       RET
                ;以下是闹铃时间转换子程序(增加的子程序)
CONV_A:         MOV     A,HOUR_A            ;小时缓冲区内容送 A
                MOV     B,#10               ;十六进制转换为十进制
                DIV     AB                  ;A 除以 B,商存于 A,余数存于 B
                MOV     DISP_BUF,A          ;将小时十位数送 DISP_BUF
                MOV     A,B                 ;将小时个位数送 A
                MOV     DISP_BUF+1,A        ;将小时个位数送 DISP_BUF+1
                MOV     A,MIN_A             ;分钟缓冲区内容送 A
                MOV     B,#10               ;十六进制转换为十进制
                DIV     AB                  ;A 除以 B,商存于 A,余数存于 B
                MOV     DISP_BUF+3,A        ;将分钟十位数送 DISP_BUF+3
                MOV     A,B                 ;将分钟个位数送 A
                MOV     DISP_BUF+4,A        ;将分钟个位数送 DISP_BUF+4
                MOV     DISP_BUF+6,#0       ;定时时,设置第 7 位数码管显示为 0
```

```
        MOV    DISP_BUF+7,#0    ;定时时,设置第 8 位数码管显示为 0
        RET
        END
```

3. 源程序释疑

闹铃的基本原理是,先设置好闹铃时间的小时和分钟,然后将走时时间(小时与分钟)与设置的闹铃时间(小时与分钟)不断进行比较,当走时时间与闹铃时间一致时,说明定时时间到,闹铃响起。

本例与源程序同本章实例解析 3 相比,增加了闹铃检查及处理子程序、闹铃时间设置子程序和闹铃时间转换子程序。另外,主程序与实例解析 3 也有所不同。

(1) 闹铃检查及处理子程序

闹铃检查及处理子程序 ALA_CHECK 的作用是检查闹铃标志位 ALARM 是否为 1,若 ALARM 不为 1,表示闹铃功能关闭,则退出子程序;若 ALARM 为 1,表示闹铃功能打开,此时,再比较走时小时 HOUR、分钟 MIN 数据与闹铃小时 HOUR_A、分钟 MIN_A 数据是否一致,若一致,说明闹铃时间到,控制蜂鸣器不断响起。

(2) 闹铃时间设置子程序

闹铃时间设置子程序 ALARM_SET 与前面的按键处理子程序 KEY_PROC 基本相同,主要区别是,ALARM_SET 子程序用来设置闹铃时间,并将闹铃小时数据存放在 HOUR_A 中,将闹铃分钟数据存放在 MIN_A 中;而 KEY_PROC 子程序用来调整走时时间,并将走时小时数据存放在 HOUR 中,将走时分钟数据存放在 MIN 中。

(3) 闹铃时间转换子程序

闹铃时间转换子程序 CONV_A 与前面介绍的走时转换子程序 CONV 在结构上基本相同。CONV_A 的主要作用是,将闹铃小时 HOUR_A 和闹铃分钟 MIN_A 数据,经"DIV AB"指令处理,转换成适合 LED 数码管显示的数据,并加载到显示缓冲区,其中闹铃小时数据加载到 DISP_BUF、DISP_BUF+1 中,闹铃分钟数据加载到 DISP_BUF+3、DISP_BUF+4 中。

(4) 主程序

本例主程序比本章实例解析 3 的主程序稍复杂,主要是增加了闹铃的检查与处理功能,另外,K2 键与 K4 键的处理也有所不同。

4. 实现方法

① 打开 Keil c51 软件,建立工程项目,再建立一个名为 ch10_4.asm 的源程序文件,输入上面的源程序。对源程序进行编译、链接,产生 ch10_4.hex 目标文件。

② 将 DD-900 实验开发板 JP1 的 DS、V_{cc} 两插针短接,为数码管供电。

③ 将 STC89C51 单片机插入到锁紧插座,把 ch10_4.hex 文件下载到 STC89C51 中。观察时钟的走时情况、时间调整功能、闹铃设置功能等是否正常,闹铃时间到后闹铃是否响起。

该实验程序在随书光盘的 ch10\ch10_4 文件夹中。

10.2.5 实例解析 5——数码管频率计

1. 实现功能

在 DD-900 实验开发板上实现数码管频率计功能,外部信号源由实验开发板上的 NE555 芯片产生,校正信号(10 Hz)由单片机的 P1.0 脚产生,输出的频率能够在 LED 前 6 位数码管上显示出来。有关电路如图 3-4 和图 3-8 所示。

2. 源程序

根据要求,编写的源程序如下:

```
            DISP_DIGIT  EQU    30H    ;位选通控制位,传送到 P2 口,用于打开相应的数码管
                                     ;如等于 0FEH 时,P2.0 为 0,第 1 个数码管得电显示
            DISP_SEL    EQU    31H    ;显示位计数器,显示程序通过它知道正在显示哪一位数码管
                                     ;如 DISP_SEL 为 1,则加载显示缓冲区 DISP_BUF+1 中的数据
            T0_COUNT    EQU    32H    ;定时器 T0 中断次数计数器
            T1_COUNT    EQU    35H    ;定时器 T1 中断次数计数器
            T0_TH0      EQU    36H    ;T0 计数值高位缓冲
            T0_TL0      EQU    37H    ;T0 计数值低位缓冲
            T0_NUM      EQU    38H    ;T0 计数溢出次数计数
            T_H         EQU    40H    ;数据显示的高位
            T_M         EQU    42H    ;数据显示的中位
            T_S         EQU    41H    ;数据显示的低位
            T_G         EQU    39H    ;数据显示的小数位
            DISP_BUF    EQU    50H    ;显示单元首地址
            ORG 0000H                 ;程序从 0000H 开始
            AJMP   MAIN               ;跳转到主程序开始
            ORG 0BH                   ;定时器 T0 中断入口地址
            AJMP   TIME0              ;跳转到定时器 T0 中断服务程序
            ORG    1BH                ;定时器 T1 中断入口地址
            AJMP   TIME1              ;跳转到定时器 T1 中断服务程序
            ORG 030H                  ;主程序从 030H 开始
            ;以下是主程序
MAIN:       MOV  SP,#70H              ;设置 SP 指针
            LCALL   DATA_INIT         ;调数据初始化子程序
            LCALL   T0T1_INIT         ;调定时器 T0/T1 初始化子程序
START:      SETB RS0                  ;RS0 置 1,切换寄存器组
            CLR  RS1                  ;RS1 清零,切换寄存器组
            MOV R6,T0_TH0             ;计数高位数据送 R6
            MOV R7,T0_TL0             ;计数低位数据送 R7
            MOV R5,T0_NUM             ;定时器 T0 中断次数送 R5
            LCALL DATA_PROC           ;调数据转换子程序,开始转换
            LCALL BCD_CONV            ;转换完成后,调 BCD 码转换子程序,开始进行码型变换
            LCALL  DISP               ;调显示子程序
            AJMP    START             ;跳转到 START 继续循环
```

```asm
            ;以下是数据初始化子程序
DATA_INIT:  MOV  A,#00H              ;A 清零
            MOV  B,#00H              ;B 清零
            MOV  T0_COUNT,#00H       ;T0_COUNT 清零
            MOV  P0,#0FFH            ;P0 置 1
            MOV  P1,#0FFH            ;P1 置 1
            MOV  P2,#0FFH            ;P2 置 1
            MOV  T0_TH0,#00H         ;T0_TH0 清零
            MOV  T0_TL0,#00H         ;T0_TL0 清零
            MOV  T0_NUM,#00H         ;T0_NUM 清零
            MOV  T_S,#00H            ;T_S 清零
            MOV  T_H,#00H            ;T_H 清零
            MOV  T_M,#00H            ;T_M 清零
            MOV  T_G,#00H            ;T_G 清零
            MOV  T1_COUNT,#00H       ;T1_COUNT 清零
            MOV  DISP_DIGIT,#0FEH    ;将初始值 0FEH 送 DISP_DIGIT
            MOV  DISP_SEL,#0         ;将初始值 0 送 DISP_SEL
            SETB P3.4                ;P3.4 端口(T1)置输入状态
            RET
            ;以下是定时器 T0/T1 初始化子程序
T0T1_INIT:  MOV  TMOD,#15H           ;定时器 T1 为工作方式 1,定时方式;T0 为工作方式 1,计数方式
            MOV  TH1,#4CH            ;定时器 T1 为定时方式,定时时间为 50 ms(计数初值为 4C00H)
            MOV  TL1,#00H            ;定时器 T1 为定时方式,定时时间为 50 ms
            MOV  TH0,#00H            ;定时器 T0 为计数方式,计数初值为 0
            MOV  TL0,#00H            ;定时器 T0 为计数方式,计数初值为 0
            SETB EA                  ;开总中断
            SETB ET1                 ;开定时器 T1 中断
            SETB ET0                 ;开定时器 T0 中断
            SETB PT0                 ;定时器 T0 优先
            SETB TR1                 ;启动定时器 T1
            SETB TR0                 ;启动定时器 T0
            RET
            ;以下是定时器 T0 中断服务程序(计数方式,初值为 0,计满 65 535 产生一次溢出中断)
TIME0:      MOV  TH0,#00H            ;重装计数初值 0
            MOV  TL0,#00H            ;重装计数初值 0
            INC  T0_COUNT            ;定时器 T0 中断次数计数器加 1
            RETI
            ;以下是定时器 T1 中断服务程序(定时方式,定时时间为 50 ms)
TIME1:      PUSH ACC                 ;ACC 入栈
            CLR  TR1                 ;关闭定时器 T1
            MOV  TH1,#4CH            ;重装计数初值(定时时间为 50 ms)
            MOV  TL1,#00H            ;重新计数初值(定时时间为 50 ms)
            INC  T1_COUNT            ;定时器 T1 次数计数器加 1
            MOV  A,T1_COUNT          ;将 T1 中断次数送 A
            CJNE A,#20,TIME1_END     ;若 T1_COUNT 不为 20(20×50 ms=1 s),即不到 1 s,返回
            CLR  TR0                 ;若到 1 s,关闭定时器 T0
```

第10章 LED数码管实例解析

```
              MOV   T1_COUNT,#00H      ;T1_COUNT 清零
              MOV   T0_TL0,TL0         ;取出定时器 T0 计数值低位
              MOV   T0_TH0,TH0         ;取出定时器 T0 计数值高位
              MOV   T0_NUM,T0_COUNT    ;将定时器 T0 的中断次数送 T0_NUM
              MOV   TH0,#00H           ;定时器 T0 计数初值置 0
              MOV   TL0,#00H           ;定时器 T0 计数初值置 0
              MOV   T0_COUNT,#00H      ;定时器 T0 中断次数计数器清零
              SETB  TR0                ;启动定时器 T0
TIME1_END:    SETB  TR1                ;启动定时器 T1
              CPL   P1.0               ;取反 P1.0 获得外部脉冲,利用它来进行中断计数操作
              POP   ACC                ;ACC 出栈
              RETI
;以下是显示子程序(与本章实例解析 1 显示子程序完全一致)
DISP:         MOV   P2,#0FFH           ;先关闭所有数码管
              MOV   DISP_DIGIT,#0FEH   ;将初始值 0FEH 送 DISP_DIGIT
              MOV   DISP_SEL,#0        ;将初始值 0 送 DISP_SEL
DISP_NEXT:    MOV   A,#DISP_BUF        ;获得显示缓冲区基地址
              ADD   A,DISP_SEL         ;将显示缓冲区 DISP_BUF + DISP_SEL 内容送 A
              MOV   R0,A               ;R0 = 基地址 + 偏移量
              MOV   A,@R0              ;将显示缓冲区 DISP_BUF + DISP_SEL 的内容送 A
              MOV   DPTR,#TAB          ;将 TAB 地址送 DPTR
              MOVC  A,@A+DPTR          ;根据显示缓冲区(DISP_BUF + DISP_SEL)的内容查表
              MOV   P0,A               ;显示代码传送到 P0 口
              MOV   P2,DISP_DIGIT      ;位选通位(初值为 0FEH)送 P2
                                       ;第 1 次扫描时,P2.0 为 0,打开第 1 个数码管
                                       ;需要扫描 8 次,才能将 8 个数码管扫描 1 遍
              ACALL DELAY_2ms          ;每个数码管扫描的延迟时间为 2 ms
              MOV   A,DISP_DIGIT       ;位选通位送 A
              RL    A                  ;位选通位左移,下次中断时选通下一位数码管
              MOV   DISP_DIGIT,A       ;将下一位的位选通值送回 DISP_DIGIT,以便打开下一位
              INC   DISP_SEL           ;DISP_SEL 加 1,下次扫描时显示下一位
              MOV   A,DISP_SEL         ;显示位数计数器内容送 A
              CLR   C                  ;CY 位清零
              SUBB  A,#8               ;A 的内容减 8,判断 8 个数码管是否扫描完毕
              JZ    RST_0              ;若 A 的内容为 0,跳转到 RST_0
              AJMP  DISP_NEXT          ;若 A 的内容不为 0,说明 8 个数码管未扫描完
                                       ;跳转到 DISP_NEXT 继续扫描
RST_0:        MOV   DISP_SEL,#0        ;若 8 个数码管扫描完毕,则让显示计数器回 0
                                       ;重新从第 1 个数码管继续扫描
              MOV   P2,#0FFH           ;关显示
              RET
;以下是 3 字节二进制转 4 字节 BCD 码子程序
DATA_PROC:    PUSH  PSW
              SETB  RS0                ;设置当前寄存器
              CLR   RS1
              CLR   A                  ;清累加器
```

```
            MOV   T_G,A
            MOV   T_H,A              ;清除出口单元,准备转换
            MOV   T_M,A
            MOV   T_S,A
            MOV   R2,#24             ;共计转换 24 位
    HB3:    MOV   A,R7               ;获得低位数据
            RLC   A                  ;带位左移,高位数据在 CY 中
            MOV   R7,A               ;保存数据
            MOV   A,R6               ;取得高位数
            RLC   A                  ;带进位左移
            MOV   R6,A               ;保存数据
            MOV   A,R5               ;取得高位数
            RLC   A                  ;带进位左移
            MOV   R5,A
            MOV   A,T_S              ;得到低位数据
            ADDC  A,T_S              ;累加
            DA    A                  ;十进制调整
            MOV   T_S,A              ;保存数据
            MOV   A,T_M              ;得到第二位数据
            ADDC  A,T_M              ;累加
            DA    A                  ;十进制调整
            MOV   T_M,A              ;保存结果
            MOV   A,T_H              ;得到第三位
            ADDC  A,T_H              ;累加
            DA    A
            MOV   T_H,A              ;保存
            MOV   A,T_G              ;得到第四位
            ADDC  A,T_G              ;累加
            MOV   T_G,A
            DJNZ  R2,HB3             ;没有转换完毕,重复转换
            POP   PSW                ;转换完毕,恢复 PSW
            RET
            ;以下是 BCD 码转换子程序(将 BCD 码转换为适合数码管显示的数据)
BCD_CONV:   MOV   A,T_H              ;获得待转化的低位
            MOV   B,#16              ;转化进制,如果要进行十进制转换,改为 10
            DIV   AB                 ;计算 A/B
            MOV   DISP_BUF,A         ;数据送显示缓冲区 DISP_BUF
            MOV   DISP_BUF+1,B       ;数据送显示缓冲区 DISP_BUF+1
            MOV   A,T_M              ;获得第二个需要转换的数据
            MOV   B,#16              ;十六进制
            DIV   AB                 ;计算
            MOV   DISP_BUF+2,A       ;数据送显示缓冲区 DISP_BUF+2
            MOV   DISP_BUF+3,B       ;数据送显示缓冲区 DISP_BUF+3
            MOV   A,T_S              ;获得第三个需要转换的数据
            MOV   B,#16              ;十六进制
            DIV   AB                 ;计算
```

```
            MOV   DISP_BUF+4,A      ;数据送显示缓冲区 DISP_BUF+4
            MOV   DISP_BUF+5,B      ;数据送显示缓冲区 DISP_BUF+5
            MOV   DISP_BUF+6,#16    ;熄灭符 0FFH(在 TAB 表 16 位)送显示缓冲区 DISP_BUF+6
            MOV   DISP_BUF+7,#16    ;熄灭符 0FFH(在 TAB 表 16 位)送显示缓冲区 DISP_BUF+7
            RET
            ;以下是 2 ms 延时子程序
DELAY_2ms:  (略,见光盘)
            ;以下是数码管的显示码
TAB:        DB  0C0H,0F9H,0A4H,0B0H,99H,92H,82H,0F8H   ;0～7 显示码
            DB  80H,90H,88H,83H,0C6H,0A1H,86H,8EH      ;8～F 显示码
            DB  0FFH
            END
```

3. 源程序释疑

(1) 频率测量的基本原理

频率计是我们在电子电路试验中经常用到的测量仪器之一,它能将频率值用数码管或液晶显示器直接显示出来,给测试带来很大的方便。

频率的测量实际上就是在 1 s 时间内对被测信号进行计数,此计数值就是该输入信号的频率值。

在程序中,使用了定时器 T0 和 T1,并将 T1 设置为定时方式,每 50 ms 产生一次中断,产生 20 次中断所用时间正好为 1 s;将 T0 设置为计数方式,T0 的初值设置为 0,计 65 535 个脉冲后产生一次溢出中断,在 T0 中断溢出时,对溢出次数进行计数(设计数值为 N),1 s 内 T0 的总的脉冲数为 $65\,535 \times N + TH0 \times 256 + TL0$,这个数值就是被测信号的频率值。

(2) 频率测量信号的来源

在 DD-900 实验开发板中,频率输入信号主要有两个来源,一是 555 电路输出的信号,输入到单片机的 P3.4(定时器 T0 计数输入端),频率范围约 35～3 400 Hz,调整电位器 R_{P3},可改变 555 电路输出的频率值;二是单片机的 P1.0 脚,在定时器 T1 中断服务程序中,将 P1.0 脚输出的信号不断进行取反,这样,从 P1.0 脚可输出频率为 10 Hz 的信号(因定时器 T1 定时时间为 50 ms,因此,P1.0 输出信号的周期为 100 ms)。将 P1.0 脚输出的信号连接到单片机的 P3.4 脚,即可作为频率计的校正信号。

(3) 源程序分析

本例源程序主要由主程序、数据初始化子程序、定时器 T0/T1 初始化子程序、3 字节二进制转 4 字节 BCD 码子程序、BCD 码转换子程序、显示子程序、定时器 T0 中断服务程序(计数方式)、定时器 T1 中断服务程序(定时方式)等组成。图 10-11 所示为主程序和定时器中断 T1/T0 中断源程序的程序流程图。

① 主程序和数据初始化子程序 DATA_INIT、定时器 T0/T1 初始化子程序 T0T1_INIT 比较简单,主要作用是对有关数据和定时器 T0/T1 进行初始化,初始化时,定时器 T0 设置为计数方式,计数初值为 0,定时器 T1 设置为定时方式,定时时间为 50 ms(计数初值为 4C00H)。将定时器 T0 中断定义为优先。

② 在定时器 T0 中断服务程序中,首先装载计数初值,然后不断对中断次数计数器 T0_COUNT 进行加 1 操作。

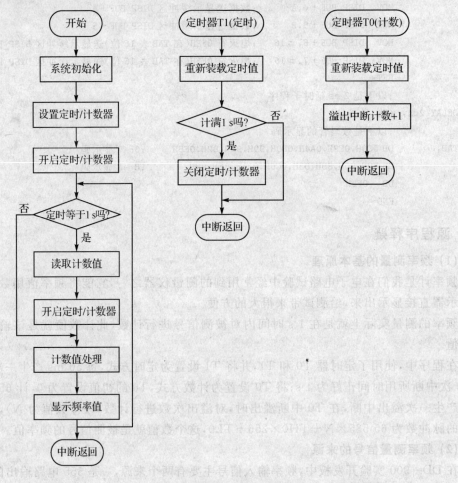

图 10-11 主程序和定时器中断 T1/T0 中断源程序的程序流程图

③ 在定时器 T1 中断服务程序中,首先装载计数初值(4C00H),每 50 ms 产生一次中断,产生 20 次中断所用时间正好为 1 s;1 s 到后,关闭定时器 T0,并将定时器 T0 的中断次数、高位数据和低位数据分别装载到 T0_NUM、T0_TH0 和 T0_TL0 中。最后,对 P1.0 脚取反,以便在 P1.0 脚获得 10 Hz 的校正信号。

④ 3 字节二进制转 4 字节 BCD 码子程序 DATA_PROC 可将 T0_TL0、T0_TH0、T0_NUM 3 字节二进制数转换为 T_S、T_M、T_H、T_G 4 字节 BCD 码。这是一个通用子程序,读者不必理会其中的细节内容,编程时直接应用即可。

⑤ BCD 码转换子程序 BCD 可对 T_S、T_M、T_H、T_G 4 字节 BCD 码中数据进行转换和处理,并送到显示缓冲区中。

⑥ 显示子程序采用程序控制动态扫描方式,与本章实例解析 1 所采用的显示子程序完全一致。另外,也可采用以下更为简捷的显示子程序:

```
DISP:   MOV P2,#0FFH        ;先关闭所有数码管
        MOV R0,#DISP_BUF    ;将显示缓冲首地址送 R0
        MOV DISP_DIGIT,#0FEH ;从第 1 个数码管开始显示
        MOV R2,#08H         ;共显示 8 位数码管
```

```
DISP_NEXT: MOV  A,@R0           ;获得当前显示缓冲区地址
           MOV  DPTR,#TAB        ;获得表头
           MOVC A,@A+DPTR        ;查表,获得显示码
           MOV  P0,A             ;送段口进行显示
           MOV  P2,DISP_DIGIT    ;位选通信号送P2,开始显示当前位
           LCALL DELAY_2ms       ;延时2ms
           INC  R0               ;指向下一个显示缓冲区
           MOV  A,DISP_DIGIT     ;准备显示下一位
           RL   A                ;循环左移1位
           MOV  DISP_DIGIT,A     ;将左移后的数存入DISP_DIGIT
           MOV  P2,#0FFH         ;先关闭所有数码管
           DJNZ R2,DISP_NEXT     ;R2不为0,显示下一个
           RET
```

需要说明的是,把单片机的T0作为计数器时,最快计数频率是系统时钟的1/24,约460 kHz,也就是说,本例演示的这个频率计测量的最高频率为460 kHz,超出这个最高值,则无法测量。

从以上分析可以看出,采用汇编语言编写具有数据计算类型的程序时比较复杂,由于C语言有利于实现复杂的算法,因此,此类程序适合用C语言编写。有关LED数码管频率计的C语言程序将在《轻松玩转51单片机C语言》一书中进行介绍。

4. 实现方法

① 打开Keil c51软件,建立工程项目,再建立一个名为ch10_5.asm的源程序文件,输入上面的源程序。对源程序进行编译、链接,产生ch10_5.hex目标文件。

② 将DD-900实验开发板JP1的DS、V_{CC}两插针短接,为数码管供电。

③ 将STC89C51单片机插入到锁紧插座,把ch10_5.hex文件下载到STC89C51中。

④ 用导线将J1接口的P1.0脚和P3.4脚短接,观察数码管是否显示为10 Hz的信号,若不是10 Hz,说明源程序或硬件有问题。

⑤ 取下J1接口P1.0脚和P3.4脚的短接线,同时,用短接帽将JP4的P34、555两插针短接,输入555电路产生的信号,调整R_{P3},观察数码管显示的频率数值是否变化,正常情况下,R_{P3}逆时针旋到底时,频率约40 Hz,顺时针旋转时频率增大,顺时针旋到底时,频率在3 400 Hz以上。

该实验程序在随书光盘的ch10\ch10_5文件夹中。

学习到这里,你是否有了一种成就感?因为在不知不觉中已学会设计电子钟、电子闹钟、频率计了,要知道,在这之前我们对此可是一无所知,它就象一个"黑匣子",让我们感觉是那么神秘,现在看来,这些看似神秘的家伙已变得如此简单!

不过,先不要过于头脑发热,这里设计的还只是一些"初级产品",要想推向市场,还需要在硬件、软件上进行一些改进,比如对于频率计,需要增加保护电路、整形电路,提高测量精度,扩大测量范围等,看来,我们需要学习的东西还有很多。在这里,让我们以孙中山先生的教导"革命尚未成功,同志仍需努力"加以共勉吧!

第 11 章
LCD 显示实例解析

LCD(液晶显示器)具有体积小、重量轻、功耗低、信息显示丰富等优点,应用十分广泛,如电子表、电话机、传真机、手机、PDA 等,都使用了 LCD。从 LCD 的显示内容来分,主要分为字符型(代表产品为 1602 LCD)和点阵型(代表产品为 12864 LCD)二种。其中,字符型 LCD 以显示字符为主;点阵式 LCD 不但可以显示字符,还可以显示汉字、图形等内容。LCD 入门比较容易,深入也不困难,学习单片机,我们当然不能错过这两个可爱的"小东东"!

11.1 字符型 LCD 基本知识

11.1.1 字符型 LCD 引脚功能

字符型 LCD 专门用于显示数字、字母及自定义符号、图形等。这类显示器均把液晶显示控制器、驱动器、字符存储器等做在一块板上,再与液晶屏(LCD)一起组成一个显示模块,称为 LCM;但习惯上,我们仍称其为 LCD。

字符型 LCD 是由若干个 5×7 或 5×11 等规格的点阵字符位组成。每一个点阵字符位都可以显示一个字符。点阵字符位之间有一间隔起到了字符间距和行距的作用。目前市面上常用的有 16 字×1 行,16 字×2 行,20 字×2 行和 40 字×2 行等规格的字符模块组。这些 LCD 虽然显示字数各不相同,但输入输出接口都相同。

图 11-1 所示为 16 字×2 行(下称 1602)LCD 显示模块的外形,其接口引脚有 16 只,引脚功能如表 11-1 所列。

表 11-1 字符型 LCD 显示模块接口功能

引脚号	符 号	功 能	引脚号	符 号	功 能
1	V_{SS}	电源地	6	E	使能信号
2	V_{DD}	电源正极	7~14	DB0~DB7	数据 0~数据 7
3	V_L	液晶显示偏压信号	15	BLA	背光源正极
4	RS	数据/命令选择	16	BLK	背光源负极
5	R/W	读/写选择			

第 11 章 LCD 显示实例解析

图 11-1 1602 LCD 显示模块外形

上表中,V_{SS} 为电源地,V_{DD} 接 5 V 正电源,V_L 为液晶显示器对比度调整端,接正电源时对比度最弱,接地时对比度最高,但对比度过高时会产生"鬼影",使用时,一般在该脚与地之间接一固定电阻或电位器。RS 为寄存器选择,高电平时选择数据寄存器,低电平时选择指令寄存器。R/W 为读写信号线,高电平时进行读操作,低电平时进行写操作。E 端为使能端,当 E 端由高电平跳变成低电平时,液晶模块执行命令。DB0~DB7 为 8 位双向数据线。BLA、BLK 用于带背光的模块,不带背光的模块这两个引脚悬空不接。

11.1.2 字符型 LCD 内部结构

目前大多数字符显示模块的控制器都采用型号为 HDB44780 的集成电路,其内部电路如图 11-2 所示。

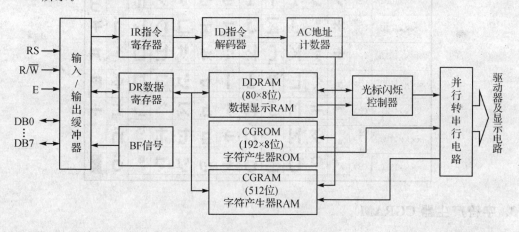

图 11-2 HDB44780 的内部电路

1. 数据显示存储器 DDRAM

DDRAM 用来存放要 LCD 显示的数据,只要将标准的 ASCII 码送入 DDRAM,内部控制电路会自动将数据传送到显示器上,例如要 LCD 显示字符 A,则只须将 ASCII 码 41H 存入 DDRAM 即可。DDRAM 有 80 字节空间,共可显示 80 个字(每个字占 1 字节)。

2. 字符产生器 CGROM

字符产生器 CGROM 存储了 160 个不同的点阵字符图形,如表 11-2 所列,这些字符有阿拉伯数字、英文字母的大小写、常用的符号和日文假名等,每一个字符都有一个固定的代码。例如字符码 41H 为 A 字符,我们要在 LCD 中显示 A,就将 A 的代码 41H 写入 DDRAM 中,同时电路连接到 CGROM 中将 A 的字型点阵数据找出来,显示在 LCD 上,我们就能看到字母 A。

表 11-2 字符产生器 CGROM 存储的字符

3. 字符产生器 CGRAM

字符产生器 CGRAM 是供使用者储存自行设计的特殊造型之用的造型码 RAM,CGRAM 共有 512bit(64 字节)。一个 5×7 点矩阵字型占用 8×8bit,所以 CGRAM 最多可存 8 种造型。

4. 指令寄存器 IR

IR 指令寄存器负责储存单片机要写给 LCD 的指令码。当单片机要发送一个命令到 IR 指令寄存器时,必须要控制 LCD 的 RS、R/W 及 E 这三个引脚,当 RS 及 R/W 引脚信号为 0,

E 引脚信号由 1 变为 0 时,就会把在 DB0~DB7 引脚上的数据送入 IR 指令寄存器中。

5. 数据寄存器 DR

数据寄存器 DR 负责储存单片机要写到 CGRAM 或 DDRAM 的数据,或储存单片机要从 CGRAM 或 DDRAM 读出的数据,因此 DR 寄存器可视为一个数据缓冲区,它也是由 LCD 的 RS,R/W 及 E 三个引脚来控制。当 RS 及 R/W 引脚信号为 1,E 脚信号为 1 时,LCD 会将 DR 寄存器内的数据由 DB0~DB7 输出,以供单片机读取;当 RS 脚信号为 1,R/W 接脚信号为 0, E 脚信号由 1 变为 0 时,就会把在 DB0~DB7 引脚上的数据存入 DR 寄存器。

6. 忙碌标志信号 BF

BF 的功能是告诉单片机,LCD 内部是否正忙着处理数据。当 BF=1 时,表示 LCD 内部正在处理数据,不能接受单片机送来的指令或数据。LCD 设置 BF 的原因为单片机处理一个指令的时间很短,只需几微秒左右,而 LCD 得花上 40 μs~1.64 ms 的时间,所以单片机要写数据或指令到 LCD 之前,必须先查看 BF 是否为 0。

7. 地址计数器 AC

AC 的工作是负责计数写到 CGRAM、DORAM 数据的地址,或从 DDRAM、CGRAM 读出数据的地址。使用地址设定指令写到 IR 寄存器后,则地址数据会经过指令解码器,再存入 AC。当单片机从 DDRAM 或 CGRAM 存取资料时,AC 依照单片机对 LCD 的操作而自动地修改它的地址计数值。

11.1.3 字符型 LCD 控制指令

LCD 控制指令共有 11 组,介绍如下:

1. 清 屏

清屏指令格式如下:

控制信号			控制代码							
RS	R/W	E	DB7	DB6	DB5	DB4	DB3	DB2	DB1	DB0
0	0	1	0	0	0	0	0	0	0	1

指令代码为 01H,将 DDRAM 数据全部填入"空白"的 ASCII 代码 20H,执行此指令将清除显示器的内容,同时光标移到左上角。

2. 光标归位

光标归位指令格式如下:

控制信号			控制代码							
RS	R/W	E	DB7	DB6	DB5	DB4	DB3	DB2	DB1	DB0
0	0	1	0	0	0	0	0	0	1	×

指令代码为 02H，地址计数器 AC 被清零，DDRAM 数据不变，光标移到左上角。×表示可以为 0 或 1。

3. 输入方式设置

输入方式设置指令格式如下：

控制信号			控制代码							
RS	R/W	E	DB7	DB6	DB5	DB4	DB3	DB2	DB1	DB0
0	0	1	0	0	0	0	0	1	I/D	S

该指令用来设置光标、字符移动的方式，具体设置情况如下：

状态位		指令代码	功　能
I/D	S		
0	0	04H	光标左移 1 格，AC 值减 1，字符全部不动
0	1	05H	光标不动，AC 值减 1，字符全部右移 1 格
1	0	06H	光标右移 1 格，AC 值加 1，字符全部不动
1	1	07H	光标不动，AC 值加 1，字符全部左移 1 格

4. 显示开关控制

显示开关控制指令格式如下：

控制信号			控制代码							
RS	R/W	E	DB7	DB6	DB5	DB4	DB3	DB2	DB1	DB0
0	0	1	0	0	0	0	1	D	C	B

指令代码为 08H～0FH。该指令控制字符、光标及闪烁的开与关，有三个状态位 D、C、B，这三个状态位分别控制着字符、光标和闪烁的显示状态。

D 是字符显示状态位。当 D=1 时为开显示，D=0 时为关显示。注意关显示仅是字符不出现，而 DDRAM 内容不变。这与清屏指令不同。

C 是光标显示状态位。当 C=1 时为光标显示，C=0 时为光标消失。光标为底线形式（5×1 点阵），光标的位置由地址指针计数器 AC 确定，并随其变动而移动。当 AC 值超出了字符的显示范围，光标将随之消失。

B 是光标闪烁显示状态位。当 B=1 时，光标闪烁，B=0 时，光标不闪烁。

5. 光标、字符位移

光标、字符位移指令的格式如下：

控制信号			控制代码							
RS	R/W	E	DB7	DB6	DB5	DB4	DB3	DB2	DB1	DB0
0	0	1	0	0	0	1	S/C	R/L	×	×

执行该指令将使字符或光标向左或向右滚动一个字符位。如果定时间隔地执行该指令，将产生字符或光标的平滑滚动。光标、字符位移的具体设置情况如下：

状态位		指令代码	功能
S/C	R/L		
0	0	10H	光标左移
0	1	14H	光标右移
1	0	18H	字符左移
1	1	1CH	字符右移

6. 功能设置

功能设置指令格式如下：

控制信号			控制代码							
RS	R/W	E	DB7	DB6	DB5	DB4	DB3	DB2	DB1	DB0
0	0	1	0	0	1	DL	N	F	0	0

该指令用于设置控制器的工作方式，有三个参数 DL、N 和 F，它们的作用是：

DL 用于设置控制器与计算机的接口形式，接口形式体现在数据总线长度上。DL=1 设置数据总线为 8 位长度，即 DB7～DB0 有效。DL=0 设置数据总线为 4 位长度，即 DB7～DB4 有效；在该方式下 8 位指令代码和数据将按先高 4 位后低 4 位的顺序分两次传输。

N 用于设置显示的字符行数。N=0 为一行字符行，N=1 为两行字符行。

F 用于设置显示字符的字体。F=0 为 5×7 点阵字符体，F=1 为 5×10 点阵字符体。

7. CGRAM 地址设置

CGRAM 地址设置指令格式如下：

控制信号			控制代码							
RS	R/W	E	DB7	DB6	DB5	DB4	DB3	DB2	DB1	DB0
0	0	1	0	1	A5	A4	A3	A2	A1	A0

该指令将 6 位的 CGRAM 地址写入地址指针计数器 AC 内，随后，单片机对数据的操作是对 CGRAM 的读/写操作。

8. DDRAM 地址设置

DDRAM 地址设置指令格式如下：

控制信号			控制代码							
RS	R/W	E	DB7	DB6	DB5	DB4	DB3	DB2	DB1	DB0
0	0	1	1	A6	A5	A4	A3	A2	A1	A0

该指令将 7 位的 DDRAM 地址写入地址指针计数器 AC 内，随后，单片机对数据的操作

是对 DDRAM 的读/写操作。

专家点拨：A6 为 0 表示第 1 行显示，为 1 表示第 2 行显示，A5A4A3A2A1A0 中的数据表示显示的列数。

例如，若 DB7～DB0 中的数据为 10000100B，因为 A6 为 0，所以第 1 行显示；因为 A5A4A3A2A1A0 为 000100B，十六进制为 04H，十进制为 4，所以，第 4 列显示。

再如，若 DB7～DB0 中的数据为 11010000B，因为 A6 为 1，所以第 2 行显示；因为 A5A4A3A2A1A0 为 010000B，十六进制为 10H，十进制为 16，所以，第 16 列显示。由于 LCD 起始列为 0，最后 1 列为 15，所以，此时将超出 LCD 的显示范围。这种情况多用于移动显示，即先让显示列位于 LCD 之外，再通过编程，使待显示列数逐步减小，此时，我们将会看到字符由屏外逐步移到屏内的显示效果。

9. 读 BF 及 AC 值

读 BF 及 AC 指令的格式如下：

控制信号			控制代码							
RS	R/W	E	DB7	DB6	DB5	DB4	DB3	DB2	DB1	DB0
0	1	1	BF	AC6	AC5	AC4	AC3	AC2	AC1	AC0

LCD 的忙碌标志 BF 用以指示 LCD 目前的工作情况，当 BF＝1 时，表示正在做内部数据的处理，不接受单片机送来的指令或数据。当 BF＝0 时，则表示已准备接收命令或数据。当程序读取此数据的内容时，DB7 表示忙碌标志，而另外 DB6～DB0 的值表示 CGRAM 或 DDRAM 中的地址，至于是指向哪一地址则根据最后写入的地址设定指令而定。

10. 写数据到 CGRAM 或 DDRAM

写数据到 CGRAM 或 DDRAM 的指令格式如下：

控制信号			控制代码							
RS	R/W	E	DB7	DB6	DB5	DB4	DB3	DB2	DB1	DB0
1	0	1								

先设定 CGRAM 或 DDRAM 地址，再将数据写入 DB7～DB0 中，以使 LCD 显示出字形。也可将使用者自创的图形存入 CGRAM。

11. 从 CGRAM 或 DDRAM 读取数据

从 CGRAM 或 DDRAM 读取数据的指令格式如下：

控制信号			控制代码							
RS	R/W	E	DB7	DB6	DB5	DB4	DB3	DB2	DB1	DB0
1	1	1								

先设定 CGRAM 或 DDRAM 地址，再读取其中的数据。

11.1.4 字符型 LCD 与单片机的连接

字符型 LCD 与单片机的连接比较简单，图 11-3 所示为 DD-900 实验开发板中 1602 LCD 与单片机的连接电路。

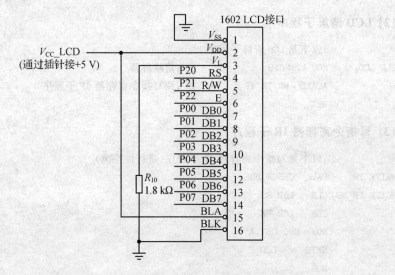

图 11-3　DD-900 实验开发板中 1602 LCD 与单片机的连接电路

11.1.5 字符型 LCD 驱动程序软件包的制作

很多人学习 LCD 编程时，总会花费大量的时间来编写驱动程序，实际上，这完全没有必要，因为单片机工程师们早已把 LCD 驱动程序编好，我们要做的工作只是如何利用驱动程序编写应用程序而已。我们要善于"站在巨人的肩膀上"工作，取人之长，补己之短，只有这样，才能快速提高自己的编程水平。

1. 字符型 LCD 通用子程序

在通用子程序前加入以下自定义部分（根据图 11-3 所示电路的定义）：

```
        LCD_RS      BIT   P2.0
        LCD_RW      BIT   P2.1
        LCD_E       BIT   P2.2
        DB0_DB7     EQU   P0
```

(1) LCD 忙碌检查子程序

```
            ;以下是 LCD 忙碌检查子程序
CHECK_BUSY: PUSH  ACC
            MOV   DB0_DB7, #0FFH
            CLR   LCD_RS
```

```
                SETB    LCD_RW
                SETB    LCD_E
BUSY_LOOP:      NOP
                JB  DB0_DB7.7,BUSY_LOOP    ;若第7位为1,说明忙,则等待
                CLR     LCD_E
                POP     ACC
                RET
```

(2) LCD 清屏子程序

```
                ;以下是 LCD 清屏子程序
CLR_LCD:        MOV  A,#01H                ;清除屏幕
                ACALL   WRITE_IR           ;调写指令寄存器 IR 子程序
                RET
```

(3) 写指令寄存器 IR 子程序

```
                ;以下是写指令寄存器 IR 子程序(进行忙检测)
WRITE_IR:       CALL    CHECK_BUSY
WRITE_IR_NB:    CLR     LCD_RS
                CLR     LCD_RW
                MOV     DB0_DB7,A
                SETB    LCD_E
                NOP
                NOP
                NOP
                NOP
                CLR     LCD_E
                RET
```

(4) 写数据寄存器 DR 子程序

```
                ;以下是写数据寄存器 DR 子程序
WRITE_DR:       ACALL   CHECK_BUSY
                SETB    LCD_RS
                CLR     LCD_RW
                MOV     DB0_DB7,A
                SETB    LCD_E
                NOP
                NOP
                NOP
                NOP
                CLR     LCD_E
                RET
```

(5) LCD 热启动子程序

当接通电源,加上 LCD 上的电压后必须满足一定的时序变化,LCD 才能正常启动,若 LCD 上的电压时序不正常,则必须执行以下热启动子程序,启动流程是:

第11章 LCD显示实例解析

开始→电源稳定15 ms→功能设定(不检查忙信号)→等待5 ms→功能设定(不检查忙信号)→等待5 ms→功能设定(不检查忙信号)→等待5 ms→关显示→清显示→开显示→进入正常启动状态。

根据以上流程,编写的热启动子程序如下:

```
            ;以下是LCD热启动子程序
HOT_START:  ACALL   DELAY_5ms       ;延时5 ms
            ACALL   DELAY_5ms       ;延时5 ms
            ACALL   DELAY_5ms       ;延时5 ms,共延时15 ms,等待LCD电源稳定
            MOV  A,#00111000B       ;功能设置指令,数据总线为8位,双行显示,5×7点阵字体
            ACALL   WRITE_IR_NB     ;写指令,不进行LCD忙检测
            ACALL   DELAY_5ms       ;延时5 ms
            MOV  A,#00111000B       ;功能设置指令,数据总线为8位,双行显示,5×7点阵字体
            ACALL   WRITE_IR_NB     ;写指令,不进行LCD忙检测
            ACALL   DELAY_5ms       ;延时5 ms
            MOV  A,#00111000B       ;功能设置指令,数据总线为8位,双行显示,5×7点阵字体
            ACALL   WRITE_IR_NB     ;写指令,不进行LCD忙检
            ACALL   DELAY_5ms       ;延时5 ms
            MOV  A,#00001000B       ;关显示
            ACALL   WRITE_IR        ;写指令,进行LCD忙检测
            ACALL   CLR_LCD         ;清屏
            MOV  A,#00001100B       ;开显示,关光标
            ACALL   WRITE_IR        ;写指令,进行LCD忙检测
            RET
```

(6) 5 ms 延时子程序

```
            ;以下是5 ms延时子程序
DELAY_5ms:  SETB    RS0             ;切换工作寄存器组
            SETB    RS1             ;切换工作寄存器组
            MOV     R6,#10
LCD_D1:     MOV     R7,#250
LCD_D2:     DJNZ    R7,LCD_D2
            DJNZ    R6,LCD_D1
            RET
```

2. 字符型LCD驱动程序软件包的制作

将LCD通用子程序组合在一起,加上几条Keil c51汇编伪指令,就构成了LCD的驱动程序软件包。软件包具体内容如下:

```
            PUBLIC  HOT_START,CHECK_BUSY,CLR_LCD,WRITE_IR,WRITE_DR
            CODE_LCD SEGMENT CODE
            LCD_RS   BIT  P2.0
            LCD_RW   BIT  P2.1
            LCD_E    BIT  P2.2
            DB0_DB7  EQU  P0
```

```
        RSEG  CODE_LCD
        ;以下是 LCD 忙碌检查子程序(略)
        ;以下是 LCD 清屏子程序(略)
        ;以下是写指令寄存器 IR 子程序(略)
        ;以下是写数据寄存器 DR 子程序(略)
        ;以下是 LCD 热启动子程序(略)
        ;以下是 5 ms 延时子程序(略)
        END
```

程序中的 PUBLIC 指令用于声明被其他模块应用的公共符号名,各符号名之间用逗号分开,每个符号名必须已经在当前模块中定义过,指令格式为

    PUBLIC 符号1,符号2,……

在该驱动程序软件包中,HOT_START、CHECK_BUSY、CLR_LCD、WRITE_IR、WRITE_DR 几个符号(子程序)均在本模块中进行了定义,以便为我们下步编写的应用程序所引用。

程序中的 SEGMENT 指令用来声明一个可再定位段,其格式为

    段名 SEGMENT 存储器类型

其中,"段名"用于声明所使用的段,这里定义为 CODE_LCD(这个名字可随意取一个合法名称,但以方便记忆和使用为主);"存储器类型"用于指定所声明的段的存储器的地址空间,主要有 BIT、CODE、DATA、IDATA 等,这里采用 CODE,即采用程序存储器代码空间。

程序中的 RSEG 指令用于选择一个已经在前面用 SEGMENT 指令定义过了的段名作为当前段,其指令格式为

    RSEG 段名

在该驱动程序软件包中,"段名"就是前面用 SEGMENT 指令声明过的 CODE_LCD。

将以上程序输入到 Keil c51 中,保存起来,并取名为 LCD_drive.asm,以后,我们就可以进行引用了。

要使用以上驱动程序软件包,还需注意以下两点:
① 要在编写的应用程序中加入以下语句:

    EXTRN CODE(HOT_START,CHECK_BUSY,CLR_LCD,WRITE_IR,WRITE_DR)

EXTRN 指令是与 PUBLIC 配套使用的,其格式为

    EXTRN 存储器类型(符号1,符号2,……)

语句中,将存储器类型定为 CODE,符号名定为 CHECK_BUSY、CLR_LCD、WRITE_IR、WRITE_DR 符号(子程序),说明这些符号(子程序)在驱动程序软件包中已定义过,我们在应用程序中可直接引用。

② 要将驱动程序软件包和所编写的应用程序均加入到项目工程中,一起进行汇编。

看到这里,您可能还有些不明白。没关系,在下面的例子中,我们还将对驱动程序的使用方法进行详细说明。

11.2 字符型 LCD 实例解析

11.2.1 实例解析 1——1602 LCD 显示字符串

1. 实现功能

在 DD-900 实验开发板上进行如下实验：在 LCD 第 1 行第 4 列显示字符串"Ding-Ding"，在第 2 行第 1 列显示字符串"Welcome to you!"。有关电路如图 3-5 所示。

2. 源程序

根据要求，编写的源程序如下：

```
            EXTRN  CODE(HOT_START,CHECK_BUSY,CLR_LCD,WRITE_IR,WRITE_DR)
                                ;此语句相当于 C 语言头文件
                                ;加入此语句后，应用程序就可以引用驱动程序软件包了
            LCD_RS  BIT  P2.0   ;定义 LCD_RS 数据/命令选择信号
            LCD_RW  BIT  P2.1   ;定义 LCD_RW 读写信号
            LCD_E   BIT  P2.2   ;定义 LCD_E 使能信号
            DB0_DB7 EQU  P0     ;定义 DB0_DB7 数据信号
            ORG  0000H          ;程序从 0000H 开始
            LJMP MAIN           ;调主程序
            ORG 030H            ;主程序从 030H 开始
            ;以下是主程序
MAIN:       MOV SP,#70H         ;堆栈指针
            LCALL  HOT_START    ;热启动(在驱动程序软件包中);一般情况下,此语句可不用
            LCALL CLR_LCD       ;调清屏子程序(在驱动程序软件包中)
            MOV A,#10000100B    ;设定要读写的 DDRAM 地址为第 1 行第 4 列
            LCALL WRITE_IR      ;调写指令子程序(在驱动程序软件包中)
            MOV  DPTR,#LINE1    ;将 LINE1 的入口地址装入 DPTR
            LCALL  DISP_STR     ;调字符串显示子程序
            MOV  A,#11000001B   ;设定要读写的 DDRAM 地址为第 2 行第 1 列
            LCALL  WRITE_IR     ;调写指令子程序(在驱动程序软件包中)
            MOV  DPTR,#LINE2    ;将 LINE2 的入口地址装入 DPTR
            LCALL  DISP_STR     ;调字符串显示子程序
            SJMP $              ;等待
            ;以下是 LCD 字符串显示子程序
DISP_STR:   PUSH  ACC           ;ACC 进栈
DISP_LOOP:  CLR  A              ;清 A
            MOVC A,@A+DPTR      ;查表
            JZ  END_STR         ;若 A 的值为 0,则退出
            LCALL WRITE_DR      ;调写数据寄存器 DR 子程序(在驱动程序软件包中)
            INC DPTR            ;DPTR 加 1
            SJMP  DISP_LOOP     ;跳转到 DISP_LOOP 继续循环
```

```
END_STR:    POP  ACC                    ;ACC 出栈
            RET
            ;以下是 LCD 第 1、2 行显示字符串
LINE1:      DB "Ding-Ding",00H          ;表格,其中 00H 表示结束符
LINE2:      DB "Welcome to you!",00H    ;表格,其中 00H 表示结束符
            END
```

3. 源程序释疑

该程序比较简单,主要由主程序和字符串显示子程序组成。

程序中,首先调驱动程序软件包中的 HOT_START、CLR_LCD 子程序,对 LCD 进行初始化和清屏,然后定位字符显示位置,调用字符串显示子程序,将两行字符串显示在 LCD 的相应位置上。

4. 实现方法

① 打开 Keil c51 软件,建立工程项目,再建立一个名为 ch11_1.asm 的源程序文件,输入上面的源程序。

② 在工程项目中,再将前面制作的驱动程序软件包 LCD_drive.asm 添加进来,这样,在工程项目中,就有了两个文件,如图 11-4 所示。

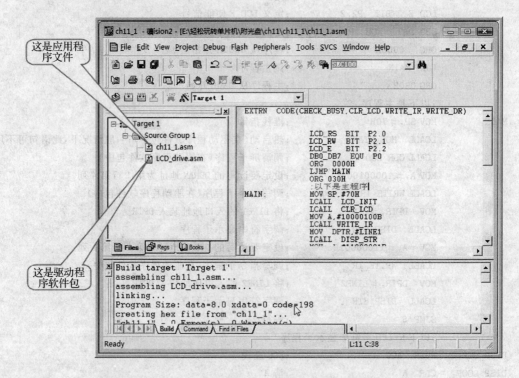

图 11-4 加入驱动程序软件包后的工程项目

③ 单击"重新编译"按钮,对源程序 ch11_1.asm 和 LCD_drive.asm 进行编译和链接,产生 ch11_1.hex 目标文件。

④ 将 DD-900 实验开发板 JP1 的 LCD、V_{CC} 两插针短接,为 LCD 供电。

第 11 章 LCD 显示实例解析

⑤ 将 STC89C51 单片机插入到锁紧插座,把 ch11_1.hex 文件下载到 STC89C51 中,观察 LCD 显示是否正常。

该实验源程序和 LCD 驱动程序软件包在随书光盘的 ch11\ch11_1 文件夹中。

需要说明的是,如果您习惯采用这种驱动程序软件包的编程方式,也可以采用我们惯用的方式,即将前面建立的 HOT_START 子程序、CHECK_BUSY 子程序、CLR_LCD 子程序、WRITE_IR 子程序、WRITE_DR 子程序直接复制到 ch11_1.asm 的 END 语句前,并将第一行语句 EXTRN　CODE(HOT_START,CHECK_BUSY,CLR_LCD,WRITE_IR,WRITE_DR)删除即可。不过,笔者不提倡这种繁琐的编程方式。

11.2.2　实例解析 2——1602 LCD 移动显示字符串

1. 实现功能

在 DD-900 实验开发板上进行如下实验:在 LCD 第 1 行显示从右向左不断移动的字符串"Ding-Ding",在第 2 行显示从右向左不断移动的字符串"Welcome to you!"。移动到屏幕中间后,字符串闪烁 3 次,然后,再循环移动、闪烁……有关电路如图 3-5 所示。

2. 源程序

根据要求,编写的源程序如下:

```
            EXTRN  CODE(HOT_START,CHECK_BUSY,CLR_LCD,WRITE_IR,WRITE_DR)
                                    ;加入此语句后,应用程序就可以引用驱动程序软件包了
            LCD_RS  BIT   P2.0      ;定义 LCD_RS 数据/命令选择信号
            LCD_RW  BIT   P2.1      ;定义 LCD_RW 读写信号
            LCD_E   BIT   P2.2      ;定义 LCD_E 使能信号
            DB0_DB7 EQU   P0        ;定义 DB0_DB7 数据信号
            ORG   0000H             ;程序从 0000H 开始
            LJMP  MAIN              ;调主程序
            ORG   030H              ;主程序从 030H 开始
            ;以下是主程序
MAIN:       MOV   SP,#70H           ;初始化堆栈指针
            ACALL HOT_START         ;热启动(在驱动程序软件包中)
START:      ACALL CLR_LCD           ;清 LCD(在驱动程序软件包中)
            ACALL MOVE_STR          ;调字符串移动子程序,字符串开始移动显示
            ACALL DELAY_05s         ;延时 0.5 s
            ACALL DELAY_05s         ;延时 0.5 s
            ACALL DELAY_05s         ;延时 0.5 s,共延时 1.5 s
            ACALL FLASH             ;延闪烁子程序,开始闪烁
            AJMP  START
            ;以下是字符串移动子程序
MOVE_STR:   MOV   A,#10010000B      ;在第 1 行第 16 列显示
            ACALL WRITE_IR          ;调写指令子程序(在驱动程序软件包中)
            MOV   DPTR,#LINE1       ;第 1 行字符串的起始地址送入 DPTR
            ACALL DISP_STR          ;调字符串显示子程序
```

```
                    MOV  A,#11010000B         ;在第 2 行第 16 列显示
                    ACALL  WRITE_IR           ;调写指令子程序(在驱动程序软件包中)
                    MOV DPTR,#LINE2           ;第 2 行字符串的起始地址送入 DPTR
                    ACALL DISP_STR            ;调字符串显示子程序
                    MOV  R3,#16               ;向左移动 16 格
        MOV_NEXT:   MOV  A,#00011000B         ;光标和字符同时左移 1 格
                    ACALL WRITE_IR            ;调写指令子程序(在驱动程序软件包中)
                    ACALL  DELAY_05s          ;延时 0.5 s
                    DJNZ  R3,MOV_NEXT         ;R3 不为 16,跳转到 NEXT 继续循环
                    RET
                    ;以下是字符串显示子程序(与本章实例解析 1 完全相同)
        DISP_STR:   PUSH  ACC                 ;ACC 进栈
        DISP_LOOP:  CLR  A                    ;清 A
                    MOVC  A,@A+DPTR           ;查表
                    JZ  END_STR               ;若 A 的值为 0,则退出
                    LCALL WRITE_DR            ;调写数据寄存器 DR 子程序(在驱动程序软件包中)
                    INC  DPTR                 ;DPTR 加 1
                    SJMP  DISP_LOOP           ;跳转到 DISP_LOOP 继续循环
        END_STR:    POP ACC                   ;ACC 出栈
                    RET
                    ;以下是 LCD 第 1、2 行显示字符串
        LINE1:      DB "    Ding-Ding",00H
        LINE2:      DB "Welcome to you!",00H
                    ;以下是闪烁子程序
        FLASH:      MOV  R4,#3                ;设置闪烁次数
        FL_NEXT:    MOV  A,#00001000B         ;关闭显示
                    ACALL WRITE_IR            ;调写指令子程序(在驱动程序软件包中)
                    ACALL  DELAY_05s          ;延时 0.5 s
                    MOV  A,#00001100B         ;开显示,关闭光标
                    ACALL WRITE_IR            ;调写指令子程序(在驱动程序软件包中)
                    ACALL  DELAY_05s          ;延时 0.5 s
                    DJNZ R4,FL_NEXT           ;R4 不为 3,继续闪烁
                    RET
                    ;以下是 0.5 s 延时子程序
        DELAY_05s:  (略,见光盘)
                    END
```

3. 源程序释疑

该源程序主要由主程序、字符串移动子程序、字符串显示子程序、闪烁子程序和延时子程序组成。

程序中,首先调驱动程序软件包中的 HOT_START、CLR_LCD 子程序,对 LCD 进行初始化和清屏,然后调用字符串移动子程序 MOVE_STR,将字符从 LCD 屏外逐步移到屏内,延时 1.5 s 后,再调用闪烁子程序 FLASH,控制字符串每隔 0.5 s 闪烁 1 次,共闪烁 3 次。

4. 实现方法

① 打开 Keil c51 软件,建立工程项目,再建立一个名为 ch11_2.asm 的源程序文件,输入上面的源程序。

② 在工程项目中,再将前面制作的驱动程序软件包 LCD_drive.asm 添加进来。

③ 单击"重新编译"按钮,对源程序 ch11_2.asm 和 LCD_drive.asm 进行编译和链接,产生 ch11_2.hex 目标文件。

④ 将 DD-900 实验开发板 JP1 的 LCD、V_{CC} 两插针短接,为 LCD 供电。

⑤ 将 STC89C51 单片机插入到锁紧插座,把 ch11_2.hex 文件下载到 STC89C51 中,观察 LCD 显示是否正常。

该实验源程序和 LCD 驱动程序在随书光盘的 ch11\ch11_2 文件夹中。

11.2.3 实例解析 3——1602 LCD 滚动显示字符串

1. 实现功能

在 DD-900 实验开发板上进行如下实验:在第 1 行显示"Ding-Ding",第 2 行显示"Welcome to you!"。显示时,先从左到右逐字显示;闪烁 3 次后,再从右到左逐字显示,再闪烁 3 次;然后不断重复上述显示方式。有关电路如图 3-5 所示。

2. 源程序

根据要求,编写的源程序如下:

```
           EXTRN  CODE(HOT_START,CHECK_BUSY,CLR_LCD,WRITE_IR,WRITE_DR)
                                  ;加入此语句后,应用程序就可以引用驱动程序软件包了
           LCD_RS   BIT   P2.0    ;定义 LCD_RS 数据/命令选择信号
           LCD_RW   BIT   P2.1    ;定义 LCD_RW 读写信号
           LCD_E    BIT   P2.2    ;定义 LCD_E 使能信号
           DB0_DB7  EQU   P0      ;定义 DB0_DB7 数据信号
           ORG   0000H            ;程序从 0000H 开始
           LJMP  MAIN             ;调主程序
           ORG   030H             ;主程序从 030H 开始
           ;以下是主程序
MAIN:      MOV   SP,#70H          ;初始化堆栈指针
           ACALL HOT_START        ;热启动(在驱动程序软件包中)
START:     ACALL SCROLL_R         ;调字符串右滚动子程序,字符串开始逐字向右滚动显示
           ACALL DELAY_05s        ;延时 0.5 s
           ACALL FLASH            ;调闪烁子程序
           ACALL SCROLL_L         ;调字符串左滚动子程序,字符串开始逐字向左滚动显示
           ACALL DELAY_05s        ;延时 0.5 s
           ACALL FLASH            ;调闪烁子程序
           ACALL START            ;跳转到 START 继续循环
           ;以下是字符串右滚动子程序
SCROLL_R:  ACALL CLR_LCD          ;清 LCD
```

```
                ACALL   DELAY_5ms           ;调5ms延时子程序
                MOV  A,#00000110B           ;光标右移1格AC值加1,字符全部不动
                ACALL   WRITE_IR            ;调写指令子程序(在驱动程序软件包中)
                ACALL   DELAY_5ms           ;调5ms延时子程序
                MOV  A,#10000000B           ;在第1行第0列显示
                ACALL   WRITE_IR            ;调写指令子程序(在驱动程序软件包中)
                ACALL   DELAY_5ms           ;调5ms延时子程序
                MOV  DPTR,#LINE1_R          ;将LINE1_R首地址送DPTR
                ACALL   DISP_STR            ;调字符串显示子程序
                MOV  A,#11000000B           ;在第2行第0列显示
                ACALL   WRITE_IR            ;调写指令子程序(在驱动程序软件包中)
                MOV  DPTR,#LINE2_R          ;将LINE2_R首地址送DPTR
                ACALL   DISP_STR            ;调字符串显示子程序
                RET
        ;以下是字符串左滚动子程序
SCROLL_L:       ACALL CLR_LCD               ;清LCD
                ACALL   DELAY_5ms           ;调5ms延时子程序
                MOV  A,#00000100B           ;光标左移1格AC值减1,字符全部不动
                ACALL   WRITE_IR            ;调写指令子程序(在驱动程序软件包中)
                ACALL   DELAY_5ms           ;调5ms延时子程序
                MOV  A,#10001111B           ;在第1行第15列显示
                ACALL   WRITE_IR            ;调写指令子程序(在驱动程序软件包中)
                ACALL   DELAY_5ms           ;调5ms延时子程序
                MOV  DPTR,#LINE1_L          ;将LINE1_L首地址送DPTR
                ACALL   DISP_STR            ;调字符串显示子程序
                MOV  A,#11001111B           ;在第2行第15列显示
                ACALL   WRITE_IR            ;调写指令子程序(在驱动程序软件包中)
                MOV  DPTR,#LINE2_L          ;将LINE2_L首地址送DPTR
                ACALL   DISP_STR            ;调字符串显示子程序
                RET
        ;以下是字符串显示子程序(比与实例解析1和2的字符串显示子程序多1行120ms延时子程序)
DISP_STR:       PUSH   ACC                  ;ACC入栈
DISP_LOOP:      CLR  A                      ;清A
                MOVC  A,@A+DPTR             ;查表
                JZ   END_STR                ;若A的值为0,则退出
                LCALL WRITE_DR              ;调写数据寄存器DR子程序(在驱动程序软件包中)
                CALL  DELAY_120ms           ;调120ms延时子程序,以形成滚动效果
                INC  DPTR                   ;DPTR加1
                SJMP  DISP_LOOP             ;跳转到DISP_LOOP继续循环
END_STR:        POP ACC                     ;ACC出栈
                RET
        ;以下是LCD第1、2行显示字符串
LINE1_R:        DB " Ding-Ding    ",00H     ;第1行向右显示的字符串,不够16个字符用空格补齐
LINE2_R:        DB " Welcome to you!",00H   ;第2行向右显示的字符串,不够16个字符用空格补齐
LINE1_L:        DB "    gniD-gniD ",00H     ;第1行向左显示的字符串,不够16个字符用空格补齐
```

```
LINE2_L:    DB  "! uoy ot emocleW ",00H  ;第2行向左显示的字符串,不够16个字符用空格补齐
            ;以下是闪烁子程序
FLASH:      MOV  R4,#3                   ;设置闪烁次数
FL_NEXT:    MOV  A,#00001000B            ;关闭显示
            ACALL WRITE_IR               ;调写指令子程序(在驱动程序软件包中)
            ACALL DELAY_05s              ;延时 0.5 s
            MOV  A,#00001100B            ;开显示,关闭光标
            ACALL WRITE_IR               ;调写指令子程序(在驱动程序软件包中)
            ACALL DELAY_05s              ;延时 0.5s
            DJNZ R4,FL_NEXT              ;R4 不为 3,继续闪烁
            RET
            ;以下是 0.5 s 延时子程序
DELAY_05s:  (略,见光盘)
            ;以下是 120 ms 延时子程序
DELAY_120ms:(略,见光盘)
            ;以下是 5 ms 子程序
DELAY_5ms:  (略,见光盘)
            END
```

3. 源程序释疑

该源程序主要由主程序、字符串右滚动子程序、字符串左滚动子程序、字符串显示子程序、闪烁子程序和延时子程序组成。

程序中,首先调驱动程序软件包中的 HOT_START 子程序,对 LCD 进行初始化,然后进入以下流程:调用字符串右滚动子程序 SCROLL_R,控制字符向右逐字滚动显示→调用闪烁子程序 FLASH,控制字符串闪烁 3 次→调用字符串左滚动子程序 SCROLL_L,控制字符向左逐字滚动显示→调用闪烁子程序 FLASH,控制字符串闪烁 3 次。如此不断循环……

4. 实现方法

① 打开 Keil c51 软件,建立工程项目,再建立一个名为 ch11_3.asm 的源程序文件,输入上面的源程序。

② 在工程项目中,再将 LCD 驱动程序软件包 LCD_drive.asm 添加进来。

③ 单击"重新编译"按钮,对源程序 ch11_3.asm 和 LCD_drive.asm 进行编译和链接,产生 ch11_3.hex 目标文件。

④ 将 DD-900 实验开发板 JP1 的 LCD、V_{CC} 两插针短接,为 LCD 供电。

⑤ 将 STC89C51 单片机插入到锁紧插座,把 ch11_3.hex 文件下载到 STC89C51 中,观察 LCD 显示是否正常。

该实验源程序和 LCD 驱动程序在随书光盘的 ch11\ch11_3 文件夹中。

11.2.4 实例解析 4——1602 LCD 电子钟

1. 实现功能

在 DD-900 实验开发板上实现 LCD 电子钟功能:开机后,LCD 上显示以下内容并开

始走时

"---LCD Clcok---"

"****12:00:00****"

按 K1 键（设置键）走时停止,蜂鸣器响一声,此时,再按 K2 键（小时加 1 键）,小时加 1,按 K3 键（分钟加 1 键）,分钟加 1,调整完成后按 K4 键（运行键）,蜂鸣器响一声后继续走时。

有关电路如图 3-5、图 3-17 和图 3-20 所示。

2. 源程序

根据要求,编写的源程序如下：

```
        EXTRN   CODE(HOT_START,CHECK_BUSY,CLR_LCD,WRITE_IR,WRITE_DR)
                            ;加入此语句后,应用程序就可以引用驱动程序软件包了
        LCD_RS   BIT   P2.0    ;定义 LCD_RS 数据/命令选择信号
        LCD_RW   BIT   P2.1    ;定义 LCD_RW 读写信号
        LCD_E    BIT   P2.2    ;定义 LCD_E 使能信号
        DB0_DB7  EQU   P0     ;定义 DB0_DB7 数据信号
        K1       BIT   P3.2    ;定义 K1 键
        K2       BIT   P3.3    ;定义 K2 键
        K3       BIT   P3.4    ;定义 K3 键
        K4       BIT   P3.5    ;定义 K4 键
        HOUR     EQU   32H    ;小时缓冲区
        MIN      EQU   33H    ;分钟缓冲区
        SEC      EQU   34H    ;秒缓冲区
        T1_COUNT EQU   35H    ;定时器 T1 中断次数计数器,计满 100 次后,秒加 1
        ORG   0000H           ;程序从 0000H 开始
        AJMP  MAIN            ;跳转到主程序 MAIN
        ORG   0001BH          ;定时器 T1 中断服务程序入口地址
        LJMP  TIME1           ;跳转到定时器 T1 中断服务程序
        ORG   030H            ;主程序从 030H 开始
        ;以下是主程序
MAIN:   MOV   SP,#70H         ;堆栈指针指向 70H
        MOV   P0,#0FFH        ;P0 口置 1
        MOV   P2,#0FFH        ;P2 口置 1
        MOV   HOUR,#12        ;小时单元赋初值
        MOV   MIN,#0          ;分钟单元赋初值
        MOV   SEC,#0          ;秒单元赋初值
        MOV   T1_COUNT,#0     ;定时器中断 T1 计数器清零
        ACALL T1_INIT         ;调定时器 T1 初始化子程序
        ACALL HOT_START       ;热启动（在驱动程序软件包中）
        ACALL CLR_LCD         ;清 LCD（在驱动程序软件包中）
        MOV   A,#10000000B    ;指向第 1 行第 0 列
        ACALL WRITE_IR        ;调写指令子程序（在驱动程序软件包中）
        MOV   DPTR,#LINE1     ;将 LINE1 的首地址送 DPTR
        LCALL DISP_STR        ;调字符串显示子程序
        MOV   A,#11000000B    ;指向第 2 行第 0 列
```

第 11 章　LCD 显示实例解析

```
                ACALL  WRITE_IR         ;调写指令子程序(在驱动程序软件包中)
                MOV  DPTR,#LINE2         ;将 LINE2 的首地址送 DPTR
                LCALL  DISP_STR          ;调字符串显示子程序
                MOV  A,#11001100B        ;指向第 2 行第 12 列
                ACALL  WRITE_IR          ;调写指令子程序(在驱动程序软件包中)
                MOV  DPTR,#LINE2         ;将 LINE2 的首地址送 DPTR
                LCALL  DISP_STR          ;调字符串显示子程序
START:          ACALL  CONV              ;调转换子程序
                JB  K1,K1_NEXT           ;若 K1 未按下,跳转到 K1_NEXT
                ACALL  BEEP_ONE          ;调蜂鸣器响一声子程序
                ACALL  KEY_PROC          ;K1 键按下时,调按键处理子程序
                AJMP  START              ;跳转到 START
K1_NEXT:        JB  K2,K2_NEXT           ;若 K2 未按下,跳转到 K2_NEXT
                AJMP  START              ;跳转到 START
K2_NEXT:        JB  K3,K3_NEXT           ;若 K3 未按下,跳转到 K3_NEXT
                AJMP  START              ;跳转到 START
K3_NEXT:        JB  K4,K4_NEXT           ;若 K4 未按下,跳转到 K4_NEXT
K4_NEXT:        AJMP  START              ;跳转到 START 继续循环
;以下是定时器 T1 初始化子程序
T1_INIT:        MOV  TMOD,#10H           ;定时器 T1 均设定为工作方式 1
                MOV  TH1,#0DCH           ;定时器 T1 计数初值高位(定时时间为 10 ms)
                MOV  TL1,#00H            ;定时器 T1 计数初值低位(定时时间为 10 ms)
                SETB  EA                 ;开总中断
                SETB  ET1                ;允许定时器 T1 中断
                SETB  TR1                ;启动定时器 T1
                RET
;以下是 LCD 字符串显示子程序(与本章实例解析 1、2 的字符串显示子程序完全一致)
DISP_STR:       PUSH  ACC                ;ACC 入栈
DISP_LOOP:      CLR  A                   ;清 A
                MOVC  A,@A+DPTR          ;查表
                JZ  END_STR              ;若 A 的值为 0,则退出
                LCALL  WRITE_DR          ;调写数据寄存器 DR 子程序(在驱动程序软件包中)
                INC  DPTR                ;DPTR 加 1
                SJMP  DISP_LOOP          ;跳转到 DISP_LOOP 继续循环
END_STR:        POP  ACC                 ;ACC 出栈
                RET
;以下是 LCD 第 1、2 行显示字符串
LINE1:          DB  "---LCD  Clcok---",00H   ;表格,其中 00H 表示结束符
LINE2:          DB  "****",00H               ;表格,其中 00H 表示结束符
;以下是走时转换子程序
CONV:           MOV  A,#11000100B        ;指向第 2 行第 4 列
                ACALL  WRITE_IR          ;调写指令子程序(在驱动程序软件包中)
                MOV  A,HOUR              ;小时单元送 A
                MOV  B,#10               ;十六进制转换为十进制
                DIV  AB                  ;A 除以 B,商存于 A,余数存于 B
```

```
            ADD   A,#30H              ;加 30H,得到小时十位的 ASCII 码
            LCALL WRITE_DR            ;调写数据寄存器 DR 子程序(在驱动程序软件包中)
            MOV   A,B                 ;将小时个位数送 A
            ADD   A,#30H              ;加 30H,得到小时个位的 ASCII 码
            LCALL WRITE_DR            ;调写数据寄存器 DR 子程序(在驱动程序软件包中)
            MOV   A,#3AH              ;将冒号的 ASCII 码(3AH)送 A
            LCALL WRITE_DR            ;调写数据寄存器 DR 子程序(在驱动程序软件包中)
            MOV   A,MIN               ;将分钟单元送 A
            MOV   B,#10               ;十六进制转换为十进制
            DIV   AB                  ;A 除以 B,商存于 A,余数存于 B
            ADD   A,#30H              ;加 30H,得到分钟十位的 ASCII 码
            LCALL WRITE_DR            ;调写数据寄存器 DR 子程序(在驱动程序软件包中)
            MOV   A,B                 ;将分钟个位数送 A
            ADD   A,#30H              ;加 30H,得到分钟个位的 ASCII 码
            LCALL WRITE_DR            ;调写数据寄存器 DR 子程序(在驱动程序软件包中)
            MOV   A,#3AH              ;将冒号的 ASCII 码(3AH)送 A
            LCALL WRITE_DR            ;调写数据寄存器 DR 子程序(在驱动程序软件包中)
            MOV   A,SEC               ;将秒单元送 A
            MOV   B,#10               ;十六进制转换为十进制
            DIV   AB                  ;A 除以 B,商存于 A,余数存于 B
            ADD   A,#30H              ;加 30H,得到秒十位的 ASCII 码
            LCALL WRITE_DR            ;调写数据寄存器 DR 子程序(在驱动程序软件包中)
            MOV   A,B                 ;将秒个位数送 A
            ADD   A,#30H              ;加 30H,得到秒个位的 ASCII 码
            LCALL WRITE_DR            ;调写数据寄存器 DR 子程序(在驱动程序软件包中)
            RET
;以下是定时器 T1 中断服务程序(定时时间 10 ms),用于产生秒、分钟和小时信号
TIME1:      PUSH  PSW                 ;PSW 入栈
            PUSH  ACC                 ;ACC 入栈
            MOV   TH1,#0DCH           ;重装计数初值
            MOV   TL1,#00H            ;重装计数初值
            INC   T1_COUNT            ;中断次数计数器加 1
            MOV   A,T1_COUNT          ;送 A
            CLR   C                   ;CY 位清零
            SUBB  A,#100              ;是否中断 100 次(达到 1 s)
            JC    END_T1              ;若 C=1 说明有借位,即不够 100 次(1 s)
            MOV   T1_COUNT,#00H       ;若 C=0,说明计数达到 100 次,即 1 s
            INC   SEC                 ;秒单元加 1
            MOV   A,SEC               ;秒单元送 A
            CJNE  A,#60,END_T1        ;是否到 1 min,若不到,退出中断
            INC   MIN                 ;若到 1min,分钟单元加 1
            MOV   SEC,#0              ;秒单元清零
            MOV   A,MIN               ;分钟单元送 A
            CJNE  A,#60,END_T1        ;是否到 1 h,若不到,退出中断
            INC   HOUR                ;若到 1h,小时单元加 1
```

第 11 章　LCD 显示实例解析

```
                MOV    MIN,#0              ;分钟单元清零
                MOV    A,HOUR              ;小时单元送 A
                CJNE   A,#24,END_T1        ;是否到 24 h,若不到,退出中断
                MOV    SEC,#0              ;若到 24h,秒单元清零
                MOV    MIN,#0              ;分钟单元清零
                MOV    HOUR,#0             ;小时单元清零
END_T1:         POP    ACC                 ;ACC 出栈
                POP    PSW                 ;PSW 出栈
                RETI                       ;中断服务程序返回
;以下是按键处理子程序(当 K1 键按下时,对 K2、K3、K4 键进行判断并处理)
KEY_PROC:       CLR    TR1                 ;定时器 T1 动作暂停,即走时功能暂停
KEY2:           JB     K2,KEY3             ;未按下 K2 键则跳转到 KEY3 继续扫描
                ACALL  DELAY_10ms          ;延时 10ms 去除键抖动
                JB     K2,KEY3             ;未按下 K2 键则跳转到 KEY3 继续扫描
                JNB    K2,$                ;若按下 K2 则等待放开
                INC    HOUR                ;小时单元值加 1
                MOV    A,HOUR              ;小时单元值送 A
                CJNE   A,#24,KEY2_NEXT     ;小时是否是 24,若不是,跳转到 KEY2_NEXT
                MOV    HOUR,#0             ;小时单元清零
KEY2_NEXT:      ACALL  CONV                ;调转换子程序,转换为适合显示的数据
                AJMP   KEY2                ;跳转到 KEY2 继续执行
KEY3:           JB     K3,KEY4             ;未按下 K3 键则跳转到 KEY4 继续扫描
                ACALL  DELAY_10ms          ;延时 10 ms 去除键抖动
                JB     K3,KEY4             ;未按下 K3 键则跳转到 KEY4 继续扫描
                JNB    K3,$                ;若按下 K3 则等待放开
                INC    MIN                 ;分钟单元值加 1
                MOV    A,MIN               ;将分钟单元值送 A
                CJNE   A,#60,KEY3_NEXT     ;是否到 60 min,若没到,跳转到 KEY3_NEXT
                MOV    MIN,#0              ;若分钟到 60,则分钟单元值清零
KEY3_NEXT:      ACALL  CONV                ;调转换子程序
                AJMP   KEY2                ;跳转到 KEY2 继续执行
KEY4:           JB     K4,KEY2             ;未按下 K4 键则跳转到 KEY2 继续扫描
                JNB    K4,$                ;若 K4 按下,则等待放开
                ACALL  BEEP_ONE            ;调蜂鸣器响一声程序
                SETB   TR1                 ;启动定时器 T1
KEY_RET:        RET
;以下是蜂鸣器响一声子程序
BEEP_ONE:       CLR    P3.7                ;开蜂鸣器
                ACALL  DELAY_100ms         ;延时 100 ms
                SETB   P3.7                ;关蜂鸣器
                ACALL  DELAY_100ms         ;延时 100 ms
                RET
;以下是 10 ms 延时子程序
DELAY_10ms:     (略,见光盘)
;以下是 100 ms 延时子程序
```

DELAY_100ms:（略，见光盘）
    END

3. 源程序释疑

本例源程序主要由主程序、定时器 T1 初始化子程序、定时器 T1 中断服务程序、字符串显示子程序、按键处理子程序、走时转换子程序、蜂鸣器响一声子程序、延时子程序等组成。

LCD 电子钟与第 10 章介绍的数码管电子钟的很多子程序是相同的，读者阅读本例源程序时，请再回过头去，熟悉一下第 10 章数码管电子钟中的有关内容。下面，对本例源程序简要进行说明。

(1) 主程序

主程序首先是对堆栈指针 SP、小时单元 HOUR、分钟单元 MIN、秒单元 SEC、定时中断次数计数器 T1_COUNT 等进行初始化；然后，调用 HOT_START、CLR_LCD 子程序，启动 LCD 并进行清屏，调用字符串显示子程序 DISP_STR，在 LCD 相应位置上，显示出我们所要求的字符；最后，对按键进行判断，并调用按键处理子程序，对按键进行处理。

(2) 定时器 T1 初始化子程序 T1_INIT

定时器 T1 初始化子程序的作用是设置定时器 T1 的定时时间为 10 ms（计数初值为 0DC00H），并打开总中断、T1 中断以及开启 T1 定时器。

(3) 定时器 T1 中断服务程序 TIME1

此部分与第 10 章数码管电子钟的定时器 T1 中断服务程序 TIME1 完全相同，这里不再说明。

(4) 走时转换子程序 CONV

走时转换子程序 CONV 的作用是将定时器 T1 中断服务程序中产生的小时（HOUR）、分（MIN）、秒（SEC）数据，通过执行 DIV 指令进行十进制处理，并将处理后的小时、分钟和秒数据加 30H 后，转换为 ASCII 码，并写入 DDRAM 寄存器，从 LCD 上显示出来。

(5) 字符串显示子程序

字符串显示子程序比较简单，与本章实例解析 1、2 完全相同，其作用是将字符串显示在 LCD 的第 1、2 行上。

(6) 按键处理子程序 KEY_PROC

此部分与第 10 章数码管电子钟的按键处理子程序 KEY_PROC 完全相同，这里不再说明。

4. 实现方法

① 打开 Keil c51 软件，建立工程项目，再建立一个名为 ch11_4.asm 的源程序文件，输入上面的源程序。

② 在工程项目中，再将 LCD 驱动程序软件包 LCD_drive.asm 添加进来。

③ 单击"重新编译"按钮，对源程序 ch11_4.asm 和 LCD_drive.asm 进行编译和链接，产生 ch11_4.hex 目标文件。

④ 将 DD-900 实验开发板 JP1 的 LCD、V_{CC} 两插针短接，为 LCD 供电。

⑤ 将 STC89C51 单片机插入到锁紧插座，把 ch11_4.hex 文件下载到 STC89C51 中，观察 LCD 电子钟的显示、走时及调整是否正常。

第 11 章 LCD 显示实例解析

该实验源程序和 LCD 驱动程序在随书光盘的 ch11\ch11_4 文件夹中。

11.2.5 实例解析 5——1602 LCD 频率计

1. 实现功能

在 DD-900 实验开发板上实现 LCD 频率计功能,外部信号源由实验开发板上的 NE555 芯片产生,校正信号由单片机的 P1.0 脚产生,输出的频率能够在 LCD 上显示出来,具体显示格式为

"--Frequency is--"

"　XXXXXXHz　"(XXXXXX 表示被测信号的频率值,共 6 位)

有关电路如图 3-5、图 3-8 所示。

2. 源程序

根据要求,编写的源程序如下:

```
            EXTRN  CODE(HOT_START,CHECK_BUSY,CLR_LCD,WRITE_IR,WRITE_DR)
                                 ;加入此语句后,应用程序就可以引用驱动程序软件包了
    LCD_RS   BIT   P2.0          ;定义 LCD_RS 数据/命令选择信号
    LCD_RW   BIT   P2.1          ;定义 LCD_RW 读写信号
    LCD_E    BIT   P2.2          ;定义 LCD_E 使能信号
    DB0_DB7  EQU   P0            ;定义 DB0_DB7 数据信号

    T0_COUNT EQU   32H           ;定时器 T0 中断次数计数器
    T1_COUNT EQU   35H           ;定时器 T1 中断次数计数器
    T0_TH0   EQU   36H           ;T0 计数值高位缓冲
    T0_TL0   EQU   37H           ;T0 计数值低位缓冲
    T0_NUM   EQU   38H           ;T0 计数溢出次数计数
    T_H      EQU   40H           ;数据显示的高位
    T_M      EQU   42H           ;数据显示的中位
    T_S      EQU   41H           ;数据显示的低位
    T_G      EQU   39H           ;数据显示的小数位
    ORG      0000H               ;程序从 0000H 开始
    AJMP     MAIN                ;跳转到主程序开始
    ORG      0BH                 ;定时器 T0 中断入口地址
    AJMP     TIME0               ;跳转到定时器 T0 中断服务程序
    ORG      1BH                 ;定时器 T1 中断入口地址
    AJMP     TIME1               ;跳转到定时器 T1 中断服务程序
    ORG      030H                ;主程序从 030H 开始
    ;以下是主程序
MAIN:   MOV   SP,#70H            ;设置 SP 指针
        LCALL DATA_INIT          ;调数据初始化子程序
        LCALL T0T1_INIT          ;调定时器 T0/T1 初始化子程序
        ACALL HOT_START          ;热启动(在驱动程序软件包中)
```

```
            ACALL CLR_LCD              ;清 LCD(在驱动程序软件包中)
            MOV A,#10000000B           ;指向第 1 行第 0 列
            ACALL WRITE_IR             ;调写指令子程序(在驱动程序软件包中)
            MOV DPTR,#LINE1            ;将 LINE1 的首地址送 DPTR
            LCALL DISP_STR             ;调字符串显示子程序
            MOV A,#11001010B           ;指向第 2 行第 10 列
            ACALL WRITE_IR             ;调写指令子程序(在驱动程序软件包中)
            MOV DPTR,#LINE2            ;将 LINE2 的首地址送 DPTR
            LCALL DISP_STR             ;调字符串显示子程序
START:      SETB  RS0                  ;RS0 置 1,切换寄存器组,与 DATA_PROC 子程序保持一致
            CLR   RS1                  ;RS1 清零,切换寄存器组,与 DATA_PROC 子程序保持一致
            MOV R6,T0_TH0              ;计数高位数据送 R6
            MOV R7,T0_TL0              ;计数低位数据送 R7
            MOV R5,T0_NUM              ;定时器 T0 中断次数送 R5
            LCALL DATA_PROC            ;调三字节二进制转四字节 BCD 码子程序
            LCALL  BCD_CONV            ;BCD 码转换子程序
            AJMP  START                ;跳转到 START 继续循环
;以下是数据初始化子程序
DATA_INIT:  MOV A,#00H                 ;A 清零
            MOV B,#00H                 ;B 清零
            MOV  T0_COUNT,#00H         ;T0_COUNT 清零
            MOV P0,#0FFH               ;P0 置 1
            MOV P1,#0FFH               ;P1 置 1
            MOV P2,#0FFH               ;P2 置 1
            MOV T0_TH0,#00H            ;T0_TH0 清零
            MOV T0_TL0,#00H            ;T0_TL0 清零
            MOV  T0_NUM,#00H           ;T0_NUM 清零
            MOV  T_S,#00H              ;T_S 清零
            MOV  T_H,#00H              ;T_H 清零
            MOV  T_M,#00H              ;T_M 清零
            MOV  T_G,#00H              ;T_G 清零
            MOV T1_COUNT,#00H          ;T1_COUNT 清零
            SETB  P3.4                 ;P3.4 端口(T0)置输入状态
            RET
;以下是定时器 T0/T1 初始化子程序
T0T1_INIT:  MOV TMOD,#15H              ;定时器 T1 为工作方式 1,定时方式;T0 为工作方式 1,计数
                                       方式
            MOV TH1,#4CH               ;定时器 T1 为定时方式,定时时间为 50 ms(计数初值为
                                       4C00H)
            MOV TL1,#00H               ;定时器 T1 为定时方式,定时时间为 50 ms
            MOV  TH0,#00H              ;定时器 T0 为计数方式,计数初值为 0
            MOV  TL0,#00H              ;定时器 T0 为计数方式,计数初值为 0
            SETB  EA                   ;开总中断
            SETB  ET1                  ;开定时器 T1 中断
            SETB  ET0                  ;开定时器 T0 中断
```

第 11 章 LCD 显示实例解析

```
                SETB   PT0              ;定时器 T0 优先
                SETB   TR1              ;启动定时器 T1
                SETB   TR0              ;启动定时器 T0
                RET
                ;以下是定时器 T0 中断服务程序(计数方式,初值为 0,计满 65535 产生一次溢出中断)
TIME0:          MOV    TH0,#00H         ;重装计数初值 0
                MOV    TL0,#00H         ;重装计数初值 0
                INC    T0_COUNT         ;定时器 T0 中断次数计数器加 1
                RETI
                ;以下是定时器 T1 中断服务程序(定时方式,定时时间为 50 ms)
TIME1:          PUSH   ACC              ;ACC 入栈,注意一定要保护 A 的值,否则屏幕显示混乱
                CLR    TR1              ;关闭定时器 T1
                MOV    TH1,#4CH         ;重装计数初值(定时时间为 50 ms)
                MOV    TL1,#00H         ;重新计数初值(定时时间为 50ms)
                INC    T1_COUNT         ;定时器 T1 次数计数器加 1
                MOV    A,T1_COUNT       ;将 T1 中断次数送 A
                CJNE   A,#20,TIME1_END  ;若 T1_COUNT 不为 20(20×50 ms=1 s),即不到 1 s,返回
                CLR    TR0              ;若到 1 s,关闭定时器 T0
                MOV    T1_COUNT,#00H    ;T1_COUNT 清零
                MOV    T0_TL0,TL0       ;取出定时器 T0 计数值低位
                MOV    T0_TH0,TH0       ;取出定时器 T0 计数值高位
                MOV    T0_NUM,T0_COUNT  ;将定时器 T0 的中断次数送 T0_NUM
                MOV    TH0,#00H         ;定时器 T0 计数初值置 0
                MOV    TL0,#00H         ;定时器 T0 计数初值置 0
                MOV    T0_COUNT,#00H    ;定时器 T0 中断次数计数器清零
                SETB   TR0              ;启动定时器 T0
TIME1_END:      SETB   TR1              ;启动定时器 T1
                CPL    P1.0             ;取反 P1.0 获得外部脉冲,利用它来进行中断计数操作
                POP    ACC              ;ACC 出栈
                RETI
                ;以下是字符串显示子程序
DISP_STR:       PUSH   ACC              ;ACC 入栈
DISP_LOOP:      CLR    A                ;清 A
                MOVC   A,@A+DPTR        ;查表
                JZ     END_STR          ;若 A 的值为 0,则退出
                LCALL  WRITE_DR         ;调写数据寄存器 DR 子程序(在驱动程序软件包中)
                INC    DPTR             ;DPTR 加 1
                SJMP   DISP_LOOP        ;跳转到 DISP_LOOP 继续循环
END_STR:        POP    ACC              ;ACC 出栈
                RET
                ;以下是 LCD 第 1、2 行显示字符串
LINE1:          DB "- - Frequency is - -",00H    ;表格,其中 00H 表示结束符
LINE2:          DB "Hz",00H             ;表格,其中 00H 表示结束符
                ;以下是 3 字节二进制转 4 字节 BCD 码子程序
DATA_PROC:      PUSH   PSW
```

```
            SETB   RS0                     ;设置当前寄存器组
            CLR    RS1                     ;设置当前寄存器组
            CLR    A                       ;清累加器
            MOV    T_G,A
            MOV    T_H,A                   ;清除出口单元,准备转换
            MOV    T_M,A
            MOV    T_S,A
            MOV    R2,#24                  ;共计转换 24 位
HB3:        MOV    A,R7                    ;获得低位数据
            RLC    A                       ;带位左移,高位数据在 CY 中
            MOV    R7,A                    ;保存数据
            MOV    A,R6                    ;取得高位数
            RLC    A                       ;带进位左移
            MOV    R6,A                    ;保存数据
            MOV    A,R5                    ;取得高位数
            RLC    A                       ;带进位左移
            MOV    R5,A
            MOV    A,T_S                   ;得到低位数据
            ADDC   A,T_S                   ;累加
            DA     A                       ;十进制调整
            MOV    T_S,A                   ;保存数据
            MOV    A,T_M                   ;得到第二位数据
            ADDC   A,T_M                   ;累加
            DA     A                       ;十进制调整
            MOV    T_M,A                   ;保存结果
            MOV    A,T_H                   ;得到第三位
            ADDC   A,T_H                   ;累加
            DA     A
            MOV    T_H,A                   ;保存
            MOV    A,T_G                   ;得到第四位
            ADDC   A,T_G                   ;累加
            MOV    T_G,A
            DJNZ   R2,HB3                  ;没有转换完毕,重复转换
            POP    PSW                     ;转换完毕,恢复 PSW
            RET
;以下是 BCD 码转换子程序(将 BCD 码转换为适合数码管显示的数据)
BCD_CONV:   MOV A,#11000100B              ;指向第 2 行第 4 列
            ACALL WRITE_IR                ;调写指令子程序(在驱动程序软件包中)
            MOV A,T_H                     ;获得待转化的低位
            MOV B,#16                     ;转化进制,如果要进行十进制转换,改为 10
            DIV AB                        ;计算 A/B
            ADD A,#30H                    ;加 30H,得到十万位的 ASCII 码
            LCALL WRITE_DR                ;调写数据寄存器 DR 子程序(在驱动程序软件包中)
            MOV A,B                       ;将万位数送 A
            ADD A,#30H                    ;加 30H,得到万位的 ASCII 码
```

第 11 章 LCD 显示实例解析

```
        LCALL WRITE_DR      ;调写数据寄存器 DR 子程序(在驱动程序软件包中)
        MOV A,T_M           ;获得第二个需要转换的数据
        MOV B,#16           ;十六进制
        DIV AB              ;计算
        ADD A,#30H          ;加 30H,得到千位的 ASCII 码
        LCALL WRITE_DR      ;调写数据寄存器 DR 子程序(在驱动程序软件包中)
        MOV  A,B            ;将百位数送 A
        ADD A,#30H          ;加 30H,得到百位的 ASCII 码
        LCALL WRITE_DR      ;调写数据寄存器 DR 子程序(在驱动程序软件包中)
        MOV A,T_S           ;获得第三个需要转换的数据
        MOV B,#16           ;十六进制
        DIV AB              ;计算
        ADD A,#30H          ;加 30H,得到十位的 ASCII 码
        LCALL WRITE_DR      ;调写数据寄存器 DR 子程序(在驱动程序软件包中)
        MOV  A,B            ;将个位数送 A
        ADD A,#30H          ;加 30H,得到个位的 ASCII 码
        LCALL WRITE_DR      ;调写数据寄存器 DR 子程序(在驱动程序软件包中)
        RET
        END
```

3. 源程序释疑

源程序主要由主程序、数据初始化子程序、定时器 T0/T1 初始化子程序、3 字节二进制转 4 字节 BCD 码子程序、BCD 码转换子程序、字符串显示子程序、定时器 T0 中断服务程序(计数方式)、定时器 T1 中断服务程序(定时方式)等组成。

LCD 频率计与第 10 章介绍的数码管频率计的很多源程序是完全相同的,读者阅读本例源程序时,请再回过头去,熟悉一下第 10 章数码管频率计中的有关内容。下面,对本例源程序简要进行说明。

① 主程序中,首先调用数据初始化子程序 DATA_INIT、定时器 T0/T1 初始化子程序;然后,调用 HOT_START、CLR_LCD 子程序,启动 LCD 并进行清屏,接着调用字符串显示子程序 DISP_STR,在 LCD 相应位置上显示出我们所要求的字符;最后,调用 3 字节二进制转 4 字节 BCD 码子程序 DATA_PROC 和 BCD 码转换子程序 BCD_CONV,将测量的频率值转换为适合 LCD 显示的数据。

② 定时器 T0/T1 初始化子程序 T0T1_INIT、定时器 T0 中断服务程序 TIME0、定时器 T1 中断服务程序 TIME1、3 字节二进制转 4 字节 BCD 码子程序 DATA_PROC 与第 10 章的数码管频率计中使用的完全一致,这里不再介绍。

③ BCD 码转换子程序 BCD_CONV 可对 T_S、T_M、T_H、T_G 四字节 BCD 码中频率值进行转换和处理,并将处理后的数据加 30H 后,转换为 ASCII 码,写入 DDRAM 寄存器,从 LCD 上显示出来。

④ 字符串显示子程序比较简单,与本章实例解析 1、2 完全相同,其作用是将字符串显示在 LCD 的第 1、2 行上。

4. 实现方法

① 打开 Keil c51 软件,建立工程项目,再建立一个名为 ch11_5.asm 的源程序文件,输入

上面的源程序。

② 在工程项目中,再将 LCD 驱动程序软件包 LCD_drive.asm 添加进来。

③ 单击"重新编译"按钮,对源程序 ch11_5.asm 和 LCD_drive.asm 进行编译和链接,产生 ch11_5.hex 目标文件。

④ 将 DD-900 实验开发板 JP1 的 LCD、V_{CC} 两插针短接,为 LCD 供电。

⑤ 将 STC89C51 单片机插入到锁紧插座,把 ch11_5.hex 文件下载到 STC89C51 中。

⑥ 用导线将 J1 接口的 P1.0 脚和 P3.4 脚短接,观察数码管是否显示为 10 Hz 的信号,若不是 10Hz,说明源程序或硬件有问题。

⑦ 取下 J1 接口 P1.0 脚和 P3.4 脚的短接线,同时,用短接帽将 JP4 的 P34、555 两插针短接,输入 555 电路产生的信号,调整 R_{P3},观察数码管显示的频率数值是否变化,正常情况下,R_{P3} 逆时针旋到底时,频率约 40 Hz,顺时针旋转,则频率增大,顺时针旋到底时,频率在 3 400 Hz 以上。

该实验程序和 LCD 驱动程序在随书光盘的 ch11\ch11_5 文件夹中。

11.2.6 实例解析 6——1602 LCD 显示图形

1. 实现功能

在 DD-900 实验开发板上进行如下实验:在 LCD 的第 1 行显示"2008 年 8 月 8 日";第 2 行显示"----Bei Jing----"。有关电路如图 3-5 所示。

2. 源程序

根据要求,编写的源程序如下:

```
            EXTRN  CODE(HOT_START,CHECK_BUSY,CLR_LCD,WRITE_IR,WRITE_DR)
                                    ;加入此语句后,应用程序就可以引用驱动程序软件包了
            LCD_RS  BIT  P2.0        ;定义 LCD_RS 数据/命令选择信号
            LCD_RW  BIT  P2.1        ;定义 LCD_RW 读写信号
            LCD_E   BIT  P2.2        ;定义 LCD_E 使能信号
            DB0_DB7 EQU  P0          ;定义 DB0_DB7 数据信号
            ORG 0000H                ;程序从 0000H 开始
            LJMP MAIN                ;调主程序
            ORG 030H                 ;主程序从 030H 开始
            ;以下是主程序
    MAIN:   MOV SP,#60H              ;初始化堆指针
            ACALL  HOT_START         ;热启动(在驱动程序软件包中)
            ACALL CLR_LCD            ;清 LCD(在驱动程序软件包中)
            LCALL CGRAM_WORD         ;调自定义图形写入 CGRAM 子程序
            MOV A,#10000111B         ;指向显示屏的第 1 行 7 列
            ACALL WRITE_IR           ;调写指令子程序(在驱动程序软件包中)
            MOV A,#00H               ;将 CGRAM 的 00H 地址内图形"年"送 A
            ACALL WRITE_DR           ;调写数据子程序(在驱动程序软件包中),第 1 行 7 列显示"年"
            MOV A,#10001001B         ;指向显示屏的第 1 行 9 列
```

第 11 章 LCD 显示实例解析

```
            ACALL WRITE_IR              ;调写指令子程序(在驱动程序软件包中)
            MOV A,#01H                  ;将 CGRAM 的 01H 地址内图形"月"送 A
            ACALL WRITE_DR              ;调写数据子程序(在驱动程序软件包中),第1行9列显示"月"
            MOV A,#10001011B            ;指向显示屏的第 1 行第 11 列
            ACALL WRITE_IR              ;调写指令子程序(在驱动程序软件包中)
            MOV A,#02H                  ;将 CGRAM 的 02H 地址内图形"日"送 A
            ACALL WRITE_DR              ;调写数据子程序(在驱动程序软件包中),第1行11列显示"日"
            MOV A,#10000011B            ;指向第 1 行第 3 列
            ACALL WRITE_IR              ;调写指令子程序(在驱动程序软件包中)
            MOV DPTR,#LINE1_1           ;将 STR1 的首地址送 DPTR
            LCALL DISP_STR              ;调字符串显示子程序,第 1 行 3 列显示"2008"
            MOV A,#10001000B            ;指向第 1 行第 8 列
            ACALL WRITE_IR              ;调写指令子程序(在驱动程序软件包中)
            MOV DPTR,#LINE1_2           ;将 LINE1_2 的首地址送 DPTR
            LCALL DISP_STR              ;调字符串显示子程序,第 1 行 8 列显示"8"
            MOV A,#10001010B            ;指向第 1 行第 10 列
            ACALL WRITE_IR              ;调写指令子程序(在驱动程序软件包中)
            MOV DPTR,#LINE1_2           ;将 LINE1_2 的首地址送 DPTR
            LCALL DISP_STR              ;调字符串显示子程序,第 1 行 10 列显示"8"
            MOV A,#11000000B            ;指向第 2 行第 0 列
            ACALL WRITE_IR              ;调写指令子程序(在驱动程序软件包中)
            MOV DPTR,#LINE2             ;将 LINE2 的首地址送 DPTR
            LCALL DISP_STR              ;调字符串显示子程序,第 2 行 0 列显示"----Bei Jing----"
            SJMP $                      ;等待
            ;以下是自定义图形写入 CGRAM 子程序
CGRAM_WORD: MOV R4,#24                  ;制作 1 个字模需要 8 次读取 TAB 中的数据
                                        ;读取 24 次可制作"年"、"月"、"日"3 个字模
            MOV A,#01000000B            ;指向 CGRAM 的 0 号图形首地址
            ACALL WRITE_IR              ;调写指令子程序(在驱动程序软件包中)
            MOV DPTR,#TAB               ;表字模首地址 TAB 送 DPTR
CG_LOOP:    CLR A                       ;A 清零
            MOVC A,@A+DPTR              ;查字模数据
            ACALL WRITE_DR              ;调写数据子程序(在驱动程序软件包中)
            INC DPTR                    ;DPTR 加 1,指向字模的下一个数据
            DJNZ R4,CG_LOOP             ;3 个字模没有读取完,继续读取
            RET
            ;以下是 LCD 字符串显示子程序(与本章实例解析 1、2 的字符串显示子程序完全一致)
DISP_STR:   PUSH ACC                    ;ACC 入栈
DISP_LOOP:  CLR A                       ;清 A
            MOVC A,@A+DPTR              ;查表
            JZ END_STR                  ;若 A 的值为 0,则退出
            LCALL WRITE_DR              ;调写数据寄存器 DR 子程序(在驱动程序软件包中)
            INC DPTR                    ;DPTR 加 1
            SJMP DISP_LOOP              ;跳转到 DISP_LOOP 继续循环
END_STR:    POP ACC                     ;ACC 出栈
```

```
            RET
            ;需要显示的字符串和字模
LINE1_1:    DB "2008",00H
LINE1_2:    DB "8",00H
LINE2:      DB "- - - -Bei Jing- - - -"
TAB:        DB 08H,0FH,12H,0FH,0AH,1FH,02H,00H    ;年的字模
            DB 0FH,09H,0FH,09H,0FH,09H,13H,00H    ;月的字模
            DB 1FH,11H,11H,1FH,11H,11H,1FH,00H    ;日的字模
            END
```

3. 源程序释疑

本例源程序比较简单，下面只简要说明"年"、"月"、"日"图形数据的制作方法：

LCD 模块内置两种字符发生器。一种为 CGROM，即已固化好的字模库，如表 11-2 所列；单片机只要写入某个字符的字符代码，LCD 就可以将该字符显示出来。另一种为 CGRAM，即可随时定义的字符字模库；LCD 模块提供了 64B 的 CGRAM，它可以生成 8 个 5×7 点阵的自定义字符，自定义字符的地址为 00H～07H，LCD 模块仅使用存储单元字节的低 5 位，而高 3 位虽然存在，但不作为字模数据使用。表 11-3 给出了"月"字点阵与图形数据的对应关系。

表 11-3 "月"字点阵与图形数据的对应关系

点 阵	图形数据(二进制)	图形数据(十六进制)
***01111	00001111B	0FH
***01001	00001001B	09H
***01111	00001111B	0FH
***01001	00001001B	09H
***01111	00001111B	0FH
***01001	00001001B	09H
***10011	00010011B	13H
********	00000000B	00H

点阵中，1 代表点亮该元素，0 代表熄灭该元件，* 为无效位，可取 0 或 1，一般取 0。

用同样的方法，可以求出"年"、"日"字的图形数据。

4. 实现方法

① 打开 Keil c51 软件，建立工程项目，再建立一个名为 ch11_6.asm 的源程序文件，输入上面的源程序。

② 在工程项目中，再将 LCD 驱动程序软件包 LCD_drive.asm 添加进来。

③ 单击"重新编译"按钮，对源程序 ch11_6.asm 和 LCD_drive.asm 进行编译和链接，产生 ch11_6.hex 目标文件。

④ 将 DD-900 实验开发板 JP1 的 LCD、V_{CC} 两插针短接，为 LCD 供电。

⑤ 将 STC89C51 单片机插入到锁紧插座，把 ch11_6.hex 文件下载到 STC89C51 中，观察

LCD 显示是否正常。

该实验源程序和 LCD 驱动程序在随书光盘的 ch11\ch11_6 文件夹中。

11.3 12864 点阵型 LCD 实例解析

前面介绍的字符型 1602 LCD 一般用来显示数字及字母,虽然也可以显示一些简单的汉字及图形,但编程比较麻烦,所以,要显示更多的汉字及复杂图形,一般采用点阵型 LCD。目前,常用的的点阵型 LCD 有 122×32、128×64、240×320 等多种规格,其中,以 128×64(一般简称 12864)LCD 比较常见,其外形如图 11-5 所示。

图 11-5 12864 点阵型 LCD 的外形

市场上的 12864 LCD 主要分为两种,一种是采用 KS0108 及其兼容型控制器,它不带任何字库;另一种是采用 ST7920 控制器,它带有中文字库(8000 多汉字)。

需要提醒读者的是,带字库的 12864 LCD 一般都集成有-10 V 负压电路,因此可直接使用;而很多不带字库的 12864 LCD 不带-10 V 负压电路,使用时比较麻烦,需要自己组装负压电路,在选购 12864 LCD 时应特别注意!

由于带字库的 LCD 使用比较方便,而且与不带字库的 12864 LCD 价格相差不多,因此应用较为广泛。带字库的 12864 LCD 型号较多,其模块内部结构及使用略有差别,下面主要以型号为 TS12864-3 的带字库 LCD 为例进行介绍。

11.3.1 12864 点阵型 LCD 介绍

1. 12864 点阵型 LCD 的引脚功能

带字库 12864 LCD 显示分辨率为 128×64,内置有 8192 个 16×16 点阵汉字和 128 个 16×8 点阵 ASCII 字符集,可构成全中文人机交互图形界面。带字库 12864 LCD 的引脚功能如表 11-4 所列。

表 11-4 12864 点阵型 LCD 引脚功能

引脚号	符号	功能
1	V_{SS}	逻辑电源地
2	V_{DD}	+5 V 逻辑电源
3	V_0	对比度调整端
4	RS(CS)	数据/指令选择。高电平,表示数据 DB0～DB7 为显示数据;低电平,表示数据 DB0～DB7 为指令数据
5	R/W(SID)	在并口模式下,该引脚为读/写选择端;在串口模式下,该引脚为串行数据输入端
6	E(SCLK)	在并口模式下,该引脚为读/写使能端,E 的下降沿锁定数据;在串口模式下,该引脚为串行时钟端
7～14	DB0～DB7	在并口模式下,为 8 位数据输入输出引脚;在串口模式下,未用
15	PSB	并口/串口选择端。高电平时为 8 位或 4 位并口模式;低电平时为串口模式
16	NC	空
17	REST	复位信号,低电平有效
18	V_{OUT}	LCD 驱动电压输出端
19	BLA	背光电源正极
20	BLK	背光电源负极

从表中可以看出,12864 LCD 可分为串口和并口两种数据传输方式,当 15 脚为高电平时,为并口方式,数据通过 7～14 脚与单片机进行并行传输;当 15 脚为低电平时,为串口方式,数据通过 5、6 脚与单片机进行串行传输。

2. 12864 点阵型 LCD 的内部结构

12864 点阵型 LCD 主要由 1 片行列驱动控制器 ST7920、3 个列驱动器 ST7921 和 12864 点阵液晶显示屏组成,其结构示意图如图 11-6 所示。

行列驱动控制器 ST7920 主要含有以下功能器件,了解这些器件的功能,有利于 12864 LCD 模块的编程。

(1) 中文字型产生 ROM(CGROM)及半宽字型 ROM(HCGROM)

ST7920 的字型产生 ROM 通过 8192 个 16×16 点阵的中文字型,以及 126 个 16×8 点阵的西文字符,用 2 字节来提供编码选择,将要显示的字符的编码写到 DDRAM 上,硬件将依照编码自动从 CGROM 中选择将要显示的字型显示在屏幕上。

(2) 字型产生 RAM(CGRAM)

ST7920 的字型产生 RAM 提供用户自定义字符的生成(造字)功能,可提供 4 组 16×16 点阵的空间,用户可以将 CGROM 中没有的字符定义到 CGRAM 中。

(3) 显示 RAM(DDRAM)

DDRAM 提供 64×2 字节的空间,最多可以控制 4 行 16 字的中文字型显示。当写入显示资料 RAM 时,可以分别显示 CGROM、HCGROM 及 CGRAM 的字型。

第 11 章 LCD 显示实例解析

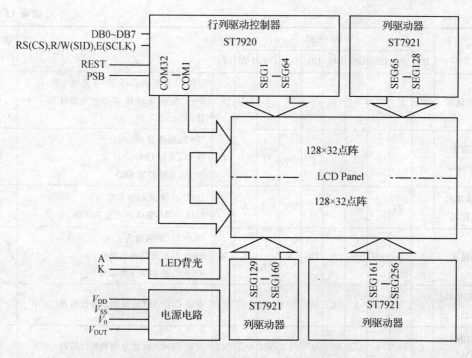

图 11-6　12864 点阵型 LCD 的结构示意图

（4）忙标志 BF

BF 标志提供内部工作情况，BF＝1 表示模块在进行内部操作，此时模块不接受外部指令和数据；BF＝0 时，模块为准备状态，随时可接受外部指令和数据。

（5）地址计数器 AC

地址计数器是用来贮存 DDRAM/CGRAM 之一的地址，它可由设定指令暂存器来改变，之后只要读取或是写入 DDRAM/CGRAM 的值时，地址计数器的值就会自动加 1。

3. 12864 点阵型 LCD 的指令

带字库 12864 点阵型 LCD 的指令稍多，主要分为基本指令集和扩展指令集两大类，如表 11-5 和表 11-6 所列。当"功能设置指令"的第 2 位 RE 为 0 时，可使用基本指令集，当 RE 为 1 时，可使用扩展指令集。

表 11-5　基本指令集

指　令	指令码									说　明	执行时间 (540 kHz)
	RS	RW	DB7	DB6	DB5	DB4	DB3	DB2	DB1	DB0		
清除显示	0	0	0	0	0	0	0	0	0	1	将 DDRAM 填满 20H，并且设定 DDRAM 的地址计数器（AC）到 00H	4.6 ms
地址归位	0	0	0	0	0	0	0	0	1	X	设定 DDRAM 的地址计数器（AC）到 00H，并且将光标移到开头原点位置；这个指令并不改变 DDRAM 的内容	4.6 ms

续表 11-5

指 令	指令码									说 明	执行时间 (540 kHz)
	RS	RW	DB7	DB6	DB5	DB4	DB3	DB2	DB1	DB0		
进入点设定	0	0	0	0	0	0	0	1	I/D	S	I/D=1 光标右移,I/D=0 光标左移;S=1 整体显示移动,S=0 整体显示不移动	72 μs
显示状态开/关	0	0	0	0	0	0	1	D	C	B	D=1:整体显示 ON;C=1:光标 ON;B=1:光标位置 ON	72 μs
游标或显示移位控制	0	0	0	0	0	1	S/C	R/L	X	X	10H/14H,光标左右移动;18H/1CH,整体显示左右移动	72 μs
功能设定	0	0	0	0	1	DL	X	0 RE	X	X	DL=1:(必须设为 1);RE=1:扩充指令集动作;RE=0:基本指令集动作	72 μs
设定 CGRAM 地址	0	0	0	1	AC5	AC4	AC3	AC2	AC1	AC0	设定 CGRAM 地址到地址计数器(AC)	72 μs
设定 DDRAM 地址	0	0	1	AC6	AC5	AC4	AC3	AC2	AC1	AC0	设定 DDRAM 地址到地址计数器(AC)	72 μs
读取忙碌标志(BF)和地址	0	1	BF	AC6	AC5	AC4	AC3	AC2	AC1	AC0	读取忙碌标志(BF)可以确认内部动作是否完成,同时可以读出地址计数器(AC)的值	0 μs
写资料到 RAM	1	0	D7	D6	D5	D4	D3	D2	D1	D0	写入资料到内部的 RAM(DDRAM/CGRAM/IRAM/GDRAM)	72 μs
读出 RAM 的值	1	1	D7	D6	D5	D4	D3	D2	D1	D0	从内部的 RAM 读取资料(DDRAM/CGRAM/IRAM/GDRAM)	72 μs

表 11-6 扩展指令集

指 令	指令码									说 明	执行时间 (540 kHz)
	RS	RW	DB7	DB6	DB5	DB4	DB3	DB2	DB1	DB0		
待命模式	0	0	0	0	0	0	0	0	0	1	将 DDRAM 填满 20H,并且设定 DDRAM 的地址计数器(AC)为 00H	72 μs
卷动地址或 IRAM 地址选择	0	0	0	0	0	0	0	0	1	SR	SR=1:允许输入垂直卷动地址;SR=0:允许输入 IRAM 地址	72 μs
反白选择	0	0	0	0	0	0	0	1	R1	R0	选择 4 行中的任一行作反白显示,并可决定反白与否	72 μs
睡眠模式	0	0	0	0	0	0	1	SL	X	X	SL=1:脱离睡眠模式;SL=0:进入睡眠模式	72 μs

第 11 章 LCD 显示实例解析

续表 11-6

指　令	指令码									说　明	执行时间/μs (540 kHz)
	RS	RW	DB7	DB6	DB5	DB4	DB3	DB2	DB1	DB0		
扩充功能设定	0	0	0	0	1	1	X	0 RE	G	0	RE＝1:扩充指令集动作； RE＝0:基本指令集动作； G＝1:绘图显示 ON； G＝0:绘图显示 OFF	72 μs
设定 IRAM 地址或卷动地址	0	0	0	1	AC5	AC4	AC3	AC2	AC1	AC0	SR＝1:AC5～AC0 为垂直卷动地址； SR＝0:AC3～AC0 为 ICON IRAM 地址	72 μs
设定绘图 RAM 地址	0	0	1	AC6	AC5	AC4	AC3	AC2	AC1	AC0	设定 CGRAM 地址到地址计数器(AC)	72 μs

4. 12864 点阵型 LCD 与单片机的连接

12864 点阵型 LCD 与单片机的连接分为串口连接和并口连接两种，图 11-7 所示为 DD-900 实验开发板中 12864 点阵型 LCD 与单片机的连接电路。

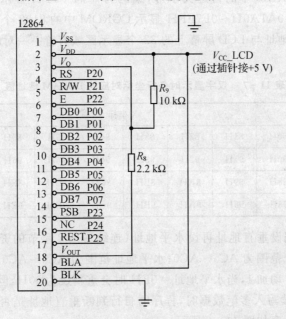

图 11-7　DD-900 实验开发板中 12864 点阵型 LCD 与单片机的连接电路

从图中可以看出，12864 LCD 和单片机采用的是并口连接方式，实际上，这种连接方式也同样可以进行串口编程和实验，编程时，只需在程序中将 15 脚(PSB)设置为低电平即可。

5. 12864 点阵型 LCD 的使用

使用带字库 12864 LCD 时应注意以下几点：

① 欲在某一个位置显示中文字符时，应先设定显示字符位置，即先设定显示地址，再写入中文字符编码。

② 显示 ASCII 字符过程与显示中文字符过程相同。在显示连续字符时，只须设定一次显

示地址即可,由模块自动对地址加1,指向下一个字符位置。

③ 当字符编码为2B时(汉字的编码为2B,ASCII字符的编码为1B),应先写入高位字节,再写入低位字节。

④ 模块在接收指令前,必须先确认模块内部处于非忙碌状态,即读取BF标志时BF需为"0",方可接受新的指令。如果在送出一个指令前不检查BF标志,则在前一个指令和这个指令中间必须延迟一段较长的时间,即必须等待前一个指令确定执行完成。指令执行的时间请参考指令表中的指令执行时间说明。

⑤ "RE"为基本指令集与扩充指令集的选择控制位。当变更"RE"后,以后的指令集将维持在最后的状态,除非再次变更"RE"位,否则使用相同指令集时,无需每次均重设"RE"位。

⑥ 12864LCD可分为上下两屏,最多可实现32个中文字符或64个ASCII码字符的显示。12864LCD内部提供64×2B的RAM缓冲区(DDRAM)。字符显示是通过将字符编码写入DDRAM实现的。根据写入内容的不同,可分别在液晶屏上显示CGROM(中文字库)、HCGROM(ASCII码字库)及CGRAM(自定义字形)三种不同的字符和字形。

三种不同字符/字形的选择编码范围为:0000H~0006H(其代码分别是0000、0002、0004、0006共4个)显示CGROM中的自定义字形;编码为02H~7FH显示HCGROM中的半宽ASCII码字符;编码为0A1A0H~0F7FFH显示CGROM中的8192个中文汉字字形。

模块DDRAM的地址与LCD屏幕上的32个显示区域有着一一对应的关系,其对应关系如表11-7所列。

表11-7 汉字显示时各行坐标对应的DDRAM地址值

行	X坐标							
LINE1	80H	81H	82H	83H	84H	85H	86H	87H
LINE2	90H	91H	92H	93H	94H	95H	96H	97H
LINE3	88H	89H	8AH	8BH	8CH	8DH	8EH	8FH
LINE4	98H	99H	9AH	9BH	9CH	9DH	9EH	9FH

⑦ 图形显示时,先设垂直地址再设水平地址(连续写入2字节的资料来完成垂直与水平的坐标地址);垂直地址范围为AC5~AC0;水平地址范围为AC3~AC0。地址计数器(AC)只会对水平地址(X轴)自动加1,当水平地址=0FH时会重新设为00H,但并不会对垂直地址做进位自动加1,故当连续写入多笔数据时,程序需自行判断垂直地址是否需重新设定。水平坐标与垂直坐标的排列顺序如图11-8所示。

6. 12864点阵型LCD驱动程序的制作

和1602 LCD一样,我们也可以为12864 LCD制作驱动程序软件包。由于12864既可接成并口形式,也可接成串口形式,因此,其软件包也有两种形式。

(1) 并口形式驱动程序软件包

并口形式驱动程序软件包(保存的文件名为Drive_Parallel.asm)具体内容如下:

```
PUBLIC   CHECK_BUSY,CLR_LCD,WRITE_IR,WRITE_DR
CODE_LCD SEGMENT  CODE              ;声明可再定位段
LCD_RS   BIT  P2.0
```

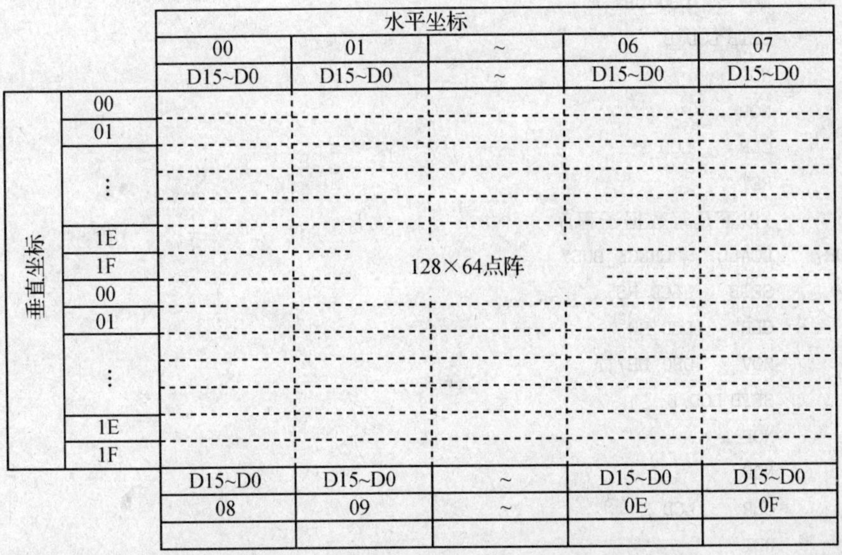

第 11 章　LCD 显示实例解析

		水平坐标				
		00	01	~	06	07
		D15~D0	D15~D0	~	D15~D0	D15~D0
垂直坐标	00					
	01					
	⋮			128×64点阵		
	1E					
	1F					
	00					
	01					
	⋮					
	1E					
	1F					
		D15~D0	D15~D0	~	D15~D0	D15~D0
		08	09	~	0E	0F

图 11-8　水平坐标与垂直坐标的排列顺序

```
           LCD_RW    BIT    P2.1
           LCD_E     BIT    P2.2
           PSB       BIT    P2.3
           REST      BIT    P2.5
           DB0_DB7   EQU    P0
           STORE     EQU    39H
           RSEG      CODE_LCD              ;选择当前段
;以下是 LCD 忙碌检查子程序
CHECK_BUSY: MOV      P0,#0FFH
           CLR       LCD_RS
           SETB      LCD_RW
           SETB      LCD_E
           JB        P0.7,$
           CLR       LCD_E
           RET
;以下是 LCD 清屏子程序
CLR_LCD:   MOV       A,#01H                ;清屏
           LCALL     WRITE_IR
           MOV       A,#34H                ;RE=1,选择扩展指令集
           LCALL     WRITE_IR
           MOV       A,#30H                ;RE=0,选择基本指令集
           LCALL     WRITE_IR
           RET
;以下是写指令子程序
WRITE_IR:  LCALL     CHECK_BUSY
           CLR       LCD_RS
           CLR       LCD_RW
```

```
              MOV    DB0_DB7,A
              SETB LCD_E
              NOP
              NOP
              CLR    LCD_E
              RET
              ;以下是写数据子程序
WRITE_DR:     LCALL    CHECK_BUSY
              SETB    LCD_RS
              CLR    LCD_RW
              MOV    DB0_DB7,A
              SETB LCD_E
              NOP
              NOP
              CLR    LCD_E
              RET
              END
```

(2) 串口形式驱动程序软件包

串口形式驱动程序软件包文件名为 Drive_Serial.asm,在随书光盘 ch11/ch11_7 文件夹中。此处从略。

11.3.2 实例解析 7——12864 LCD 显示汉字

1. 实现功能

在 DD-900 实验开发板上进行如下实验:在 12864 LCD(带字库)的第一行滚动显示"顶顶电子欢迎您!";第二行滚动显示"DD-900 实验开发板";第三行滚动显示"www.ddmcu.com";第四行滚动显示"TEL:15853209853";闪烁三次后,再循环显示。有关电路如图 3-5 所示。

2. 源程序

采用并口方式连接时,编写的源程序如下:

```
              EXTRN    CODE(CLR_LCD,WRITE_IR,WRITE_DR)
                                   ;加入此语句后,应用程序就可以引用驱动程序软件包了
              LCD_RS    BIT    P2.0
              LCD_RW    BIT    P2.1
              LCD_E     BIT    P2.2
              PSB       BIT    P2.3
              REST      BIT    P2.5
              DB0_DB7   EQU    P0
              COUNT     EQU    32H
              ORG    0000H
              LJMP    MAIN
```

第 11 章　LCD 显示实例解析

```
            ORG    0030H
MAIN:       MOV    SP,#60H
            ACALL  LCD_INIT        ;调初始化子程序
                                   ;以下是汉字和字符隔行显示(这是 LCD 正常的显示方式)
            LCALL  CLR_LCD         ;调清屏子程序(在驱动程序软件包中)
            MOV    DPTR,#TAB_1     ;从第 1 行开始显示汉字和字符
            MOV    COUNT,#64       ;地址计数器设为最大值 64,以便显示所有的 4 行
            MOV    A,#80H          ;第 1 行起始地址
            LCALL  WRITE_IR        ;调写指令子程序(在驱动程序软件包中)
            LCALL  SCROLL_DISP     ;调滚动显示子程序
            LCALL  DELAY_05s       ;延时 0.5 s
            LCALL  FLASH           ;开始闪烁
                                   ;以下是汉字和字符逐行显示(需要按顺序写入各行地址)
            ACALL  CLR_LCD         ;调清屏子程序(在驱动程序软件包中)
            MOV    A,#80H          ;第 1 行起始地址
            LCALL  WRITE_IR        ;调写指令子程序(在驱动程序软件包中)
            MOV    DPTR,#TAB_1     ;显示第 1 行汉字和字符
            MOV    COUNT,#16       ;地址计数器设为 16
            LCALL  SCROLL_DISP     ;调滚动显示子程序
            MOV    A,#90H          ;设置第 2 行为起始地址
            LCALL  WRITE_IR        ;调写指令子程序(在驱动程序软件包中)
            MOV    DPTR,#TAB_2     ;显示第 2 行汉字和字符
            MOV    COUNT,#16       ;地址计数器设为 16
            LCALL  SCROLL_DISP     ;调滚动显示子程序
            MOV    A,#88H          ;第 3 行起始地址
            LCALL  WRITE_IR        ;调写指令子程序(在驱动程序软件包中)
            MOV    DPTR,#TAB_3     ;显示第 3 行汉字和字符
            MOV    COUNT,#16       ;地址计数器设为 16
            LCALL  SCROLL_DISP     ;调滚动显示子程序
            MOV    A,#98H          ;设置第 4 行起始地址
            LCALL  WRITE_IR        ;调写指令子程序(在驱动程序软件包中)
            MOV    DPTR,#TAB_4     ;显示第 4 行汉字和字符
            MOV    COUNT,#16       ;地址计数器设为 16
            LCALL  SCROLL_DISP     ;调滚动显示子程序
            LCALL  DELAY_05s       ;延时 0.5 s
            LCALL  FLASH           ;开始闪烁
            LCALL  CLR_LCD         ;调清屏子程序(在驱动程序软件包中)
            AJMP   MAIN
;以下是闪烁子程序
FLASH:      MOV    R4,#3           ;设置闪烁次数
FL_NEXT:    MOV    A,#08H          ;关闭显示
            ACALL  WRITE_IR        ;调写指令子程序(在驱动程序软件包中)
            ACALL  DELAY_05s       ;延时 0.5 s
            MOV    A,#0CH          ;开显示,关闭光标
            ACALL  WRITE_IR        ;调写指令子程序(在驱动程序软件包中)
```

```
                ACALL   DELAY_05s           ;延时 0.5 s
                DJNZ    R4, FL_NEXT         ;R4 不为 3,继续闪烁
                RET
                ;以下是 0.5 s 延时子程序
DELAY_05s:      (略,见光盘)
                ;以下是汉字滚动显示子程序
SCROLL_DISP:    CLR     A
                MOVC    A,@A+DPTR           ;查表取数据
                LCALL   WRITE_DR            ;送显示
                INC     DPTR
                LCALL   DELAY_80ms          ;延时 80 ms,以产生滚动效果
                DJNZ    COUNT, SCROLL_DISP
                RET
                ;以下是 80 ms 延时子程序
DELAY_80ms:     (略,见光盘)
                ;以下是初始化子程序
LCD_INIT:       CLR     REST                ;复位
                LCALL   DELAY_80ms          ;延时 80 ms
                SETB    REST                ;复位结束
                NOP
                SETB    PSB                 ;通信方式设置为 8 位数据并口
                MOV     A,#34H              ;扩充指令操作
                LCALL   WRITE_IR            ;调写指令子程序(在驱动程序软件包中)
                MOV     A,#30H              ;基本指令操作
                LCALL   WRITE_IR            ;调写指令子程序(在驱动程序软件包中)
                MOV     A,#01H              ;清除显示
                LCALL   WRITE_IR            ;调写指令子程序(在驱动程序软件包中)
                MOV     A,#06H              ;光标右移,整体显示不移动
                LCALL   WRITE_IR            ;调写指令子程序(在驱动程序软件包中)
                MOV     A,#0CH              ;开显示,关光标,不闪烁
                LCALL   WRITE_IR            ;调写指令子程序(在驱动程序软件包中)
                RET
TAB_1:          DB      '顶顶电子欢迎您!'   ;显示在第 1 行
TAB_3:          DB      'www.ddmcu.com'     ;显示在第 2 行
TAB_2:          DB      'DD-900 实验开发板' ;显示在第 3 行
TAB_4:          DB      'TEL:15853209853'   ;显示在第 4 行
                END
```

3. 源程序释疑

本例源程序比较简单,在主程序中,首先调用汉字滚动显示子程序 SCROLL_DISP,使显示屏从第 1 行起始列显示 64 个字符(32 个汉字);显示顺序为第 1 行、第 3 行、第 2 行、第 4 行。接着,再分别定位 LCD 的各行首地址(第 1 行为 80H,第 2 行为 90H,第 3 行为 88H,第 4 行为 98H),调用汉字滚动显示子程序 SCROLL_DISP,使 LCD 按顺序进行显示,即显示顺序为第 1 行、第 2 行、第 3 行、第 4 行。

第 11 章 LCD 显示实例解析

4. 实现方法

① 打开 Keil c51 软件,建立工程项目,再建立一个名为 ch11_7.asm 的源程序文件,输入上面的源程序。

② 在工程项目中,再将前面制作的 LCD 并口驱动程序软件包 Drive_Parallel.asm 添加进来。

③ 单击"重新编译"按钮,对源程序 ch11_7.asm 和 Drive_Parallel.asm 进行编译和链接,产生 ch11_7.hex 目标文件。

④ 将 DD-900 实验开发板 JP1 的 LCD、V_{CC} 两插针短接,为 LCD 供电。

⑤ 将 STC89C51 单片机插入到锁紧插座,把 ch11_7.hex 文件下载到 STC89C51 中,观察 LCD 显示是否正常。

该实验源程序和 LCD 并口驱动程序软件包在随书光盘的 ch11\ch11_7 文件夹中。

5. 总结提高

以上源程序是 12864 LCD 采用并行接口时编写的,另外,12864 LCD 和单片机连接时,也可采用串口形式,具体连接方法如表 11-4 所列。

当 12864 LCD 和单片机采用串口方式进行连接时,编程方法与并口方式一致,只需改动两点即可:第一,将初始化子程序 LCD_INIT 中的"SETB PSB"改为"CLR PSB";第二,移去并口驱动程序软件包 Drive_Parallel.asm,同时将串口驱动程序软件包 Drive_Serial.asm 添加到工程项目中。

采用串口方式编写的详细源程序文件 ch11_7_serial.asm 和 LCD 串口驱动程序软件包 Drive_Serial.asm 在随书光盘的 ch11\ch11_7 文件夹中。

11.3.3 实例解析 8——12864 LCD 显示图形

1. 实现功能

在 DD-900 实验开发板上,显示出一头可爱的小胖猪的图片。有关电路如图 3-5 所示。

2. 源程序

根据要求,编写的源程序如下:

```
        EXTRN   CODE(CLR_LCD,WRITE_IR,WRITE_DR)
                    ;加入此语句后,应用程序就可以引用驱动程序软件包了
LCD_RS      BIT     P2.0
LCD_RW      BIT     P2.1
LCD_E       BIT     P2.2
PSB         BIT     P2.3
REST        BIT     P2.5
DB0_DB7     EQU     P0
COUNT       EQU     32H
LCD_X       EQU     30H
LCD_Y       EQU     31H
COUNT1 EQU          33H
```

```
            COUNT2   EQU    34H
            COUNT3   EQU    35H
            ORG      0000H
            LJMP     MAIN
            ORG      0030H
            ;以下是主程序
    MAIN:   MOV      SP,#60H
            ACALL    LCD_INIT        ;调初始化子程序
            LCALL    CLR_LCD         ;调清屏子程序(在驱动程序软件包中)
            MOV      DPTR,#TAB_MAP   ;将图形数据首地址送 DPTR
            LCALL    DISP_MAP        ;调图形显示子程序
            SJMP     $               ;等待
            ;以下是图形显示子程序
DISP_MAP:   MOV      COUNT3,#02      ;屏数计数器,共上下 2 个屏
            MOV      LCD_X,#80H      ;设定第一行首地址(指向第一屏首地址)
MAP_NEXT1:  MOV      LCD_Y,#80H      ;设定第一行首地址(指向第一屏首地址)
            MOV      COUNT2,#32      ;每屏二行,2 行共 32 个字符
MAP_NEXT2:  MOV      COUNT1,#16      ;每行 16 个字符
            LCALL    WR_ZB           ;写入 X、Y 坐标
MAP_NEXT3:  CLR      A
            MOVC     A,@A+DPTR       ;查表
            LCALL    WRITE_DR        ;写入数据
            INC      DPTR            ;DPTR 加 1
            DJNZ     COUNT1,MAP_NEXT3 ;写完一行
            INC      LCD_Y           ;指向下一 Y 坐标
            DJNZ     COUNT2,MAP_NEXT2 ;指向下一屏
            MOV      LCD_X,#88H      ;指向第三行首地址(指向第二屏首地址)
            DJNZ     COUNT3,MAP_NEXT1 ;两屏写完了吗
            MOV      A,#36H          ;功能设定,扩充指令集
            LCALL    WRITE_IR        ;调写指令子程序(在驱动程序软件包中)
            MOV      A,#30H          ;功能设定,基本指令集
            LCALL    WRITE_IR        ;调写指令子程序(在驱动程序软件包中)
            RET
            ;以下是写入显示坐标子程序
    WR_ZB:  MOV      A,#34H          ;功能设定,扩充指令集
            LCALL    WRITE_IR        ;调写指令子程序(在驱动程序软件包中)
            MOV      A,LCD_Y         ;写入 Y 地址
            LCALL    WRITE_IR        ;调写指令子程序(在驱动程序软件包中)
            MOV      A,LCD_X         ;写入 X 地址
            LCALL    WRITE_IR        ;调写指令子程序(在驱动程序软件包中)
            MOV      A,#30H          ;功能设定,基本指令集
            LCALL    WRITE_IR        ;调写指令子程序(在驱动程序软件包中)
            RET
            ;以下是初始化子程序
LCD_INIT:   CLR      REST            ;复位
```

第11章　LCD显示实例解析

```
            LCALL    DELAY_80ms        ;延时80 ms
            SETB  REST
            NOP
            SETB PSB                   ;通信方式为8位数据并口
            MOV    A,#34H              ;扩充指令操作
            LCALL WRITE_IR             ;调写指令子程序(在驱动程序软件包中)
            MOV    A,#30H              ;基本指令操作
            LCALL WRITE_IR             ;调写指令子程序(在驱动程序软件包中)
            MOV    A,#01H              ;清除显示
            LCALL WRITE_IR             ;调写指令子程序(在驱动程序软件包中)
            MOV    A,#06H              ;光标右移,整体显示不移动
            LCALL WRITE_IR             ;调写指令子程序(在驱动程序软件包中)
            MOV    A,#0CH              ;开显示,关光标,不闪烁
            LCALL WRITE_IR             ;调写指令子程序(在驱动程序软件包中)
            RET
            ;以下是80 ms子程序
DELAY_80ms: (略,见光盘)
            ;以下是小猪的图片数据
TAB_MAP:    ((略,见光盘))
```

3. 源程序释疑

图形显示由图形显示子程序 DISP_MAP 完成,由于图形显示时,地址计数器(AC)只会对水平地址 LCD_X 自动加1,并不会对垂直地址做进位自动加1,故当连续写入多笔数据时,DISP_MAP 子程序需判断垂直地址 LCD_Y 是否需重新设定。

下面重点介绍一下图片数据的制作方法:

制作图片数据时,需要采用LCD字模软件,图 11-9 所示为 LCD 字模软件的运行界面。

单击软件工具栏上的"打开"铵钮,在弹出的打开对话框中,选择事先制作好的"小猪"图片(该图片在附书光盘的 ch11\ 文件夹中,注意,图片要做成 bmp 格式的位图,分辨率为 128×64),此时,在软件预览区中出现小猪的预览图,如图 11-10 所示。

再单击软件工具栏上的"生成汇编格式数据"按钮,在"图片和汉字数据生成区"就产生了小猪图片的数据,将此数据复制到源程序上即可。

另外,该软件还可以制作汉字数据,制作时,只需在"汉字输入区"输入汉字,按【Ctrl+Enter】组合键,汉字将发送到预览区,再单击软件工具栏上的"生成汇编格式数据"按钮,即可生成相应汉字的数据。

有关 LCD 字模制作的软件较多,读者可到相关网站去下载。

4. 实现方法

① 打开 Keil c51 软件,建立工程项目,再建立一个名为 ch11_8.asm 的源程序文件,输入上面的源程序。

② 在工程项目中,再将前面制作的 LCD 并口驱动程序软件包 Drive_Parallel.asm 添加进来。

③ 单击"重新编译"按钮,对源程序 ch11_8.asm 和 Drive_Parallel.asm 进行编译和链接,产生 ch11_8.hex 目标文件。

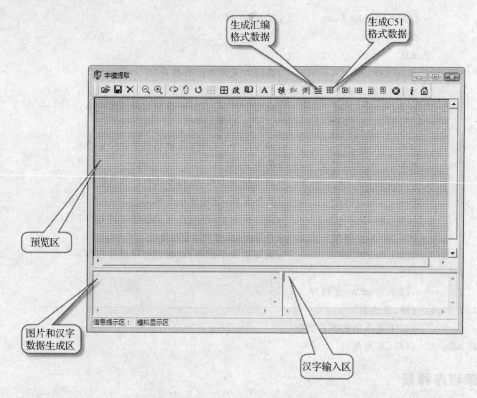

图 11-9　LCD 字模软件运行界面

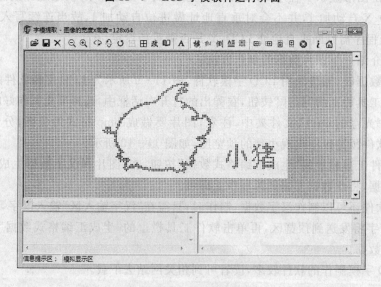

图 11-10　图片的预览图

④ 将 DD-900 实验开发板 JP1 的 LCD、V_{CC} 两插针短接,为 LCD 供电。

⑤ 将 STC89C51 单片机插入到锁紧插座,把 ch11_8.hex 文件下载到 STC89C51 中,观察 LCD 显示的图片是否正常。

该实验源程序和 LCD 并口驱动程序在随书光盘的 ch11\ch11_8 文件夹中。

第 12 章
时钟芯片 DS1302 实例解析

在本书中,我们算是和时钟较上劲了,在第 10 章我们一连制作了两个 LED 时钟,在第 11 章又制作了一个 LCD 时钟。这几个时钟的主要特点是走时时间由单片机的定时器产生,虽然时钟运行正常,但也存在一定的问题。首先,断电后时钟就会停走,送电后需要重新调整时间;其次,单片机定时器的定时时间精度较差,通常很难达到需要的精度。而采用时钟芯片(如 DS1302),则可轻易解决这些问题。时钟芯片不但可节约单片机宝贵的定时器资源,而且时钟功能十分强大,功耗低、精度高,因此,应用十分广泛。

12.1 时钟芯片 DS1302 基本知识

时钟芯片的主要功能是完成年、月、周、日、时、分、秒的计时,通过外部接口为单片机系统提供时钟和日历。时钟芯片大都使用 32.768 kHz 的晶振作为振荡源,本身误差很小;另外,很多时钟芯片还内置有温度补偿电路,因此,走时十分准确。

目前,常用的时钟芯片主要有 DS12887、DS1302、DS3231、PCF8563 等型号,其中,DS1302 应用最为广泛。

12.1.1 DS1302 介绍

时钟芯片 DS1302 是 DALLAS 公司推出的涓流充电型时钟芯片,内含有一个实时时钟/日历和 31 字节静态 RAM,通过简单的串行接口与单片机进行通信,DS1302 电路提供秒、分、时、日、月、年的信息,每月的天数和闰年的天数可自动调整,时钟操作可通过 AM/PM 指示决定采用 24 或 12 小时格式,另外,DS1302 内部有一个 31×8 的用于临时性存放数据的 RAM 寄存器。DS1302 与单片机之间能简单地采用同步串行的方式进行通信,仅需用到 3 个口线,即 RST 复位端、IO 数据端、SCLK 时钟端。DS1302 工作时功耗很低,保持数据和时钟信息时功率小于 1mW。

DS1302 为 8 脚集成电路,其引脚功能如表 12 - 1 所列,DS1302 与单片机的连接如图 12 - 1 所示。

需要特别说明的是,备用电源可以用电池或者超级电容器(0.1F 以上)。虽然 DS1302 在主电源掉电后的耗电很小,但是,如果要长时间保证时钟正常,最好选用小型充电电池。可以用老式计算机主板上的 3.6 V 充电电池。如果断电时间较短(几小时或几天),也可以用漏电较小的普通电解电容器代替,100 μF 就可以保证 1 小时的正常走时。

表 12-1 DS1302 引脚功能

引脚号	符号	功能	引脚号	符号	功能
1	V_{CC2}	主电源输入	5	RST	复位端,RST=1 允许通信;RST=0 禁止通信
2	X1	外接 32.768 kHz 晶振	6	I/O	数据输入/输出端
3	X2	外接 32.768 kHz 晶振	7	SCLK	串行时钟输入端
4	GND	地	8	V_{CC1}	备用电源输入

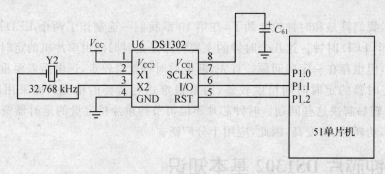

图 12-1 DS1302 与单片机的连接

12.1.2 DS1302 的控制命令字

数据传送是以单片机为主控芯片进行的,每次传送时,由单片机向 DA1302 写入一个控制命令字开始,控制命令字的格式如下:

D7	D6	D5	D4	D3	D2	D1	D0
1	RAM/CK	A4	A3	A2	A1	A0	RD/W

控制命令字的最高位(D7)必须是 1,如果它为 0,则不能把数据写入 DS1302 中。

RAM/CK 位为 DS1302 片内 RAM/时钟选择位,RAM/CK=1 时选择 RAM 操作,RAM/CK=0 时选择时钟操作。

RD/W 是读写控制位,RD/W=1 时为读操作,表示 DS1302 接收完命令字后,按指定的选择对象及寄存器(或 RAM)地址读取数据,并通过 I/O 线传送给单片机;RD/W=0 时为写操作,表示 DS1302 接收完命令字后,紧跟着再接受来自单片机的数据字节,并写入到 DS1302 的相应寄存器或 RAM 单元中。

A0~A4 为片内日历时钟寄存器或 RAM 地址选择位。

12.1.3 DS1302 的寄存器

DS1302 内部寄存器地址及寄存器内容如图 12-2 所示。

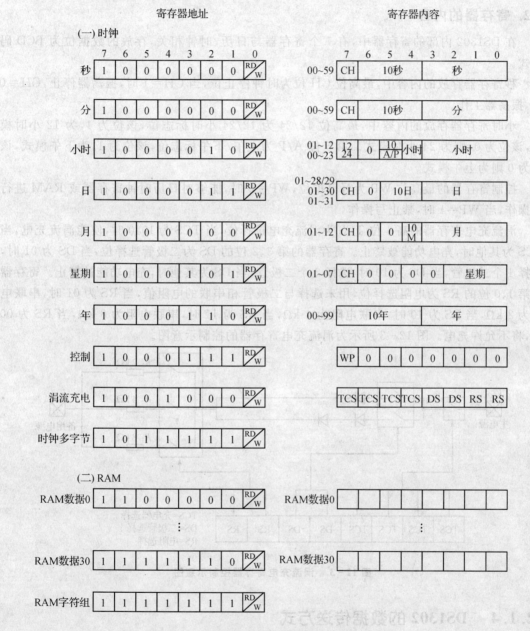

图 12-2　DS1302 内部寄存器地址及寄存器内容

1. 寄存器的地址

寄存器的地址也就是前面所说的寄存器控制命令字。每个寄存器有两个地址。例如对于秒寄存器,读操作时,RD/W=1,读地址为 81H;写操作时,RD/W=0,写地址为 80H。

DS1302 与 RAM 相关的寄存器分为两类：一类是单个 RAM 单元，共 31 个，每个单元组态为一字节，其命令控制字为 0C0H～0FDH，其中奇数为读操作，偶数为写操作；另一类为突发方式下的 RAM 多字节寄存器，此方式下可一次性读写所有的 RAM 的 31 字节，命令控制字为 0FEH（写）、0FFH（读）。

2. 寄存器的内容

在 DS1302 内部的寄存器中，有 7 个寄存器与日历、时钟相关，存放的数据位为 BCD 码形式。

秒寄存器存放的内容中，最高位 CH 位为时钟停止位，当 CH＝1 时，振荡器停止，CH＝0 时，振荡器工作。

小时寄存器存放的内容中，最高位 12/24 为 12/24 小时标志位，该位为 1，为 12 小时模式，该位为 0，则为 24 小时模式。第 5 位 A/P 为上午/下午标志位，该位为 1，为下午模式，该位为 0 则为上午模式。

控制寄存器的最高位 WP 为写保护位，WP＝0 时，能够对日历时钟寄存器或 RAM 进行写操作，当 WP＝1 时，禁止写操作。

涓流充电寄存器的高 4 位 TCS 为涓流充电选择位，当 TCS 为 1010 时，使能涓流充电，当 TCS 为其他时，充电功能被禁止。寄存器的第 3、2 位的 DS 为二极管选择位，当 DS 为 01 时，选择 1 个二极管，当 DS 为 10 时，选择 2 个二极管，当 DS 为其他时，充电功能被禁止。寄存器的第 1、0 位的 RS 为电阻选择位，用来选择与二极管相串联的电阻值，当 RS 为 01 时，串联电阻为 2 kΩ，当 RS 为 10 时，串联电阻为 4 kΩ，当 RS 为 11 时，串联电阻为 8 kΩ，当 RS 为 00 时，将不允许充电。图 12-3 所示为涓流充电寄存器的控制示意图。

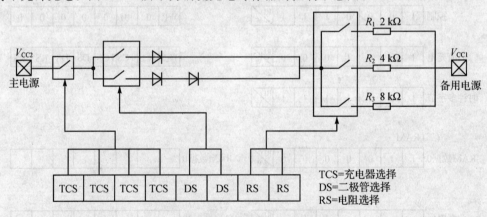

图 12-3　涓流充电寄存器控制示意图

12.1.4　DS1302 的数据传送方式

DS1302 有单字节传送方式和多字节传送方式。通过把 RST 复位线驱动至高电平，启动所有的数据传送。图 12-4 所示为单字节数据传送示意图。传送时，首先在 8 个 SCLK 周期内传送写命令字节，然后，在随后的 8 个 SCLK 周期的上升沿输入数据字节，数据从位 0 开始输入。

第 12 章 时钟芯片 DS1302 实例解析

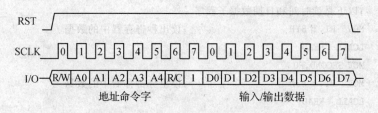

图 12-4 单字节数据传送示意图

数据输入时,时钟的上升沿数据必须有效,数据的输出在时钟的下降沿。如果 RST 为低电平,那么所有的数据传送将被中止,且 I/O 引脚变为高阻状态。

上电时,在电源电压大于 2.5V 之前,RST 必须为逻辑 0。当把 RST 驱动至逻辑 1 状态时,SCLK 必须为逻辑 0。

12.1.5　DS1302 驱动程序软件包的制作

为方便编程,在这里,我们仍制作一个 DS1302 的驱动程序软件包,软件包具体内容如下(软件包文件名为 DS1302_drive.asm,其中使用的汇编伪指令介绍请参考本书第 11 章)。

```
            PUBLIC   D1302_INIT,Set1302,Get1302,WRITE,READ
                                    ;声明公用符号
            CODE_DS1302   SEGMENT  CODE   ;声明可再定位段名
            T_CLK   BIT   P1.0    ;实时时钟时钟线引脚
            T_IO    BIT   P1.1    ;实时时钟数据线引脚
            T_RST   BIT   P1.2    ;实时时钟复位线引脚
            SECOND  EQU   30H     ;秒缓冲单元
            MINUTE  EQU   31H     ;分钟缓冲单元
            HOUR    EQU   32H     ;小时缓冲单元
            DAY     EQU   33H     ;日缓冲单元
            MONTH   EQU   34H     ;月缓冲单元
            WEEK    EQU   35H     ;星期缓冲单元
            YEAR    EQU   36H     ;年缓冲单元
            RSEG    CODE_DS1302   ;使用当前段
            ;以下是 DS1302 初始化子程序(R0 存放数据,R1 存放地址)
D1302_INIT: CLR     T_RST          ;DS1302 复位
            CLR     T_CLK
            NOP
            NOP
            SETB    T_RST
            MOV     R1,#80H        ;写秒寄存器
            MOV     R0,#00H        ;启动振荡器
            LCALL   WRITE
            MOV     R1,#90H        ;写充电寄存器
            MOV     R0,#0ABH       ;写入 0ABH,使 TCS 为 1010,DS 为 10,RS 为 11
            LCALL   WRITE
            RET
```

```
            ;以下是读时间和日期数据子程序
Get1302:    MOV   R1,#81H              ;读出秒寄存器中的数据
            LCALL READ
            MOV   SECOND,R0
            MOV   R1,#83H              ;读出分寄存器中的数据
            LCALL READ
            MOV   MINUTE,R0
            MOV   R1,#85H              ;读出时寄存器中的数据
            LCALL READ
            MOV   HOUR,R0
            MOV   R1,#87H              ;读出日期寄存器中的数据
            LCALL READ
            MOV   DAY,R0
            MOV   R1,#89H              ;读出月份寄存器中的数据
            LCALL READ
            MOV   MONTH,R0
            MOV   R1,#8BH              ;读出星期寄存器中的数据
            LCALL READ
            MOV   WEEK,R0
            MOV   R1,#8DH              ;读出年寄存器中的数据
            LCALL READ
            MOV   YEAR,R0
            RET
            ;以下是时钟日历写操作子程序(单片机向DS1302写入初始时间,并启动计时)
Set1302:    MOV   R1,#80H              ;写秒寄存器
            MOV   R0,SECOND
            LCALL WRITE
            MOV   R1,#82H              ;写分寄存器
            MOV   R0,MINUTE
            LCALL WRITE
            MOV   R1,#84H              ;写时寄存器
            MOV   R0,HOUR
            LCALL WRITE
            MOV   R1,#86H              ;写日期寄存器
            MOV   R0,DAY
            LCALL WRITE
            MOV   R1,#88H              ;写月期寄存器
            MOV   R0,MONTH
            LCALL WRITE
            MOV   R1,#8AH              ;写星期寄存器
            MOV   R0,WEEK
            LCALL WRITE
            MOV   R1,#8CH              ;写年寄存器
            MOV   R0,YEAR
            LCALL WRITE
```

第12章 时钟芯片DS1302实例解析

```
                RET
        ;以下是写DS1302一字节地址和数据子程序
WRITE:      CLR   T_CLK
            NOP
            NOP
            SETB  T_RST
            NOP
            MOV   A,R1
            MOV   R2,#08H
WRI_01:     RRC   A                        ;传输R1中的存放的地址到DS1302
            NOP
            NOP
            CLR   T_CLK
            NOP
            NOP
            MOV   T_IO,C
            NOP
            NOP
            SETB  T_CLK
            NOP
            NOP
            DJNZ  R2,WRI_01
            CLR   T_CLK
            NOP
            NOP
            MOV   A,R0
            MOV   R2,#08H
WRI_02:     RRC   A                        ;传输R0中存放的数据到DS1302
            NOP
            CLR   T_CLK
            NOP
            NOP
            MOV   T_IO,C
            NOP
            NOP
            SETB  T_CLK
            NOP
            NOP
            DJNZ  R2,WRI_02
            CLR   T_CLK
            NOP
            NOP
            CLR   T_RST
            NOP
            NOP
```

```
            RET
            ;以下是从 DS1302 读取一字节地址中的一字节数据子程序
READ:       CLR   T_CLK
            NOP
            NOP
            SETB  T_RST
            NOP
            NOP
            MOV   A,R1
            MOV   R2,#08H
READ_01:    RRC   A
            NOP                              ;先传输地址到 DS1302
            MOV   T_IO,C
            NOP
            NOP
            SETB  T_CLK
            NOP
            NOP
            CLR   T_CLK
            NOP
            NOP
            DJNZ  R2,READ_01
            NOP
            NOP
            SETB  T_IO
            CLR   A
            CLR   C
            MOV   R2,#08H
READ_02:    CLR   T_CLK
            NOP
            NOP
            MOV   C,T_IO
            NOP
            NOP
            RRC   A                          ;再从 DS1302 接收数据
            NOP
            NOP
            SETB  T_CLK
            NOP
            NOP
            DJNZ  R2,READ_02
            MOV   R0,A
            CLR   T_RST
            RET
            END
```

第12章 时钟芯片 DS1302 实例解析

如果读者不喜欢采用驱动程序软件包的形式,只需将以上几个子程序直接复制到自己所编写的源程序中即可。

12.2 时钟芯片 DS1302 读写实例解析

12.2.1 实例解析 1——DS1302 数码管电子钟

1. 实现功能

在 DD-900 实验开发板上实现数码管电子钟功能:开机后,数码管开始走时,调整好时间后断电,开机仍能正常走时(断电时间不要太长);按 K1 键(设置键)走时停止,蜂鸣器响一声,此时,再按 K2 键(小时加 1 键),小时加 1,按 K3 键(分钟加 1 键),分钟加 1,调整完成后按 K4 键(运行键),蜂鸣器响一声后继续走时。有关电路如图 3-4、图 3-14、图 3-17 和图 3-20 所示。

2. 源程序

```
           EXTRN  CODE(D1302_INIT,Set1302,Get1302,WRITE,READ)
                              ;加入此语句后,应用程序就可以引用驱动程序软件包了
T_CLK   BIT   P1.0            ;实时时钟时钟线引脚
T_IO    BIT   P1.1            ;实时时钟数据线引脚
T_RST   BIT   P1.2            ;实时时钟复位线引脚
SECOND  EQU   30H             ;秒缓冲单元
MINUTE  EQU   31H             ;分钟缓冲单元
HOUR    EQU   32H             ;小时缓冲单元
DAY     EQU   33H             ;日缓冲单元
MONTH   EQU   34H             ;月缓冲单元
WEEK    EQU   35H             ;星期缓冲单元
YEAR    EQU   36H             ;年缓冲单元
K1      BIT   P3.2            ;定义 K1 键
K2      BIT   P3.3            ;定义 K2 键
K3      BIT   P3.4            ;定义 K3 键
K4      BIT   P3.5            ;定义 K4 键
DISP_DIGIT    EQU   37H       ;位选通控制位,传送到 P2 口,用于打开相应的数码管
                              ;如等于 0FEH 时,P2.0 为 0,第 1 个数码管得电显示
DISP_SEL      EQU   38H       ;显示位数计数器,显示程序通过它知道正在显示哪一位数
                              ;码管
DISP_BUF      EQU   39H       ;显示缓冲区首地址
        ORG   0000H           ;程序从 0000H 开始
        AJMP  MAIN            ;跳转到主程序 MAIN
        ORG   0000BH          ;定时器 T0 中断服务程序入口地址
        LJMP  TIME0           ;跳转到定时器 T0 中断服务程序
        ORG   030H            ;主程序从 030H 开始
```

```
              ;以下是主程序
MAIN:    MOV    SP,#70H              ;堆栈指针指向70H
         MOV    P0,#0FFH             ;P0口置1
         MOV    P2,#0FFH             ;P2口置1
         MOV    DISP_DIGIT,#0FEH     ;位选通控制位赋初值0FEH,即先选通第1只数码管
         MOV    DISP_SEL,#0          ;显示位数计数器清零
         ACALL  T0_INIT              ;调定时器T0初始化子程序
         ACALL  D1302_INIT           ;调D1302初始化子程序(在驱动程序软件包中)
         NOP
START:   ACALL  Get1302              ;读取DS1302数据(在驱动程序软件包中)
         ACALL  CONV                 ;调转换子程序
         JB     K1,K1_NEXT           ;若K1未按下,跳转到K1_NEXT
         ACALL  BEEP_ONE             ;调蜂鸣器响一声子程序
         ACALL  KEY_PROC             ;K1键按下时,调按键处理子程序
         AJMP   START                ;跳转到START
K1_NEXT: JB     K2,K2_NEXT           ;若K2未按下,跳转到K2_NEXT
         AJMP   START                ;跳转到START
K2_NEXT: JB     K3,K3_NEXT           ;若K3未按下,跳转到K3_NEXT
         AJMP   START                ;跳转到START
K3_NEXT: JB     K4,K4_NEXT           ;若K4未按下,跳转到K4_NEXT
K4_NEXT: AJMP   START                ;跳转到START继续循环
              ;以下是定时器T0初始化子程序
T0_INIT: MOV    TMOD,#01H            ;定时器T0设定为工作方式1
         MOV    TH0,#0F8H            ;定时器T0计数初值高位(定时时间为2ms)
         MOV    TL0,#0CCH            ;定时器T0计数初值低位(定时时间为2ms)
         SETB   EA                   ;开总中断
         SETB   ET0                  ;允许定时器T0中断
         SETB   TR0                  ;启动定时器T0
         RET
              ;以下是走时转换子程序
CONV:    MOV    A,HOUR               ;小时缓冲区内容送A
         MOV    B,#10H               ;转换为十六进制
         DIV    AB                   ;A除以B,商存于A,余数存于B
         MOV    DISP_BUF,A           ;将小时十位数送DISP_BUF
         MOV    A,B                  ;将小时个位数送A
         MOV    DISP_BUF+1,A         ;将小时个位数送DISP_BUF+1
         MOV    A,MINUTE             ;分钟缓冲区内容送A
         MOV    B,#10H               ;转换为十六进制
         DIV    AB                   ;A除以B,商存于A,余数存于B
         MOV    DISP_BUF+3,A         ;将分钟十位数送DISP_BUF+3
         MOV    A,B                  ;将分钟个位数送A
         MOV    DISP_BUF+4,A         ;将分钟个位数送DISP_BUF+4
         MOV    A,SECOND             ;将秒缓冲区内容送A
         MOV    B,#10H               ;转换为十六进制
         DIV    AB                   ;A除以B,商存于A,余数存于B
```

第12章 时钟芯片DS1302实例解析

```asm
            MOV   DISP_BUF+6,A          ;将秒十位数送 DISP_BUF+6
            MOV   A,B                   ;将秒个位数送 A
            MOV   DISP_BUF+7,A          ;将秒个位数送 DISP_BUF+7
            MOV   DISP_BUF+2,#10        ;第3位数码管显示"-"("-"显示码为0BFH,位于第10位)
            MOV   DISP_BUF+5,#10        ;第6位数码管显示"-"
            RET
;以下是定时器T0中断服务程序(定时时间2 ms),用于数码管的动态扫描
TIME0:      PUSH  ACC                   ;ACC入栈
            PUSH  PSW                   ;PSW入栈
            MOV   TH0,#0F8H             ;重装计数初值
            MOV   TL0,#0CCH             ;重装计数初值
            ACALL DISP                  ;调显示子程序
            POP   PSW                   ;PSW出栈
            POP   ACC                   ;ACC出栈
            RETI                        ;中断服务程序返回
;以下是显示子程序(与第10章实例解析2完全一致)
DISP:       SETB  RS0
            SETB  RS1                   ;设置寄存器组,以免和驱动程序软件包中的R0、R1发生使用
                                        ;冲突
            MOV   P2,#0FFH              ;先关闭所有数码管
            MOV   A,#DISP_BUF           ;获得显示缓冲区基地址
            ADD   A,DISP_SEL            ;将 DISP_BUF + DISP_SEL 送 A
            MOV   R0,A                  ;R0 = 基地址 + 偏移量
            MOV   A,@R0                 ;将显示缓冲区 DISP_BUF + DISP_SEL 的内容送 A
            MOV   DPTR,#TAB             ;将 TAB 地址送 DPTR
            MOVC  A,@A+DPTR             ;根据显示缓冲区(DISP_BUF + DISP_SEL)的内容查表
            MOV   P0,A                  ;显示代码传送到P0口
            MOV   P2,DISP_DIGIT         ;位选通位(初值为FEH)送P2
            MOV   A,DISP_DIGIT          ;位选通位送A
            RL    A                     ;位选通位左移,下次中断时选通下一位数码管
            MOV   DISP_DIGIT,A          ;将下一位的位选通值送回 DISP_DIGIT,以便打开下一位
            INC   DISP_SEL              ;DISP_SEL加1,下次中断时显示下一位
            MOV   A,DISP_SEL            ;显示位数计数器内容送A
            CLR   C                     ;CY位清零
            SUBB  A,#8                  ;A的内容减8,判断8个数码管是否扫描完毕
            JZ    RST_0                 ;若A的内容为0,跳转到RST_0
            AJMP  DISP_RET              ;若A的内容不为0,说明8个数码管未扫描完
                                        ;跳转到DISP_RET退出,准备下次中断继续扫描
RST_0:      MOV   DISP_SEL,#0           ;若8个数码管扫描完毕,则让显示计数器回0
                                        ;准备重新从第1个数码管继续扫描
DISP_RET:   RET
;以下是数码管的显示码
TAB:        DB    0C0H,0F9H,0A4H,0B0H,099H     ;0~4的显示码
            DB    092H,082H,0F8H,080H,090H     ;5~9的显示码
            DB    0BFH                         ;"-"的显示码,位于第10位
```

```asm
                DB      0FFH                    ;数码管熄灭码
                ;以下是按键处理子程序(当K1键按下时,对K2、K3、K4键进行判断并处理)
KEY_PROC:       MOV     R1,#8EH                 ;控制寄存器地址 8EH 送 B
                MOV     R0,#00H                 ;送 00H 到控制寄存器,使 WP=0,解除写保护
                LCALL   WRITE                   ;写操作(在驱动程序软件包中)
                MOV     R1,#80H                 ;秒寄存器地址为 80H
                MOV     R0,#80H                 ;最高位置1,振荡器停止
                LCALL   WRITE                   ;写操作(在驱动程序软件包中)
KEY2:           JB      K2,KEY3                 ;未按下 K2 键则跳转到 KEY3 继续扫描
                ACALL   DELAY_10ms              ;延时 10ms 去除键抖动
                JB      K2,KEY3                 ;未按下 K2 键则跳转到 KEY3 继续扫描
                JNB     K2,$                    ;若按下 K2 则等待放开
                MOV     A,HOUR                  ;小时单元值送 A
                ADD     A,#1                    ;小时加 1
                DA      A                       ;十进制调整
                MOV     HOUR,A                  ;送小时缓冲区
                CJNE    A,#24H,KEY2_NEXT        ;小时是否是 24H,若不是,跳转到 KEY2_NEXT
                MOV     HOUR,#0                 ;小时单元清零
KEY2_NEXT:      ACALL   CONV                    ;调转换子程序,转换为适合显示的数据
                AJMP    KEY2                    ;跳转到 KEY2 继续执行
KEY3:           JB      K3,KEY4                 ;未按下 K3 键则跳转到 KEY4 继续扫描
                ACALL   DELAY_10ms              ;延时 10ms 去除键抖动
                JB      K3,KEY4                 ;未按下 K3 键则跳转到 KEY4 继续扫描
                JNB     K3,$                    ;若按下 K3 则等待放开
                MOV     A,MINUTE                ;分钟单元值送 A
                ADD     A,#1                    ;分钟加 1
                DA      A                       ;十进制调整
                MOV     MINUTE,A                ;送分钟缓冲区
                CJNE    A,#60H,KEY3_NEXT        ;是否到 60 min,若没到,跳转到 KEY3_NEXT
                MOV     MINUTE,#0               ;若分钟到60H,则分钟单元值清零
KEY3_NEXT:      ACALL   CONV                    ;调转换子程序
                AJMP    KEY2                    ;跳转到 KEY2 继续执行
KEY4:           JB      K4,KEY2                 ;未按下 K4 键则跳转到 KEY2 继续扫描
                JNB     K4,$                    ;若 K4 按下,则等待放开
                ACALL   BEEP_ONE                ;调蜂鸣器响一声子程序
                ACALL   Set1302                 ;将调整后的数据写入到 DS1302 中
                MOV     R1,#80H                 ;秒寄存器地址为 80H
                MOV     R0,#00H                 ;送 00 到秒寄存器地址,使最高位为 0,启动振荡器
                LCALL   WRITE                   ;写操作(在驱动程序软件包中)
                MOV     R1,#8EH                 ;写控制寄存器地址为 8EH
                MOV     R0,#80H                 ;送 80H 到控制寄存器,使 WP=1,写保护启动
                LCALL   WRITE                   ;写操作(在驱动程序软件包中)
                RET
                ;以下是蜂鸣器响一声子程序
BEEP_ONE:       CLR     P3.7                    ;开蜂鸣器
```

第 12 章　时钟芯片 DS1302 实例解析

```
            ACALL   DELAY_100ms        ;延时 100 ms
            SETB    P3.7               ;关蜂鸣器
            ACALL   DELAY_100ms        ;延时 100 ms
            RET
            ;以下是 10 ms 延时子程序
DELAY_10ms: (略,见光盘)
            ;以下是 100 ms 延时子程序
DELAY_100ms:(略,见光盘)
            END
```

3. 源程序释疑

本例源程序与第 10 章实例解析 3 介绍的简易数码管电子钟的源程序有很多相同和相似的地方,主要区别有以下几点:

① 第 10 章简易数码管电子钟的走时功能由定时器 T1 完成,而本例源程序的走时功能由 DS1302 时钟芯片完成。

② 二者的走时转换子程序 CONV 有所不同,不能互换,否则会出现走时混乱的情况。

③ 二者的按键处理子程序 KEY_PROC 有所不同,本例的 KEY_PROC 子程序增加了对 DS1302 的控制功能(如振荡器的关闭与启动、调整数据的写入等)。

需要特别提醒读者的是,在驱动程序软件包中,占用了 R0、R1 寄存器资源,而在源程序的显示子程序中,又使用到了 R0 寄存器,为了使两个 R0 不发生冲突,在显示子程序 DISP 中使用了以下两条语句:

```
SETB    RS0
SETB    RS1
```

增加这两条语句后,在使用 R0 时,虽然和驱动程序软件包中的 R0 重名,但存储空间并不重叠,因此,不会发生使用上的冲突。

读者可以试着将以上两条语句去掉,运行程序,看看发生了什么现象?

结果表明,去掉这两条语句后,会出现以下现象:走时正常,按下 K1 键可进入调时状态,按下 K2、K3 键也可调时、调分;但按下 K4 键后,调好的时间会发生变化。

4. 实现方法

① 打开 Keil c51 软件,建立工程项目,再建立一个名为 ch12_1.asm 的源程序文件,输入上面的源程序。

② 在工程项目中,再将前面制作的驱动程序软件包 DS1302_drive.asm 添加进来。

③ 单击"重新编译"按钮,对源程序 ch12_1.asm 和 DS1302_drive.asm 进行编译和链接,产生 ch12_1.hex 目标文件。

④ 将 DD-900 实验开发板 JP1 的 DS、V_{CC} 两插针短接,为数码管供电。同时,将 JP5 的 1302(CLK)、1302(IO)、1302(RST)分别和 P10、P11、P12 短接,使 DS1302 和单片机连接起来。

⑤ 将 STC89C51 单片机插入到锁紧插座,把 ch12_1.hex 文件下载到 STC89C51 中,观察时钟走时、调整是否正常,断电后再开机时钟走时又是否准确。

该实验源程序和 DS1302 驱动程序在随书光盘的 ch12\ch12_1 文件夹中。

12.2.2 实例解析 2——DS1302 LCD 电子钟

1. 实现功能

在 DD-900 实验开发板上实现 LCD 电子钟功能：开机后，LCD 上显示以下内容并开始走时，并且断电后再开机走时依然准确——

"---LCD Clcok---"

"****XX:XX:XX****"

按 K1 键（设置键）走时停止，蜂鸣器响一声，此时，再按 K2 键（小时加 1 键），小时加 1，按 K3 键（分钟加 1 键），分钟加 1，调整完成后按 K4 键（运行键），蜂鸣器响一声后继续走时。

有关电路如图 3-5、图 3-14、图 3-17 和图 3-20 所示。

2. 源程序

```
            EXTRN    CODE(D1302_INIT,Set1302,Get1302,WRITE,READ)
                             ;加入此语句后，应用程序就可以引用 D1302 驱动程序软件包了
            EXTRN    CODE(HOT_START,CHECK_BUSY,CLR_LCD,WRITE_IR,WRITE_DR)
                             ;加入此语句后，应用程序就可以引用 1602 LCD 驱动程序软件包了
    LCD_RS   BIT   P2.0      ;定义 LCD_RS 数据/命令选择信号
    LCD_RW   BIT   P2.1      ;定义 LCD_RW 读写信号
    LCD_E    BIT   P2.2      ;定义 LCD_E 使能信号
    DB0_DB7  EQU   P0        ;定义 DB0_DB7 数据信号
    K1       BIT   P3.2      ;定义 K1 键
    K2       BIT   P3.3      ;定义 K2 键
    K3       BIT   P3.4      ;定义 K3 键
    K4       BIT   P3.5      ;定义 K4 键
    T_CLK    BIT   P1.0      ;实时时钟时钟线引脚
    T_IO     BIT   P1.1      ;实时时钟数据线引脚
    T_RST    BIT   P1.2      ;实时时钟复位线引脚
    SECOND   EQU   30H       ;秒缓冲单元
    MINUTE   EQU   31H       ;分钟缓冲单元
    HOUR     EQU   32H       ;小时缓冲单元
    DAY      EQU   33H       ;日缓冲单元
    MONTH    EQU   34H       ;月缓冲单元
    WEEK     EQU   35H       ;星期缓冲单元
    YEAR     EQU   36H       ;年缓冲单元
             ORG   0000H     ;程序从 0000H 开始
             AJMP  MAIN      ;跳转到主程序 MAIN
             ORG   030H      ;主程序从 030H 开始
             ;以下是主程序
    MAIN:    MOV   SP,#70H   ;堆栈指针指向 70H
             MOV   P0,#0FFH  ;P0 口置 1
```

第12章 时钟芯片 DS1302 实例解析

```
                MOV P2,#0FFH              ;P2口置1
                ACALL  HOT_START          ;热启动(在LCD驱动程序软件包中)
                ACALL CLR_LCD             ;清LCD(在LCD驱动程序软件包中)
                MOV A,#10000000B          ;指向第1行第0列
                ACALL WRITE_IR            ;调写指令子程序(在LCD驱动程序软件包中)
                MOV DPTR,#LINE1           ;将LINE1的首地址送DPTR
                LCALL DISP_STR            ;调字符串显示子程序
                MOV A,#11000000B          ;指向第2行第0列
                ACALL WRITE_IR            ;调写指令子程序(在LCD驱动程序软件包中)
                MOV DPTR,#LINE2           ;将LINE2的首地址送DPTR
                LCALL DISP_STR            ;调字符串显示子程序
                MOV A,#11001100B          ;指向第2行第12列
                ACALL WRITE_IR            ;调写指令子程序(在LCD驱动程序软件包中)
                MOV DPTR,#LINE2           ;将LINE2的首地址送DPTR
                LCALL DISP_STR            ;调字符串显示子程序
                ACALL  D1302_INIT         ;调D1302初始化子程序(D1302在驱动程序软件包中)
                NOP
START:          ACALL  Get1302            ;读取DS1302数据(在D1302驱动程序软件包中)
                ACALL  CONV               ;调转换子程序
                JB  K1,K1_NEXT            ;若K1未按下,跳转到K1_NEXT
                ACALL  BEEP_ONE           ;调蜂鸣器响一声子程序
                ACALL  KEY_PROC           ;K1键按下时,调按键处理子程序
                AJMP  START               ;跳转到START
K1_NEXT:        JB  K2,K2_NEXT            ;若K2未按下,跳转到K2_NEXT
                AJMP  START               ;跳转到START
K2_NEXT:        JB  K3,K3_NEXT            ;若K3未按下,跳转到K3_NEXT
                AJMP  START               ;跳转到START
K3_NEXT:        JB  K4,K4_NEXT            ;若K4未按下,跳转到K4_NEXT
K4_NEXT:        AJMP  START               ;跳转到START继续循环
;以下是LCD字符串显示子程序(与本章实例解析1的字符串显示子程序完全一致)
DISP_STR:       PUSH  ACC                 ;ACC入栈
DISP_LOOP:      CLR  A                    ;清A
                MOVC  A,@A+DPTR           ;查表
                JZ  END_STR               ;若A的值为0,则退出
                LCALL WRITE_DR            ;调写数据寄存器DR子程序(在LCD驱动程序软件包中)
                INC  DPTR                 ;DPTR加1
                SJMP  DISP_LOOP           ;跳转到DISP_LOOP继续循环
END_STR:        POP ACC                   ;ACC出栈
                RET
;以下是LCD第1、2行显示字符串
LINE1:          DB  "---LCD  Clcok---",00H  ;表格,其中00H表示结束符
LINE2:          DB  "****",00H              ;表格,其中00H表示结束符
;以下是走时转换子程序
CONV:           MOV A,#11000100B          ;指向第2行第4列
                ACALL WRITE_IR            ;调写指令子程序(在LCD驱动程序软件包中)
```

```
            MOV  A,HOUR                ;小时单元送 A
            MOV  B,#10H                ;转换为十六进制
            DIV      AB                ;A 除以 B,商存于 A,余数存于 B
            ADD  A,#30H                ;加 30H,得到小时十位的 ASCII 码
            LCALL WRITE_DR             ;调写数据寄存器 DR 子程序(在 LCD 驱动程序软件包中)
            MOV  A,B                   ;将小时个位数送 A
            ADD  A,#30H                ;加 30H,得到小时个位的 ASCII 码
            LCALL WRITE_DR             ;调写数据寄存器 DR 子程序(在 LCD 驱动程序软件包中)
            MOV  A,#3AH                ;将冒号的 ASCII 码(3AH)送 A
            LCALL WRITE_DR             ;调写数据寄存器 DR 子程序(在 LCD 驱动程序软件包中)
            MOV  A,MINUTE              ;将分钟单元送 A
            MOV  B,#10H                ;转换为十六进制
            DIV      AB                ;A 除以 B,商存于 A,余数存于 B
            ADD  A,#30H                ;加 30H,得到分钟十位的 ASCII 码
            LCALL WRITE_DR             ;调写数据寄存器 DR 子程序(在 LCD 驱动程序软件包中)
            MOV  A,B                   ;将分钟个位数送 A
            ADD  A,#30H                ;加 30H,得到分钟个位的 ASCII 码
            LCALL WRITE_DR             ;调写数据寄存器 DR 子程序(在 LCD 驱动程序软件包中)
            MOV  A,#3AH                ;将冒号的 ASCII 码(3AH)送 A
            LCALL WRITE_DR             ;调写数据寄存器 DR 子程序(在 LCD 驱动程序软件包中)
            MOV  A,SECOND              ;将秒单元送 A
            MOV  B,#10H                ;转换为十六进制
            DIV      AB                ;A 除以 B,商存于 A,余数存于 B
            ADD  A,#30H                ;加 30H,得到秒十位的 ASCII 码
            LCALL WRITE_DR             ;调写数据寄存器 DR 子程序(在 LCD 驱动程序软件包中)
            MOV  A,B                   ;将秒个位数送 A
            ADD  A,#30H                ;加 30H,得到秒个位的 ASCII 码
            LCALL WRITE_DR             ;调写数据寄存器 DR 子程序(在 LCD 驱动程序软件包中)
            RET
            ;以下是按键处理子程序(当 K1 键按下时,对 K2、K3、K4 键进行判断并处理)
KEY_PROC:   MOV  R1,#8EH               ;控制寄存器地址 8EH 送 B
            MOV  R0,#00H               ;送 00H 到控制寄存器,使 WP = 0,解除写保护
            LCALL  WRITE               ;写操作(在驱动程序软件包中)
            MOV  R1,#80H               ;秒寄存器地址为 80H
            MOV  R0,#80H               ;最高位置 1,振荡器停止
            LCALL  WRITE               ;写操作(在 D1302 驱动程序软件包中)
KEY2:       JB   K2,KEY3               ;未按下 K2 键则跳转到 KEY3 继续扫描
            ACALL DELAY_10ms           ;延时 10ms 去除键抖动
            JB   K2,KEY3               ;未按下 K2 键则跳转到 KEY3 继续扫描
            JNB  K2,$                  ;若按下 K2 则等待放开
            MOV  A,HOUR                ;小时单元值送 A
            ADD  A,#1                  ;小时加 1
            DA   A                     ;十进制调整
            MOV  HOUR,A                ;送小时缓冲区
            CJNE A,#24H,KEY2_NEXT      ;小时是否是 24H,若不是,跳转到 KEY2_NEXT
```

第12章 时钟芯片 DS1302 实例解析

```
                MOV    HOUR,#0              ;小时单元清零
KEY2_NEXT:      ACALL  CONV                 ;调转换子程序,转换为适合显示的数据
                AJMP   KEY2                 ;跳转到 KEY2 继续执行
KEY3:           JB     K3,KEY4              ;未按下 K3 键则跳转到 KEY4 继续扫描
                ACALL  DELAY_10ms           ;延时 10ms 去除键抖动
                JB     K3,KEY4              ;未按下 K3 键则跳转到 KEY4 继续扫描
                JNB    K3,$                 ;若按下 K3 则等待放开
                MOV    A,MINUTE             ;分钟单元值送 A
                ADD    A,#1                 ;分钟加 1
                DA     A                    ;十进制调整
                MOV    MINUTE,A             ;送分钟缓冲区
                CJNE   A,#60H,KEY3_NEXT     ;是否到 60 min,若没到,跳转到 KEY3_NEXT
                MOV    MINUTE,#0            ;若分钟到 60,则分钟单元值清零
KEY3_NEXT:      ACALL  CONV                 ;调转换子程序
                AJMP   KEY2                 ;跳转到 KEY2 继续执行
KEY4:           JB     K4,KEY2              ;未按下 K4 键则跳转到 KEY2 继续扫描
                JNB    K4,$                 ;若 K4 按下,则等待放开
                ACALL  BEEP_ONE             ;调蜂鸣器响一声子程序
                ACALL  Set1302              ;将调整后的数据写入到 DS1302 中(在 D1302 驱动程序软件
                                             包中)
                MOV    R1,#80H              ;秒寄存器地址为 80H
                MOV    R0,#00H              ;送 00 到秒寄存器地址,使最高位为 0,启动振荡器
                LCALL  WRITE                ;写操作(在 D1302 驱动程序软件包中)
                MOV    R1,#8EH              ;写控制寄存器地址为 8EH
                MOV    R0,#80H              ;送 80H 到控制寄存器,使 WP=1,写保护启动
                LCALL  WRITE                ;写操作(在 D1302 驱动程序软件包中)
                RET
;以下是蜂鸣器响一声子程序
BEEP_ONE:       CLR    P3.7                 ;开蜂鸣器
                ACALL  DELAY_100ms          ;延时 100 ms
                SETB   P3.7                 ;关蜂鸣器
                ACALL  DELAY_100ms          ;延时 100 ms
                RET
;以下是 10 ms 延时子程序
DELAY_10ms:(略,见光盘)
;以下是 100 ms 延时子程序
DELAY_100ms:(略,见光盘)
                END
```

3. 源程序释疑

该源程序与第 11 章实例解析 4 介绍的 LCD 电子钟的源程序有很多相同和相似的地方,主要区别有以下几点:

① 第 11 章 LCD 电子钟的走时功能由定时器 T1 完成,而本例源程序的走时功能由 DS1302 时钟芯片完成。

② 二者的走时转换子程序 CONV 有所不同,不能互换,否则会出现走时混乱的情况。

③ 二者的按键处理子程序 KEY_PROC 有所不同,本例的 KEY_PROC 子程序增加了对 DS1302 的控制功能(如振荡器的关闭与启动、调整数据的写入等)。

需要说明的是,DS1302 本身具有年、月、日、星期等数据信息,但在本设计中没有用到,因此,在本源程序的基础上,还可以进行扩展,把日历信息也显示出来。

该源程序提供了一种行之有效的时钟设计方法,经过多次实验与试用,发现其可移植性好,功能扩展简单,并且源程序非常容易理解。

4. 实现方法

① 打开 Keil c51 软件,建立工程项目,再建立一个名为 ch12_2.asm 的源程序文件,输入上面的源程序。

② 在工程项目中,再将 1602 LCD 驱动程序软件包 LCD_drive.asm 和 D1302 的驱动程序软件包 DS1302_drive.asm 添加进来。

③ 单击"重新编译"按钮,对源程序 ch12_2.asm 和 LCD_drive.asm、DS1302_drive.asm 进行编译和链接,产生 ch12_2.hex 目标文件。

④ 将 DD-900 实验开发板 JP1 的 LCD、V_{CC} 两插针短接,为 LCD 供电。同时,将 JP5 的 1302(CLK)、1302(IO)、1302(RST) 分别和 P10、P11、P12 短接,使 DS1302 和单片机连接起来。

⑤ 将 STC89C51 单片机插入到锁紧插座,把 ch12_2.hex 文件下载到 STC89C51 中,观察时钟走时、调整是否正常,断电后再开机时钟走时又是否准确。

该实验源程序、D1302 驱动程序软件包 DS1302_drive.asm、LCD 驱动程序软件包在随书光盘的 ch12\ch12_1 文件夹中。

第 13 章
EEPROM 存储器实例解析

一个单片机系统中,存储器起着非常重要的作用。单片机内部的存储器主要分为数据存储器 RAM 和程序存储器 Flash ROM,我们所编写的程序一般写入到 Flash ROM 中,程序运行时产生的中间数据一般存放在 RAM 中。RAM 虽然使用比较方便,但也有自身的缺陷,即系统掉电后保存在数据存储区 RAM 内部的数据会丢失,对于某些对数据要求严格的系统而言,这个问题往往是致命的。为了解决这一问题,近年来出现了 EEPROM(电可编程只读存储器)数据存储芯片,比较典型的有基于 I^2C 总线接口的 24CXX 系列以及基于 Microwire 总线的 93CXX 系列等。这些芯片的共同特点是:芯片掉电后数据不会丢失,数据往往可以保存几年甚至几十年,并且数据可以反复擦写;芯片与单片机接口简单,功耗较低,并且价格便宜。本章主要介绍 24CXX、93CXX 这两种数据存储器的编程方法,并对 STC89C 系列单片机内部 EEPROM 进行简要说明。

13.1 24CXX 数据存储器实例解析

13.1.1 24CXX 数据存储器介绍

1. 24CXX 数据存储器概述

24CXX 系列是最为常见的 I^2C 总线串行 EEPROM 数据存储器,该系列芯片除具有一般串行 EEPROM 的体积小、功耗低、工作电压允许范围宽等特点外,还具有型号多、容量大、读写操作简单等特点。

目前,24CXX 串行 E2PROM 有 24C01/02/04/08/16 以及 24C32/64/128/256 等多种型号,其存储容量分别为 1 Kbit(128×8 bit,128 B)、2 Kbit(256×8 bit,256 B)、4 Kbit(512×8 bit,512 B)、8 Kbit(1 024×8 bit,1 KB)、16 Kbit(2 048×8 bit,2 KB)以及 32 Kbit(4 096×8 bit,4 KB)、64 Kbit(8 192×8 bit,8 KB)、128 Kbit(16 384×8 bit,16 KB)、256 Kbit(32 768×8 bit,32 KB)等,这些芯片主要由 ATMEL、Microchip、XICOR 等几家公司提供。图 13-1 所示为 24CXX 系列芯片引脚排列图。

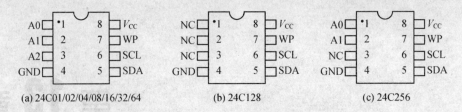

图 13-1　24CXX 系列芯片引脚排列图

图中，A0、A1、A2 为器件地址选择线，SDA 为 I²C 串行数据线，SCL 为 I²C 时钟线，WP 为写保护端，当该端为低电平时，可对存储器写操作，当该端为高电平时，不能对存储器写操作；V_{CC} 为 1.8 V～5.5 V 正电压，GND 为地。

24CXX 串行存储器一般具有两种写入方式：一种是字节写入方式，另一种是页写入方式。24CXX 芯片允许在一个写周期内同时对从 1 字节到 1 页的若干字节的编程写入，1 页的大小取决于芯片内页寄存器的大小，其中，24C01 具有 8B 数据的页面写能力，24C02/04/08/16 具有 16B 数据的页面写能力，24C32/64 具有 32B 数据的页面写能力，24Cl28/256 具有 64B 数据的页面写能力。

2. I²C 总线介绍

前已述及，24CXX 系列芯片采用 I²C 总线接口与单片机连接，那么，什么是 I²C 总线呢？

I²C 总线是 PHILIPS 公司推出的芯片间串行传输总线。它由两根线组成，一根是串行时钟线(SCL)，一根是串行数据线(SDA)。主控器(单片机)利用串行时钟线发出时钟信号，利用串行数据线发送或接收数据。凡具有 I²C 接口的受控器(如 24CXX)都可以挂接在 I²C 总线上，主控器通过 I²C 总线对受控器进行控制。

(1) I²C 总线数据的传输规则

① 在 I²C 总线上的数据线 SDA 和时钟线 SCL 都是双向传输线，它们的接口各自通过一个上拉电阻接到电源正端。当总线空闲时，SDA 和 SCL 都必须保持高电平。

② 进行数据传送时，在时钟信号高电平期间，数据线上的数据必须保持稳定；只有时钟线上的信号为低电平期间，数据线上的高电平或低电平才允许变化，如图 13-2 所示。

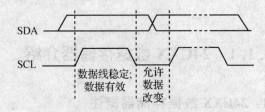

图 13-2　数据的有效性

③ 在 I²C 总线的工作过程中，当时钟线保持高电平期间，数据线由高电平向低电平变化定义为起始信号(S)，而数据线由低电平向高电平的变化定义为一个终止信号(P)，如图 13-3 所示，起始信号和终止信号均由主控器产生。

④ I²C 总线传送的每一字节均为 8 位，但每启动一次总线，传输的字节数却没有限制，由主控器发送时钟脉冲及起始信号、寻址字节和停止信号，受控器件必须在收到每个数据字节后作出响应，在传送一个字节后的第 9 个时钟脉冲位，受控器输出低电平作为应答信号。此时，要求发送器在第 9 个时钟脉冲位上释放 SDA 线，以便受控器送出应答信号，将 SDA 线拉成低电平，表示对接收数据的认可，应答信号用 ACK 或 A 表示，非应答信号用 $\overline{ACK}$ 或 $\overline{A}$ 表示，当确认后，主控器可通过产生一个停止信号来终止总线数据传输。I²C 总线数据传输示意图如

第13章 EEPROM存储器实例解析

图13-4所示。

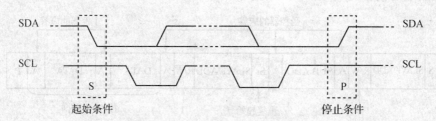

图13-3 起始和停止条件

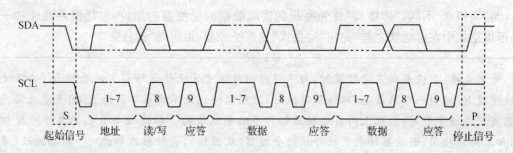

图13-4 I²C总线数据传输示意图

需要说明的是，当主控器接收数据时，在最后一个数据字节，必须发送一个非应答位，使受控器释放SDA线，以便主控器产生一个停止信号来终止总线数据传输。

(2) I²C总线数据的读写格式

总线上传送数据的格式是指：为被传送的各项有用数据安排的先后顺序，这种格式是人们根据串行通信的特点，传送数据的有效性、准确性和可靠性而制定的。另外，总线上数据的传送还是双向的，也就是说主控器在指令操纵下，既能向受控器发送数据（写入），也能接收受控器中某寄存器中所存放的数据（读取），所以传送数据的格式有"写格式"与"读格式"之分。

① 写格式。I²C总线数据的写格式如图13-5所示。

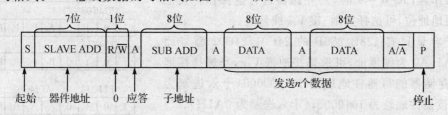

图13-5 I2C总线数据的写格式

"写格式"是指主控器向受控器发送数据，工作过程是：先由主控器发出启动信号（S），随后传送一个带读/写（R/$\overline{W}$）标记的器件地址（SLAVE ADD）字节，器件地址只有7bit长，第8位是读/写位（R/$\overline{W}$），用来确定数据传送的方向，对于"写格式"，R/$\overline{W}$应为"0"，表示主控器将发送数据给受控器，接着传送第二个字节，即器件地址的子地址（SUB ADD），若受控器有多字节的控制项目，该子地址是指首（第一个）地址，因为子地址在受控器中都是按顺序编制的，这就便于某受控器的数据一次传送完毕；接着才是若干字节的控制数据的传送，每传送一个字节的地址或数据后的第9位是受控器的应答信号，数据传送的顺序要靠主控器中程序的支持才能实现，数据发送完毕后，由主控器发出停止信号（P）。

② 读格式。"读格式"如图 13-6 所示。

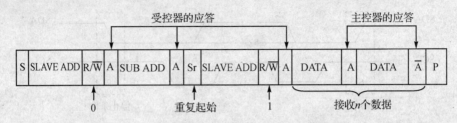

图 13-6　受控器向主控器发送数据（读格式）

与"写格式"不同，"读格式"首先要找到读取数据的受控器的地址，包括器件地址和子地址，所以格式中在启动读之前，先用"写格式"发送受控器，再启动"读格式"。

专家点拨：在设置众多受控器时，为了将控制数据可靠地传送给指定的受控IC，必须使每一块受控IC编制一个地址码，称为器件地址，显然器件地址不能在不同的IC间重复使用。主控器发送寻址字节时，总线上所有受控器都将寻址字节中的7位地址与自己的器件地址相比较，如果两者相同，则该器件就是被寻址的受控器（从器件），受控器内部的 n 个数据地址（子地址）的首地址由子地址数据字节指出，I^2C 总线接口内部具有子地址指针自动加1功能，所以主控器不必一一发送 n 个数据字节的子地址。

3. 24CXX 芯片的器件地址

24CXX 器件地址设置如图 13-7 所示。

从图中可以看出，24CXX 的器件地址由 7 位地址和 1 位方向位组成，其中，高 4 位器件地址 1010 由 I^2C 委员会分配，最低 1 位 $R/\overline{W}$ 为方向位，当 $R/\overline{W}=0$ 时，对存储器进行写操作，当 $R/\overline{W}=1$ 时，对存储器进行读操作。其他三位为硬地址位，可选择接地、接 V_{CC} 或悬空。

对于容量只有 128B/256B 的 24C01/24C02 型号而言，A2、A1、A0 为硬地址，可选择接地或 V_{CC}，当选择接地时，则该存储器的写器件地址为 10100000（十六进制为 0A0H），读器件地址为 10100001（十六进制为 0A1H）。

对于容量具有 512B 的 24C04 而言，硬地址是 A2、A1，其中 A0 悬空，划归页地址 P0 使用，读/写第 0 页的 256B 子地址时，其器件地址应赋于 P0＝0，读/写第 1 页的 256B 子地址时，其器件地址应赋于 P0＝1，因为 8 位子地址只能寻址 256B，可见，当 A0 悬空时，可对 512B 进行寻址。若 A0 接地，其子地址只能在第 0 页（256 个字节）中寻址，这说明，尽管 24C04 的字节容量有 512B，但第 1 页的存储容量被放弃。

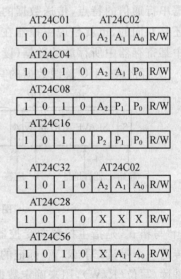

图 13-7　24CXX 器件地址设置

对于 24C08，A1、A0 应选择悬空，对于 24C16，A0、A1、A2 应选择悬空，只有这样，才能充分利用其内部地址单元。

第13章 EEPROM存储器实例解析

对于24C32/64,A2、A1、A0为硬地址,可选择接地或V_{CC}。

对于24C128,A0、A1、A2应选择悬空。

对于24C256,A0、A1为硬地址,A2应选择悬空。

专家点拨:若A2、A1、A0未悬空,可以任选接地或接V_{CC},这样,A2、A1、A0就有8种不同的选择,说明一对总线系统最多可以同时连接8个24C01/02、4个24C04、2个24C08、8个24C32/64、4个24C256芯片而不发生地址冲突,不过这种使用多块存储器的方法在单片机设计中很少采用。

4. 24CXX芯片的数据地址

24CXX系列芯片数据地址如表13-1所列。

表13-1 24CXX系列芯片数据地址

型号	A15	A14	A13	A12	A11	A10	A9	A8	A7	A6	A5	A4	A3	A2	A1	A0
24C01	X	X	X	X	X	X	X	X	I/O	I/O	I/O	I/O	I/O	I/O	I/O	I/O
24C02	X	X	X	X	X	X	X	X	I/O	I/O	I/O	I/O	I/O	I/O	I/O	I/O
24C04	X	X	X	X	X	X	X	I/O	I/O	I/O	I/O	I/O	I/O	I/O	I/O	I/O
24C08	X	X	X	X	X	X	I/O	I/O	I/O	I/O	I/O	I/O	I/O	I/O	I/O	I/O
24C16	X	X	X	X	X	I/O	I/O	I/O	I/O	I/O	I/O	I/O	I/O	I/O	I/O	I/O
24C32	X	X	X	I/O	I/O	I/O	I/O	I/O	I/O	I/O	I/O	I/O	I/O	I/O	I/O	I/O
24C64	X	X	X	I/O	I/O	I/O	I/O	I/O	I/O	I/O	I/O	I/O	I/O	I/O	I/O	I/O
24C128	X	X	I/O	I/O	I/O	I/O	I/O	I/O	I/O	I/O	I/O	I/O	I/O	I/O	I/O	I/O
24C256	X	I/O	I/O	I/O	I/O	I/O	I/O	I/O	I/O	I/O	I/O	I/O	I/O	I/O	I/O	I/O

注:表中X表示无效位,I/O表示有效位。

从表中可以看出,对于24C01/02/04/08/16型号来说,只有A0~A7是有效位,8位地址的最大寻址空间是256 Kbit,这对于24C01/02型号正好合适,但对于24C04/08/16型号来说,则不能完全寻址,因此,需要借助页面地址选择位P0、P1、P2进行相应的配合。

13.1.2 I²C总线驱动程序软件包的制作

Philips公司提供了标准的I²C总线状态处理软件包,并要求系统主从器件都具有I²C总线接口,这对于Philips公司的单片机如P89C系列而言,通过这个软件包去处理I²C器件是比较容易的。但是目前其他公司的绝大多数单片机并不具有I²C总线接口,如AT89S51、STC89C51型号等等,这时,可以编写I²C总线驱动程序软件包,用普通I/O口模拟I²C总线工作,从而实现I²C总线上主控器(单片机)对从器件(如24CXX芯片)的读、写操作。

1. I²C总线驱动程序软件包主要子程序

以下子程序中,要求单片机频率不高于12 MHz(1个机器周期为1 μs),若频率高于12

MHz，则要相应地增加 NOP 指令数。

以下程序中有许多符号标记，使用者必须了解，并在程序开头进行定义。这些符号如下：
SDA：I²C 总线的数据线；
SCL：I²C 总线的时钟线；
SLA：用来存放器件地址的存放单元(不是器件地址值)；
SUBA：用来存放器件子地址的存放单元(不是器件子地址)；
MTD：发送数据的缓冲区；
MRD：接收数据的缓冲区。

以下是这些符号的定义情况：

```
SCL   BIT  P1.6        ;定义 SCL
SDA   BIT  P1.7        ;定义 SDA
SLA   EQU  50H         ;定义器件地址存放单元
SUBA  EQU  53H         ;定义器件子地址存放单元
MTD   EQU  55H         ;定义发送缓冲区
MRD   EQU  60H         ;定义接收缓冲区
```

以下是 I²C 总线常用子程序。

（1）启动信号子程序

```
START:  SETB SDA
        SETB SCL
        NOP
        CLR SDA
        NOP
        NOP
        NOP
        NOP
        CLR SCL
        RET
```

（2）停止信号子程序

```
STOP:   CLR SDA
        NOP
        SETB SCL
        NOP
        NOP
        NOP
        NOP
        SETB SDA
        NOP
        NOP
        CLR SCL
        CLR SDA
        RET
```

第13章 EEPROM 存储器实例解析

(3) 等待应答信号子程序

```
WAITACK:    CLR  SCL
            SETB SDA                    ;释放 SDA 信号线
            NOP
            NOP
            SETB SCL
            NOP
            NOP
            NOP
            MOV  C,SDA
            JC   WAITACK                ;SDA 为低电平,返回了响应信号
            CLR  SDA
            CLR  SCL
            RET
```

(4) 发送 1 字节子程序

```
SENDBYTE:   MOV R7,#08
S_BYTE:     RLC A
            MOV SDA,C
            SETB SCL
            NOP
            NOP
            NOP
            NOP
            CLR SCL
            DJNZ R7,S_BYTE              ;判断 8 位数据是否发送完毕
            RET
```

(5) 接收 1 字节子程序

```
RCVBYTE:    MOV R7,#08                  ;一个字节共接收 8 位数据
            CLR  A
            SETB SDA                    ;释放 SDA 数据线
R_BYTE:     CLR  SCL
            NOP
            NOP
            NOP
            NOP
            SETB SCL                    ;启动一个时钟周期,读总线
            NOP
            NOP
            NOP
            NOP
            MOV C,SDA                   ;将 SDA 状态读入 C
            RLC A                       ;结果移入 A
            SETB SDA                    ;释放 SDA 数据线
```

```
            DJNZ  R7,R_BYTE                  ;判断8位数据是否接收完全
            RET
```

(6) 向器件指定子地址写入1字节数据子程序(写入的数据存放在MTD中)

```
WRITE_BYTE: ACALL START
            MOV   A,SLA
            ACALL SENDBYTE
            ACALL WAITACK
            MOV   A,SUBA
            ACALL SENDBYTE
            ACALL WAITACK
            MOV   A,MTD
            ACALL SENDBYTE
            ACALL WAITACK
            ACALL STOP
            RET
```

(7) 从器件指定子地址接收1字节数据子程序(接收到的数据存放在MRD中)

```
READ_BYTE:  ACALL START
            MOV   A,SLA
            ACALL SENDBYTE
            ACALL WAITACK
            MOV   A,SUBA
            ACALL SENDBYTE
            ACALL WAITACK
            ACALL START
            INC   SLA
            MOV   A,SLA
            ACALL SENDBYTE
            ACALL WAITACK
            ACALL RCVBYTE
            ACALL STOP
            MOV   MRD,A
            RET
```

2. I²C总线驱动程序软件包的制作

将以上编写的I²C子程序组合在一起,加上几条Keil c51汇编伪指令,就构成了I²C总线驱动程序软件包。软件包文件名为I2C_drive.asm,具体内容如下:

```
PUBLIC START,STOP,WAITACK,SENDBYTE,RCVBYTE,WRITE_BYTE,READ_BYTE
    CODE_I2C SEGMENT CODE
        SCL  BIT  P1.6            ;定义SCL
        SDA  BIT  P1.7            ;定义SDA
        SLA  EQU  50H             ;定义器件地址存放单元
        SUBA EQU  53H             ;定义器件子地址存放单元
```

第13章 EEPROM 存储器实例解析

```
        MTD     EQU    55H              ;定义发送缓冲区
        MRD     EQU    60H              ;定义接收缓冲区
        RSEG    CODE_I2C
;以下是启动子程序(略)
;以下是停止子程序(略)
;以下是等待应答信号子程序(略)
;以下是发送1字节子程序(略)
;以下是接收1字节子程序(略)
;以下是向器件指定子地址发送1字节子程序(略)
;以下是从器件指定子地址接收1字节子程序(略)
        END
```

13.1.3 实例解析1——具有记忆功能的记数器

1. 实现功能

在 DD-900 实验开发板上实现具有记忆功能的记数器：按压 K1 键一次，第 7、8 位数码管显示加 1，最高记数为 99，关机后开机，数码管显示上次关机时的记数值。有关电路如图 3-4、图 3-10 和图 3-17 所示。

2. 源程序

根据要求，编写的源程序如下：

```
            EXTRN CODE(START,STOP, WAITACK, SENDBYTE,RCVBYTE,WRITE_BYTE, READ_BYTE)
                                    ;加入此语句后,应用程序就可以引用 I²C 驱动程序软件包了
        K1      BIT P3.2             ;定义 K1 键
        SCL     BIT P1.6             ;定义 SCL
        SDA     BIT P1.7             ;定义 SDA
        SLA     EQU 50H              ;定义器件地址存放单元
        SUBA    EQU 53H              ;定义器件子地址存放单元
        MTD     EQU 55H              ;定义发送缓冲区
        MRD     EQU 60H              ;定义接收缓冲区
        DISP_DIGIT EQU 30H           ;位选通控位,传送到 P2 口,用于打开相应的数码管
        DISP_SEL   EQU 31H           ;显示位计数器,显示程序通过它知道正在显示哪一位数码管
        COUNT   EQU 32H              ;按键计数器
        DISP_BUF EQU 40H             ;显示缓冲区首地址
        ORG 0000H
        AJMP MAIN
        ORG 0030H
MAIN:   MOV  SP,#70H
        MOV  P0,#0FFH
        MOV  P2,#0FFH
        MOV  COUNT,#00H
        MOV  DISP_SEL,#0    ;DISP_SEL 清零
        MOV  DISP_BUF,#10   ;熄灭符 0FFH(在 TAB 表第 10 位)送显示缓冲区 DISP_BUF
```

```asm
                MOV     DISP_BUF+1,#10      ;熄灭符0FFH(在TAB表第10位)送显示缓冲区DISP_BUF+1
                MOV     DISP_BUF+2,#10      ;熄灭符0FFH(在TAB表第10位)送显示缓冲区DISP_BUF+2
                MOV     DISP_BUF+3,#10      ;熄灭符0FFH(在TAB表第10位)送显示缓冲区DISP_BUF+3
                MOV     DISP_BUF+4,#10      ;熄灭符0FFH(在TAB表第10位)送显示缓冲区DISP_BUF+4
                MOV     DISP_BUF+5,#10      ;熄灭符0FFH(在TAB表第10位)送显示缓冲区DISP_BUF+5
                MOV     DISP_BUF+6,#0       ;DISP_BUF+6清零
                MOV     DISP_BUF+7,#0       ;DISP_BUF+7清零
                MOV     SLA,#0A0H           ;将0A0H器件地址送SLA
                MOV     SUBA,#00H           ;将00H子地址送SUBA
                LCALL   READ_BYTE           ;读24C04(在驱动程序软件包中)
                MOV     COUNT,MRD           ;将读取到的数据送COUNT
                CLR     C;
                MOV     A,#100;
                SUBB    A,COUNT;
                JNC     NEXT;
                MOV     COUNT,#0;
NEXT:           ACALL   CONV                ;调转换子程序
M_START:        ACALL   DISP                ;调显示子程序
                JB      K1,M_START          ;若K1未按下,转M_START
                ACALL   DELAY_10ms          ;延时10 ms去抖动
                JB      K1,M_START          ;若K1未按下,转M_START
                JNB     K1,$                ;若K1按下,等待释放
                INC     COUNT               ;若K1释放,COUNT内计数值加1
                MOV     A,COUNT             ;COUNT内计数值送A
                CJNE    A,#100,COUNT_NEXT   ;若计数值不为100,则跳转到COUNT_NEXT
                MOV     COUNT,#0            ;若计数值为100,则COUNT清零
COUNT_NEXT:     MOV     A,COUNT             ;计数值送A
                MOV     SLA,#0A0H           ;将0A0H器件地址送SLA
                MOV     SUBA,#00h           ;将00H子地址送SUBA
                MOV     MTD,A               ;将计数值送MTD
                LCALL   WRITE_BYTE          ;将MTD中的计数值写入24C04(在驱动程序软件包中)
                MOV     A,COUNT             ;计数值送A
                ACALL   CONV                ;调转换子程序
                ACALL   DISP                ;调显示子程序
                AJMP    M_START             ;继续循环
                ;以下是转换子程序
CONV:           MOV     A,COUNT             ;计数值送A
                MOV     B,#10               ;十六进制转换为十进制
                DIV     AB                  ;A除以B,商存于A,余数存于B
                MOV     DISP_BUF+6,A        ;将计数值十位数送DISP_BUF+6
                MOV     A,B                 ;将计数值个位数送A
                MOV     DISP_BUF+7,A        ;将计数值个位数送DISP_BUF+7
                RET
                ;以下是显示子程序
DISP:           MOV     P2,#0FFH            ;先关闭所有数码管
```

第 13 章 EEPROM 存储器实例解析

```
            MOV   DISP_DIGIT,#0FEH   ;将初始值 0FEH 送 DISP_DIGIT
            MOV   DISP_SEL,#0        ;将初始值 0 送 DISP_SEL
DISP_NEXT:  MOV   A,#DISP_BUF        ;获得显示缓冲区基地址
            ADD   A,DISP_SEL         ;将显示缓冲区 DISP_BUF + DISP_SEL 内容送 A
            MOV   R0,A               ;R0 = 基地址 + 偏移量
            MOV   A,@R0              ;将显示缓冲区 DISP_BUF + DISP_SEL 的内容送 A
            MOV   DPTR,#TAB          ;将 TAB 地址送 DPTR
            MOVC  A,@A+DPTR          ;根据显示缓冲区(DISP_BUF + DISP_SEL)的内容查表
            MOV   P0,A               ;显示代码传送到 P0 口
            MOV   P2,DISP_DIGIT      ;位选通位(初值为 0FEH)送 P2
                                     ;第 1 次扫描时,P2.0 为 0,打开第 1 个数码管
                                     ;需要扫描 8 次,才能将 8 个数码管扫描 1 遍
            ACALL DELAY_2ms          ;每个数码管扫描的延迟时间为 2 ms
            MOV   A,DISP_DIGIT       ;位选通位送 A
            RL    A                  ;位选通位左移,下次中断时选通下一位数码管
            MOV   DISP_DIGIT,A       ;将下一位的位选通值送回 DISP_DIGIT,以便打开下一位
            INC   DISP_SEL           ;DISP_SEL 加 1,下次扫描时显示下一位
            MOV   A,DISP_SEL         ;显示位数计数器内容送 A
            CLR   C                  ;CY 位清零
            SUBB  A,#8               ;A 的内容减 8,判断 8 个数码管是否扫描完毕
            JZ    RST_0              ;若 A 的内容为 0,跳转到 RST_0
            AJMP  DISP_NEXT          ;若 A 的内容不为 0,说明 8 个数码管未扫描完
                                     ;跳转到 DISP_NEXT 继续扫描
RST_0:      MOV   DISP_SEL,#0        ;若 8 个数码管扫描完毕,则让显示计数器回 0
                                     ;重新从第 1 个数码管继续扫描
            MOV   P2,#0FFH           ;关显示
            RET
            ;以下是数码管的显示码
TAB:        DB    0C0H,0F9H,0A4H,0B0H,99H    ;0,1,2,3,4 的显示码
            DB    92H,82H,0F8H,80H,90H       ;5,6,7,8,9 的显示码
            DB    0FFH                       ;熄灭符的显示码
            ;以下是 2 ms 延时子程序
DELAY_2ms:  (略,见光盘)
            ;以下是 10 ms 延时子程序
DELAY_10ms: (略,见光盘)
            END
```

3. 源程序释疑

为了达到断电记忆的目的,应处理好以下两个问题:

一是断电前数据的存储问题,即断电前一定要将数据保存起来,这一功能由程序中的以下语句完成:

```
            MOV   SLA,#0A0H          ;将 0A0H 器件地址送 SLA
            MOV   SUBA,#00h          ;将 00H 子地址送 SUBA
            MOV   MTD,A              ;将计数值送 MTD
```

```
        LCALL WRITE_BYTE          ;将 MTD 中的计数值写入 24C04(在驱动程序软件包中)
```
二是重新开机后数据读取的问题,即重新开机后要将断电前保存的数据读出来,这一功能由程序中的以下语句完成:
```
        MOV  SLA,#0A0H            ;将 0A0H 器件地址送 SLA
        MOV SUBA,#00H             ;将 00H 子地址送 SUBA
        LCALL   READ_BYTE         ;读 24C04(在驱动程序软件包中)
        MOV COUNT,MRD             ;将读取到的数据送 COUNT
```
需要说明的是,对于全新的 24C04 芯片或者是被别人写过但不知道写过什么内容的 EE-PROM 芯片,首次上电后,读出来的数据我们无法知道,若是 100 以内的数还好处理,但大于 100 的数,将无法在数码管上显示出来,从而引起乱码。为了避免这种现象,在程序中加入了以下语句:
```
        CLR C;
        MOV A;#99;
        SUBB A,COUNT;
        JNC  NEXT;
        MOV  COUNT,#0
NEXT:   ACALL CONV
```
这几条语句的作用是,对读取的计数值 COUNT 进行判断,若小于或等于 99,可以直接进行转换,若大于 99,则将 COUNT 清零,从而避免了初次上电的乱码问题。

源程序中的显示子程序 DISP、转换子程序 CONV 都具有较强的通用性,在本书第 10 章、第 11 章以及第 12 章中均多次使用到,这里不再分析。另外,程序编写时由于采用了驱动程序软件包的形式,因此,结构十分简捷。

4. 实现方法

① 打开 Keil c51 软件,建立工程项目,再建立一个名为 ch13_1.asm 的源程序文件,输入上面的源程序。

② 在工程项目中,再将前面制作的驱动程序软件包 I2C_drive.asm 添加进来。

③ 单击"重新编译"按钮,对源程序 ch13_1.asm 和 I2C_drive.asm 进行编译和链接,产生 ch13_1.hex 目标文件。

④ 将 DD-900 实验开发板 JP1 的 V_{CC}、DS 两插针短接,为数码管供电。同时,将 JP5 的 24CXX(SCL)、24CXX(SDA)分别和 P16、P17 插针短接,使 24C04 芯片和单片机连接起来。

(5)将 STC89C51 单片机插入到锁紧插座,把 ch13_1.hex 文件下载到 STC89C51 中。按压 K1 键,观察数码管计数情况,断电后再开机,观察数码管是否显示关机前的计数值。

该实验源程序和 I2C 驱动程序软件包在随书光盘的 ch13\ch13_1 文件夹中。

13.1.4 实例解析 2——花样流水灯

1. 实现功能

在 DD-900 实验开发板上演示花样流水灯:开机后,8 个 LED 灯按 10 种不同的花样进行

第 13 章　EEPROM 存储器实例解析

显示,演示一遍后,蜂鸣器响一声,然后再重新开始循环。有关电路如图 3-4、图 3-10 和图 3-20 所示。

2. 源程序

根据要求,编写的源程序如下:

```
            EXTRN CODE(START,STOP, WAITACK, SENDBYTE,RCVBYTE, WRITE_BYTE, READ_BYTE)
                                ;加入此语句后,应用程序就可以引用 I²C 驱动程序软件包了
            SCL  BIT  P1.6      ;定义 SCL
            SDA  BIT  P1.7      ;定义 SDA
            SLA  EQU  50H       ;定义器件地址存放单元
            SUBA EQU  53H       ;定义器件子地址存放单元
            NUMBYTE EQU  54H    ;定义字节数存放单元
            MTD  EQU  55H       ;定义发送缓冲区
            MRD  EQU  60H       ;定义接收缓冲区
            ORG  0000H
            AJMP MAIN
            ORG  0030H
MAIN:       MOV  SP,#70H
            MOV  P0,#0FFH
            ACALL  WRITE_nBYTE  ;调写 n 字节数据子程序
M_START:    ACALL  READ_nBYTE   ;调读 n 字节数据子程序
            ACALL  BEEP_ONE     ;调蜂鸣器响一声子程序
            AJMP  M_START
            ;以下是写 n 字节数据子程序(通过查表的方法向 24C04 写入 n 字节)
WRITE_nBYTE: MOV  SUBA,#00H     ;数据写入首地址
            MOV  NUMBYTE,#74    ;共写入 74 字节的数据
            MOV  DPTR,#TAB      ;查表
WR_LOOP:    MOV  SLA,#0A0H      ;送器件写地址
            CLR  A              ;清 A
            MOVC A,@A+DPTR      ;查表
            MOV  MTD,A          ;送发送缓冲区
            LCALL WRITE_BYTE    ;调写 1 字节子程序(在驱动程序软件包中),写入查表结果
            ACALL  DELAY_5ms    ;每写入 1 个字节,延时 5 ms
            INC  SUBA           ;子地址加 1
            INC  DPTR           ;数据指针加 1
            DJNZ  NUMBYTE,WR_LOOP ;74 个数写入完毕了吗?
            RET
            ;以下是读字节数据子程序(从 24C04 读出 n 个数据)
READ_nBYTE: MOV  SUBA,#00H      ;数据写入首地址
            MOV  NUMBYTE,#74    ;共 74 字节的数据
RE_LOOP:    MOV  SLA,#0A0H      ;将 0A0H 地址送 SLA
            LCALL  READ_BYTE    ;调读 1 字节子程序(在驱动程序软件包中)
            MOV  P0,MRD         ;将结果输出到 P0 显示
            INC  SUBA           ;子地址加 1
            LCALL DELAY_100ms   ;共延时 300 ms
```

```
                LCALL  DELAY_100ms
                LCALL  DELAY_100ms
                DJNZ   NUMBYTE,RE_LOOP    ;74 个数读取完毕了吗？
                RET
                ;以下是 5 ms 延时子程序
    DELAY_5ms:  （略，见光盘）
                ;以下是蜂鸣器响一声子程序
    BEEP_ONE:   CLR    P3.7              ;开蜂鸣器
                ACALL  DELAY_100ms       ;延时 100 ms
                SETB   P3.7              ;关蜂鸣器
                ACALL  DELAY_100ms       ;延时 100 ms
                RET
                ;以下是 100 ms 延时子程序
    DELAY_100ms:（略，见光盘）
                ;以下是花样流水灯表格
    TAB:        DB 0FEH,0FDH,0FBH,0F7H,0EFH,0DFH,0BFH,07FH  ;依次逐个点亮
                DB 0FEH,0FCH,0F8H,0F0H,0E0H,0C0H,080H,00H   ;依次逐个叠加
                DB 080H,0C0H,0E0H,0F0H,0F8H,0FCH,0FEH,0FFH  ;依次逐个递减
                DB 0FEH,0FCH,0F8H,0F0H,0E0H,0C0H,080H,00H   ;依次逐个叠加
                DB 080H,0C0H,0E0H,0F0H,0F8H,0FCH,0FEH,0FFH  ;依次逐个递减
                DB 07EH,0BDH,0DBH,0E7H,0E7H,0DBH,0BDH,07EH  ;两边靠拢后分开
                DB 07EH,03CH,018H,00H,00H,018H,03CH,07EH    ;两边叠加后递减
                DB 07EH,0BDH,0DBH,0E7H,0E7H,0DBH,0BDH,07EH  ;两边靠拢后分开
                DB 07EH,03CH,018H,00H,00H,018H,03CH,07EH    ;两边叠加后递减
                DB 00H,0FFH                                 ;全亮和全灭
                END
```

3. 源程序释疑

本例源程序演示了写入和读取 24C04 芯片多字节数据的方法。

写入 24C04 芯片多字节数据采用了子程序 WRITE_nBYTE。在该子程序中，采用查表的方法，将 10 种共 74 个花样流水灯数据逐一写到 24C04 中子地址从 00H 开始的单元中。

读取 24C04 芯片多字节数据采用了子程序 READ_nBYTE。在该子程序中，通过调用 74 次读 1 字节子程序 READ_BYTE，从而将存储在 24C04 中的 74 种花样流水灯数据读出，并送 P0 口显示。

需要特别说明的是，在 READ_BYTE 子程序中，含有"INC SLA"指令，每调用 1 次 READ_BYTE 子程序，SLA 的值都将加 1，因此，在调用 READ_BYTE 子程序语句之前，一定要加一条定位 24C04 写地址（0A0H）的语句，即"MOV SLA,♯0A0H"，以使 SLA 存放的地址只能在 0A0H（写）、0A1H（读）之间变化。若取消"MOV SLA,♯0A0H"语句或该语句放置位置不对，将无法看到我们想要的结果。

专家点拨：以上多字节发送与接收程序适合 24C01/02/04/08/16 等型号的芯片，但不适合 24C32/64/128/256 等型号的芯片，因为这几种芯片的数据地址超过 8 位，在编写 24C32/64/128/256 芯片多字节读写程序时，需要先发送 2 个 8 位地址，再发送数据到存储单元，详细

编写方法这里不作详述。

4. 实现方法

① 打开 Keil c51 软件,建立工程项目,再建立一个名为 ch13_2.asm 的源程序文件,输入上面的源程序。

② 在 ch13_2.uv2 的工程项目中,再将前面制作的驱动程序软件包 I2C_drive.asm 添加进来。

③ 单击"重新编译"按钮,对源程序 ch13_2.asm 和 I2C_drive.asm 进行编译和链接,产生 ch13_2.hex 目标文件。

④ 将 DD-900 实验开发板 JP1 的 LED、V_{CC} 两插针短接,为 LED 灯供电。同时,将 JP5 的 24CXX(SCL)、24CXX(SDA)分别和 P16、P17 插针短接,使 24C04 芯片和单片机连接起来。

⑤ 将 STC89C51 单片机插入到锁紧插座,把 ch13_2.hex 文件下载到 STC89C51 中,观察 LED 灯的花样变化情况。

该实验源程序和 I2C 驱动程序软件包在随书光盘的 ch13\ch13_2 文件夹中。

13.2 93CXX 数据存储器实例解析

13.2.1 93CXX 数据存储器介绍

93CXX 是一种基于 Microwire 总线的 EEPROM 存储芯片,Microwire 总线是是美国国家半导体公司研发的一种简单的串行通信接口协议,它可以使单片机与各种外围设备以串行方式进行通信以交换信息。Microwire 总线接口一般使用 4 条线:串行时钟线(SCK)、输出数据线 SO、输入数据线 SI 和低电平有效的片选线 CS,采用 Microwire 总线可以简化电路设计,节省 I/O 口线,提高设计的可靠性。

93CXX 系列芯片采用 COMS 技术,体积小巧,和 24CXX 系列芯片一样,也是一种理想的低功耗非易失性存储器,广泛使用在各种家电、通信、交通或工业设备中,通常是用于保存设备或个人的相关设置数据。芯片可以进行一百万次的擦写,并且可以保存一百年。图 13-8 所示为 93CXX 系列中的 93C46 芯片引脚排列图。

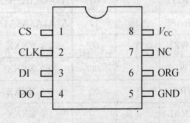

图 13-8 93C46 芯片引脚排列图

图中,CS 是片选输入,高电平有效,CS 端低电平时,芯片为休眠状态;CLK 是同步时钟输入,数据读写与 CLK 上升沿同步;DI 是串行数据输入;DO 是串行数据输出;ORG 是数据结构选择输入,该引脚接 V_{CC} 时,器件的内部存储组织结构以 16 位为一个单元,接 GND 时,器件的内部存储组织结构以 8 位为一个单元。

目前,93CXX 系列 EEPROM 有 93C46、93C56、93C66、93C76、93C86 等多种型号,其容量如表 13-2 所列。

一般而言,当型号最后没有英文 A 或 B 时,表示此存储器为 16 位读写方式,当型号最后有英文 A 或 B 时,表示此存储器有 8 位和 16 位之分,尾缀为 A 时,表示内部数据管理模式为 8 位,尾缀为 B 时,表示内部数据管理模式为 16 位。生产 93CXX 系列芯片的公司也有很多,如 ATMEL 公司生产的 93C46 芯片是该公司生产的 93 系列芯片的一种,它有 1K 位的存储空间,两种数据输入输出模式,分别为 8 位和 16 位数据模式,这样,1K 位的存储位就可以分为 128×8 bit 和 64×16 bit 两种格式。

表 13-2　93CXX 系列串行 EEPROM 容量

型号	8 位容量(ORG=0)	16 位容量(ORG=1)
93C46	128×8 bit(1 Kbit)	64×16 bit(1 Kbit)
93C56	256×8 bit(2 Kbit)	128×16 bit(2 Kbit)
93C66	512×8 bit(4 Kbit)	256×16 bit(4 Kbit)
93C76	1 024×8 bit(8 Kbit)	512×16 bit(8 Kbit)
93C86	2 048×8 bit(16 Kbit)	1 024×16 bit(16 Kbit)

93C46 芯片有 7 个操作指令,单片机就是靠发送这几个指令来实现芯片的读写等功能的。表 13-3 所列为 93C46 的指令表。在 93CXX 系列的其他型号中指令基本是一样,所不同的是地址位的长度,在使用时要查看相关芯片资料,得知地址位长度后再编写驱动程序。因为 93CXX 系列的数据结构有两种,所以地址位和数据位会有×8、×16 两种模式,这在编程时也是要注意的。在 ERASE、WRITE、ERAL、WRAL 指令之前必须先发送 EWEN 指令,使芯片进入编程状态,在编程结束后发送 EWDS 指令结束编程状态。

表 13-3　93C46 存储器指令表

指　令	起始位	操作码	地址位		数据位		说　明
			×8	×16	×8	×16	
READ	1	10	A5A4A3A2A1A0	A5A4A3A2A1A0			读取指定地址数据
WRITE	1	01	A5A4A3A2A1A0	A5A4A3A2A1A0	D7～D0	D15～D0	把数据写到指定地址
ERASE	1	11	A5A4A3A2A1A0	A5A4A3A2A1A0			擦除指定地址数据
EWEN	1	00	1 1 XXXX	1 1 XXXX			擦写使能
EWDS	1	00	0 0 XXXX	0 0 XXXX			擦写禁止
WRAL	1	00	0 1 XXXX	0 1 XXXX	D7～D0	D15～D0	写指定数据到所有地址
ERAL	1	00	1 0 XXXX	1 0 XXXX			擦除所有数据

13.2.2　93CXX 驱动程序软件包的制作

与 24CXX 芯片一样,在使用 93CXX 芯片编程时,最好事先制作好驱动程序软件包,这样不但可大大提高编程效率,而且源程序一目了然,清晰易读。93CXX 驱动程序软件包文件名为 93C46_drive.asm,存放在随书光盘的 ch13\ch13_3 文件夹中。

13.2.3 实例解析3——数码管循环显示1~8

1. 实现功能

在DD-900实验开发板上演示93C46芯片读写实验:先将数码管1~8的显示码写入到93C46芯片从00H开始的单元,然后再从93C46芯片读出,驱动8只数码管循环显示1~8。有关电路如图3-4、图3-11所示。

2. 源程序

根据要求,编写的源程序如下:

```
            EXTRN CODE(WRITE , READ, EWEN, EWDS, ERASE)
                              ;加入此语句后,应用程序就可以引用I2C驱动程序软件包了
            CS    BIT  P1.4   ;自定义CS脚
            CLK   BIT  P1.5   ;自定义CLK脚
            DI    BIT  P1.6   ;自定义DI脚
            DO    BIT  P1.7   ;自定义DO脚
            ADDR  EQU  20H    ;自定义地址缓冲单元
            INDATA EQU 21H    ;自定义输入数据缓冲单元
            ORG   0000H
            LJMP  MAIN
            ORG   0030H
MAIN:       MOV   SP,#30H     ;堆栈指针初始化
            CLR   CS
            CLR   CLK
            SETB  DI
            SETB  DO
            LCALL EWEN        ;调写使能子程序
            LCALL ERASE       ;调清除指定地址数据子程序
            CLR   A           ;A清零
            MOV   ADDR,A      ;地址清零,准备从00H开始写入数码管显示码
WRITE_DS:   MOV   A,ADDR      ;首地址送A
            MOV   DPTR,#TAB   ;将TAB地址装入DPTR
            MOVC  A,@A+DPTR   ;查表
            MOV   R5,A        ;查表值送A
            MOV   R7,ADDR     ;地填值送R7
            LCALL WRITE       ;调写操作子程序
            INC   ADDR        ;地址加1
            MOV   A,ADDR      ;加1后的地址送A
            CLR   C           ;C清零
            SUBB  A,#08H      ;A的值减8后送A
            JC    WRITE_DS    ;若A的值小于8,则C为1,跳转到WRITE_DS继续循环
            LCALL EWDS        ;若已执行了8次,则调写禁止子程序
            MOV   R0,#40H     ;R0赋初值40H,准备从RAM的40H开始存放前面写入的数据
            CLR   A           ;A清零
            MOV   ADDR,A      ;地址清零
READ_DS:    MOV   R7,ADDR     ;地址值送R7
```

```
                LCALL   READ              ;调读操作子程序
                MOV     A,R7              ;将读出的数据送A
                MOV     @R0,A             ;A中数据送R0间址单元
                INC     R0                ;R0内容加1
                INC     ADDR              ;地址值加1
                MOV     R4,ADDR           ;地址值送R4
                MOV     R7,#250           ;准备延时250 ms
                LCALL   DELAY_ms          ;调延时子程序
                CJNE    R4,#08,READ_DS    ;R4不为8,跳转到READ_DS继续循环
DS_OUT:         MOV     R0,#40H           ;若循环了8次,说明读取完成,将R0重赋初值40H
                MOV     R4,#8             ;循环8次,准备点亮8只数码管
                MOV     A,#0FEH           ;FEH送A,准备点亮第1只数码管
DS_NEXT:        MOV     P0,@R0            ;将R0间址中的数据送P0口(段口)
                MOV     P2,A              ;A的值P2(位口)
                INC     R0                ;R0值加1,指向下一位
                RL      A                 ;A左移1位,准备显示下一位
                LCALL   DELAY_05s         ;延时0.5 s
                DJNZ    R4,DS_NEXT        ;循环8次了吗?
                SJMP    DS_OUT            ;继续循环
                ;以下是R7×1 ms延时子程序
DELAY_ms:       MOV     A,R7
                JZ      END_DLYMS
DLY_LP1:        MOV     R6,#185
DLY_LP2:        NOP
                NOP
                NOP
                DJNZ    R6,DLY_LP2
                DJNZ    R7,DLY_LP1
END_DLYMS:      RET
                ;以下是0.5 s延时子程序
DELAY_05s:      (略,见光盘)
                ;以下是1~8的显示码
TAB:            DB      0F9H,0A4H,0B0H,99H,92H,82H,0F8H,80H
                END
```

3. 源程序释疑

本例源程序比较简单,主要工作流程是:首先读取1~8的显示码数据,调写操作子程序,将1~8的显示码写到93C46芯片从00H开始的地址单元,然后,再调用读操作子程序,将存放在93C46芯片中的数据读取,驱动数码管将读出的数据显示出来。

4. 实现方法

① 打开Keil c51软件,建立工程项目,再建立一个名为ch13_3.asm的源程序文件,输入上面的源程序。

② 在ch13_3.uv2的工程项目中,再将前面制作的驱动程序软件包93C46_drive.asm添加进来。

③ 单击"重新编译"按钮,对源程序ch13_3.asm和93C46_drive.asm进行编译和链接,产

生 ch13_3.hex 目标文件。

④ 将 DD-900 实验开发板 JP1 的 DS、V_{CC} 两插针短接,为数码管供电。同时,将 JP5 的 93CXX(CS)、93CXX(CLK)、93CXX(DI)、93CXX(DO) 分别和 P14、P15、P16、P17 插针短接,使 93C46 芯片和单片机连接起来。

⑤ 将 STC89C51 单片机插入到锁紧插座,把 ch13_3.hex 文件下载到 STC89C51 中,观察数码管的显示情况。

该实验源程序和 93C46 驱动程序软件包在随书光盘的 ch13\ch13_3 文件夹中。

13.3 STC89C 系列单片机内部 EEPROM 的使用

单片机运行时的数据都存放于 RAM(随机存储器)中,在掉电后 RAM 中的数据是无法保留的,通过前面内容的学习,我们知道,要使数据在掉电后不丢失,需要使用 EEPROM 或 Flash ROM 等存储器来实现。在传统的单片机系统(如 STC89C51)中,一般是在片外扩展存储器,单片机与存储器之间通过 I^2C 或 Microwire 总线等接口来进行数据通信。这样不光会增加开发成本,同时在程序开发上也要花更多的心思。而在 STC89C 系列单片机中,内置了 EEPROM(其实是采用 IAP 技术读写内部 Flash 来实现 EEPROM),这样就节省了片外资源,使用起来也更加方便。

STC89C 系列各型号单片机内置的 EEPROM 的容量在 2 Kbit 以上,可以擦写十万次。

上面提到了 IAP,它的意思是"在应用编程",即在程序运行时程序存储器可由程序自身进行擦写。正是因为有了 IAP,从而使单片机可以将数据写入到程序存储器中,使得数据如同烧入的程序一样,掉电也不丢失。当然写入数据的区域与程序存储区要分开来,以使程序不会遭到破坏。

要使用 IAP 功能,与表 13-4 所列的几个特殊功能寄存器有关。

表 13-4 STC89C 系列单片机的几个特殊功能寄存器

寄存器	地址	名 称	bit7	bit6	bit5	bit4	bit3	bit2	bit1	bit0	复位值
ISP_DATA	E2H	ISP/IAP 操作时的数据寄存器	—	—	—	—	—	—	—	—	11111111
ISP_ADDRH	E3H	ISP/IAP 操作时的地址寄存器高8位									00000000
ISP_ADDRL	E4H	ISP/IAP 操作时的地址寄存器低8位									00000000
ISP_CMD	E5H	SP/IAP 操作时的命令模式寄存器	—	—	—	—	—	MS2	MS1	MS0	XXXXX000
ISP_TRIG	E6H	SP/IAP 操作时的命令触发寄存器	—	—	—	—	—	—	—	—	XXXXXXXX
ISP_CONTR	E7H	ISP/IAP 操作时的控制寄存器	ISPEN	SWBS	SWRST	—	—	WT2	WT1	WT0	000XX000

有关 STC89C 系列单片机内部 EEPROM 的读写操作程序一般由 C 语言编写,我们将在《轻松玩转 51 单片机 C 语言》一书中举例说明。

第 14 章
单片机看门狗实例解析

看门狗简称 WDT(Watch Dog Timer),硬件主要由一个定时器组成,在打开"看门狗"时,定时器开始工作,定进时间一到,触发单片机复位。这样,在软件设计时,在合适的地方对看门狗定时器清零,只要软件运行正常,单片机就不会出现复位;当应用系统受到干扰而导致死机或出错时,则程序就不能及时对看门狗定时器进行清零,一段时间后,看门狗定时器将溢出,输出复位信号给单片机,使单片机重新启动工作,从而保证系统的正常运行。以前,广泛使用的 AT89C 系列单片机内部没有看门狗电路,在干扰严重的场合下工作时,需要外接看门狗电路(如 X25045、X5045 等)或设置软件看门狗。现在,新型的 AT89S、STC89C 系列等单片机内部已集成了看门狗电路,无需再外接任何元件,使用方便可靠。在本章中,我们重点以 AT89S51 和 STC89C51 单片机为例,体验其内部看门狗的使用方法。

14.1 单片机看门狗基本知识

单片机系统工作时,有可能受到来自外界电磁场的干扰,造成程序的跑飞,从而陷入死循环,程序的正常运行被打断,造成单片机系统陷入停滞状态,发生不可预料的后果。为此,便产生了一种专门用于监测单片机程序运行状态的电路,俗称"看门狗"。

目前,常用的看门狗主要有软件看门狗、外部硬件看门狗以及 AT89S、STC89C 系列单片机内部看门狗三种形式,下面分别进行介绍。

14.1.1 软件看门狗

软件看门狗是利用单片机片内的定时/计数器单元作为看门狗,在单片机程序中适当地插入"喂狗"指令,当程序运行出现异常或进入死循环时,利用软件将程序计数器赋予初始值,强制性地使程序重新开始运行。

为了实现软件看门狗功能,主要应做好以下几项工作:

一是在初始化程序中设置好定时/计数器的方式控制寄存器(TMOD)和定时时间的计数初值,并打开中断。

二是根据定时器的定时时间,在主程序中按一定的间隔插入复位定时器的指令,即插入俗

第14章 单片机看门狗实例解析

称为"喂狗"指令,两条"喂狗"指令间的时间间隔(可由系统时钟和指令周期计算出来)应小于定时时间,否则看门狗将发生误动作。

三是在定时器的中断服务程序中,设置一条无条件转移指令,将程序计数器转移到初始化程序的 PC 入口。

以 AT89C51 单片机为例,晶振频率为 11.0592 MHz,定时器 T0 工作在方式1,定时时间为 20 ms,则定时器 T0 的计数初值应设为 TH0＝0B8H,TL0＝00H,具体程序段如下:

```
            ORG     0000H               ;程序开始
            AJMP    MAIN                ;跳转到主程序 MAIN
            ORG     000BH               ;定时器 T0 中断服务程序入口地址
            LJMP    ERR                 ;跳转到定时器 T0 中断服务程序 ERR
MAIN:       MOV     SP,#60H             ;堆栈初始化
            MOV     PSW, #00H           ;PSW 清零
            MOV     TMOD,#01H           ;设置定时器 T0 为工作方式1
            SETB    ET0                 ;允许 T0 中断
            SETB    PT0                 ;设置 T0 中断为高级中断
            MOV     TL0,#00H            ;设定 T0 的定时初值,定时时间约为 16 ms
            MOV     TH0,#0B8H
            SETB    EA                  ;开中断
            SETB    TR0                 ;启动 T0
LOOP:       ……                          ;加入主程序
            LCALL   WATCH_DOG           ;调用喂狗子程序
            ……                          ;加入主程序
            LJMP    LOOP                ;主程序循环
            ;以下是喂狗子程序
WATCH_DOG:  MOV     TL0,    #00H        ;喂狗子程序
            MOV     TH0,    #0B8H       ;重置计数初值
            SETB    TR0                 ;重置计数初值
            RET                         ;子程序返回
            ;以下是定时器 T0 中断服务程序
ERR:        POP     ACC                 ;出栈
            POP     ACC                 ;出栈
            CLR     A                   ;清 A
            PUSH    ACC                 ;入栈
            PUSH    ACC                 ;入栈
            RETI                        ;中断返回
```

当程序正常运行时,定时器 T0 不会发生溢出,而程序运行异常时,定时器 T0 将超时溢出,进入中断矢量地址 000BH,执行"LJMP ERR"指令,程序进入 ERR 中,执行完 ERR 程序后就将 0000H 送入 PC,从而实现软件复位。

软件看门狗的最大特点是无需外加硬件电路,经济性好。当然,这种方式要占用单片机的定时器资源。而且当程序工作量很大时"喂狗"的地方就很多,容易造成某程序段中的死循环,因此可靠性不是很高。

14.1.2 外部硬件看门狗

硬件看门狗是指一些集成化的专用看门狗电路,它实际上是一个特殊的定时器,当定时时间到时,发出溢出脉冲。从实现角度上看,该方式是一种软件与片外专用电路相结合的技术,硬件电路连接好以后,在程序中适当地插入一些看门狗复位的指令,即"喂狗"指令,保证程序正常运行时看门狗不溢出;而当程序运行异常时,看门狗因超时发出溢出脉冲,通过单片机的RESET引脚使单片机复位。常用的硬件看门狗很多,如 MAX813L、X5045/X25045 等等类型。由于硬件看门狗电路在单片机中使用越来越少,本书不作详细介绍。

14.1.3 单片机内部看门狗

一些新型单片机如 AT89S、STC89C 系列等,内部已集成有看门狗功能,因此,使用起来十分方便。

1. AT89S 系列单片机内部看门狗

对于 AT89S 系列单片机,内部具有看门狗寄存器 WDTRST(地址为 0A6H),当看门狗激活后,用户必须向 WDTRST 依次写入 01EH 和 0E1H 数据以"喂狗",避免看门狗定时器(WDT)溢出。喂狗子程序 WATCH_DOG 如下:

```
WATCH_DOG:    MOV 0A6H,#01EH
              MOV 0A6H,#0E1H
              RET
```

使用 AT89S 系列单片机的看门狗时,要注意以下几点:

一是看门狗必须由程序激活后才开始工作,所以必须保证 CPU 有可靠的上电复位,否则看门狗也无法工作。

二是看门狗使用的是 CPU 的晶振,在晶振停振的时候看门狗也无效。

三是在 16383 个机器周期内必须至少喂狗一次,如果晶振为 11.059 2 MHz,则在 17 ms 以内即需喂狗一次。

2. STC89C 系列单片机内部看门狗

STC89C 系列单片机设有看门狗定时器寄存器 WDT_CONTR,它在特殊功能寄存器中的字节地址为 E1H,不能位寻址,该寄存器不但可启停看门狗,而且还可以设置看门狗溢出时间等。WDT_CONTR 寄存器各位的定义如下:

位序号	D7	D6	D5	D4	D3	D2	D1	D0
位符号	—	—	EN_WDT	CLR_WDT	IDLE_WDT	PS2	PS1	PS0

EN_WDT:看门狗允许位,当设置为 1 时,启动看门狗。

CLR_WDT:看门狗清零位,当设置为 1 时,看门狗定时器将重新计数。硬件自动清零此位。

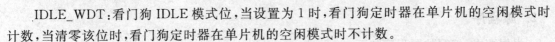

IDLE_WDT：看门狗 IDLE 模式位，当设置为 1 时，看门狗定时器在单片机的空闲模式时计数，当清零该位时，看门狗定时器在单片机的空闲模式时不计数。

PS2、PS1、PS0：看门狗定时器预分频值，用来设置看门狗溢出时间。看门狗溢出时间与预分频数有直接的关系，有关公式如下：

$$看门狗溢出时间 = (N \times 预分频数 \times 32768)/晶振频率$$

上式中，N 表示 STC 单片机的时钟模式，STC89C 单片机有两种时钟模式：单倍速（$N=12$），也就是 12 时钟模式，这种时钟模式下，STC89C 单片机与其他公司的 51 单片机具有相同的机器周期，即 12 个振荡周期为一个机器周期；另一种为双倍速（$N=6$），又被称为 6 时钟模式，在这种时钟模式下，STC89C 单片机比其他公司的 51 单片机运行速度要快一倍。关于单倍速与双倍速的设置在下载程序软件界面上有设置选择，一般情况下，我们使用单倍速模式，即 N 为 12。

当单片机晶振为 11.059 2 MHz，工作在单倍速下（$N=12$）时，看门狗定时器预分频数与看门狗定时时间的对应关系如表 14-1 所列。

表 14-1 看门狗定时器预分频数与看门狗定时时间的关系

PS2	PS1	PS0	预分频数	看门狗溢出时间	PS2	PS1	PS0	预分频数	看门狗溢出时间
0	0	0	2	71.1 ms	1	0	0	32	1.137 7 s
0	0	1	4	142.2 ms	1	0	1	64	2.275 5 s
0	1	0	8	284.4 ms	1	1	0	128	4.551 1 s
0	1	1	16	568.8 ms	1	1	1	256	9.102 2 s

专家点拨：从系统可靠性的角度上讲，不管是采用软件看门狗还是硬件看门狗，也仅仅是事后有作用，即常说的亡羊补牢，并不能从根本上防止程序出错。要真正解决单片机系统的可靠性问题，则要从软硬件两个方面着手，从设计源头着手，采取多种措施，才能降低程序出错的概率。

14.2 单片机看门狗实例解析

14.2.1 实例解析 1——AT89S51 内部看门狗测试

1. 实现功能

在 DD-900 实验开发板上测试 AT89S51 单片机的看门狗功能：开机后，P0 口 LED 灯全亮，按 K1 键，则激活看门狗，并开始喂狗，P0 口上的 LED 灯熄灭，同时蜂鸣器鸣叫；若再按下 K2 键，则停止喂狗，看门狗溢出后程序回到初始状态，即 P0 口 LED 灯全亮。有关电路如图 3-4、图 3-17 和图 3-20 所示。

2. 源程序

根据要求,编写的源程序如下:

```
            K1      EQU     P3.2            ;按下 K1 键,启动定时器,开始喂狗
            K2      EQU     P3.3            ;按下 K2 键,停止定时器,停止喂狗
            WDTRST  EQU     0A6H            ;看门狗寄存器
            ORG     0000H                   ;程序开始
            AJMP    MAIN                    ;跳转到主程序 MAIN
            ORG     000BH                   ;定时器 T0 入口地址
            AJMP    TIME0                   ;跳转到定时器 T0 中断服务程序
            ORG     0030H                   ;主程序从 030H 开始
            ;以下是主程序
MAIN:       MOV     P0,#0FFH                ;P0 口灯全灭
            MOV     TMOD,#01H               ;定时/计数器 0 工作于方式 1
            MOV     TH0,#0C6H               ;16 ms 计数初值
            MOV     TL0,#66H                ;16 ms 计数初值
            SETB    EA                      ;开总中断
            SETB    ET0                     ;开定时/计数器 0 中断
            MOV     P0,#00H                 ;P0 口灯全亮
            JB      K1,$                    ;若未按 K1 键,则等待
OPEN_DOG:   SETB    TR0                     ;若按下 K1 键,则启动定时器 T0,开始喂狗
            MOV     P0,#0FFH                ;P0 口灯全灭
            ACALL   BEEP_ONE                ;蜂鸣器响一声
CLOSE_DOG:  JB      K2,OPEN_DOG             ;若未按下 K2 键,则跳转到 OPEN_DOG 继续循环
            CLR     TR0                     ;若按下 K2 键,则关闭定时器 T0,停止喂狗
            ;以下是喂狗子程序
WATCH_DOG:  MOV     WDTRST,#01EH            ;喂狗
            MOV     WDTRST,#0E1H            ;喂狗
            RET
                                            ;定时器 0 的中断处理程序
TIME0:      PUSH    ACC                     ;入栈保护
            PUSH    PSW                     ;入栈保护
            MOV     TH0,#0C6H               ;重装计数初值
            MOV     TL0,#66H                ;重装计数初值
            ACALL   WATCH_DOG               ;调喂狗子程序
            POP     PSW                     ;出栈
            POP     ACC                     ;出栈
            RETI
            ;以下是蜂鸣器响一声子程序
BEEP_ONE:   CLR     P3.7
            ACALL   DELAY_100 ms
            SETB    P3.7
            ACALL   DELAY_100 ms
            RET
            ;以下是 100 ms 延时子程序
```

```
                    DELAY_100 ms:(略,见光盘)
                                END
```

3. 源程序释疑

这个源程序比较简单,其作用是模拟看门狗打开及关闭时的动作,开始时,P0 口的灯全亮并等待,当按下 K1 键时,则激活看门狗,激活看门狗后,需要定时进行喂狗,这里采用定时中断方式,并将定时时间设为 16 ms,也就是说,每 16 ms 喂狗一次,因此,看门狗定时器不会溢出。当按下 K2 键时,由于关闭了定时器 T0,因此,无法进行喂狗,一段时间后(即 17 ms 后),看门狗定时器溢出,程序复位,再从头开始运行。

需要说明的是,本例中,喂狗子程序放在定时时间为 16 ms 的中断服务程序中,因此,喂狗比较及时,当然,喂狗时也可以不采用定时中断的方式,在这种情况下,要特别注意两次喂狗时间间隔不能大于 17 ms,否则,看门狗定时器将溢出,程序将被复位。

4. 实现方法

① 打开 Keil c51 软件,建立工程项目,输入上面的源程序。对源程序进行编译、链接,产生 ch14_1.hex 目标文件。

② 将 DD-900 实验开发板 JP1 的 LED、V_{CC} 两插针短接,为 LED 灯供电。

③ 将 AT89S51 单片机插入到锁紧插座,把 ch14_1.hex 文件下载到 AT89S51 中。正常情况下,开机后 LED 灯全亮,按下 K1 键,开始喂狗,LED 灯熄灭,蜂鸣器鸣叫一声;再按下 K2 键,则停止喂狗,程序复位,P0 口 LED 灯又全亮。

该实验程序在随书光盘的 ch14\ch14_1 文件夹中。

14.2.2 实例解析 2——STC89C51 内部看门狗测试

1. 实现功能

在 DD-900 实验开发板上测试 STC89C51 单片机的看门狗功能:开机后,P0 口 LED 灯按流水灯逐个点亮,要求在程序中加入看门狗功能。有关电路如图 3-4 和图 3-20 所示。

2. 源程序

根据要求,编写的源程序如下:

```
            WDT_CONTR   EQU 0E1H          ;看门狗寄存器
            ORG      0000H                ;程序开始
            AJMP     MAIN                 ;跳转到主程序 MAIN
            ORG      0030H                ;主程序从 030H 开始
            ;以下是主程序
MAIN:       MOV WDT_CONTR, #00111101B    ;第一次喂狗
                                          ;打开看门狗,并将看门狗定时时间设置为 2.2755 s
            MOV  P0, #0FEH                ;P0.0 灯亮
            ACALL   DELAY_05s             ;延时 0.5 s
            MOV  P0, #0FDH                ;P0.1 灯亮
            ACALL   DELAY_05s             ;延时 0.5 s
```

```
            MOV   P0,#0FBH              ;P0.2灯亮
            ACALL  DELAY_05s            ;延时0.5 s
            MOV   P0,#0F7H              ;P0.3灯亮
            ACALL  DELAY_05s            ;延时0.5 s
            MOV   WDT_CONTR,#00111101B  ;第二次喂狗
                                        ;打开看门狗,并将看门狗定时时间设置为2.2755 s
            MOV   P0,#0EFH              ;P0.4灯亮
            ACALL  DELAY_05s            ;延时0.5 s
            MOV   P0,#0DFH              ;P0.5灯亮
            ACALL  DELAY_05s            ;延时0.5 s
            MOV   P0,#0BFH              ;P0.6灯亮
            ACALL  DELAY_05s            ;延时0.5 s
            MOV   P0,#07FH              ;P0.7灯亮
            ACALL  DELAY_05s            ;延时0.5 s
            ACALL  MAIN                 ;继续循环
            ;以下是0.5 s延时子程序
DELAY_05s: （略,见光盘)
            END
```

3. 源程序释疑

在应用看门狗时,需要在整个大程序的不同位置喂狗,每两次喂狗之间的时间间隔一定不能小于看门狗定时器的溢出时间,否则程序将会不停地复位。

在本程序中,8只LED灯按流水灯方式显示一遍需要4 s的时间,而看门狗定时器定时时间设置为2.275 5 s,因此,在8只流水灯循环一遍的过程中需喂狗二次,否则流水灯在流动过程中会不断被复位。

为了验证这种情况,读者可以将源程序中的第二次喂狗语句"MOV WDT_CONTR,#00110101B"删除,观察会有什么现象发生。

删除"MOV WDT_CONTR,#00110101B"语句后会发现,流水灯只能在前5只LED灯之间循环点亮。原来,点亮前4只流水灯需用时2 s,而看门狗定时时间为2.275 5 s,因此,在点亮第5只LED灯时,看门狗定时器溢出,程序复位,使流水灯又从第1只开始循环。

4. 实现方法

① 打开Keil c51软件,建立工程项目,再建立一个名为ch14_2.asm的源程序文件,输入上面的源程序。对源程序进行编译、链接,产生ch14_2.hex目标文件。

② 将DD-900实验开发板JP1的LED、V_{CC}两插针短接,为LED灯供电。

③ 将STC89C51单片机插入到锁紧插座,把ch14_2.hex文件下载到STC89C51中。正常情况下,开机后LED灯应按流水灯形式被逐个点亮。

该实验程序在随书光盘的ch14\ch14_2文件夹中。

第 15 章

温度传感器 DS18B20 实例解析

美国 DALLAS 公司生产的单线数字温度传感器 DS18B20,是一种模/数转换器件,可以把模拟温度信号直接转换成串行数字信号供单片机处理,而且读写 DS18B20 信息仅需要单线接口,使用非常方便。DSl8B20 体积小、精度高、使用灵活,因此,在测温系统中应用十分广泛。

15.1 温度传感器 DS18B20 基本知识

15.1.1 温度传感器 DS18B20 介绍

温度传感器 DS18B20 是 DALLAS 公司推出的单总线数字温度传感器,测量温度范围为 $-55 \sim +125\ ℃$,在 $-10\ ℃ \sim +85\ ℃$ 范围内精度为 $\pm 0.5\ ℃$。现场温度直接以单总线的数字方式传输,大大提高了系统的抗干扰性。DS18B20 支持 $3 \sim 5.5\ V$ 的电压范围,使用十分灵活和方便。

1. DS18B20 引脚功能

DS18B20 的外形如图 15-1 所示。

可以看出,DS18B20 的外形类似晶体管,共 3 只引脚,分别为 GND(地)、DQ(数字信号输入/输出)和 V_{DD}(电源)。

DS18B20 与单片机连接电路非常简单,如图 15-2(a)所示,由于每片 DS18B20 含有唯一的串行数据口,所以在一条总线上可以挂接多个 DS18B20 芯片,如图 15-2(b)所示。

2. DS18B20 的内部结构

DS18B20 的内部结构如图 15-3 所示。

DS18B20 共有 64 位 ROM,用于存放 DS18B20 编码,其中前 8 位是单线系列编码(DS18B20 的编码是 19H),后面 48 位是芯片唯一的序列号,最后 8 位是以上 56 位的 CRC 码(冗余校验)。数据在出厂时设置,不能由用户更改。由于每一个 DS18B20 芯片序列号都各不相同,因此,在一根总线上可以挂接多个

图 15-1 DS18B20 的外形

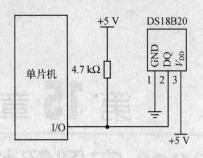
(a) 单只DS18B20与单片机的连接

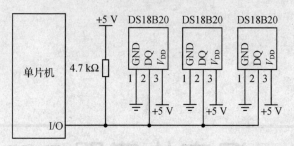
(b) 多只DS18B20与单片机的连接

图 15-2 DS18B20与单片机的连接

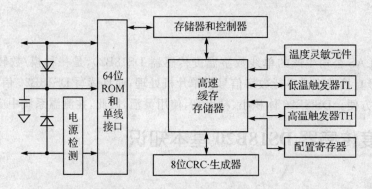

图 15-3 DS18B20 的内部结构

DS18B20 芯片。

DS18B20 中的温度传感器完成对温度的测量。

配置寄存器主要用来设置 DS18B20 的工作模式和分辨率。配置寄存器中各位的组成如下：

TM	R1	R0	1	1	1	1	1

配置寄存器的低 5 位一直为 1，TM 是测试模式位，用于设置 DS18B20 在工作模式还是在测试模式，这位在出厂时被设置为 0。R1 和 R0 用来设置分辨率，即决定温度转换的精度位数，设置情况如表 15-1 所列。

高温度和低温度触发器 TH、TL 是一个非易失性的可电擦除的 EEPROM，可通过软件写入用户报警上下限值。

高速缓存存储器由 9 个字节组成，分别是：温度值低位 LSB（0 字节）、温度值高位 MSB（1 字节）、高温限值 TH（2 字节）、低温限值 TL（3 字节）、配置寄存器（4 字节）、保留（5、6、7 字节）、CRC 校验值（8 字节）。

表 15-1 DS18B20 分辨率设置

R1	R0	分辨率/位	温度最大转换时间/ms
0	0	9	93.75
0	1	10	187.5
1	0	11	375
1	1	12	750

当温度转换命令发出后，经转换所得的温度值存放在高速暂存存储器的第 0 和第 1 个字节内。第 0 个字节存放的是温度的低 8 位信息，第 1 个字节存放的是温度的高 8 位信息。单

片机可通过单线接口读到该数据,读取时低位在前,高位在后。第2、3个字节是TH、TL的易失性拷贝,第4个字节是配置寄存器的易失性备份,这3个字节的内容在每一次上电复位时被刷新。第5、6、7个字节用于内部计算,第8个字节用于冗余校验。

这里需要注意的是存放在第0、1字节中的温度值,其中,后11位是数据位,前5位是符号位,如果测得的温度大于0,前5位为0,只要将测到的数值乘于0.0625即可得到实际温度;如果温度小于0,前5位为1,测到的数值需要取反加1再乘于0.0625,才可得到实际温度。表15-2给出了典型温度的二进制及十六进制对照表。

表15-2 典型温度的二进制及十六进制对照表

温度值/℃	双字节温度(二进制)		双字节温度(十六进制)
	符号位(5位)	数据位(11位)	
+125	00000	111 1101 0000	07D0H
+85.5	00000	101 0101 1000	0558H
+25.0625	00000	001 1001 0001	0191H
+10.125	00000	000 1010 0010	00A2H
+0.5	00000	000 0000 1000	0008H
0	00000	000 0000 0000	0000H
−0.5	11111	111 1111 1000	FFF8H
−10.125	11111	111 0101 1110	FF5EH
−25.0625	11111	111 0110 1111	FE6FH
−55	11111	100 1001 0000	FC90H

3. DS18B20 的指令

在对DS18B20进行读写编程时,必须严格保证读写时序,否则将无法读取实测温度结果。根据DS18B20的通信协议,单片机控制DS18B20完成温度转换必须经过以下步骤:每一次读写之前都要对DS18B20进行复位,复位成功后发送一条ROM指令,最后发送RAM指令,这样才能对DSl8B20进行预定的操作。

复位要求单片机将数据线下拉500 μs,然后释放,DS18B20收到信号后等待16~60 μs,然后发出60~240 μs的存在低脉冲,单片机收到此信号表示复位成功。

DS18B20的ROM指令如表15-3所列,RAM指令如表15-4所列。

表15-3 ROM指令表

指 令	约定代码	功 能
读ROM	33H	读DS18B20温度传感器ROM中的编码(即64位地址)
匹配ROM	55H	发出此命令之后,接着发出64位ROM编码,访问单总线上与该编码相对应的DS18B20使之作出响应,为下一步对该DS18B20的读写作准备
搜索ROM	0F0H	用于确定挂接在同一总线上DS18B20的个数和识别64位ROM地址,为操作各器件做好准备
跳过ROM	0CCH	忽略64位ROM地址,直接向DS18B20发送温度变换命令。适用于单只DS18B20工作
报警搜索命令	0ECH	执行后只有温度超过设定值上限或下限的芯片才做出响应

表 15-4 RAM 指令表

指令	约定代码	功能
温度变换	44H	启动 DS18B20 进行温度转换,12 位转换时最长为 750 ms(9 位为 93.75 ms)。结果存入内部 9 字节 RAM 中
读高速缓存	0BEH	读内部 RAM 中 9 字节的内容
写高速缓存	4EH	发出向内部 RAM 的第 2、3 字节写上、下限温度数据命令,紧跟该命令之后,是传送两字节的数据
复制高速缓存	48H	将 RAM 中第 2、3 字节的内容复制到 EEPROM 中
重调 EEPROM	0B8H	将 EEPROM 中内容恢复到 RAM 中的第 3、4 字节
读供电方式	0B4H	寄生供电时 DS18B20 发送 0,外接电源供电时 DS18B20 发送 1

4. DS18B20 使用注意事项

DS18B20 芯片虽然具有诸多优点,但在使用时也应注意以下几个问题:

① 由于 DS18B20 与微处理器间采用串行数据传送方式,因此,在对 DS18B20 进行读写编程时,必须严格地保证读写时序,否则,将无法正确读取测温结果。

② 对于在单总线上所挂 DS18B20 的数量问题,一般人会误认为可以挂任意多个 DS18B20,而在实际应用中并非如此。若单总线上所挂 DS18B20 超过 8 个时,则需要解决单片机的总线驱动问题,这一点,在进行多点测温系统设计时要加以注意。

③ 连接 DS18B20 的总线电缆是有长度限制的。试验中,当采用普通信号电缆且其传输长度超过 50 m 时,读取的测温数据将发生错误。而将总线电缆改为双绞线带屏蔽电缆时,正常通信距离可达 150 m,如采用带屏蔽层且每米绞合次数更多的双绞线电缆,则正常通信距离还可以进一步加长。这种情况主要是由总线分布电容使信号波形产生畸变造成的,因此,在用 DS18B20 进行长距离测温系统设计时要充分考虑总线分布电容和阻抗匹配问题。

④ 在 DS18B20 测温程序设计中,当向 DS18B20 发出温度转换命令后,程序总要等待 DS18B20 的返回信号。这样,一旦某个 DS18B20 接触不好或断线,在程序读取该 DS18B20 时就没有返回信号,从而使程序进入死循环。因此,在进行 DS18B20 硬件连接和软件设计时,应当对此加以注意。

⑤ 如果单片机对多个 DS18B20 芯片进行操作,需要先执行读 ROM 命令,逐个读出其序列号,然后再发出匹配命令,就可以进行温度转换和读写操作了。若单片机只对一个 DS18B20 芯片进行操作,一般不需要读取 ROM 编码以及匹配 ROM 编码,只要使用跳过 ROM 命令,就可以进行温度转换和读写操作。

15.1.2 温度传感器 DS18B20 驱动程序软件包的制作

为方便编程,在这里,我们制作一个温度传感器 DS18B20 的驱动程序软件包(文件名为 DS18B20_drive.asm),软件包具体内容如下(软件包中使用的汇编伪指令介绍请参考本书第 11 章):

第15章 温度传感器 DS18B20 实例解析

```
            PUBLIC   RESET_1820, WRITE_1820, READ_1820
            CODE_18B20 SEGMENT CODE
            TEMPL    EQU    25H          ;低温度值存放单元
            TEMPH    EQU    26H          ;高温度值存放单元
            TEMP_TH  EQU    27H          ;高温报警值存放单元
            TEMP_TL  EQU    28H          ;低温报警值存放单元
            FLAG     BIT    20H.0        ;DS18B20 是否存在标记
            DQ       BIT    P1.3         ;DS18B20 数据脚定义
            RSEG     CODE_18B20
            ;以下是 DS18B20 复位初始化子程序
RESET_1820: SETB DQ
            NOP
            CLR  DQ
            MOV  R1,#3                   ;主机发出延时 500 μs 的复位低脉冲
DLY:        MOV  R0,#107
            DJNZ R0,$
            DJNZ R1,DLY
            SETB DQ                      ;拉高数据线
            NOP
            NOP
            NOP
            MOV  R0,#25H
RST2:       JNB  DQ,RST3                 ;等待 DS18B20 回应
            DJNZ R0,RST2
            JMP  RST4
RST3:       SETB FLAG                    ;置标志位,表示 DS18B20 存在
            JMP  RST5
RST4:       CLR  FLAG                    ;清标志位,表示 DS18B20 不存在
            JMP  RST7
RST5:       MOV  R0,#117
RST6:       DJNZ R0,RST6                 ;时序要求延时一段时间
RST7:       SETB DQ
            RET
            ;以下是写 DS18B20 子程序
WRITE_1820: MOV  R2,#8                   ;共 8 位数据
            CLR  C
WR1:        CLR  DQ                      ;总线低位,开始写入
            MOV  R3,#6
            DJNZ R3,$                    ;保持 16 μs 以上
            RRC  A                       ;把字节 DATA 分成 8 个 bit 环移给 C
            MOV  DQ,C                    ;写入一个 bit
            MOV  R3,#23
            DJNZ R3,$                    ;等待
            SETB DQ                      ;重新释放总线
```

```
                NOP
                DJNZ  R2,WR1         ;写入下一个 bit
                SETB  DQ
                RET                  ;写入子程序
        ;以下是读 DS18B20 子程序(将温度低位、高位、报警高位 TH、报警低位 TL 从 DS18B20 中读出)
READ_1820:      MOV   R4,#4          ;读取 4B
                MOV   R1,#TEMPL      ;存入 TEMPL (25H)、TEMPLH(26H)、TEMP_TH (27H)、TEMP_TL(28H)
READ0:          MOV   R2,#8          ;数据一共有 8 bit
READ1:          CLR   C
                SETB  DQ
                NOP
                NOP
                CLR   DQ             ;读前总线保持为低
                NOP
                NOP
                NOP
                SETB  DQ             ;开始读总线释放
                MOV   R3,#9
                DJNZ  R3,$           ;延时 18 μs
                MOV   C,DQ           ;从总线读到一个 bit
                MOV   R3,#23
                DJNZ  R3,$           ;等待 50 μs
                RRC   A              ;把读得的位价值环移给 A
                DJNZ  R2,READ1       ;读下一个 bit
                MOV   @R1,A
                INC   R1             ;R1 内数据递增
                DJNZ  R4,READ0
                RET
                END
```

15.2 温度传感器 DS18B20 实例解析

15.2.1 实例解析 1——LED 数码管数字温度计

1. 实现功能

在 DD-900 实验开发板上进行如下实验:DS18B20 数字温度计感应的温度值通过前 4 位数码管进行显示,其中前 3 位显示温度的百位、十位和个位,最后 1 位显示温度的小数位。有关电路如图 3-4、图 3-15 所示。

2. 源程序

根据要求,编写的源程序如下:

第 15 章 温度传感器 DS18B20 实例解析

```
            EXTRN   CODE(RESET_1820, WRITE_1820,READ_1820)
                                ;加入此语句后,应用程序就可以引用驱动程序软件包了
            TEMP_ZH   EQU   24H   ;实时温度值存放单元,用来和报警值进行比较
            TEMPL     EQU   25H   ;低温度值存放单元
            TEMPH     EQU   26H   ;高温度值存放单元
            TEMP_TH   EQU   27H   ;高温报警值存放单元
            TEMP_TL   EQU   28H   ;低温报警值存放单元
            FLAG      BIT   20H.0 ;DS18B20 是否存在标记
            DQ        BIT   P1.3  ;DS18B20 数据脚定义
            TEMPHC    EQU   32H   ;温度转换低 8 位缓冲区
            TEMPLC    EQU   33H   ;温度转换高 8 位缓冲区
            DISP_BUF  EQU   34H   ;DISP_BUF 为显示缓冲区小数位,DISP_BUF+1 为显示缓冲区个
                                   数位
                                ;DISP_BUF+2 为显示缓冲区十位,DISP_BUF+3 为显示缓冲区
                                 百位
            DOT       BIT   P0.7  ;小数点控制
            ORG       0000H        ;主程序入口地址
            AJMP      MAIN         ;转主程序 MAIN
            ORG       0030H        ;主程序从 0030H 开始
            ;以下是主程序
MAIN:       MOV       SP,#50H      ;堆栈初始化
            MOV       P0,#0FFH     ;P0 口置 1
START:      LCALL     GET_TEMP     ;调用读温度子程序
            LCALL     TEMP_PROC    ;调温度 BCD 处理子程序
            LCALL     BCD_REFUR    ;调 BCD 码温度值刷新子程序
            LCALL     DISPLAY      ;调用数码管显示子程序
            AJMP      START        ;跳转到 START
            ;以下是读取温度值子程序
GET_TEMP:   SETB      DQ           ;拉高数据线
            LCALL     RESET_1820   ;先复位 DS18B20(在驱动程序软件包中)
            JB        FLAG,GET_NEXT ;若 FLAG=1 说明 DS18B20 存在,跳转到 GET_NEXT
            AJMP      GET_RET      ;若 FLAG=0,说明 DS18B20 不存在,跳转到 GET_RET 返回
GET_NEXT:   MOV       A,#0CCH      ;跳过 ROM 匹配
            LCALL     WRITE_1820   ;调写 DS18B20 子程序(在驱动程序软件包中)
            MOV       A,#44H       ;发出温度转换命令
            LCALL     WRITE_1820   ;调写 DS18B20 子程序(在驱动程序软件包中)
            LCALL     DISPLAY      ;调用显示子程序延时,等待 A/D 转换结束,分辨率为 12 位时需
                                    延时 750 ms
                                ;此语句也可以不加
            LCALL     RESET_1820   ;准备读温度前先复位(在驱动程序软件包中)
            MOV       A,#0CCH      ;跳过 ROM 匹配
            LCALL     WRITE_1820   ;调写 DS18B20 子程序(在驱动程序软件包中)
            MOV       A,#0BEH      ;发出读温度命令
            LCALL     WRITE_1820   ;调写 DS18B20 子程序(在驱动程序软件包中)
            LCALL     READ_1820    ;调读 DS18B20 子程序(在驱动程序软件包中)
```

```
GET_RET:    RET
            ;以下是温度 BCD 码处理子程序
TEMP_PROC:  MOV   A,TEMPH              ;判断温度是否零下
            ANL   A,#80H               ;取出最高位
            JZ    TC1                  ;若 A 为 0,说明温度为零上,转 TC1
            CLR   C                    ;若 A 为 1,说明温度为零下,C 清零
            MOV   A,TEMPL              ;温度值低位 TEMPL 送 A
            CPL   A                    ;TEMPL 取反
            ADD   A,#01H               ;TEMPL 取反加 1
            MOV   TEMPL,A              ;取反加 1 后再送回 TEMPL
            MOV   A,TEMPH              ;TEMPH 送 A
            CPL   A                    ;TEMPH 取反
            ADDC  A,#00H               ;TEMPH 加上进位位
            MOV   TEMPH,A              ;A 的值送回 TEMPH
            SJMP  TC2                  ;跳转到 TC2
TC1:        MOV   TEMPHC,#0AH          ;将 0AH 送 TEMPHC
TC2:        MOV   A,TEMPHC             ;TEMPHC 送 A
            SWAP  A                    ;A 高低半字节交换
            MOV   TEMPHC,A             ;交换后送 TEMPHC
            MOV   A,TEMPL              ;温度值低字节 TEMPL 送 A
            ANL   A,#0FH               ;取出低 4 位的小数
            MOV   DPTR,#DOTTAB         ;小数表 DOTTAB 地址送 DPTR
            MOVC  A,@A+DPTR            ;查出小数
            MOV   TEMPLC,A             ;小数部分送 TEMPLC
            MOV   A,TEMPL              ;温度值低字节 TEMPL 送 A
            ANL   A,#0F0H              ;取出高 4 位整位部分
            SWAP  A                    ;高低半字节交换
            MOV   TEMPL,A              ;交换后送 TEMPL
            MOV   A,TEMPH              ;温度值高字节 TEMPH 送 A
            ANL   A,#0FH               ;取出 TEMPH 低 4 位
            SWAP  A                    ;高低半字节交换
            ORL   A,TEMPL              ;将 TEMPH 低 4 位与 TEMPL 高 4 位整数部分重新组合
            MOV   TEMP_ZH,A            ;将组合后的值送 TEMP_ZH(实际温度)
            LCALL HEX_BCD              ;调十六进制转 BCD 码子程序
            MOV   TEMPL,A              ;转换后 A 送 TEMPL
            ANL   A,#0F0H              ;取高 4 位
            SWAP  A                    ;高低 4 位交换
            ORL   A,TEMPHC             ;与 TEMPHC 进行或运算
            MOV   TEMPHC,A             ;送回 TEMPHC
            MOV   A,TEMPL              ;TEMPL 送 A
            ANL   A,#0FH               ;取出低 4 位
            SWAP  A                    ;高低 4 位交换
            ORL   A,TEMPLC             ;与 TEMPLC 进行或运算
            MOV   TEMPLC,A             ;送回 TEMPLC
            MOV   A,R4                 ;R4 送 A
```

第15章 温度传感器 DS18B20 实例解析

```
              JZ    TC3                ;若 A 为 0,退出
              ANL   A,#0FH             ;若不为 0,取出低 4 位
              SWAP  A                  ;高低 4 位交换
              MOV   R4,A               ;送 R4
              MOV   A,TEMPHC           ;TEMPHC 送 A
              ANL   A,#0FH             ;取出低 4 位
              ORL   A,R4               ;与 R4 进行或运算
              MOV   TEMPHC,A           ;送回 TEMPHC
TC3:          RET
              ;以下是小数部分分码表
DOTTAB:       DB    00H,01H,01H,02H,03H,03H,04H,04H,05H,06H
              DB    06H,07H,08H,08H,09H,09H
              ;以下是单字节十六进制转 BCD 子程序
HEX_BCD:      MOV   B,#100             ;B 为 100
              DIV   AB                 ;A 除以 B
              MOV   R7,A               ;百位数送 R7
              MOV   A,#10              ;A 为 10
              XCH   A,B                ;A,B 值交换
              DIV   AB                 ;A 除以 B
              SWAP  A                  ;高低半字节交换
              ORL   A,B                ;或运算
              RET
              ;以下是 BCD 码温度值刷新子程序
BCD_REFUR:    MOV   A,TEMPLC           ;取低 8 位温度值
              ANL   A,#0FH             ;取出低 4 位(小数部分)
              MOV   DISP_BUF,A         ;小数部分送显示缓冲 DISP_BUF
              MOV   A,TEMPLC           ;取低 8 位温度值
              SWAP  A                  ;高低 4 位交换
              ANL   A,#0FH             ;取 A 低 4 位,即取出 TEMPLC 的高 4 位(个位部分)
              MOV   DISP_BUF+1,A       ;个位部分送 DISP_BUF+1
              MOV   A,TEMPHC           ;取高 8 位温度值
              ANL   A,#0FH             ;取低 4 位(十位部分)
              MOV   DISP_BUF+2,A       ;十位部分送 DISP_BUF+2
              MOV   A,TEMPHC           ;取高 8 位温度值
              SWAP  A                  ;送 A
              ANL   A,#0FH             ;取出低 4 位,相当于取出 TEMPHC 的高 4 位(百位)
              MOV   DISP_BUF+3,A       ;百位送 DISP_BUF+3
              MOV   A,TEMPHC           ;TEMPHC 送 A
              ANL   A,#0F0H            ;取出高 4 位
              CJNE  A,#10H,BCD0        ;百位数是否为 0
              SJMP  BCD_RET            ;退出
BCD0:         MOV   A,TEMPHC           ;TEMPHC 送 A
              ANL   A,#0FH             ;取出低 4 位
              JNZ   BCD_RET            ;十位数是否为 0
              MOV   A,TEMPHC           ;TEMPHC 送 A
```

```
            SWAP   A                      ;高低4位交换
            ANL    A,#0FH                 ;取出低4位
            MOV    DISP_BUF+3,0AH         ;符号位不显示
            MOV    DISP_BUF+2,A           ;十位数显示符号
BCD_RET:    RET
;以下是显示子程序
DISPLAY:    MOV    DPTR,#TAB              ;指定查表起始地址
            MOV    R1,#250                ;显示250次
DPLP:       SETB   DOT                    ;小数点位为高,不显示小数点
            MOV    A,DISP_BUF             ;取小数位
            MOVC   A,@A+DPTR              ;查小数位的7段代码
            MOV    P0,A                   ;送出小数位的段码
            CLR    P2.3                   ;开小数位显示
            ACALL  DELAY_1ms              ;显示1ms,延时时间不可过长,否则会出现闪烁现象
            SETB   P2.3                   ;关小数位
            MOV    A,DISP_BUF+1           ;取个位数
            MOVC   A,@A+DPTR              ;查个位数的7段代码
            MOV    P0,A                   ;送出个位的段码
            CLR    DOT                    ;显示小数点
            CLR    P2.2                   ;开个位显示
            ACALL  DELAY_1ms              ;显示1ms
            SETB   P2.2                   ;关个位
            SETB   DOT                    ;关小数点
            MOV    A,DISP_BUF+2           ;取十位数
            MOVC   A,@A+DPTR              ;查十位数的段码
            MOV    P0,A                   ;送出十位的段码
            CLR    P2.1                   ;开十位显示
            ACALL  DELAY_1ms              ;显示1ms
            SETB   P2.1                   ;关十位
            SETB   DOT                    ;关小数点
            MOV    A,DISP_BUF+3           ;取百位数
            MOVC   A,@A+DPTR              ;查百位数的段码
            MOV    P0,A                   ;送出百位的段码
            CLR    P2.0                   ;开百位显示
            ACALL  DELAY_1ms              ;显示1ms
            SETB   P2.0                   ;关百位
            DJNZ   R1,DPLP                ;250次没完循环
            RET
;以下是1ms延时子程序
DELAY_1ms:  (略,见光盘)
;以下是数码管显示代码
TAB:        DB     0C0H,0F9H,0A4H,0B0H,99H,92H,82H,0F8H,80H,90H   ;0~9显示码
            DB     0FFH,0BFH              ;"熄灭"、"-"显示码
            END
```

第 15 章　温度传感器 DS18B20 实例解析

3. 源程序释疑

源程序主要由主程序、读取温度值子程序 GET_TEMP、温度 BCD 码处理子程序 TEMP_PROC、十六进制转 BCD 码子程序 HEX_BCD、BCD 码温度值刷新子程序 BCD_REFUR、显示子程序 DISPLAY 等组成。

主程序开始,首先调用读取温度值子程序 GET_TEMP,对 DS18B20 复位,检测是否正常工作,若工作正常,标志位 FLAG 置 1,接着读取温度数据,单片机发出 CCH 指令,与 DS18B20 联系,然后向 DS18B20 发出 A/D 转换的 44H 指令,再发出读取温度寄存器的温度值指令 0BEH,并反复调用复位、写入、读取数据子程序。

BCD 码处理子程序 TEMP_PROC、十六进制转 BCD 码子程序 HEX_BCD 和 BCD 码温度值刷新子程序 BCD_REFUR 三个子程序的作用是,将读取到的温度数据进行处理和转换,并将小数位、个位、十位、百位分别存放在 DISP_BUF、DISP_BUF+1、DISP_BUF+2、DISP_BUF+3 缓冲区中。这三个子程序是通用子程序,无论是 LED 还是 LCD 显示,都完全适用,读者只需了解其作用及入口和出口参数即可,其细节内容完全不必理会。

显示子程序 DISPLAY 比较简单,这里主要说明两点:一是个位数小数点的显示,个位数小数点由单片机的 P0.7 脚和 P2.2 脚控制,当 P0.7 脚、P2.2 脚均为低电平时,个位数小数点显示,当 P0.7 脚或 P2.2 脚为高电平时,个位数小数点不显示。二是延时时间的选择问题。在显示子程序中,延时子程序的延时时间为 1 ms,这样,显示 4 位数码管需要 4 ms,频率为 250 Hz,因此,不会出现闪烁现象。当然,这个延时时间可以改变,但最好不要超过 6 ms,否则会出现闪烁的现象。

4. 实现方法

① 打开 Keil c51 软件,建立工程项目,再建立一个名为 ch15_1.asm 的源程序文件,输入上面的源程序。

② 在 ch15_1.uv2 的工程项目中,再将前面制作的驱动程序软件包 DS18B20_drive.asm 添加进来。

③ 单击"重新编译"按钮,对源程序 ch15_1.asm 和 DS18B20_drive.asm 进行编译和链接,产生 ch15_1.hex 目标文件。

④ 将 DD-900 实验开发板 JP1 的 DS、V_{CC} 两插针短接,为数码管供电,同时,将 JP6 的 DS18B20、P13 两插针短接,使温度传感器 DS18B20 与单片机相连。

⑤ 将 STC89C51 单片机插入到锁紧插座,把 ch15_1.hex 文件下载到单片机中,观察数码管上的温度显示情况,用手触摸温度传感器,观察温度是否发生变化。

该实验程序和温度传感器驱动程序软件包在随书光盘的 ch15\ch15_1 文件夹中。

15.2.2　实例解析 2——LCD 数字温度计

1. 实现功能

在 DD-900 实验开发板上实现 LCD 数字温度计功能:开机后,若 DS18B20 正常,LCD 第一行显示"DS18B20 OK",第二行显示"TMEP:XXX.X ℃"(XXX.X 表示显示的温度数值);

若 DS18B20 不正常,LCD 第一行显示"DS18B20 ERROR",第二行显示"TMEP:---- ℃"。有关电路如图 3-5、图 3-15 所示。

2. 源程序

根据要求,编写的源程序如下:

```
            EXTRN   CODE(RESET_1820 , WRITE_1820, READ_1820)
                                ;加入此语句后,应用程序就可以引用 DS18B20 驱动程序软件包了
            EXTRN   CODE(HOT_START,CHECK_BUSY,CLR_LCD,WRITE_IR,WRITE_DR)
                                ;加入此语句后,应用程序就可以引用 1602 LCD 驱动程序软件包了
            TEMP_ZH  EQU    24H    ;实时温度值存放单元
            TEMPL    EQU    25H    ;低温度值存放单元
            TEMPH    EQU    26H    ;高温度值存放单元
            TEMP_TH  EQU    27H    ;高温报警值存放单元
            TEMP_TL  EQU    28H    ;低温报警值存放单元
            TEMPHC   EQU    29H    ;存十位数 BCD 码
            TEMPLC   EQU    2AH    ;存个位数 BCD 码
            DISP_BUF EQU    34H    ;DISP_BUF 为显示缓冲区小数位,DISP_BUF + 1 为显示缓冲区个
                                    数位
                                ;DISP_BUF + 2 为显示缓冲区十位,DISP_BUF + 3 为显示缓冲区
                                    百位
            LCD_RS   BIT    P2.0
            LCD_RW   BIT    P2.1
            LCD_E    BIT    P2.2
            DB0_DB7  EQU    P0
            FLAG     EQU    20H.0  ;DS18B20 是否存在标记,FLAG 为 1,说明存在,FLAG 为 0 说明不
                                    存在
            DQ   EQU  P1.3         ;DS18B20 数据引脚
            ORG    0000H
            AJMP   MAIN
            ORG    0030H           ;主程序开始
            ;以下是主程序
MAIN:       MOV    SP,#50H          ;堆栈初始化
            CLR    LCD_E
            CALL   HOT_START        ;初始化 LCD
START:      ACALL  RESET_1820       ;18B20 复位子程序
            JNB    FLAG,DS18B20_ERR ;DS1820 不存在,跳转到 DS18B20_ERR
            ACALL  MENU_OK          ;DS18B20 存在,调 OK 菜单子程序
            ACALL  TEMP_SIGN        ;显示温度单位符号℃
            AJMP   TEMP_OK          ;跳转到 TEMP_OK 进行温度处理
DS18B20_ERR:ACALL  MENU_ERROR       ;DS18B20 不存在,调显示温度错误 ERROR 菜单子程序
            ACALL  TEMP_SIGN        ;显示温度单位符号℃
            AJMP   START            ;重新检测
TEMP_OK:    ACALL  GET_TEMP         ;调读取温度数据子程序
            ACALL  TEMP_PROC        ;调温度 BCD 码处理子程序
            ACALL  BCD_REFUR        ;调温度 BCD 码刷新子程序
```

```
                ACALL   CONV            ;调温度数据转换子程序
                SJMP    TEMP_OK         ;跳转到 TEMP_OK 继续循环
                ;以下是读取温度数据子程序(与本章实例解析1基本一致)
GET_TEMP:       ACALL   RESET_1820      ;18B20 复位子程序(在 DS18B20 驱动程序软件包中)
                JNB     FLAG,DS18B20_ERR ;DS1820 不存在
                MOV     A,#0CCH         ;跳过 ROM 匹配
                ACALL   WRITE_1820      ;写入子程序(在 DS18B20 驱动程序软件包中)
                MOV     A,#44H          ;发出温度转换命令
                ACALL   WRITE_1820      ;调写入子程序(在 DS18B20 驱动程序软件包中)
                ACALL   RESET_1820      ;调复位子程序(在 DS18B20 驱动程序软件包中)
                MOV     A,#0CCH         ;跳过 ROM 匹配
                ACALL   WRITE_1820      ;写入子程序(在 DS18B20 驱动程序软件包中)
                MOV     A,#0BEH         ;发出读温度命令
                ACALL   WRITE_1820      ;写入子程序(在 DS18B20 驱动程序软件包中)
                ACALL   READ_1820       ;调用读入子程序(在 DS18B20 驱动程序软件包中)
                RET
                ;以下是温度 BCD 码处理子程序(与本章实例解析1完全相同)
TEMP_PROC:      (略)
                ;以下是单字节十六进制转 BCD 子程序(与本章实例解析1完全相同)
HEX_BCD:        (略)
                ;以下是小数部分码表
DOTTAB:         DB      00H,00H,01H,01H,02H,03H,03H,04H
                DB      05H,05H,06H,06H,07H,08H,08H,09H
                ;以下是 BCD 码温度值刷新子程序(与本章实例解析1完全相同)
BCD_REFUR:      (略)
                ;以下是显示温度单位符号℃子程序
TEMP_SIGN:      MOV     A,#11001011B    ;指向第2行第11列
                ACALL   WRITE_IR        ;调写指令子程序(在 LCD 驱动程序软件包中)
                MOV     DPTR,#SIGN      ;将 LINE1 的入口地址装入 DPTR
                LCALL   DISP_STR        ;调字符串显示子程序
                RET
                ;以下是温度单位符号数据(0DFH 是圆圈的代码)
SIGN:           DB      0DFH,"C",00H
                ;以下是 LCD 字符串显示子程序
DISP_STR:       PUSH    ACC             ;ACC 入栈
DISP_LOOP:      CLR     A               ;清 A
                MOVC    A,@A+DPTR       ;查表
                JZ      END_STR         ;若 A 的值为0,则退出
                LCALL   WRITE_DR        ;调写数据寄存器 DR 子程序(在 LCD 驱动程序软件包中)
                INC     DPTR            ;DPTR 加1
                SJMP    DISP_LOOP       ;跳转到 DISP_LOOP 继续循环
END_STR:        POP     ACC             ;ACC 出栈
                RET
                ;以下是显示 OK 菜单子程序(DS18B20 存在时显示)
MENU_OK:        LCALL   CLR_LCD         ;调清屏子程序(在 LCD 驱动程序软件包中)
```

```
                MOV  A,#10000011B       ;设定要读写的DDRAM地址为第1行第3列
                LCALL WRITE_IR          ;调写指令子程序(在LCD驱动程序软件包中)
                MOV  DPTR,#M_OK1        ;将M_OK1的入口地址装入DPTR
                LCALL DISP_STR          ;调字符串显示子程序
                MOV  A,#11000001B       ;设定要读写的DDRAM地址为第2行第1列
                LCALL WRITE_IR          ;调写指令子程序(在LCD驱动程序软件包中)
                MOV  DPTR,#M_OK2        ;将M_OK2的入口地址装入DPTR
                LCALL DISP_STR          ;调字符串显示子程序
                RET
                ;以下是LCD第1、2行OK菜单内容
M_OK1:          DB "DS18B20 OK",00H     ;表格,其中00H表示结束符
M_OK2:          DB "TEMP:",00H          ;表格,其中00H表示结束符
                ;以下是显示ERROR菜单子程序
MENU_ERROR:     LCALL CLR_LCD           ;调清屏子程序(在LCD驱动程序软件包中)
                MOV  A,#10000011B       ;设定要读写的DDRAM地址为第1行第3列
                LCALL WRITE_IR          ;调写指令子程序(在LCD驱动程序软件包中)
                MOV  DPTR,#M_ERROR1     ;将M_ERROR1的入口地址装入DPTR
                LCALL DISP_STR          ;调字符串显示子程序
                MOV  A,#11000001B       ;设定要读写的DDRAM地址为第2行第1列
                LCALL WRITE_IR          ;调写指令子程序(在LCD驱动程序软件包中)
                MOV  DPTR,#M_ERROR2     ;将M_ERROR2的入口地址装入DPTR
                LCALL DISP_STR          ;调字符串显示子程序
                RET
                ;以下是LCD第1、2行EEROR菜单内容
M_ERROR1:       DB "DS18B20 ERROR",00H  ;表格,其中00H表示结束符
M_ERROR2:       DB "TEMP:----",00H      ;表格,其中00H表示结束符
                ;以下是温度数据转换子程序
CONV:           MOV  A,#11000110B       ;指向第2行第6列
                ACALL WRITE_IR          ;调写指令子程序(在LCD驱动程序软件包中)
                MOV  A,DISP_BUF+3       ;温度百位单元送A
                CJNE A,#1,CONV1
                ADD  A,#30H             ;加30H,得到百位的ASCII码
                LCALL WRITE_DR          ;调写数据寄存器DR子程序(LCD在驱动程序软件包中)
                AJMP CONV2
CONV1:          MOV  A,#" "
                LCALL WRITE_DR          ;调写数据寄存器DR子程序(在LCD驱动程序软件包中)
CONV2:          MOV  A,#11000111B       ;指向第2行第7列
                ACALL WRITE_IR          ;调写指令子程序(在LCD驱动程序软件包中)
                MOV  A,DISP_BUF+2       ;将温度十位单元送A
                ADD  A,#30H             ;加30H,得到分钟十位的ASCII码
                LCALL WRITE_DR          ;调写数据寄存器DR子程序(在LCD驱动程序软件包中)
                MOV  A,#11001000B       ;指向第2行第8列
                ACALL WRITE_IR          ;调写指令子程序(在驱动程序软件包中)
                MOV  A,DISP_BUF+1       ;将温度个位单元送A
                ADD  A,#30H             ;加30H,得到分钟个位的ASCII码
```

第 15 章　温度传感器 DS18B20 实例解析

```
        LCALL WRITE_DR       ;调写数据寄存器 DR 子程序(在 LCD 驱动程序软件包中)
        MOV A,#11001001B     ;指向第 2 行第 9 列
        ACALL  WRITE_IR      ;调写指令子程序(在驱动程序软件包中)
        MOV A,#'.'           ;将小数点的 ASCII 码送 A
        LCALL WRITE_DR       ;调写数据寄存器 DR 子程序(在 LCD 驱动程序软件包中)
        MOV A,#11001010B     ;指向第 2 行第 10 列
        ACALL  WRITE_IR      ;调写指令子程序(在 LCD 驱动程序软件包中)
        MOV A, DISP_BUF      ;将温度小数位单元送 A
        ADD A,#30H           ;加 30H,得到小数位的 ASCII 码
        LCALL WRITE_DR       ;调写数据寄存器 DR 子程序(在 LCD 驱动程序软件包中)
        RET
        END
```

3. 源程序释疑

　　本例源程序主要由主程序、读取温度值子程序 GET_TEMP、温度 BCD 码处理子程序 TEMP_PROC、十六进制转 BCD 码子程序 HEX_BCD、BCD 码温度值刷新子程序 BCD_REFUR、显示温度单位符号子程序 TEMP_SIGN、LCD 字符串显示子程序 DISP_STR、显示 OK 菜单子程序 MENU_OK、显示错误菜单子程序 MENU_ERROR、温度数据转换子程序等组成。其中,GET_TEMP、TEMP_PROC、HEX_BCD、BCD_REFUR 四个子程序与 LED 数字温度计基本一致或完全一致,这里不再介绍。

　　显示温度单位符号子程序 TEMP_SIGN 的作用是显示出温度单位符号℃,温度单位符号℃可以视为是由"°"和"C"组合在一起的一个符号,需要显示时,先定位好显示位置,然后调用字符串显示子程序 DISP_STR,即可将温度单位符号℃显示出来。

　　当 DS18B20 正常时,通过调用子程序 MENU_OK,使 LCD 上显示出"DS18B20 OK"信息;当 DS18B20 不正常时,通过调用子程序 MENU_ERROR,使 LCD 上显示出 DS18B20 出错信息;这两个子程序比较简单,都是通过调用字符串显示子程序 DISP_STR 完成的。

　　温度数据转换子程序 CONV 的作用是,将存放在 DISP_BUF、DISP_BUF+1、DISP_BUF+2、DISP_BUF+3 中的小数位、个位、十位、百位温度数据,通过执行加 30H,转换为 ASCII 码,并写入 DDRAM 寄存器,在 LCD 上显示出来。

4. 实现方法

　　① 打开 Keil c51 软件,建立工程项目,再建立一个名为 ch15_2.asm 的源程序文件,输入上面的源程序。

　　② 在 ch15_2.uv2 的工程项目中,将前面制作的 DS18B20 驱动程序软件包 DS18B20_drive.asm 以及第 11 章制作的 1602 LCD 驱动程序软件包 LCD_drive.asm 添加进来。

　　③ 单击"重新编译"按钮,对源程序 ch15_2.asm、DS18B20_drive.asm 以及 LCD_drive.asm 进行编译和链接,产生 ch15_2.hex 目标文件。

　　④ 将 DD-900 实验开发板 JP1 的 LCD、V_{CC} 两插针短接,为 LCD 供电,同时,将 JP6 的 DS18B20、P13 两插针短接,使温度传感器 DS18B20 与单片机相连。

　　⑤ 将 STC89C51 单片机插入到锁紧插座,把 ch15_2.hex 文件下载到单片机中,观察 LCD 上的温度显示情况,用手触摸温度传感器,观察温度是否发生变化。

该实验程序、DS18B20 驱动程序软件包 DS18B20_drive.asm 和 LCD 驱动程序软件包 LCD_drive.asm 在随书光盘的 ch15\ch15_2 文件夹中。

15.2.3　实例解析 3——LCD 温度控制器

1. 实现功能

在 DD-900 实验开发板上实现 LCD 温度控制器的功能，具体要求如下：

(1) 开机检查温度传感器 DS18B20 的工作状态

LCD 温度控制器接通电源后，在工作正常情况下，LCD 上第一行显示信息为"DS18B20 OK"，第二行显示为"TEMP：XXX.X℃"（测量的温度值）。若传感器 DS18B20 工作不正常，显示屏上第一行显示信息为"DS18B20 ERROR"，第二行显示为"TEMP：----℃"。这时要检查 DS18B20 是否连接好，如果连接正常，一般说明 DS18B20 存在问题。

(2) 设定温度报警值 TH、TL

按 K1 键，进入设定 TH、TL 报警值状态，LCD 第一行显示为"SET　TH：XXX℃"；第二行显示为"SET　TL：XXX℃"。此时，再按 K1 键（加减选择键），可设定加、减方式；按 K2 键（TH 调整键），可调整 TH 值；按 K3 键（TL 调整键），可调整 TL 值；按 K4 键（确认键），退出设定状态。

(3) 报警状态显示标志

当实际温度大于 TH 的设定值时，在显示屏第二行上显示符号为"＞H"。此时关闭继电器，蜂鸣器响起，表示超温。

当实际温度小于 TL 的设定值时，在显示屏第二行上显示符号为"＜L"。此时打开继电器，蜂鸣器响起，表示开始加热。

有关电路如图 3-5、图 3-7、图 3-15、图 3-17 和图 3-20 所示。

2. 源程序

根据要求，编写的源程序如下：

```
        EXTRN   CODE(RESET_1820 , WRITE_1820, READ_1820)
                ;加入此语句后，应用程序就可以引用驱动程序软件包了
        EXTRN   CODE(HOT_START,CHECK_BUSY,CLR_LCD,WRITE_IR,WRITE_DR)
                ;加入此语句后，应用程序就可以引用驱动程序软件包了
TEMP_ZH  EQU    24H     ;实时温度值存放单元，用来和报警值进行比较
TEMPL    EQU    25H     ;低温度值存放单元
TEMPH    EQU    26H     ;高温度值存放单元
TEMP_TH  EQU    27H     ;高温报警值存放单元
TEMP_TL  EQU    28H     ;低温报警值存放单元
DQ       BIT    P1.3    ;DS18B20 数据脚定义
TEMPHC   EQU    32H     ;温度转换低 8 位缓冲区
TEMPLC   EQU    33H     ;温度转换高 8 位缓冲区
DISP_BUF EQU    34H     ;DISP_BUF 为显示缓冲区小数位，DISP_BUF+1 为显示缓冲区个数位
                        ;DISP_BUF+2 为显示缓冲区十位，DISP_BUF+3 为显示缓冲区百位
```

第15章 温度传感器DS18B20实例解析

```
            K1       EQU   P3.2
            K2       EQU   P3.3
            K3       EQU   P3.4
            K4       EQU   P3.5
            RELAY    EQU   P3.6
            LCD_RS   BIT   P2.0
            LCD_RW   BIT   P2.1
            LCD_E    BIT   P2.2
            DB0_DB7  EQU   P0
            FLAG     EQU   20H.0      ;DS18B20是否存在标记
            KEY_UD   EQU   20H.1      ;加1减1标志位
            ORG      0000H            ;主程序入口地址
            AJMP     MAIN             ;转主程序MAIN
            ORG      0030H            ;主程序从0030H开始
            ;以下是主程序
MAIN:       MOV      SP,#50H          ;堆栈初始化
            CLR      LCD_E
            CALL     HOT_START        ;初始化LCD
            ACALL    WR_THTL          ;将报警上下限值写入暂存寄存器
START:      ACALL    RESET_1820       ;18B20复位子程序
            JNB      FLAG, DS18B20_ERR ;DS1820不存在,跳转到DS18B20_ERR
            ACALL    MENU_OK          ;显示OK菜单
            ACALL    RE_THTL          ;把EEROM里温度报警值复制回暂存器
            MOV      A,#0CBH          ;11001011指向第二行第11列
            ACALL    TEMP_SIGN        ;显示温度单位符号 ℃
            AJMP     TEMP_OK          ;跳转到TEMP_OK进行温度处理
DS18B20_ERR:ACALL    MENU_ERROR       ;显示"ERROR"菜单
            MOV      A,#11001011B     ;指向第2行第11列
            ACALL    TEMP_SIGN        ;显示温度单位标记
            JMP      $
TEMP_OK:    ACALL    GET_TEMP         ;调读取温度数据子程序
            ACALL    TEMP_PROC        ;调温度BCD码处理子程序
            ACALL    BCD_REFUR        ;调温度BCD码刷新子程序
            ACALL    CONV             ;调温度数据转换子程序
            ACALL    TEMP_COMP        ;调实际温度值与标记温度值比较子程序
            ACALL    SCAN_KEY         ;调按键扫描子程序
            SJMP     TEMP_OK          ;跳转到TEMP_OK继续循环
            ;以下是读温度数据子程序(与本章实例解析2完全相同)
GET_TEMP:   (略)
            ;以下是按键扫描子程序
SCAN_KEY:   JB       K1, KEY_RET      ;K1键未按,退出
            ACALL    BEEP_ONE         ;K1键按下,一声鸣响
            JNB      K1, $            ;等按键放开
            MOV      A,#10000000B     ;从第1第的第0列开始显示
            LCALL    WRITE_IR         ;调写指令子程序(在驱动程序软件包中)
```

```
                MOV    DPTR,#S_MENU1      ;将 S_MENU1 的入口地址装入 DPTR
                LCALL  DISP_STR           ;调字符串显示子程序
                MOV    A,#11000000B       ;从第 2 行第 0 列开始显示
                LCALL  WRITE_IR           ;调写指令子程序(在驱动程序软件包中)
                MOV    DPTR,#S_MENU2      ;将 S_MENU2 的入口地址装入 DPTR
                LCALL  DISP_STR           ;调字符串显示子程序,显示出设置菜单中的字符
                ACALL  DISP_THTL          ;设置菜单 TH、TL 显示子程序,显示出设置菜单中的 TH、TL 值
                ACALL  SET_THTL           ;设定报警值 TH、TL 子程序
                ACALL  WR_THTL            ;将设定的 TH、TL 值写入 DS18B20 内
                ACALL  WR_EEPROM          ;调报警值复制到 EEROM 子程序
                ACALL  MENU_OK            ;显示 OK 菜单
                MOV    A,#11001011B       ;指向第 2 行第 11 列
                ACALL  TEMP_SIGN          ;显示温度单位符号℃
KEY_RET:        RET
                ;以下是设置菜单字符表
S_MENU1:        DB     "  SET TH:",00H
S_MENU2:        DB     "  SET TL:",00H
                ;以下是设置菜单中 TH、TL 显示子程序(在设置菜单中显示出 TH、TL 的值)
DISP_THTL:      MOV    A,#10001100B       ;在设置菜单中,从第 1 行第 12 列开始显示温度单位符号
                ACALL  TEMP_SIGN          ;调显示温度单位符号子程序
                MOV    A,#10001001B       ;在第 1 行第 9 列开始显示 TH 的百位
                ACALL  WRITE_IR           ;写入命令
                MOV    A,TEMP_TH          ;加载 TH 数据
                MOV    B,#100             ;100 送 B
                DIV    AB                 ;A 除以 B
                ADD    A,#30H             ;分解出百位数,加 30H,求出百位数的 ASCII 码
                ACALL  WRITE_DR           ;写入百位数据
                MOV    A,#10001010B       ;在第 1 行第 10 列开始显示 TH 的十位
                ACALL  WRITE_IR           ;写入命令
                MOV    A,#10              ;10 送 A
                XCH    A,B                ;A、B 交换
                DIV    AB                 ;A 除以 B
                ADD    A,#30H             ;分解出十位数,加 30H,求出十位数的 ASCII 码
                ACALL  WRITE_DR           ;写入十位数据
                MOV    A,#10001011B       ;在第 1 行第 11 列开始显示 TH 的个位
                ACALL  WRITE_IR           ;写入命令
                MOV    A,B                ;余数送 A
                ADD    A,#30H             ;加 30H,求出个位数的 ASCII 码
                ACALL  WRITE_DR           ;写入个位数据
                MOV    A,#11001100B       ;在第 2 行第 12 列显示温度单位符号
                ACALL  TEMP_SIGN          ;调显示温度单位符号子程序
                MOV    A,#11001001B       ;在第 2 行第 9 列开始显示 TL 的百位
                ACALL  WRITE_IR           ;写入命令
                MOV    A,TEMP_TL          ;加载 TL 数据
                MOV    B,#100             ;100 送 B
```

第15章 温度传感器 DS18B20 实例解析

```
            DIV    AB                  ;A 除以 B
            ADD    A,#30H              ;分解出百位数,加 30H,求出百位数的 ASCII 码
            ACALL  WRITE_DR            ;写入百位数据
            MOV    A,#11001010B        ;在第 2 行第 10 列开始显示 TL 的十位
            ACALL  WRITE_IR            ;写入命令
            MOV    A,#10               ;10 送 A
            XCH    A,B                 ;A、B 交换
            DIV    AB                  ;A 除以 B
            ADD    A,#30H              ;分解出十位数,加 30H,求出十位数的 ASCII 码
            ACALL  WRITE_DR            ;写入十位数据
            MOV    A,#11001011B        ;在第 2 行第 11 列开始显示 TL 的个位
            ACALL  WRITE_IR            ;写入命令
            MOV    A,B                 ;余数 B 送 A
            ADD    A,#30H              ;加 30H,求出个位数的 ASCII 码
            ACALL  WRITE_DR            ;写入个位数据
            RET
            ;以下是设定报警值 TH、TL 子程序
SET_THTL:
SET0:       JB     K1,SET1
            ACALL  BEEP_ONE            ;调蜂鸣器响一声子程序
            JNB    K1,$                ;等待 K1 释放
            CPL    KEY_UD              ;加 1 减 1 标志位取反
SET1:       JB     KEY_UD,SET2         ;如果 KEY_UD=1,进行加 1 操作
            AJMP   SET7                ;KEY_UD=0,进行减 1 操作
SET2:       JB     K2,SET4             ;若未按下 K2 键,跳转到 SET4
            ACALL  BEEP_ONE            ;若按下 K2 键,蜂鸣器响一声
            INC    TEMP_TH             ;TH 值加 1
            MOV    A,TEMP_TH           ;送 A
            CJNE   A,#120,SET3         ;等于 120 吗?
            MOV    TEMP_TH,#0          ;等于 120,TH 清零
SET3:       ACALL  DISP_THTL           ;调显示 TH\TL 子程序
            MOV    R5,#10              ;延时 10 次
            ACALL  DELAY               ;延时 10 ms,10 次共延时 100 ms
            AJMP   SET2                ;跳转到 SET2
SET4:       JB     K3,SET6             ;若未按下 K3,跳转到 SET6
            ACALL  BEEP_ONE            ;若按下 K3 键,蜂鸣器响一声
            INC    TEMP_TL             ;TL 加 1
            MOV    A,TEMP_TL           ;送 A
            CJNE   A,#99,SET5          ;等于 99 吗?
            MOV    TEMP_TL,#00H        ;等于 99,TL 清零
SET5:       ACALL  DISP_THTL           ;调显示 TH\TL 子程序
            MOV    R5,#10              ;延时 10 次
            ACALL  DELAY               ;延时 10 ms,10 次共延时 100 ms
            AJMP   SET4                ;跳转到 SET4
SET6:       JB     K4,SET0             ;若未按下 K4 键(确认键),跳转到到 SET0
```

```
            ACALL   BEEP_ONE            ;若按下 K4 键,蜂鸣器响一声
            JNB     K4,$                ;等待 K4 释放
            AJMP    SET_RET             ;跳转到 SET_RET 退出
SET7:       JB      K2,SET9             ;若未按下 K2 键,则跳转到 SET9
            ACALL   BEEP_ONE            ;若按下 K2 键,蜂鸣器响一声
            DEC     TEMP_TH             ;TH 减 1
            MOV     A,TEMP_TH           ;送 A
            CJNE    A,#0FFH,SET8        ;等于 0FFH 吗?
            AJMP    SET11               ;等于 0FFH,跳转到 SET11,使 KEY_UD 标志位取反,减法变成加法
SET8:       ACALL   DISP_THTL           ;调显示 TH\TL 子程序
            MOV     R5,#10              ;延时 10 次
            ACALL   DELAY               ;延时 10 ms,10 次共延时 100 ms
            AJMP    SET0                ;跳转到 SET0
SET9:       JB      K3,SET12            ;若未按下 K3 键,则跳转到 SET12
            ACALL   BEEP_ONE            ;蜂鸣器响一声
            DEC     TEMP_TL             ;TL 减 1
            MOV     A,TEMP_TL           ;送 A
            CJNE    A,#0FFH,SET10       ;等于 0FFH 吗?
            AJMP    SET11               ;等于 0FFH,跳转到 SET11,使 KEY_UD 标志位取反,减法变成加法
SET10:      ACALL   DISP_THTL           ;调显示 TH\TL 子程序
            MOV     R5,#10              ;延时 10 次
            ACALL   DELAY               ;延时 10 ms,10 次共延时 100 ms
            AJMP    SET0                ;跳转到 SET0
SET11:      CPL     KEY_UD              ;标志位取反
            AJMP    SET2                ;跳转到 SET2
SET12:      AJMP    SET6                ;跳转到 SET6
SET_RET:    RET
            ;以下是实际温度值与标记温度值比较子程序
TEMP_COMP:  MOV     A,TEMP_TH           ;TH 报警值送 A
            SUBB    A,TEMP_ZH           ;TH 减实际值
            JC      H_ALARM             ;借位标志位 C=1,说明实际值大于报警值 TH,转 TCL1
            MOV     A,TEMP_ZH           ;实际值送 A
            SUBB    A,TEMP_TL           ;实际值减 TL
            JC      L_ALARM             ;借位标志位 C=1,说明实际值小于报警值 TL,转 L_ALARM
            MOV     A,#11001110B        ;定位在第 2 行第 14 列
            ACALL   WRITE_IR            ;写入命令
            MOV     A,#20H              ;20H 为空字符,将">H"或"<L"字符消去
            ACALL   WRITE_DR            ;写入空字符
            MOV     A,#20H              ;20H 为空字符
            ACALL   WRITE_DR            ;写入空字符
            AJMP    COMP_RET            ;退出
H_ALARM:    ACALL   OVER_HIGHT          ;调显示过温符号子程序
            SETB    RELAY               ;继电器关闭,停止加热
            ACALL   BEEP_ONE            ;蜂鸣器响一声
            AJMP    COMP_RET            ;退出
```

第15章 温度传感器 DS18B20 实例解析

```
L_ALARM:    ACALL   OVER_LOW            ;调显示低温符号子程序
            CLR     RELAY               ;继电器吸合,开始加热
            ACALL   BEEP_ONE            ;调用鸣响子程序
COMP_RET:   RET
            ;以下是显示高温标记子程序
OVER_HIGHT: MOV     A,#11001110B        ;在第2行第14列显示
            ACALL   WRITE_IR            ;写指令
            MOV     DPTR,#H_SIGN        ;将H_SIGN的入口地址装入DPTR
            LCALL   DISP_STR            ;调字符串显示子程序
            RET
            ;以下是显示低温标记子程序
OVER_LOW:   MOV     A,#11001110B        ;在第2行第14列显示
            ACALL   WRITE_IR            ;写指令
            MOV     DPTR,#L_SIGN        ;将L_SIGN的入口地址装入DPTR
            LCALL   DISP_STR            ;调字符串显示子程序
            RET
            ;以下是高温标记、低温标志和加热标记显示码
H_SIGN:     DB      ">H",00H
L_SIGN:     DB      "<L",00H
            ;以下是报警上下限值写入暂存器子程序
WR_THTL:    JB      FLAG,WR_T           ;若FLAG=1,说明DS18B20存在,跳转到WR_T
            AJMP    WRTHTL_RET          ;若FLAG=0,说明DS18B20不存在,退出
WR_T:       ACALL   RESET_1820          ;复位
            MOV     A,#0CCH             ;跳过ROM匹配
            LCALL   WRITE_1820          ;写DS18B20
            MOV     A,#4EH              ;写暂存器
            LCALL   WRITE_1820          ;写DS18B20
            MOV     A,TEMP_TH           ;送报警上限TH
            LCALL   WRITE_1820          ;写DS18B20
            MOV     A,TEMP_TL           ;送报警下限TL
            LCALL   WRITE_1820          ;写DS18B20
            MOV     A,#7FH              ;配置寄存器设置为12位精度
            LCALL   WRITE_1820          ;写DS18B20
WRTHTL_RET: RET
            ;以下是报警值复制到EEROM子程序
WR_EEPROM:  ACALL   RESET_1820          ;复位DS18B20
            MOV     A,#0CCH             ;跳过ROM匹配
            LCALL   WRITE_1820          ;写DS18B20
            MOV     A,#48H              ;复制到EEROM
            LCALL   WRITE_1820          ;写DS18B20
            RET
            ;以下是报警值复制回暂存器子程序
RE_THTL:    ACALL   RESET_1820          ;复位DS18B20
            MOV     A,#0CCH             ;跳过ROM匹配
            LCALL   WRITE_1820          ;写DS18B20
```

```
            MOV     A,#0B8H         ;把 EEROM 里的温度报警值复制回暂存器
            ACALL   WRITE_1820      ;写 DS18B20
            RET
            ;以下是温度 BCD 码处理子程序(与本章实例解析 2 完全相同)
TEMP_PROC:  (略)
            ;以下是十六进制转 BCD 码子程序(与本章实例解析 2 完全相同)
HEX_BCD:    (略)
            ;以下是小数部分码表
DOTTAB:     DB      00H,00H,01H,01H,02H,03H,03H,04H
            DB      05H,05H,06H,06H,07H,08H,08H,09H
            ;以下是 BCD 码温度值刷新子程序(与本章实例解析 2 完全相同)
BCD_REFUR:  (略)
            ;以下是显示温度单位符号℃子程序
TEMP_SIGN:  ACALL   WRITE_IR        ;调写指令子程序(在驱动程序软件包中)
            MOV     DPTR,#SIGN      ;将 LINE1 的入口地址装入 DPTR
            LCALL   DISP_STR        ;调字符串显示子程序
            RET
            ;以下是温度单位符号数据(0DFH 是圆圈的代码)
SIGN:       DB      0DFH,"C",00H
            ;以下是 LCD 字符串显示子程序(与本章实例解析 2 完全相同)
DISP_STR:   (略)
            ;以下是显示 OK 菜单子程序(与本章实例解析 2 完全相同)
MENU_OK:    (略)
            ;以下是 LCD 第 1、2 行 OK 菜单内容
M_OK1:      DB "DS18B20 OK",00H     ;表格,其中 00H 表示结束符
M_OK2:      DB "TEMP:",00H          ;表格,其中 00H 表示结束符
            ;以下是显示 ERROR 菜单子程序(与本章实例解析 2 完全相同)
MENU_ERROR:(略)
            ;以下是 LCD 第 1、2 行 EEROR 菜单内容
M_ERROR1:   DB "DS18B20 ERROR",00H  ;表格,其中 00H 表示结束符
M_ERROR2:   DB "TEMP:----",00H      ;表格,其中 00H 表示结束符
            ;以下是温度数据转换子程序(与本章实例解析 2 完全相同)
CONV:       (略)
            ;以下是蜂鸣器响一声子程序
BEEP_ONE:   CLR     P3.7            ;开蜂鸣器
            ACALL   DELAY_100ms     ;延时 100 ms
            SETB    P3.7            ;关蜂鸣器
            ACALL   DELAY_100ms     ;延时 100 ms
            RET
            ;以下是 100 ms 延时子程序
DELAY_100ms:(略,见光盘)
            ;以下是 R5×10 ms 延时子程序
DELAY:      MOV     R6,#50
DL1:        MOV     R7,#100
            DJNZ    R7,$
```

第 15 章 温度传感器 DS18B20 实例解析

```
       DJNZ   R6,DL1
       DJNZ   R5,DELAY
       RET
       END
```

3. 源程序释疑

本例源程序同本章实例解析 2 相比,很多子程序是基本一致或完全一致的,另外,又增加了按键扫描子程序 SCAN_KEY,TH、TL 显示子程序 DISP_THTL,设定报警值 TH、TL 子程序 SET_THTL,实际温度与标记温度比较子程序 TEMP_COMP 等几个子程序。

程序开始时,首先对 LCD 进行初始化,并写入报警温度上、下限值,然后对温度传感器 DS18B20 进行复位,检测是否存在,如果温度传感器正常,LCD 显示出 OK 菜单,如果温度传感器不正常,LCD 上显示出出错菜单。

若 DS18B20 正常,接着读取温度数据,由 LCD 显示出来,同时,不断将实时温度与报警上限、下限设置温度进行比较,如果实际温度小于 TH 的设定值时,继电器吸合,显示加热符号,开始加热。如果超过 TH 报警上限值,关闭继电器,蜂鸣器响起,显示超温符号,表示超温。如果实际温度小于 TL 报警下限值,蜂鸣器也会响起,显示出温度过符号,表示加热部分出现故障,此时,继电器仍吸合。

图 15-4 所示为 LCD 温度控制器流程图。

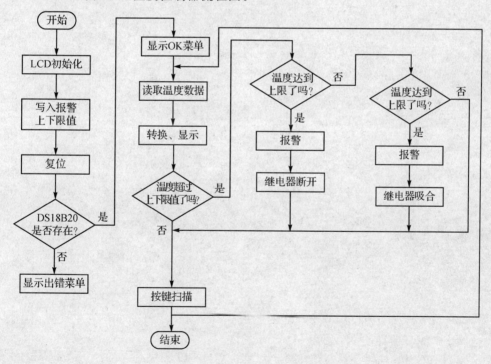

图 15-4 LCD 温度控制器流程图

4. 实现方法

① 打开 Keil c51 软件,建立工程项目,再建立一个名为 ch15_3.asm 的源程序文件,输入上面的源程序。

② 在 ch15_3.uv2 的工程项目中,将前面制作的 DS18B20 驱动程序软件包 DS18B20_drive.asm 以及第 11 章制作的 1602 LCD 驱动程序软件包 LCD_drive.asm 添加进来。

③ 单击"重新编译"按钮,对源程序 ch15_3.asm、DS18B20_drive.asm 以及 LCD_drive.asm 进行编译和链接,产生 ch15_3.hex 目标文件。

④ 将 DD-900 实验开发板 JP1 的 LCD、V_{CC} 两插针短接,为 LCD 供电,同时,将 JP6 的 DS18B20、P13 两插针短接,使温度传感器 DS18B20 与单片机相连,将 JP4 的 RELAY、P36 两插针短接,使继电器与单片机相连。

⑤ 将 STC89C51 单片机插入到锁紧插座,把 ch15_2.hex 文件下载到单片机中,观察 LCD 上的温度显示情况是否正常。

在显示正常后,按 K1 键进入设置菜单,按 K2、K3 键,调整报警上下限值,调整好后,按 K4 键退出。

用手触摸温度传感器,温度应上升,当达到上限报警值时,蜂鸣器响,同时,继电器有断开的声音。然后,再将一块冰放在 DS18B20 管处,LCD 上显示的温度应下降,当下降到下限报警值时,蜂鸣器也会响起。

该实验程序、DS18B20 驱动程序软件包 DS18B20_drive.asm 和 LCD 驱动程序软件包 LCD_drive.asm 在随书光盘的 ch15\ch15_3 文件夹中。

第 16 章
红外遥控和无线遥控实例解析

随着电子技术的发展,遥控技术在通信、军事和家用电器等诸多领域得到了广泛的应用,特别是随着各种遥控专用集成电路的不断问世,使得各类遥控设备的性能更加优越可靠,功能更加完善。常见的遥控电路一般有声控、光控、红外遥控、无线遥控等,这里,我们主要介绍适合单片机控制的红外遥控和无线遥控。

16.1 红外遥控基本知识

红外线遥控(简称红外遥控)是目前使用最广泛的一种通信遥控手段。由于红外线遥控装置具有体积小、功耗低、功能强、成本低等特点,因而,继彩电、录像机之后,在空调机以及玩具等其他小型电器装置上也纷纷采用了红外线遥控。对工业设备而言,在高压、辐射、有毒气体、粉尘等环境下,采用红外线遥控不仅安全可靠,而且能有效地隔离电气干扰。

16.1.1 红外遥控系统

通用的红外遥控系统由发射和接收两大部分组成,应用编/解码专用集成电路芯片来进行控制操作,如图 16-1 所示。

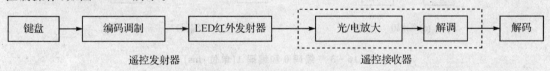

图 16-1 红外遥控系统框图

发射部分包括键盘矩阵、编码调制、LED 红外发射器;接收部分包括光电转换放大器、解调、解码电路。

16.1.2 红外遥控的编码与解码

1. 遥控编码

遥控编码由遥控发射器(简称遥控器)内部的专用编码芯片完成。

遥控编码的专用芯片很多，这里以应用最为广泛的 HT6122 型号为例，说明编码的基本工作原理。当按下遥控器按键后，HT6122 即有遥控编码发出，所按的键不同，遥控编码也不同。HT6122 输出的红外遥控编码是由一个引导码、16 位用户码（低 8 位和高 8 位）、8 位键数据码和 8 位键数据反码组成，如图 16-2 所示。

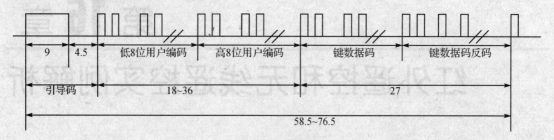

图 16-2　HT6122 输出的红外码（单位：ms）

HT6122 输出的红外编码经过一个晶体管反相驱动后，由 LED 红外发射二极管向外发射出去，因此，遥控器发射的红外编码与上图的红外码反相，即高电平变为低电平，低电平变为高电平。

① 当一个键按下时，先读取用户码和键数据码，22 ms 后遥控输出端（REM）启动输出，按键时间只有超过 22 ms 才能输出一帧码，超过 108 ms 后才能输出第二帧码。

② 遥控器发射的引导码是一个 9 ms 的低电平和一个 4.5 ms 的高电平，这个同步码头可以使程序知道从这个同步码头以后可以开始接收数据。

③ 引导码之后是用户码，用户码能区别不同的红外遥控设备，防止不同机种遥控码互相干扰。用户码采用脉冲位置调制方式（PPM），即利用脉冲之间的时间间隔来区分"0"和"1"。以脉宽为 0.56 ms、间隔 0.565 ms、周期为 1.125 ms 的组合表示二进制的"0"；以脉宽为 1.685 ms、间隔 0.565 ms、周期为 2.25 ms 的组合表示二进制的"1"，如图 16-3 所示。

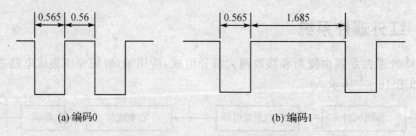

图 16-3　编码 0 和编码 1（单位：ms）

④ 最后 16 位为 8 位的键数据码和 8 位的键数据码反码，用于核对数据是否接收准确。

上述"0"和"1"组成的二进制码经 38 kHz 的载频进行二次调制，以提高发射效率，达到降低电源功耗的目的。然后再通过红外发射二极管产生红外线向空间发射。

2. 遥控解码

遥控解码由单片机系统完成。

解码的关键是如何识别"0"和"1"，从位的定义我们可以发现"0"、"1"均以 0.565 ms 的低电平开始，不同的是高电平的宽度不同，"0"为 0.56 ms，"1"为 1.685 ms，所以，必须根据高电平的宽度区别"0"和"1"。如果从 0.565 ms 低电平过后开始延时，0.56 ms 以后，若读到的电

第16章 红外遥控和无线遥控实例解析

平为低,说明该位为"0",反之则为"1",为了可靠起见,延时必须比 0.56 ms 长些,但又不能超过 1.12 ms,否则如果该位为"0",读到的已是下一位的高电平,因此取(1.12 ms+0.56 ms)/2=0.84 ms 最为可靠,一般取 0.8～1.0 ms 即可。

另外,根据红外编码的格式,程序应该等待 9 ms 的起始码和 4.5 ms 的结束码完成后才能读码。

16.1.3 DD-900 实验开发板遥控电路介绍

1. 配套遥控器

DD-900 实验开发板配套的红外遥控器采用 HT6122 芯片(兼容 HT6121、HT6222、SC6122、DT9122 等芯片)制作,其外形如图 16-4 所示。遥控器共有 20 个按键,当按键按下后,即有规律地将遥控编码发出,所按的键不同,键值代码也不同,键值代码均在遥控器上进行了标示。

需要说明的是,遥控器上的键值代码不是随意标出的,而是通过编程求出的,在下面的实例解析中,我们将进行演示。求出键值代码后,就可以用遥控器上不同的按键,对单片机不同的功能进行控制了。

2. 遥控接收头

DD-900 实验开发板选用一体化红外接收头,接收来自红外遥控器的红外信号。接收头将红外接收二极管、放大、解调、整形等电路封装在一起,外围只有 3 只引脚(电源、地和红外信号输入),结构十分简捷。

接收头负责红外遥控信号的解调,将调制在 38 kHz 上的红外脉冲信号解调并反相后输入到单片机的 P3.2 引脚,接收的信号由单片机进行高电平与低电平宽度的测量,并进行解码处理。解码编程时,既可以使用中断方式,也可以使用查询方式。

图 16-4 HT6122 遥控发射器外形

16.2 红外遥控实例解析

16.2.1 实例解析 1——LED 数码管显示遥控器键值

1. 实现功能

在 DD-900 实验开发板上进行实验:开机,第 7、8 两只数码管显示"-",按压 HT6122 遥控器的按键,遥控器会周期性地发出一组 32 位二进制遥控编码,实验开发板上的遥控接收头接收到该遥控编码后进行程序解码,解码成功,蜂鸣器会响一声,并在 LED 的第 7、8 只数码管上显示此键的键值代码。另外,遥控器上的02H、01H还具有控制功能。当按下02H键,蜂鸣器响一声,继电器吸合,当按下01H键,蜂鸣器响一声,继电器断开。有关电路如图3-4、图3-6、图3-7和图3-20所示。

2. 源程序

根据要求,遥控解码采用外中断方式,编写的源程序如下:

```
            IR_BUF    EQU   20H           ;IR_BUF、IR_BUF+1为用户码低位、用户码高位接收缓冲区
                                          ;IR_BUF+2,IR_BUF+3为键数据码、键数据码反码接收缓冲区
            DISP_BUF  EQU   25H           ;DISP_BUF和DISP_BUF+1为显示缓冲区
            COUNT     EQU   27H           ;遥控信号维持高电平时间计数器
            IRIN      EQU   P3.2          ;遥控输入脚
            RELAY     EQU   P3.6          ;定义继电器脚
            ORG 0000H
            AJMP    MAIN
            ORG 0003H                     ;外部中断0入口地址
            AJMP    IR_DECODE             ;跳转到外部中断0中断服务程序
            ORG     0030H
            ;以下是主程序
MAIN:       MOV     SP,#60H
            MOV     A,#00H
            MOV     IR_BUF,#0             ;清零
            MOV     IR_BUF+1,#0           ;清零
            MOV     IR_BUF+2,#0           ;清零
            MOV     IR_BUF+3,#0           ;清零
            SETB    EA                    ;打开总中断
            SETB    EX0                   ;打开外中断0
            SETB    IT0                   ;触发方式为脉冲负边沿触发
            SETB    IRIN                  ;遥控输入脚置1
            SETB    P3.7                  ;蜂鸣器不响
            SETB    RELAY                 ;继电器不工作
            MOV     DISP_BUF,#16          ;"-"的显示码在TAB表中排在第16位
            MOV     DISP_BUF+1,#16        ;"-"的显示码在TAB表中排在第16位
START:      ACALL   IR_DISP               ;调键值显示子程序
            MOV     A,IR_BUF+2            ;将键值码送A
            CJNE    A,#02H,NEXT1          ;若02H键未按下,转NEXT1
            CLR     RELAY                 ;若02H键按下,继电器吸合
NEXT1:      CJNE    A,#01H,NEXT2          ;若01H键未按下,转NEXT2
            SETB    RELAY                 ;若01H键按下,继电器关闭
NEXT2:      AJMP    START
            ;以下是外部中断0中断服务程序(遥控解码程序)
IR_DECODE:  CLR     EA                    ;暂时关闭CPU的所有中断请求
            PUSH    ACC
            PUSH    PSW
            SETB    PSW.3                 ;选择工作寄存器组1
```

第16章 红外遥控和无线遥控实例解析

	CLR	PSW.4	
	MOV	R2,#04H	;共 4 个接收缓冲区
	MOV	R0,#IR_BUF	;遥控接收缓冲(20H)送 R0
IR1:	JNB	IRIN,IR2	;等待 IR 信号低电平出现
	DJNZ	R2,IR1	;接收 4 次
	JMP	IR_RET	;IR 信号没出现,退出
IR2:	MOV	R4,#20	;若 IRIN 为低电平,则将 20 送到 R4
IR20:	ACALL	DEL	;调延时 0.14 ms 子程序
	DJNZ	R4,IR20	;延时 20 次,共延时 2.8 ms
	JB	IRIN,IR1	;若 IRIN 为高电平,说明未出现遥控信号,跳转到 IR1
IR21:	JB	IRIN,IR3	;若 IRIN 为低电平,开始等待 9 ms 低电平引导码
			;若 IRIN 变高,跳转到 IR3,进行 4.5 ms 高电平引导码处理
	ACALL	DEL	;若 IRIN 为低电平,说明是 9 ms 引导码,调延时 0.14 ms 子程序
	AJMP	IR21	;跳转到 IR21 等待 9ms 低电平引导码结束
IR3:	MOV	R3,#0	;R3 清零,进行 4.5ms 高电平引导码等待
LL:	JNB	IRIN,IR4	;若 IRIN 变为低电平,说明 4.5 ms 高电平引导码结束,跳转到 IR4
	ACALL	DEL	;若 IRIN 为高电平,说明 4.5 ms 高电平引导码未结束,延时 0.14 ms
	AJMP	LL	;跳转到 LL 继续等待 4.5 ms 高电平引导码结束
IR4:	JB	IRIN,IR5	;9 ms 和 4.5 ms 引导码结束后,再等待 IRIN 变为高电平
			;跨过 0 或 1 的 0.565 ms 低电平区
	ACALL	DEL	;调 0.14 ms 延时子程序
	AJMP	IR4	;跳转到 IR4 继续等待 0.565 ms 是否结束
IR5:	MOV	COUNT,#0	;COUNT 清零,准备对 0.14 ms 延时次数进行计数
L1:	ACALL	DEL	;调 0.14 ms 延时子程序
	JB	IRIN, N1	;若 IRIN 为高电平,跳转到 N1,看高电平保持时间,即几个 0.14 ms
			;若 IRIN 为低电平,检查 COUNT 中的计数值
			;对于"0",COUNT 的值不超过 0.56/0.14 = 4 个
			;对于"1",COUNT 的值至少为 1.685/0.14 = 12 个
	MOV	A,#6	;将 6 送到 A,延时必须比 0.56 ms 长些,但又不能超过 1.12 ms
			;A 取 5,6,7,8 都可,6 比较安全,因为 0.14 ms×6 = 0.84 ms
	CLR	C	;C 清零
	SUBB	A,COUNT	;A 减 COUNT,若 COUNT 小于 6,C = 0,COUNT 大于 6,C = 1
			;若 C = 0 说明 COUNT 小于 6,说明收到的是"0"
			;若 C = 1 说明 COUNT 大于 6,说明收到的是"1"
	MOV	A,@R0	;R0 = 20H
	RRC	A	;A 循环右移 1 位,右移后 A 内被一位一位 C 替代了,低位是第一个 C 的值
	MOV	@R0,A	;处理完一位,暂时存到 20H
	INC	R3	
	CJNE	R3,#8,LL	;需处理完 8 位,1,2,3,4,5,6,7,8 位放入 20H,第 8 位是最高位
	MOV	R3,#0	;R3 清零
	INC	R0	;R0 加 1,指向下一缓冲区

```
            CJNE  R0,#24H,LL           ;R0 不为 24,跳转到 LL 继续接收 0、1
            AJMP  IR_COMP              ;R0 等于 24,说明接收完,跳转到 IR_COMP,准备进行纠错处理
                                       ;接收完成后,20H 存放用户码低位,21H 存放用户码高位
                                       ;22H 存放按键数据码,23H 存放按键数据码反码
N1:         INC   COUNT                ;COUNT 加 1
            MOV   A,COUNT              ;COUNT 的值送 A
            CJNE  A,#30,L1             ;若 COUNT 不等于 30,则跳转到 L1
            JMP   IR_RET                ;若 COUNT 等于 30,则退出跳转到 IR_RET 退出
IR_COMP:    MOV   A,IR_BUF+2           ;IR_BUF+2(22H)存放的是按键数据码
                                       ;IR_BUF+3(23H)存放的是按键数据码的反码
            CPL   A                    ;将 IR_BUF+2(22H)取反
            CJNE  A,IR_BUF+3,IR_RET    ;将键数据码取反后与键数据码反码比较,若不等,表示接收
                                       ;数据错误,放弃
            MOV   A,IR_BUF+2           ;若相等,说明接收正确
            ANL   A,#0FH               ;取出按键码的低 4 位
            MOV   DISP_BUF,A           ;按键码的低 4 位送 DISP_BUF
            MOV   A,IR_BUF+2           ;IR_BUF+2(22H)的按键码送 A
            ANL   A,#0F0H              ;取出按键码的高 4 位
            SWAP  A                    ;高低 4 位交换
            MOV   DISP_BUF+1,A         ;将按键码的高 4 位送 DISP_BUF+1 的低 4 位
            ACALL IR_DISP              ;调键值显示子程序
            ACALL BEEP_ONE             ;蜂鸣器响一声表示解码成功
IR_RET:     POP   PSW
            POP   ACC
            SETB  EA
            RETI
;以下是键值显示子程序
IR_DISP:    MOV   A,DISP_BUF           ;取显示缓冲区 DISP_BUF 中的数据到 A
            MOV   DPTR,#TAB            ;取段码表地址
            MOVC  A,@A+DPTR            ;查表
            MOV   P0,A                 ;段码送 P0 口
            CLR   P2.7                 ;第 8 只数码管显示
            SETB  P2.6                 ;关第 7 只数码管
            LCALL DELAY_4ms            ;调延时子程序
            MOV   A,DISP_BUF+1         ;取显示缓冲区 DISP_BUF+1 数据到 A
            MOV   DPTR,#TAB            ;取段码表地址
            MOVC  A,@A+DPTR            ;查表
            MOV   P0,A                 ;段码送 P0 口
            CLR   P2.6                 ;第 7 只数码管显示
            SETB  P2.7                 ;第 8 只数码管关闭
            LCALL DELAY_4ms            ;调延时子程序
            MOV   P2,#0FFH             ;关闭数码管
            RET
;以下是数码管的显示码
TAB:        DB    0C0H,0F9H,0A4H,0B0H,99H,92H,82H,0F8H      ;0~7 的显示码
```

第16章 红外遥控和无线遥控实例解析

```
              DB    80H,90H,88H,83H,0C6H,0A1H,86H,8EH    ;8～F 的显示码
              DB    0BFH                                  ;"-"的显示码
              ;以下是蜂鸣器响一声子程序
BEEP_ONE:     CLR   P3.7                   ;开蜂鸣器
              ACALL DELAY_100ms            ;延时 100 ms
              SETB  P3.7                   ;关蜂鸣器
              ACALL DELAY_100ms            ;延时 100 ms
              RET
              ;以下是 100 ms 延时子程序
DELAY_100ms:  (略,见光盘)
              ;以下是 0.14 ms 延时子程序
DEL:          (略,见光盘)
              ;以下是 4 ms 延时子程序
DELAY_4ms:    (略,见光盘)
              END
```

3. 源程序释疑

源程序主要由主程序、外中断 0 中断服务程序、键值显示子程序等组成。其中,外中断 0 中断服务程序主要用来对红外遥控信号进行键值解码和纠错。

在外中断 0 中断服务程序中,首先等待红外遥控引导码信号(一个 9ms 的低电平和一个 4.5ms 的高电平),然后开始收集 16 位的用户码、8 位的键值码和 8 位键值反码数据,并存入以 IR_BUF 为首地址的 4 个连续的内存单元中,即 IR_BUF 存放的是用户码低 8 位,IR_BUF＋1 存放的是用户码高 8 位,IR_BUF＋2 存放的是 8 位键值码,IR_BUF＋3 存放的是 8 位键值码反码。

解码的关键是如何识别"0"和"1",程序中设计一个 0.14 ms 的延时子程序,作为单位时间,对脉冲维持高电平的时间进行计数,并把此计数值存入 COUNT,看高电平保持时间是几个 0.14 ms。需要说明的是,高电平保持时间必须比 0.56 ms 长些,但又不能超过 1.12 ms,否则如果该位为"0",读到的已是下一位的高电平,因此,在源程序中,取该时间为 0.14 ms×6＝0.84 ms。

"0"和"1"的具体判断要求由程序中的减法指令"SUBB A,COUNT"完成,语句中的 A 的值为 6。

当 6-COUNT 有借位产生(C＝1),说明脉冲维持高电平的时间大于 0.14 ms×6＝0.84 ms,则解码为 1(即此时的借位标志 C 的值)。

当 6-COUNT 无借位产生(C＝0),说明脉冲维持高电平的时间小于 0.14 ms×6＝0.84 ms,则解码为 0(即此时的借位标志 C 的值)。

另外当高电平计数为 30 时(0.14 ms×30＝4.2 ms),说明有错误,程序退出。

将 8 位的键数据码取反后与 8 位的键数据反码进行比较,核对接收的数据是否正确。如果接收的数据正确,蜂鸣器响一声,并将解码后的键值送到显示缓冲区 DISP_BUF(个位)和 DISP_BUF＋1(十位)中。

4. 实现方法

① 打开 Keil c51 软件,建立工程项目,再建立一个 ch16_1.asm 的文件,输入上面的源程

序,对源程序进行编译和链接,产生 ch16_1.hex 目标文件。

② 将 DD-900 实验开发板 JP1 的 DS、V_{CC} 两插针短接,为数码管供电,同时,将 JP4 的 IR、P32 两插针短接,使遥控接收头与单片机相连;将 JP4 的 RELAY、P36 两插针短接,使继电器与单片机相连。

③ 将 STC89C51 单片机插入到锁紧插座,把 ch16_1.hex 文件下载到单片机中,观察数码管上的显示情况,按压遥控器不同的按键,观察数码管是否显示出与遥控器按键相对应的键值。按下 02H 键,继电器是否有吸合的声音,按下 01H 键,继电器是否有断开的声音。

该实验程序在随书光盘的 ch16\ch16_1 文件夹中。

16.2.2 实例解析 2——LCD 显示遥控器键值

1. 实现功能

在 DD-900 实验开发板上进行实验:开机,LCD 的第 1 行显示"----IR　CODE----";第 2 行显示"--H";按压遥控器的按键,遥控器发出遥控编码,实验开发板上的遥控接收头接收到该遥控编码后进行解码,解码成功,蜂鸣器会响一声,并在第 2 行显示此键的键值代码。另外,遥控器上的 02H、01H 键还具有控制功能。当按下 02H 键,蜂鸣器响一声,继电器吸合;当按下 01H 键,蜂鸣器响一声,继电器断开。有关电路如图 3-5、图 3-6、图 3-7 和图 3-20 所示。

2. 源程序

根据要求,遥控解码采用查询方式,编写的源程序如下:

```
            EXTRN CODE(HOT_START,CHECK_BUSY,CLR_LCD,WRITE_IR,WRITE_DR)
                                  ;加入此语句后,就可以使用 LCD 驱动程序软件包了
            IR_BUF   EQU  20H     ;IR_BUF、IR_BUF+1 为用户码低位、用户码高位接收缓冲区
                                  ;IR_BUF+2、IR_BUF+3 为键数据码、键数据码反码接收缓冲区
            DISP_BUF EQU  25H     ;DISP_BUF 和 DISP_BUF+1 为显示缓冲区
            COUNT    EQU  27H     ;遥控信号维持高电平时间计数器
            IRIN     EQU  P3.2    ;遥控输入脚
            RELAY    EQU  P3.6    ;定义继电器脚
            LCD_RS   BIT  P2.0
            LCD_RW   BIT  P2.1
            LCD_E    BIT  P2.2
            DB0_DB7  EQU  P0
            ORG  0000H
            AJMP MAIN
            ORG  0030H
            ;以下是主程序
MAIN:       MOV  SP,#60H
            MOV  A,#00H
            MOV  IR_BUF,#0        ;清零
            MOV  IR_BUF+1,#0      ;清零
```

第16章　红外遥控和无线遥控实例解析

```
            MOV   IR_BUF+2,#0        ;清零
            MOV   IR_BUF+3,#0        ;清零
            SETB  IRIN               ;遥控输入脚置1
            SETB  P3.7               ;蜂鸣器不响
            SETB  RELAY              ;继电器不工作
            MOV   DISP_BUF,#0        ;清零
            MOV   DISP_BUF+1,#0      ;清零
            ACALL HOT_START          ;热启动(在驱动程序软件包中)
            ACALL CLR_LCD            ;清LCD(在驱动程序软件包中)
            MOV   A,#10000000B       ;指向第1行第0列
            ACALL WRITE_IR           ;调写指令子程序(在驱动程序软件包中)
            MOV   DPTR,#LINE1        ;将LINE1的首地址送DPTR
            LCALL DISP_STR           ;调字符串显示子程序
            MOV   A,#11000000B       ;指向第2行第0列
            ACALL WRITE_IR           ;调写指令子程序(在驱动程序软件包中)
            MOV   DPTR,#LINE2        ;将LINE2的首地址送DPTR
            LCALL DISP_STR           ;调字符串显示子程序
START:      ACALL IR_DECODE          ;调键值解码子程序
            MOV   A,IR_BUF+2         ;将键值码送A
            CJNE  A,#02H,NEXT1       ;若02H键未按下,转NEXT1
            CLR   RELAY              ;若02H键按下,继电器吸合
NEXT1:      CJNE  A,#01H,NEXT2       ;若01H键未按下,转NEXT2
            SETB  RELAY              ;若01H键按下,继电器关闭
NEXT2:      AJMP  START
            ;以下是LCD字符串显示子程序
DISP_STR:   PUSH  ACC                ;ACC入栈
DISP_LOOP:  CLR   A                  ;清A
            MOVC  A,@A+DPTR          ;查表
            JZ    END_STR            ;若A的值为0,则退出
            LCALL WRITE_DR           ;调写数据寄存器DR子程序(在驱动程序软件包中)
            INC   DPTR               ;DPTR加1
            SJMP  DISP_LOOP          ;跳转到DISP_LOOP继续循环
END_STR:    POP   ACC                ;ACC出栈
            RET
            ;以下是LCD第1、2行显示字符串
LINE1:      DB "----IR CODE----",00H ;表格,其中00H表示结束符
LINE2:      DB "   --II   ",00H      ;表格,其中00H表示结束符
            ;以下是遥控解码子程序(与本章实例解析1基本相同)
IR_DECODE:  PUSH  ACC
            PUSH  PSW
            SETB  PSW.3              ;选择工作寄存器组1
            CLR   PSW.4
            MOV   R2,#04H            ;共4个接收缓冲区
            MOV   R0,#IR_BUF         ;遥控接收缓冲(20H)送R0
IR1:        JNB   IRIN,IR2           ;等待IR信号低电平出现
```

	DJNZ R2,IR1	;接收4次
	JMP IR_RET	;IR信号没出现,退出
IR2:	MOV R4,#20	;若IRIN为低电平,则将20送到R4
IR20:	ACALL DEL	;调延时0.14 ms子程序
	DJNZ R4,IR20	;延时20次,共延时2.8 ms
	JB IRIN,IR1	;若IRIN为高电平,说明未出现遥控信号,跳转到IR1
IR21:	JB IRIN,IR3	;若IRIN为低电平,开始等待9 ms低电平引导码
		;若IRIN变高,跳转到IR3,进行4.5 ms高电平引导码处理
	ACALL DEL	;若IRIN为低电平,说明是9 ms引导码,调延时0.14 ms子
		;程序
	AJMP IR21	;跳转到IR21等待9 ms低电平引导码结束
IR3:	MOV R3,#0	;R3清零,进行4.5 ms高电平引导码等待
LL:	JNB IRIN,IR4	;若IRIN变为低电平,说明4.5 ms高电平引导码结束,跳转
		;到IR4
	ACALL DEL	;若IRIN为高电平,说明4.5 ms高电平引导码未结束,延时
		;0.14 ms
	AJMP LL	;跳转到LL继续等待4.5 ms高电平引导码结束
IR4:	JB IRIN,IR5	;9 ms和4.5 ms引导码结束后,再等待IRIN变为高电平
		;跨过0或1的0.565 ms低电平区
	ACALL DEL	;调0.14 ms延时子程序
	AJMP IR4	;跳转到IR4继续等待0.565 ms是否结束
IR5:	MOV COUNT,#0	;COUNT清零,准备对0.14 ms延时次数进行计数
L1:	ACALL DEL	;调0.14 ms延时子程序
	JB IRIN, N1	;若IRIN为高电平,跳转到N1,;看高电平保持时间,即几个
		;0.14 ms
		;若IRIN为低电平,检查COUNT中的计数值
		;对于"0",COUNT的值不超过0.56/0.14 = 4个
		;对于"1",COUNT的值至少为1.685/0.14 = 12个
	MOV A,#6	;将6送到A,延时必须比0.56 ms长些,但又不能超过
		;1.12 ms
		;A取5,6,7,8都可,6比较安全,因为0.14 ms×6 = 0.84 ms
	CLR C	;C清零
	SUBB A,COUNT	;A减COUNT,若COUNT小于6,C=0,若COUNT大于6,C=1
		;若C=0说明COUNT小于6,说明收到的是"0"
		;若C=1说明COUNT大于6,说明收到的是"1"
	MOV A,@R0	;R0 = 20H
	RRC A	;A循环右移1位,右移后A内被一位一位C替代了,低位是
		;第一个C的值
	MOV @R0,A	;处理完一位,暂时存到20H
	INC R3	
	CJNE R3,#8,LL	;需处理完8位,1,2,3,4,5,6,7,8位放入20H,第8位是最
		;高位
	MOV R3,#0	;R3清零
	INC R0	;R0加1,指向下一缓冲区
	CJNE R0,#24H,LL	;R0不为24,跳转到LL继续接收0、1

第16章 红外遥控和无线遥控实例解析

```
               AJMP   IR_COMP          ;R0等于24,说明接收完,跳转到IR_COMP,准备进行纠错处理
                                       ;接收完成后,20H存放用户码低位,21H存放用户码高位
                                       ;22H存放按键数据码,23H存放按键数据码反码
N1:            INC    COUNT            ;COUNT加1
               MOV    A,COUNT          ;COUNT的值送A
               CJNE   A,#30,L1         ;若COUNT不等于30,则跳转到L1
               JMP    IR_RET           ;若COUNT等于30,则退出跳转到IR_RET退出
IR_COMP:       MOV    A,IR_BUF+2       ;IR_BUF+2(22H)存放的是按键数据码
                                       ;23H存放的是按键数据码的反码
               CPL    A                ;将IR_BUF+2(22H)取反
               CJNE   A,IR_BUF+3,IR_RET ;将键数据码取反后与键数据码反码比较,若不等,表示接收
                                       ;数据错误,放弃
               MOV    A,IR_BUF+2       ;若相等,说明接收正确
               ANL    A,#0FH           ;取出按键码的低4位
               MOV    DISP_BUF,A       ;按键码的低4位送DISP_BUF
               MOV    A,IR_BUF+2       ;IR_BUF+2(22H)的按键码送A
               ANL    A,#0F0H          ;取出按键码的高4位
               SWAP   A                ;高低4位交换
               MOV    DISP_BUF+1,A     ;将按键码的高4位送DISP_BUF+1的低4位
               ACALL  IR_DISP          ;调键值显示子程序
               ACALL  BEEP_ONE         ;蜂鸣器响一声表示解码成功
IR_RET:        POP    PSW
               POP    ACC
               RET
               ;以下是键值显示子程序
IR_DISP:       MOV    A,#11000110B     ;指向第2行第6列
               ACALL  WRITE_IR         ;调写指令子程序(在驱动程序软件包中)
               MOV    A,DISP_BUF+1     ;键值十位送A
               PUSH   ACC              ;A入栈
               CLR    C                ;C清零
               SUBB   A,#0AH           ;A减10,判断是数字还是字母A~F
               POP    ACC              ;A弹出
               JC     ASC0             ;若C=1,说明该数是小于10的数字,转ASC0
               ADD    A,#07H           ;若C=0,说明该数是大于10的A~F,加上37H得到字母的
                                       ;ASCII码
ASC0:          ADD    A,#30H           ;小于10的数加上30H,得到数字的ASCII码
               LCALL  WRITE_DR         ;调写数据寄存器DR子程序(在驱动程序软件包中)
               MOV    A,#11000111B     ;指向第2行第7列
               ACALL  WRITE_IR         ;调写指令子程序(在驱动程序软件包中)
               MOV    A,DISP_BUF       ;将键值个位送A
               PUSH   ACC              ;入栈
               CLR    C                ;C清零
               SUBB   A,#0AH           ;A减10
               POP    ACC              ;出栈
               JC     ASC1             ;该数小于10,转ASC1
```

```
                ADD     A,#07H          ;大于 10 的数(A~F)加上 37H,得到字母的 ASCII 码
ASC1:           ADD     A,#30H          ;小于 10 的数加上 30H,得到数字的 ASCII 码
                LCALL   WRITE_DR        ;调写数据寄存器 DR 子程序(在驱动程序软件包中)
                RET
                ;以下是蜂鸣器响一声子程序(与本章实例解析 1 完全相同)
BEEP_ONE:       (略)
                ;以下是 100 ms 延时子程序(与本章实例解析 1 完全相同)
DELAY_100ms:    (略)
                ;以下是 0.14 ms 延时子程序(与本章实例解析 1 完全相同)
DEL:            (略)
                END
```

3. 源程序释疑

本例源程序与本章实例解析 1 很多是一致的,主要不同有以下两点:

一是本例采用查询方式进行键值解码,而实例解析 1 采用的是外中断方式。

二是两者的键值显示子程序 IR_DISP 不同。在本例键值显示子程序中,为了能在 LCD 上显示出十六进制数字 0~9 和字母 A~F,需要对数字和字母进行转换。对于数字,加上 30H 即为其 ASCII 码,而对于字母,加上 37H 才是其 ASCII 码。转换成 ASCII 码后,就可以在 LCD 上显示了。

4. 实现方法

① 打开 Keil c51 软件,建立工程项目,再建立一个文件名为 ch16_2.asm 的文件,输入上面的源程序。

② 在工程项目中,再将第 11 章制作的 LCD 驱动程序软件包 LCD_drive.asm 添加进来。

③ 单击"重新编译"按钮,对源程序 ch16_2.asm 和 LCD_drive.asm 进行编译和链接,产生 ch16_2.hex 目标文件。

④ 将 DD-900 实验开发板 JP1 的 LCD、V_{CC} 两插针短接,为 LCD 供电,同时,将 JP4 的 IR、P32 两插针短接,使遥控接收头与单片机相连;将 JP4 的 RELAY、P36 两插针短接,使继电器与单片机相连。

⑤ 将 STC89C51 单片机插入到锁紧插座,把 ch16_2.hex 文件下载到单片机中,观察 LCD 的显示情况,按压遥控器不同的按键,观察数码管是否显示出与遥控器按键相对应的键值。并观察按下 02H 键,继电器是否有吸合的声音,按下 01H 键,继电器是否有断开的声音。

该实验程序和 LCD 驱动程序在附书光盘的 ch16\ch16_2 文件夹中。

16.2.3 实例解析 3——遥控器控制花样流水灯

1. 实现功能

在 DD-900 实验开发板上实现遥控器控制花样流水灯功能,具体要求是:开机后,8 只 LED 灯全亮,分别按遥控器 01H、02H、04H、05H、06H 键,LED 灯可显示出不同的花样。有关电路如图 3-4、图 3-6 所示。

第16章 红外遥控和无线遥控实例解析

2. 源程序

根据要求,编写的源程序如下:

```
            IR_BUF    EQU    20H        ;IR_BUF、IR_BUF+1为用户码低位、用户码高位接收缓冲区
                                        ;IR_BUF+2、IR_BUF+3为键数据码、键数据码反码接收缓冲区
            DISP_BUF  EQU    25H        ;DISP_BUF和DISP_BUF+1为显示缓冲区
            COUNT     EQU    27H        ;遥控信号维持高电平时间计数器
            D1        EQU    28H        ;流水灯移位数缓存
            D2        EQU    29H        ;流水灯移位数缓存
            IRIN      EQU    P3.2       ;遥控输入脚
            RELAY     EQU    P3.6       ;定义继电器脚
            ORG 0000H
            AJMP  MAIN
            ORG 0003H                   ;外部中断0入口地址
            AJMP  IR_DECODE             ;跳转到外部中断0中断服务程序
            ORG   0030H
            ;以下是主程序
MAIN:       MOV   SP,#60H
            MOV   A,#00H
            MOV   IR_BUF,#0             ;清零
            MOV   IR_BUF+1,#0           ;清零
            MOV   IR_BUF+2,#0           ;清零
            MOV   IR_BUF+3,#0           ;清零
            SETB  EA                    ;打开总中断
            SETB  EX0                   ;打开外中断0
            SETB  IT0                   ;触发方式为脉冲负边沿触发
            SETB  IRIN                  ;遥控输入脚置1
            SETB  P3.7                  ;蜂鸣器不响
LOOP1:      MOV   P0,#00H
LOOP:       MOV   A,B                   ;遥控器按键顺序码送A
            JZ    LOOP1                 ;开机无遥控按键按下,点亮所有二极管
            RL    A                     ;左移,乘2进行修正
            MOV   DPTR,#TAB_LED         ;散转表地址送DPTR
            NOP
            JMP   @A+DPTR               ;散转
TAB_LED:    NOP                         ;修正地址
            NOP                         ;修正地址
            AJMP  LED1                  ;跳转到LED1,使亮点左右往返流动
            AJMP  LED2                  ;跳转到LED2,使暗点左右往返流动
            AJMP  LED3                  ;跳转到LED3,使LED全亮后向右擦除,向左点亮
            AJMP  LED4                  ;跳转到LED4,模拟队列行进
            AJMP  LED5                  ;跳转到LED5,使LED全亮后从两端往中间擦除,再从两端往
                                        ;中间点亮
            ;以下是花样灯显示样式
LED1:       MOV   D1,#08H               ;亮点左右往返流动
```

```
                MOV   D2,#08H
                MOV   A,#0FEH
SHIFT1:         MOV   P0,A
                ACALL DELAY_100ms
                RL    A
                DJNZ  D1,SHIFT1
SHIFT2:         RR    A
                MOV   P0,A
                ACALL DELAY_100ms
                DJNZ  D2,SHIFT2
                AJMP  LOOP
LED2:           MOV   D1,#08H         ;暗点左右往返流动
                MOV   A,#01H
SHIFT3:         MOV   P0,A
                ACALL DELAY_100ms
                RL    A
                DJNZ  D1,SHIFT3
                MOV   D1,#08H
                MOV   A,#80H
SHIFT4:         MOV   P0,A
                ACALL DELAY_100ms
                RR    A
                DJNZ  D1,SHIFT4
                AJMP  LOOP
LED3:           MOV   R5,#00H         ;全亮后向右擦除,向左点亮
SHIFT5:         INC   R5
                MOV   A,R5
                MOV   DPTR,#TAB1
                MOVC  A,@A+DPTR
                MOV   P0,A
                ACALL DELAY_100ms
                CJNE  R5,#11H,SHIFT5
                AJMP  LOOP
TAB1:           DB 00H
                DB 00H,01H,03H,07H,0FH,1FH,3FH,7FH,0FFH
                DB 7FH,3FH,1FH,0FH,07H,03H,01H,00H
LED4:           MOV R5,#00H           ;模拟队列行进
SHIFT6:         INC   R5
                MOV   A,R5
                MOV   DPTR,#TAB2
                MOVC  A,@A+DPTR
                MOV   P0,A
                ACALL DELAY_100ms
                CJNE  R5,#0FH,SHIFT6
                AJMP  LOOP
```

```
TAB2:       DB    00H
            DB    7FH,0BFH,5FH,0AFH,57H,0ABH,55H,0AAH,0D5H
            DB    0EAH,0F5H,0FAH,0FDH,0FEH,0FFH
LED5:       MOV   R5,#00H              ;全亮后从两端往中间擦除,再从两端往中间点亮
SHIFT7:     INC   R5
            MOV   A,R5
            MOV   DPTR,#TAB3
            MOVC  A,@A+DPTR
            MOV   P0,A
            ACALL DELAY_100ms
            CJNE  R5,#10H,SHIFT7
            AJMP  LOOP
TAB3:       DB    00H
            DB    00H,81H,0C3H,0E7H,0FFH,0E7H,0C3H,81H,00H
            DB    81H,0C3H,0E7H,0FFH,0E7H,0C3H,81H
;以下是外中断0中断服务程序(键值解码),与本章实例解析1基本相同
IR_DECODE:  CLR   EA                   ;暂时关闭CPU的所有中断请求
            PUSH  ACC
            PUSH  PSW
            SETB  PSW.3                ;选择工作寄存器组1
            CLR   PSW.4
            MOV   R2,#04H              ;共4个接收缓冲区
            MOV   R0,#IR_BUF           ;遥控接收缓冲(20H)送R0
IR1:        JNB   IRIN,IR2             ;等待IR信号低电平出现
            DJNZ  R2,IR1               ;接收4次
            JMP   IR_RET               ;IR信号没出现,退出
IR2:        MOV   R4,#20               ;若IRIN为低电平,则将20送到R4
IR20:       ACALL DEL                  ;调延时0.14 ms子程序
            DJNZ  R4,IR20              ;延时20次,共延时2.8 ms
            JB    IRIN,IR1             ;若IRIN为高电平,说明未出现遥控信号,跳转到IR1
IR21:       JB    IRIN,IR3             ;若IRIN为低电平,开始等待9 ms低电平引导码
                                       ;若IRIN变高,跳转到IR3,进行4.5 ms高电平引导码处理
            ACALL DEL                  ;若IRIN为低电平,说明是9 ms引导码,调延时0.14 ms子
                                       ;程序
            AJMP  IR21                 ;跳转到IR21等待9 ms低电平引导码结束
IR3:        MOV   R3,#0                ;R3清零,进行4.5 ms高电平引导码等待
LL:         JNB   IRIN,IR4             ;若IRIN变为低电平,说明4.5 ms高电平引导码结束,跳转
                                       ;到IR4
            ACALL DEL                  ;若IRIN为高电平,说明4.5 ms高电平引导码未结束,延时
                                       ;0.14 ms
            AJMP  LL                   ;跳转到LL继续等待4.5 ms高电平引导码结束
IR4:        JB    IRIN,IR5             ;9 ms和4.5 ms引导码结束后,再等待IRIN变为高电平
                                       ;跨过0或1的0.565 ms低电平区
            ACALL DEL                  ;调0.14 ms延时子程序
            AJMP  IR4                  ;跳转到IR4继续等待0.565 ms是否结束
```

IR5:	MOV COUNT,#0	;COUNT 清零,准备对 0.14 ms 延时次数进行计数
L1:	ACALL DEL	;调 0.14 ms 延时子程序
	JB IRIN,N1	;若 IRIN 为高电平,跳转到 N1,看高电平保持时间为几个
		;0.14 ms
		;若 IRIN 为低电平,检查 COUNT 中的计数值
		;对于"0",COUNT 的值不超过 0.56/0.14 = 4 个
		;对于"1",COUNT 的值至少为 1.685/0.14 = 12 个
	MOV A,#6	;将 6 送到 A,延时必须比 0.56 ms 长些,但又不能超过
		;1.12 ms
		;A 取 5,6,7,8 都可,6 比较安全,因为 0.14 ms×6 = 0.84 ms
	CLR C	;C 清零
	SUBB A,COUNT	;A 减 COUNT,若 COUNT 小于 6,C = 0,若 COUNT 大于 6,C = 1
		;若 C = 0 说明 COUNT 小于 6,说明收到的是"0"
		;若 C = 1 说明 COUNT 大于 6,说明收到的是"1"
	MOV A,@R0	;R0 = 20H
	RRC A	;A 循环右移 1 位,右移后 A 内被一位一位 C 替代了,低位是
		;第一个 C 的值
	MOV @R0,A	;处理完一位,暂时存到 20H
	INC R3	
	CJNE R3,#8,LL	;需处理完 8 位,1,2,3,4,5,6,7,8 位放入 20H,第 8 位是最
		;高位
	MOV R3,#0	;R3 清零
	INC R0	;R0 加 1,指向下一缓冲区
	CJNE R0,#24H,LL	;R0 不为 24,跳转到 LL 继续接收 0、1
	AJMP IR_COMP	;R0 等于 24,说明接收完,跳转到 IR_COMP,准备进行纠错处理
		;接收完成后,20H 存放用户码低位,21H 存放用户码高位
		;22H 存放按键数据码,23H 存放按键数据码反码
N1:	INC COUNT	;COUNT 加 1
	MOV A,COUNT	;COUNT 的值送 A
	CJNE A,#30,L1	;若 COUNT 不等于 30,则跳转到 L1
	JMP IR_RET	;若 COUNT 等于 30,则退出跳转到 IR_RET 退出
IR_COMP:	MOV A,IR_BUF + 2	;IR_BUF + 2(22H)存放的是按键数据码
		;IR_BUF + 2(23H)存放的是按键数据码的反码
	CPL A	;将 22H 取反
	CJNE A,IR_BUF + 3,IR_RET	;将按键数据码取反后与按键码反码比较,若不等,表示接收
		;数据错误,放弃
		;若相等,说明接收正确
	MOV R1,#5	;只用遥控器的 5 个键,看按下的键是第几个
	MOV DPTR,#TAB_REMOT	;指针指向遥控键值表
LOOKUP:	MOV A,R1	;R1 送 A
	MOVC A,@A + DPTR	;查表
	XRL A,IR_BUF + 2	;查表值与 IR_BUF 键值比较,若相等,则 A = 0
	JZ REMBAK	;若 A 为 0,说明找到,跳转到 REMBAK
	DJNZ R1,LOOKUP	;若未找到,R1 减 1,跳转到 LOOKUP 继续查找
REMBAK:	MOV B,R1	;找到后,将 R1 的值送 B

```
                NOP
                ACALL  BEEP_ONE        ;蜂鸣器响一声表示解码成功
IR_RET:         POP  PSW
                POP  ACC
                SETB  EA
                RETI
                ;以下是遥控键值表
TAB_REMOT:      DB  00H,01H,02H,04H,05H,06H 遥控器键值码
                ;以下是蜂鸣器响一声子程序
BEEP_ONE:       (略,见光盘)
                ;以下是 100 ms 延时子程序
DELAY_100ms:    (略,见光盘)
                ;以下是 0.14 ms 延时子程序
DEL:            (略,见光盘)
                END
```

3. 源程序释疑

本例源程序中,键值解码采用外中断方式,键值解码后接着进行查表,求出遥控器 1、2、3、4、5 按键的顺序码,并送到 B 寄存器。

在主程序中,首先将 B 的值送往累加器 A,由于随后的转换指令"AJMP LED1~AJMP LED5"为双字节长度,故需将 A 乘 2 进行修正(在程序中采用的是左移指令"RL A",相当于乘 2),其后,用 JMP @A+DPTR 指令进行变址寻址,由于 B 的值从 1 开始执行散转,故在直接散转地址表的开始处安排了两条 NOP 指令进行修正,如果 B 的值从 0 开始执行散转,则无此必要。

4. 实现方法

① 打开 Keil c51 软件,建立工程项目,再建立一个 ch16_3.asm 的文件,输入上面的源程序,对源程序进行编译和链接,产生 ch16_3.hex 目标文件。

② 将 DD-900 实验开发板 JP1 的 LED、V_{CC} 两插针短接,为 LED 灯供电,同时,将 JP4 的 IR、P32 两插针短接,使遥控接收头与单片机相连。

③ 将 STC89C51 单片机插入到锁紧插座,把 ch16_3.hex 文件下载到单片机中,按压遥控器的 01H、02H、04H、05H、06H 键,观察 LED 灯显示的花样是否正常。

该实验程序在随书光盘的 ch16\ch16_3 文件夹中。

16.2.4 实例解析 4——遥控器好坏的判断

1. 实现功能

在 DD-900 实验开发板上制作一个红外线遥控器声光测试器,制作的测试器可以方便地判断各种遥控器是否能发射红外信号,以及各个按键工作是否可靠。

2. 源程序

DD-900 实验开发板上有一个一体化红外接收器,它将接收到的红外信号输入到单片机

的 P3.2,当接收到遥控信号时,P3.2 变低,据此,设计的源程序如下：

```
           ORG 0000H
START:     MOV P0,#0FFH         ;开机初始化
           MOV P3,#0FFH
           JB P3.2,$            ;等待遥控信号出现
           MOV P0,#0            ;若有遥控信号出现,P0 口 LED 灯亮
           ACALL  BEEP_ONE      ;若有遥控信号出现,蜂鸣器响
           JNB P3.2,$           ;如果是低电平就原地等待,如果出现高电平,说明遥控信号
                                 消失,退出
           AJMP START
           ;以下是蜂鸣器响一声子程序(与本章实例解析 1 完全相同)
BEEP_ONE:  (略)
           ;以下是 100 ms 延时子程序(与本章实例解析 1 完全相同)
DELAY_100ms：(略)
           END
```

3. 实现方法

① 打开 Keil c51 软件,建立工程项目,再建立一个名为 ch16_4.asm 的源程序文件,对源程序进行编译和链接,产生 ch16_4.hex 目标文件。

② 将 DD-900 实验开发板 JP1 的 LED、V_{CC} 两插针短接,为 LED 灯供电,同时,将 JP4 的 IR、P32 两插针短接,使遥控接收头与单片机相连。

③ 将 STC89C51 单片机插入到锁紧插座,把 ch16_4.hex 文件下载到单片机中。

④ 随便找一只遥控器,按压遥控器按键,P0 口 LED 灯应闪亮,同时蜂鸣器应响一声,若 P0 灯和蜂鸣器无反应,说明遥控器已坏。

该实验程序在随书光盘的 ch16\ch16_4 文件夹中。

16.3 无线遥控电路介绍与演练

16.3.1 无线遥控电路基础知识

无线电遥控(简称无线遥控)由发射电路和接收电路两部分组成,当接收机接收到发射机发出的无线电波以后,驱动电子开关电路工作。所以,它的发射频率与接收频率必须是完全相同的。无线遥控的主要特点是控制距离远,视不同的应用场合,近可以为零点几米,远则可以超越地球到达太空。

无线遥控的核心器件是编码与解码芯片,近年来许多厂商相继推出了品种繁多的专用编解码芯片,它们广泛应用于各种电子产品中,下面主要介绍应用最为广泛的 PT2262/PT2272 芯片(可代换芯片有 HS2262/HS2272、SC22262/SC2272 等)。

1. PT2262/PT2272 芯片的结构

PT2262/PT2272 芯片是台湾普城公司生产的一种 CMOS 工艺制造的低功耗低价位通用

第16章 红外遥控和无线遥控实例解析

编码/解码电路,主要应用在车辆防盗系统、家庭防盗系统和遥控玩具中。

PT2262/PT2272芯片是一对带地址、数据编码功能的红外遥控编码/解码芯片。其中编码(发射)芯片PT2262将载波振荡器、编码器和发射单元集成于一身,使发射电路变得非常简洁。解码(接收)芯片PT2272根据后缀的不同,有L4/M4/L6/M6之分,其中L表示锁存输出,数据只要成功接收就能一直保持对应的电平状态,直到下次遥控数据发生变化时再改变。M表示暂存(非锁存)输出,数据脚输出的电平是瞬时的而且和发射端是否发射相对应,可以用于类似点动的控制。后缀的6和4表示有几路并行的控制通道,当采用4路并行数据时(PT2272-M4),对应的地址编码应该是8位,如果采用6路的并行数据时(PT2272-M6),对应的地址编码应该是6位。

PT2262/PT2272芯片引脚排列如图16-5所示。

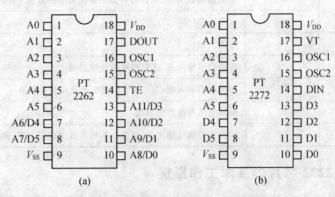

图16-5 PT2262/PT2272芯片引脚排列

编码芯片PT2262的引脚功能如表16-1所列。解码芯片PT2272引脚功能如表16-2所列。

表16-1 编码芯片PT2262引脚功能

名称	引脚	说明
A0~A11	1~8,10~13	地址引脚,用于进行地址编码,可置为"0"、"1"、"悬空"
D0~D5	7~8,10~13	数据输入端
V_{DD}	18	电源正端(+)
V_{SS}	9	电源负端(-)
TE	14	编码启动端,用于多数据的编码发射,低电平有效
OSC1	16	振荡电阻输入端,与OSC2所接电阻决定振荡频率
OSC2	15	振荡电阻振荡器输出端
DOUT	17	编码输出端(正常时为低电平)

地址码和数据码都用宽度不同的脉冲来表示,两个窄脉冲表示"0",两个宽脉冲表示"1",一个窄脉冲和一个宽脉冲表示"开路"。

对于编码芯片PT2262,A0~A5共6根线为地址线,而A6~A11共6根线可以作为地址线,也可以作为数据线,这要取决于所配合使用的解码器,若解码器没有数据线,则A6~A11作为地址线使用,在这种情况下,A0~A11共12根地址线,每线都可以设成"1"、"0"和"开路"

3种形式,因此,共有编码数 $3^{12}=531441$ 种。但若配对的解码芯片 PT2272 的 A6~A11 是数据线,那么,PT2262 的 A6~A11 也为数据线使用,并只可设置为"1"、"0"两种状态之一,而地址线只剩下 A0~A5 共 6 根,编码数降为 $3^6=729$ 种。

表 16-2 解码芯片 PT2272 引脚功能

名 称	引 脚	说 明
A0~A11	1~8、10~13	地址引脚,用于进行地址编码,可置为"0"、"1"、"悬空",必须与 PT2262 一致,否则不解码
D0~D5	7~8、10~13	地址或数据引脚,当作为数据引脚时,只有在地址码与 PT2262 一致时,数据引脚才能输出与 PT2262 数据端对应的高电平,否则输出为低电平,锁存型只有在接收到下一数据才能转换
V_{DD}	18	电源正端(+)
V_{SS}	9	电源负端(-)
DIN	14	数据信号输入端,来自接收模块输出端
OSC1	16	振荡电阻输入端,与 OSC2 所接电阻决定振荡频率
OSC2	15	振荡电阻振荡器输出端
VT	17	解码有效确认输出端(常低),解码有效变成高电平(瞬态)

2. PT2262/PT2272 芯片的基本工作原理

编码芯片 PT2262 发出的编码信号由地址码、数据码、同步码组成一个完整的码字,解码芯片 PT2272 接收到信号后,其地址码经过两次比较核对后,VT 脚才输出高电平,与此同时相应的数据脚也输出高电平,如果发送端一直按住按键,编码芯片 PT2262 会连续发射。当发射机没有按键按下时,PT2262 不接通电源,其 17 脚为低电平,所以高频发射电路(一般设置为 315 MHz)不工作,当有按键按下时,PT2262 得电工作,其第 17 脚输出经调制的串行数据信号;当 17 脚为高电平期间,高频发射电路起振并发射等幅高频信号(315MHz),当 17 脚为低电平期间,高频发射电路停止振荡。所以高频发射电路完全受控于 PT2262 的 17 脚输出的数字信号,从而对高频电路完成幅度键控 ASK 调制,相当于调制度为 100% 的调幅。

16.3.2 无线遥控模块介绍

目前,市场上出现了很多无线遥控模块,这些模块一般包括两部分,一是发射模块,也就是常说的遥控器,二是接收模块,用来接收发射模块发射的信号。由于这类模块外围元件少、功能强、设计与应用简单,因此,非常适合进行单片机扩展实验。图 16-6 所示为 PT2262/PT2272 无线遥控模块外形图。

发射模块外形与汽车遥控器类似,设有 4 个按键 A、B、C、D,内部主要由编码芯片 PT2262、高频调制及功率放大电路组成,其内部电路如图 16-7 所示。

接收模块由解码芯片 PT2272-M4(或 PT2272-L4)及接收电路组成,其电路框图如图 16-8 所示。

接收模块有 7 个引出端,正视面从左向右分别和 PT2272 的 10 脚(D0)、11 脚(D1)、12 脚

第16章 红外遥控和无线遥控实例解析

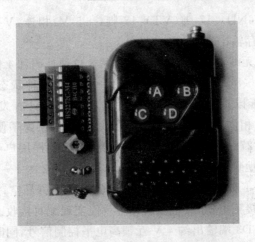

图 16-6 PT2262/PT2272 无线遥控模块外形图

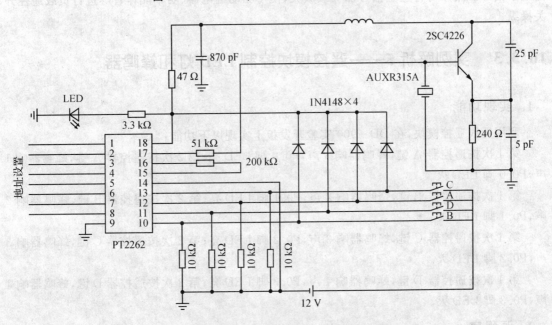

图 16-7 发射模块内部电路

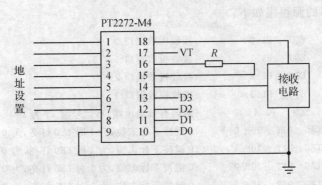

图 16-8 接收模块电路框图

(D2)、13 脚(D3)、9 脚(GND)、17 脚(VT)、18 脚(+5 V)相连，VT 端为解码有效输出端，D0～D3 为四位数据非锁存输出端。

在 PT2262/PT2272 无线遥控模块中，采用的是 8 位地址码和 4 位数据码形式，也就是说，编码电路 PT2262 的第 1～8 脚为地址设定脚，每一引脚有 3 种状态可供选择：悬空、接正电源、接地，因 $3^8=6561$，所以地址编码不重复度为 6561 组，只有发射端 PT2262 和接收端 PT2272 的地址编码完全相同，才能配对使用。模块生产厂家为了便于生产管理，出厂时，遥控模块的 PT2262 和 PT2272 的 8 位地址编码端全部悬空，这样用户可以很方便地选择各种编码状态，用户如果想改变地址编码，只要将 PT2262 和 PT2272 的 1～8 脚设置相同即可，例如，将发射机的 PT2262 的第 1 脚接地，第 5 脚接正电源，其他引脚悬空；那么接收机的 PT2272 只要也第 1 脚接地、第 5 脚接正电源、其他引脚悬空就能实现配对接收。当两者地址编码完全一致时，接收机对应的 D0～D3 端输出约 4 V 互锁高电平控制信号，同时 VT 端也输出解码有效高电平信号。用户可将这些信号加一级放大，便可驱动继电器、功率晶体管等进行负载遥控开关操纵。

16.3.3 实例解析 5——遥控模块控制 LED 灯和蜂鸣器

1. 实现功能

利用无线遥控模块，在 DD-900 实验开发板上实现以下功能：

第 1 次按遥控器 A 键，蜂鸣器响 1 声，P0.0 脚 LED 亮；第 2 次按遥控器 A 键，蜂鸣器响 1 声，P0.0 脚 LED 灭。

第 1 次按遥控器 B 键，蜂鸣器响 2 声，P0.1 脚 LED 亮；第 2 次按遥控器 B 键，蜂鸣器响 2 声，P0.1 脚 LED 灭。

第 1 次按遥控器 C 键，蜂鸣器响 3 声，P0.2 脚 LED 亮；第 2 次按遥控器 C 键，蜂鸣器响 3 声，P0.2 脚 LED 灭。

第 1 次按遥控器 D 键，蜂鸣器响 4 声，P0.3 脚 LED 亮；第 2 次按遥控器 D 键，蜂鸣器响 4 声，P0.3 脚 LED 灭。

2. 源程序

根据要求，编写的源程序如下：

```
D0      EQU     P1.0            ;接收板数据口 0
D1      EQU     P1.1            ;接收板数据口 1
D2      EQU     P1.2            ;接收板数据口 2
D3      EQU     P1.3            ;接收板数据口 3
VT      EQU     P1.4            ;解码有效输出端,有信号时 VT 为 1
A_FLAG  BIT     20H.0           ;A 键按下标志位,为 1 时 LED 灯亮,为 0 时 LED 灯灭
B_FLAG  BIT     20H.1           ;B 键按下标志位,为 1 时 LED 灯亮,为 0 时 LED 灯灭
C_FLAG  BIT     20H.2           ;C 键按下标志位,为 1 时 LED 灯亮,为 0 时 LED 灯灭
D_FLAG  BIT     20H.3           ;D 键按下标志位,为 1 时 LED 灯亮,为 0 时 LED 灯灭
B_CODE  EQU     01H             ;遥控器按键 B 发射码,B 键和发射器 PT2262 的 10 脚相连
D_CODE  EQU     02H             ;遥控器按键 D 发射码,D 键和发射器 PT2262 的 11 脚相连
```

第16章 红外遥控和无线遥控实例解析

```
            A_CODE   EQU    04H        ;遥控器按键A发射码,A键和发射器PT2262的12脚相连
            C_CODE   EQU    08H        ;遥控器按键C发射码,C键和发射器PT2262的13脚相连
            ORG    0000H
            JMP    MAIN
            ORG    0030H
MAIN:       MOV    SP,#60H             ;堆栈初始化
            MOV    P1,#1FH             ;置P1.0～P1.4为输入状态
            MOV    20H,#00H
            MOV    P0,#0FFH            ;关闭LED输出
            ACALL  BEEP_ONE
START:      NOP
            JNB    VT,START            ;VT=1,表示有键按下
            MOV    A,P1                ;读P1口状态
            ANL    A,#0FH              ;取低4位
            ACALL  KEY_PROC            ;按键处理子程序
            JMP    START               ;跳转到START循环
;以下是发射键处理子程序
KEY_PROC:   CJNE   A,#A_CODE,PROC1     ;是否是A键按下
            CPL    A_FLAG              ;A_FLAG取反
            JNB    A_FLAG,PROC0        ;若A_FLAG为0,转PROC0,控制P0.0脚LED灯灭
            MOV    A,P0                ;若A_FLAG为1,准备控制P0.0脚LED灯亮
            ANL    A,#0FEH             ;0FEH送A
            MOV    P0,A                ;P0.0的LED亮
            ACALL  BEEP_ONE            ;蜂鸣器响1声
            RET
PROC0:      MOV    A,P0                ;P0送A
            ORL    A,#01H              ;A与01H进行或运算
            MOV    P0,A                ;P0.0的LED灭
            ACALL  BEEP_ONE            ;蜂鸣器响1声
            RET
PROC1:      CJNE   A,#B_CODE,PROC3     ;是否是B键按下
            CPL    B_FLAG              ;B_FLAG取反
            JNB    B_FLAG,PROC2        ;若B_FLAG为0,转PROC2控制P0.1脚LED灯灭
            MOV    A,P0                ;P0送A
            ANL    A,#0FDH             ;0FDH与A进行与运算
            MOV    P0,A                ;P0.1脚LED亮
            ACALL  BEEP_ONE            ;蜂鸣器响2声
            ACALL  BEEP_ONE
            RET
PROC2:      MOV    A,P0                ;P0送A
            ORL    A,#02H              ;02H与A进行或运算
            MOV    P0,A                ;P0.1脚LED灭
            ACALL  BEEP_ONE            ;蜂鸣器响2声
            ACALL  BEEP_ONE
            RET
```

```
PROC3:      CJNE    A,#C_CODE,PROC5     ;是否是C键按下
            CPL     C_FLAG              ;C_FLAG取反
            JNB     C_FLAG,PROC4        ;若C_FLAG为0,跳转到PROC4,控制P0.2脚LED灯灭
            MOV     A,P0                ;若C_FLAG为1,准备控制P0.2脚LED灯亮
            ANL     A,#0FBH             ;0FBH与A进行与运算
            MOV     P0,A                ;P0.2脚LED亮
            ACALL   BEEP_ONE            ;蜂鸣器响3声
            ACALL   BEEP_ONE
            ACALL   BEEP_ONE
            RET
PROC4:      MOV     A,P0                ;P0送A
            ORL     A,#04H              ;A与04H进行或运算
            MOV     P0,A                ;P0.2脚LED灭
            ACALL   BEEP_ONE            ;蜂鸣器响3声
            ACALL   BEEP_ONE
            ACALL   BEEP_ONE
            RET
PROC5:      CJNE    A,#D_CODE,PROC7     ;是否是D键按下
            CPL     D_FLAG              ;D_FLAG取反
            JNB     D_FLAG,PROC6        ;若D_FLAG为0,跳转到PROC6准备控制P0.3脚LED灯灭
            MOV     A,P0                ;若D_FLAG为1,将P0送A
            ANL     A,#0F7H             ;A与0F7H进行与运算
            MOV     P0,A                ;P0.3脚LED亮
            ACALL   BEEP_ONE            ;蜂鸣器响4声
            ACALL   BEEP_ONE
            ACALL   BEEP_ONE
            ACALL   BEEP_ONE
            RET
PROC6:      MOV     A,P0                ;P0送A
            ORL     A,#08H              ;A与08H进行或运算
            MOV     P0,A                ;P0.3脚LED灭
            ACALL   BEEP_ONE            ;蜂鸣器响4声
            ACALL   BEEP_ONE
            ACALL   BEEP_ONE
            ACALL   BEEP_ONE
PROC7:      RET
            ;以下是蜂鸣器响一声子程序(与本章实例解析1完全相同)
BEEP_ONE:   (略)
            ;以下是100 ms延时子程序(与本章实例解析1完全相同)
DELAY_100ms:(略)
            END
```

3. 源程序释疑

在发射电路中,B键接PT2262的10脚,D键接PT2262的11脚,A键接PT2262的12脚,C键接PT2262的13脚。在接收电路中,单片机的P1.0脚接PT2272的10脚,P1.1脚接

第16章 红外遥控和无线遥控实例解析

PT2272 的 11 脚，P1.2 脚接 PT2272 的 12 脚，P1.3 脚接 PT2272 的 13 脚，P1.4 脚接 PT2272 的 17 脚。因此，若没有键按下，则单片机的 P1.4 脚（VT）为 0，若有键按下，则单片机的 P1.4 脚为 1。同时，若按下的是 B 键，则单片机的 P1.0 为 1，P1.1、P1.2、P1.3 为 0；若按下的是 D 键，则单片机的 P1.1 为 1，P1.0、P1.2、P1.3 为 0；若按下的是 A 键，则单片机的 P1.2 为 1，P1.0、P1.1、P1.3 为 0；若按下的是 C 键，则单片机的 P1.3 为 1，P1.0、P1.1、P1.2 为 0。

根据以上原理，单片机即可识别出发射按键是否按下，以及按下的是哪只键。

4. 实现方法

① 打开 Keil c51 软件，建立工程项目，再建立一个名为 ch16_5.asm 的文件，输入上面的源程序。对源程序进行编译和链接，产生 ch16_5.hex 目标文件。

② 将 DD-900 实验开发板 JP1 的 LED、V_{CC} 两插针短接，为 LED 灯供电，同时，用 7 根杜邦连接线将 J1、J2 接口的 P1.0、P1.1、P1.2、P1.3、GND、P1.4、V_{CC} 插针与遥控模块的 D0、D1、D2、D3、GND、VT、V_{CC} 插针相连。

③ 将 STC89C51 单片机插入到锁紧插座，把 ch16_5.hex 文件下载到单片机中，分别按压无线模块的遥控器 A、B、C、D 键，观察 P0 口 LED 灯及蜂鸣器动作是否正常。

需要说明的是，在无线遥控接收模块上有一个可调电感，若调整不当会引起无法接收的故障现象。实验时，若发现接收距离短或不能接收，可用小螺钉旋具微调一下此电感即可。

该实验程序在随书光盘的 ch16\ch16_5 文件夹中。

第 17 章

A/D 和 D/A 转换电路实例解析

单片机的外部设备不一定都是数字式的,经常会和模拟式设备进行连接。例如,用单片机接收温度、压力信号时,因为温度和压力都是模拟量,就需要 A/D 转换电路来把模拟信号转变为数字信号,以便能够输送给单片机进行处理。另外,单片机输出的信号都是数字信号,而模拟式外围设备则需要模拟信号才能工作,因此,必须经过 D/A 转换电路,将数字信号转变为模拟信号,才能为模拟设备所接受。总之,A/D 和 D/A 转换是单片机系统中不可缺少的接口电路,在本章中,我们将一一进行介绍和演练。

17.1 A/D 转换电路实例解析

17.1.1 A/D 转换电路介绍

A/D 转换器的种类很多,按其工作原理不同分为直接 A/D 转换器和间接 A/D 转换器两类。直接 A/D 转换器可将模拟信号直接转换为数字信号,这类 A/D 转换器具有较快的转换速度,其典型电路有逐次比较型 A/D 转换器。而间接 A/D 转换器则是先将模拟信号转换成某一中间电量(时间或频率),然后再将中间电量转换为数字量输出。此类 A/D 转换器的速度较慢,典型电路是双积分型 A/D 转换器、电压频率转换型 V/F 转换器。下面主要以常用的 A/D 转换器 ADC0832 为例进行介绍。

1. ADC0832 引脚功能

ADC0832 是美国德州仪器公司出品的 8 位串行 A/D 转换器,单通道 8 位分辨率,输入/输出电平与 TTL/CMOS 兼容;工作频率为 250 kHz 时,转换时间为 32 μs。ADC0832 引脚排列如图 17-1 所示,引脚功能如表 17-1 所列。

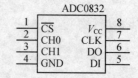

图 17-1 ADC0832 引脚功能图

2. ADC0832 工作时序

当把 ADC0832 的 $\overline{CS}$ 置高,内部所有寄存器清零,输出变为高阻态。CLK 置低,完成 ADC0832 的初始化工作。

当 ADC0832 的 $\overline{CS}$ 由高变低时,选中 ADC0832,在时钟的上升沿,DI 端的数据移入

ADC0832 内部的多路地址寄存器。当输入启动位和配置位 CH0、CH1 后,选择了模拟输入通道。配置位与模拟输入通道选择逻辑如表 17-2 所列。

表 17-1　ADC0832 引脚功能

引脚号	符号	功能	引脚号	符号	功能
1	$\overline{CS}$	片选端	5	DI	模拟输入选择
2	CH0	模拟输入通道 0	6	DO	数/模转换数据输出端
3	CH1	模拟输入通道 1	7	CLK	时钟输入
4	GND	地	8	V_{CC}	电源

表 17-2　配置位 CH0、CH1 与模拟输入通道选择逻辑

输入形式	配置位 0	配置位 1	选择通道	
			CH0	CH1
差分	L	L	+	−
	L	H	−	+
单端	H	L	+	
	H	H		+

在第一个时钟期间,DI 为高,表示输入启动位。紧接输入两位配置位。

在第二个时钟期间,若 DI(配置位 0)为高,表示选择单通道输入;若 DI(配置位 0)为低,表示选择差分输入。

在第三个时钟期间,如果在选择单通道输入的情况下,若 DI(配置位 1)为低,表示选择 CH0 通道输入;若 DI(配置位 1)为高,表示选择 CH1 通道输入。

如果在选择差分输入的情况下,若 DI(配置位 1)为低,表示 CH0 为差分输入"+"端,CH1 为差分输入"−"端;若 DI(配置位 1)为高,表示 CH0 为差分输入"−"端,CH1 为差分输入"+"端。

当前 3 个脉冲发送完启动位和配置位确定了模拟输入通道后,ADC0832 从第 4 个脉冲的下降沿开始输出转换数据。在每个 CLK 下降沿时,串行数据从 DO 端移出一位。数据输出时,先从最高位输出(D7～D0),输出完转换结果后,又从最低位开始重新输出一遍数据(D0～D7),两次发送数据的最低位(D0)共用。

17.1.2　实例解析 1——LED 数码管电压表

1. 实现功能

在 DD-900 实验开发板上实现 LED 数码管电压表功能:开机后,调整电位器 R_{P1},模拟从通道 0 输入测量电压,第 6、7、8 三只数码管可以显示出被测量的电压大小,最大测量电压为 5 V,其中第 6 只数码管显示个位数,第 7、8 两只数码管显示小数位。有关电路如图 3-4、图 3-12 所示。

2. 源程序

根据要求,编写的源程序如下:

```
            AD_CLK   EQU  P1.0
            AD_DATA  EQU  P1.1
            AD_CS    EQU  P1.2
            AD_RESULT EQU 20H        ;A/D转换结果缓冲
            AD_LOW   EQU  21H        ;A/D转换低位寄存器
            AD_HI    EQU  22H        ;A/D转换高位寄存器
            DISP_BUF EQU  30H        ;显示单元首地址
            DOT      BIT  P0.7       ;小数点控制
            ORG   0000H
            JMP   MAIN
            ORG   0030H
MAIN:       MOV   SP,#60H            ;堆栈初始化
            MOV   A,#00H             ;A清零
            MOV   AD_RESULT,A        ;AD_RESULT清零
            MOV   P0,#0FFH           ;P0置1
            MOV   P2,#0FFH           ;P2置1
START:      MOV P1,#01110000B        ;使P1.0、P1.1、P1.3有效,禁用其他芯片
            ACALL  AD_DRIVE          ;调A/D转换器驱动子程序
            ACALL  AD_PROC           ;调A/D数据处理子程序
            ACALL  CONV              ;调显示数据转换子程序
            ACALL  DISPLAY           ;调显示子程序
            AJMP   START             ;跳转到START继续循环
            ;以下是A/D转换器驱动子程序
AD_DRIVE:   SETB  AD_CS              ;一个转换周期开始
            CLR   AD_CLK             ;CLK置低,完成ADC0832的初始化工作
            CLR   AD_CS              ;CS置0,选中芯片
            SETB  AD_DATA            ;DI置1,启动位
            SETB  AD_CLK             ;第1个脉冲输入启动位
            CLR   AD_DATA
            CLR   AD_CLK
            SETB  AD_DATA            ;输入第1个配置位,DI置1,设为单通道
            SETB  AD_CLK             ;第2个脉冲输入配置位0
            CLR   AD_DATA            ;
            CLR   AD_CLK
            CLR   AD_DATA            ;输入第2个配置位,DI置0,选择通道0
            SETB  AD_CLK             ;第3个脉冲输入配置位1
            SETB AD_DATA
            CLR   AD_CLK
            NOP
            SETB  AD_CLK             ;第4个脉冲,开始读取数据
            MOV   R1,#08H            ;计数器初值,读取8位数据
AD_READ:    CLR   AD_CLK             ;下降沿
```

```
            MOV    C,AD_DATA          ;读取 DO 端数据
            RLC    A                  ;C 移入 A,高位在前
            SETB   AD_CLK             ;下一个脉冲
            DJNZ   R1,AD_READ         ;没读完继续
            SETB   AD_CS              ;取消芯片选中状态
            MOV    AD_RESULT,A        ;转换结果存放在 AD_RESULT
            RET
            ;以下是 A/D 数据处理子程序
AD_PROC:    CLR    C
            MOV    AD_LOW,#00H        ;十进制转换低位寄存器清零
            MOV    AD_HI,#00H         ;十进制转换高位寄存器清零
            MOV    R3,#08H            ;十进制调整的次数
            MOV    A,AD_RESULT        ;将 A/D 转换结果送 A
AD_PROC1:   RLC    A                  ;A 左移
            MOV    R2,A               ;左移 1 位后送 R2
            MOV    A,AD_LOW           ;AD_LOW 送 A
            ADDC   A,AD_LOW           ;A 与 AD_LOW 相加
            DA     A                  ;十进制调整
            MOV    AD_LOW,A           ;调整后送 A
            MOV    A,AD_HI            ;AD_HI 送 A
            ADDC   A,AD_HI            ;A 与 AD_HI 相加
            MOV    AD_HI,A            ;相加后送 AD_HI
            MOV    A,R2               ;R2 送 A
            DJNZ   R3,AD_PROC1        ;8 位处理完了吗?
            MOV    A,AD_LOW           ;处理完,将 AD_LOW 送 A
            ADD    A,AD_LOW           ;A 与 AD_LOW 相加
            DA     A                  ;十进制调整
            MOV    AD_LOW,A           ;调整后送 AD_LOW
            MOV    A,AD_HI            ;AD_HI 送 A
            ADDC   A,AD_HI            ;A 与 AD_HI 相加
            DA     A                  ;十进制调整
            MOV    AD_HI,A            ;调整后送 AD_HI
            RET
            ;以下是显示数据转换子程序
CONV:       MOV    A,AD_LOW           ;将低位寄存器 AD_LOW 送 A
            ANL    A,#0FH             ;取低 4 位
            MOV    DISP_BUF,A         ;将 AD_LOW 的低 4 位送显示缓冲 DISP_BUF
            MOV    A,AD_LOW           ;将低位寄存器 AD_LOW 送 A
            ANL    A,#0F0H            ;取高 4 位
            SWAP   A                  ;高低 4 位交换
            MOV    DISP_BUF+1,A       ;将 AD_LOW 的高 4 位送 DISP_BUF+1
            MOV    A,AD_HI            ;将高位寄存器 AD_HI 送 A
            ANL    A,#0FH             ;取低 4 位
            MOV    DISP_BUF+2,A       ;将 AD_HI 的低 4 位送 DISP_BUF+2
            MOV    A,AD_HI            ;将 AD_HI 送 A
```

```
                ANL    A,#0F0H              ;取高4位
                SWAP   A                    ;高低4位交换
                MOV    DISP_BUF+3,A         ;将 AD_HI 的高4位送 DISP_BUF+3
                RET
                ;以下是显示子程序
   DISPLAY:     MOV    DPTR,#TAB            ;指定查表启始地址
                MOV    R1,#250              ;显示250次
   DPLP:        SETB   DOT                  ;小数点位为高,不显示小数点
                MOV    A,DISP_BUF           ;取第二位小位数
                MOVC   A,@A+DPTR            ;查第二位小数位的7段代码
                MOV    P0,A                 ;送出第二位小数位的段码
                CLR    P2.7                 ;开第二位小数位
                ACALL  DELAY_1ms            ;显示1 ms,延时时间不可过长,否则会出现闪烁现象
                SETB   P2.7                 ;关第二位小数位
                MOV    A,DISP_BUF+1         ;取第一个小数位
                MOVC   A,@A+DPTR            ;查第一位小数位数的7段代码
                MOV    P0,A                 ;送出第一位小数位的段码
                CLR    P2.6                 ;开第一个小数位
                ACALL  DELAY_1ms            ;显示1 ms
                SETB   P2.6                 ;关第一个小数位
                MOV    A,DISP_BUF+2         ;取个位数
                MOVC   A,@A+DPTR            ;查个位数的段码
                MOV    P0,A                 ;送出个位的段码
                CLR    P2.5                 ;开个位显示
                CLR    DOT                  ;显示小数点
                ACALL  DELAY_1ms            ;显示1 ms
                SETB   P2.5                 ;关个位
                SETB   DOT                  ;关小数点
                DJNZ   R1,DPLP              ;250次没完循环
                RET
                ;以下是1 ms延时子程序
   DELAY_1ms:   (略,见光盘)
                ;以下是数码管显示代码
   TAB:         DB     0C0H,0F9H,0A4H,0B0H,99H,92H,82H,0F8H,80H,90H;0~9显示码
                END
```

3. 源程序释疑

本例源程序主要由主程序、A/D 转换器驱动子程序、A/D 数据处理子程序、显示数据转换子程序、显示子程序等组成。

A/D 转换器驱动子程序根据 ADC0832 的工作时序来编写,并将转换结果存放在 AD_RESULT 缓冲区中。该驱动子程序只适用于从通道0单端输入的情况,若采用其他输入方式(如采用差分输入等),需要根据表17-2对驱动子程序的配置位0、配置位1进行修改。

A/D 数据处理子程序的作用是对 AD_RESULT 中的数据进行处理。ADC0832 输出的最大转换值为 0FFH(255),而 ADC0832 最大的允许模拟电压输入值为5 V,故采用(255/51)V=

5.00 V 的运算方式,将 ADC0832 输出的转换值转变为 BCD 码,分别存放在低位寄存器 AD_LOW 和高位寄存器 AD_HI 中。

显示数据转换子程序的作用是将低位寄存器 AD_LOW 和高位寄存器 AD_HI 中的 BCD 码数据分解成 4 位 BCD 码,分别存放在显示缓冲区 DISP_BUF、DISP_BUF+1、DISP_BUF+2、DISP_BUF+3 中,其中,十位数缓冲区 DISP_BUF+3 中的数据未用。

显示子程序比较简单,其作用是将显示缓冲区 DISP_BUF、DISP_BUF+1、DISP_BUF+2 中的 BCD 码送数码管显示。

需要特别指出的是,在 DD-900 实验开发板中,由于 DS1302、ADC0832、TLC5615 共用 P1 口的 P1.0(CLK)、P1.1(IO)脚,为了在实验时让 3 个芯片互不影响,在程序中加入了以下语句:

```
MOV P1,#01110000B        ;使 P1.0、P1.1、P1.3 有效,禁用其他芯片
```

如果不加此语句,在做 ADC0832 实验时,需要将 DS1302、TLC5615 两只芯片从集成电路插座上拔下,否则,会引起 ADC0832 工作不正常。

4. 实现方法

① 打开 Keil c51 软件,建立工程项目,再建立一个名为 ch17_1.asm 的文件,输入上面的源程序,对源程序进行编译和链接,产生 ch17_1.hex 目标文件。

② 将 DD-900 实验开发板 JP1 的 DS、V_{CC} 两插针短接,为数码管供电,同时,将 JP6 的 0832(CLK)、0832(IO)、0832(CS)和 P10、P11、P12 三组插针短接,使 ADC082 与单片机相连。

③ 将 STC89C51 单片机插入到锁紧插座,把 ch17_1.hex 文件下载到单片机中,观察数码管上的显示情况,调节可调电阻 R_{P1},模拟从通道 0 单端输入,观察数码管上显示电压的大小。为了确认显示结果是否正确,可用万用表测量 ADC0832 的 2 脚电压,万用表测量结果应与数码管显示结果基本一致。

该实验程序在随书光盘的 ch17\ch17_1 文件夹中。

17.1.3 实例解析 2——LCD 电压表

1. 实现功能

在 DD-900 实验开发板上实现 LCD 电压表功能:开机后,调整电位器 R_{P1},模拟从通道 0 输入测量电压,LCD 第一行显示"--LCD VOLTAGE--",第二行显示测量的电压数值(精确到小数点后 2 位)。有关电路如图 3-5、图 3-12 所示。

2. 源程序

根据要求,编写的源程序如下:

```
            EXTRN CODE(HOT_START,CHECK_BUSY,CLR_LCD,WRITE_IR,WRITE_DR)
                                ;加入此语句后,就可以使用 LCD 驱动程序软件包了
            AD_CLK  EQU  P1.0
            AD_DATA EQU  P1.1
            AD_CS   EQU  P1.2
```

```
                AD_RESULT  EQU  20H          ;A/D 转换结果缓冲
                AD_LOW     EQU  21H          ;A/D 转换低位寄存器
                AD_HI      EQU  22H          ;A/D 转换高位寄存器
                DISP_BUF   EQU  30H          ;显示单元首地址
                LCD_RS     BIT  P2.0
                LCD_RW     BIT  P2.1
                LCD_E      BIT  P2.2
                DB0_DB7    EQU  P0
                ORG  0000H
                AJMP MAIN
                ORG  0030H
                ;以下是主程序
MAIN:           MOV  SP,#60H
                MOV  A,#00H
                MOV  AD_RESULT,A             ;AD_RESULT 清零
                MOV  P0,#0FFH                ;P0 置 1
                MOV  P2,#0FFH                ;P2 置 1
                MOV  DISP_BUF,#0             ;第二位小数存放单元清零
                MOV  DISP_BUF+1,#0           ;第一位小数存放单元清零
                MOV  DISP_BUF+2,#0           ;个位存放单元清零
                ACALL HOT_START              ;热启动(在驱动程序软件包中)
                ACALL CLR_LCD                ;清 LCD(在驱动程序软件包中)
                MOV  A,#10000000B            ;指向第 1 行第 0 列
                ACALL WRITE_IR               ;调写指令子程序(在驱动程序软件包中)
                MOV  DPTR,#LINE1             ;将 LINE1 的首地址送 DPTR
                LCALL DISP_STR               ;调字符串显示子程序
                MOV  A,#11000000B            ;指向第 2 行第 0 列
                ACALL WRITE_IR               ;调写指令子程序(在驱动程序软件包中)
                MOV  DPTR,#LINE2             ;将 LINE2 的首地址送 DPTR
                LCALL DISP_STR               ;调字符串显示子程序
START:          MOV  P1,#01110000B           ;使 P1.0、P1.1、P1.3 有效,禁用其他芯片
                ACALL AD_DRIVE               ;调 A/D 转换器驱动子程序
                ACALL AD_PROC                ;调 A/D 数据处理子程序
                ACALL CONV                   ;调显示数据转换子程序
                ACALL DISPLAY                ;调显示子程序
                AJMP START                   ;跳转到 START 继续循环
                ;以下是 LCD 字符串显示子程序
DISP_STR:       PUSH ACC                     ;ACC 入栈
DISP_LOOP:      CLR  A                       ;清 A
                MOVC A,@A+DPTR               ;查表
                JZ   END_STR                 ;若 A 的值为 0,则退出
                LCALL WRITE_DR               ;调写数据寄存器 DR 子程序(在驱动程序软件包中)
                INC  DPTR                    ;DPTR 加 1
                SJMP DISP_LOOP               ;跳转到 DISP_LOOP 继续循环
END_STR:        POP ACC                      ;ACC 出栈
```

第17章 A/D和D/A转换电路实例解析

```
                RET
                ;以下是LCD第1、2行显示字符串
LINE1:    DB "--LCD  VOLTAGE--",00H      ;表格,其中00H表示结束符
LINE2:    DB "        V     ",00H        ;表格,其中00H表示结束符
                ;以下是A/D转换器驱动子程序(与本章实例解析1完全相同)
AD_DRIVE: (略)
                ;以下是A/D数据处理子程序(与本章实例解析1完全相同)
AD_PROC:  (略)
                ;以下是显示数据转换子程序(与本章实例解析1完全相同)
CONV:     (略)
                ;以下是LCD显示子程序
DISPLAY:  MOV A,#11000101B              ;指向第2行第5列
          ACALL WRITE_IR                ;调写指令子程序(在LCD驱动程序软件包中)
          MOV A,DISP_BUF+2              ;个位单元送A
          ADD A,#30H                    ;加30H,得到个位单元的ASCII码
          LCALL WRITE_DR                ;调写数据寄存器DR子程序(在LCD驱动程序软件包中)
          MOV A,#11000110B              ;指向第2行第6列
          ACALL WRITE_IR                ;调写指令子程序(在LCD驱动程序软件包中)
          MOV A,#"."                    ;将小数点的ASCII码送A
          LCALL WRITE_DR                ;调写数据寄存器DR子程序(在LCD驱动程序软件包中)
          MOV A,#11000111B              ;指向第2行第7列
          ACALL WRITE_IR                ;调写指令子程序(在LCD驱动程序软件包中)
          MOV A,DISP_BUF+1              ;第一位小数送A
          ADD A,#30H                    ;加30H,得到第一位小数的ASCII码
          LCALL WRITE_DR                ;调写数据寄存器DR子程序(在LCD驱动程序软件包中)
          MOV A,#11001000B              ;指向第2行第8列
          ACALL WRITE_IR                ;调写指令子程序(在LCD驱动程序软件包中)
          MOV A,DISP_BUF                ;第二位小数单元送A
          ADD A,#30H                    ;加30H,得到第二位小数的ASCII码
          LCALL WRITE_DR                ;调写数据寄存器DR子程序(在LCD驱动程序软件包中)
          RET
          END
```

3. 源程序释疑

该源程序与本章实例解析1很多子程序是一致的,主要不同是,主程序和显示子程序不同。在源程序中,已对主程序和显示子程序进行了详细的注解,这里不再重复。

4. 实现方法

① 打开Keil c51软件,建立工程项目,再建立一个名为ch17_2.asm的文件,输入上面的源程序。

② 在ch17_2.uv2的工程项目中,再将第11章制作的LCD驱动程序软件包LCD_drive.asm添加进来。

③ 单击"重新编译"按钮,对源程序ch17_2.asm和LCD_drive.asm进行编译和链接,产生ch17_2.hex目标文件。

④ 将 DD-900 实验开发板 JP1 的 LCD、V_{CC} 两插针短接,为 LCD 供电,同时,将 JP6 的 0832(CLK)、0832(IO)、0832(CS) 和 P10、P11、P12 三组插针短接,使 ADC082 与单片机相连。

⑤ 将 STC89C51 单片机插入到锁紧插座,把 ch17_2.hex 文件下载到单片机中,观察 LCD 的显示情况,调节可调电阻 R_{P1},模拟从通道 0 单端输入,观察 LCD 显示电压的大小。为了确认显示结果是否正确,可用万用表测量 ADC0832 的 2 脚电压,万用表测量结果应与 LCD 显示结果基本一致。

该实验程序和 LCD 驱动程序软件包在随书光盘的 ch17\ch17_2 文件夹中。

17.2 D/A 转换电路实例解析

17.2.1 D/A 转换电路介绍

目前,D/A 转换器从接口上可分为两大类:并行接口 D/A 转换器和串行接口 D/A 转换器。并行接口 D/A 转换器的引脚多,体积大,占用单片机的口线多;而串行 D/A 转换器的体积小,占用单片机的口线少。为减少线路板的面积和占用单片机的口线,可采用串行 D/A 转换器。下面以常见的串行 D/A 转换器 TLC5615 为例进行介绍。

1. TLC5615 引脚功能

TLC5615 为美国德州仪器公司推出的产品,是具有串行接口的 10 位数模转换器,其输出为电压型,最大输出电压是基准电压值的 2 倍。带有上电复位功能,即把 DAC 寄存器复位至全零。TLC5615 性能价格比高,目前在国内市场可很方便地购买。TLC5615 的引脚排列如图 17-2 所示,引脚功能如表 17-3 所列。

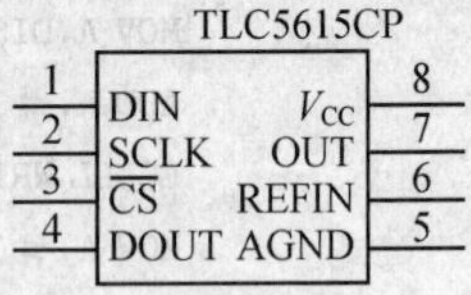

图 17-2 TLC5615 引脚功能图

表 17-3 TLC5615 引脚功能

引脚	符号	功能	引脚	符号	功能
1	DIN	串行数据输入	5	AGND	模拟地
2	SCLK	串行时钟	6	REFIN	基准电压输入
3	$\overline{CS}$	片选端,低电平有效	7	OUT	DAC 模拟电压输出
4	DOUT	串行数据输出	8	V_{CC}	电源

2. TLC5615 工作时序

TLC5615 的工作时序关系是,当片选 $\overline{CS}$ 为低电平时,输入数据 DIN 由时钟 SCLK 同步输入或输出,而且最高有效位在前,低有效位在后。输入时,SCLK 的上升沿把串行输入数据 DIN 移入内部的移位寄存器,SCLK 的下降沿输出串行数据 DOUT,片选 $\overline{CS}$ 的上升沿把数据传送至 DAC 寄存器。

当片选 $\overline{CS}$ 为高电平时,串行输入数据 DIN 不能由时钟同步送入移位寄存器;输出数据

第17章 A/D 和 D/A 转换电路实例解析

DOUT 保持最近的数值不变而不进入高阻状态。

由以上分析可知,要想串行输入数据和输出数据,必须满足两个条件,第一是时钟 SCLK 的有效跳变;第二是片选$\overline{CS}$为低电平。

17.2.2 实例解析 3——D/A 转换实验

1. 实现功能

在 DD-900 实验开发板上进行如下实验:往内存 30H 和 31H 单元分别送 3 组数据 0FFFH、03FFH、0000H,使用电压表测量 TLC5615 的 7 脚 D/A 电压输出端,观察 7 脚输出电压的变化情况。有关电路如图 3-13 所示。

2. 源程序

根据要求,编写的源程序如下:

```
            DIN    BIT  P1.4          ;定义数据输入脚
            SCLK   BIT  P1.3          ;定义串行时钟脚
            CS     BIT  P1.5          ;定义片选脚
            DATA_H  EQU  30H          ;定义数据高位缓冲区
            DATA_L  EQU  31H          ;定义数据低位缓冲区
            ORG  0000H
            AJMP  MAIN                ;跳转到主程序 MAIN
            ORG 0030H                 ;主程序开始
            ;以下是主程序
MAIN:       MOV P1,#01101000B         ;使 P1.0、P1.1、P1.4 有效,禁用其他芯片
            MOV  DATA_H,#0FH          ;第一组数据
            MOV  DATA_L,#0FFH
            ACALL TLC5615
            ACALL  DELAY_2s           ;调延时子程序
            MOV  DATA_H,#07H          ;第二组数据
            MOV  DATA_L,#0FFH
            ACALL TLC5615
            ACALL DELAY_2s            ;调延时子程序
            MOV DATA_H,#00H           ;第三组数据
            MOV DATA_L,#00H
            ACALL TLC5615
            ACALL  DELAY_2s           ;调延时子程序
            AJMP  MAIN                ;继续循环
            ;以下是 TLC5615 驱动程序(将数据写到 5615)
TLC5615:    CLR CS
            ACALL  DELAY_80us
            MOV R6,#08H
LOOPH:      LCALL  DELAY_80us
            MOV  A,DATA_H
            RLC  A
```

```
                MOV   DIN,C
                SETB  SCLK
                MOV   DATA_H,A
                LCALL DELAY_80us
                CLR   SCLK
                DJNZ  R6,LOOPH
                MOV   R6,#08H
LOOPL:          MOV   A,DATA_L
                RLC   A
                MOV   DIN,C
                SETB  SCLK
                MOV   DATA_L,A
                LCALL DELAY_80us
                CLR   SCLK
                DJNZ  R6,LOOPL
                SETB  CS
                RET
                ;以下是 80 μs 延时子程序
DELAY_80us：    （略,见光盘）
                ;以下是 2 s 延时子程序
DELAY_2s：      （略,见光盘）
                END
```

3. 源程序释疑

本例源程序比较简单,主要由主程序、TLC5615 驱动程序等组成。

TLC5615 驱动程序是根据 TLC5615 芯片的工作时序编写的,读者不必细究,只需大致理解即可。

4. 实现方法

① 打开 Keil c51 软件,建立工程项目,再建立一个名为 ch17_3.asm 的文件,输入上面的源程序,对源程序进行编译和链接,产生 ch17_3.hex 目标文件。

② 将 DD-900 实验开发板 JP5 的 5615(CLK)、5615(IO)、5615(CS)和 P13、P14、P15 三组插针短接,使 TLC5615 与单片机相连。

③ 将 STC89C51 单片机插入到锁紧插座,把 ch17_3.hex 文件下载到单片机中,用万用表测量 TLC5615 的 7 脚输出的模拟电压,正常情况下,应能从大到小不断变化。

④ 调整电位器 R_{P2},TLC5615 的 6 脚 REFIN 参考电压会发生变化,同时 TLC5615 的 7 脚输出的电压也会发生变化(因为 TLC5615 的 7 脚输出电压是 REFIN 电压的 2 倍)。

例如,调整 R_{P2},使 TLC5615 的 6 脚 REFIN 参考电压为 2.15 V,此时,用万用表测量 TLC5615 的 7 脚模拟电压,会发现其在 4.30 V、2.15 V、0 V 之间不断变化。

该实验程序在随书光盘的 ch17\ch17_3 文件夹中。

第 18 章

步进电动机、直流电动机和舵机实例解析

电动机作为主要的动力源,在生产和生活中占有重要的地位,电动机的控制过去多用模拟法,随着计算机的产生和发展,开始采用单片机进行控制,用单片机控制电动机,不但控制精确,而且非常方便和智能化,因此,其应用越来越广泛。本章主要介绍用单片机控制步进电动机、直流电动机和舵机的方法与实例。

18.1 步进电动机实例解析

18.1.1 步机电动机基本知识

一般电动机都是连续旋转的,而步进电动机却是一步一步转动的,故叫步进电动机。具体而言,每当步进电动机的驱动器接收到一个驱动脉冲信号后,步进电动机将会按照设定的方向转动一个固定的角度(步进角)。因此,步进电动机是一种将电脉冲转化为角位移的执行器件。用户可以通过控制脉冲的个数来控制角位移量,从而达到准确定位的目的;同时还可以通过控制脉冲频率来控制电动机转动的速度和加速度,从而达到调速的目的。

1. 步进电动机分类

常见的步进电动机分为 3 种:永磁式(PM)、反应式(VR)和混合式(HB)。永磁式步进电动机一般为两相,转矩和体积较小,步进角一般为 7.5°或 15°;反应式步进电动机一般为三相,可实现大转矩输出,步进角一般为 1.5°,但噪声和振动较大;混合式步进电动机是指混合了永磁式和反应式的优点,它又分为两相和五相,两相步进角一般为 1.8°,五相步进角一般为 0.72°,这种步进电动机因性能优异而应用比较广泛。

2. 步进电动机工作原理

步进电动机有三线式、五线式和六线式,但其控制方式均相同,都要以脉冲信号电流来驱动。假设每旋转一圈需要 48 个脉冲信号来励磁,可以计算出每个励磁信号能使步进电动机前进 7.5°,其总旋转角度与脉冲的个数成正比。步进电动机的正、反转由励磁脉冲产生的顺序来控制。六线式四相步进电动机是比较常见的,它的控制等效电路如图 18-1 所示,外形如

图18-2所示。我们在下面的实验中采用的也是这种类型的步进电动机。

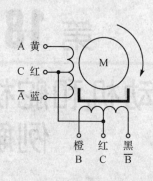

图18-1 六线式步进电动机等效电路图

图18-2 步进电动机的外形

从图18-1中可以看出,六线式四相步进电动机有2组线圈(每组线圈各有二相)和4条励磁信号引线 A、$\overline{A}$、B、$\overline{B}$,2组线圈中间有一个端点引出作为公共端,这样,一共有6根引出线(如果将两个公共端引线连在一起,则有5根引线)。

要使步进电动机转动,只要轮流给各引出端通电即可。将图18-1中线圈中间引出线标记为C,只要AC、$\overline{A}$C、BC、$\overline{B}$C 四相轮流加电就能驱动步进电动机运转。加电的方式可以有多种,如果将公共端C接正电源,那么只需用开关元件(如晶体管、驱动器)将 A、$\overline{A}$、B、$\overline{B}$ 轮流接地既可。由于每出现一个脉冲信号,步进电动机只转动一步。因此,只要依序不断送出脉冲信号,步进电动机就能实现连续转动。

3. 步进电动机的励磁方式

步进电动机的励磁方式分为1相励磁、2相励磁和1-2相励磁三种,简要介绍如下。

(1) 1相励磁

1相励磁方式也称单4拍工作方式,是指在每一瞬间,步进电动机只有一个线圈中的一相导通。每传送一个励磁信号,步进电动机旋转一个步进角(如7.5°),这是3种励磁方式中最简单的一种,其特点是:精确度好,消耗电力小,但输出转矩最小,振动较大。如果以该方式控制步进电动机正转,对应的励磁时序如表18-1所列。若励磁信号反向传送,则步进电动机反转。

(2) 2相励磁

2相励磁方式也称双4拍工作方式,是指在每一瞬间,步进电动机两个线圈各有一相同时导通。每传送一个励磁信号,步进电动机旋转一个步进角(如7.5°),其特点是:输出转矩大,振动小,因而成为目前使用最多的励磁方式。如果以该方式控制步进电动机正转,对应的励磁时序如表18-2所列。若励磁信号反向传送,则步进电动机反转。

表18-1 1相励磁时序表

步进	A	B	$\overline{A}$	$\overline{B}$	说明
1	0	1	1	1	AC 相导通
2	1	0	1	1	BC 相导通
3	1	1	0	1	$\overline{A}$C 相导通
4	1	1	1	0	$\overline{B}$C 相导通

表18-2 2相励磁时序表

步进	A	B	$\overline{A}$	$\overline{B}$	说明
1	0	0	1	1	AC、BC 相导通
2	1	0	0	1	BC、$\overline{A}$C 相导通
3	1	1	0	0	$\overline{A}$C、$\overline{B}$C 相导通
4	0	1	1	0	$\overline{B}$C、AC 相导通

第18章 步进电动机、直流电动机和舵机实例解析

(3) 1-2相励磁

1-2相励磁方式也称单双8拍工作方式,工作时,1相励磁和2相励磁交替导通,每传送一个励磁信号,步进电动机只旋转半个步进角(如3.75°),其特点是,精确角提高且运转平滑。如果以该方式控制步进电动机正转,对应的励磁时序如表18-3所列。若励磁信号反向传送,则步进电动机反转。

表18-3 1-2相励磁时序表

步进	A	B	$\overline{A}$	$\overline{B}$	说明	步进	A	B	$\overline{A}$	$\overline{B}$	说明
1	0	1	1	1	AC相导通	5	1	1	0	1	$\overline{A}$C相导通
2	0	0	1	1	AC、BC相导通	6	1	1	0	0	$\overline{A}$C、$\overline{A}$C相导通
3	1	0	1	1	BC相导通	7	1	1	1	0	$\overline{B}$C相导通
4	1	0	0	1	BC、$\overline{A}$C相导通	8	0	1	1	0	$\overline{B}$C、AC相导通

4. 步进电动机驱动电路

步进电动机的驱动可以选用专用的电动机驱动模块,如L298、FT5754等,这类驱动模块接口简单,操作方便,既可驱动步进电动机,也可驱动直流电动机。除此之外,还可利用晶体管来搭建驱动电路,不过这样会非常麻烦,可靠性也会降低。另外,还有一种方法就是使用达林顿驱动器ULN2003、ULN2803等。下面,我们重点对ULN2003和ULN2803进行介绍。

ULN2003/ULN2803是高压大电流达林顿晶体管阵列芯片,吸收电流可达500 mA,输出管耐压为50 V左右,因此有很强的低电平驱动能力,可用于微型步进电动机的相绕组驱动。ULN2003由7组达林顿晶体管阵列和相应的电阻网络以及钳位二极管网络构成,具有同时驱动7组负载的能力,为单片双极型大功率高速集成电路。ULN2803与ULN2003基本相同,主要区别是,ULN2803比ULN2003增加了一路负载驱动电路。ULN2803与ULN2003内部电路框图如图18-3所示。

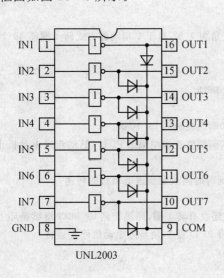
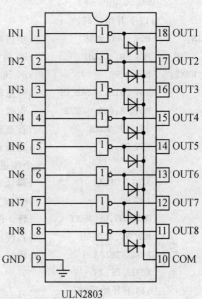

图18-3 ULN2803与ULN2003内部电路框图

从图中可以看出,ULN2003/ULN2803 内部含有 7 个/8 个反相器,也就是说,其输出与输入是反相的;另外,ULN2003/ULN2803 内部还集成有多只钳位二极管,其作用是,当步进电动机线圈得失电时,会产生过高的反电动势,加入钳位二极管后,可将反电动势钳位,从而保护芯片不因过高电压而击穿。

5. 步进电动机与单片机的连接

DD-900 实验开发板中设有步进电动机驱动电路,有关电路如图 3-16 所示。

从图中可以看出,步进电动机由达林顿驱动器 ULN2003 驱动,通过单片机的 P1.0～P1.3 控制各线圈的电压接通与切断。开机时,P1.0～P1.3 均为高电平,依次将 P1.0～P1.3 切换为低电平即可驱动步进电动机运行,注意在切换之前应将前一个输出引脚变为高电平。如果要改变电动机的转动速度,只要改变两次接通之间的时间即可,而要改变电动机的转动方向,只要改变各线圈接通的顺序即可。

18.1.2 实例解析 1——步机电动机正转与反转

1. 实现功能

在 DD-900 实验开发板上实现如下功能:开机后,步进电动机先正转 1 圈,停 1s,然后再反转 1 圈,停 1s,并不断循环。有关电路如图 3-16 所示。

2. 源程序

根据要求,编写的源程序如下:

```
            ORG 0000H
            LJMP MAIN
            ORG 0030H
            ;以下开始正转
MAIN:       MOV  R3,#48        ;步进电动机步进角为 7.5°,对于 1 相励磁方式转 1 圈需 48 个脉冲
UP_TURN:    MOV R0,#00H        ;R0 清零
UP_NEXT:    MOV A,R0           ;R0 送 A
            MOV DPTR,#TAB_UP   ;将正转基地址送 DPTR
            MOVC A,@A+DPTR     ;查表
            JZ   UP_TURN       ;若查到结束符 00H,则跳转到 UP_TURN
            MOV P1,A           ;若查到的不是 00H,则将查表结果送 P1 口,驱动步进电动机正转 1
                               ; 个步进角
            ACALL DELAY        ;调延时子程序,延时时间决定步进电动机的转速
            INC R0             ;R0 加 1
            DJNZ R3,UP_NEXT    ;转 1 圈了吗?若还没有转 1 圈,则跳转到 UP_NEXT 继续循环
            MOV P1,#0F0H       ;若转完了 1 圈,将 P1 口置 1,使步进电动机停止运转
            ACALL DELAY        ;延时 1 s
            ACALL DELAY
            ;以下开始反转
            MOV  R3,#48        ;步进电动机步进角为 7.5°,对于 1 相励磁方式转 1 圈需 48 个脉冲
DOWN_TURN:  MOV R0,#00H        ;R0 清零
```

第18章 步进电动机、直流电动机和舵机实例解析

```
DOWN_NEXT:  MOV A,R0           ;R0 送 A
            MOV DPTR,#TAB_DOWN ;将反转基地址送 DPTR
            MOVC A,@A+DPTR     ;查表
            JZ DOWN_TURN       ;若查到结束符 00H,则跳转到 DOWN_TURN
            MOV P1,A           ;若查到的不是 00H,则将查表结果送 P1 口,驱动步进电动机反转 1
                                个步进角
            ACALL DELAY        ;调延时子程序,延时时间决定步进电动机的转速
            INC R0             ;R0 加 1
            DJNZ R3,DOWN_NEXT  ;转 1 圈了吗?若还没有转 1 圈,则跳转到 DOWN_NEXT 继续循环
            MOV P1,#0F0H       ;若转完了 1 圈,将 P1 口置 1,使步进电动机停止运转
            ACALL DELAY        ;延时 1 s
            ACALL DELAY
            LJMP MAIN          ;跳转到 MAIN 继续循环
            ;以下是 0.5 s 延时子程序
DELAY:      MOV R5,#25
DEL1:       MOV R6,#100
DEL2:       MOV R7,#100
            DJNZ R7,$
            DJNZ R6,DEL2
            DJNZ R5,DEL1
            RET
            ;以下是 1 相励磁正转时序表
TAB_UP:     DB 0F8H,0F4H,0F2H,0F1H    ;正转时序表
            DB 00H                    ;正转结束
            ;以下是 1 相励磁反转时序表
TAB_DOWN:   DB 0F1H,0F2H,0F4H,0F8H    ;反转表
            DB 00H                    ;反转结束
            END
```

3. 源程序释疑

该电路采用 1 相励磁法,正转信号时序为 0F8H→0F4H→0F2H→0F1H,反转信号时序为 0F1H→0F2H→0F4H→0F8H。1 相励磁法正反转时序表如表 18-4 所列。

表 18-4　1 相励磁法正反转时序表

步进	P1.7～P1.4	P1.3	P1.2	P1.1	P1.0	十六进制数
1	全设为 1	1	0	0	0	0F8H
2	全设为 1	0	1	0	0	0F4H
3	全设为 1	0	0	1	0	0F2H
4	全设为 1	0	0	0	1	0F1H

注意,上表与表 18-1 相位相反,这是因为表 18-1 列出的是驱动电路(ULN2003)输出端的信号,而表 18-4 列出的是驱动电路输入端的信号,由于驱动电路内含反相器,所以,二者相位相反。

在源程序中，依次取出正转和反转时序表中的数据，并进行适当的延时，即可控制步进电动机按要求的方向和速度进行转动了。

表18-4列出的是1相励法法正反转时序表，如采用2相励磁和1-2相励磁，其时序分别如表18-5、表18-6所列。

表18-5 2相励磁法正反转时序表

步进	P1.7~P1.4	P1.3	P1.2	P1.1	P1.0	十六进制数
1	全设为1	1	1	0	0	0FH
2	全设为1	0	1	1	0	0F6H
3	全设为1	0	0	1	1	0F3H
4	全设为1	1	0	0	1	0F9H

表18-6 1-2相励磁法正反转时序表

步进	P1.7~P1.4	P1.3	P1.2	P1.1	P1.0	十六进制数
1	全设为1	1	0	0	0	0F8H
2	全设为1	1	1	0	0	0FCH
3	全设为1	0	1	0	0	0F4H
4	全设为1	0	1	1	0	0F6H
5	全设为1	0	0	1	0	0F2H
6	全设为1	0	0	1	1	0F3H
7	全设为1	0	0	0	1	0F1H
8	全设为1	1	0	0	1	0F9H

需要说明的是，对于1相励磁和2相励磁方式，每传送一个励磁信号，步进电动机走1个步进角(7.5°)，因此，转一圈需要48个励磁脉冲，而对于1-2相励磁方式，每传送一个励磁信号，步进电动机只走半个步进角(3.75°)，因此，转一圈需要96个励磁脉冲。

4. 实现方法

① 打开Keil c51软件，建立工程项目，再建立一个名为ch18_1.asm的文件，输入上面的源程序，对源程序进行编译和链接，产生ch18_1.hex目标文件。

② 将DD-900实验开发板JP7的A_IN、B_IN、C_IN、D_IN与P10、P11、P12、P13插针短接，使步进电动机驱动电路与单片机电路相连。

③ 将STC89C51单片机插入到锁紧插座，把ch18_1.hex文件下载到单片机中，观察步进电动机转动及4只LED灯闪动情况。

该实验程序在随书光盘的ch18\ch18_1文件夹中。

18.1.3 实例解析2——步进电动机加速与减速运转

1. 实现功能

在DD-900实验开发板上实现如下功能：开机后，步进电动机开始加速启动，然后匀速运转 50 圈,最后减速停止,停止 2 s 后,继续循环。有关电路如图 3-16 所示。

2. 源程序

根据要求,编写的源程序如下:

```
                RATE    EQU    50H          ;转速档次缓冲区,该值越小,延时越短,步进电动机速度越快
                ORG     0000H                ;程序开始
                AJMP    MAIN                 ;跳转到主程序 MAIN
                ORG     0030H                ;主程序开始
MAIN:           MOV     SP,#60H              ;堆栈初始化
                MOV     P1,#0F0H             ;步进电动机停止
                MOV     RATE,#16             ;转速档次分为 16 挡
                ;以下是加速启动过程
SPEED_RISE:     MOV     R0,#00H              ;R0 清零
RISE1:          MOV     A,R0                 ;R0 送 A
                MOV     DPTR,#TAB_UP         ;选择单双 8 拍正转方式
                MOVC    A,@A+DPTR            ;查表
                MOV     P1,A                 ;驱动步进电动机运转
                LCALL   DELAY                ;调延时子程序
                INC     R0                   ;R0 加 1
                JNZ     RISE1                ;若没查到结束符 00H,则跳转到 RISE1,继续循环
                MOV     R0,#00H              ;若查到结束符 00H,则 R0 清零
                MOV     A,RATE               ;将转速分挡值送 A
                DEC     A                    ;A 减 1,使延时时间变短,速度变快
                MOV     RATE,A               ;A 再送回转速分挡缓冲区
                CJNE    A,#1,RISE1           ;若 A 不为 1,则跳转到 RISE1
                ;以下开始匀速运行过程
CONSTANT:       MOV     R3,#50               ;匀速转 50 圈
CONSTANT0:      MOV     R1,#96               ;1-2 相励磁方式下,转 1 圈需 96 个脉冲
CONSTANT1:      MOV     R0,#00H              ;R0 清零
CONSTANT2:      MOV     A,R0                 ;R0 送 A
                MOV     DPTR,#TAB_UP         ;将反转基地址送 DPTR
                MOVC    A,@A+DPTR            ;查表
                JZ      CONSTANT1            ;若查到结束符 00H,则跳转到 CONSTANT1
                MOV     P1,A                 ;若不是 00H,则将查表结果送 P1 口,转 1 个步进角
                ACALL   DELAY                ;调延时子程序,延时时间决定步进电动机的转速
                INC     R0                   ;R0 加 1
                DJNZ    R1,CONSTANT2         ;转 1 圈了吗? 若还没有转 1 圈,则跳转到 CONSTANT2 继续循环
                DJNZ    R3,CONSTANT0         ;转 50 圈了吗? 若还没有转 50 圈,则跳转到 CONSTANT0 继续循环
                ;以下是减速停止过程
SPEED_FALL:     MOV     R0,#00H              ;R0 清零
FALL1:          MOV     A,R0                 ;R0 送 A
                MOV     DPTR,#TAB_UP         ;选择单双 8 拍正转方式
                MOVC    A,@A+DPTR            ;查表
                MOV     P1,A                 ;驱动电动机运转
                LCALL   DELAY                ;调延时子程序
```

```
                INC   R0                  ;R0 加 1
                JNZ   FALL1               ;若没查到结束符 00H,则跳转到 FALL1,继续循环
                MOV   R0,#00H             ;若查表结束符 00H,则 R0 清零
                MOV   A,RATE              ;将转速分挡缓冲区值送 A
                INC   A                   ;A 加 1,使延时时间加长,速度变慢
                MOV   RATE,A              ;A 送 RATE
                CJNE  A,#16,FALL1         ;若 A 不等 16,则跳转到 FALL1 继续减速
                ACALL DELAY_2s            ;延时 2 s
                AJMP  MAIN                ;跳转到 MAIN 继续循环
                ;以下是延时子程序(用于控制步进电动机速度)
DELAY:          MOV   R5,RATE
DEL2:           MOV   R7,#5
DEL3:           MOV   R6,#250
                DJNZ  R6,$
                DJNZ  R7,DEL3
                DJNZ  R5,DEL2
                RET
                ;以下是 2 s 延时子程序
DELAY_2s:       (略,见光盘)
                ;以下是 1-2 相励磁方式时序表
TAB_UP:     DB  0F8H,0FCH,0F4H,0F6H,0F2H,0F3H,0F1H,0F9H    ;正转表
            DB  00H                                         ;结束符
TAB_DOWN:   DB  0F9H,0F1H,0F3H,0F2H,0F6H,0F4H,0FCH,0F8H    ;反转表
            DB  00H                                         ;结束符
            END
```

3. 源程序释疑

在对步进电动机的控制中,如果启动时一次就将速度升到给定速度,会导致步进电动机发生失步现象,造成不能正常启动。如果到结束时突然停下来,由于惯性作用,步进电动机会发生过冲现象,造成位置精度降低。因此,实际控制中,步进电动机的速度一般都要经历加速启动、匀速运转和减速的过程。本例源程序演示的就是这个控制过程。

在源程序中,将步进电动机转速分为 16 个档次,存放在 RATE 单元中,该值越小,延时时间越短,步进电动机速度越快。

在加速启动过程中,先使 RATE 为 16,控制步进电动机速度最慢,电动机每转动一步,控制 RATE 减 1,速度上升一个档次,直到 RATE 减为 1,加速启动过程结束。

在匀速运转过程中,RATE 始终为 1,控制步进电动机速度恒定不变,电动机转 50 圈后,匀速运转过程结束。

减速停止过程中,先使 RATE 为 1,电动机每转动一步,控制 RATE 加 1,速度下降一个档次,直到 RATE 增加到 16,减速停止过程结束。

需要再次说明的是,本实验中采用的步进电动机步进角为 7.5°,而源程序中采用了 1-2 相励磁方式,每传送一个励磁信号,步进电动机只走半个步进角(3.75°),因此,转一圈需要 96 个励磁脉冲。

第 18 章 步进电动机、直流电动机和舵机实例解析

4. 实现方法

① 打开 Keil c51 软件,建立工程项目,再建立一个名为 ch18_2.asm 的文件,输入上面的源程序,对源程序进行编译和链接,产生 ch18_2.hex 目标文件。

② 将 DD-900 实验开发板 JP7 的 A_IN、B_IN、C_IN、D_IN 与 P10、P11、P12、P13 插针短接,使步进电动机驱动电路与单片机电路相连。

③ 将 STC89C51 单片机插入到锁紧插座,把 ch18_2.hex 文件下载到单片机中,观察步进电动机的加速启动、匀速运转及减速停止过程。

该实验程序在随书光盘的 ch18\ch18_2 文件夹中。

18.1.4 实例解析3——用按键控制步机电动机正反转

1. 实现功能

在 DD-900 实验开发板上进行如下实验:开机时,步进电动机停止,按 K1 键,步进电动机正转,按 K2 键,步进电动机反转,按 K3 键,步进电动机停止,正转采用 1-2 相励磁方式,反转采用 1 相励磁方式。有关电路如图 3-16、图 3-17、图 3-20 所示。

2. 源程序

根据要求,编写的源程序如下:

```
            K1    BIT   P3.2         ;定义 K1 键
            K2    BIT   P3.3         ;定义 K2 键
            K3    BIT   P3.4         ;定义 K3 键
            ORG   0000H              ;程序开始
            AJMP  MAIN               ;跳转到主程序 MAIN
            ORG   0030H              ;主程序开始
MAIN:       MOV   SP,#60H            ;堆栈初始化
            MOV   P1, #0F0H          ;开机步进电动机停止
K1_PRO:     JB    K1, K2_PRO         ;若未按下 K1 键,跳转到 K2_PRO,检测 K2 键
            ACALL DELAY_10ms         ;延时 10 ms,去抖动
            JB    K1,K2_PRO          ;若 K1 未按下,跳转到 K2_PRO,检测 K2 键
            JNB   K1,$               ;等待 K1 键释放
            ACALL BEEP_ONE           ;蜂鸣器响一声
            ACALL UP_TURN            ;若 K1 键确实按下,调 UP_TURN 子程序,控制步进电动机正转
K2_PRO:     JB    K2,  K3_PRO        ;若未按下 K2 键,跳转到 K3_PRO,检测 K3 键
            ACALL DELAY_10ms         ;延时 10 ms,去抖动
            JB    K2,K3_PRO          ;若 K2 未按下,跳转到 K3_PRO,检测 K3 键
            JNB   K2,$               ;等待 K2 键释放
            ACALL BEEP_ONE           ;蜂鸣器响一声
            ACALL DOWN_TURN          ;若 K2 键确实按下,调 DOWN_TURN 子程序,控制步进电动机反转
K3_PRO:     JB    K3, K1_PRO         ;若未按下 K3 键,跳转到 K1_PRO 继续检测
            ACALL DELAY_10ms         ;延时 10 ms,去抖动
            JB    K3, K1_PRO         ;若 K3 未按下,跳转到 K1_PRO 继续检测
```

```
                JNB    K3, $              ;等待 K3 键释放
                ACALL  BEEP_ONE           ;蜂鸣器响一声
STOP:           MOV    P1, #0F0H          ;若 K3 键确实按下,控制步进电动机停止
                AJMP   K1_PRO             ;跳转到 K1_PRO 继续检测
                ;以下是步进电动机正转子程序
UP_TURN:        MOV    R0, #00H           ;R0 清零
UP_NEXT:        MOV    A, R0              ;R0 送 A
                MOV    DPTR, #TAB_UP      ;正转表基地址送 DPTR
                MOVC   A, @A+DPTR         ;查表
                JZ     UP_TURN            ;若查表是 00H,则跳转到 UP_TURN 重新开始
                MOV    P1, A              ;若查表不是 00H,则驱动电动机运转
                JNB    K3, K3_PRO         ;若按下 K3 键,转到 K3_PRO 控制电动机停止
                JNB    K2, K2_PRO         ;若按下 K2 键,跳转到 K2_PRO,控制电动机反转
                ACALL  DELAY_10ms         ;延时 10 ms,延时时间长短决定电动机运行速度
                INC    R0                 ;R0 加 1
                JMP    UP_NEXT            ;跳转到 UP_NEXT 继续查表
                RET
                ;以下是步进电动机反转子程序
DOWN_TURN:      MOV    R0, #00H           ;R0 清零
DOWN_NEXT:      MOV    A, R0              ;R0 送 A
                MOV    DPTR, #TAB_DOWN    ;反转表基地址送 DPTR
                MOVC   A, @A+DPTR         ;查表
                JZ     DOWN_TURN          ;若查表是 00H,则跳转到 DOWN_TURN 重新开始
                MOV    P1, A              ;若查表不是 00H,则驱动电动机运转
                JNB    K3, K3_PRO         ;若按下 K3 键,转到 K3_PRO 控制电动机停止
                JNB    K1, K1_PRO         ;若按下 K1,跳转到 K1_PRO,控制电动机正转
                ACALL  DELAY_10ms         ;延时 10 ms,,延时时间长短决定电动机运行速度
                INC    R0                 ;R0 加 1
                JMP    DOWN_NEXT          ;跳转到 DOWN_NEXT 继续查表
                RET
                ;以下是 1-2 相励磁法正转时时序表
TAB_UP:         DB     0F8H,0FCH,0F4H,0F6H,0F2H,0F3H,0F1H,0F9H
                DB     00H
                ;以下是 1 相励磁法反转时时序表
TAB_DOWN:       DB     0F1H, 0F2H, 0F4H, 0F8H
                DB     00H
                ;以下是蜂鸣器响一声子程序
BEEP_ONE:       CLR    P3.7               ;打开蜂鸣器
                ACALL  DELAY_100ms        ;延时 100 ms
                SETB   P3.7               ;关闭蜂鸣器
                ACALL  DELAY_100ms        ;延时 100 ms
                RET
                ;以下是 10 ms 延时子程序
DELAY_10ms:     (略,见光盘)
                ;以下是 100 ms 延时子程序
```

```
DELAY_100ms:(略,见光盘)
            END
```

3. 源程序释疑

本程序通过 K1、K2、K3 键控制步进电动机的转动和转向,正转使用了 1-2 相励磁法,反转使用了 1 相励磁法,编程时,采用的是查表方法。

按下 K3 键停止电动机运行时,为防止关闭时某一相线圈长期通电,要将 P1.0～P1.3 均置为低电平(不要都置为高电平),因为 P1.0～P1.3 为低电平时,经 ULN2003 反相后输出高电平,使加到步进电动机线圈端的电压与电源电压相同,因此,线圈不发热。

需要说明的是,由于正转与反转脉冲信号频率是相同的,但由于正转使用了 1-2 相励磁方法,因此,正向转速为反向转速的一半。

4. 实现方法

① 打开 Keil c51 软件,建立工程项目,再建立一个名为 ch18_3.asm 的文件,输入上面的源程序,对源程序进行编译和链接,产生 ch18_3.hex 目标文件。

② 将 DD-900 实验开发板 JP7 的 A_IN、B_IN、C_IN、D_IN 与 P10、P11、P12、P13 插针短接,使步进电动机驱动电路与单片机电路相连。

③ 将 STC89C51 单片机插入到锁紧插座,把 ch18_3.hex 文件下载到单片机中,分别按压 K1、K2、K3 键,观察步进电动机的运行情况。

该实验程序在随书光盘的 ch18\ch18_3 文件夹中。

18.1.5 实例解析 4——用按键控制步进电动机转速

1. 实现功能

在 DD-900 实验开发板上进行如下实验:开机时,步进电动机停止,第 6、7、8 三只数码管上显示运行速度初始值 25 r/min;按 K1 键,步进电动机启动运转,按 K2 键,速度加 1(最高转速设定为 100 r/min),按 K3 键,速度减 1(最低转速设定为 25 r/min),加 1 减 1 均能通过数码管显示出来;按 K4 键,步进电动机停止。要求步进电动机采用 1 相励磁方式,有关电路如图 3-4、图 3-16、图 3-17、图 3-20 所示。

2. 源程序

根据要求,编写的源程序如下:

```
            K1    BIT   P3.2        ;定义按键
            K2    BIT   P3.3        ;定义按键
            K3    BIT   P3.4        ;定义按键
            K4    BIT   P3.5        ;定义按键
            DISP_DIGIT  EQU   30H   ;位选通控制位,传送到 P2 口,用于打开相应的数码管
                                    ;如等于 0FEH 时,P2.0 为 0,第 1 个数码管得电显示
            DISP_SEL    EQU   31H   ;显示位数计数器,显示程序通过它知道正在显示哪一位数码
                                    ;管
```

```
            DISP_BUF    EQU 50H          ;显示缓冲区首地址
            MIN_SPEED   EQU 25           ;最小转动速度
            MAX_SPEED   EQU 100          ;最高转动速度
            SPEED       EQU 23H          ;转动速度
            DRIVE_OUT   EQU 24H          ;驱动输出缓冲,控制电动机按1相励磁法运转,初始为0F1H
            ORG    0000H                 ;程序开始
            AJMP   MAIN                  ;跳转到主程序MAIN
            ORG    000BH                 ;定时器T0中断入口地址
            AJMP   TIME0                 ;跳转到定时器T0中断服务程序,用作数码管显示
            ORG    001BH                 ;定时器T1中断入口地址
            AJMP   TIME1                 ;跳转到定时器T1中断服务程序,用作步进电动机控制
            ORG    0030H                 ;主程序开始
MAIN:       MOV    SP,#70H               ;堆栈初始化
            MOV    DISP_DIGIT,#0FEH      ;将初始值FEH送DISP_DIGIT
            MOV    DISP_SEL,#0           ;DISP_SEL清零
            MOV    DISP_BUF,#10          ;开机后所有数码管熄灭(熄灭符0FFH在第10位)
            MOV    DISP_BUF+1,#10        ;开机后所有数码管熄灭(熄灭符0FFH在第10位)
            MOV    DISP_BUF+2,#10        ;开机后所有数码管熄灭(熄灭符0FFH在第10位)
            MOV    DISP_BUF+3,#10        ;开机后所有数码管熄灭(熄灭符0FFH在第10位)
            MOV    DISP_BUF+4,#10        ;开机后所有数码管熄灭(熄灭符0FFH在第10位)
            MOV    DISP_BUF+5,#10        ;开机后所有数码管熄灭(熄灭符0FFH在第10位)
            MOV    DISP_BUF+6,#10        ;开机后所有数码管熄灭(熄灭符0FFH在第10位)
            MOV    DISP_BUF+7,#10        ;立即数8送显示缓冲区DISP_BUF+7
            MOV    P1,0F0H               ;P1.0~P1.3置为低电平,步进电动机停止
            MOV    DRIVE_OUT,#0F1H       ;驱动输出,初始值为1相励磁法的第一个值(0F1H)
            MOV    SPEED,#MIN_SPEED      ;起始转动速度送入计数器
            MOV    TMOD,#00010001B       ;定时器T0和T0设置为工作方式1
            MOV    TH0,#0F8H             ;定时器T0装计数初值,设置定时时间为2ms
            MOV    TL0,#0CCH             ;定时器T0装计数初值,设置定时时间为2ms
            MOV    TH1,#0FFH;            ;定时器T1装计数初值
            MOV    TL1,#0FFH             ;定时器T1装计数初值
            SETB   TR0                   ;启动定时器T0
            SETB   EA                    ;开总中断
            SETB   ET0                   ;开定时器T0中断
            SETB   ET1                   ;开定时器T1中断
LOOP:       ACALL  KEY_PROC              ;调按键处理子程序
            ACALL  CONV                  ;调转换子程序
            AJMP   LOOP                  ;反复循环,主程序到此结束
            ;以下是按键处理子程序
KEY_PROC:   JB     K1,K2_PRO             ;若未按下K1键,跳转到K2_PRO,检测K2键
            ACALL  DELAY_10ms            ;延时10ms,去抖动
            JB     K1,K2_PRO             ;若K1未按下,跳转到K2_PRO,检测K2键
            JNB    K1,$                  ;等待K1键释放
            ACALL  BEEP_ONE              ;蜂鸣器响一声
```
; 如DISP_SEL为1,表示需要装载DISP_BUF+1缓冲区的数据

第18章 步进电动机、直流电动机和舵机实例解析

```
              AJMP  STARTUP              ;若K1键确实按下,跳转到STARTUP,控制步进电动机运转
K2_PRO:       JB    K2, K3_PRO           ;若未按下K2键,跳转到K3_PRO,检测K3键
              ACALL DELAY_10ms           ;延时10 ms,去抖动
              JB    K2,K3_PRO            ;若K2未按下,跳转到K3_PRO,检测K3键
              JNB   K2, $                ;等待K2键释放
              ACALL BEEP_ONE             ;蜂鸣器响一声
              AJMP  SPEEDUP              ;若K2键确实按下,跳转到SPEEDUP,控制步进电动机速度上
                                          升
K3_PRO:       JB    K3, K4_PRO           ;若未按下K3键,跳转到K1_PRO继续检测
              ACALL DELAY_10ms           ;延时10 ms,去抖动
              JB    K3, K4_PRO           ;若K3未按下,跳转到K1_PRO继续检测
              JNB   K3, $                ;等待K3键释放
              ACALL BEEP_ONE             ;蜂鸣器响一声
              AJMP  SPEEDDOWN            ;若K3键确实按下,跳转到SPEEDDOWN,控制步进电动机速度
                                          下降
K4_PRO:       JB    K4, KEY_RET          ;若未按下K4键,跳转到KEY_RET
              ACALL DELAY_10ms           ;延时10 ms,去抖动
              JB    K4, KEY_RET          ;若K4未按下,跳转到KEY_RET
              JNB   K4, $                ;等待K4键释放
              ACALL BEEP_ONE             ;蜂鸣器响一声
              AJMP  STOP                 ;若K4键确实按下,跳转到STOP,控制步进电动机速度停止
              AJMP  KEY_RET              ;跳转到KEY_RET退出
STARTUP:      SETB  TR1                  ;启动电动机
              AJMP  KEY_RET              ;跳转到KEY_RET退出
STOP:         CLR   TR1                  ;若启动标志位为0,则关闭定时器T1
              MOV   P1,0F0H              ;P1.0~P1.3置为低电平,步进电动机停止
              AJMP  KEY_RET              ;跳转到KEY_RET退出
SPEEDUP:      INC   SPEED;               ;速度加1
              MOV   A,SPEED              ;送A
              CLR   C;                   ;清C,以便于下步进行减法运算
              SUBB  A,#MAX_SPEED;        ;实际转速与最大转速相减
              JC    UP_NEXT              ;若C为1,说明不够减,即实际转速小于最大值100,则退出
              MOV   SPEED,#MIN_SPEED;    ;若达到最大值,则将最小值25送SPEED
UP_NEXT:      AJMP  KEY_RET              ;跳转到KEY_RET退出
SPEEDDOWN:    DEC   SPEED                ;速度值减1
              MOV   A,SPEED              ;送A
              CLR   C;                   ;清C,以便于下步进行减法运算
              SUBB  A,#MIN_SPEED;        ;实际转速与最大转速相减
              JNC   KEY_RET              ;若C为0,说明实际转速高于最小值(25),则退出
              MOV   SPEED,#MAX_SPEED;    ;若达到最小值,则将最大值100送SPEED
KEY_RET:      RET
;以下是转换子程序(将速度值转换为适合数码管显示的数值)
CONV:         MOV   A,SPEED              ;将速度值送A
              MOV   B,#100               ;B为10
              DIV   AB                   ;A除以B
```

```
            MOV    DISP_BUF+5,A        ;求出百位数送 DISP_BUF+5
            MOV    A,B                 ;将B中的余数送A
            MOV    B,#10               ;B为10
            DIV    AB
            MOV    DISP_BUF+6,A        ;求出十位数送 DISP_BUF+6
            MOV    DISP_BUF+7,B        ;余数为个位数,送 DISP_BUF+7
            RET
            ;以下是定时器 T1 中断服务程序(用于电动机转速控制)
TIME1:      PUSH   ACC
            PUSH   PSW
            MOV    A,SPEED             ;速度值送A
            SUBB   A,#MIN_SPEED        ;速度值与最低速度相减
            MOV    DPTR,#MOTOR_H       ;将电动机计数值高位表送 DPTR
            MOVC   A,@A+DPTR           ;查高位表
            MOV    TH1,A               ;将查表得到的计数值送 TH1
            MOV    A,SPEED             ;速度值送A
            SUBB   A,#MIN_SPEED        ;速度值与最低速度相减
            MOV    DPTR,#MOTOR_L       ;将电动机计数值低位表送 DPTR
            MOVC   A,@A+DPTR           ;查低位表
            MOV    TL1,A               ;将查表得到的计数值送 TL1
            MOV    P1,DRIVE_OUT        ;将驱动输出缓冲区的值送 P1,初始值为1相励磁法的第一个
                                         值 0F1H
            MOV    A,DRIVE_OUT         ;将驱动输出缓冲区的值送A
            ANL    A,#0FH              ;屏蔽高4位,使0参与循环左移,以产生1相励磁的4个数据
            RL     A                   ;左移1位,4次中断可依次输出1相励磁的数据
            MOV    DRIVE_OUT,A         ;再送回 DRIVE_OUT
            JB     ACC.4,D_NEXT1       ;若A的第4位为1,则跳转到 D_NEXT1,再重装励磁时序初值
                                         0F1H
            AJMP   D_NEXT2             ;若A的第4位为0,则跳转到 D_NEXT2 退出
D_NEXT1:    MOV    DRIVE_OUT,#0F1H     ;重装初始值 0F1H
D_NEXT2:    POP    PSW
            POP    ACC
            RETI
            ;以下是步进电动机计数值高位表
MOTOR_H:    DB     76,82,89,95,100,106,110,115,119,123,127,131,134,137,140,143,146,148,151
            DB     153,155,158,160,162,165,166,167,169,171,172,174,175,177,178,179,181,182
            DB     183,184,185,186,187,188,189,190,191,192,193,194,195,196,196,197,198,199
            DB     199,200,201,201,202,203,203,204,204,205,206,206,207,207,208,208,209,209
            DB     210,210,211
            ;以下是步进电动机计数值低位表
MOTOR_L:    DB     0,236,86,73,212,0,214,96,163,165,110,0,97,148,158,128,62,219,89,186,0
            DB     44,65,64,42,0,196,119,24,171,47,165,13,106,187,0,59,108,147,176,197,210,
                   214
            DB     211,200,183,158,128,91,48,0,202,143,78,10,192,114,31,201,110,15,173,70.
                   221
```

第18章 步进电动机、直流电动机和舵机实例解析

```
              DB      112,0,141,22,157,33,162,32,155,21,140,0
          ;以下是定时器0中断服务程序(定时时间为2 ms)
TIME0:    PUSH    ACC                 ;ACC 进栈
          PUSH    PSW                 ;PSW 进栈
          MOV     TH0,#0F8H           ;重装计数初值
          MOV     TL0,#0CCH           ;重装计数初值
          ACALL   DISP                ;调显示子程序
          POP     PSW                 ;PSW 出栈
          POP     ACC                 ;ACC 出栈
          RETI                        ;中断服务程序返回
          ;以下是显示子程序
DISP:     MOV     P2,#0FFH            ;先关闭所有数码管
          MOV     A,#DISP_BUF         ;获得显示缓冲区基地址
          ADD     A,DISP_SEL          ;将 DISP_BUF + DISP_SEL 送 A
          MOV     R0,A                ;R0 = 基地址 + 偏移量
          MOV     A,@R0               ;将显示缓冲区 DISP_BUF + DISP_SEL 的内容送 A
          MOV     DPTR,#TAB           ;将 TAB 地址送 DPTR
          MOVC    A,@A+DPTR           ;以 TAB 为基址,根据显示缓冲区(DISP_BUF + DISP_SEL)的内
                                      ;容查表
          MOV     P0,A                ;显示码传送到 P0 口
          MOV     P2,DISP_DIGIT       ;位选通位(初值为 0FEH)送 P2
                                      ;第 1 次进入中断时,P2.0 清零,打开第 1 个数码管
                                      ;需要进入 8 次 T0 中断(需要 16 ms 时间),才能将 8 个数码管
                                      ;扫描 1 遍
          MOV     A,DISP_DIGIT        ;位选通位送 A
          RL      A                   ;位选通位左移,下次中断时选通下一位数码管
          MOV     DISP_DIGIT,A        ;将下一位的位选通值送回 DISP_DIGIT,以便打开下一位
          INC     DISP_SEL            ;DISP_SEL 加 1,下次中断时显示下一位
          MOV     A,DISP_SEL          ;显示位数计数器内容送 A
          CLR     C                   ;CY 位清零
          SUBB    A,#8                ;A 的内容减 8,判断 8 个数码管是否扫描完毕
          JZ      RST_0               ;若 A 的内容为 0,跳转到 RST_0
          AJMP    DISP_RET            ;若 A 的内容不为 0,说明 8 个数码管未扫描完
                                      ;跳转到 DISP_RET 退出,准备下次中断继续扫描
RST_0:    MOV     DISP_SEL,#0         ;若 8 个数码管扫描完毕,则让显示计数器回 0
                                      ;准备重新从第 1 个数码管继续扫描
DISP_RET: RET
          ;以下是数码管的显示码
TAB:      DB      0C0H,0F9H,0A4H,0B0H,99H ;0,1,2,3,4 的显示码
          DB      92H,82H,0F8H,80H,90H    ;5,6,7,8,9 的显示码
          DB      0FFH
          ;以下是 10 ms 延时子程序
DELAY_10ms: (略,见光盘)
          ;以下是蜂鸣器响一声子程序
BEEP_ONE: CLR     P3.7                ;开蜂鸣器
```

```
        ACALL   DELAY_100ms         ;延时 100 ms
        SETB    P3.7                ;关蜂鸣器
        ACALL   DELAY_100ms         ;延时 100 ms
        RET
        ;以下是 100 ms 延时子程序
DELAY_100ms:(略,见光盘)
        END
```

3. 源程序释疑

步进电动机采用 1 相励磁法,每 48 个脉冲转 1 圈,即在最低转速时(25 r/min),要求为 1 200 脉冲/min,相当于每 50 ms 输出 1 个脉冲。而在最高转速时,要求为 100 r/min,即 4 800 脉冲/min,相当于每 12.5 ms 输出 1 个脉冲。如果让定时器 T1 产生定时,则步进电动机转速与定时器 T1 定时常数的关系如表 18-7 所列(只计算了几个典型值)。

表 18-7 步进电动机转速与定时器 T1 定时常数的关系

速度/(r/min)	每一脉冲时间/ms	计数高位 TH1	计数低位 TL1
25	50	4CH(76)	00H(0)
50	25	0A6H(166)	00H(0)
75	16.7	0C3H(195)	0E1H(225)
90	13.9	0CEH(206)	00H(0)
100	12.5	0D3H(211)	00H(0)

注:表中括号内为十进制数。

表中 TH1 和 TL1 是根据定时时间算出来的定时初值,这里用到的晶振是 11.059 2 MHz,有了上述表格,程序就不难实现了,使用定时器 T1 为定时器,定时时间到达后,切换 P1 口的输出值分别为 0F1H、0F2H、0F4H、0F8H,即可控制步进电动机按 1 相励磁方式工作。

本例源程序主要由按键处理子程序、转换子程序(将速度值转换为适合数码管显示的数值)、定时器 T0 中断服务程序(主要完成显示功能)、定时器 T1 中断服务程序(主要完成步进电动机的驱动)等组成。

主程序首先初始化各变量,将数码管缓冲区、位选通控制位 DISP_DIGIT、显示位数计数器 DISP_SEL、步进电动机驱动缓冲单元 DRIVE_OUT、定时器 T0/T1 等初始化;然后调用按键处理子程序,判断有无键按下,若有,则进行相应的处理。接着是调用转换子程序 CONV,将当前的转速值 SPEED 转换为 BCD 码,送入显示缓冲区 DISP_BUF+5、DISP_BUF+6、DISP_BUF+7。

步进电动机的驱动工作是在定时器 T1 的中断服务程序中实现的,由前述分析可知,每次的定时时间到达以后,需要将 P1.0~P1.3 依次接通,程序中,用了一个变量 DRIVE_OUT 来实现这一功能,在主程序初始化时,DRIVE_OUT 被赋予初值 0F1H,这个值是 1 相励磁法的第一个驱动脉冲,进入到定时器 T1 中断以后,先将该变量取出送 P1,驱动步进电动机工作,然后,再将该变量送 ACC 累加器,并和 0F0H 进行与运算,屏蔽掉高 4 位;然后进行循环左移,这样,第二次进入中断时,DRIVE_OUT 的值为 02H(其作用与 0F2H 一样),即 1 相励磁法的第 2 个驱动脉冲号;第三次进入中断时,DRIVE_OUT 的值为 04H(其作用与 0F4H 一样),即 1

第18章 步进电动机、直流电动机和舵机实例解析

相励磁法的第3个驱动脉冲号；第四次进入中断时，DRIVE_OUT的值为08H（其作用与0F8H一样），即1相励磁法的第4个驱动脉冲号。

当第五次进入中断时，DRIVE_OUT的值为10H，由于这个值的第4位为1，经判断后，将DRIVE_OUT赋初值0F1H；这样，P1.0～P1.3可循环输出低电平，从而控制步进电动机持续运转。

定时时间又是如何确定的呢？这里用的是查表的方法，首先用51单片机初值计算软件计算出在每一种转速下的TH1值和TL1值，然后，分别放入MOTOR_H和MOTOR_L表中，在进入定时器T1中断服务程序之后，将速度值变量SPEED送入累加器ACC，然后减去基数25，使其基数从0开始计数，然后分别查表，送入TH1和TL1，实现重置定时初值的目的。

专家点拨：控制步进电动机速度的方法可有两种：

第一种是通过软件延时的方法。改变延时的时间长度就可以改变输出脉冲的频率；但这种方法使CPU长时间等待，占用CPU大量时间，因此实用价值不高，前面介绍的本章实例解析1、2、3采用的都是这种方式。

第二种是通过定时器中断的方法。在中断服务程序中进行脉冲输出操作，调整定时器的定时常数就可以实现调速。这种方法占用CPU时间较少，是一种比较实用的调速方法。本章实例解析4采用的就是这种方法。

定时器中断法中，通过改变P1.0～P1.3电平状态，就可以控制步进电动机工作，改变定时常数，就可以控制步进电动机的转速。

---

4. 实现方法

① 打开Keil c51软件，建立工程项目，再建立一个名为ch18_4.asm的文件，输入上面的源程序，对源程序进行编译和链接，产生ch18_4.hex目标文件。

② 将DD-900实验开发板JP7的A_IN、B_IN、C_IN、D_IN与P10、P11、P12、P13插针短接，使步进电动机驱动电路与单片机电路相连。

③ 将STC89C51单片机插入到锁紧插座，把ch18_4.hex文件下载到单片机中，分别按压K1、K2、K3、K4键，观察步进电动机的运行情况及数码管的显示情况。

该实验程序在随书光盘的ch18\ch18_4文件夹中。

18.2 直流电动机实例解析

18.2.1 直流电动机基本知识

1. 直流电动机的组成与分类

直流电动机是由直流供电，将电能转化为机械能的旋转机械装置，主要包括定子、转子和电刷三部分。定子是固定不动的部分，由永久磁铁制成，转子是在软磁材料硅钢片上绕上线圈构成的，而电刷则是把两个小炭棒用金属片卡住，固定在定子的底座上，与转子轴上的两个电

极接触而构成的。电子稳速式直流电动机还包括电子稳速板。

根据直流电动机的定子磁场不同,可将直流电动机分为两大类,一类为励磁式直流电动机,它的定子磁极由铁心和励磁线圈组成,大中型直流电动机一般采用这种结构形式;另一类是永磁式直流电动机,它的定子磁极由永久磁铁组成,小型直流电动机一般采用这种结构形式。我们实验中采用的就是这种小型的直流电动机,其外形如图18-4所示。

图18-4 小型直流电动机的外形

2. 直流电动机的驱动

用单片机控制直流电动机时,需要加驱动电路,为直流电动机提供足够大的驱动电流。使用不同的直流电动机,其驱动电流也不同,我们要根据实际需求选择合适的驱动电路,常用的驱动电路主要有以下几种形式。

(1)采用场效应晶体管驱动电路

直流电动机场效应晶体管驱动电路如图18-5所示。

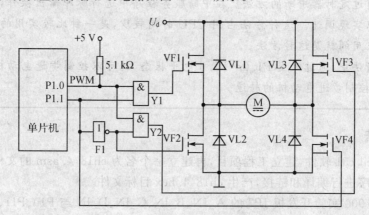

图18-5 直流电动机场效应晶体管驱动电路

由单片机的P1.0输出PWM信号,控制直流电动机的转速;由P1.1输出控制正反转的方向信号,控制直流电动机的正反转。当P1.1=1时,与门Y1打开,由P1.0输出的PWM信号加在MOS场效应晶体管VF1的栅极上。同时P1.1使VF4导通,而经反相器F1反相为低电平使VF2截止,并关闭与门Y2,使P1.0输出的PWM不能通过Y2加到VF3上,因而VF2与VF3均截止。此时电流由电动机电源U_d经VF1、直流电动机、VF4接到地,使直流电动机正转。

当P1.1=0时,情况与上述正好相反,电路使VF1与VF4截止,VF2与VF3导通。此时电流由电动机电源U_d经VF3、直流电动机、VF2接到地。流经直流电动机的电流方向与正转时相反,使电动机反转。

用此电路编程时应注意,在电动机转向时,由于场效应晶体管(开关管)本身在开关时有一定的延时时间,如果上管VF1还未关断就打开了下管VF2,将会使电路直通造成电动机电源短路。因此在电动机转向前(即P1.1取反翻转前),要将VF1~VF4全关断一段时间,使P1.0输出的PWM信号变为一段低电平延时,延时时间一般在5~20 μs之间。

(2) 采用电动机专用驱动模块

为了解决场效应晶体管驱动电路存在的问题,驱动电路可采用专用 PWM 信号发生器集成电路,如 LMD18200、SG1731、UC3637 等,这些芯片都有 PWM 波发生电路、死区电路、保护电路,非常适合小型直流电动机的控制,下面以 LMD18200 芯片为例进行说明。

LMD18200 是美国国家半导体公司生产的产品,为专用于直流电动机驱动的集成电路芯片。它有 11 个引脚,电源电压 55 V,额定输出电流 2 A,输出电压 30 V,可通过输入的 PWM 信号实现 PWM 控制,可通过输入的方向控制信号实现转向控制,图 18 – 6 所示为由 LMD18200 芯片构成的直流电动机驱动电路。

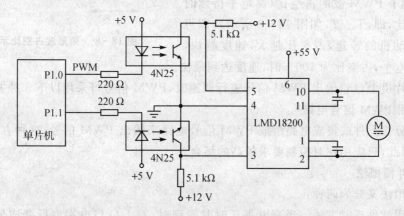

图 18 – 6　由 LMD18200 芯片构成的直流电动机驱动电路

电路中,由单片机发出 PWM 控制信号,通过光电耦合器与 LMDl8200 的 3、4 脚相连,其目的是进行信号隔离,以避免 LMD18200 对单片机的干扰。

(3) 采用达林顿驱动器

常用的达林顿驱动器有 ULN2003、ULN2803 等,使用达林顿驱动器接线简单,操作方便,并可为电动机提供 500mA 左右的驱动电流,十分适合进行直流电动机实验,我们在实验中选择的就是达林顿驱动器 ULN20003。

在 DD – 900 实验开发板中,没用多余的 I/O 口可利用,只能选用 I/O 复用,这里,选用单片机的 P1.0(与步进电动机的 A 输入端共用),当然,也可以选用其他 I/O 口,如图 18 – 7 所示。

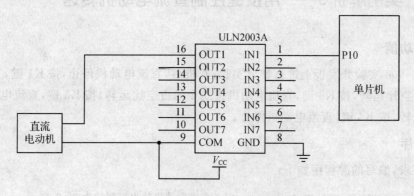

图 18 – 7　直流电动机与单片机的连接

3. 直流电动机的 PWM 调速原理

直流电动机由单片机的一个 I/O 口控制，当需要调节直流电动机转速时，使单片机的相应 I/O 口输出不同占空比的 PWM 波形即可，那么，什么是 PWM 呢？

PWM 是英文 Pulse Width Modulation（脉冲宽度调制）的缩写，它是按一定规律改变脉冲序列的脉冲宽度，来调节输出量的一种调制方式，我们在控制系统中最常用的是矩形波 PWM 信号，在控制时，只要调节 PWM 波的占空比（高电平持续时间与周期之比，即 T_{on}/T，如图 18-8 所示），即可调节直流电动机的转速，占空比越大，速度越快，如果全为高电平，占空比为 100% 时，速度达到最快。

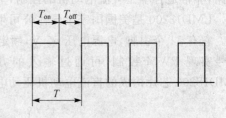

图 18-8　矩形波占空比示意图

当用单片机 I/O 口输出 PWM 信号进行调速时，PWM 信号可采用以下 3 种方法得到。

(1) 采用 PWM 信号电路

它是用分立元件或集成电路组成 PWM 信号电路来输出 PWM 信号，这种方法需要增加硬件开销，因此，只应用在对控制要求较高的场合。

(2) 软件模拟法

软件模拟法又分为两种：

一是采用软件延时方法。当高电平延时时间到时，对 I/O 口电平取反变成低电平，然后再延时；当低电平延时时间到时，再对该 I/O 口电平取反，如此循环就可得到 PWM 信号。

二是利用定时器。控制方法同上，只是在这里利用单片机的定时器来定时进行高、低电平的翻转，而不用软件延时。

在下面的实验中，我们采用的就是软件模拟法。

(3) 利用单片机自带的 PWM 控制器

有些单片机（如 C8051、STC12C5410 等）自带 PWM 控制器，AT89S51/STC89C51 单片机无此功能，但其他型号的很多单片机如 PIC 单片机、AVR 单片机（如 ATmega16、ATmega128）等带有 PWM 控制器。

18.2.2　实例解析 5——用按键控制直流电动机转速

1. 实现功能

在 DD-900 实验开发板上进行如下实验：开机后，直流电动机停止，按 K1 键，直流电动机按 0.1 的占空比运转，按 K2 键，直流电动机按 0.2 的占空比运转，按 K3 键，直流电动机按 0.5 的占空比运转，按 K4 键，直流电动机停止。

2. 源程序

根据要求，编写的源程序如下：

```
OUTPUT  BIT  P1.0        ;定义直流电动机输出控制端为 P1.0
K1      BIT  P3.2        ;定义按键 K1
```

第18章 步进电动机、直流电动机和舵机实例解析

```
                K2   BIT  P3.3             ;定义按键 K2
                K3   BIT  P3.4             ;定义按键 K3
                K4   BIT  P3.5             ;定义按键 K4
                ORG 0000H                  ;程序开始
                AJMP  MAIN                 ;调主程序 MAIN
                ORG 0030H                  ;主程序开始
MAIN:           JB   K1,K2_PRO             ;若未按下 K1 键,转 K2_PRO,判断 K2 是否按下
K1_START:       CLR  OUTPUT                ;P1.0 为低电平,经 ULN2003 反相后输出高电平,电动机停转
                MOV  R5,#9                 ;延时 9×10 ms = 90 ms
                CALL DELAY_10ms
                SETB OUTPUT                ;P1.0 为高电平,经 ULN2003 反相后输出低电平,电动机转动
                MOV  R5,#1                 ;延时 1×10 ms = 10 ms
                CALL DELAY_10ms
                JNB  K2,K2_START           ;若按下 K2 键,转 K2_START
                JNB  K3,K3_START           ;若按下 K3 键,转 K3_START
                JNB  K4,K4_START           ;若按下 K4 键,转 K4_START
                AJMP K1_START              ;若 K2、K3、K4 键均未按下,转 K1_START 继续转动
K2_PRO:         JB   K2,K3_PRO             ;若未按下 K2 键,转 K3_PRO,判断 K3 是否按下
K2_START:       CLR  OUTPUT                ;电动机停转
                MOV  R5,#4                 ;延时 4×10 ms = 40 ms
                CALL DELAY_10ms
                SETB OUTPUT                ;电动机转动
                MOV  R5,#1                 ;延时 1×10 ms = 10 ms
                CALL DELAY_10ms
                JNB  K1,K1_START           ;若按下 K1 键,转 K1_START
                JNB  K3,K3_START           ;若按下 K3 键,转 K3_START
                JNB  K4,K4_START           ;若按下 K4 键,转 K4_START
                AJMP K2_START              ;若 K1、K3、K4 键均未按下,转 K2_START 继续转动
K3_PRO:         JB   K3,K4_PRO             ;若未按下 K3 键,转 K4_PRO,判断 K4 是否按下
K3_START:       CLR  OUTPUT                ;电动机停转
                MOV  R5,#1                 ;延时 1×10 ms = 10 ms
                CALL DELAY_10ms
                SETB OUTPUT                ;电动机转动
                MOV  R5,#1                 ;延时 1×10 ms = 10 ms
                CALL DELAY_10ms
                JNB  K1,K1_START           ;若按下 K1 键,转 K1_START
                JNB  K2,K2_START           ;若按下 K2 键,转 K2_START
                JNB  K4,K4_START           ;若按下 K4 键,转 K4_START
                AJMP K3_START              ;若 K1、K2、K4 键均未按下,转 K3_START 继续转动
K4_PRO:         JB   K4,MAIN               ;若未按下 K4 键,转 MAIN,继续循环
K4_START:       CLR  OUTPUT                ;电动机停转
                JNB  K1,K1_START           ;若按下 K1 键,转 K1_START
                JNB  K2,K2_START           ;若按下 K2 键,转 K2_START
                JNB  K3,K3_START           ;若按下 K3 键,转 K3_START
                AJMP K4_START              ;若 K1、K2、K3 键均未按下,转 K4_START,电动机继续停止
```

```
     ;以下是 R5×10 ms 延时子程序
  DELAY_10ms：（略，见光盘）
          END
```

3. 源程序释疑

本例源程序比较简单，采用软件延时方法产生 PWM 信号。当按下 K1 键时，转动周期为 90 ms+10 ms=100 ms，P1.0 输出高电平时间（电动机转动时间）为 10 ms，因此，占空比为 10/100=0.1，此时，电动机转动速度慢。当按下 K2 键时，转动周期为 40 ms+10 ms=50 ms，P1.0 输出高电平时间（电动机转动时间）为 10 ms，因此，占空比为 10/50=0.2，此时，电动机转动速度较快；当按下 K3 键时，转动周期为 10 ms+10 ms=20 ms，P1.0 输出高电平时间（电动机转动时间）为 10 ms，因此，占空比为 10/20=0.5，此时，电动机转动速度最快。

4. 实现方法

① 打开 Keil c51 软件，建立工程项目，再建立一个名为 ch18_5.asm 的文件，输入上面的源程序，对源程序进行编译和链接，产生 ch18_5.hex 目标文件。

② 将 DD-900 实验开发板 JP7 的 A_IN 与 P1.0 插针短接，使直流电动机驱动电路与单片机电路相连。同时，将直流电动机的一端接步进电动机输出端口的 V_{CC}，另一端接步进电动机输出插针的 A_OUT 端。

③ 将 STC89C51 单片机插入到锁紧插座，把 ch18_5.hex 文件下载到单片机中，分别按压 K1、K2、K3、K4 键，观察直流电动机的运行情况。

该实验程序在随书光盘的 ch18\ch18_5 文件夹中。

18.3 舵机实例解析

18.3.1 舵机基本知识

1. 什么是舵机

舵机，顾名思义，就是航空航海以及各种汽车模型的操舵电动机。舵机也称伺服电动机，它是一个简单的闭环系统，其用于构成闭环的硬件电路与微型电动机、减速器封装在一个部件内。输出轴可在控制信号的控制下在 0°~180°范围内任意运动到某一个角度位置。舵机广泛用于机器人制作、机电系统开发、航模设计制作以及作为一些科学研究的控制元件。由于采用大减速比齿轮组和闭环控制方式，因此，其精度高，扭矩大，控制起来十分方便。图 18-9 所示为常见舵机的外形图。

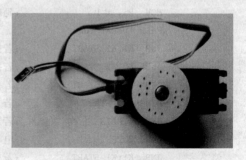

图 18-9 舵机外形图

2. 舵机的基本原理

舵机是一种位置伺服的驱动器,其工作原理是:控制信号由接收机的通道进入信号调制芯片,获得直流偏置电压。它内部有一个基准电路,产生周期为 20 ms、宽度为 1.5 ms 的基准信号,将获得的直流偏置电压与电位器的电压比较,获得电压差输出。最后,电压差的正负性输出到电动机驱动芯片决定电动机的正反转。当电动机转速一定时,通过级联减速齿轮带动电位器旋转,使得电压差为 0,电动机停止转动。

3. 舵机的引脚

标准的舵机有 3 条导线,分别是:电源线、地线、控制线。电源线和地线用于提供舵机内部的直流电动机和控制线路所需的能源,电压通常介于 4~6 V,一般取 5 V。注意,给舵机供电的电源应能提供足够的功率。控制线的输入是一个宽度可调的周期性方波脉冲信号,即 PWM 信号,方波脉冲信号的周期为 20 ms(即频率为 50 Hz)。当方波的脉冲宽度改变时,舵机转轴的角度发生改变,角度变化与脉冲宽度的变化成正比。舵机的输出轴转角与输入信号的脉冲宽度之间的关系如图 18-10 所示。

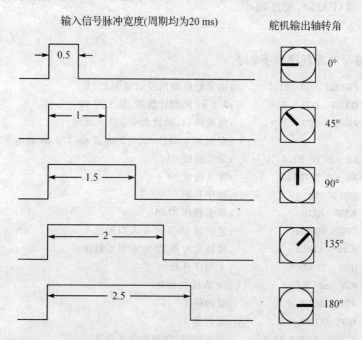

图 18-10 舵机输出轴转角与输入信号的脉冲宽度的关系(单位:ms)

4. 舵机与单片机的连接

在用单片机驱动舵机之前,要先确定相应舵机的功率,然后选择足够功率的电源为舵机供电,控制端无需大电流,直接用单片机的 I/O 口就可操作,在 DD-900 实验开发板中,选用 P1.1 作为舵机的控制信号。另外,由于只是演示性实验,并不需要带大功率负载,所以不需为舵机提供大功率电源,舵机电源可直接从单片机中取得,图 18-11 所示为舵机与单片机连接示意图。

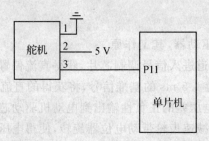

图 18-11 舵机与单片机的连接

18.3.2 实例解析 6——用按键控制舵机转角

1. 实现功能

在 DD-900 实验开发板上进行如下实验：开机时，舵机的角度自动转为 0°，按 K3 键（P3.4），角度增加，按 K4 键（P3.5），角度减小。

2. 源程序

根据要求，编写的源程序如下：

```
            PWMOUT  BIT  P1.1      ;定义舵机输出控制端为P1.1
            COUNT   EQU  30H       ;0.5ms次数计数器,最大为40
            ANGLE   EQU  31H       ;角度标识,取值为1、2、3、4、5时
                                   ;实现0.5ms、1ms、1.5ms、2ms、2.5ms高电平的输出
            K3      BIT  P3.4      ;定义按键K3
            K4      BIT  P3.5      ;定义按键K4
            ORG 0000H              ;程序开始
            AJMP  MAIN             ;调主程序MAIN
            ORG   0000BH           ;定时器T0中断0入口地址
            AJMP  TIME0            ;跳转定时器T0中断服务程序
            ORG   0030H            ;主程序开始
MAIN:       MOV  SP,#60H           ;SP堆栈初始化
            MOV  ANGLE,#1          ;赋初值1
            MOV  COUNT,#0          ;赋初值0
            ACALL  TIME0_INIT      ;调定时器T0初始化子程序
START:      ACALL  KEYSCAN         ;调键扫描子程序
            AJMP   START           ;循环
            ;以下是定时器T0中断初始化子程序
TIME0_INIT: MOV  TMOD,#01H         ;定时器0工作在方式1
            SETB  EA               ;开总中断
            SETB  ET0              ;开定时器T0中断
            MOV  TH0,#0FEH         ;0.5ms定时初值
            MOV  TL0,#33H          ;0.5ms定时初值
            SETB  TR0              ;定时器T0启动
            RET
```

第18章 步进电动机、直流电动机和舵机实例解析

```
                ;以下是定时器 T0 中断服务程序(0.5 ms 进入一次中断)
TIME0:          PUSH    ACC
                PUSH    PSW
                MOV     TH0,#0FEH       ;重装计数初值,定时时间为 0.5 ms
                MOV     TL0,#33H        ;重装计数初值,定时时间为 0.5 ms
                MOV     A,COUNT         ;0.5 ms 次数计数器送 A
                CLR     C               ;清 C
                SUBB    A,ANGLE         ;0.5 ms 次数减角度标识
                JNC     TIM_NEXT        ;判断 0.5 ms 次数是否大于角度标识
                                        ;若 C=0,说明 COUNT 大,跳转到 TIM_NEXT
                SETB    PWMOUT          ;若 0.5 ms 次数小于角度标识,则 PWMOUT 为高电平
                AJMP    TIM_NEXT1       ;跳转到 TIM_NEXT1
TIM_NEXT:       CLR     PWMOUT          ;若 0.5 ms 次数大于角度标识,则 PWMOUT 为低电平
TIM_NEXT1:      INC     COUNT           ;0.5 ms 次数计数器加 1
                MOV     A,COUNT         ;送 A
                CJNE    A,#40,TIM_RET   ;0.5 ms 次数计数器达到 40 了吗?若没有,跳转到 TIM_RET 退出
                MOV     COUNT,#0        ;若 0.5 ms 次数计数器 COUNT 达到了 40,则将 COUNT 清零
TIM_RET:        POP     PSW
                POP     ACC
                RETI
                ;以下是按键扫描子程序
KEYSCAN:        JB      K3,K4_PRO       ;若未按下 K3 键,跳转到 K4_PRO,再判断 K4 键是否按下
                ACALL   DELAY_10ms      ;延时 10 ms 去抖,
                JB      K3,K4_PRO       ;若未按下 K3 键,跳转到 K4_PRO,再判断 K4 键是否按下
                INC     ANGLE           ;若 K3 键按下,角度标识加 1
                MOV     COUNT,#0        ;COUNT 清零,则 20 ms 周期重新开始
                MOV     A,ANGLE         ;角度标识送 A
                CJNE    A,#6,KEY_1      ;角度标识为 6 吗?若不是,跳转到 KEY_1
                MOV     ANGLE,#5        ;若角度标识为 6,已经是 180°,则保持
KEY_1:          JNB     K3,$            ;等待 K3 按键放开
K4_PRO:         JB      K4,KEY_RET      ;若未按下 K4 键,跳转到 KEY_RET 退出
                ACALL   DELAY_10ms      ;延时 10 ms 去抖
                JB      K4,KEY_RET      ;若未按下 K4 键,跳转到 KEY_RET 退出
                DEC     ANGLE           ;若按下 K4 键,角度标识减 1
                MOV     COUNT,#0        ;COUNT 清零,则 20 ms 周期重新开始
                MOV     A,ANGLE         ;角度标识送 A
                CJNE    A,#0,KEY_2      ;角度标识为 0 吗?若不是,跳转到 KEY_2
                MOV     ANGLE,#1        ;已经是 0°,则保持
KEY_2:          JNB     K4,$            ;等待 K4 按键放开
KEY_RET:        RET
                ;以下是 10 ms 延时子程序
DELAY_10ms:     (略,见光盘)
                END
```

3. 源程序释疑

单片机系统要实现对舵机输出转角的控制,必须首先完成两项任务:一是产生基本的

PWM 周期信号,即产生 20 ms 的周期信号,二是调整脉宽,即由单片机调节 PWM 信号的占空比。

在本例源程序中,单片机控制的是单个舵机,实现方法比较简单,它利用定时器 T0 来产生 PWM 信号。程序中,单片机可控制舵机转动 5 个角度,即 0°、45°、90°、135°、180°,其控制思路如下:先将定时器 T0 初始化,定时时间为 0.5ms;定义一个角度标识 ANGLE,数值取值范围为 1、2、3、4、5,用来实现 0.5 ms、1 ms、1.5 ms、2 ms、2.5 ms 高电平的输出;再定义一个计数器 COUNT,数值最大为 40,实现周期为 20 ms。每次进入定时器 T0 中断时,将 COUNT 与 ANGLE 相减,判断 0.5 ms 次数 COUNT 是否小于角度标识 ANGLE,若 COUNT 小于 ANGLE,控制 P1.1 脚输出高电平,若若 COUNT 大于 ANGLE,控制 P1.1 脚输出低电平。比如,若进入中断时 ANGLE 为 5,则进入前 5 次中断期间(此时的 COUNT 小于 5),P1.1 输出为高电平,5 次共输出 2.5 ms 的高电平;剩下的 35 次中断期间(此时的 COUNT 大于 5),P1.1 输出为低电平,35 次共输出 17.5 ms 的低电平。这样总的时间是 20 ms,为一个周期。

在按键扫描子程序中,每按一次 K3 或 K4 键,ANGLE 加 1 或减 1,经比较和判断后,可完成舵机 5 个转角的控制。

4. 实现方法

① 打开 Keil c51 软件,建立工程项目,再建立一个名为 ch18_6.asm 的文件,输入上面的源程序,对源程序进行编译和链接,产生 ch18_6.hex 目标文件。

② 将舵机的控制线、电源线、地线通过杜邦线插在 DD-900 实验开发板的 P1.1、V_{CC}、GND 3 个插针上,使舵机与单片机电路相连。

③ 将 STC89C51 单片机插入到锁紧插座,把 ch18_6.hex 文件下载到单片机中,分别按压 K3、K4 键,观察舵机的运行情况。

该实验程序在随书光盘的 ch18\ch18_6 文件夹中。

第 19 章
单片机低功耗模式实例解析

在以电池供电的单片机系统中,有时为了降低电池的功耗,在程序不运行时就要采用低功耗模式,低功耗模式有两种,即待机模式和掉电模式,很多读者特别是初学者对低功耗模式了解不多,或者说了解的还不够深入。在本章中,我们将带您一起走进它!

19.1 单片机低功耗模式基本知识

低功耗模式是由电源控制及波特率选择寄存器 PCON 来控制的。PCON 是一个逐位定义的 8 位寄存器,其格式如下:

D7	D6	D5	D4	D3	D2	D1	D0
SMOD	—	—	—	GF1	GF0	PD	IDL

SMOD 为波特率倍增位,在串行通信时用;GF1 为通用标志位 1;GF0 为通用标志位 0;PD 为掉电模式位,PD=1,进入掉电模式;IDL 为待机模式位,IDL=1,进入待机模式。也就是说只要执行一条指令让 PD 位或 IDL 位为 1 就可以进入低功耗模式了。那么,单片机是如何进入或退出掉电模式和待机模式的呢?下面简要进行介绍。

19.1.1 待机模式

待机模式又称空闲模式,当使用指令使 PCON 寄存器的 IDL=1 时,即进入待机模式。当单片机进入待机模式时,除 CPU 处于休眠状态外,其余硬件全部处于活动状态,芯片中程序未涉及到的数据存储器和特殊功能寄存器中的数据在待机模式期间都将保持原值。但假若定时器正在运行,那么计数器寄存器中的值还将会增加。在待机模式下,单片机的消耗电流从 4~7 mA 降为 2 mA,这样就可以节省电源的消耗。单片机在待机模式下,可由任一个中断或硬件复位唤醒,需要注意的是,使用中断唤醒单片机时,程序将从原来停止处继续运行,当使用硬件复位唤醒单片机时,程序将从头开始执行。

19.1.2 掉电模式

掉电模式又称休眠模式。当使用指令使 PCON 寄存器的 PD=1 时,即进入掉电模式,此时单片机的一切工作都停止,只有内部 RAM 的数据被保持下来;掉电模式下电源可以降到 2 V,消耗电流可降至 0.1 μA。单片机在掉电模式下,可由外部中断或者硬件复位唤醒,与待机模式类似,使用外部中断唤醒单片机时,程序将从原来停止处继续运行,当使用硬件复位唤醒单片机时,程序将从头开始执行。

19.2 单片机低功耗模式实例解析

19.2.1 实现功能

在 DD-900 实验开发板进行如下实验:开机后,第 7、8 只数码管从 00 开始显示秒表的走时情况,当秒表走时到 10 时,单片机进入待机模式,按下 K1 键(单片机响应外部中断 0)后,单片机从待机模式返回,秒表继续走时。有关电路如图 3-4、图 3-17 所示。

19.2.2 源程序

根据要求,编写的源程序如下:

```
        SEC_FLAG    BIT    00H      ;1 s 到的标记,1 s 时间到后,该标志位置 1
        SEC    EQU  21H              ;秒值计数器,用于累加秒值
        COUNT   EQU 22H              ;定时中断计数器,用于统计定时中断的次数
        DISPBUF EQU 5EH              ;定义 5EH、5FH 为显示缓冲区
        ORG    0000H                 ;程序从 0000H 开始
        JMP    MAIN                  ;跳转到主程序
        ORG    0003H                 ;定时中断 0 中断入口地址
        LJMP   INT_0                 ;跳转到外中断 0
        ORG    000BH                 ;定时中断 0 中断入口地址
        LJMP   TIME0                 ;跳转到定时中断 0
        ORG    030H                  ;主程序 MAIN 从 030H 开始
        ;以下是主程序
MAIN:   MOV    SP,#70H               ;设置堆栈指针初值
        MOV    DISPBUF,#0            ;显示缓冲区 DISPBUF 清零
        MOV    DISPBUF+1,#0          ;显示缓冲区 DISPBUF+1 清零
        MOV    SEC,#0                ;SEC 清零
        ACALL  INIT                  ;调中断初始化子程序
        CLR    SEC_FLAG              ;清零秒标志位
START:  JBC    SEC_FLAG,NEXT         ;若 SEC_FLAG 为 1,说明 1 s 到,SEC_FLAG 清零,并跳转到 NEXT
        CALL   CONVER                ;调转换子程序
```

第 19 章 单片机低功耗模式实例解析

```
            ACALL   DISP            ;调用显示子程序
            AJMP    START           ;1 s 未到,继续循环
NEXT:       MOV     A,SEC           ;秒数值计数器的值送到 A
            CJNE    A,#60,NEXT1     ;若秒数值计数器的值不为 60,则跳转到 NEXT1
            MOV     SEC,#0          ;若秒数据计数器的值为 60,则秒数据计数器复位为 0
NEXT1:      CJNE    A,#10,NEXT2     ;若秒数值计数器的值不为 10,则跳转到 NEXT2
            CLR     ET0             ;关断定时器
            MOV     PCON,#01H       ;进入待机模式,如果使 PCON 为 #02H,则进入掉电模式
NEXT2:      INC     SEC             ;秒数值计数器加 1
            AJMP    START           ;跳转到 START
;以下是转换子程序(将秒数据转换为适合数码管显示的十位和个位数据)
CONVER:     MOV     A,SEC           ;获得秒的数值,并送到 A
            MOV     B,#10           ;立即数 10 送 B
            DIV     AB              ;二进制转化为十进制,十位和个位分送显示缓冲区
            MOV     DISPBUF,A       ;十位送显示缓冲区 DISPBUF
            MOV     DISPBUF+1,B     ;个位送显示缓冲区 DISPBUF+1
            ACALL   DISP            ;调显示子程序 DISP
            RET                     ;转换子程序返回
;以下是显示子程序
DISP:       PUSH    ACC             ;ACC 入栈
            PUSH    PSW             ;PSW 入栈
            MOV     A,DISPBUF       ;取十位待显示数
            MOV     DPTR,#TAB       ;将标号 TAB 送 DPTR
            MOVC    A,@A+DPTR       ;查表,取字形码
            MOV     P0,A            ;将字形码送 P0 位(段口)
            CLR     P2.6            ;开十位显示器位口
            ACALL   DELAY_10ms      ;延时 10 ms
            SETB    P2.6            ;关闭十位显示器(准备显示个位)
            MOV     A,DISPBUF+1     ;将个位显示缓冲区的数据送 A
            MOV     DPTR,#TAB       ;将标号 TAB 送 DPTR
            MOVC    A,@A+DPTR       ;查表,取字形码
            MOV     P0,A            ;将个位字形码送 P0 口
            CLR     P2.7            ;开个位显示器
            ACALL   DELAY_10ms      ;延时 10 ms
            SETB    P2.7            ;关个位显示
            POP     PSW             ;PSW 出栈
            POP     ACC             ;ACC 出栈
            RET                     ;显示子程序返回
;以下是中断初始化子程序
INIT:       MOV     TMOD,#01H       ;设置为定时器 0 方式 1
            MOV     TH0,#4CH        ;TH0 置计数初值,定时时间为 50 ms
            MOV     TL0,#00H        ;TL0 置计数初值,定时时间为 50 ms
            SETB    EA              ;开总中断
            SETB    ET0             ;开 T0 中断
            SETB    EX0             ;开外中断 0
```

```
                SETB    IT0             ;下降沿触发
                SETB    TR0             ;定时器 0 开始运行
                RET                     ;定时器 T0 初始化子程序返回
        ;以下是定时器 T0 中断服务程序(定时时间为 50 ms)
TIME0:          PUSH    ACC             ;ACC 入栈
                PUSH    PSW             ;PSW 入栈
                MOV     TH0,#4CH        ;TH0 置计数初值
                MOV     TL0,#00H        ;TL0 置计数初值
                INC     COUNT           ;定时中断计数器加 1
                MOV     A,COUNT         ;将定时中断的次数送 A
                CJNE    A,#20,TIME_EXIT ;若 COUNT 不等 20,即不到 1 s,跳转到 TIME_EXIT
                MOV     COUNT,#0        ;若 COUNT 为 20,则总时间为 50 ms × 20 = 1 000 ms,则 COUNT
                                         清零
                SETB    SEC_FLAG        ;将秒标志置为 1
TIME_EXIT:      POP     PSW             ;PSW 出栈
                POP     ACC             ;ACC 出栈
                RETI                    ;定时器 T0 中断返回
        ;以下是外中断 0 中断服务程序
INT_0:          PUSH    ACC
                MOV     PCON,#00H       ;进入正常模式
                SETB    ET0             ;打开定时器 T0
                POP     ACC
                RETI
        ;以下是 10 ms 延时子程序
DELAY_10ms:     (略,见光盘)
        ;以下是共阳数码管 0~9 的显示码
TAB:            DB      0C0H,0F9H,0A4H,0B0H,99H     ;0~4 显示码
                DB      92H,82H,0F8H,80H,90H        ;5~9 显示码
                END
```

19.2.3 源程序疑释

本例源程序主要由主程序、中断初始化子程序、显示子程序、转换子程序、定时器 T0 中断服务程序、外中断 0 中断服务程序等组成。整个源程序演示了单片机从正常工作模式进入待机模式,然后再从待机模式返回到正常工作模式的全过程。

定时器 T0 中断服务程序用来产生秒信号,定时时间为 50 ms,中断 20 次后,恰好为 1 s,此时置位秒信号标志位 SEC_FLAG。

在主程序中,首先判断秒标志位 SEC_FLAG 是否为 1,若为 1,则秒计数器 SEC 的值加 1,当加到 10 时,关闭定时器 T0,同时,将单片机设置为待机模式。

应该注意的是,在主程序中有以下两条语句:

```
                CLR     ET0             ;关断定时器
                MOV     PCON,#01H       ;进入待机模式
```

第19章　单片机低功耗模式实例解析

这两条语句的作用是：在进入待机模式之前，先把定时器 T0 关闭，这样方可一直等待外部中断 0 的产生，如果不关闭定时器 T0，定时器 T0 的中断同样也会唤醒单片机，使其退出待机模式，这样我们便看不出进入待机模式和返回的过程了。

在外部中断 0 服务程序中，首先将 PCON 中原先设定的待机模式控制位清除，接下来再重新开启定时器 T0。这样，当按下 K1 键触发外中断 0 时，一方面可以退出待机模式，另一方面秒表又可以继续走时了。

19.2.4　实现方法

① 打开 Keil c51 软件，建立工程项目，再建立一个名为 ch19_1.asm 的源程序文件，输入上面的源程序。对源程序进行编译、链接和调试，产生 ch19_1.hex 目标文件。

② 将 DD-900 实验开发板 JP1 的 DS、V_{CC} 两插针短接，为数码管供电。

③ 将 STC89C51 单片机插入到锁紧插座，把 ch19_1.hex 文件下载到单片机中，开机，观察数码管的显示情况。

正常情况下，实验现象如下：数码管从 00 开始递增显示，到 10 后，数码管走时停止并熄灭，单片机进入待机模式，此时，按 K1 键，相当于触发了外中断 0，数码管重新从 11 开始显示，递增下去，一直到 59 后再回到 00 继续走时。需要说明的是，单片机进入待机模式时，如果按下的是复位键，则单片机唤醒后将从 00 开始显示，而不是从 11 开始显示。

待机实验完成后，读者再将源程序中的"MOV PCON，♯01H"改为"MOV PCON，♯02H"，让单片机进入掉电模式，再观察掉电实验情况。

实验时，可将数字万用表调节到电流挡，然后串接入单片机系统的供电回路中，观察单片机在正常工作模式、待机模式、掉电模式下流过系统的总电流变化情况，经测试可发现如下结果：正常工作电流＞待机模式电流＞掉电模式电流。

该实验程序在随书光盘的 ch19\ch19_1 文件夹中。

·395·

第 20 章
语音电路实例解析

如今,电子产品都进入了智能化阶段,如果在设计的电子产品中加入语音电路,就能实现产品自己开口说话,会令产品的人性化、智能化更加提高,语音电路的应用已成为很多产品先声夺人、出奇制胜的法宝。在本章中,我们将带您一起领略语音电路的神奇魅力!

20.1 语音电路基本知识

在日常生活中,我们经常能看到语音提示的例子,如公交报站系统、电话留言、银行取款服务等,给我们带来了极大的便利。这些系统所以会开口"说话",是因为其内部都装有一颗语音芯片,在单片机的控制下,就可以按照事先写好的程序发声工作了。

那么,什么是语音芯片呢?语音芯片就是可以录音和放音的芯片。比较典型的器件产品是美国 ISD 公司生产的 ISD 系列语音芯片。ISD 系列语音芯片采用了模拟数据在半导体存储器直接存储的专利技术,即将模拟语音数据直接写入单个存储单元,不需要经过 A/D 或 D/A 转换,因此能够较好地真实再现语音的自然效果。

ISD 公司生产的语音芯片很多,如 ISD1420、ISD1820、ISD2560、ISD4000 系列等,这里,我们主要以应用较为广泛的 ISD4000 系列芯片为例进行介绍。

20.1.1 ISD4000 系列芯片的组成及特点

ISD4000 系列芯片是美国 ISD 公司制造的一种新款语音芯片,主要包括 ISD4002 系列(2~4 min 录放)、ISD4003 系列(4~8 min 录放)和 ISD4004 系列(8~16 min 录放)3 个子系列。ISD4000 系列工作电压为 3 V,单片录放时间为 2~16 min,音质好,适用于各种语音电子产品。

ISD4000 系列芯片采用 CMOS 技术,内含振荡器、防混淆滤波器、平滑滤波器、音频放大器、自动静音及非易失多级存储阵列等电路,其内部电路框图如图 20-1 所示。芯片的所有操作由单片机控制,操作命令通过 SPI 串行通信接口送入。芯片采用多电平直接模拟量存储技术,每个采样值直接存储在片内闪烁存储器中,因此能够非常真实、自然地再现语音、音乐、音调和效果声,避免了一般固体录音电路因量化和压缩造成的量化噪声和"金属声"。采样频率可为 4.0、5.3、6.4、8.0 kHz，频率越低，录放时间越长，而音质则有所下降。片内信息存储于闪烁存储器中，可在断电情况下保存 100 年（典型值），可反复录音 10 万次。

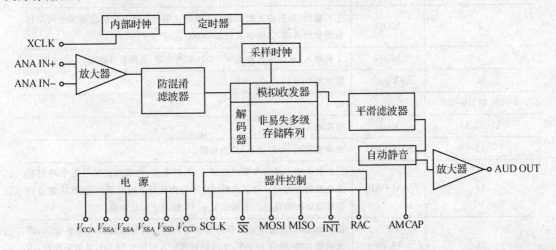

图 20-1　ISD4000 系列芯片内部电路框图

20.1.2　ISD4000 芯片引脚功能

ISD4000 芯片引脚排列如图 20-2 所示，各引脚功能如表 20-1 所列。

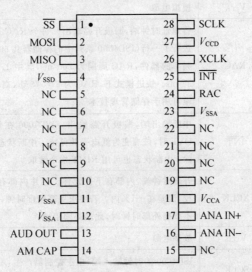

图 20-2　ISD4000 芯片引脚排列

表 20-1　ISD4000 芯片引脚功能

引脚	符号	功能
1	$\overline{SS}$	ISD400 片选端。此端为低电平时，可向 ISD4000 芯片发送指令，两条指令之间为高电平

续表 20-1

引 脚	符 号	功 能
2	MOSI	主机输出/从机输入数据线。主机应在串行时钟上升沿之前半个周期将数据放到该端,以便输入到 ISD4000 芯片
3	MISO	主机输入/从机输出数据线。ISD 未选中时,该端呈高阻态
4	V_{SSD}	数字地
5～10、15、19～22	NC	空
11、12、23	V_{SSA}	模拟地
13	AUD OUT	音频输出端,可驱动 5 kΩ 的负载
14	AM CAP	自动静噪端。通常本端对地接 1 μF 的电容,构成内部信号电平峰值检测电路的一部分。检出的峰值电平与内部设定的阈值作比较,决定自动静噪功能的翻转点。本端接 V_{CCA} 时,则禁止自动静噪
16	ANA IN−	差分驱动时,这是录音信号的反相输入端。信号通过耦合电容输入,最大幅度为峰-峰值 16 mV,本端的标称输入阻抗为 56 kΩ,单端驱动时,本端通过电容接地
17	ANA IN+	这是录音信号的同相输入端。输入放大器可用单端或差分驱动。单端输入时,信号由耦合电容输入,最大幅度为峰-峰值 32 mV,耦合电容和本端的 3 kΩ 输入阻抗决定了芯片频率的低端截止频率。在差分驱动时,信号最大幅度为峰-峰值 16 mV
18	V_{CCA}	模拟电源
24	RAC	行地址时钟端,漏极开路输出。每个 RAC 周期表示 ISD 存储器的操作进行了一行(ISD4000 系列中的存储器共 600 至 2 400 行)。8 kHz 采样频率的器件,RAC 周期为 200 ms,其中 175 ms 保持高电平,低电平为 25 ms。快进模式下,RAC 为 218.75 ms 高电平,31.25 ms 为低电平,该端可用于存储管理技术
25	$\overline{INT}$	中断输出端,漏极开路输出。ISD4000 在任何操作中检测到 EOM 或 OVF 时,该端变为低电平并保持。中断状态在下一个 SPI 周期开始时清除。中断状态也可用 RINT 指令读取
26	XCLK	外部时钟端,内部有下拉元件。芯片内部有采样时钟,并在出厂前已调校,误差在 ±1% 内。若要求更高精度时钟,可从本端输入外部时钟。在不外接外部时钟时,此端必须接地
27	V_{CCD}	数字电源
28	SCLK	ISD4000 的时钟输入端,由主控制器产生,用于同步 MOSI 和 MISO 的数据传输。数据在 SCLK 上升沿锁存到 ISD4000,在下降沿移出 ISD4000

20.1.3 ISD4000 的操作指令

ISD4000 工作于 SPI 串行接口。SPI 是摩托罗拉公司推出的串行扩展接口,它可以使单片机与各种外围设备以串行方式进行通信以交换信息。SPI 总线接口一般使用 4 条线:串行时钟线(SCLK)、主机输入/从机输出数据线 MISO、主机输出/从机输入数据线 MOSI 和低电平有效的从机片选线$\overline{SS}$，由于 SPI 系统总线一共只需 4 位数据和控制线，因此，采用 SPI 总线接口可以简化电路设计，节省很多常规电路中的接口器件和 I/O 口线，提高设计的可靠性。

SPI 总线中，$\overline{SS}$、SCLK 和 MOSI 这 3 个信号由控制器发出，并送到 ISD4000，控制器通过 MISO 信号线可从 ISD4000 中读取数据。

1. ISD4002/4003 操作指令

对于 ISD4002 和 ISD4003，MOSI 信号线向 ISD4002/4003 传送 2 字节指令，第一字节为低 8 位地址(A0～A7)，第二字节为高 3 位地址(A8～A10)和 5 位操作指令。有的指令不需要地址，是单字节指令。

ISD4002/4003 的操作指令如下。

(1) POWERUP 指令——20H

上电指令，等待上电完成后器件可以工作。指令格式如下：

00100XXX

X 可取 0 或 1，一般取 0(下同)。

(2) SET PLAY 指令——E0H＋地址 A0～A10

送出放音指令和放音起始地址。指令格式如下：

11100A10A9A8	A7A6A5A4A3A2A1A0

(3) PLAY 指令——F0H

从当前地址开始放音，直到出现 EOM 或 OVF 为止。指令格式如下：

11110XXX

OVF 是存储器末尾标志，用来指示 ISD 的录、放操作已到达存储器的末尾。EOM 是信息结尾标志，用来指示在放音中检测到信息结尾。

(4) SET REC 指令——A0H＋地址 A0～A10

送出录音指令和录音起始地址。指令格式如下：

10100A10A9A8	A7A6A5A4A3A2A1A0

(5) REC 指令——B0H

从当前地址开始录音，直到出现 OVF 或停止指令。指令格式如下：

10110XXX

(6) SET MC 指令——E8H＋地址 A0～A10

从指令地址开始快进。指令格式如下：

11101A10A9A8	A7A6A5A4A3A2A1A0

(7) MC 指令——F8H

执行快进操作，直到出现 EOM 为止。指令格式如下：

11111XXX

(8) STOP 指令——30H

停止当前操作。指令格式如下：

0X110XXX

(9) STOPWRDN 指令——10H

停止当前操作并掉电。指令格式如下：

0X01XXXX

(10) RINT 指令——30H

读中断状态位 OVF 和 EOM。指令格式如下：

0X110XXX

2. ISD4004 操作指令

对于 ISD4004，MOSI 信号线向 ISD4004 传送 3 字节指令，第一字节为低 8 位地址（A0～A7），第二字节为高 8 位地址（A8～A15），第三字节为 8 位操作指令。有的指令不需要地址，是单字节指令。

ISD4004 的操作指令如下。

(1) POWERUP 指令——20H

上电指令，等待上电完成后器件可以工作。指令格式如下：

00100XXX

X 可取 0 或 1，一般取 0（下同）。

(2) SET PLAY 指令——E0H＋地址 A0～A15

送出放音指令和放音起始地址。指令格式如下：

11100XXX	A15A14A13A12A11A10A9A8	A7A6A5A4A3A2A1A0

(3) PLAY 指令——F0H

从当前地址开始放音，直到出现 EOM 或 OVF 为止。指令格式如下：

11110XXX

(4) SET REC 指令——A0H＋地址 A0～A15

送出录音指令和录音起始地址。指令格式如下：

10100XXX	A15A14A13A12A11A10A9A8	A7A6A5A4A3A2A1A0

(5) REC 指令——B0H

从当前地址开始录音，直到出现 OVF 或停止指令。指令格式如下：

第20章 语音电路实例解析

10110XXX

(6) SET MC 指令——E8H＋地址 A0～A15

从指令地址开始快进。指令格式如下：

| 11101XXX | A15A14A13A12A11A10A9A8 | A7A6A5A4A3A2A1A0 |

(7) MC 指令——F8H

执行快进操作，直到出现 EOM 为止。指令格式如下：

11111XXX

(8) STOP 指令——30H

停止当前操作。指令格式如下：

0X110XXX

(9) STOPWRDN 指令——10H

停止当前操作并掉电。指令格式如下：

0X01XXXX

(10) RINT 指令——30H

读中断状态位 OVF 和 EOM。指令格式如下：

0X110XXX

20.1.4 ISD4000 系列芯片主要参数

ISD4000 系列芯片主要参数如表 20-2 所列。

表 20-2 ISD4000 系列芯片主要参数

型号	存储时间/s	可分段数	信息分辨率/ms	采样频率/kHz	滤波器带宽/kHz	指令格式（指令码＋地址）	指令字节数
ISD4002-120	120	600	200	8.0	3.4	5+11	2
ISD4002-180	180	600	300	5.3	2.3	5+11	2
ISD4002-240	240	600	400	4.0	1.7	5+11	2
ISD4003-04	240	1 200	200	8.0	3.4	5+11	2
ISD4003-06	360	1 200	300	5.3	2.3	5+11	2
ISD4003-08	480	1 200	400	4.0	1.7	5+11	2
ISD4004-08	480	2 400	200	8.0	3.4	8+16	3
ISD4004-16	960	2 400	400	4.0	1.7	8+16	3

20.2 ISD4000 语音开发板制作与实例演练

20.2.1 ISD4000 语音开发板的制作

为了配合下面的演练实例,笔者设计制作了 ISD4000 语音开发板,不但可进行语音录制、播放,而且输入不同的程序,还可开发出不同的智能产品,如语音报站器、语音电子钟等。图 20-3 所示为 ISD4000 语音开发板的电路原理图。

整个开发板系统由电源电路、STC89C51 单片机、ISD4000(可安装 ISD4002、ISD4003 或 ISD4004 型)语音芯片、数码管显示电路、话筒和线路录音输入电路、LM386 功率放大电路以及按键电路等组成。

1. 电源电路

电源电路采用 USB 接口,输入电压为 5 V,为整机主要电路供电,由于 ISD4000 芯片需在 2.7~3.3 V 工作,因此,电路中又加入 LM1117-3.3 稳压块,输出 3.3 V 电压,专为 ISD4000 芯片供电。

2. 单片机

STC89C51 是一款低功耗/低电压、高性能的 8 位单片机,除兼容 8051 单片机外,内部还具有 ISP 在线下载程序等多种新功能,方便我们进行烧写调试。

3. ISD4000

ISD4000 系列有多种芯片,实验时,主要选用 ISD4002-120 或 ISD4004-08 型号;如果选用 ISD4002-120,可录放 120 s 语音信号,分 600 段,其可寻址范围为 000H~258H;如果选用 ISD4004-08,可录放 8 min 语音信号,分 2 400 段,其可寻址范围为 000H~0960H。

从图 20-3 中可以看出,单片机和 ISD4000 之间的连线较少。P1.0 接 ISD4000 的片选引脚 $\overline{SS}$,控制 ISD4000 是否选通;P1.1 接 ISD4000 的 MOSI 串行输入引脚,语音芯片从该引脚读入放音的地址;P1.2 接 ISD 的串行输出引脚 MISO,单片机从该引脚接收从语音芯片传来的信号;P1.3 接 ISD4000 的串行时钟输入端 SCLK,作为 ISD 的时钟输入,用于同步 MOSI 和 MISO 的数据传输;P1.4 接 ISD 芯片的中断引脚 $\overline{INT}$,接收从语音芯片发来的 EOM 信号,获得语音段结束信息,控制其放音或快进操作。

4. 录音输入电路

录音时,输入的音频信号由 ISD4000 的 16、17 脚送到内部电路,经处理后,存储到内部闪存中。由话筒输入的音频信号转化为电信号后,通过晶体管 Q21 放大,耦合到 ISD4000 语音信号的输入端,单端输入时一般信号幅度不超过 32 mV。

5. 放音输出电路

放音时,音频从内部闪存中取出,由 ISD4000 的 13 脚输出,经 LM386 放大后,驱动扬声器或耳机发出声音。

第20章 语音电路实例解析

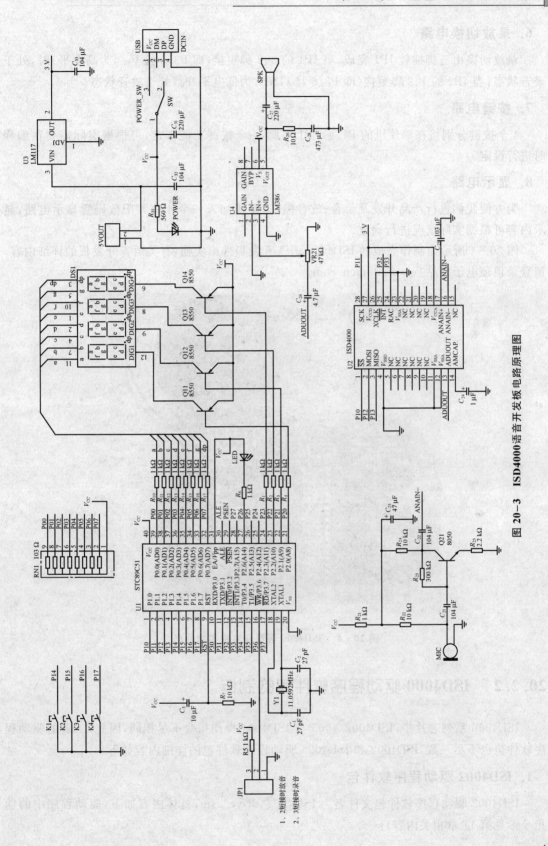

图20-3 ISD4000语音开发板电路原理图

6. 录放切换电路

录放切换由三脚插针 JP1 完成,当 JP1 的 3、2 脚短接(即 P3.6 接 V_{cc},为高电平)时,处于录音状态;当 JP2 的 1、2 脚短接(即 P3.6 接 GND,为低电平)时,处于放音状态。

7. 按键电路

4 个按键分别接在单片机的 P1.4~P1.7 脚,4 个按键功能未定,可根据实际需要在编程时进行设定。

8. 显示电路

为方便我们进行产品开发及录音、放音操作,系统加入一个 4 位共阳数码管显示电路,显示内容可根据实际情况进行确定。

图 20-4 所示为制作完成的 ISD4000 语音开发板外形实物,有关语音开发板的详细内容,请登录顶顶电子网站:www.ddmcu.com。

图 20-4　ISD4000 语音开发板实物外形

20.2.2　ISD4000 驱动程序软件包的制作

ISD4000 系列芯片中,ISD4002/4003 与 ISD4004 操作指令不尽相同,因此,二者的驱动程序软件包也不尽一致,ISD4002 和 ISD4004 驱动程序软件包的详细内容如下。

1. ISD4002 驱动程序软件包

ISD4002 驱动程序软件包文件名为 ISD4002_drive.asm,具体内容如下(驱动程序中的伪指令参见第 11 章相关内容):

第20章 语音电路实例解析

```
            PUBLIC  POWERUP,TRANS_8BIT,POWEROFF,STOP,SETREC,SETPLAY,DELAY_50ms
            CODE_ISD4002 SEGMENT CODE
            SS      EQU     P1.0            ;片选
            SCLK    EQU     P1.1            ;SPI 串行时钟
            MOSI    EQU     P1.2            ;ISD4000 数据输入
            MISO    EQU     P1.3            ;ISD4000 数据输出
            ADDRL   EQU     20H
            ADDRH   EQU     21H
            RSEG    CODE_ISD4002
            ;以下是 ISD 上电子程序
POWERUP:    CLR     SS                      ;开片选
            MOV     A,#20H                  ;上电指令
            ACALL   TRANS_8BIT              ;写 8 位数据
            SETB    SS                      ;关片选
            ACALL   DELAY_50ms              ;50 ms 延时
            ACALL   DELAY_50ms              ;50 ms 延时
            RET
            ;主机通过数据线 MOSI 向 ISD4000 写入 8 位数据子程序
TRANS_8BIT: CLR     SS                      ;开片选
            MOV     R6,#8                   ;8 位
            CLR     SCLK                    ;时钟 SCLK = 0
TRANS1:     MOV     C,ACC.0                 ;ACC 的位送 C
            MOV     MOSI,C                  ;数据写 MOSI
            SETB    SCLK                    ;时钟 SCLK = 1
            RR      A                       ;A 右移
            CLR     SCLK                    ;时钟 SCLK = 0
            DJNZ    R6,TRANS1               ;循环 8 次
            RET                             ;
            ;以下是 ISD 掉电子程序 POWEROFF(停止当前操作,掉电)
POWEROFF:   CLR     SS                      ;开片选
            MOV     A,#10H                  ;停止并掉电指令
            ACALL   TRANS_8BIT              ;调写 8 位数据子程序
            SETB    SS                      ;关片选
            ACALL   DELAY_50ms              ;50 ms 延时
            ACALL   DELAY_50ms              ;50 ms 延时
            RET                             ;
            ;以下是停止当前操作子程序
STOP:       CLR     SS                      ;开片选
            MOV     A,#30H                  ;停止指令
            ACALL   TRANS_8BIT              ;调写 8 位数据子程序
            SETB    SS                      ;关片选
            ACALL   DELAY_50ms              ;50 ms 延时
            ACALL   DELAY_50ms              ;50 ms 延时
            RET
            ;以下是设置录音地址子程序
```

```
SETREC:     MOV    A,ADDRL              ;发低 8 位地址 A7～A0
            ACALL  TRANS_8BIT           ;写 8 位数据
            MOV    A,ADDRH              ;发高 3 位地址 A10～A8
            SETB   ACC.7                ;设置录音指令 10100
            CLR    ACC.6
            SETB   ACC.5
            CLR    ACC.4
            CLR    ACC.3
            ACALL  TRANS_8BIT
            SETB   SS                   ;关片选
            RET
;以下是设置放音地址子程序
SETPLAY:    MOV    A,ADDRL              ;发低 8 位地址 A7～A0
            ACALL  TRANS_8BIT           ;写 8 位数据
            MOV    A,ADDRH              ;发高 3 位地址 A10～A8
            SETB   ACC.7                ;设置放音指令 11100
            SETB   ACC.6
            SETB   ACC.5
            CLR    ACC.4
            CLR    ACC.3
            ACALL  TRANS_8BIT           ;写 8 位数据
            SETB   SS                   ;关片选
            RET
;以下是 50 ms 延时子程序
DELAY_50ms: MOV    R6,#100
D1:         MOV    R7,#250
            DJNZ   R7,$
            DJNZ   R6,D1
            RET
            END
```

2. ISD4004 驱动程序软件包的制作

将 ISD4004 驱动程序软件包中，除 SETREC、SETPLAY 两个子程序不同外，其余子程序与 ISD4002 相同，ISD4004 驱动程序软件包文件名为 ISD4004_drive.asm，具体内容如下：

```
            PUBLIC  POWERUP,TRANS_8BIT,POWEROFF,STOP,SETREC,SETPLAY,DELAY_50ms
            CODE_ISD4004 SEGMENT CODE
            SS    EQU   P1.0            ;片选
            SCLK  EQU   P1.1            ;SPI 串行时钟
            MOSI  EQU   P1.2            ;ISD4000 数据输入
            MISO  EQU   P1.3            ;ISD4000 数据输出
            ADDRL EQU   20H
            ADDRH EQU   21H
            RSEG  CODE_ISD4004
;以下是 ISD 上电子程序(与 ISD4002 相同,略)
;主机通过数据线 MOSI 向 ISD4000 写入 8 位数据子程序(与 ISD4002 相同,略)
```

第 20 章 语音电路实例解析

```
                ;以下是 ISD 掉电子程序 POWEROFF(与 ISD4002 相同,略)
                ;以下是停止当前操作子程序(与 ISD4002 相同,略)
                ;以下是 50 ms 延时子程序(与 ISD4002 相同,略)
                ;以下是设置录音地址子程序
SETREC:         MOV   A,ADDRL              ;发低 8 位地址
                ACALL TRANS_8BIT           ;写第一字节
                MOV   A,ADDRH              ;发高位地址
                ACALL TRANS_8BIT           ;写第二字节
                MOV   A,#0A0H              ;设置录音起始地址命令
                ACALL TRANS_8BIT           ;写第三字节
                SETB  SS                   ;关片选
                RET
                ;以下是设置放音地址子程序
SETPLAY:        MOV   A,ADDRL              ;发低 8 位地址
                ACALL TRANS_8BIT           ;写第一字节
                MOV   A,ADDRH              ;发高 8 位地址
                ACALL TRANS_8BIT           ;写第二字节
                MOV   A,#0E0H              ;设置放音起始地址命令
                ACALL TRANS_8BIT           ;写第三字节
                SETB  SS                   ;关片选
                RET
                END
```

20.2.3 实例解析——语音的录制与播放

1. 实现功能

在 ISD4000 语音开发板上(语音芯片为 ISD4004-08)进行语音的录制与播放实验:

先将 JP1 插针置于录音位置,进行录音操作,录音时,按住 K1 键(接于 P1.4 脚,此键定义为执行键)不动,对着话筒可录音,松开 K1 键,一段录音结束,再按住 K1 键,可进行第二段、第三段……的录音。在录音状态下按一下 K2 键(接于 P1.5 脚,此键定义为返回键),返回到第一段位置。

断电,再将 JP1 置于放音位置,进行放音操作,放音时,按一下 K1 键,开始播放第一段,播放完成后停止,再按 K1 键,可播放第二段、第三段……在放音状态下按一下 K2 键,返回到第一段位置。

2. 源程序

根据要求,编写的源程序如下:

```
        EXTRN CODE(POWERUP,TRANS_8BIT,POWEROFF,STOP,SETREC,SETPLAY,DELAY_50ms)
SS     EQU   P1.0         ;片选
SCLK   EQU   P1.1         ;SPI 串行时钟
MOSI   EQU   P1.2         ;ISD4000 数据输入
MISO   EQU   P1.3         ;ISD4000 数据输出
LED    EQU   P2.6         ;指示灯
```

```
                INT     EQU  P3.2              ;外中断
                OP_KEY  EQU  P1.4              ;执行按键
                RES_KEY EQU  P1.5              ;返回按键
                PR      EQU  P3.6              ;录音/放音转换标志,PR=1录音,PR=0放音
                ADDRL   EQU  20H               ;低位地址
                ADDRH   EQU  21H               ;高位地址
                ORG     0000H                  ;程序开始
                AJMP    MAIN                   ;调主程序
                ORG     0030H                  ;主程序从0030H开始
        MAIN:   MOV     SP,#60H                ;堆栈初始化
                MOV     P1,#0FFH               ;P1置1
                MOV     P2,#0FFH               ;P2置1
                MOV     P3,#0FFH               ;P3置1
                MOV     P0,#0FFH               ;P0置1
                CLR     EA                     ;关中断
        START:  SETB    LED                    ;关指示灯
                ACALL   POWEROFF               ;调ISD掉电子程序
                JB      OP_KEY,$               ;等按下OP_KEY键
                ACALL   DELAY_10ms             ;延时去抖动
                JB      OP_KEY,$               ;等待OP_KEY键按下
                ACALL   POWERUP                ;若OP_KEY键确实按下,ISD上电
                MOV     ADDRL,#00H             ;送ISD低位地址
                MOV     ADDRH,#00H             ;送ISD高位地址
                JB      PR,TO_REC              ;若PR=1,则执行录音操作
                AJMP    TO_PLAY                ;若PR=0,则执行放音操作
        TO_REC: ACALL   SETREC                 ;调设置录音地址子程序
        REC1:   MOV     R1,#10                 ;延时10次
        REC2:   ACALL   DELAY_50ms             ;延时50 ms
                DJNZ    R1,REC2                ;共延时0.5 s后开始录音
                CLR     LED                    ;开指示灯
                MOV     A,#0B0H                ;调开始录音指令
                ACALL   TRANS_8BIT             ;调写8位数据子程序
                SETB    SS                     ;关片选
                JNB     INT,REC4               ;若INT为0,说明到存储器末尾,跳转到REC4
                JNB     OP_KEY,$               ;等按OP_KEY键释放
                SETB    LED                    ;若OP_KEY键释放,关指示灯
                ACALL   STOP                   ;停止当前操作
        REC3:   JNB     RES_KEY,REC4           ;若RES_KEY按下,跳转到REC4
                JB      OP_KEY,REC3            ;若RES_KEY未按下,跳转到REC5,等待OP_KEY键按下
                                               ;准备录制下一段
                AJMP    REC1                   ;跳转到REC1,准备录制下一段
        REC4:   CLR     SCLK                   ;时钟SCLK=0
                SETB    SS                     ;关片选
                ACALL   STOP                   ;停止当前操作
                AJMP    START                  ;跳转到START重新开始
```

第20章 语音电路实例解析

```
TO_PLAY:    JNB   OP_KEY,$           ;等待 OP_KEY 键释放
            ACALL SETPLAY            ;调设置放音地址子程序
PLAY1:      CLR   LED                ;开 LED 指示灯
            MOV   A,#0F0H            ;送放音指令
            ACALL TRANS_8BIT         ;调写 8 位数据子程序
            SETB  SS                 ;关片选
PLAY2:      JNB   RES_KEY,PLAY4      ;若 RES_KEY 键按下,则停止放音
            JB    INT,PLAY2          ;若 OVF 或 EOM 为 1,说明未到存储器或信息尾,继续放音
            SETB  LED                ;若 OVF 或 EOM 为 0,说明到存储器或信息尾,关指示灯
            ACALL STOP               ;停止当前操作
PLAY3:      JNB   RES_KEY,PLAY4      ;若按下 RES_KEY 键,跳转到 PLAY4,复位
            JB    OP_KEY,PLAY3       ;等待 OP_KEY 键按下
            AJMP  PLAY1              ;若 OP_KEY 键按下,顺序放音
PLAY4:      CLR   SCLK               ;时钟 SCLK = 0
            SETB  SS                 ;关片选
            ACALL STOP               ;停止当前操作
            AJMP  START              ;跳转到 START 重新开始
            ;以下是 10 ms 延时子程序
DELAY_10ms: (略,见光盘)
            END
```

3. 源程序释疑

本例源程序比较简单,程序开始时,首先检测 JP1 插针的短接位置(接于单片机 P3.6 脚),若处于录音状态(P3.6 为高电平),则跳转到录音程序进行录音操作;若处于放音状态(P3.6 为低电平),则跳转到放音程序进行放音操作;在放音时,若按下了返回键(接于单片机的 P1.5 脚),则重新回到放音起始地址 0000H 处。

4. 实现方法

① 打开 Keil c51 软件,建立工程项目,再建立一个名为 ch20_1.asm 的源程序文件,输入上面的源程序。

② 在工程项目中,再将前面制作的驱动程序软件包 ISD4004_drive.asm 添加进来。

③ 单击"重新编译"按钮,对源程序 ch20_1.asm 和 ISD4004_drive.asm 进行编译和链接,产生 ch20_1.hex 目标文件。

④ 把 ch20_1.hex 文件下载到 STC89C51 单片机中(可用 DD-900 实验开发板进行下载),再将 STC89C51 取下,插入到 ISD4000 语音开发板上,给语音开发板通电,先将 JP1 置于录音位置进行录音,断电后再将 JP1 置于放音位置,再通电,并试听放音效果是否正常。

该实验源程序和语音驱动程序软件包在随书光盘的 ch20\ch20_1 文件夹中。

如果要进行 ISD4002 语音芯片实验,请将 ISD4000 语音开发板上的 ISD4004 取下,装上 ISD4002,然后,移去 ISD4004_drive.asm 驱动程序软件包,加载 ISD4002_drive.asm 驱动程序软件包,重新编译链接即可。

本章有关语音电路的知识及演练就简单介绍到这里。在《轻松玩转 51 单片机 C 语言》一书中,我们还将继续演练语音报站器、语音电子钟等更加精彩的内容。

第 21 章

LED 点阵屏实例解析

还记得北京奥运会开幕式开始时的倒计时过程吗？点阵屏显示从 60 开始，先以 10 为单位，数字依次递减为 50、40、30、20、10，从 10 之后，再以 1 为单位，依次递减为 9、8、7、6、5、4、3、2、1 结束，之后，开幕式正式开始！这一精彩绝伦的倒计时过程至今让我们记忆犹新！实际上，显示倒计时的点阵屏就是我们本章要介绍的 LED 点阵显示屏，也称 LED 点阵屏。LED 点阵屏是一种可以显示图文的显示器件，字体亮丽，适合远距离观看，很容易吸引人的注意力，有着非常好的告示效果。LED 点阵屏比霓虹灯简单，容易安装和使用，是很好的户内外视觉媒体。随着 LED 点阵技术的进步和价格的降低，现在已逐步走进大小店铺，为普通大众所接受。在本章中，我们将带领读者了解 LED 点阵屏的原理，学会制作 LED 点阵屏硬件电路并编写相应的显示程序。

21.1 LED 点阵屏基本知识

21.1.1 LED 点阵屏的分类

LED 点阵屏是以发光二极管 LED 为像素点，通过环氧树脂和塑模封装而成。LED 点阵屏具有高亮度、功耗低、引脚少、视角大、寿命长、耐湿、耐冷热、耐腐蚀等特点。

LED 点阵屏有 4×4、4×8、5×7、5×8、8×8、16×16、24×24、40×40 等多种规格；其中，8×8 规格点阵屏应用最为广泛。

根据显示颜色的数目，LED 点阵屏分为单色、双基色、全彩色等几种。

单色 LED 点阵显示屏只能显示固定的色彩，如红、绿、黄等单一颜色。通常这种屏用来显示比较简单的文字和图案信息，例如商场、酒店的信息牌等。

双基色和全彩色 LED 点阵屏所显示内容的颜色由不同颜色的发光二极管点阵组合方式来决定，如红绿都亮时可显示黄色，若按照脉冲方式控制二极管的点亮时间，则可实现 256 级或更高级灰度显示，即可实现全彩色显示。

根据驱动方式的不同，LED 点阵屏分为电脑驱动型和单片机驱动型两种工作方式。

电脑驱动型的特点是，LED 点阵屏由计算机驱动，不但可以显示字形、图形，还可以显示多媒体彩色视频内容，但其造价较高。

第 21 章　LED 点阵屏实例解析

单片机驱动型的特点是,其体积小、重量轻、成本较低,有基础的无线电爱好者,经过简单的学习,只需要购置少量的元器件,都可以自己动手制作 LED 点阵屏了。

21.1.2　LED 点阵屏的结构与测量

8×8 规格 LED 点阵屏的外形及引脚排列如图 21-1 所示。

从图中可以看出,8×8 规格 LED 点阵屏的引脚排列顺序为:从 LED 点阵屏的正面观察(俯视)左下角为 1 脚,按逆时针方向,依次为 1~16 脚。

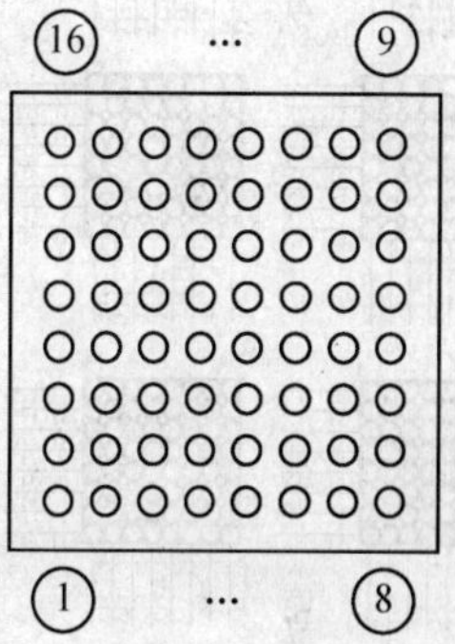

LED 点阵屏内部由 8×8 共 64 个发光二极管组成,其内部结构如图 21-2 所示。

从图中可以看出,每个发光二极管是放置在行线和列线的交叉点上,当对应的某一列置低电平、某一行置高电平时,则相应的发光二极管就点亮;因此,通过控制不同行列电平的高低,就可以实现显示不同效果的目的。

LED 点阵屏是否正常,可用数字万用表进行判断,方法是:将数字万用表的红表笔接点阵屏的 9 脚,黑表笔接点阵屏的 13 脚,根据图 21-2 可知,9、13 脚接的是一只发光二极管,因此,点阵屏左上角的发光二极管应点亮,若不亮,说明该发光二极管像素点损坏;采用同样的方法,可判断出其他发光二极管像素点是否损坏。

图 21-1　8×8 规格 LED 点阵屏的外形及引脚排列

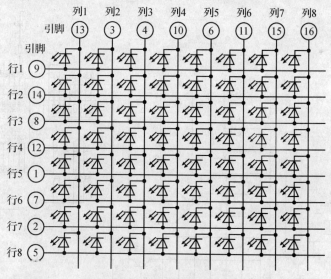

图 21-2　LED 点阵屏的结构

21.2　LED 点阵屏开发板的制作

为了配合下面的演练实例,笔者设计并制作了 LED 点阵屏开发板,利用该开发板可实现汉字和图像的静态或动态显示,通过编写程序,还可实现更多的功能。图 21-3 所示为 LED 点阵屏开发板的电路原理图。

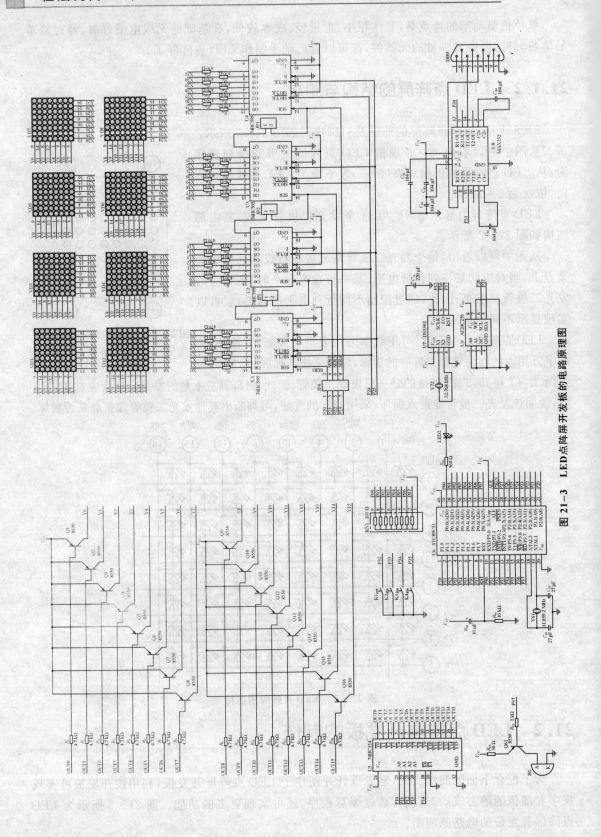

图 21-3　LED 点阵屏开发板的电路原理图

第 21 章 LED 点阵屏实例解析

从图中可以看出，整个开发板系统由一片 STC89C51 单片机、一片 4－16 译码器 74HC154（也可采用 2 片 3－8 译码器 74HC138）、4 片串行输入-并行输出移位寄存器 74HC595、一片 RS232 接口芯片 MAX232、一片时钟芯片 DS1302、一片 256 KB 串行 EEPROM 存储器 AT24C256（开发板上留有此插座，未安装芯片）、8 块 8×8 规格 LED 点阵屏（组成二块 16×16 规格 LED 点阵屏）、16 只行驱动晶体管等组成，电路组成框图如图 21－4 所示。

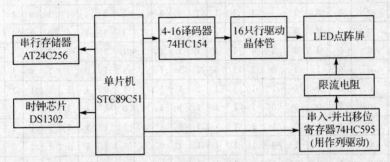

图 21－4　LED 点阵屏开发板电路框图

21.2.1　4－16 译码器 74LS154

74LS154 芯片能将 4 位二进制数的编码输入译成 16 个彼此独立的有效低电平输出，它们都具有两个低电平选通输入控制端。74LS154 的引脚排列如图 21－5 所示，其译码表如表 21－1 所列。

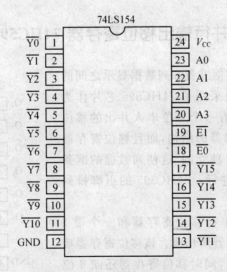

图 21－5　74LS154 的引脚排列

表 21-1　4-16 线译码器 74LS154 的译码表

输入						输出															
$\overline{E0}$	$\overline{E1}$	A3	A2	A1	A0	\multicolumn{16}{c}{$\overline{Y15}\sim\overline{Y0}$}															
0	0	0	0	0	0	1	1	1	1	1	1	1	1	1	1	1	1	1	1	1	0
0	0	0	0	0	1	1	1	1	1	1	1	1	1	1	1	1	1	1	1	0	1
0	0	0	0	1	0	1	1	1	1	1	1	1	1	1	1	1	1	1	0	1	1
0	0	0	0	1	1	1	1	1	1	1	1	1	1	1	1	1	1	0	1	1	1
0	0	0	1	0	0	1	1	1	1	1	1	1	1	1	1	1	0	1	1	1	1
0	0	0	1	0	1	1	1	1	1	1	1	1	1	1	1	0	1	1	1	1	1
0	0	0	1	1	0	1	1	1	1	1	1	1	1	1	0	1	1	1	1	1	1
0	0	0	1	1	1	1	1	1	1	1	1	1	1	0	1	1	1	1	1	1	1
0	0	1	0	0	0	1	1	1	1	1	1	1	0	1	1	1	1	1	1	1	1
0	0	1	0	0	1	1	1	1	1	1	1	0	1	1	1	1	1	1	1	1	1
0	0	1	0	1	0	1	1	1	1	1	0	1	1	1	1	1	1	1	1	1	1
0	0	1	0	1	1	1	1	1	1	0	1	1	1	1	1	1	1	1	1	1	1
0	0	1	1	0	0	1	1	1	0	1	1	1	1	1	1	1	1	1	1	1	1
0	0	1	1	0	1	1	1	0	1	1	1	1	1	1	1	1	1	1	1	1	1
0	0	1	1	1	0	1	0	1	1	1	1	1	1	1	1	1	1	1	1	1	1
0	0	1	1	1	1	0	1	1	1	1	1	1	1	1	1	1	1	1	1	1	1
0	1	×	×	×	×	1	1	1	1	1	1	1	1	1	1	1	1	1	1	1	1
1	0	×	×	×	×	1	1	1	1	1	1	1	1	1	1	1	1	1	1	1	1
1	1	×	×	×	×	1	1	1	1	1	1	1	1	1	1	1	1	1	1	1	1

21.2.2　串行输入-并行输出移位寄存器 74HC595

　　为解决串行传输中列数据准备和列数据显示之间的矛盾问题，LED 点阵开发板采用了 74HC595 芯片作为列驱动。因为 74HC595 具有一个 8 位串入并出的移位寄存器和一个 8 位输出锁存器的结构，而且移位寄存器和输出锁存器的控制是各自独立的，这使列数据的准备和列数据的显示可以同时进行。74HC595 的引脚排列如图 21-6 所示。

　　74HC595 由一个 8 位串行移位寄存器和一个带 3 态并行输出的 8 位 D 型锁存器所构成。该移位寄存器接收串行数据和提供串行输出，同时移位寄存器还向 8 位锁存器提供并行数据。移位寄存器和锁存器具有单独的时钟输入端。该器件还有一个用于移位寄存器的异步复位端。74HC595 的内部结构如图 21-7 所示。

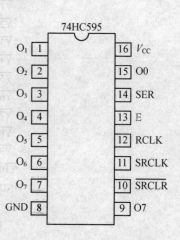

图 21-6　74HC595 的引脚排列

第 21 章　LED 点阵屏实例解析

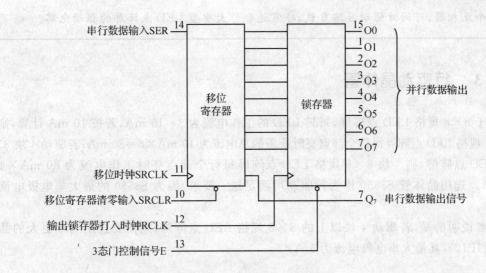

图 21-7　74HC595 的内部结构

74HC595 的引脚功能如表 21-2 所列。

表 21-2　74HC595 的引脚功能

引　脚	符　号	功　能
15、1～7	O0～O7	并行数据输出端
8	GND	地
9	Q7	串行数据输出端
10	$\overline{\text{SRCLR}}$	移位寄存器的清零输入端。当其为低时,移位寄存器的输出全部为 0
11	SRCLK	移位寄存器的移位时钟脉冲。在其上升沿将 SER 的数据打入。移位后的各位信号出现在各移位寄存器的输出端
12	RCLK	输出锁存器的打入时钟信号。其上升沿将移位寄存器的输出打入到输出锁存器。由于 SRCLK 和 RCLK 两个信号是互相独立的时钟,所以能够做到输入串行移位与输出锁存互不干扰
13	E	3 态门的开放信号。只有当其为低时,移位寄存器的输出才开放,否则成高阻态
14	SER	串行数据输入端
16	V_{CC}	电源

由于 74HC595 具有存储寄存器(锁存器),因此,数据传送时不会立即出现在输出引脚上;只有在给 RCLK 上升沿后,才会将数据集中输出。因此,该芯片比常用 74HC164 芯片更适于快速和动态地显示数据。

由于 74HC595 的拉电流和灌电流的能力都很强(典型值为 35 mA),因此,LED 点阵屏既可以使用共阳的,也可以使用共阴的。我们这里采用的是共阳型的。

专家点拨:74HC595 芯片的驱动能力很强(驱动电流典型值为 35 mA),可以直接驱动小型的 LED 点阵屏,但对于大中型的 LED 点阵屏,则需要增加一级驱动电路,如常用的达林顿晶体管阵列芯片 ULN2803,其吸收电流可达 500 mA,具有很强的低电平驱动能力,ULN2803

内含8个反相器,可同时驱动8路负载,非常适合作大中型LED点阵屏的驱动电路。

21.2.3　行驱动晶体管

对于8×8规格LED点阵屏,每只LED的工作电流为3～10 mA,若按10 mA计算,则每块8×8规格LED点阵屏每行全部点亮时所需的总电流为10 mA×8＝80 mA;若驱动4块8×8规格LED点阵屏,则4块8×8规格LED点阵屏每行全部点亮时工作电流为80 mA×4＝320 mA。选用晶体管S8550作为行驱动可满足这一要求,因为S8550的最大集电极电流为500 mA。

需要说明的是,若驱动4块以上的8×8规格LED点阵屏,则需要选用功率更大的晶体管,如TIP127(其最大集电极电流为5 A)。

21.2.4　数据存储电路

数据存储电路由串行EEPROM芯片AT24C256组成。AT24C256是一个256KB串行存储器,具有掉电后数据不丢失的特点,AT24C256采用I^2C协议与单片机通信,单片机STC89C51通过读SDA和SCL脚,来读取AT24C256中的内容,并将其中的内容显示在LED点阵屏上,另外,也可以通过上位机(PC)将编辑好的数据内容下载到AT24C256芯片内,以便单片机随时进行读取。

在LED点阵屏开发板上,安装有AT24C256插座,但芯片未装(因为在下面的实例演练中未用到该芯片),读者在编程时,可根据实际情况自行加装。

21.2.5　时钟电路

时钟电路由DS1302芯片为核心构成,有关DS1302的详细知识,请参考本书第12章相关内容。

21.2.6　RS232接口电路

RS232接口电路由MAX232等组成,主要完成与PC通信,该芯片比较常用,这里不再介绍。

21.2.7　按键电路

LED点阵屏开发板上设置有4个按键K1～K4,分别接在STC89C51单片机的P3.2～P3.5脚,按键功能可根据实际编程进行定义。

图21-8所示为制作完成的LED点阵屏开发板实物图,有关该开发板的详细内容,请登录顶顶电子网站:www.ddmcu.com。

第 21 章　LED 点阵屏实例解析

图 21-8　LED 点阵屏开发板实物图

21.3　汉字显示原理及扫描码的制作

21.3.1　汉字显示的基本原理

国际汉字库中的每个汉字由 16 行 16 列的点阵组成，即每个汉字由 256 点阵来表示，实际上，汉字是一种特殊的图形，在 256 点阵范围内，可以显示任何图形。

无论显示图形还是文字，只要控制图形或文字的各个点所在位置相对应的 LED 发光，就可以得到我们想要的显示结果，这种同时控制各个发光点亮灭的方法称为静态扫描方式。

一个 16×16 点阵屏（由 4 个 8×8 点阵屏组成）共有 256 个发光二极管，显然，如果采用静态扫描方式，单片机没有这么多端口，况且在实际应用中，往往要采用多个 16×16 点阵屏，这样，所需的控制端口更多。因此在实际应用中，LED 点阵屏一般都不采用静态扫描方式，而采用另一种称为动态扫描的显示方式。

所谓动态扫描，简单地说就是逐行轮流点亮，这样扫描驱动电路就可以实现 16 行的同名列共用一套列驱动器。由于 51 单片机为 8 位单片机，因此，需要将一个字拆为 2 个部分，一般把它拆为左半部和右半部，左半部由 16×8 点阵组成，右半部也由 16×8 点阵组成。

扫描时，先送出第一行右半部发光管亮灭的数据（扫描码）并锁存，再送出左半部发光管亮灭的数据（扫描码）并锁存，然后选通第一行，使其燃亮一定的时间，然后熄灭；按照同样的方法，再送出第二行右半部分、左半部分数据，选通第二行；再送出第三行右半部分、左半部分数据，选通第三行……第十六行之后，又重新燃亮第一行，反复轮回。当这样轮回的速度足够快（每秒 40 次以上），由于人眼的视觉暂留现象，就能看到 LED 点阵屏上稳定的图形了。

为什么送出数据时先送右半部分再送左半部分呢？这是因为，扫描一个汉字时，需要由 2 片 74HC595 芯片进行驱动，而这 2 片 74HC595 一般采用串接的方式进行连接，这样，

74HC595接收数据时,数据会依次从左往右传。具体来说,第1次送出来的数据会先锁存在第1片74HC595上,在单片机送出第2个数据后,第1个数据往右传,这样,第1个数据被传送到第2个74HC595上,而第2个数据则停留在第1个74HC595上。因此,在传送数据时,一定要先传送右边的数据,再传送左边的数据,这样,LED点阵屏才会显示出正确的汉字和图形,否则,会发现左右颠倒的现象。

那么,如何才能先送右半部分数据,再送左半部分呢?这由编程时进行确定,我们会在下面实例演练中进行说明。

21.3.2 扫描码的制作

下面以显示"大"字为例,来说明扫描码的制作方法:

汉字"大"的扫描码一般通过LED点阵字模提取软件来提取,这里,我们选用一款十分易用的"畔畔字模提取软件",这是一款绿色软件,无需安装,双击即可运行,运行界面如图21-9所示。

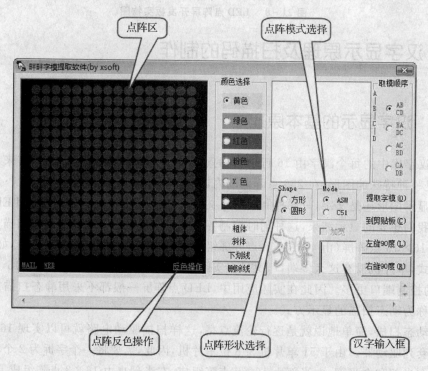

图21-9 畔畔字模提取软件运行界面

制作"大"的扫描码时,在"点阵形状选择"(Shape)框中选择"圆形","点阵模式选择"(Mode)框中选择"ASM"(汇编),取模顺序选择第一项(最上面一项),然后,在汉字输入框中输入"大",此时,在点阵区即出现"大"字的点阵图,如图21-10所示。

单击图中的"提取字模"按钮,即可在下面的字模输出区输出"大"字的字模,共32个数据:

01H,00H,01H,00H,01H,00H,01H,00H,01H,04H,0FFH,0FEH,01H,00H,02H,80H
02H,80H,02H,40H,04H,40H,04H,20H,08H,10H,10H,0EH,60H,04H,00H,00H.

第 21 章　LED 点阵屏实例解析

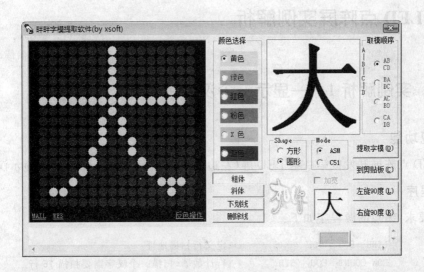

图 21-10　"大"字的点阵图

这 32 个数据中,第 1 个数据 01H 表示"大"字在第一行左半部的扫描码,第 2 个数据 00H 表示"大"字在第一行右半部的扫描码;第 3 个数据 01H 表示"大"字在第二行左半部的扫描码,第 4 个数据 00H 表示"大"字在第二行右半部的扫描码……第 31 个数据 00H 表示"大"字在第十六行左半部的扫描码,第 32 个数据 00H 表示"大"字在第十六行右半部的扫描码。

另外需要说明的是,如果需要反相的扫描码,请单击"反色操作"按钮,此时,输出的字形会反相,如图 21-11 所示。

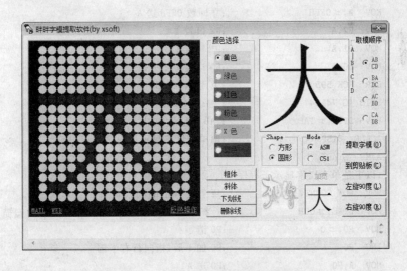

图 21-11　"大"字的反相点阵图

再单击"提取字模"按钮,即可在下面的字模输出区输出"大"字的反相字模,共 32 个数据:

0FEH,0FFH,0FEH,0FFH,0FEH,0FFH,0FEH,0FFH,0FEH,0FBH,00H,01H,0FEH,0FFH,0FDH,7FH
0FDH,7FH,0FDH,0BFH,0FBH,0BFH,0BFH,0DFH,0F7H,0EFH,0EEH,0F1H,9FH,0FBH,0FFH,0FFH

21.4　LED 点阵屏实例解析

21.4.1　实例解析 1——显示一个汉字

1. 实现功能

在 LED 点阵屏开发板第一组 LED 屏(左边的 4 个 8×8 规格 LED 屏)上显示汉字"大"。

2. 源程序

根据要求,编写的源程序如下:

```
                LINE       EQU   50H           ;定义行扫描地址
                ROW_COUNT  EQU   51H           ;行计数器,扫描一个汉字需要扫描 16 行
                SDATA_595  EQU   P2.0          ;串行数据输入
                SCLK_595   EQU   P2.4          ;移位时钟脉冲
                RCK_595    EQU   P2.5          ;输出锁存器控制脉冲
                G_74154    EQU   P1.4          ;显示允许控制信号端口
                ORG    0000H
                AJMP   MAIN
                ORG    0030H
                ;以下是主程序
        MAIN:   MOV    SP,#70H                 ;堆栈初始化
                MOV    A,#0FFH                 ;立即数 0FFH 送 A
                MOV    P2,A                    ;P2 口置 1
                MOV    P1,A                    ;P1 口置 1
                MOV    P0,A                    ;P0 口置 1
                CLR    RCK_595                 ;关闭 74HC595
                SETB   G_74154                 ;关闭 74HC154
        START:  MOV    DPTR,#TAB               ;TAB 基址送 DPTR
                ACALL  DISP                    ;调单个汉字显示子程序
                AJMP   START
                ;以下是单个汉字显示子程序
        DISP:   MOV    ROW_COUNT,#16           ;每个汉字有 16 行
                MOV    LINE,#00H               ;行扫描地址初值为 00,即从第 1 行开始扫描
                MOV    R0,#0                   ;R0 清零
        NEXT:   INC    R0                      ;R0 加 1 后,指向行右半部
                MOV    A,R0                    ;R0 送 A
                MOVC   A,@A+DPTR               ;查表,求出行右半部扫描码
                LCALL  WR_595                  ;调 74HC595 移位寄存器接收数据子程序
                DEC    R0                      ;R0 减 1 后,指向行左半部
                MOV    A,R0                    ;R0 送 A
                MOVC   A,@A+DPTR               ;查表,求出行左半部扫描码
                LCALL  WR_595                  ;调 74HC595 移位寄存器接收数据子程序
```

第 21 章 LED 点阵屏实例解析

```
            SETB  G_74154          ;关行显示,准备刷新
            NOP
            NOP
            NOP
            SETB  RCK_595          ;上升沿将数据送到 74HC595 输出锁存器
            NOP
            NOP
            CLR   RCK_595          ;恢复低电平
            INC   R0               ;R0 加 1
            INC   R0               ;R0 再加 1 后,指向下一行数据地址
            CLR   G_74154          ;74HC154 工作,使该行显示
            NOP
            NOP
            MOV   A,LINE           ;扫描行地址送 A,初始值为 0,即从第 1 行开始扫描
            MOV   P1,A             ;将行扫描地址输出
            ACALL DELAY_1ms        ;调 1ms 延时子程序
            INC   LINE             ;LINE 加 1,指向下一行
            DJNZ  ROW_COUNT,NEXT   ;16 行显示完了吗?若未显示完,跳转到 NEXT 继续扫描
            RET
            ;以下是 74HC595 移位寄存器接收数据子程序
WR_595:     MOV R7,#08H
WR_LOOP:    RRC A
            MOV SDATA_595,C
            SETB SCLK_595          ;上升沿发生移位
            NOP
            NOP
            NOP
            NOP
            CLR SCLK_595
            DJNZ R7,WR_LOOP
            RET
            ;以下是 1 ms 延时子程序
DELAY_1ms:  (略,见光盘)
            ;以下是汉字"大"的字模数据
TAB:        DB 0FEH,0FFH,0FEH,0FFH,0FEH,0FFH,0FEH,0FFH,0FBH,00H,01H,0FEH,0FFH,0FDH,7FH
            DB 0FDH,7FH,0FDH,0BFH,0FBH,0BFH,0FBH,0DFH,0F7H,0EFH,0EFH,0F1H,9FH,0FBH,
            0FFH,0FFH
            END
```

3. 源程序释疑

本例源程序比较简单,首先使 R0 加 1,指向行的第一行右半部数据,调 74HC595 移位寄存器接收数据子程序,将第一行右半部数据输入到 74HC595;然后,再使 R0 减 1,指向行的左半部数据,调 74HC595 移位寄存器接收数据子程序,再将第一行左半部数据输入到 74HC595;输入完两个列数据后,控制第一行开始显示,并调用 1 ms 延时子程序,使第一行显

示 1 ms 后关显示;第一行显示完成后,再使 R0 两次加 1,指向第二行的数据;同时,使 LINE 加 1,指向第二行,使第二行显示 1 ms 后关显示;按照同样的方法,依次显示第三行……直至第十六行。

在程序中,设置了行计数器 ROW_COUNT,其初始值为 16,每显示一行,ROW_COUNT 减 1,如果 ROW_COUNT 减到 0,说明 16 行(一帧)显示完毕,即完成一个汉字的显示。

另外,在该程序中,扫描一行延时时间 1 ms,扫描一帧(16 行)用时为 16 ms,扫描频率为 (1/0.016)Hz=62.5 Hz,由于这个扫描频率足够快,因此,人眼不会感觉到闪烁的现象。

读者可以试着将 1 ms 延时时间改为 2 ms 或更多,再实验一下,你看到了什么?是不是"大"字开始闪烁了!

4. 实现方法

① 打开 Keil c51 软件,建立工程项目,再建立一个名为 ch21_1.asm 的源程序文件,输入上面的源程序。对源程序进行编译,产生 ch21_1.hex 目标文件。

② 为 LED 点阵屏开发板供电,短接 JP1 插针(使前二只 74HC595 串联),同时将 JP4 的 P20、SER1 插针短接(从第一只 74HC595 输入数据);JP2、JP3 插针不用短接(后二只 74HC595 暂停工作)。

③ 将 STC89C51 单片机插入到单片机插座,把 ch21_1.hex 文件下载到 STC89C51 中,观察显示的汉字是否正常。

该实验源程序在随书光盘的 ch21\ch21_1 文件夹中。

5. 总结提高

以上显示"大"字源程序采用的是顺序方式,其实,也可以采用定时中断方式,源程序如下:

```
            LINE       EQU    50H         ;定义行扫描地址
            ROW_COUNT  EQU    51H         ;行计数器,扫描一个汉字需要扫描16行
            SDATA_595  EQU    P2.0        ;串行数据输入
            SCLK_595   EQU    P2.4        ;移位时钟脉冲
            RCK_595    EQU    P2.5        ;输出锁存器控制脉冲
            G_74154    EQU    P1.4        ;显示允许控制信号端口
            FRAM_FLAG  EQU    20H.0       ;帧结束标志位
            ORG    0000H
            LJMP   MAIN
            ORG    000BH                  ;定时器T0中断入口地址
            LJMP   TIME0                  ;跳转到定时器T0中断服务程序
            ORG    0030H
    MAIN:   CLR    FRAM_FLAG              ;帧结束标志位清零
            MOV    A,#0FFH
            MOV    P1,A                   ;P1口置1
            MOV    P2,A                   ;P2口置1
            MOV    P3,A                   ;P3口置1
            MOV    P0,A                   ;P0口置1
            CLR    RCK_595
            MOV    TMOD,#01H              ;定时器T0工作方式1
```

第 21 章　LED 点阵屏实例解析

```
              MOV   TH0,#0FCH        ;计数初值高位,定时时间为 1 ms
              MOV   TL0,#66H         ;计数初值低位,定时时间为 1 ms
              SETB  EA               ;开总中断
              SETB  ET0              ;开定时器 T0 中断
              MOV   SP,#70H          ;堆栈初始化
START:        MOV   DPTR,#TAB        ;取表首址
              ACALL DISP             ;调单个汉字显示子程序
              AJMP  START            ;跳转到 START
;以下是单个汉字显示子程序
DISP:         MOV   R1,#63           ;汉字显示停留时间为 63×16 ms,约 1 s
DISP1:        MOV   LINE,#00H        ;行扫描地址初值为 00,即从第一行开始扫描
              MOV   R0,#00H          ;查表偏址(从第一个字开始)
              SETB  TR0              ;启动定时器 T0,开扫描(每次一帧)
WAIT:         JBC   FRAM_FLAG,DISP2  ;若标志位为 1,表示扫描一帧结束,跳转到 DISP2,并清零标
                                      志位
              AJMP  WAIT             ;若 FRAM_FLAG 标志位为 0,说明未扫描一帧,继续扫描
DISP2:        DJNZ  R1,DISP1         ;汉字显示停留时间为 63×16 ms,约 1 s
              RET
;以下是定时器 T0 中断服务程序
TIME0:        PUSH  ACC
              MOV   TH0,#0FCH        ;重装计数初值,定时时间为 1 ms
              MOV   TL0,#66H         ;重装计数初值,定时时间为 1 ms
              INC   R0               ;R0 加 1,指向行右半部
              MOV   A,R0             ;偏址送 A
              MOVC  A,@A+DPTR        ;查表,求出扫描码
              LCALL WR_595           ;74HC595 移位寄存器接收数据
              DEC   R0               ;R0 减 1,指向行左半部
              MOV   A,R0             ;偏址送 A
              MOVC  A,@A+DPTR        ;查表
              LCALL WR_595           ;74HC595 移位寄存器接收数据
              SETB  G_74154          ;关行显示,准备刷新
              NOP
              NOP
              SETB  RCK_595          ;产生上升沿,数据打入输出端
              NOP
              NOP
              CLR   RCK_595          ;恢复低电平
              MOV   A,LINE           ;行扫描地址送 A
              MOV   P1,A             ;送 P1 口
              CLR   G_74154          ;开行显示
              INC   LINE             ;指向下一行扫描地址值
              INC   R0               ;R0 加 1
              INC   R0               ;R0 两次加 1 后,指向下一行扫描码数据
              MOV   A,LINE           ;行号地址送 A
              ANL   A,#0FH           ;屏蔽行号高 4 位,取出低 4 位
```

```
            JNZ    TIM_RET           ;若行号低4位不为0,说明一帧未扫描完,退出
            SETB   FRAM_FLAG         ;若行号低4位为0,说明一帧扫描完,置标志位 FRAM_FLAG 为1
                                     ;因为扫描完一帧时,行号为10H,其低4位为0
            CLR    TR0               ;一帧扫描完,关定时器 T0
TIM_RET:    POP    ACC
            RETI
            ;以下是74HC595移位寄存器接收数据子程序
WR_595:     MOV R7,#08H
WR_LOOP:    RRC A
            MOV SDATA_595,C
            SETB SCLK_595             ;上升沿发生移位
            NOP
            NOP
            NOP
            NOP
            CLR SCLK_595
            DJNZ R7,WR_LOOP
            RET
            ;以下是汉字"大"的字模数据
TAB:        DB 0FEH,0FFH,0FEH,0FFH,0FEH,0FFH,0FEH,0FFH,0FEH,0FBH,00H,01H,0FEH,0FFH,0FDH,7FH
            DB 0FDH,7FH,0FDH,0BFH,0FBH,0BFH,0FBH,0DFH,0F7H,0EFH,0EFH,0F1H,9FH,0FBH,
            0FFH,0FFH
            END
```

该文件在随书光盘 ch21\ch21_1 文件夹中,文件名为 ch21_1_1.asm。

21.4.2 实例解析 2——LED 点阵屏倒计时牌

1. 实现功能

在 LED 点阵屏开发板第一组 LED 屏(左边的 4 个 8×8 规格 LED 屏)上,循环显示 10、9、8、7、6、5、4、3、2、1 倒计时,每个数字停留时间为 1 s。

2. 源程序

根据要求,采用顺序编程方式,编写的源程序如下:

```
            LINE       EQU    50H      ;定义行扫描地址
            ROW_COUNT  EQU    51H      ;行计数器,扫描一个字需要扫描16行
            TEMP       EQU    30H      ;汉字扫描码的地址偏移指针暂存
            SDATA_595  EQU    P2.0     ;串行数据输入
            SCLK_595   EQU    P2.4     ;移位时钟脉冲
            RCK_595    EQU    P2.5     ;输出锁存器控制脉冲
            G_74154    EQU    P1.4     ;显示允许控制信号端口
            ORG    0000H
            AJMP   MAIN
            ORG    0030H
```

第21章 LED点阵屏实例解析

```
            ;以下是主程序
MAIN:    MOV   SP,#70H           ;堆栈初始化
         MOV   A,#0FFH           ;立即数0FFH送A
         MOV   P1,A              ;P1口置1
         MOV   P0,A              ;P0口置1
         CLR   RCK_595           ;关闭74HC595
         SETB  G_74154           ;关闭74HC154
START:   MOV   DPTR,#TAB         ;基地址TAB送DPTR
         ACALL DISP_N            ;调多个汉字显示子程序
         INC   DPH               ;DPH加1,指向8个以后的汉字扫描码地址
         ACALL DISP_N            ;调多个汉字显示子程序
         AJMP  START             ;若数字全部扫描完,跳转到START继续循环
            ;以下是多字显示子程序(最多可显示8个汉字)
DISP_N:  MOV   TEMP,#00H         ;扫描码地址指针初值为0
NEXT0:   MOV   R1,#63            ;汉字显示停留时间为63×16 ms,约1 s
NEXT1:   MOV   ROW_COUNT,#16     ;每个字需要显示16行
         MOV   LINE,#00H         ;扫描地址初值为00,即从第一行开始扫描
         MOV   R0,TEMP           ;取扫描码指针存入R0,以便扫描下一个字时找到正确的扫描码
NEXT2:   INC   R0                ;R0加1后,指向行右半部
         MOV   A,R0              ;R0送A
         MOVC  A,@A+DPTR         ;查表,求出行右半部扫描码
         LCALL WR_595            ;调74HC595移位寄存器接收数据子程序
         DEC   R0                ;R0减1后,指向行左半部
         MOV   A,R0              ;R0送A
         MOVC  A,@A+DPTR         ;查表,求出行左半部扫描码
         LCALL WR_595            ;调74HC595移位寄存器接收数据子程序
         SETB  G_74154           ;关行显示,准备刷新
         NOP
         NOP
         NOP
         SETB  RCK_595           ;上升沿将数据送到74HC595输出锁存器
         NOP
         NOP
         CLR   RCK_595           ;恢复低电平
         INC   R0                ;R0加1
         INC   R0                ;R0再加1后,指向下一行数据地址
         CLR   G_74154           ;74HC154工作,使该行显示
         NOP
         NOP
         MOV   A,LINE            ;扫描行地址送A,初始值为0,即从第1行开始扫描
         MOV   P1,A              ;将行扫描地址输出
         INC   LINE              ;LINE加1,指向下一行
         ACALL DELAY_1ms         ;调10 ms延时子程序
         DJNZ  ROW_COUNT,NEXT2   ;一个字(16行)显示完了吗?若未显示完,跳转到NEXT2继续
```

```
                            扫描
         DJNZ  R1,NEXT1     ;一个字扫描完,再判断停留时间是否到?停留时间为 63×
                            16 ms,约 1 s
         MOV   TEMP,R0      ;将上一个字的偏移地址值存到 TEMP
         CJNE  R0,#0,NEXT0  ;显示 8 个字需要 32×8=256 个扫描码,256 和 0 是一致的
         RET
         ;以下是 74HC595 移位寄存器接收数据子程序
WR_595:  MOV R7,#08H
WR_LOOP: RRC A
         MOV SDATA_595,C
         SETB SCLK_595      ;上升沿发生移位
         NOP
         NOP
         NOP
         NOP
         CLR SCLK_595
         DJNZ R7,WR_LOOP
         RET
         ;以下是 1 ms 延时子程序
DELAY_1ms:(略,见光盘)
         ;以下是 1~10 的字模数据
TAB:     (略,见光盘)
         END
```

3. 源程序释疑

本例源程序与上例源程序十分相似,主要不同有两点:

一是增加一个寄存器 R1,初始值为 125,R1 用来对扫描帧数进行计数,扫描一帧(一个汉字)用时 16×1 ms=16 ms,扫描 63 帧后,用时 63×16 ms,约为 1 s,也就是每个数字停留的时间,然后,再扫描下一个数字。

二是增加了一个变量 TEMP,用来存放扫描码的偏移指针,初始值为 0,每扫描一个数字后,都要将 R0 中的值存放到 TEMP 中,然后再反复扫描该数字 1 s,1 s 后,再将存放在 TEMP 中的地址偏移量取出送 R0 中,以便取出下一个数字的扫描码。

4. 实现方法

① 打开 Keil c51 软件,建立工程项目,再建立一个名为 ch21_2.asm 的源程序文件,输入上面的源程序。对源程序进行编译,产生 ch21_2.hex 目标文件。

② 为 LED 点阵屏开发板供电,短接 JP1 插针(使前二只 74HC595 串联),同时将 JP4 的 P20、SER1 插针短接(从第一只 74HC595 输入数据);JP2、JP3 插针不用短接(后二只 74HC595 暂停工作)。

③ 将 STC89C51 单片机插入到单片机插座,把 ch21_2.hex 文件下载到 STC89C51 中,观察倒计时显示是否正常。

该实验源程序在随书光盘的 ch21\ch21_2 文件夹中。

第21章 LED点阵屏实例解析

5. 总结提高

以上倒计时显示源程序采用的是顺序方式,其实,也可以采用定时中断方式,具体源程序在随书光盘的 ch21\ch21_2 文件夹中,文件名为 ch21_2_1.asm。

21.4.3 实例解析 3——显示上下滚动的汉字

1. 实现功能

在 LED 点阵屏开发板第一组 LED 屏(左边的 4 个 8×8 规格 LED 屏)上,从上到下滚动显示"顶顶电子科技公司欢迎您"11 个汉字。

2. 源程序

要所要求,采用定时中断方式,编写的源程序如下:

```
            LINE      EQU    50H           ;定义行扫描地址
            TEMP      EQU    30H           ;汉字扫描码的地址偏移指针
            SDATA_595  EQU   P2.0          ;串行数据输入
            SCLK_595   EQU   P2.4          ;移位时钟脉冲
            RCK_595    EQU   P2.5          ;输出锁存器控制脉冲
            G_74154    EQU   P1.4          ;显示允许控制信号端口
            FRAM_FLAG  EQU   20H.0         ;一帧扫描结束标志,扫描完16行后,该位置1
            ORG    0000H
            LJMP   MAIN
            ORG    000BH
            LJMP   TIME0                   ;定时器T0中断入口地址
                                           ;跳转到定时器T0中断服务程序
            ORG    0030H
MAIN:       CLR    FRAM_FLAG               ;FRAM_FLAG标志位清零
            MOV    A,#0FFH
            MOV    P1,A
            MOV    P2,A
            MOV    P3,A
            MOV    P0,A
            CLR    RCK_595
            MOV    TMOD,#01H               ;定时器T0工作方式1
            MOV    TH0,#0FCH               ;计数初值高位,定时时间为1ms
            MOV    TL0,#66H                ;计数初值低位,定时时间为1ms
            SETB   EA                      ;开总中断
            SETB   ET0                     ;开定时器T0中断
            MOV    SP,#70H                 ;堆栈初始化
START:      MOV    DPTR,#TAB               ;基地址TAB送DPTR
            LCALL  SCROLL_DISP             ;调滚动显示子程序
            INC    DPH                     ;DPH加1,指向8个汉字以后的扫描码
            LCALL  SCROLL_DISP             ;调滚动显示子程序
            AJMP   START                   ;跳转到START
```

```
              ;以下是多字滚动显示子程序(每次滚动显示 8 个字)
SCROLL_DISP:  MOV   TEMP,#00H           ;向上滚动显示,查表偏址暂存(从 00 开始)
DISPLOOP:     MOV   R1,#10              ;滚动速度为 10×16 ms = 160 ms,即 160 ms 滚动一行
SCROLL:       MOV   LINE,#00H           ;第 0 行开始
              MOV   R0,TEMP             ;偏址送 R0
              SETB  TR0                 ;开扫描(每次一帧)
SCROLL_WAIT:  JBC   FRAM_FLAG,SCROLL1   ;若 FRAM_FLAG 为 1,说明一帧结束,同时将 FRAM_FLAG 清零
              AJMP  SCROLL_WAIT         ;若一帧扫描未结束,继续进入中断进行扫描
SCROLL1:      DJNZ  R1,SCROLL           ;一帧重复显示(控制移动速度)
              INC   TEMP                ;暂存地址加 1
              INC   TEMP                ;暂存地址再加 1,指向下一行,实现滚动效果
              CJNE  R0,#0,DISPLOOP      ;显示完 8 个汉字了吗? 8 个字需要 32×4 = 256 个扫描码
                                        ;对于 8 位单片机,256 和 0 是一致的
              RET                       ;滚动显示结束
              ;以下是定时器 T0 中断服务程序
TIME0:        PUSH  ACC
              MOV   TH0,#0FCH           ;重装计数初值,定时时间为 1 ms
              MOV   TL0,#66H            ;重装计数初值,定时时间为 1 ms
              INC   R0                  ;R0 加 1,指向行右半部
              MOV   A,R0                ;偏址送 A
              MOVC  A,@A+DPTR           ;查表,求出扫描码
              LCALL WR_595              ;74HC595 移位寄存器接收数据
              DEC   R0                  ;R0 减 1,指向行左半部
              MOV   A,R0                ;偏址送 A
              MOVC  A,@A+DPTR           ;查表
              LCALL WR_595              ;74HC595 移位寄存器接收数据
              SETB  G_74154             ;关行显示,准备刷新
              NOP
              NOP
              SETB  RCK_595             ;产生上升沿,数据打入输出端
              NOP
              NOP
              CLR   RCK_595             ;恢复低电平
              MOV   A,LINE              ;行扫描地址送 A
              MOV   P1,A                ;送 P2 口
              CLR   G_74154             ;开行显示
              INC   LINE                ;指向下一行扫描地址值
              INC   R0                  ;R0 加 1
              INC   R0                  ;R0 两次加 1 后,指向下一行扫描码数据
              MOV   A,LINE              ;行号地址送 A
              ANL   A,#0FH              ;屏蔽行号高 4 位,取出低 4 位
              JNZ   TIM_RET             ;若行号低 4 位不为 0,说明一帧未扫描完,退出
              SETB  FRAM_FLAG           ;若行号低 4 位为 0,说明一帧扫描完,置标志位 FRAM_FLAG 为 1
                                        ;因为扫描完一帧时,行号为 10H,其低 4 位为 0
              CLR   TR0                 ;一帧扫描完,关定时器 T0
```

第21章 LED点阵屏实例解析

```
TIM_RET:    POP  ACC
            RETI
            ;以下是移位寄存器接收数据子程序
WR_595:     MOV R4,#08H
WR_LOOP:    RRC A
            MOV SDATA_595,C
            SETB SCLK_595          ;上升沿发生移位
            NOP
            NOP
            CLR SCLK_595
            DJNZ R4,WR_LOOP
            RET
TAB:        ;"顶"的字模数据
    DB  0FFH,0FBH,0F4H,01H,03H,0DFH,0EFH,0BBH,0EEH,01H,0EEH,0FBH,0EEH,0DBH,0EEH,0DBH
    DB  0EEH,0DBH,0EEH,0DBH,0EEH,0DBH,0EEH,0DBH,0EFH,0BFH,0AFH,0A7H,0DFH,7BH,0FCH,0FDH
            ;"顶"的字模数据
    DB  0FFH,0FBH,0F4H,01H,03H,0DFH,0EFH,0BBH,0EEH,01H,0EEH,0FBH,0EEH,0DBH,0EEH,0DBH
    DB  0EEH,0DBH,0EEH,0DBH,0EEH,0DBH,0EEH,0DBH,0EFH,0BFH,0AFH,0A7H,0DFH,7BH,0FCH,0FDH
            ;"电"的字模数据
    DB  0FDH,0FFH,0FDH,0FFH,0FDH,0EFH,80H,07H,0BDH,0EFH,0BDH,0EFH,80H,0FH,0BDH,0EFH
    DB  0BDH,0EFH,80H,0FH,0BDH,0EFH,0FDH,0FFH,0FDH,0FBH,0FDH,0FBH,0FEH,03H,0FFH,0FFH
            ;"子"的字模数据
    DB  0FFH,0FFH,0C0H,0FH,0FFH,0EFH,0FFH,0DFH,0FFH,0BFH,0FEH,7FH,0FEH,0FBH,00H,01H
    DB  0FEH,0FFH,0FEH,0FFH,0FEH,0FFH,0FEH,0FFH,0FEH,0FFH,0FEH,0FFH,0FAH,0FFH,0FDH,0FFH
            ;"科"的字模数据
    DB  0FBH,0EFH,0F1H,0EFH,07H,6FH,0F7H,0AFH,0F7H,0EFH,01H,6FH,0F7H,0AFH,0E3H,0EBH
    DB  0E5H,0E1H,0D6H,0FH,0D7H,0EFH,0B7H,0EFH,77H,0EFH,0F7H,0EFH,0F7H,0EFH,0F7H,0EFH
            ;"技"的字模数据
    DB  0EFH,0BFH,0EFH,0BFH,0EFH,0B7H,0ECH,03H,03H,0BFH,0EFH,0EFH,0BFH,0ECH,07H
    DB  0E5H,0F7H,0CEH,0EFH,2EH,0EFH,0EFH,5FH,0EFH,0BFH,0EFH,4FH,0AEH,0F1H,0D9H,0FBH
            ;"公"的字模数据
    DB  0FFH,0FFH,0FFH,7FH,0FBH,7FH,0FBH,0BFH,0F7H,0BFH,0F7H,0DFH,0EEH,0DEH,0F1H
    DB  3DH,0FBH,0FDH,0FFH,0FBH,0FFH,0F7H,0BFH,0EFH,0DFH,0E0H,0FH,0FFH,0EFH,0FFH,0FFH
            ;"司"的字模数据
    DB  0FFH,0F7H,0C0H,03H,0FFH,0F7H,0FFH,0B7H,00H,17H,0FFH,0F7H,0FFH,77H,0C0H,37H
    DB  0DFH,77H,0DFH,77H,0DFH,77H,0DFH,77H,0C0H,77H,0DFH,77H,0FFH,0D7H,0FFH,0EFH
            ;由于滚动子程序每次最多只能显示8个字,为了完成显示连续,第二次调用滚动显示子程序时
            ;应使第8个字重复显示一遍
            ;"司"的字模数据
    DB  0FFH,0F7H,0C0H,03H,0FFH,0F7H,0FFH,0B7H,00H,17H,0FFH,0F7H,0FFH,77H,0C0H,37H
    DB  0DFH,77H,0DFH,77H,0DFH,77H,0DFH,77H,0C0H,77H,0DFH,77H,0FFH,0D7H,0FFH,0EFH
            ;"欢"的字模数据
    DB  0FFH,7FH,0FFH,7FH,03H,7FH,0FBH,03H,0BAH,0FBH,0B9H,0B7H,0D7H,0BFH,0D7H,0BFH
    DB  0EFH,0BFH,0D7H,0BFH,0DBH,5FH,0BBH,5FH,7EH,0EFH,0FEH,0F7H,0FDH,0F1H,0F3H,0FBH
            ;"迎"的字模数据
```

```
        DB    0FFH,0FFH,0BEH,7BH,0D9H,81H,0EBH,0BBH,0FBH,0BBH,0FBH,0BBH,0BH,0BBH,0EBH,3BH
        DB    0EAH,0BBH,0E9H,0ABH,0EBH,0B7H,0EFH,0BFH,0EFH,0BFH,0D7H,0B9H,0B8H,03H,0FFH,0FFH
;"您"的字模数据
        DB    0F6H,0FFH,0F6H,0FFH,0ECH,03H,0EDH,0FBH,0CBH,0B7H,0A6H,0BFH,6EH,0AFH,0EDH,0B3H
        DB    0EBH,0BBH,0EEH,0BFH,0EFH,7FH,0FDH,0FFH,0AEH,7BH,0AFH,6DH,6FH,0EDH,0F0H,0FH
;消隐码
        DB    0FFH,0FFH,0FFH,0FFH,0FFH,0FFH,0FFH,0FFH,0FFH,0FFH,0FFH,0FFH,0FFH,0FFH,0FFH,0FFH
        DB    0FFH,0FFH,0FFH,0FFH,0FFH,0FFH,0FFH,0FFH,0FFH,0FFH,0FFH,0FFH,0FFH,0FFH,0FFH,0FFH
        DB    0FFH,0FFH,0FFH,0FFH,0FFH,0FFH,0FFH,0FFH,0FFH,0FFH,0FFH,0FFH,0FFH,0FFH,0FFH,0FFH
        DB    0FFH,0FFH,0FFH,0FFH,0FFH,0FFH,0FFH,0FFH,0FFH,0FFH,0FFH,0FFH,0FFH,0FFH,0FFH,0FFH
        DB    0FFH,0FFH,0FFH,0FFH,0FFH,0FFH,0FFH,0FFH,0FFH,0FFH,0FFH,0FFH,0FFH,0FFH,0FFH,0FFH
        DB    0FFH,0FFH,0FFH,0FFH,0FFH,0FFH,0FFH,0FFH,0FFH,0FFH,0FFH,0FFH,0FFH,0FFH,0FFH,0FFH
        DB    0FFH,0FFH,0FFH,0FFH,0FFH,0FFH,0FFH,0FFH,0FFH,0FFH,0FFH,0FFH,0FFH,0FFH,0FFH,0FFH
        DB    0FFH,0FFH,0FFH,0FFH,0FFH,0FFH,0FFH,0FFH,0FFH,0FFH,0FFH,0FFH,0FFH,0FFH,0FFH,0FFH
        END
```

3．源程序释疑

滚动显示由多字滚动显示子程序完成。要实现上下滚动显示，只需在下一个扫描周期里，使扫描码的起始地址增加 2 字节（指向下一行），相当于整屏汉字向上移动 1 位，然后扫描，完成一个周期；如果扫描码的起始地址按照上述要求依次增加，屏幕就会持续不断的有汉字向上滚动，从而实现了滚动显示的效果。

4．实现方法

① 打开 Keil c51 软件，建立工程项目，再建立一个名为 ch21_3.asm 的源程序文件，输入上面的源程序。对源程序进行编译，产生 ch21_2.hex 目标文件。

② 为 LED 点阵屏开发板供电，短接 JP1 插针（使前二只 74HC595 串联），同时将 JP4 的 P20、SER1 插针短接（从第一只 74HC595 输入数据）；JP2、JP3 插针不用短接（后二只 74HC595 暂停工作）。

③ 将 STC89C51 单片机插入到单片机插座，把 ch21_3.hex 文件下载到 STC89C51 中，观察滚动显示是否正常。

该实验源程序在随书光盘的 ch21\ch21_3 文件夹中。

LED 点阵屏开发板功能十分强大，利用它还可实现汉字的水平移动显示，制作 LED 点阵屏电子钟，以及完成和 PC 通信等功能，其详细使用与编程方法我们将在《轻松玩转 51 单片机 C 语言》一书中进行介绍。

第3篇 开发揭秘篇

本篇知识要点
- 单片机开发前的准备工作
- 基于 DTMF 远程控制/报警器的制作
- 智能电子密码锁的制作
- 在 VB 下实现 PC 与单片机的通信
- 超声波测距仪的设计与制作
- 单片机开发深入揭秘与研究

第22章
单片机开发前的准备工作

很多读者在学习单片机前都曾经制作过一些小型电子产品,花上几元钱,买几个电子元件和一块万用板,参照电路原理图,通过焊接与连线,在几个小时内就可以创造出自己的电子作品了!制作一个小小的电子产品,不仅证明了你的智慧,你的能力,而且使你收获很大,乐趣无穷!你可能担心的是,单片机不同于小型电子元件,制作过程是否太过复杂?的确不错!单片机是硬件和软件结合的产物,不输入程序,它会呆若木鸡,什么都不会干;输入的程序有误,它又会变成一个头脑发热的疯子,什么事情都可能干出来!因此,要开发一个单片机产品,远比制作一个小型电子产品复杂得多!但是,只要不断学习和实践,善于动手和制作,开发单片机产品并不困难!

22.1 单片机开发需掌握的基础知识

22.1.1 元器件知识

元器件是组成电路的最小单元,进行单片机的制作与开发,需要掌握以下常用元器件的识别与检测的方法。

1. 电阻器

电阻器简称电阻,是一种最基本的电子元件,在单片机应用系统中,应用较多的有固定电阻、可调电阻(电位器)、电阻排和贴片电阻等。在电路中,电阻多用来进行降压、分压、分流、阻抗匹配等。

2. 电容器

电容器简称电容,是电子电路中又一十分重要的元件,在电路中使用的数目及应用范围仅次于电阻;在单片机应用系统中,电解电容、瓷片电容、独石电容、贴片电容等应用较多。

3. 电感器件

电感器件可分为两大类:一是应用自感作用的电感线圈,二是应用互感作用的变压器。电感线圈的主要作用是对交流信号进行隔离、滤波或组成谐振电路,变压器的主要作用是变换交流电压、电流或阻抗的大小。在单片机开发中,电感器件虽然应用不多,但其作用却十分重要。

4. 晶体二极管

晶体二极管简称二极管,是晶体管的主要种类之一,它是采用半导体晶体材料(如硅、锗、砷化镓等)制成的,在电子产品中应用十分广泛;二极管品种较多,应重点掌握 LED(发光二极管)、整流二极管、稳压二极管的识别与检测等。

5. 晶体三极管和场效应晶体管

晶体三极管通常称为晶体管或三极管,在电子电路中能够起放大、开关、振荡等多种作用,在单片机开发中,S8550(PNP)、S8050(NPN)等晶体管使用十分广泛。

场效应晶体管可分为结型(J-FET)和绝缘栅型(MOS-FET)两种。其外型与晶体管相似,也有三个电极,即源极 S(对应于晶体管的 E 极)、栅极 G(对应于晶体管的 B 极)和漏极 D(对应晶体管的 C 极)。但二者的控制特性却截然不同,晶体管是电流控制元件,通过控制基极电流达到控制集电极电流或发射极电流的目的,即需要信号源提供一定的电流才能工作,因此,它的输入电阻较低,场效应晶体管则是电压控制元件,它的输出电流决定于输入电压的大小,基本上不需要信号源提供电流,所以,它的输入阻抗很高,此外,场效应晶体管还具有开关速度快、高频特性好、热稳定性好、功率增益大、噪声小等优点,因此,在电机驱动、电子开关等电路中应用较多。

6. 光耦合器

光耦合器(光电耦合器)是以光为媒介、用来传输电信号的器件。通常是把发光器(发光二极管)与受光器(光电晶体管)封装在同一管壳内。当输入端加电信号时发光器发出光线,受光器接受光照之后就产生光电流,由输出端引出,从而实现了"电—光—电"的转换。光耦合器具有抗干扰能力强,传输效率高等特点,广泛用于电气隔离、电平转换、级间耦合、开关电路、脉冲放大等接口电路中。常见的光耦合器型号有 PC817、TLP621 等。

7. 继电器

继电器分普通电磁继电器和固态继电器(SSR)两种,在单片机自动控制电路中应用广泛。

8. 开关元件

开关器件的作用是断开、接通或转换电路;它们的种类及规格非常多,在单片机应用系统中,应用较多的有拨动开关、按键开关、薄膜开关等。

9. 电声元件

电声器件是将电信号转换为声音信号或将声音信号转换成电信号的换能元件。常见的电声元件有扬声器、蜂鸣器、传声器等。

10. 晶振

晶振也称石英晶体,它是利用石英的压电特性按特殊切割方式制成的一种电谐振元件,是振荡电路中十分重要的元件,常用的晶振类型有 11.059 2 MHz、12 MHz、6 MHz、32.768 kHz 等。

11. 传感器

传感器是一种检测器件,能感受到被测量的信息,并能将检测感受到的信息,按一定规律变换成为电信号或其他所需形式的信息输出,它是实现自动检测和自动控制的首要环节。常用的传感器有温度传感器、速度传感器、湿度传感器、压力传感器、位置传感器、霍耳传感器等。

12. 稳压集成电路

稳压集成电路主要作用是产生单片机应用系统中所需要的直流电源,常用的有:普通三端稳压器78XX系列,低压差稳压集成电路(如LM1117等),三端可调稳压集成电路LM317,DC/DC 直流变换器 MC34063 等。

22.1.2 模拟电路知识

用来处理模拟信号(时间和幅度都连续的信号)的电子电路称为模拟电路,模拟电路虽然十分重要,但在单片机应用电路应用并不多,读者只需掌握其中的晶体管放大电路、集成运放电路等基本内容即可。

22.1.3 数字电路知识

对数字信号(高电平、低电平的信号)进行算术运算和逻辑运算的电子电路称为数字电路,从本质上讲,单片机的基础是数字电路,因此,进行单片机开发和应用电路设计,一定要学好数字电路,而且,有一点数字电路基础,也有助于理解单片机中的一些概念和单片机工作原理。

数字电路需要重点掌握的内容有:数制及其转换、集成逻辑门电路、集成组合逻辑电路(如编码器、译码器等)、集成时序逻辑电路(如寄存器、锁存器等)、555定时器等。建议您找本浅显的数字电路教材,系统地看上一遍。

22.1.4 单片机知识

进行单片机开发当然要学单片机方面的知识,而且还要学好、学扎实,并且能学以致用。单片机方面的知识主要包括3个方面:

1. 单片机基础知识

重点是单片机硬件结构,引脚功能,各寄存器的功能,单片机指令及其应用,单片机内部资源(I/O 口、中断、定时器和串口)的应用等。

(1) I/O 的使用

使用按键输入信号,发光二极管显示输出电平,就可以学习引脚的数字 I/O 功能,在按下某个按键后,某发光二极管发亮,这就是数字电路中组合逻辑的功能,虽然很简单,但是可以学习一般的单片机编程思想,例如,必须对有关寄存器进行初始化处理,才能使引脚具备有数字输入和输出功能;每使用 I/O 口 1 次,就要对控制该功能的寄存器进行设置。例如,要控制接在 P3.7 脚的蜂鸣器发声,需要先使用 CLR　P3.7 指令打开蜂鸣器,延时,再使用 SETB　P3.7

指令关闭蜂鸣器,这样蜂鸣器就可以发声了;这就是单片机编程的特点,千万不要怕麻烦。

(2) 定时器的使用

学会定时器的使用,就可以用单片机实现时序电路,时序电路的功能是强大的,在工业、家用电气设备的控制中有很多应用,例如,可以用单片机实现一个用按键控制楼道灯的开关,该开关在按钮按下一次后,灯亮 3 分钟后自动灭,当按键连续按下两次后,灯常亮不灭,当按键按下时间超过 2 s,则灯灭。数字集成电路可以实现时序电路,可编程逻辑器件(CPLD)可以实现时序电路,可编程控制器(PLC)也可以实现时序电路,但是只有单片机实现起来最简单,成本最低。

(3) 中 断

单片机的特点是一段程序反复执行,程序中的每个指令的执行都需要一定的执行时间,如果程序没有执行到某指令,则该指令的动作就不会发生,这样就会耽误很多快速发生的事情。要使单片机在程序正常运行过程中,对快速动作做出反应,就必须使用单片机的中断功能,该功能就是在快速动作发生后,单片机中断正常运行的程序,处理快速发生的动作,处理完成后,在返回执行正常的程序。

中断学会后,就可以编制更复杂结构的程序,这样的程序可以干着一件事,监视着一件事,一旦监视的事情发生,就中断正在干的事情,处理监视的事情,当然也可以监视多个事情。

(4) 与 PC 进行 RS 232 通信

单片机都有 USART 接口,USART 接口不能直接与 PC 的 RS 232 接口连接,它们之间的逻辑电平不同,需要使用一个 MAX3232 芯片进行电平转换。USART 接口的使用是非常重要的,通过该接口,可以使单片机与 PC 之间交换信息,虽然 RS 232 通信并不先进,但是对于接口的学习是非常重要的。正确使用 USART 接口,需要学习通信协议,PC 的 RS 232 接口编程等知识。试想,单片机实验板上的数据显示在 PC 监视器上,而端坐在 PC 前可以对单片机进行控制,将是多么有意思的事情啊!

2. 单片机接口电路及编程知识

单片机接口电路部分需要掌握的知识就更多了,在本书中,重点介绍了键盘、LED 数码管显示、LCD 显示、时钟芯片 DS1302、EEPROM 存储器、看门狗、温度传感器 DS18B20、红外遥控、无线遥控、A/D 转换、D/A 转换、步进电机、直流电机、舵机、语音芯片、LED 点阵屏等基本接口电路;这些内容十分重要,它是编写复杂程序的基石,读者务必学习好,掌握好。

掌握了这些内容,您已经成功了 80%。您下步要做的工作是,将这些接口电路和程序有序地进行配置和组合,从而形成自己的产品。

22.2 单片机开发需掌握的基本技能

"工欲善其事,必先利其器",单片机开发是一项实践性很强的工作,要快速、安全、有效地制作出自己的产品,要求开发人员既要扎实的理论基础,又要熟练掌握常用工具和仪器的使用。

22.2.1 常用工具的使用

单片机制作和开发时需要的工具较多,主要有各种规格螺丝刀、镊子、烙铁、焊料、助焊剂、热风枪等,另外,还应根据情况制作一些小型工具,以帮助判断硬件电路故障或观察程序的运行结果。

如图 22-1 所示是笔者制作的一个 LED 测试工具,使用时,将 LED 的正极端的线接于开发板的 VCC 端,负极端的线接于单片机的 I/O 端口,若所接端口为低电平,则 LED 灯亮,若所接端口为高电平,则 LED 灯灭。这对于判断单片机端口电平的高低非常直观。

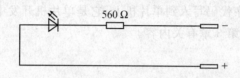

图 22-1 LED 测试工具

22.2.2 常用仪器的使用

单片机制作和开发中,常用的仪器主要是万用表、数字存储示波器、逻辑笔、直流稳压电源、编程器和仿真器等。

1. 万用表

万用表具有用途多,量程广,使用方便等优点,它可以用来测量电阻、电流和电压等很多参数。在电路制作与产品开发中,万用表都是必不可少的仪器。

常见的万用表有指针式万用表和数字式万用表。指针式万用表是以表头为核心部件的多功能测量仪表,测量值由表头指针指示读取。数字式万用表的测量值由液晶显示屏直接以数字的形式显示,读取方便,有些还带有语音提示功能。这两类万用表各有所长,在使用的过程中不能完全替代,要取长补短,配合使用。

2. 示波器

示波器是一种用途广泛的电子测量仪器。它能把电信号转换成可在荧光屏幕上直接观察的波形。进行单片机开发时,身边最好有一台数字存储示波器,它绝对帮上您硬件排错的忙,倘若经费有限,至少应该买个逻辑笔。

在产品开发时,以下信号一般是需要进行查看的,如单片机晶振振荡信号波形、ALE 信号的波形、定时器输出信号波形、单片机通过编程输出的 PWM 信号波形、串行通信信号波形等,一台好的示波器可以帮助您解决许多和硬件有关的问题,免除您硬件和软件纠缠不清的烦恼。

3. 逻辑笔

逻辑笔是采用不同颜色的指示灯为表示数字电平的高低的仪器,它是一种简易的数字电路测量工具。逻辑笔一般有两个用于指示逻辑状态的发光二极管,性能较好的还有第 3 个,用于提供以下 4 种逻辑状态指示。

绿色发光二极管亮时,表示逻辑低电位。

红色发光二极管亮时,表示逻辑高电位。

黄色发光二极管亮时,表示悬空或三态门的高阻抗状态。

如果红、绿、黄三色发光二极管同时闪烁,则表示有脉冲信号存在。

4. 直流稳压电源

直流稳压电源用来输出稳定的直流供电电压,可方便地为您设计的开发板供电。目前市售的直流稳压电源较多,作为单片机开发,应尽量选用输出电压可调的直流稳压电源。

5. 编程器

编程用来将编写的程序代码写入到单片机上,它是单片机开发中十分重要的仪器,有关编程器的详细内容,参见本书第 3 章有关内容。

6. 仿真器

仿真器用来对程序进行调试,以验证自己设计的程序的正确性。有关编程器的详细内容,参见本书第 3 章有关内容。

22.2.3　单片机工具软件的使用

单片机实验和开发必须依赖软件的强大功能才能得以实现。在单片机开发中,应用最大的是两个软件是 Keil C51 和 Protel。其中,Keil C51 可完成程序的编译链接与仿真调试,并能生成 hex 文件,由编程器烧写到单片机中。Protel 是一款 EDA 工具软件,它集原理图绘制、PCB 设计等多种功能于一体,是单片机硬件设计与制作中最为重要的软件。

有关 Keil C51 和 Protel 软件的介绍和使用,参见本书第 4 章有关内容。

另外,在单片机开发中还会使用很多小软件,如 51 定时器初值计算软件、51 波特率计算软件、串口调试助手、LCD 取字模软件、LED 点阵取字模软件等,有关这些软件的使用,我们在前面有关章节中均有介绍,这里不再重复。

22.3　单片机开发的步骤

单片机应用系统是完成某项任务而研制开发的用户系统,虽然每个系统都有很强的针对性,结构和功能各异,但它们的开发过程和方法大致相同,开发流程如图 22-2 所示。下面简要进行说明。

22.3.1　确定任务

单片机应用系统的开发过程是以确定系统的功能和技术指标开始的。首先要细致分析、研究实际问题,明确各项任务与要求,综合考虑系统的各种性能,拟定出合理可行的技术性能指标。

单片机应用开发是软硬件结合的技术,确定任务时要权衡任务的软硬件分工。有很多任

第22章 单片机开发前的准备工作

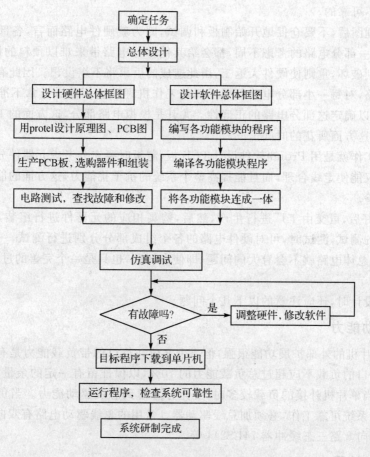

图 22-2 单片机开发流程

务,既可以用软件完成,也可以用硬件完成,一般情况下,应减小硬件开销,以软件代替硬件。但是,如果系统中增加某个硬件接口芯片后,给系统程序的设计带来极大的方便,那么这个硬件开销是值得的。

22.3.2 总体设计

在对应用系统进行总体设计时,应根据应用系统提出的各项技术性能指标,拟定出一套合理的方案。首先,根据任务的繁杂程度和技术指标要求选择单片机芯片。其次,选择系统中要用到的其他外围元器件,例如显示器、执行机构等。

22.3.3 硬件电路设计

硬件设计时,应首先画出硬件电路的框图,确定硬件电路的整体方案,并进行详细的技术分析。下一步就要用 Protel 画出所有硬件的电路原理图。在绘制原理图过程中,所涉及到的具体电路可参考他人在这方面的工作。因为他人用过的电路往往具有一定的合理性,在此基础上,结合自己的设计目的取长补短。当然,有些电路还需要自己设计,完全照搬拼凑出一个硬件系统图是不可靠的。

绘制出原理图后，不要仓促地开始制板和调试，因为就硬件电路而言，各部分电路都是环环相扣的，任何一部分电路的考虑不周，都会给其他部分电路带来难以预料的影响，轻则使整个系统结构受到破坏，重则使硬件大返工，由此造成的后果将不堪设想。因此有必要仔细透彻地分析整个电路，对每一小部分电路都要了解其工作机理及适用范围。拿不准的要在制板之前分别做实验，以确定这部分电路的正确性。尤其是模拟电路部分，这方面的工作要尽可能多做，不要吝啬在这方面所花的时间。

接下来的工作就是用 Protel 软件设计 PCB 板，制板时要充分考虑元器件分放位置的合理性。这样做不仅能使走线合理，而且能提高整个系统的抗干扰能力，这方面的能力只能靠自己平时多积累经验。

PCB 设计好后，可交由工厂进行生产，然后，购买相应的元器件进行组装，组装好后可对硬件进行简单的测试，测试时，可对硬件电路的各个组成部分分别进行测试，一旦各部分电路试验调试成功，总体电路就不会有大的问题，即使有问题，也只是一个完善的过程，决不会造成整体返工。

硬件电路设计时，还应注意的以下几个问题。

1. 总线驱动能力

51 系列单片机的外部扩展功能很强，但 4 个 8 位并行口的带负载能力是有限的。在实际应用中，这些端口的负载不应超过总负载能力的 70%，以保证留有一定的余量，以增强系统的抗干扰能力。当单片机外接的负载较多时，要充分考虑到总线驱动能力。当负载超过允许范围时，为了保证系统可靠工作，必须加总线驱动器。常用的总线驱动电路有双向 8 路三态缓冲器 74LS245、单向 8 路三态缓冲器 74LS244 等。

2. I/O 端口扩展

若设计的电路比较复杂，需要较多的 I/O 端口时，需要对 I/O 端口进行扩展，选择扩展芯片时，应注意以下两点：

一是输出数据锁存问题。在单片机应用系统中，数据输出都是通过系统的公用数据通道（数据总线）进行的，但是由于单片机的工作速度快，数据在数据总线上保留的时间十分短暂，无法满足慢速输出设备的需要。为此，在扩展 I/O 接口电路中应具有数据锁存器，以保存输出数据，直至能为输出设备所接收。

二是输入数据三态缓冲问题。数据输入时，输入设备向单片机传递的数据也要通过数据总线，但数据总线是系统的公用数据通道，上面可能"挂"着多个数据源，工作比较繁忙。为了维护数据总线上数据传送的秩序，因此只允许当前时刻正在进行数据传送的数据源使用数据总线，其余数据源都必须与数据总线处于隔离状态。为此要求接口电路能为数据输入提供三态缓冲功能。

在实际应用中，I/O 扩展主要有两种方法，一种是采用可编程通用接口芯片，如 8255、8279 等；第二种方法是采用数字电路芯片，如 74HC273、74HC373、74HC374、74HC377、74HC573 等。

3. 存储器扩展

存储器扩展主要包括程序存储器和数据存储器扩展两项内容。

在外扩程序存储器时,一般选用容量较大的并行 EEPROM 或 FLASH ROM 芯片,如 M27C020、AT29C020 等。扩展数据存储器(RAM)时,可选用 6116(2 KB)、6264(8 KB)等。扩展时,尽量减少芯片数量,使电路结构简单。

需要说明的是,无论是扩展 I/O 端口还是扩展存储器,均会增加编程的难度,因此,除非不得已,建议不要进行扩展。

4. 电路的匹配与可靠性

硬件电路设计时,应尽可能采用新技术,选用新的元件及芯片。各接口电路与单片机要做到时间匹配、电平兼容。另外,抗干扰设计也是硬件设计的重要内容,如增加看门狗电路、去耦滤波、通道隔离等电路,并合理进行印制板的布线。

对于初次进行产品开发的人员来说,第一次设计很难一次就能成功,总有个反复过程。因此碰到电路不工作,千万要冷静,不要慌乱。此时既不要埋怨自己,也无须责怪电路,应该集中精力去检查电路。

首先应该检查电路的连线。电路越复杂,连线错误的机会也就越多。要按照电路图反复检查每一根连线和连接点。建议你每检查一根连线和一个连接点,都在电路图上作一个记录。特别要注意检查接触不好、错焊等情况。

其次,要检查元件的极性,注意极性方向。对二极管、晶体管、电解电容、集成电路等元件要给予特别的关注,重点检查它们的引脚连接正确与否。

最后,要保证电源供电正常。当你经过此番努力,电路仍然不能工作,也不要灰心,可以请教老师来排疑解难。如果你经过努力终于找到了电路不工作的原因,则你的硬件电路设计能力也一定有了很大的提高。

22.3.4 软件设计

软件设计就是编写程序,它是产品开发过程中的重中之重,下面,简要介绍常用程序的结构及设计技巧。

1. 程序的基本结构

程序一般应包括初始部分和主程序部分两个基本单元,如图 22-3 所示。

(1) 初始化部分

单片机上电复位后,从复位入口处开始运行程序。这个时候,该先对系统进行自检和初始化动作。系统的初始化动作包括对 I/O 口、RAM(变量)、堆栈、定时器、中断、显示以及其他功能模块的初始化。初始化动作一般只需要执行一遍。

如果有必要。还可以在这段程序里建立分支结构,如热启动分支和冷启动分支(有关热启动与软启动内容,参见本书第 27 章有关内容)。程序可以根据系统复位类型、系统自检的结果或其他条件,选择性地执行初始化动作。

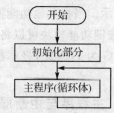

图 22-3 程序的基本结构

(2) 主程序循环体

初始化程序结束后,系统的工作环境已经建立起来了,这时就可以进入主程序。

主程序一般是个循环体。在这里执行的是程序要实现的具体功能,如输入检测、输出控制及人机界面等。

一个好的主程序结构应该采用模块的形式,也就是说,每种功能由一个模块(子程序)完成,主程序仅仅是执行调度功能,主程序每循环一圈,所有的功能模块都被调用一次。显然,采用了这种结构后,各个模块之间的相互独立性较强。我们可以像搭积木一样,很方便地增加或减少主程序调用的模块。如图 22-4 所示是采用模块形式的程序结构示意图。

2. 带有使能标志的程序结构

由于主程序是按顺序依次调用各个功能模块的,而有些模块可能在本轮循环中不具备执行的条件。那么如何避免这些模块也被执行呢?一个比较好的解决办法就是给每个模块安排"使能标志",通过检查使能标志决定该功能模块是否被执行。也就是说,在每次进入功能模块(子程序)时,先判断该模块的使能标志是否为 1,如果满足,则执行,同时将使能标志清零;否则,直接返回即可,如图 22-5 所示 1 个功能模块的结构示意图。

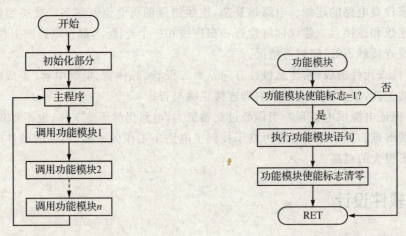

图 22-4 采用模块形式的程序结构示意图　　图 22-5 带使能标志的功能模块结构示意图

例如有一个显示功能模块,用于控制液晶显示。实际上,我们没有必要在主程序的每次循环中都去刷新显示内容。我们只要为该显示模块定义一个显示刷新使能标志(设为 DISP_FLAG),然后在显示程序开始处先判断一下这个标志,如果 DISP_FLAG 为 0,则不必进行刷新显示。当在其他功能模块(比如,按键功能模块)中,通过按键修改了显示内容需要进行显示时,按键功能模块可以将 DISP_FLAG 置 1,当主程序下次调用显示功能模块时,由于 DISP_FLAG 为 1,因此,显示模块可以被执行一次,执行后,再将 DISP_FLAG 清零,以免被重复执行。

3. 主程序与中断服务程序的结构

前面介绍的主程序的结构中,采用的是事件轮询的调度机制,应付一般的任务已经基本够用了,但是一旦遇到紧急突发事件,还是无法保证即时响应。因此,单片机中引入了中断的概念,把实时性要求更高的事件放在中断中响应,把实时性要求较低的任务交给主程序去调度。这样,就形成了主程序与中断服务程序并行的程序结构,如图 22-6 所示。

哪些任务应该放在中断中处理,哪些任务应该放在主程序中处理呢?其实这是没有绝对

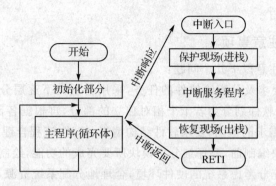

图 22-6　主程序与中断服务程序并行的程序结构

的界限。有些任务(比如按键定时扫描)既可以放在中断服务程序执行,也可以放在主程序执行,这取决于项目的具体情况,以及个人的编程习惯。

现在,有些单片机的中断资源极为丰富,几乎所有任务都可以通过中断实现,有时,人们干脆就让中断承担了全部的工作。主程序除了上电时的初始化动作外,平时什么都不干,干脆进入睡眠模式或待机模式,以降低系统功耗,避免干扰。但在大多数情况下,任务是由主程序和中断服务程序分工合作完成的。

需要说明的是,设计时,应尽量减小中断服务程序的执行时间,以免主程序中相应功能模块因"等的太久"而影响正常的工作。

4. 使用操作系统的程序结构

在主程序与中断服务程序并行的结构中,单片机采用时间片轮转的方法编程,即将实时性要求不高的工作放在主程序中,依次轮流执行;实时性要求高的,使用中断服务程序及时处理。当系统所要完成的工作不太多时,这种编程方法可以胜任;但是当所要完成的工作比较多,各工作之间相互关系复杂,系统对实时性要求比较高时,采用操作系统来管理任务、分配时间,就成为一个较好的选择。

操作系统通常是由计算机专家或专家组编写,所编写的操作系统通过市场检验,能够满足其技术参数中保证的各项性能指标。使用操作系统后,将待完成的工作分解成若干个任务,编程时只需集中精力完成各个任务,而各任务的管理、实时性的保证等就留给操作系统来完成。因此,使用操作系统可以简化编程,提高系统的可靠性,加快开发速度。

Keil 公司开发的专门针对于 51 单片机的实时操作系统(RTOS)——Rtx51,Rtx51 有 Rtx51 Full 和 Rtx51 Tiny 两个版本。其中,Rtx51 Full 版本支持 4 级任务优先级,最多可以有 256 个任务,它同时支持抢占式与时间片循环两种调度方式。抢占式调度方式可以在需要时中止其他任务而执行某一特定任务,因而可以满足实时性要求,功能强大。Rtx51 Tiny 是 Rtx51 Full 的子集,是一个很小的内核,只占用 900 B 左右的存储空间。它只需用 51 单片机内部寄存器即可实现所有功能,因此可以在 51 单片机构成的单片系统中应用。Rtx51 Tiny 可以支持 16 个任务,任务间遵循时间片轮转的规则,但不支持抢占式任务切换的方式;因此它适用于对实时性要求不是很严格,而仅要求多任务管理应用的场合。Rtx51 Full 是单独销售的,而 Rtx51 Tiny 则是完全免费的,随 Keil 软件一起提供,在 Keil 软件安装完成之后即可使用;并且 Keil 公司还提供了其源程序,从 Rtx Tiny 开始学习 RTOS 是较好的选择。

有关 Rtx Tiny 操作系统的详细内容,本书不作讨论,我们将在《轻松玩转 51 单片机 C 语言》一书中进行简要介绍。

5. 软件设计中的注意事项

软件设计时,还应注意以下几个问题:

① 根据系统功能要求及分配给软件的任务,采用自上向下逐层分解的方式,把复杂的系统进行合理的分解。将软件划分为若干个相对独立的部分,再根据各部分的关系设计出软件的整体框架,画出软件需求的框图,要求软件结构清晰、简洁,流程合理。

② 在对各功能模块编制前,要仔细分析模块所要完成的功能,绘制出详细的程序流程图。

③ 软件设计时要充分考虑系统的硬件环境,合理地分配系统资源,包括片内、片外程序存储器,数据存储器,定时/计数器,中断源等。

④ 编写的程序要条理清晰,易改易用。

条理清晰,是指程序运行的每一步都会一目了然,很容易分清楚、看明白。并且在关键语句后面一定要有注释,注释要达到言简意赅、没有歧义。

易改易用,是指程序在调试时很容易修改其中的关键内容而对其他部分没有影响,当程序中需要加入内容或是某一部分需要复制到其他程序中应用时要容易修改、方便移植。

⑤ 外部设备和外部事件尽量采用中断方式与 CPU 联络,这样既便于系统模块化,也可提高程序效率。

22.3.5 系统调试

系统调试主要是对利用开发工具进行在线仿真调试,除发现和解决程序错误外,也可以发现硬件故障。

系统调试一般是一个模块一个模块的进行,一个子程序一个子程序的调试,最后连接起来统一调试。利用开发工具的单步和断点运行方式,通过检查应用系统的 RAM、特殊功能寄存器(SFR)的内容以及 I/O 口的状态,来检查程序的执行结果和系统 I/O 设备的状态变化是否正常,从中发现程序的逻辑错误、转移地址错误以及随机的录入错误等。也可以发现硬件设计与工艺错误和软件设计错误。在调试过程中,要不断调整、修改系统的硬件和软件,直到其符合预期结果为止。

联机调试运行正常后,要将程序固化到单片机程序存储器中,进行现场脱机运行试验。一般而言,经过仿真调试之后的程序均可以正常工作。但在某些情况下,由于系统运行的环境较为复杂,尤其在干扰较严重的场合下,在系统进行实际运行之前无法预料,只能通过现场运行来发现问题,以找出相应的解决办法。或者虽然已经在系统设计时采取了软硬件抗干扰措施,但效果如何,还需通过在现场运行才能得到验证。

总之,系统的现场综合调试是验证系统工作情况的重要环节,只有经过现场运行才能发现设计时难以预料的潜在错误,并最终得以解决,保证系统能可靠地工作。

第 23 章
基于 DTMF 远程控制/报警器的制作

在下班前,有没有一种办法,可以实现对家中电器的远程控制?例如,在办公室通过电话或手机,控制家中的电饭煲开始烧饭,或者把家中的空调打开,一回到家中立即能感受到清香的米饭和清爽的凉风;当你在单位工作或出门在外时,有没有一种办法,可以实现当家中有非法入侵的时候,能够自动地拨叫您的单位电话或手机进行报警?本设计就是基于这种考虑,通过采用 DTMF 技术,实现电话远程控制家电和自动报警功能。

23.1 DTMF 基础知识

23.1.1 什么是 DTMF

DTMF 是 Dual Tone Multi Frequency 的缩写,意为"双音多频",它是音频电话的拨号信号,由美国 AT&T 贝尔实验室研制,双音多频信号编码技术易于识别,抗干扰能力强,发号速度快,且比用 modem 进行远程传输的方法更为经济实用,因此这种拨号方式取代了传统的脉冲拨号方式。

双音多频拨号方式的双音是指用两个特定的单音信号的组合叠加来代表数字或符号功能,两个单音的频率不同,所代表的数字和功能也不同。在双音多频电话机中,有 16 个按键,包括 10 个数字键(0~9),6 个功能键(*、#、A、B、C、D),按照组合的原理,它必须有 8 种不同的单音频信号。由于采用的频率有 8 种,故称为多频,又因从 8 种频率中任意抽出两种进行组合,又称其为 8 中取 2 的双音编码方法。

根据 CCITT 的建议,国际上采用 697、770、825、941、1 209、1 336、1 477 和 1 633 Hz 这 8 种频率,把这 8 种频率分为两个群,即高频群和低频群。从高频群和低频举任意各抽取一种频率进行组合,共有 16 种不同的组合,代表 16 种不同的数字或功能,如图 23-1 所示。

例如,按【1】键时,由拨号电路产生 697 Hz 与 1 209 Hz 叠加的信号电流输出,按【2】键时,产生 697 Hz 与 1 336 Hz 叠加的信号电流输出;其他以此类推。

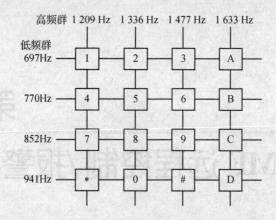

图 23-1 DTMF 的编译码定义

23.1.2 电话机的通话过程

打电话时:甲机摘机,由甲机拨入乙机电话号码,程控交换机接收到甲机的拨号号码组合音频信号(DTMF信号)后,将其一一译码,再判断号码,选择接通回路,至对应乙机,并馈出振铃信号。当乙机摘机接听时,自动取消振铃信号,正常通话。此时,如果再从甲机输入一组电话号码,可从乙机直接听到甲机所拨号码的双音频组合音,而电信局的程控交换机不会将之视作用户的拨打号码处理。挂机后,程控交换机自动断开该回路,完成一次通话过程。

专家点拨:电话线上的电压是由电信局的程控交换机提供的,当电话机待机时,电话线上有 30~50 V 的直流电压。当有来电时,程控交换机给电话机断续地发送约 90 V、25 Hz 的交流电,为电话机提供振铃,当电话机摘机后停止发送。电话机通话时,由于电话机阻抗变小,因此只有 9 V 左右。

23.1.3 MT8880 介绍

MT8880 是单片 DTMF 双音多频收发器,也称 DTMF 双音多频编解码芯片,与此芯片功能类似的还有 CM8888、MT8888 等,这些芯片集成度高、体积小、抗干扰能力强,应用十分广泛。

1. MT8880 内部结构与引脚功能

MT8880 采用 CMOS 工艺,内部集 DTMF 信号收发于一体,它的发送部分可发出 16 种双音多频 DTMF 信号;接收部分完成 DTMF 信号的接收、分离和译码,并以 4 位并行二进制码的方式输出,便于与单片机接口。MT8880 内部电路框图如图 23-2 所示。

MT8880 有 DIP、SSOP、PLCC 3 种封装方式,其中,20 脚的 DIP 封装比较常用,引脚排列如图 23-3 所示,引脚功能如表 23-1 所列。

第 23 章　基于 DTMF 远程控制/报警器的制作

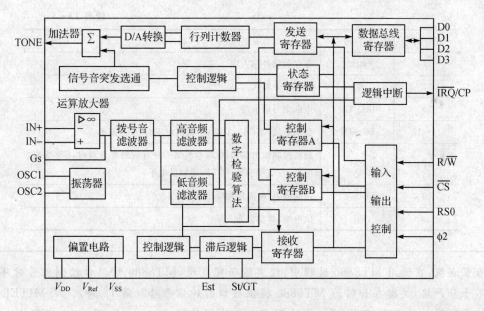

图 23-2　MT8880 内部电路框图

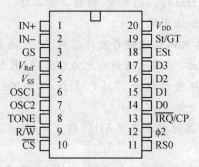

图 23-3　MT8880 引脚排列

表 23-1　MT8880 引脚功能

引脚	符号	功能
1	IN+	运放同相输入端
2	IN−	运放反相输入端
3	GS	运放输出端
4	V_{Ref}	基准电压输出端,电压值为 $V_{DD}/2$
5	V_{SS}	地
6	OSC1	振荡器输入端
7	OSC2	振荡器输出端
8	TONE	DTMF 信号输出端
9	R/$\overline{W}$	读/写控制端,低电平为写操作
10	$\overline{CS}$	片选端,低电平有效

续表 23-1

引 脚	符 号	功 能
11	RS0	寄存器选择输入端
12	Φ2	系统时钟输入
13	$\overline{\text{IRQ}}$/CP	中断信号请求端
14~17	D0~D3	数据总线,当$\overline{\text{CS}}$为1或Φ2为高电平时,呈高阻态
18	ESt	超前控制输出端,若电路检测到一种有效的单音对时,ESt为高电平;若信号丢失,则ESt返回低电平
19	St/GT	控制输入/时间检测输出
20	V_{DD}	供电端,典型值为5 V

专家点拨:在使用 MT8880 过程中,经实验研究发现,MT8880 对接口控制信号时序的要求并不十分严格,关键在如何为 MT8880 提供接口时钟信号 Φ2(第 12 脚)。从 MITEL 公司元器件手册提供的参数可知,Φ2 时钟周期 t_{CYC} 典型值为 250 ns(0.25 μs),实际上,t_{CYC} 为 0.167~10 μs(6 MHz~100 kHz)时,MT8880 仍能正常工作,t_{CYC} 取值范围较宽。因此,Φ2 的产生比较灵活,能以下述 4 种方法实现:

① 众所周知,51 系列单片机的地址锁存允许信号 ALE 为晶振频率的 6 分频(如:晶振为 12 MHz,ALE 为 2 MHz),因此,可用地址锁存允许信号 ALE 作为 Φ2。

② 用 MT8880 自身的晶振输出信号(3.58 MHz)作为 Φ2,这样 Φ2 的产生不依赖于单片机。

③ 当 51 系列单片机所用晶振频率在 6 MHz 以下时,可直接用晶振输出的信号加驱动后作为 Φ2。

④ 用 I/O 线模拟 Φ2 端,配合 SETB 和 CLR 指令,也能产生芯片所需的 Φ2 信号。需注意的是,部分 MT8880 芯片用这种方法不能正常工作。

2. MT8880 的编解码表

MT8880 是一款双音频的语音拨号芯片,接收时,它能将双音频信号转换为 4 位数字信号,发送时,它能将 4 位数字信号转换为双音频信号,双音频信号与 4 位数字信号的对应关系如表 23-2 所列。

表 23-2 双音频信号与四位数字信号的对应关系

双音频信号		数 字	4 位数字信号			
低频组/Hz	高频组/Hz		D3	D2	D1	D0
697	1 209	1	0	0	0	1
697	1 336	2	0	0	1	0
697	1 477	3	0	0	1	1
770	1 209	4	0	1	0	0

第23章 基于DTMF远程控制/报警器的制作

续表 23-2

双音频信号		数字	4位数字信号			
低频组/Hz	高频组/Hz		D3	D2	D1	D0
770	1 336	5	0	1	0	1
770	1 477	6	0	1	1	0
852	1 209	7	0	1	1	1
852	1 336	8	1	0	0	0
852	1 477	9	1	0	0	1
941	1 336	0	1	0	1	0
941	1 209	*	1	0	1	1
941	1 477	#	1	1	0	0
697	1 633	A	1	1	0	1
770	1 633	B	1	1	1	0
852	1 633	C	1	1	1	1
941	1 633	D	0	0	0	0

通过上表可知,发送1时为0001,发送2时发送0010……依次类推。但要看清楚了,电话号码中的0对应的可不是0000,它对应的是1010。

3. 寄存器与控制

MT8880共有5个不同作用的寄存器,分别是:

① 两个数据寄存器,一个是只执行读操作的接收数据寄存器RDR;另一个是只执行写操作的发送数据寄存器TDR。

② 两个4位的收、发控制寄存器CRA和CRB。对CRB的操作就是通过CRA中的一个特定位来操作的,因此编程中应对其进行初始化。

③ 一个4位状态寄存器SR,用来反映收、发信号的工作状态。

MT8880内部寄存器的选择与操作由RS0及R/$\overline{W}$来控制,控制功能如表23-3所列。

表23-3 寄存器控制功能表

RS0	R/$\overline{W}$	功能	RS0	R/$\overline{W}$	功能
0	0	写发送数据寄存器	1	0	写控制寄存器
0	1	读接收数据寄存器	1	1	读状态寄存器

发射/接收控制由两个具有相同地址空间的控制寄存器(CRA和CRB)完成。寄存器CRB的写操作由在CRA上设置适当的比特位来控制。下一个向同一地址的写操作则将被写入CRB,以后又将循环写入CRA。当电源连通或重开电源后,软件复位必须包括在所有程序运行前使预置控制寄存器和状态寄存器初始化。控制寄存器和状态寄存器的功能如表23-4和表23-5所列。

表23-4 控制寄存器功能表

控制寄存器	控制位	名称	功能	说明
CRA	b0	TOUT	信号音输出控制	逻辑1使能信号音输出
	b1	CP/DTMF	模式控制	逻辑1为CP呼叫模式,逻辑0为DTMF模式
	b2	IRQ	中断使能	逻辑1使能中断模式,当双音频模式被选中(b0=0)时,接收到DTMF信号或发送完一DTMF双音信号,DTMF/CP引脚电平由高变低
	b3	RSEL	寄存器选择	逻辑1下一次访问寄存器CRB,访问结束转回控制寄存器CRA
CRB	b0	BURST	双音突发模式	逻辑0使能双音频突发模式
	b1	TEST	测试模式	逻辑1使能测试模式,以在IRQ/CP引脚输出延迟控制信号
	b2	S/D	单双音产生	逻辑0允许产生DTMF信号,逻辑1输出单音频
	b3	C/R	列/行音选择	b2=1时,逻辑0使能产生行单音信号逻辑,逻辑1使能产生列单音信号

表23-5 状态寄存器功能表

状态位	名称	状态标志设置	状态标志清除
b0	中断请求位	发生中断;b1或b2置位	中断无效,状态寄存器读后被清零
b1	发送寄存器空(突发模式)	暂停结束,准备发送新数据	状态寄存器读后或在突发模式下被清除
b2	接收寄存器满	接收寄存器的数据有效	状态寄存器读后被清除
b3	延时控制	检测不到DTMF信号时置位	检测DTMF信号被清除

23.2 基于DTMF的远程控制/报警器

23.2.1 开发实例说明

本实例的目标是设计一个基于DTMF的远程控制及电话报警装置,远程控制/报警器以单片机STC89C51、双音多频编解码芯片MT8880为核心,通过现有的电话网络传递控制信号,进行家电的远程控制和自动报警。该控制器通用性较强,可广泛应用于家用电器及其他场所的各种控制设备。

远程控制/报警器和电话线连接后,能够完成以下功能:

1. 具有远程控制功能

用手机或其他电话或拨打家中的电话时,远程控制/报警器的蜂鸣器开始响(模拟振铃声),同时振铃指示灯闪烁,5次振铃后,模拟摘机;此时,拨打人员按手机或电话的数字【9】键,可控制远程控制/报警器的继电器接通,同时蜂鸣器响1声;按【*】键,继电器断开,同时蜂鸣

第 23 章　基于 DTMF 远程控制/报警器的制作

器响 2 声;按【♯】键,蜂鸣器响 4 声,然后挂机。拨出的号码能够在远程控制/报警器的 LCD 中显示出来。

2. 具有自动报警功能

当家中防护门被打开时,触发开关闭合(触发开关设置在单片机的 P30 脚),触发远程控制/报警器动作,自动拨打事先存储在 EEPROM 中的手机或电话,并发出报警声,提示您家中有人进入;另外,报警号码可通过矩阵键盘进行修改。

23.2.2　硬件电路设计

远程控制/报警器主要由单片机、DTMF 编解码电路 MT8880、摘机挂机电路、铃流检测电路、触发开关和矩阵按键电路、LCD 显示电路、继电器输出控制电路、EEPROM 存储器等组成,其基本组成框图如图 23-4 所示。

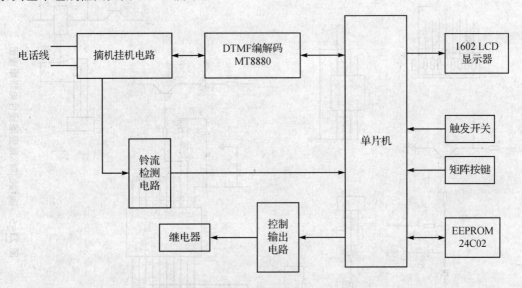

图 23-4　远程控制/报警器的基本组成框图

图 23-5 所示是根据基本框图设计的电路原理图。

下面对各部分电路进行简要分析与介绍。

1. 单片机

单片机可采用 STC89C51 或 AT89S51 等,主要是进行接收、发送控制数据处理,存储器的读写、显示处理、按键处理等操作。

2. DTMF 编解码电路

DTMF 编解码电路以 MT8880 为核心构成。主要有两个方面的作用:

① 接收时,电话线上的双音频信号经音频变压器 T21 耦合后,由 MT8880 的 2 脚输入,经过运算放大和拨号音滤波器,滤除信号中的拨号音频率,然后发送到双音频(高音频和低音频)滤波器,分离出低频组和高频组信号,通过数字检验算法电路,检出 DTMF 信号的频率,并且通过译码器译成 4 位二进制码。4 位二进制编码被锁存在接收数据寄存器中,此时状态寄存

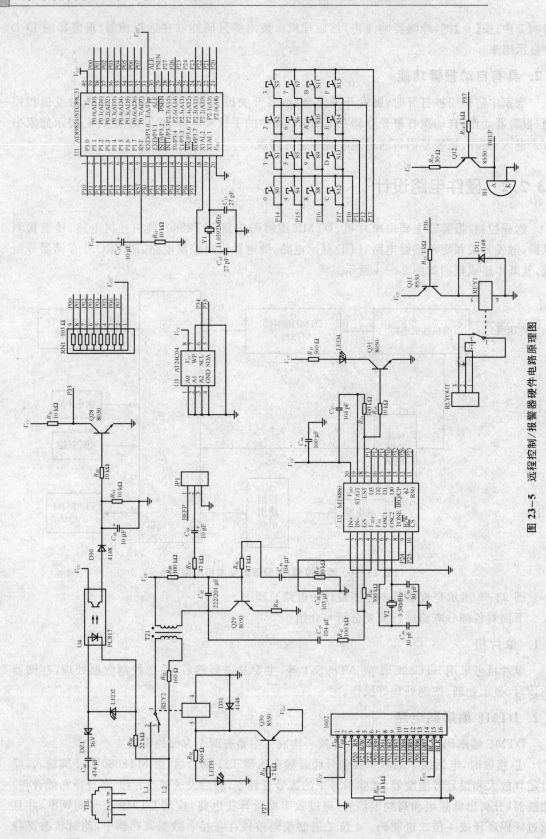

图 23-5 远程控制/报警器硬件电路原理图

第23章 基于 DTMF 远程控制/报警器的制作

器中的延时控制标识(b3)复位,状态寄存器中的接收数据寄存器满标识(b2)位置位;对外而言,当寄存器中的延时控制识别位复位时,MT8880 的 13 脚($\overline{\text{IRQ}}$/CP)由高电平变为低电平。由于 $\overline{\text{IRQ}}$/CP 和单片机的 P32 脚(外中断 0)相连,因此,当 $\overline{\text{IRQ}}$/CP 由高电平变为低电平时,向 CPU 发出中断请求,CPU 响应中断后,读出接收寄存器中的数据(由 MT8880 的 14~17 脚输出 D0~D3,送到单片机的 P10~P13 脚),读完后 $\overline{\text{IRQ}}$/CP 返回高电平。

② 发送时,单片机的 P10~P13 脚输出 4 位数字信号 D0~D3,送到 MT8880 的 14~17 脚,并被锁存在发送数据寄存器中,发送的 DTMF 信号频率由 MT88806、7 脚外接的 3.58 MHz 的晶振分频产生。分频器首先从基准频率分离出 8 个不同频率的正弦波,行列计数器根据发送数据寄存器中的数据,以 8 中取 2 方式分离出一个高频信号和一个低频信号,再经 D/A 转换,在加法器中合成 DTMF 信号,并从 MT8880 的 8 脚输出,经 Q29 放大和音频变压器 T21 耦合后,送到摘机挂机电路,向外拨出电话号码;号码拨出后,由单片机的 P37 脚输出的音频信号经 Q29 放大和 T1 耦合,通过电话线输出报警信号。

3. 摘机、挂机电路

摘机、挂机电路主要由 Q30 和继电器 REY2 等组成。摘机、挂机由单片机的 P27 脚进行控制,当 P27 脚为高电平时,晶体管 Q30 截止,其集电极为低电平,继电器 REY2 线圈失电,REY2 的开关不动作,此时,电话线 L1 断开,电路处于挂机状态。当 P27 为低电平时,晶体管 Q30 导通,其集电极为高电平,继电器 REY2 线圈得电,REY2 的常开触点闭合,于是,电话线 L1、L2 形成通路,电路处于摘机状态。

可见,摘机、挂机电路就是一个由单片机控制的电子开关,它负责将电话线与远程控制/报警器内部电路接通和断开。平时该开关处于断开(即挂机)状态,以免影响线路上其他电话设备的正常工作。在以下两种情况下,电路处于摘机状态:

① 接收时,远程控制/报警器接收 5 次铃流信号以后,该开关将在单片机的控制下自动接通(即摘机),此时远程控制信号才能进入到远程控制/报警器内部的其他电路中去。

② 发送时,拨号时,单片机从 P27 脚输出低电平信号,控制电话线接通,以便拨出的号码能及时发送出去。

4. 铃流检测电路

铃流检测电路的作用是检测电话线上的铃流信号,以便于让单片机统计电话铃响的次数或振铃的持续时间。

为什么要统计电话铃响的次数呢?这是因为,远程控制/报警器是接在电话线上的,同时,电话线上还连接有电话机,在待机(即线路空闲)时,电话机和远程控制/报警器都处于闲置状态,此时,远程控制/报警器随时都有可能接到线路上的远程控制信号。为了不影响电话机的正常使用,要求远程控制/报警器在接到铃流信号后不能马上动作,要有一定的延迟时间,以便于让主人有足够的时间到达电话机跟前去接听电话,也就是电话优先的原则。只有在若干次铃响(比如 5 次)以后,如果仍然没有人接听电话,就默认家里没人,此时才允许远程控制/报警器摘机应答响应,这就是铃流检测电路的作用。

铃流检测电路主要由 C40、DZ1、R30、U4、Q28 等组成,由于电容 C40 不能通过直流,因此在待机状态下,铃流检测电路不工作。当有人打来电话时,电话线路上有约 90 V、25 Hz 的交流电,因此,铃流电流通过 C40、DZ1、光电耦合器 U4 的发光二极管、R30 形成回路。此时,U4

内的发光二极管发光,使光敏管导通,U4 的 3 脚输出高电平,经 D30、C28 整流滤波,控制 Q28 导通,Q28 的集电极输出低电平,送到单片机的 P33 脚(外中断 1)。当没有铃流信号时,Q28 截止,其集电极输出高电平。由此可见,单片机 P33 脚的低电平是随着铃流信号的出现而出现的,只要检测到 P33 脚有低电平脉冲出现,就说明线路上有铃流信号了,而且通过计算 P33 脚低电平的次数,就可以判断出振铃次数的多少。

当振铃次数达到 5 次时,单片机从 P27 脚输出低电平,控制晶体管 Q30 导通,其集电极为高电平,继电器 REY2 线圈得电,REY2 的常开触点闭合,于是,电话线 L1、L2 形成通路,此时,可接收电话线上的控制指令。

另外,为了增加远程控制/报警器的可靠性,在电话线 L1、L2 之间还可以加入一只压敏电阻,压敏电阻的特性是,平时不导通,阻值无穷大,一旦线路上因雷电等因素出现瞬间的脉冲高压时,压敏电阻立即导通,并出现永久性短路,将电话线路两端给短接起来,避免远程控制/报警器上的其他元件遭受雷击等高压脉冲影响,对远程控制/报警器起到保护作用。

5. 触发开关和矩阵按键电路

触发开关用来触发报警器工作,实际安装时,应安装在防护门的相应位置上,当防护门关上时,开关断开,当防护门被打开时,按键闭合,经单片机检测后,从 EEPROM 中取出预置的电话或手机号码向外拨出。在本实例中,触发开关的动作由按键来进行模拟。

6. 显示电路

显示电路采用 1602 LCD,其作用是显示接收到的控制指令,以及发送的报警号码。

7. 输出控制电路

输出控制电路用来驱动继电器工作,如果负载较重,可采用驱动电路 ULN2003 或功率较大的晶体管,本实例中,采用晶体管 S8550。

8. EEPROM 存储器

EEPROM 存储器以 24C04 为核心构成,其作用是保存报警电话号码,以便报警时取出。

图 23-6 所示是根据硬件电路制作的远程控制/报警器开发板,有关该开发板的详细情况,请登录顶顶电子网站 www.ddmcu.com。

23.2.3 MT8880 驱动程序软件包的制作

为了方便使用 MT8880 进行软件设计,特制作了 MT8880 的驱动程序软件包,该软件包文件名为 MT8880_drive.asm,主要包括 MT8880 初始化 MT_INIT、读状态寄存器 R_STATUS、写 Φ2 脉冲 W_CP、读 Φ2 脉冲 R_CP 等几个子程序,完整的驱动程序软件包在光盘 ch23 文件夹中。

23.2.4 软件设计

根据功能要求,软件部分分为两部分进行设计,即远程控制接收部分和自动拨号报警部分,下面分别进行介绍。

第23章 基于 DTMF 远程控制/报警器的制作

图 23-6 远程控制/报警器开发板实物图

1. 远程控制接收部分软件设计

远程控制接收部分软件的功能是接收控制信号,并对继电器进行控制;接收部分软件主要由系统程序、外中断 0 中断服务程序、外中断 1 中断服务程序 3 部分组成。其中,外中断 0 由 MT8880 的 13 脚 $\overline{IRQ}/CP$ 触发,当 $\overline{IRQ}/CP$ 由高电平变为低电平时,通过 P3.2 脚向单片机发出中断请求,CPU 响应中断后,读出接收寄存器中的数据,并存放在 R0 间址单元中,读完后 $\overline{IRQ}/CP$ 返回高电平。外中断 1 由振铃信号触发,在外中断 1 中断服务程序中,对振铃次数进行计数,计数值存放在 COUNT 中,当 COUNT 计数值为 5 时,置位标志位 BELL_FLAG。

程序设计时要重点注意以下两点:

① 对外中断 1 的振铃次数进行判断。若 BELL_FLAG 标志位为 1,判断为振铃次数达到 5 次,则摘机,准备接收信号;若 BELL_FLAG 为 0,则继续等待。

② 对外中断 0 接收到的数据进行处理。若接收到的数据是 9,则控制继电器线圈得电,常开触点闭合,控制相应电路工作;若接收到的数据是 *,继电器断开,同时蜂鸣器响 2 声;若接收到的数据是 #,则蜂鸣器响 4 声,然后挂机。

接收部分详细源程序在随书光盘 ch23/ch23_1 文件夹中。

2. 自动拨号报警部分软件设计

自动拨号报警部分的功能是,当触发开关触发后(P3.0 脚为低电平),调取 24C04 预置的电话或手机号码,并自动拨出进行报警。另外,拨出的号码可通过矩阵键盘进行修改。

自动拨号报警部分详细源程序在随书光盘 ch23/ch23_2 文件夹中。

23.2.5 系统调试

1. 远程控制接收部分的调试

① 打开 Keil c51 软件,建立工程项目,再建立一个名为 ch23_1.asm 的源程序文件,输入接收部分的源程序。

② 在工程项目中,再将 1602 LCD 驱动程序软件包 LCD_drive.asm 和 MT8880 驱动程序软件包 MT8880_drive.asm 添加进来。

③ 单击"重新编译"按钮,对源程序 ch23_1.asm 和 LCD_drive.asm、MT8880_drive.asm 进行编译和链接,产生 ch23_1.hex 目标文件。

④ 将 ch23_1.hex 目标文件下载到 STC89C51 单片机中,然后,把 STC89C51 插入到 DTMF 远程控制报警开发板的单片机插座上。

⑤ 将家中的电话线插到 DTMF 远程控制报警开发板的插座上,插好后给开发板供电,此时,显示开机画面,画面内容如下:

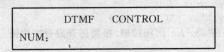

⑥ 用手机拨打电话,5 次振铃后,电话接通,此时,按手机的【9】键,远程控制/报警器实验开发板的继电器应工作,按手机的【*】键,远程控制/报警器实验开发板的继电器断开,按手机的【#】键,远程控制/报警器实验开发板挂机。并且,9、*、# 能在远程控制/报警器实验开发板的 LCD 上显示出来。

2. 自动拨号报警部分的调试

① 打开 Keil c51 软件,建立一个名为 ch23_2.uv2 的工程项目,再建立一个名为 ch23_2.asm 的源程序文件,输入自动拨号报警部分的源程序。

② 在 ch23_2.uv2 的工程项目中,再将 1602 LCD 驱动程序软件包 LCD_drive.asm、I2C 的驱动程序软件包 I2C_drive.asm 和 MT8880 驱动程序软件包 MT8880_drive.asm 添加进来。

③ 单击"重新编译"按钮,对源程序 ch23_2.asm 和 LCD_drive.asm、I2C_drive.asm、MT8880_drive.asm 进行编译和链接,产生 ch23_2.hex 目标文件。

④ 将 ch23_2.hex 目标文件下载到 STC89C51 单片机中,然后把单片机插入到 DTMF 远程控制/报警开发板的单片机插座上。

⑤ 给 DTMF 远程控制/报警开发板供电,此时,显示开机画面,画面内容如下:

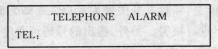

⑥ 按压矩阵键盘的【B】键,进入手机号码修改状态,如下所示:

第 23 章　基于 DTMF 远程控制/报警器的制作

此时,输入 11 位手机号码,2 s 后,退出号码修改状态画面,返回开机画面。

⑦ 将家中的电话线插到 DTMF 远程控制/报警开发板的插座上,插好后给开发板供电;将单片机的 P3.0 脚的触发开关接地,此时,DTMF 远程控制报警开发板自动拨打存储在 24C04 中的手机号码,并在 LCD 上显示出来;同时,蜂鸣器发出报警声。如果此时用所拨打的手机接听,则会听到报警声,报警二次后自动停止。

以上分别介绍了两个软件的设计与调试,读者可将二者合在一起,组合成一个完整的远程控制/报警器。

有关 DTMF 远程控制/报警开发板的详细内容请登录顶顶电子网站 www.ddmcu.com。

第 24 章
智能电子密码锁的制作

出于安全、方便等方面的需要,许多电子密码锁相继问世,例如声控锁、指纹识别等。这类产品的特点是针对特定有效指纹或声音有效,适用于保密要求高的场合。由于这些产品的成本一般较高,一定程度上限制了其普及和推广;本章介绍了一种由基于 51 单片机控制的智能电子密码锁,具有矩阵按键密码输入、密码记忆、密码出错提示及报警等功能,另外,还可在意外泄密的情况下及时修改密码,因此,特别适合家庭、宾馆、私家车库等场所。

24.1 智能电子密码锁功能介绍及组成

密码锁是现代生活中经常用到的工具之一,广泛应用于保险柜、房门、宾馆、车库等。电子密码锁克服了机械式密码锁密码量少、安全性能差的缺点,特别是使用单片机控制的智能电子密码锁,不但功能全,而且具有更高的安全性和可靠性。

24.1.1 智能电子密码锁功能介绍

设计一个由 51 单片机控制的智能电子密码锁,使其具有以下功能:
① 共 6 位密码,每位的取值范围为 0~9。
② 可以自行设定和修改密码。
③ 密码通过矩阵按键输入,按每个密码键时都有声音提示。输入密码时,为了不被其他人看到真实的密码,LCD 显示屏只显示"******"。
④ 开机后,LCD 显示屏显示开机画面,此时,长按【A】键 2 s 以上,则显示密码输入信息,等待用户输入密码,若输入密码正确,继电器通电动作(模拟开锁),LCD 上显示出密码正确的信息,蜂鸣器响 1 声,按【E】键,再次回到开机画面。
⑤ 在输入密码正确的情况下,按【B】键,可进入密码修改界面,允许用户修改密码,密码修改成功后,按【E】键,则退出密码修改界面,加到开机画面。
⑥ 密码有 3 次输入机会,若输入 3 次后密码仍不正确,蜂鸣器响 3 声,LCD 显示出错信息,不允许用户继续输入,此时按【E】键,可回到开机画面。

24.1.2 智能电子密码锁的组成

根据功能要求,设计的智能电子密码锁的框图如图 24-1 所示。

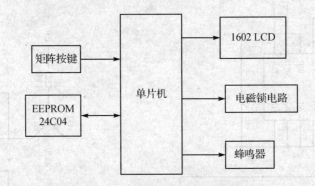

图 24-1 智能电子密码锁的框图

智能电子密码锁主要由单片机(可采用 STC89C51 或 AT89S51)、矩阵键盘、继电器、蜂鸣器、LCD 和 EEPROM 存储器 24C04 等组成。

矩阵键盘用来输入密码,24C04 用来存储密码,在断电条件下,其内部密码数据可保持 10 年不丢失。电磁锁电路是执行电路,用来开锁;蜂鸣器用作提示、报警时用,LCD 采用 1602 字符型,用来显示有关信息。

24.2 智能电子密码锁的设计

24.2.1 硬件电路设计

智能电子密码锁的基本原理是:从矩阵键盘输入一组密码,单片机把该密码和设置密码进行比较,若输入的密码正确,则控制电磁锁动作,将电磁铁抽回,从而将锁打开;若输入的密码不正确,则要求重新输入,并记录错误次数,如果 3 次错误,则被强制锁定并报警。

根据智能密码锁的基本原理、基本框图及功能要求,设计的硬件电路如图 24-2 所示。

1. 单片机电路

单片机电路以 U1(STC89C51)为核心构成,由于 P0 口是一个 8 位漏极开路的"双向 I/O 口",因此,外接了上拉电阻排 RN01。

2. 矩阵键盘电路

矩阵按键为 4×4 共 16 只按键,其中行线接在单片机的 P1.4~P1.7,列线接在单片机的 P1.0~P1.3。

3. 电磁锁电路

为了使用 DD-900 实验开发板对本设计进行验证,这里的电磁锁由继电器进行了替代。

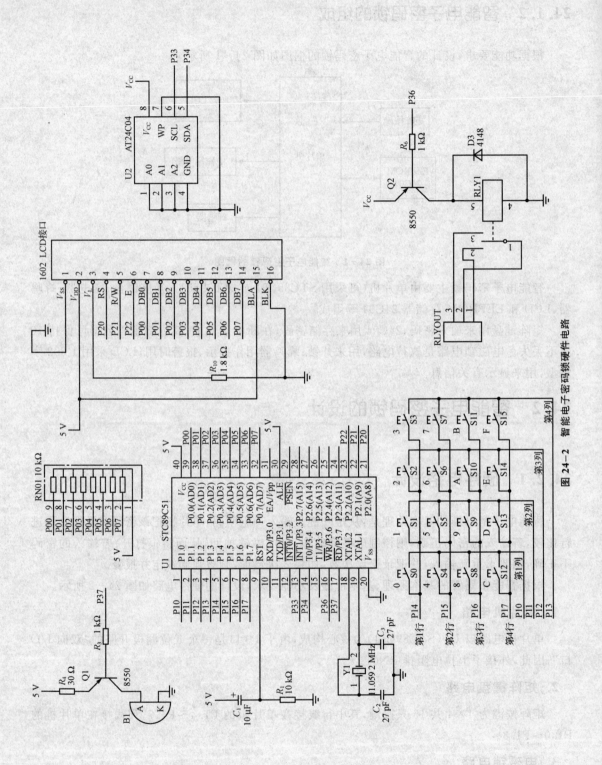

图 24-2 智能电子密码锁硬件电路

第24章 智能电子密码锁的制作

继电器电路由驱动晶体管Q2、继电器RLY1等组成,当单片机的P3.6脚输出低电平时,Q2导通,其集电极为高电平,继电器RLY1线圈得电,RLY1常开触点闭合。

电磁锁的原理与继电器是十分相似的,电磁锁的原理是:当电磁锁线圈通电后,带动锁杆动作,将锁打开。实际组装密码锁时,只需将继电器再替换为电磁锁即可。

4. 蜂鸣器电路

蜂鸣器电路由Q1、B1等组成,由单片机的P3.7脚控制,当P3.7脚输出低电平时,Q1导通,蜂鸣器发声;当P3.7脚输出高电平时,Q1截止,蜂鸣器不发声;当P3.7脚输出频率不同的信号时,蜂鸣器会发出不同的声音。

5. EEPROM存储器24C04

EEPROM存储器24C04为I^2C总线控制器件,其串行时钟SCL端和串行数据端SDA接在单片机的P3.3、P3.4脚。

6. 1602 LCD显示电路

显示电路采用1602字符型LCD,用来显示有关信息,1602 LCD共16只脚,其中,DB0~DB7为数据端,接单片机的P0.0~P0.7,RS、R/W、E为控制端,接单片机的P2.0、P2.1、P2.2脚。

24.2.2 软件设计

程序将分为主程序和定时器T0中断服务程序。主程序负责矩阵键盘扫描、键值输入、密码比较和开锁或报警处理。定时器T0中断服务程序主要是产生2 s、30 s的定时。

根据程序功能,主程序主要分为以下几部分:

1. 键盘识别(扫描和键值读取)程序

键盘扫描和键值读取程序主要判断矩阵按键是否按下,按下的是哪一个键,并求出按键的键值。矩阵键盘的识别方法有多种,这里采用特征编码法(参见本书第9章有关内容)。

2. LCD显示程序

LCD显示程序主要负责把要显示的数字或字母显示出来。由于显示的画面和内容较多,需要对不同画面和显示内容进行定义,使用时,只需定位好显示行和显示列的位置,调用不同的显示信息即可。

3. 密码输入与比较程序

输入密码前,要先将正确的密码从EEPROM存储器24C04中读出,并存放在单片机RAM从40H开始的6个单元中。

6位密码由矩阵按键输入,输入的密码存储在单片机RAM从30H开始的6个单元中,每输入一位密码,都要和正确的密码进行比较;若全部6位密码均输入正确,显示密码正确信息;若输入的密码不完全正确,则进行第二次输入,若输入3次仍不正确,则报错。

输入密码时,还要打开定时器T0,使定时器T0工作,当计时到30 s时,若输入的密码不正确或未输入密码,则显示出错信息。

4. 密码修改程序

密码修改程序用来设置新密码,当输入的开锁密码正确后,可重新设置新密码,输入的新密码先暂存在单片机 RAM 从 40H 开始的单元中,然后,调用写 EEPROM 存储器子程序,将 40H 开始的 6 位密码存储在 24C04 中。

5. 开锁程序

当输入密码正确时,单片机从 P3.6 脚输出低电平,控制继电器工作,模拟开锁动作,同时,当输入密码或开锁成功时,蜂鸣器发出相应的提示音。

智能电子密码锁详细源程序在随书光盘 ch24/ch24_1 文件夹中。

24.2.3 24C04 读写工具软件的设计

24C04 读写工具软件作为后台管理软件使用,主要有两种应用场合,一是首先往 24C04 写入密码(在本设计中,首先预设密码为 123456);二是忘记密码时,可使用此读写工具软件重新读出原密码,当然,也可以重写 24C04,更新密码。

24C04 读写工具软件的源程序在随书光盘 ch24/ch24_2 文件夹中。

24.2.4 系统调试

下面用 DD-900 实验开发板,对智能电子密码锁进行调试。系统调试主要分以下两步。

1. 用 24C04 读写工具软件将密码写入 24C04

① 打开 Keil c51 软件,建立工程项目,再建立一个名为 ch24_2.asm 的源程序文件,输入 24C04 读写工具软件的源程序。

② 在工程项目中,再将 1602 LCD 驱动程序软件包 LCD_drive.asm 和 I2C 的驱动程序软件包 I2C_drive.asm 添加进来。

③ 单击"重新编译"按钮,对源程序 ch24_2.asm 和 LCD_drive.asm、I2C_drive.asm 进行编译和链接,产生 ch24_2.hex 目标文件。

④ 将 ch24_2.hex 目标文件下载到 STC89C51 单片机中,短接 DD-900 实验开发板 JP1 的 LCD、V_{CC} 插针,为 LCD 供电;短接 JP4 的 RLY、P36 插针,使继电器接入电路;同时,用杜邦线将 JP5 的 24CXX(SCL)、24CXX(SDA)两插针分别连接到单片机的 P3.3、P3.4 引脚上,使 24C04 和单片机相连。此时,LCD 上显示出 24C04 读写工具软件的开机画面,画面内容如下:

```
WRIT & READ
---PASSWORD---
```

⑤ 按压矩阵按键的【C】键,LCD 上显示设置 6 位密码画面,画面内容如下:

```
WRIT   CODE
NUM:------
```

此时,输入6位密码,即可将设置的密码写入到24C04中。

⑥ 按【E】键退出写状态,再按【D】键,LCD上显示出刚才设置的6位密码,如下所示:

```
READ  CODE
NUM:1 2 3 4 5 6
```

这个密码就是智能密码锁的初始密码(这里设置为123456),请使用者将此密码记住!

2. 智能电子密码锁的调试

① 打开Keil c51软件,建立工程项目,再建立一个名为ch24_1.asm的源程序文件,输入智能电子密码锁的源程序。

② 在工程项目中,再将1602 LCD驱动程序软件包LCD_drive.asm和I2C的驱动程序软件包I2C_drive.asm添加进来。

③ 单击"重新编译"按钮,对源程序ch24_1.asm和LCD_drive.asm、I2C_drive.asm进行编译和链接,产生ch24_1.hex目标文件。

④ 将ch24_1.hex目标文件下载到STC89C51单片机中,短接DD-900实验开发板JP1的LCD、VCC插针,为LCD供电;短接JP4的RLY、P36插针,使继电器接入电路;同时,用杜邦线将JP5的24CXX(SCL)、24CXX(SDA)两插针分别连接到单片机的P3.3、P3.4引脚上,使24C04和单片机相连。此时,LCD上显示出智能电子密码锁的开机画面,画面内容如下:

```
KEY   LOCK
MADE  IN  CHINA
```

⑤ 长按【A】键2s以上,进入密码输入画面,画面内容如下:

```
PLEASE  INPUT
PASSWORD:------
```

若输入的密码不正确,将提示您再次输入,若输入3次后仍不正确,LCD上显示出输入错误的信息,如下所示。按【E】键,可返回开机画面。

```
INPUT  PASSWORD
INPUT  ERR
```

输入密码123456,密码正确,继电器动作(模拟开锁),同时,LCD上显示输入正确的画面,如下所示。按【E】键,可返回开机画面。

```
INPUT  PASSWORD
INPUT  OK
```

⑥ 在密码输入正确的情况下(显示出输入正确的画面),按【B】键,进入新密码设置画面,画面内容如下:

```
MODIFY  PASSWORD
PASSWORD:------
```

输入6位新密码,此时显示出修改密码正确画面,按【E】键,可返回到开机画面。

需要说明的是,若更换了新密码,一定要记住,若遗忘,则只能使用前面制作的"24C04读写工具软件"进行读写。

第 25 章
在 VB 下实现 PC 与单片机的通信

PC 功能强大、人机界面友好,是单片机所不能及的;由 PC 和单片机构成的系统可以实现更加复杂的控制。这样,就会遇到了 PC 与单片机串行通信的问题。在硬件上,PC 和 51 单片机都有串口,因此,可以使用 RS232 或 RS485 标准接口进行串行通信;在软件上,需要分别为 PC 和单片机编写相应的程序;目前,单片机端的程序由汇编或 C 语言编写;PC 端的程序则采用 Visual Basic 6.0(简称 VB 6.0)、Visual C++ 6.0(简称 VC++ 6.0)、Dephi 等软件进行开发,其中,VB 易学易用,使用广泛;需要说明的是,如果用户从未接触过 VB,那么,在学习本章之前,用户需要先找一本 VB 教程;学会 VB 常用控件的使用与编程方法;这个学习过程不会很长,半个月左右即可入门。

25.1 PC 与单片机串行通信介绍

近年来,单片机在数据采集、智能仪表仪器、家用电器和过程控制中应用越来越广泛;但由于单片机计算能力有限,难以进行复杂的数据处理,因此应用高性能的 PC 对单片机系统进行管理和控制,已成为一种发展方向。在 PC 与单片机的控制系统中,通常以 PC(上位机)为主机,单片机(下位机)为从机,由单片机完成数据的采集及对装置的控制,而由 PC 完成各种复杂的数据处理和对单片机的控制。所以,PC 与单片机之间的数据通信越发显得重要。

25.1.1 PC 与单片机通信硬件的实现

由于 51 单片机具有全双工串口,因此,PC 与单片机通信一般采用串口进行;串口是指按照逐位顺序传递数据的通信方式,在串口通信中,主要有 RS232 和 RS485 两个标准,RS232 标准接口结构简单,只要 3 根线(RX、TX、GND)就可以完成通信任务;但缺点是带负载能力差、通信距离不超过十几米。为了扩大通信距离,可以采用 RS485 标准接口进行通信。RS485 通信采用差动的两线发送、两线接收的双向数据总线两线制方式,其通信距离可达 1 200 m。有关 RS232、RS485 标准的详细内容,请参阅本书第 8 章有关内容。

25.1.2　PC与单片机通信编程语言的选择

要实现PC与单片机的串行通信,需要分别为上位机(PC)和下位机(单片机)编写相应的程序;一般而言,下位机程序由汇编语言或C语言编写,而上位机程序可选用VB、VC++、Dephi等软件进行开发。

Visual Basic,简称VB,是Microsoft公司推出的一种Windows应用程序开发工具。是当今世界上使用最广泛的编程语言之一,它也被公认为是编程效率最高的一种编程方法。无论是开发功能强大、性能可靠的商务软件,还是编写能处理实际问题的实用小程序,VB都是最快速、最简便的方法。

目前,VB编程已经成为Windows系统开发的主要语言之一,以其高效、简单易学及功能强大的特点越来越为广大程序设计人员及用户的喜爱。VB支持面向对象的程序设计,具有结构化的事件驱动编程模式可以使用,而且可以十分简便地做出良好的人机界面。在标准串口通信方面,VB提供了串行通信控件MSComm,为编写PC串口通信软件提供了极大的方便。

25.1.3　MSComm控件介绍

1. MSComm控件的通信方法

MSComm是Microsoft公司提供的Windows下串行通信编程ActiveX控件,它为应用程序提供了通过串行接口收发数据的简便方法。使用MSComm控件非常方便,仅需通过简单的修改控件的属性和使用控件的通信方法,就可以实现对串口的配置,完成串口接收和发送数据等任务。

MSComm控件提供了两种处理通信问题的方法:事件驱动法和查询法。

(1) 查询法

这种方法是在每个重要的程序之后,查询MSComm控件的某些属性值(如CommEvent属性和InBufferCount属性),来检测事件和通信状态。如果应用程序较小,并且是自保持的,这种方法可能是更可取的。例如,如果写一个简单的电话拨号程序,则没有必要对每接收一个字符都产生事件,因为唯一等待接收的字符是调制解调器的"确定"响应。

(2) 事件驱动法

这是处理串口通信的一种有效方法。当串口接收或发送指定数量的数据,或当串口通信状态发生改变时,MSComm控件触发OnComm事件。在OnComm事件中,可通过检测CommEvent属性值获知串口的各种状态,从而进行相应的处理。这种方法程序响应及时,可靠性高。

2. MSComm控件的引用

MSComm控件没有出现在VB的工具箱里面,所以,在使用MSComm控件时,需要将其添加到工具箱中,步骤如下:

① 依次选择VB菜单的"工程"→"部件"选项,如图25-1所示。

② 选择"部件"后,弹出部件对话框,勾选"Microsoft Comm Control6.0"控件,如图25-2所示。

第 25 章　在 VB 下实现 PC 与单片机的通信

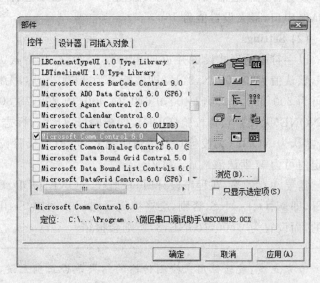

图 25-1　选择"部件"命令　　　图 25-2　勾选"Microsoft Comm Control6.0"控件复选框

③ 单击"应用"或"确定"按钮后，在工具箱中可看到 MSComm 控件的图标📞，双击该图标，即可将 MSComm 控件添加到窗口中，如图 25-3 所示。

④ 单击窗口中的 MSComm 控件，在 VB 界面的右侧会显示出 MSComm 控件的属性窗口，如图 25-4 所示，在属性窗口中，可以对 MSComm 控件的属性进行设置。

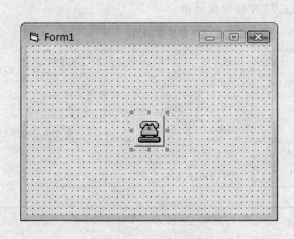

图 25-3　将 MSComm 控件的添加到窗口中　　　图 25-4　MSComm 控件的属性窗口

•467•

3. MSComm 控件的属性

MSComm 控件的属性较多,下面仅介绍一些常用的属性:

(1) CommPort

设置并返回通信端口号,当其设置为 1 时,表示选择 COM1 串口;设置为 2 时,表示选择 COM2 串口,最大设置值为 16。

(2) Settings

以字符串的形式设置并返回串口设置参数,其格式为"波特率、奇偶校验、数据位、停止位",默认值为"9 600,N,8,1",即波特率为 9 600 bit/s,无校验,8 位数据位,1 位停止位。波特率可为 300、600、1 200、2 400、9 600、14 400、19 200、28 800、38 400、56 000 bit/s 等。校验位有 NONE(无校验)、奇校验(ODD)、偶校验(EVEN)、标志校验(MARK)、空格校验(SPACE)等,默认为 NONE(无校验);若传输距离长,可增加校验位,可选偶校验或奇校验。停止位的设定值可为 1(默认值)、1.5 和 2。

需要注意的是,在程序设计时,校验位 NONE、ODD、EVEN、MARK、SPACE 只取第一个字母,即 N、O、E、M、S,否则,会产生编译错误。例如,Settings 属性设置为"9600,N,8,1"是正确的,而设置为"9600,NONE,8,1"则会报错。

专家点拨:校验位用来检测传输的结果是否正确无误,这是最简单的数据传输错误检测方法。但需注意,校验位本身只是标志,无法将错误更正。常用的校验位奇校验(ODD)、偶校验(EVEN)、标志校验(MARK)、空格校验(SPACE)等 4 种:

ODD 校验位:将数据位和校验位中是 1 的位数目加起来为奇数。换句话说,校验位能设置成 1 或 0,使得数据位加上校验位具有奇数个 1。

EVEN 校验位:将数据位和校验位中是 1 的位的数目加起来为偶数。换句话说,校验位能设置成 1 或 0,使得数据位加上校验位具有偶数个 1。

标记校验位:表示校验位永远为 1。

空格校验位:表示校验位永远为 0。

表 25-1 列出了数字 0~9 的 ODD、EVEN 校验位的值。

表 25-1 数字 0~9 的 ODD、EVEN 校验位的值

数据位	ODD 校验位	EVEN 校验位	数据位	ODD 校验位	EVEN 校验位
0000 0000	1	0	0000 0101	1	0
0000 0001	0	1	0000 0110	1	0
0000 0010	0	1	0000 0111	0	1
0000 0011	1	0	0000 1000	0	1
0000 0100	0	1	0000 1001	1	0

---

(3) PortOpen

设置或返回通信端口状态。应用程序要使用串口进行通信,必须在使用之前向操作系统提出资源申请要求(打开串口),打开方式:MSComm.PortOpen=True;通信完成后必须释放

资源(关闭串口),关闭方式:MSComm.PortOpen=False。

(4) Input

从接收缓冲区移走字符串,该属性设计时无效,运行时只读。在使用 Input 前,用户可以选择检查 InBufferCount 属性来确定缓冲区中是否已有需要数目的字符。

(5) InputLen

设置并返回每次从接收缓冲区读取的字符数。默认值为 0,表示读取全部字符。若设置 InputLen 为 1,则一次读取 1B;若设置 InputLen 为 2,则一次读取 2B。

(6) InputBufferSize

设置或返回接收缓冲区的大小,默认值为 1024B。

(7) InputMode

设置或返回 Input 属性取回的数据的类型。有两个形式,设为 ComInputModeText(默认值,其值为 0)时,按字符串形式接收;设为 ComInputModeBinary(其值为 1)时,当作字节数组中的二进制数据来接收。

(8) InBufferCount

返回输入缓冲区等待读取的字节数。可以通过该属性值为 0 来清除接收缓冲区。

(9) Output

向发送缓冲区发送数据,该属性设计时无效,运行时只读。

(10) OutBufferSize

设置或返回发送缓冲区的大小,默认值为 512B。

(11) OutBufferCount

设置或返回发送缓冲区中等待发送的字符数。可以通过设置该属性为 0 来清空发送缓冲区。

(12) CommEvent

返回最近的通信事件或错误。只要有通信事件或错误发生就会产生 OnComm 事件。CommEvent 属性中存有该事件或错误的数值代码。程序员可通过检测数值代码来进行相应的处理。

通信错误设定值如表 25-2 所列,通信事件设定值如表 25-3 所列。

表 25-2 通信错误设定值

常 数	值	描 述	常 数	值	描 述
comEventBreak	1001	接收到中断信号	comEventCDTO	1007	Carrier Detect 超时
comEventCTSTO	1002	Clear-To-Send 超时	comEventRxOver	1008	接收缓冲区溢出
comEventDSRTO	1003	Data-Set-Ready 超时	comEventRxParity	1009	Parity 错误
comEventFrame	1004	帧错误	comEventTxFull	1010	发送缓冲区满
comEventOverrun	1006	端口超速	comEventDCB	1011	检索端口设备控制块(DCB)时的意外错误

(13) Rthreshold

设置或返回引发接收事件的字节数。接收字符后,如果 Rthreshold 属性被设置为 0(默认值),则不产生 OnComm 事件;如果 Rthreshold 被设为 n,则接收缓冲区收到 n 个字符时 MSComm 控件产生 OnComm 事件。

表 25-3 通信事件设定值

常 数	值	描 述	常 数	值	描 述
comEvSend	1	发送事件	comEvCD	5	Carrier Detect 线变化
comEvReceive	2	接收事件	comEvRing	6	振铃检测
comEvCTS	3	Clear-To-Send 线变化	comEvEOF	7	文件结束
comEvDSR	4	Data-Set Ready 线变化			

(14) SThreshold

设置并返回发送缓冲区中允许的最小字符数。若设置 Sthreshold 属性为 0(默认值),数据传输事件不会产生 OnComm 事件;若设置 Sthreshold 属性为 1,当传输缓冲区完全空时,MSComm 控件产生 OnComm 事件。

(15) EOFEnable

确定在输入过程中 MSComm 控件是否寻找文件结尾(EOF)字符。如果找到 EOF 字符,将停止输入并激活 OnComm 事件,此时 CommEvent 属性设置为 comEvEOF(文件结束)。

(16) RTSEnable

确定是发送状态还是接收状态,为 False 时,为发送状态(默认值);为 True 时,为接收状态。

4. MSComm 控件的事件

通过串行传输的过程,VB 的 MSComm 控件会在适当的时候引发相关的事件。不同于其他控件的是,VB 的 MSComm 控件只有一个事件 OnComm。所有可能发生的情况,全部由此事件进行处理,只要 CommEvent 的属性值产生变化,就会产生 OnComm 事件,这表示发生了通信事件或错误。通过引发相关事件,就可通过 CommEvent 属性了解发生的错误或事件是什么。

25.1.4 一个简单的例子

下面介绍一个简单的例子,说明 MSComm 控件的编程方法。

1. 实现功能

将 PC 键盘的输入的一个或一串字符发送给单片机,单片机接收到 PC 发来的数据后,回送同一数据给 PC,并在 PC 屏幕上显示出来。只要 PC 屏幕上显示的字符与键入的字符相同,即表明 PC 与单片机间通信正常。

2. 通信协议

通信协议为:波特率选为 9 600 bit/s,无奇偶校验位,8 位数据位,1 位停止位。

3. 用汇编语言编写单片机端通信程序

单片机端晶振采用 11.059 2 MHz,串口工作于方式 1,波特率为 9 600 bit/s(注意与上位 PC

第 25 章　在 VB 下实现 PC 与单片机的通信

波特率一定相同);定时器 T1 工作于方式 2,当波特率为 9 600 bit/s、晶振频率为 11.059 2 MHz 时初值为 0FDH(SMOD 设为 0)。完整源程序如下:

```
            ORG 0000H
            AJMP  MAIN
            ORG   0030H
MAIN:       MOV SP,#60H
            MOV SCON,#50H       ;串口设为方式1,允许接收
            MOV TMOD,#20H       ;定时器1设为模式2
            MOV TL1,#0FDH       ;置定时器初值
            MOV TH1,#0FDH
            SETB TR1            ;启动 T1
            CLR ET1             ;清定时器 T1 中断
            CLR ES              ;清串口中断
WAIT1:      JBC RI,RECEIVE      ;若 RI=1,说明接收完毕,清 R1,同时跳转到 RECEIVE
            SJMP WAIT1          ;若 RI=0,说明未接收完,跳转到 WAIT1 继续接收
RECEIVE:    MOV A,SBUF          ;将接收的数据送 A
SEND1:      CLR TI              ;清 TI
            MOV SBUF,A          ;将收到数据回送 PC
WAIT2:      JBC TI,SEND2        ;若 TI=1,说明发送完毕,清 T1,同时跳转到 SEND2
            SJMP WAIT2          ;若 TI=0,说明未发送完,跳转到 WAIT2 继续发送
SEND2:      AJMP WAIT1          ;等待接收下一数据
            END
```

该文件保存在随书光盘的 ch25/ch25_1 文件夹中。

4. 用 VB 编写 PC 端串口通信程序

PC 端上位机通信程序采用 VB 编写,根据要求,先设计一个窗体,窗体上放置 2 个标签,2 个文本框,2 个按钮,同时,将 MSComm 控件添加到窗体上。设计的窗口界面如图 25-5 所示。

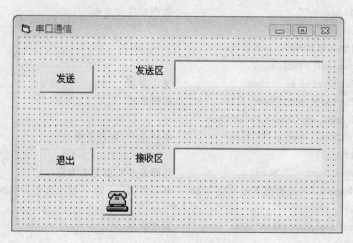

图 25-5　串口通信窗口界面

窗体上各对象属性如表25-4所列。

表25-4 串口通信各对象属性设置

对象	属性	设置	对象	属性	设置
窗体	Caption	串口通信	文本框2	Caption	Text2
	名称	Form1		Text	置空
标签1	Caption	Label1		Multiline	True
	名称	发送区	按钮1	Caption	Command1
标签2	Caption	Label2		名称	发送
	名称	接收区	按钮2	Caption	Command2
文本框1	Caption	Text1		名称	退出
	Text	置空	MSComm控件	Caption	MSComm1
	Multiline	True		其他属性	在代码窗口设置

在窗体上右击,在弹出的快捷菜单中选择"查看代码"选项,打开代码窗口,输入以下程序代码:

```
'****初始化代码****
Private Sub Form_Load()
    MSComm1.CommPort = 1                       '设定串口1
    MSComm1.Settings = "9600,n,8,1"            '设置波特率,无检验,8位数据位,1位停止位
    MSComm1.InBufferSize = 1024                '设置接收缓冲区为1024B
    MSComm1.OutBufferSize = 512                '设置发送缓冲区为512B
    MSComm1.InBufferCount = 0                  '清空输入缓冲区
    MSComm1.OutBufferCount = 0                 '清空输出缓冲区
    MSComm1.SThreshold = 0                     '不触发发送事件
    MSComm1.RThreshold = 1                     '每收到一个字符到接收缓冲区引起触发接收事件
    MSComm1.InputLen = 1                       '一次读入1个数据
    MSComm1.PortOpen = True                    '打开串口
    Text2.Text = ""                            '清空接收文本框
    Text1.Text = ""                            '清空发送文本框
End Sub
'****发送按钮单击事件****
Private Sub Command1_Click()
    Dim SendString As String                   '发送变量
    SendString = Text1.Text                    '传送数据
    If MSComm1.PortOpen = False Then
        MSComm1.PortOpen = True                '串口未开,则打开串口
    End If
    If Text1.Text = "" Then                    '判断发送数据是否为空
        MsgBox "发送数据不能为空", 16, "串口通信"    '发送数据为空则提示
    End If
    MSComm1.Output = SendString                '发送数据
End Sub
'****退出按钮单击事件****
Private Sub Command2_Click()
```

第25章 在VB下实现PC与单片机的通信

```
        If MSComm1.PortOpen = True  Then
            MSComm1.PortOpen = False        '先判断串口是否打开,如果打开则先关闭
        End If
        Unload Me                           '卸载窗体,并退出程序
        End
End Sub
'**** onComm 事件 ****
Private Sub MSComm1_onComm()
        Dim InString As String              '接收变量
    Select Case MSComm1.CommEvent           '检查串口事件
        Case comEvReceive                   '接收缓冲区内有数据
            InString = MSComm1.Input        '从接收缓冲区读入数据
            Text2.Text = Text2.Text & InString
        Case comEventRxOver                 '接收缓冲区溢出
            Text2.Text = ""
            Text1.Text = ""
            Text1.SetFocus                  '设置焦点
        Case comEventTxFull                 '发送缓冲区溢出
            Text2.Text = ""
            Text1.Text = ""
            Text1.SetFocus                  '设置焦点
    End Select
End Sub
```

该源程序在随书光盘的 ch25/ch25_2 文件夹中。

VB源程序主要由初始化、发送数据、onComm事件、退出程序等几部分组成。

程序的初始化部分主要完成对串口的设置工作,包括串口的选择、波特率及帧结构设置、打开串口以及发送和接收触发的控制等。此外,在程序运行前,还应该进行清除发送和接收缓冲区的工作。这部分工作是在窗体载入的时候完成的,因此应该将初始化代码放在 Form_Load 过程中。需要说明的是,为了触发接收事件,一定要将 MSComm1.RThreshold 设置为 1。

专家点拨:在初始化时,要注意校验位的设置,一般情况下,在校验位的设置时应采取不设校验位(NONE),这是因为,设了校验位(如偶校验或奇校验)后,当由下位机发送过来的数据不满足校验规则时,PC将接收不到发来的数据,而只得到一个"3FH"的错误信息。所以,在多数据传送时要避免使用校验位来验证接收数据是否正确,应采取其他方法来验证接收是否正确,如可发送这批数据的校验和等。

发送数据过程是通过单击发送按钮完成的。单击"发送"按钮,程序检查发送文本框中的内容是否为空,如果为空字符串,则终止发送命令,警告后返回;若有数据,则将发送文本框中的数据送入 MSComm1 的发送缓冲区,等待数据发送。

接收数据部分使用了事件响应的方式。当串口收到数据使得数据缓冲区的内容超过 1B 时,就会引发 comEvReceive 事件;OnComm()函数负责捕捉这一事件,并负责将发送缓冲区

的数据送入输出文本框显示；OnComm()函数还对错误信息进行捕捉，当程序发生缓冲区溢出之类的错误时，由程序负责将缓冲区清空。

退出程序过程是通过单击退出按钮完成的。单击"退出"按钮，关闭串口，卸载窗体，结束程序运行。

为了验证所编写的程序是否正确，可使用串口线连接PC，并将串口线另一端的第2脚、3脚短接，这样PC通过串口TX发射端发送出去的数据就将立刻被返回给PC串口的RX接收端。这时，在发送数据文本框添加内容，单击"发送"按钮，则应该可以在接收文本框中得到同样的内容。否则，说明程序有误，需要进行修改。

5. 程序调试

下面用DD-900实验开发板对单片机端的汇编源程序和PC端的VB源程序进行调试，方法如下：

① 打开Keil c51软件，建立工程项目，再建立一个ch25_1.asm文件，输入上面的汇编源程序，对源程序进行编译、连接和调试，产生ch25_1.hex目标文件。

② 将DD-900实验开发板JP3的232RX、232TX两插针和中间两插针短接，使单片机通过RS232串口通信。

③ 打开上面编写的VB源程序，软件运行后，在发送文本框输入字符，单击"发送"按钮，若在接收区文本框中显示该字符，则表示通信成功。

以上仅为演示参考程序，其功能十分简单，读者可以根据实际的需要，在相应位置加以改动，以适应更复杂的要求。例如，本书第8章使用的"顶顶串口调试助手v1.0"，就是由笔者在本例VB源程序的基础上通过增加功能后改编的！

25.2　PC与一个单片机温度监控系统通信

25.2.1　实现的功能

这是一个由PC实时显示和控制的单片机温度监控系统，该温度监控系统具有以下功能：

① 温度由温度传感器DS18B20配合单片机进行检测，检测的温度可以在温度监控系统的LED数码管显示。

② 检测的温度可以实时地通过串口传送给PC，由PC进行显示。

③ 当温度在30℃以下时，PC显示"温度正常"，同时向单片机发送命令"66H"，控制温度监控系统的继电器断开；当温度超过30℃时，PC显示"温度过高"同时向单片机发送命令"77H"，控制温度监控系统的继电器闭合，打开风扇进行降温。

25.2.2　通信协议

通信协议为：波特率选为9 600 bit/s，无奇偶校验位，8位数据位，1位起始位，1位停止位。

25.2.3 下位机电路及程序设计

根据要求,设计的硬件电路如图 25-6 所示。

下位机主要完成以下功能:一是进行温度检测;二是与 PC 进行通信;三是接收 PC 指令后,对继电器进行控制。

下位机源程序与本书第 15 章"实例解析 1——LED 数码管数字温度计"基本一致,下面仅给出不同的部分,完整的源程序在随书光盘 ch25/ch25_3 文件夹中。

```
            ;以下是主程序
MAIN:       MOV   SP,#50H          ;堆栈初始化
            MOV   SCON,#50H        ;串口设为方式1,允许接收
            MOV   TMOD,#20H        ;定时器1设为模式2
            MOV   TL1,#0FDH        ;置定时器初值
            MOV   TH1,#0FDH
            SETB  TR1              ;启动 T1
            MOV   P0,#0FFH         ;P0 口置 1
START:      LCALL GET_TEMP         ;调用读温度子程序
            LCALL TEMP_PROC        ;调温度 BCD 处理子程序
            LCALL BCD_REFUR        ;调 BCD 码温度值刷新子程序
            LCALL DISPLAY          ;调用数码管显示子程序
            LCALL TEM_SEND         ;调温度数据发送与控制指令接收子程序
            AJMP  START            ;跳转到 START
            ;以下是读取温度值子程序
GET_TEMP:   (略,见光盘)
            ;以下是温度 BCD 码处理子程序
TEMP_PROC:  (略,见光盘)
            ;以下是单字节十六进制转 BCD 子程序
HEX_BCD:    (略,见光盘)
            ;以下是 BCD 码温度值刷新子程序
BCD_REFUR:  (略,见光盘)
            ;以下是显示子程序
DISPLAY:    (略,见光盘)
            ;以下是 1ms 延时子程序
DELAY_1ms:  (略,见光盘)
            ;以下是温度数据发送与控制指令接收子程序
TEM_SEND:
SEND1:      MOV   A,DISP_BUF+2     ;取温度值十位数
            ADD   A,#30H           ;加 30H,得到温度值十位数的 ASCII 码
            MOV   SBUF,A           ;发送到 PC
WAIT1:      JBC   TI,SEND2         ;若 TI=1,说明发送完毕,清 TI,同时跳转到 SEND2
            SJMP  WAIT1            ;若 TI=0,说明未发送完,跳转到 WAIT1 继续发送
SEND2:      MOV   A,DISP_BUF+1     ;取温度值个位数
```

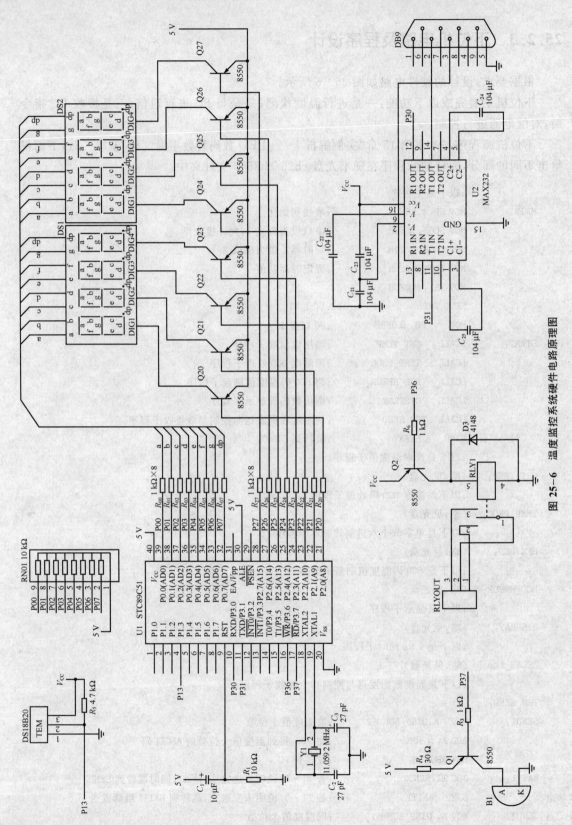

图 25-6 温度监控系统硬件电路原理图

	ADD A,#30H	;加30H,得到温度个位数的ASCII码
	MOV SBUF,A	;发送到PC
WAIT2:	JBC TI,SEND3	;若TI=1,说明发送完毕,清T1,同时跳转到SEND3
	SJMP WAIT2	;若TI=0,说明未发送完,跳转到WAIT2继续发送
SEND3:	MOV A,#0	;A清零
	ADD A,#2EH	;加2EH,得到小数点的ASCII码(2EH)
	MOV SBUF,A	;发送到PC
WAIT3:	JBC TI,SEND4	;若TI=1,说明发送完毕,清T1,同时跳转到SEND4
	SJMP WAIT3	;若TI=0,说明未发送完,跳转到WAIT3继续发送
SEND4:	MOV A,DISP_BUF	;取小数点后第1位温度值
	ADD A,#30H	;加30H,得到小数位温度值的ASCII码
	MOV SBUF,A	;发送到PC
WAIT4:	JBC TI,CONTOL	;若TI=1,说明发送完毕,清T1,同时跳转到CONTOL
	SJMP WAIT4	;若TI=0,说明未发送完,跳转到WAIT4继续发送
CONTOL:	ACALL RE_CHECK	;调检查PC控制命令子程序
	RET	
	;以下是检查PC控制命令子程序	
RE_CHECK:	JBC RI,RE_PRO	;若RI=1,说明接收完毕,清R1,同时跳转到RE_PRO进行控制
	SJMP ES_RET	;若RI=0,跳转到ES_RET退出
RE_PRO:	MOV A,SBUF	;将接收的PC控制命令送A
	CJNE A,#66H,RE_PRO1	;若接收的不是66H控制命令,跳转到RE_PRO1
	SETB RELAY	;继电器断开
	AJMP ES_RET	;跳转到ES_RET退出
RE_PRO1:	CJNE A,#77H,ES_RET	;若接收的不是77H控制命令,跳转到ES_RET退出
	CLR RELAY	;若接收的是77H控制命令,接通继电器
	ACALL BEEP_ONE	;若接收的是77H控制命令,蜂鸣器响2声
	ACALL BEEP_ONE	
	AJMP CHECK_RET	;跳转到CHECK_RET退出,继电器仍接通
ES_RET:	SETB RELAY	;关断继电器
CHECK_RET:	RET	
	;以下是蜂鸣器响1声子程序	
BEEP_ONE:	(略,见光盘)	
	;以下是50 ms延时子程序	
DELAY_50ms	(略,见光盘)	
	END	

25.2.4 上位机程序设计

PC端上位机通信程序采用VB编写,根据要求,先设计一个窗体,窗体上放置2个标签、1个文本框、1个按钮,同时,将MSComm控件添加到窗体上。设计的窗口界面如图25-7所示。

窗体上各对象属性如表25-5所列。

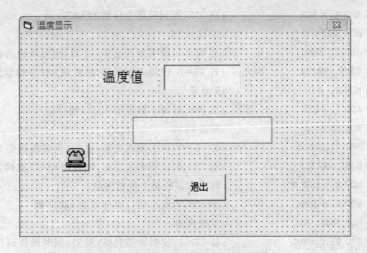

图 25-7 温度显示窗口界面

表 25-5 串口通信各对象属性设置

对象	属性	设置	对象	属性	设置
窗体	Caption	显示温度	文本框	Caption	Text1
	名称	Form1		Text	置空
标签 1	Caption	Label1	按钮	Caption	Command1
	名称	置空（用来显示温度是正常还是过高）		名称	退出
标签 2	Caption	Label2	MSComm 控件	Caption	MSComm1
	名称	温度值		其他属性	在代码窗口设置

在窗体上右击,在弹出的快捷菜单中选择"查看代码"选项,打开代码窗口,加入以下程序代码:

```
'Option Explicit
'****窗口加载初始化代码****
Private Sub Form_Load()
        MSComm1.CommPort = 1                          '设定串口 1
        MSComm1.Settings = "9600,n,8,1"               '设置波特率,无校验,8 位数据位,1 位停止位
        MSComm1.InBufferSize = 1024                   '设置接收缓冲区为 1024B
        MSComm1.OutBufferSize = 512                   '设置发送缓冲区为 512B
        MSComm1.InBufferCount = 0                     '清空输入缓冲区
        MSComm1.OutBufferCount = 0                    '清空输出缓冲区
        MSComm1.SThreshold = 0                        '不触发发送事件
        MSComm1.RThreshold = 1                        '每收到 1 个字符到接收缓冲区引起触发接收事件
        MSComm1.InputLen = 4                          '一次读入 4 个数据
        MSComm1.InputMode = comInputModeBinary        '采用二进制形式接收
        MSComm1.PortOpen = True                       '打开串口
        Text1.Text = ""                               '清空接收文本框
End Sub
'****退出按钮单击事件****
```

第25章 在VB下实现PC与单片机的通信

```vb
Private Sub Command1_Click()
        If MSComm1.PortOpen = True Then
            MSComm1.PortOpen = False        '先判断串口是否打开,如果打开则先关闭
        End If
        Unload Me                           '卸载窗体,并退出程序
        End
End Sub
'****MSComm1 控件事件****
Private Sub MSComm1_onComm()
    Dim buf As Variant                      '定义自动变量
    Dim ReArr() As Byte                     '定义动态数组
    Dim StrReceive As String                '定义字符串变量
    Select Case MSComm1.CommEvent
    Case comEvReceive                       '触发接收事件
        Do
        DoEvents                            '交出控制权
        Loop Until MSComm1.InBufferCount = 4 '等待4个接收字节发送完毕
        buf = MSComm1.Input                 '将接收的数据放入变量
        ReArr = buf                         '存入数组
        For i = LBound(ReArr) To UBound(ReArr) Step 1  '求数组的下边界和上边界
            StrReceive = StrReceive & Chr(ReArr(i))    '转换为字节串
        Next i
        Text1.Text = StrReceive             '显示接收的温度值
        MSComm1.InBufferCount = 0           '清空接收缓冲区
        If Val(StrReceive) > 30 Then        '若接收的温度值大于30℃,说明温度过高
            Label1.Caption = "当前温度:" & "过高"
            Call Auto_send2                 '调自动发送函数2(发送77H控制命令)
            For i = 0 To 100                '延时
                Beep                        '控制PC音箱响
            Next i
        Else                                '若接收温度值小于30℃,说明温度正常
            Label1.Caption = "当前温度:" & "正常"
            Call Auto_send1                 '调自动发送函数1(发送66H控制命令)
        End If
    Case comEventRxOver                     '接收缓冲区溢出
        Text1.Text = ""                     '清空接收文本框
    Case comEventTxFull                     '发送缓冲区溢出
        Text1.Text = ""                     '清空接收文本框
    End Select
End Sub
'****自动发送函数1(发送控制命令66H)****
Private Sub Auto_send1()                    '发送数据
    Dim AutoData1(1 To 1) As Byte           '定义数组
        AutoData1(1) = CByte(&H66)          '若温度小于30℃,发送数据66H
        MSComm1.Output = AutoData1          '发送
        MSComm1.OutBufferCount = 0          '清除发送缓冲区
```

```
End Sub
'****自动发送函数2(发送控制命令77H)****
Private Sub Auto_send2()                    '发送数据
    Dim AutoData2(1 To 1) As Byte           '定义数组
        AutoData2(1) = CByte(&H77)          '若温度大于30℃,发送数据77H
        MSComm1.Output = AutoData2          '发送
        MSComm1.OutBufferCount = 0          '清除发送缓冲区
End Sub
```

该源程序在随书光盘 ch25/ch25_4 文件夹中。

在 VB 源程序中,先在加载窗体时对 MSComm1 控件进行初始化,然后,由 MSComm1 控件的 onComm 事件对接收数据进行处理,当检测到温度过高时,输出"77H",发送到单片机,控制继电器工作。

25.2.5 程序调试

下面用 DD-900 实验开发板,对单片机端的汇编源程序和 PC 端的 VB 源程序进行调试,方法如下:

① 打开 Keil c51 软件,建立的工程项目,再建立一个 ch25_3.asm 文件,输入上面汇编源程序,将温度传感器驱动程序软件包 DS18B20_drive.asm 添加进来。单击"重新编译"按钮,对源程序 ch25_3.asm 和 DS18B20_drive.asm 进行编译和链接,产生 ch25_5.hex 目标文件;将目标文件下载到单片机中。

② 将 DD-900 实验开发板 JP3 的 232RX、232TX 和中间两插针短接,使单片机通过 RS232 串口通信;将 JP4 的 RLY、P36 插针短接,使继电器接入单片机;将 JP6 的 18B20、P13 插针短接,使 DS18B20 接入单片机。

③ 将 DD-900 实验开发板 232 串口和 PC 的串口连接。

④ 输入上面编写的 VB 源程序,软件运行后,则在软件的文本框口中显示检测到的温度值,当温度在 30 ℃以下时,标签 1 中显示"当前温度:正常",如图 25-8 所示;当温度在 30 ℃以上时,标签 1 中显示"当前温度:过高",同时,DD-900 实验开发板的继电器工作,蜂鸣器不断鸣叫,直至温度降到 30 ℃以下为止。

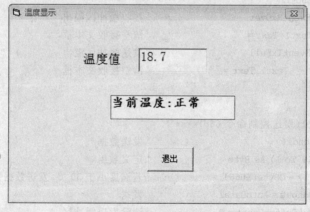

图 25-8 温度正常时的运行界面

25.3 PC 与多个单片机温度监控系统通信

25.3.1 多机通信基本知识

在介绍 PC 与多个单片机通信实例之前,先来了解一下多机通信基本知识。

1. 主单片机与多个从单片机实现多机通信的原理

51 单片机串行口的方式 2 和方式 3 主要应用于多机通信。在多机通信中,有一台主机(主单片机)和多台从机(从单片机)。主机发送的信息可以传送到各个从机或指定的从机,各从机发送的信息只能被主机接收,从机与从机之间不能进行通信。图 25 - 9 所示是多机通信的连接示意图。

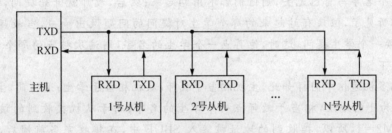

图 25 - 9 多机通信的连接示意图

进行多机通信,应主要解决两个问题:一是多机通信时主机如何寻找从机? 二是如何区分地址和数据信息? 这两个问题主要依靠设置与判断 SCON 寄存器 TB8、RB8 和 SM2 位来实现的。

TB8 是发送的第 9 位数据,主要用于方式 2 和方式 3,TB8 的值由用户通过软件设置,在多机通信中,TB8 位的状态表示主机发送的是地址帧还是数据帧,TB8 为 1,表示发送的是地址,TB8 为 0 表示发送的是数据。

RB8 是接收数据的第 9 位,主要用于方式 2 和方式 3,可将接收到的 TB8 数据的放在 RB8 中,在多机通信中,RB8 的状态表示从机接收的是地址帧还是数据帧,RB8 为 1,表示接收的是地址,RB8 为 0 表示接收的是数据。

SM2 是多机通信控制位,主要用于方式 2 和方式 3。

若 SM2=1,有两种情况:① 接收的第 9 位 RB8 为 1,此时接收的信息装入 SBUF,并置 RI=1,向 CPU 发中断请求;② 接收的第 9 位 RB8 为 0,此时不产生中断,信息将被丢失,不能接收。若 SM2=0,则接收到的第 9 位 RB8 无论是 1 还是 0,都产生 RI=1 的中断标志,接收的信息装入 SBUF。具体情况如表 25 - 6 所列。

表 25 - 6 SM2、RB8 与从机的动作

SM2	RB8	从机动作
1	0	不能接收数据
1	1	能收到主机发送的信息(地址)
0	0 或 1	能收到主机发送的信息(数据)

多机通信的步骤如下:

① 所有从机的 SM2 置 1,以便接收地址。

② 主机发送一帧地址信息，其中，前8位表示从机的地址，第9位TB8为1，表示当前发送的信息为地址。

③ 所有从机收到主机发送的地址后，都将收到的地址与本机地址比较。如果地址相同，该从机将其SM2置0，准备接收随后的数据帧；并把本机地址发回主机，作为应答；对于地址不同的从机，保持SM2=1，对主机随后发来的数据不予理睬。

④ 主机发数据信息，地址相符的从机，因SM2=0，可以接收主机发来的数据。其余从机因SM2=1，不能接收主机发送的数据。

⑤ 地址相符的从机接收完数据后，SM2置1，以便继续判断主机发送的是地址还是数据。

专家点拨：单片机多机通信过程和课堂上教师提问学生的过程差不多，教师提问学生前，先点某个学生的名字，然后，所有的学生都把教师点的这个名字和自己的名字比较，其中必有一个学生发现这个名字是他的名字，然后，他就从座位上站起来，准备回答老师的问题，而其余的学生发现这个名字与自己无关，则他们都不用站起来；然后，教师就开始提问，教师提问时，所有的学生都听见了，但只有站起来的那个学生对提问的问题做出响应，当教师提问一会儿后，他可能想换一个学生提问，这时，他再点一个学生的名字，则这次被点的那个学生站起来，其余的学生坐下。

在单片机多机通信中同样如此，主机相当于教师，从机相当于学生；通信前，主机发出一个第9位(TB8)为1的地址，相当于教师点一个学生的名字；由于从机接收到的该地址第9位(RB8)为1，SM2=1，所以，接收到的地址被装入SBUF中，在接收完当前帧后，产生中断申请，相当于所有的学生都听见了教师的点名；其中必然有一台从机会发现接收到的地址和它本身保存在存储器中的从机号相同，相当于其中有一个学生判断出教师要对他提问；则该从机将其多机通信控制位SM2置0，相当于这个学生从座位上站起来；这样才能接收主机发送的第9位(TB8)为0的数据，相当于只有站起来的学生才能回答教师的提问；而其余从机肯定会发现它们接收到的地址与它们的从机号不相符，则这些从机都将其多机通信控制位SM2置1，不能接收主机发送的第9位(TB8)为0的数据，相当于其余学生全部坐下，不能回答教师的提问。

主机在发送一个从机的地址后，紧接着把发往该从机的数据依次发出，每个数据的第9位(TB8)都为0，这相当于教师提问；每个从机都检测到了这些数据，但只有SM2为0的从机才将这些数据装入接收缓冲器并申请中断，让CPU处理这些数据，而其余的从机因为SM2为1，所以将收到的这些数据丢失，相当于只有站起来的学生才能回答这个问题。

最后，被寻址的从机SM2置1，相当于这个站起来的同学回答完问题后坐下；主机继续发送TB8为1的地址，与其他从机通信，相当于主机继续点名，进行下一轮的点名提问。

2. PC与多个从单片机实现多机通信的原理

前面介绍了51单片机通过控制SCON中的SM2、TB8、RB8位可控制多机通信，但PC的串行通信没有这一功能，PC串行接口虽然也可发出11位的数据，但第9位是校验位，而不是相应的地址/数据标志。要使PC与单片机实现多机通信，需要通过软件的办法，使PC满足51单片机通信的要求，方法是：

第 25 章　在 VB 下实现 PC 与单片机的通信

PC 可发送 11 位数据帧，这 11 位数据帧由 1 位起始位、8 位数据位、1 位校验位和 1 位停止位组成，其格式为：

起始位	D0	D1	D2	D3	D4	D5	D6	D7	校验位	停止位

而 51 单片机多机通信的数据帧格式为：

起始位	D0	D1	D2	D3	D4	D5	D6	D7	RB8/TB8	停止位

对于单片机，RB8/TB8 是可编程位，通过使其为 0 或为 1 而将数据帧和地址帧区别开来。

对于 PC，校验位通常是自动产生的，它根据 8 位数据的奇偶情况而定。

比较上面两种数据格式可知：它们的数据位长度相同，不同的仅在于校验位和 RB8/TB8。如果通过软件的方法，编程校验位，使得在发送地址时，校验位采用标志校验 M（该校验位始终为"1"），发送数据时采用空格校验 S（该校验位始终为"0"），则 PC 的 M、S 校验位就完全模拟单片机多机通信 RB8/TB8 位，从而实现 PC 与单片机的多机通信。

25.3.2　多机通信实现的功能

PC 通过 RS232/485 转换接口与多个单片机温度监控系统的 RS485 接口连接，PC 可显示每个温度监控系统检测到的温度值，并进行实时控制。图 25-10 是 PC 与多个温度显示/控制系统连接的框图。

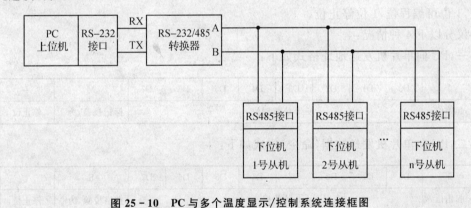

图 25-10　PC 与多个温度显示/控制系统连接框图

温度监控系统的具体功能如下：

① 温度由温度传感器 DS18B20 配合单片机进行检测，检测的温度可以在各个温度监控系统的 LED 数码管显示。

② 每个温度监控系统检测的温度可以实时地通过 RS485 接口通过传送给 PC，由 PC 进行显示。

③ 当温度在 30 ℃以下时，PC 显示"温度正常"，同时向单片机发送命令"66H"，控制温度监控系统的继电器断开；当温度超过 30 ℃时，PC 显示"温度过高"同时向单片机发送命令"77H"，控制温度监控系统的继电器闭合，打开风扇进行降温。

为便于说明和实验验证，这里仅以 PC 控制两个温度监控系统为例进行演示。

25.3.3 通信协议

1. 协议内容

为了保证 PC 与所选择的从机实现可靠的通信，必须给每一个从机分配一个唯一的地址，本系统中，规定 1 号温度检测系统的地址号为 01H，2 号温度检测系统的地址号为 02H。

PC 与多个温度监控系统通信时，首先由上位 PC 发送所要寻址的下位机地址（以 01H 为例），当所有从机接受到 01H 后，进入中断服务程序和本机地址比较，地址不相符，退出中断服务程序；地址相符的 01H 号从机回送本机地址（1 号为 01H）给 PC，当 PC 接受到回送的地址后，握手成功。

握手成功后，PC 发 55H 命令给 01H 从机，命令其发送检测到的温度数据和累加校验和。

PC 收到温度数据和校验和后，对数据进行校验，若校验不正确，命令从机（01H）重新发送。

当温度在 30 ℃以下时，PC 向单片机发送命令"66H"，单片机收到 66H 命令后，控制继电器断开；当温度超过 30 ℃时，PC 向单片机发送命令"77H"，单片机收到 77H 命令后，控制继电器闭合。

2. 协议格式

PC 与单片机通信时，波特率选为 9 600 bit/s，串行数据帧由 11 位组成：1 位起始位，8 位数据位，1 位可编程位，1 位停止位。

协议分以下 4 种情况：

第一，PC 向单片机发送地址格式如下：

0	D0	D1	D2	D3	D4	D5	D6	D7	M	1
起始位				8 位数据位					标记校验，为 1	停止位

第二，PC 向单片机发送数据（命令）格式如下：

0	D0	D1	D2	D3	D4	D5	D6	D7	S	1
起始位				8 位数据位					空格校验，为 0	停止位

第三，单片机向 PC 回送地址格式如下：

0	D0	D1	D2	D3	D4	D5	D6	D7	TB8	1
起始位				8 位数据位					设置为 1	停止位

第四，单片机向 PC 发送数据（温度值）格式如下：

0	D0	D1	D2	D3	D4	D5	D6	D7	TB8	1
起始位				8 位数据位					设置为 0	停止位

第 25 章　在 VB 下实现 PC 与单片机的通信

从以上可以看出,当 PC 向单片机发送地址,或单片机向 PC 回送地址时,第 9 位为 1;当 PC 向单片机发送数据(命令),或单片机向 PC 发送数据(温度值)时,第 9 位为 0;在编写上位机和下位机程序时,必须按这一要求进行编写,否则,将会产生混乱或无法通信。

25.3.4　多机通信下位机电路及程序设计

根据要求,下位机温度监控系统应采用 RS-485 接口,其硬件电路如图 25-11 所示。

1 号下位机源程序与本书第 15 章"实例解析 1——LED 数码管数字温度计"基本一致,下面仅给出不同的部分,完整的 1 号温度监控系统的源程序在随书光盘 ch25/ch25_5 文件夹中。对于 2 号从机,需要将中断服务程序中的语句:CJNE　A,♯1H,END_RET 改为 CJNE　A,♯2H,END_RET。

1 号从机部分源程序如下:

```
            ;以下是主程序
MAIN:       MOV  SP,#70H            ;堆栈初始化
            MOV  SCON,#0F8H         ;串口方式 3,SM2=1,REN=1,TB8=1,RB8=0
            MOV  PCON,#00H          ;SMOD=0
            MOV  TMOD,#20H          ;定时器 T1 工作方式 2
            MOV  TH1,#0FDH          ;11.0592 MHz,SMOD=0 时,波特率为 9 600 bit/s
            MOV  TL1,#0FDH
            SETB TR1                ;开定时器 T1
            SETB EA                 ;开总中断
            SETB ES                 ;开串口中断
            CLR  ROS1_485           ;置将 MAX485 置于接收状态
            MOV  P0,#0FFH           ;P0 口置 1
START:      LCALL GET_TEMP          ;调用读温度子程序
            LCALL TEMP_PROC         ;调温度 BCD 处理子程序
            LCALL BCD_REFUR         ;调 BCD 码温度值刷新子程序
            LCALL DISPLAY           ;调用数码管显示子程序
            AJMP  START
GET_TEMP:   (略)
            ;以下是温度 BCD 码处理子程序
TEMP_PROC:  (略)
            ;以下是单字节十六进制转 BCD 子程序
HEX_BCD:    (略)
            ;以下是 BCD 码温度值刷新子程序
BCD_REFUR:  (略)
            ;以下是显示子程序
DISPLAY:    (略)
            ;以下是 1 ms 延时子程序
DELAY_1ms:  (略,见光盘)
```

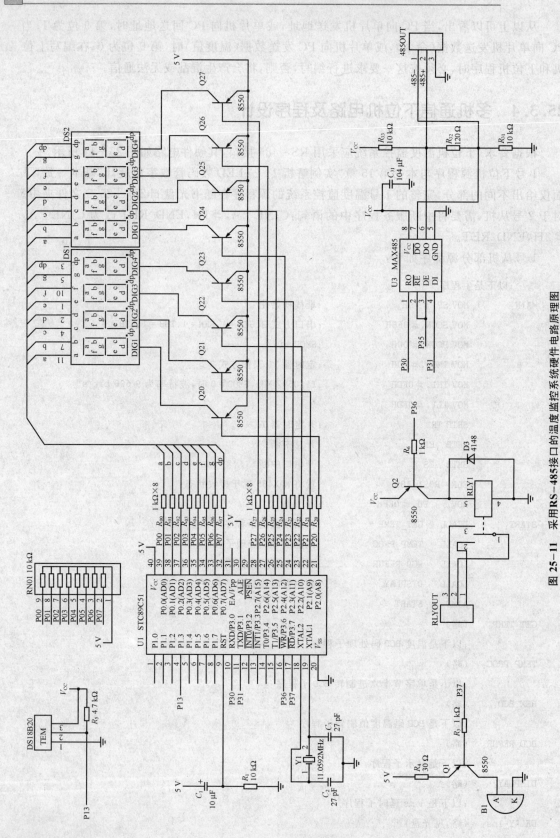

图 25-11 采用 RS-485 接口的温度监控系统硬件电路原理图

第 25 章　在 VB 下实现 PC 与单片机的通信

```
            ;以下是串口中断服务程序
ES_INT:     JNB    SM2,RE_DA        ;若 SM2 为 0,说明接收的是数据,转 RE_DA
                                    ;如果 SM2 为 1,说明接收的是地址
            PUSH   ACC              ;压入堆栈
            CLR    ES               ;关串行中断
RE1:        CLR    R0S1_485         ;将 MAX485 置于接收状态
            JBC    RI,RE2           ;若接收完,跳转到 RE2
            SJMP   RE1              ;等待接收完毕
RE2:        MOV    A,SBUF           ;接收的地址送 A
            CJNE   A,#1H,ADDR_RET   ;若接收的地址不是 1,跳转到 ADDR_RET 退出
            ACALL  DELAY_50ms       ;延时 50 ms,等待 PC
            SETB   R0S1_485         ;将 MAX485 置于发送状态,准备回送 PC
            MOV    SBUF,A           ;将接收的地址号返送给 PC,以进行握手
SE1:        JBC    TI,SE2           ;若发送完毕,跳转到 SE2
            SJMP   SE1              ;等待发送完毕
            ACALL  DELAY_50ms       ;延时 50 ms,等待 PC
SE2:        CLR    TB8              ;将 TB8 清零,以便发送温度数据时,使 TB8 和 PC 的校验位 S
                                    ;(为 0)一致
            CLR    SM2              ;SM2 清零,以便接收数据
            CLR    R0S1_485         ;将 MAX485 置于接收状态
            SETB   ES               ;开串行中断
            POP    ACC              ;出栈
            RETI                    ;中断返回
RE_DA:      PUSH   ACC              ;压入堆栈
            CLR    ES               ;关串行中断
            CLR    R0S1_485         ;若收到的是数据(命令),先将 MAX485 置于接收状态
            JBC    RI,RE4           ;若数据接收完毕,跳转到 RE4
            SJMP   RE_DA            ;等待接收完毕
RE4:        MOV    A,SBUF
            ACALL  DELAY_50ms       ;延时 50 ms,等待 PC
            CJNE   A,#55H,CONTOL    ;若接收的不是 55H 命令(发送数据命令),跳转到 CONTOL 再
                                    ;进行判断
SE3:        ACALL  TEM_SEND         ;若接收的是 55H 命令,开始发送温度数据
            ACALL  DELAY_50ms       ;延时,等待 PC
            ACALL  DELAY_50ms
CONTOL:     ACALL  RE_CHECK         ;调检查 PC 控制命令子程序
ADDR_RET:   SETB   SM2              ;SM2 置 1,重新开始接收地址
            SETB   TB8              ;TB8 置 1,以便回送地址时,使 TB8 和 PC 的校验位 M(为 1)
                                    ;一致
            CLR    R0S1_485         ;MAX485 置于接收状态
            POP    ACC              ;出栈
            SETB   ES               ;开串行中断
```

	RETI	;中断返回
	;以下是检查 PC 控制命令子程序	
RE_CHECK:	JBC RI,RE_PRO	;若 RI=1,说明接收完毕,清 R1,同时跳转到 RE_PRO 进行控制
	SJMP ES_RET	;若 RI=0,跳转到 ES_RET 退出
RE_PRO:	MOV A,SBUF	;将接收的 PC 控制命令送 A
	CJNE A,#66H,RE_PRO1	;若接收的不是 66H 控制命令,跳转到 RE_PRO1
	SETB RELAY	;继电器断开
	AJMP ES_RET	;跳转到 ES_RET 退出
RE_PRO1:	CJNE A,#77H,ES_RET	;若接收的不是 77H 控制命令,跳转到 ES_RET 退出
	CLR RELAY	;若接收的是 77H 控制命令,接通继电器
	ACALL BEEP_ONE	;蜂鸣器响 2 声
	ACALL BEEP_ONE	
	AJMP CHECK_RET	;跳转到 CHECK_RET 退出,继电器仍接通
ES_RET:	SETB RELAY	;关断继电器
CHECK_RET:	RET	;子程序退出
	;以下是温度数据发送子程序	
TEM_SEND:	SETB ROS1_485	
SEND1:	MOV A,DISP_BUF+2	;取温度值十位数
	ADD A,#30H	;加 30H,得到温度值十位数的 ASCII 码
	MOV SBUF, A	;发送到 PC
WAIT1:	SETB ROS1_485	;将 MAX485 置于发送状态
	JBC TI,SEND2	;若 TI=1,说明发送完毕,清 T1,同时跳转到 SEND2
	SJMP WAIT1	;若 TI=0,说明未发送完,跳转到 WAIT1 继续发送
SEND2:	SETB ROS1_485	;将 MAX485 置于发送状态
	MOV A, DISP_BUF+1	;取温度值个位数
	ADD A,#30H	;加 30H,得到温度个位数的 ASCII 码
	MOV SBUF, A	;发送到 PC
WAIT2:	JBC TI,SEND3	;若 TI=1,说明发送完毕,清 T1,同时跳转到 SEND3
	SJMP WAIT2	;若 TI=0,说明未发送完,跳转到 WAIT2 继续发送
SEND3:	SETB ROS1_485	;将 MAX485 置于发送状态
	MOV A, #0	;A 清零
	ADD A, #2EH	;加 2EH,得到小数点的 ASCII 码(2EH)
	MOV SBUF, A	;发送到 PC
WAIT3:	JBC TI,SEND4	;若 TI=1,说明发送完毕,清 T1,同时跳转到 SEND4
	SJMP WAIT3	;若 TI=0,说明未发送完,跳转到 WAIT3 继续发送
SEND4:	SETB ROS1_485	;将 MAX485 置于发送状态
	MOV A, DISP_BUF	;取小数点后第 1 位温度值
	ADD A,#30H	;加 30H,得到小数位温度值的 ASCII 码
	MOV SBUF, A	;发送到 PC
WAIT4:	JBC TI,SUM_PRO	;若 TI=1,说明发送完毕,清 T1,同时跳转到 SUM_PRO
	SJMP WAIT4	;若 TI=0,说明未发送完,跳转到 WAIT4 继续发送
SUM_PRO:	SETB ROS1_485	;将 MAX485 置于发送状态

第 25 章 在 VB 下实现 PC 与单片机的通信

```
                MOV  A,#0               ;A 清零
                ADD  A,DISP_BUF+2       ;加 DISP_BUF+2
                ADD  A,DISP_BUF+1       ;加 DISP_BUF+1
                ADD  A,DISP_BUF         ;加 DISP_BUF
                ADD  A,#90H             ;再加 90H
                MOV  SBUF,A             ;将温度数据的十位、个位、小数位和 90H 值相加,得到累加和
WAIT5:          JBC  TI,SEND_RET        ;将累加和发送到 PC
                SJMP WAIT5              ;等待发送完毕
SEND_RET:       CLR  ROS1_485           ;将 MAX485 置于接收状态,准备接收数据
                RET                     ;子程序退出
                ;以下是蜂鸣器响 1 声子程序
BEEP_ONE:       (略,见光盘)
                ;以下是 50 ms 延时子程序
DELAY_50ms:     (略,见光盘)
                END
```

下面,对串口中断服务程序进行简要分析。

在程序初始化时,将串口通信设置为串口方式 3,SM2=1,REN=1,TB8=1,RB8=0。

假设 PC 发送了第 9 位为 1 的 01H 地址信息,当 1 号、2 号单片机进入中断服务程序后,都开始进行判断;经地址比较后,1 号单片机判断是自己的地址,于是,再将自己的地址 01H 回送 PC,同时设置 SM2=0、TB8=0,以便下步接收数据(命令);对于 2 号单片机,由于地址不对,直接退出,并同时设置 SM2=1、TB8=1,以便下步继续接收地址。

PC 收到 1 号单片机回送的地址 01H 后,开始向单片机发送第 9 位为 0 的命令 55H,对于 1 号单片机,由于此时 SM2=0,TB8=0,因此,可以收到第 9 位为 0 的 55H 命令,收到 55H 命令后,调用 TEM_SEND 子程序,向 PC 发送温度数据和累加和;对于 2 号单片机,由于此时 SM2=1,TB8=1,因此,不能接收第 9 位为 0 的 55H 命令,只能继续等待。

当 PC 收到 1 号单片机发送的温度数据后,若温度正常(30 ℃以下),向 1 号单片机发送第 9 位为 0 的 66H 命令,若温度过高(30 ℃以上),向 1 号单片机发送第 9 位为 0 的 77H 命令,对于 1 号单片机,由于此时 SM2=0,TB8=0,因此,可以收到第 9 位为 0 的 66H 或 77H 命令,收到 66H 或 77H 命令后,调用 RE_CHECK 子程序,对继电器进行控制;对于 2 号单片机,由于此时 SM2=1,TB8=1,因此,不能接收第 9 位为 0 的 66H 或 77H 命令,只能继续等待。

1 号单片机接收完 66H 或 77H 控制命令后,设置 SM2=1,TB8=1,等待 PC 第二次呼叫。

需要说明的是,由于 RX-485 接口芯片 MAX485 工作在半双工状态,因此,在接收 PC 地址或数据(命令)时,要设置 ROS1_485(即 P3.5 脚)为低电平,当向 PC 发送数据时,要设置 ROS1_485 为高电平。

另外,在中断服务程序中还有几个延时程序,设置这几个延时程序很有必要,若不加或设置不正确,则数据在传输时极易出错甚至不能传输。

如图 25-12 是下位机串口中断函数的流程图。

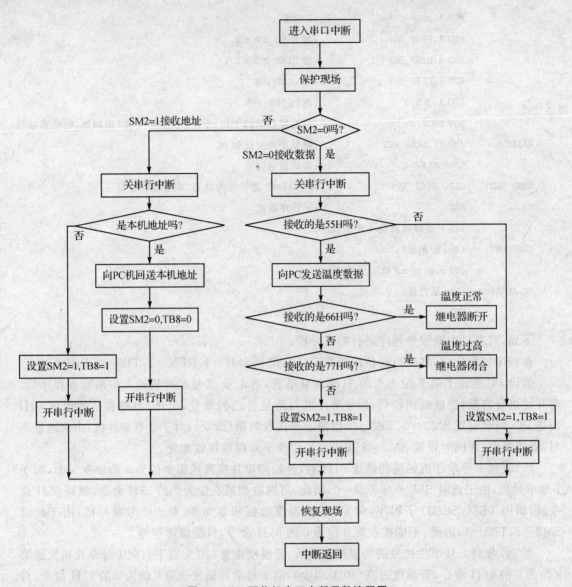

图 25-12　下位机串口中断函数流程图

25.3.5　多机通信上位机程序设计

　　PC 端上位机通信程序采用 VB 编写，根据要求，先设计一个窗体，窗体上放置 2 个框架，3 个标签，2 个文本框，2 个复选框，3 个按钮，2 个计时器，同时，将 MSComm 控件添加到窗体上。设计的窗口界面如图 25-13 所示。

　　窗体上各对象属性如表 25-7 所列。

第25章 在VB下实现PC与单片机的通信

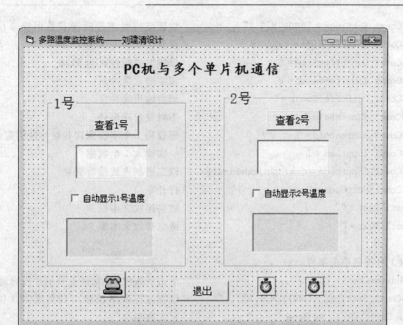

图25-13 多机通信温度显示窗口界面

表25-7 串口通信各对象属性设置

对象	属性	设 置	对象	属性	设 置
窗体	Caption	多温度监控系统	按钮1	Caption	CmdCheck1
	名称	Form1		名称	查看1号
框架1	Caption	1号	按钮2	Caption	CmdCheck2
	名称	Frame1		名称	查看2号
框架2	Caption	1号	按钮3	Caption	CmdExit
	名称	Frame1		名称	退出
标签1	Caption	Label1	计时器1	名称	Timer1
	名称	置空(用来显示有关信息)		Enabled	True
标签2	Caption	Label2		Interval	3 000 ms(可根据情况进行更改)
	名称	置空(用来显示有关信息)			
标签3	Caption	Label3	计时器2	名称	Timer2
	名称	PC与多个单片机通信		Enabled	True
文本框1	Caption	Text1		Interval	3 000 ms(可根据情况进行更改)
	Text	置空			
文本框2	Caption	Text2	MSComm控件	Caption	MSComm1
	Text	置空		其他属性	在代码窗口设置

在窗体上右击,在弹出的快捷菜单选择"查看代码"选项,打开代码窗口,加入以下程序代码:

```
'****窗口加载初始化代码****
Private Sub Form_Load()
    MSComm1.CommPort = 1                    '设定串口1
```

```vb
        MSComm1.Settings = "9600,M,8,1"              '设置波特率,M校验,8位数据位,1位停止位
        MSComm1.InBufferSize = 1024                  '设置接收缓冲区为1 024B
        MSComm1.OutBufferSize = 512                  '设置发送缓冲区为512B
        MSComm1.InBufferCount = 0                    '清空输入缓冲区
        MSComm1.OutBufferCount = 0                   '清空输出缓冲区
        MSComm1.SThreshold = 0                       '不触发发送事件
        MSComm1.RThreshold = 1                       '每收到1个字符到接收缓冲区引起触发接收事件
        MSComm1.InputLen = 1                         '一次读入1个数据
        MSComm1.InputMode = comInputModeBinary       '以二进制方式接收数据
        MSComm1.PortOpen = True                      '打开串口
        Text1.Text = ""                              '清空接收文本框1
        Text2.Text = ""                              '清空接收文本框2
End Sub
'****查看1号按钮单击事件****
Private Sub CmdCheck1_Click()                        '单击该按钮,可发送1号单片机的地址01H
        MSComm1.Settings = "9600,M,8,1"              '设置波特率,M校验,8位数据位,1位停止位
        Dim Data(1 To 1) As Byte                     '定义数组
        Data(1) = CByte(&H1)                         '转换为字节数据
        MSComm1.Output = Data                        '发送1号单片机地址01H
        MSComm1.OutBufferCount = 0                   '清除发送缓冲区
End Sub
'****查看2号按钮单击事件****
Private Sub CmdCheck2_Click()                        '单击该按钮,可发送1号单片机的地址02H
        MSComm1.Settings = "9600,M,8,1"              '设置波特率,M校验,8位数据位,1位停止位
        Dim Data(1 To 1) As Byte                     '定义数组
        Data(1) = CByte(&H2)                         '转换为字节数据
        MSComm1.Output = Data                        '发送2号单片机地址02H
        MSComm1.OutBufferCount = 0                   '清除发送缓冲区
End Sub
'****退出按钮单击事件****
Private Sub CmdExit_Click()
        If MSComm1.PortOpen = True Then
            MSComm1.PortOpen = False                 '先判断串口是否打开,如果打开则先关闭
        End If
        End
        Unload Me
End Sub
'****MSComm1控件事件****
Private Sub MSComm1_OnComm()
        Dim sum As Variant                           '定义累加和变量
        Dim buf1 As Variant                          '定义接收缓冲1变量
        Dim buf2 As Variant                          '定义接收缓冲2变量
        Dim ReArr1() As Byte                         '定义动态数组
        Dim ReArr2() As Byte                         '定义动态数组
        Dim StrReceive As String                     '定义数据暂存字符串
```

第 25 章　在 VB 下实现 PC 与单片机的通信

```
Select Case MSComm1.CommEvent
    Case comEvReceive                               '触发接收事件
        buf1 = MSComm1.Input                        '接收单片机返回的地址或数据
        ReArr1 = buf1                               '接收数据送动态数组
        If ReArr1(0) = &H1 Then                     '判断是否是 1 号地址
            MSComm1.InBufferCount = 0               '清空接收缓冲区
            Call Auto_send1                         '调自动发送函数
            MSComm1.PortOpen = False                '关闭串口
            MSComm1.Settings = "9600,S,8,1"         '设置波特率,S校验,8位数据位,1位停止位
            MSComm1.InputLen = 5                    '一次读入 5 个数据
            MSComm1.PortOpen = True                 '打开串口
            Do
            DoEvents                                '交出控制板
            Loop Until MSComm1.InBufferCount = 5    '等待接收字节发送完毕
            buf2 = MSComm1.Input                    '将接收的温度数据放入 buf2
            ReArr2 = buf2                           '存入到数组 ReArr2
            For i = LBound(ReArr2) To UBound(ReArr2) - 1 Step 1   '将数组 ReArr2 中的数据取出
                StrReceive = StrReceive & Chr(ReArr2(i))  '取出的数据转换为字符串存入 StrReceive
            Next i
            If Hex(ReArr2(4)) = Hex(ReArr2(0) + ReArr2(1) + ReArr2(3)) Then
                                                    '判断校验累加和是否正确
                Text1.Text = StrReceive             '若校验正确,则送 Text1 显示
            Else
                'MsgBox ("校验错误")
                Call Auto_send1                     '校验不正确,调 Auto_send1,要求单片机重发
            End If
            If Val(StrReceive) > 30 Then            '若接收的温度值大于 30 ℃,说明温度过高
                Call Auto_send3
                                    '调 Auto_send3,控制温度监控系统中的继电器闭合工作
                Label1.Caption = "当前温度:" & "过高" & Chr(13) & Chr(13) & "继电器闭合工作"
            Else
                Call Auto_send2
                                    '调 Auto_send2,控制温度监控系统中的继电器停止工作
                'Label1.Caption = "当前温度:" & "正常" & Chr(13) & Chr(13) & "继电器断开未工作"
            End If
        ElseIf  ReArr1(0) = &H2 Then                '判断是否是 2 号地址
            MSComm1.InBufferCount = 0               '清空接收缓冲区
            Call Auto_send1                         '调自动发送函数 Auto_send1
            MSComm1.Settings = "9600,S,8,1"         '设置波特率,S校验,8位数据位,1位停止位
            MSComm1.InputLen = 5                    '一次读入 5 个数据
            Do
            DoEvents
            Loop Until MSComm1.InBufferCount = 5    '等待接收字节发送完毕
            buf2 = MSComm1.Input                    '数据放入 buf2
            ReArr2 = buf2                           '存入数组
```

```vb
            For i = LBound(ReArr2) To UBound(ReArr2) - 1 Step 1
                                            '将数组 ReArr1 中的数据取出
                StrReceive = StrReceive & Chr(ReArr2(i))
                                            '取出的数据转换为字符串存入 StrReceive
            Next i
            If Hex(ReArr2(4)) = Hex(ReArr2(0) + ReArr2(1) + ReArr2(3)) Then
                                            '判断校验累加和是否正确
                Text2.Text = StrReceive     '若校验正确,则送 Text2 显示
            Else
                'MsgBox ("校验错误")
                Call Auto_send1             '校验不正确,调 Auto_send1,要求单片机重发
            End If
            If Val(StrReceive) > 30 Then    '若接收的温度值大于 30 ℃,说明温度过高
                Call Auto_send3
                                            '调 Auto_send3,控制温度监控系统中的继电器闭合工作
                Label2.Caption = "当前温度:" & "过高" & Chr(13) & Chr(13) & "继电器闭合工作"
            Else
                Call Auto_send2
                                            '调 Auto_send2,控制温度监控系统中的继电器停止工作
                Label2.Caption = "当前温度:" & "正常" & Chr(13) & Chr(13) & "继电器断开未工作"
            End If
        End If
    Case comEventRxOver                     '接收缓冲区溢出
        Text1.Text = ""                     '清空接收文本框
        Text2.Text = ""                     '清空接收文本框
    Case comEventTxFull                     '发送缓冲区溢出
        Text1.Text = ""                     '清空接收文本框
        Text2.Text = ""                     '清空接收文本框
    End Select
End Sub
'****自动发送函数 1(发送 55H 命令,控制单片机发送温度数据)****
Private Sub Auto_send1()
        MSComm1.Settings = "9600,S,8,1"     '设置波特率,S 校验,8 位数据位,1 位停止位
        Dim AutoData1(1 To 1) As Byte       '定义数组 AutoData1
        AutoData1(1) = CByte(&H55)          '将 55H 转换为字节数据
        MSComm1.Output = AutoData1          '发送出去
        MSComm1.OutBufferCount = 0          '清除发送缓冲区
End Sub
'****自动发送函数 2(发送 66H 命令,控制温度监控系统中的继电器断开)****
Private Sub Auto_send2()
        MSComm1.Settings = "9600,S,8,1"     '设置波特率,S 校验,8 位数据位,1 位停止位
        Dim AutoData2(1 To 1) As Byte       '定义数组 AutoData2
        AutoData2(1) = CByte(&H66)          '将 66H 转换为字节数据
        MSComm1.Output = AutoData2          '发送出去
        MSComm1.OutBufferCount = 0          '清除发送缓冲区
```

第25章 在VB下实现PC与单片机的通信

```vb
End Sub
'自动发送函数3(发送77H命令,控制温度监控系统中的继电器断开)****
Private Sub Auto_send3()
        MSComm1.Settings = "9600,S,8,1"      '设置波特率,S校验,8位数据位,1位停止位
        Dim AutoData3(1 To 1) As Byte         '定义数组AutoData3
        AutoData3(1) = CByte(&H77)            '将77H转换为字节数据
        MSComm1.Output = AutoData3            '发送出去
        MSComm1.OutBufferCount = 0            '清除发送缓冲区
End Sub
'****计时器1计时事件****
Private Sub Timer1_Timer()
        MSComm1.Settings = "9600,M,8,1"      '设置波特率,M校验,8位数据位,1位停止位
        Dim Data1(1 To 1) As Byte             '定义数组
    If Check1.Value = 1 Then                  '若复选框被选中
        Timer1.Enabled = True                 '计时器1允许
        Timer2.Enabled = False                '计时器2禁止
        Data1(1) = CByte(&H1)                 '发送1号地址
        MSComm1.Output = Data1                '发送出去
        MSComm1.OutBufferCount = 0            '清除发送缓冲区
        Timer1.Enabled = False                '计时器1禁止
        Timer2.Enabled = True                 '计时器2允许
    End If
End Sub
'****计时器2计时事件****
Private Sub Timer2_Timer()
        MSComm1.Settings = "9600,M,8,1"      '设置波特率,M校验,8位数据位,1位停止位
        Dim Data2(1 To 1) As Byte             '定义数组
    If Check2.Value = 1 Then                  '如果复选框2被选中
        Timer1.Enabled = False                '计时器1禁止
        Timer2.Enabled = True                 '计时器2允许
        Data2(1) = CByte(&H2)                 '发送2号地址
        MSComm1.Output = Data2                '发送出去
        MSComm1.OutBufferCount = 0            '清除发送缓冲区
        Timer1.Enabled = True                 '计时器1允许
        Timer2.Enabled = False                '计时器2禁止
    End If
End Sub
```

由于VB是事件驱动的,所以,程序的编写必须围绕相应的事件进行,本多机通信系统有关通信的工作过程主要是:加载窗体,轮流联系1号、2号单片机,发送55H命令控制单片机发送温度数据,接收温度数据,再发送66H或77H命令,对单片机进行控制。

加载窗体主要完成一些初始化工作,由于PC首先要发送的是地址,因此,在初始化时,要将串口的第9位设置为M校验(M值始终为1)。

初始化完成后,开始轮流联系1、2号单片机、发送命令与接收数据,这几项工作主要是利

用 MSComm1 控件的 onComm 事件来捕获并处理的；在程序的每个关键功能之后，可以通过检查 CommEvent 属性的值，来查询事件和错误。由于 PC 发送完地址后接收发送的是数据（命令），因此，在发送完地址后，要将串口的第 9 位设置为 S 校验（S 值始终为 0）。PC 发送完 55H 命令后，开始接收温度数据，并对累加和进行校验，若校验正确，再判断温度值，若温度大于 30 ℃，PC 向单片机发送 77H 命令，控制单片机继电器接通；若温度小于 30 ℃，PC 向单片机发送 66H 命令，控制单片机继电器断开。

程序中，"查看 1 号"按钮的作用是手动发送 1 号地址；"查看 2 号"按钮，其作用是手动发送 2 号地址。分别按下这两个按钮后，可在文本框 1 和文本框 2 中显示出按下按钮时的温度值，若过了一段时间温度发生了变化，需要再次按下这两个按钮后才能查看。

为了实时地在文本框 1 和文本框 2 中显示 1 号、2 号的温度值，程序中设置了两个"复选框"，当复选框被选中时，可根据计时器 1、计时器 2 的计时时间，不断刷新温度值，也就是说，温度监控系统中的温度值，可实时在 PC 的文本框 1 和文本框 2 中显示出来。

计时器 1 和计时器 2 用来设置 1 号和 2 号温度显示的刷新时间，也就是说，当两个复选框选中后，计时时间一到，就自动接收单片机发送的温度数据，并在文本框 1 和文本框 2 中显示出来。需要注意的是，两个计时器的计时时间最好在 1 000 ms 以上，同时，还要控制计时器 1 工作时计时器 2 停止，计时器 2 工作时计时器 1 停止；否则，会引起 PC 数据"咬线"、"竞争"或"阻塞"，从而导致数据出错或死机现象。

25.3.6 多机通信程序调试

下面用两台 DD-900 实验开发板，对多机通信进行调试，方法如下：

① 打开 Keil c51 软件，建立的工程项目，再建立一个 ch25_5.asm 文件，输入上面 1 号从机的汇编源程序，将温度传感器驱动程序软件包 DS18B20_drive.asm 添加进来。单击"重新编译"按钮，对源程序 ch25_5.asm 和 DS18B20_drive.asm 进行编译和链接，产生 1 号从机的 ch25_5.hex 目标文件；将 1 号从机的目标文件下载到 1 号从机中。

② 把 1 号从机源程序 ch25_5.asm 中的 CJNE A,♯1H,END_RET 改为 CJNE A,♯2H,END_RET；此时，1 号从机源程序即变为 2 号从机源程序，编译、链接后，产生 2 号从机的目标文件；然后将其下载到 2 号从机中。

③ 将两台 DD-900 实验开发板 JP3 的 485RX、485TX 和中间两插针短接，使单片机通过 RS485 串口通信；将 JP4 的 485、P35 插针短接，使 485 芯片的控制端接入单片机；将 JP4 的 RLY、P36 插针短接，使继电器接入单片机；将 JP6 的 18B20、P13 插针短接，使 DS18B20 接入单片机。

④ 将两台 DD-900 实验开发板 485 输出接线插头的 R+、R- 脚分别和 RS232/RS485 转换接口的 D+/A、D-/B 脚连接起来，RS232/RS485 转换接口的另一端和 PC 的串口连接。

⑤ 输入上面编写的 VB 源程序，单击 VB 工具栏中的"运行"按钮，程序开始运行；在程序运行界面中，单击"查看 1 号"按钮，则文本框 1 显示出 1 号温度监控系统的当前温度值，标签 1 中显示 1 号有关信息；单击"查看 2 号"按钮，则文本框 2 显示出 2 号温度监控系统的当前温度值，标签 2 中显示 2 号有关信息；当选中两个复选框时，在文本框 1 和文本框 2 中，会定时刷新温度信息，如图 25-14 所示。

第 25 章　在 VB 下实现 PC 与单片机的通信

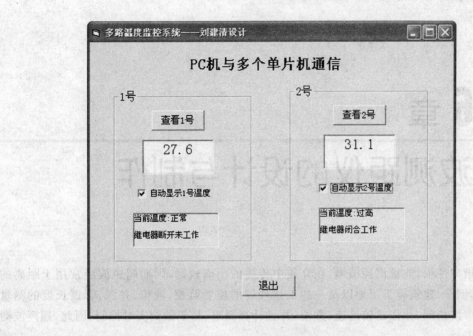

图 25 - 14　多机通信的运行界面

　　以上介绍的多温度监控系统的硬件系统和编程方法,可以较好地解决 PC 与单片机的远距离多机串行通信问题,在实际应用中已证明了这种方法简单可靠。

第 26 章
超声波测距仪的设计与制作

超声波指向性强,能量消耗缓慢,在介质中传播的距离较远,因而超声波经常用于距离的测量,如汽车倒车、建筑施工工地以及一些工业现场的位置监控,液位、井深、管道长度的测量等。利用超声波检测,往往比较迅速、方便,并且计算简单、易于做到实时控制,因此,超声波测距应用比较广泛。

26.1 超声波测距基本原理

超声波是指频率高于 20 kHz 的机械波。为了以超声波作为检测手段,必须产生超声波和接收超声波。完成这种功能的装置就是超声波传感器,也称超声波换能器或超声波探头。超声波传感器有发送器和接收器,如图 26-1 所示是常用的 40 kHz 超声波发射探头 T-40-16 和接收探头 R-40-16 的实物图。在本设计中,我们采用的就是这种型号的超声波探头。

为什么选 40 kHz 的超声波传感器呢?因为超声波在空气中传播时衰减很大,衰减的程度与频率成正比,但是频率越高则分辨力也会越高,所以短距离测量时一般选频率高的超声波传感器(100 kHz 以上),长距离测距只能选频率低的传感器。

超声波传感器是利用压电效应的原理将电能和超声波相互转化,即在发射超声波的时候,将电能转换,发射超声波;而在收到回波的时候,则将超声振动转换成电信号。

图 26-1 超声波发射探头 T-40-16 和接收探头 R-40-16 的实物图

由于超声波指向性强,能量消耗缓慢,在介质中传播距离远,因而超声波可以用于距离的测量。利用超声波检测距离,设计比较方便,计算处理也较简单,并且在测量精度方面也能达到要求。

超声波测距时,其发射器是利用压电晶体的谐振带动周围空气振动来工作的,超声波发射器向某一方向发射超声波,在发射的同时开始计时,超声波在空气中传播,途中碰到障碍物就立即返回来,超声波接收器接收到反射波就立即停止计时。一般情况下,超声波在空气中的传

第 26 章 超声波测距仪的设计与制作

播速度为 340 m/s,根据计时器记录的时间 t,就可以计算出发射点距障碍物的距离 s,即 $s=340\times t/2$,这就是常用的时差法测距。

26.2 超声波测距仪的设计与制作

26.2.1 超声波测距仪硬件设计与制作

这里,将设计制作一个超声波测距仪,测量范围在 0.27~3.00 m,测量精度 1 cm,测量时与被测物体无直接接触,能够清晰稳定地显示测量结果。

超声波测距仪主要由 STC89C51 单片机、4 位共阳 LED 数码管,超声波发射电路(超声波发射驱动 74HC04、超声波发射探头 T40 等),超声波接收电路(超声波接收解调 CX20106A、超声波接收探头等)等组成,如图 26-2 所示。

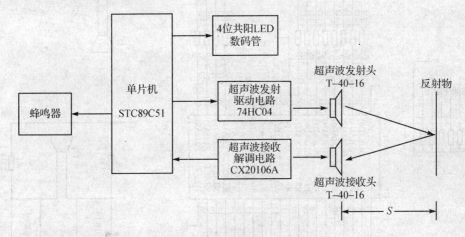

图 26-2 超声波测距仪的组成

如图 26-3 所示是超声波测距仪的电路原理图。

1. 单片机电路

单片机电路以 U1(STC89C51)为核心构成,也可采用 AT89S51 等单片机,由于 P0 口是一个 8 位漏极开路的"双向 I/O 口",因此,外接了上拉电阻排 RN01。

2. 超声波发射电路

超声波发射电路主要由 U3(74HC04)、超声波发射探头 T-40-16 等组成。单片机用 P1.0 端口输出超声波转化器所需的 40 kHz 方波信号,经 74HC04 放大和缓冲后,驱动超声波发射探头工作。

3. 超声波接收电路

超声波接收电路由超声波解调电路 U2(CX20106A)、超声波接收探头 R-40-16 等组成,CX20106A 实际上是一款红外线检波接收的专用芯片,常用于电视机红外遥控接收器。考虑到红外遥控常用的载波频率 38 kHz 与测距超声波频率 40 kHz 较为接近,可以利用它作为

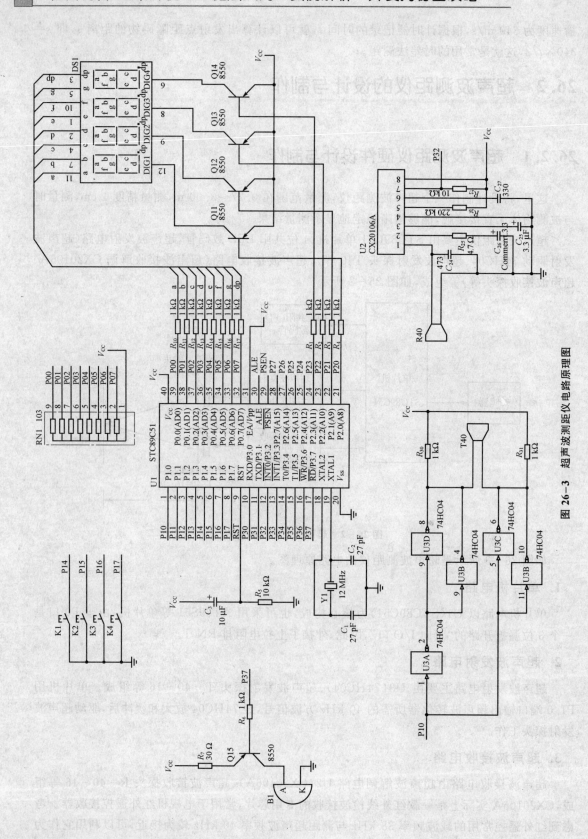

图 26-3 超声波测距仪电路原理图

超声波检测电路。实验证明其具有很高的灵敏度和较强的抗干扰能力。

4. 数码管显示电路

数码管显示电路用来显示测量的距离,单位为 cm;数码管采用共阳型,采用共阳型数码管的特点是,单片机 P0 口输出显示数据时,只有当位选端 P2.0~P2.3 为低电平时,相应的晶体管 Q11~Q14 才能导通,数码管相应的位才能得电显示。

5. 蜂鸣器和其他电路

蜂鸣器电路由 Q15、B1 等组成,由单片机的 P3.7 脚控制,当 P3.7 脚输出低电平时,Q15 导通,蜂鸣器发声,当 P3.7 脚输出高电平时,Q15 截止,蜂鸣器不发声;当 P3.7 脚输出频率不同的信号时,蜂鸣器会发出不同的叫声。

除此之外,电路中还设计有 4 个按键,其功能根据实际应用进行开发,在本设计中,暂未用。

如图 26-4 所示是设计制作好的超声波测距仪实物图。

图 26-4 超声波测距仪实物图

最后需要说明的是,在安装超声波发射和接收探头时,两探头的中心轴线要平行并相距 4~8 cm,如果能将超声波探头屏蔽起来,可以大大提高抗干扰能力。安装完成后,将设计的软件下载到单片机中,就可以进行测距了。

26.2.2 超声波测距仪软件设计

超声波测距程序主要由主程序、定时器 T1 中断服务程序(产生驱动脉冲)、外中断 0 中断服务程序(接收到超声波的回波后进入外中断 0)、显示子程序、距离计算子程序、延时子程序和其他几个通用子程序组成。

在主程序中,首先对有关单元和标志位进行初始化,并设置定时器 T0 和 T1 工作模式为 16 位的定时器模式,开启总中断和定时器 T1 中断。然后进入循环状态,调用显示子程序,显示测量的距离,并判断接收标志位 FLAG 是否为 1,若为 1,说明接收成功,调用 CALCU-LATE 子程序计算测量距离;若 FLAG 为 0,说明接收未成功,继续接收。

定时器 T1 中断服务程序的作用是产生驱动脉冲,驱动超声波探头工作,定时器 T1 定时时间为 65.536 ms,也就是说,每隔 65.536 ms,就定时器 T1 就中断一次,在定时器 T1 中断中,对单片机的 P1.0 脚(WAVE_OUT)进行取反,延时,再取反,共取反 4 次,以产生 40 kHz 的超声波脉冲,另外,在产生超声波脉冲的同时,还同时把计数器 T0 打开进行计时。

为避免超声波从发射器直接传送到接收器引起的直接波触发,超声波脉冲发送后,再调用延时函数 DELAY250 子程序,延迟 0.1 ms 左右的时间,才打开外中断 0 接收返回的超声波信号。

在超声波测距仪中,由于采用 12 MHz 的晶振,机器周期为 1 μs,当主程序检测到接收成功的标志位后,将计数器 T0 中的数(即超声波来回所用的时间)按下式计算即可测得被测物体与测距仪之间的距离,设计时取 20 ℃时的声速为 340 m/s,则有:

d=(C*T0)/2=170T0/1000 cm(其中 T0 为计数器 T0 的计数值)

超声波测距器利用外中断 0 检测返回超声波信号,一旦接收到返回超声波信号(单片机 P3.2 脚出现低电平),立即进入外中断 0 服务程序。进入该中断后,立即关闭定时器 T0,停止计时,并将计数值 T0 送 44H,45H 两个单元中,同时将测距成功标志位 FLAG 置 1。

超声波测距仪的详细源程序在随书光盘 ch26 文件夹中。

26.2.3 超声波测距仪的调试

超声波测距仪设计与制作完成后,即可进行调试,调试时,首先将程序编译好下载到单片机。然后,给测距仪通电,将探头对准一障碍物,观察数码管显示的结果,然后,再用尺子进行测量,看超声波测距仪测距是否准确,正常情况下,误差应不大于 1 cm,若误差过大,可对外中断 0 中的超声波脉冲宽度进行适当调整。

最后说明一下,该超声波测距仪最小检测距离为 27 cm,为什么会有最小测量距离呢?原因如下:这是为了防止超声波发射探头发出超声波沿电路板或者外壳直接进入超声波接收探头内引起误判断,所以程序要求超声波发射若干时间后必须停止若干时间,这个时间大约是超声波在空气中传播 20 多厘米的时间,这段时间内是不接受信号的,主要就是为了躲开直接传导的信号避免引起误判断。

另外,超声波测距仪中还有蜂鸣器电路和 4 个按键,在本设计中并未使用到,主要是为后续开发应用所预留,例如,用户可以在程序中定义为开关功能,按下一个按键,电路板开始测距,按下另一个按键电路板停止测距,或者定义为多挡距离报警设定,当检测到低于设定距离时,驱动蜂鸣器报警。其实,该超声波测距仪用户也可以加以改进,例如,用 1602 的液晶模块代替数码管显示、增加语音电路实现语音播报探测距离等。

第 27 章
单片机开发深入揭秘与研究

在美国计算机发展早期,有一天,一台计算机出故障不能运行了,经仔细检查,人们发现计算机里有一个被电流烧焦的小虫子(bug),这条虫子造成电路短路是这次故障的祸根。于是,人们就亲切的将排除计算机故障的工作称为 Debugging,即"找虫子"。后来,人们将"找虫子"的含义加入引伸,将程序有误称为有"臭虫",将程序排错,也称为"找虫子"。在单片机开发中,"找虫子"往往会占掉您大量的时间,在这里,我们将提供亲身的宝贵经验与读者分享,懂得这些方法和窍门后,就不再害怕程序出错了;另外,在本章中,还将与您一起学习单片机抗干扰、热启动与冷启动等内容,掌握了这些知识,您设计的产品就会经得起考验,让自己放心,让用户满意!

27.1 程序错误剖析

程序的错误主要分为两类:一类是编译错误,另一类是运行错误。

27.1.1 编译错误

1. 编译错误的检查

编译器在编译阶段发现的错误称为编译错误,编译错误主要是由于源程序存在语法错误引起的。

编译错误可以通过编译器(Keil C51)的语法检查发现。当源程序输入完成后,单击编译器的"编译"按钮,编译器会一个一个字符地检查源程序,检查到某一点有问题,就把这一点作为发现错误的位置。因此,源程序中实际的错误或是出现在编译程序指出的位置,或是出现在这个位置之前。应当从这个位置开始向前检查,设法确定错误的真正原因。有时,一个实际的错误会导致许多行的编译错误信息,经验原则是:每次编译后集中精力排除编译程序发现的第一个错误。如果无法确认后面的错误,就应当重新编译。

另外,Keil C51 编译程序还做一些超出语言定义的检查,如发现可疑之处,会发出警告(warning),这种信息未必表示程序有错,但也可能是真的有错。对警告信息决不能掉以轻心,警告常常预示着隐藏较深的实际错误，必须认真的一个一个弄清其原因。例如，当源程序缺少 END 伪指令、使用 RAM 时超出其范围等原因，就会发出警告。

2. 汇编语言常见编译错误

单片机的汇编语言编写时要注意语法，语法错误会造成编译失败，常见的编译错误如下：

(1) 标号重复

常见于复制、粘贴程序时忘记修改标号，造成出现多个相同的标号，标号是不允许重复的。

(2) 标点符号以全角方式输入

51 单片机的程序要求标点符号为半角方式，否则编译失败。

(3) 注释太长

有时为了以后读懂程序，写了很长的注释，超过 80 个字符(或 40 个汉字)也会造成汇编失败，解决办法可以将太长的注释分成多个注释。

(4) 数值 A～F 在最前面时遗漏 0

根据要求，使用十六进制数据 A～F 时，应在其前加 0，例如，♯FFH 应写成♯0FFH。

(5) 字母 O 和数字 0 以及字母 I 与数字 1 搞混

字母 O 和数字 0 以及字母 I 与数字 1 看上去十分相似，在用计算机键盘输入时十分容易输错，输入错误后，就会导致编译失败。

(6) 标号后边遗漏":"或注释前遗漏";"

在编写汇编语言时，一定要注意，标号后边不要遗漏":"，注释前面不要遗漏";"，而且需要说明的是，这两个标点符号都是半角形式。

(7) 将 A 与 ACC 混淆

进栈指令 PUSH ACC 和出栈指令 POP ACC 或误写为 PUSH A 和 POP A，在编译时就会报错，这是因为 PUSH 和 POP 指令要求后面的操作数是直接地址(A 是累加器，ACC 才是直接地址)。

需要说明的是，有些指令使用 A 和 ACC 功能是相同的，但指令字节数不同。例如：

```
MOV A,♯data      2B
MOV ACC,♯data    3B
```

前一条指令中是将立即数♯data 送 A 累加器，后一条指令是指立即数♯data 送直接地址 ACC(ACC 表示累加器的直接地址 E0H)，但二者功能是相同的。

(8) 标号使用了特殊字符

比如：T1，T2，这些字符有特定的含义，不允许用于标号。

(9) AJMP 跳转超过 2 KB 地址

AJMP 属于短跳转命令，有 2 KB 地址范围的限制。

(10) 创造发明不存在的汇编语言指令

创造发明不存在的指令，编译器不会支持，芯片也不认可，这会导致编译错误。

总之，编程人员一定要养成良好的程序书写习惯，避免语法错误；例如标号对齐、语句对齐、注释对齐等，这样看起来赏心悦目，也不容易出错。标号最好采用有意义的英文，这样比较直观，注释尽量详细准确，便于以后读懂，而且有利于其他程序中作为子程序模块的调用。

27.1.2 运行错误

程序通过编译检查后,在实际运行中出现的错误,称为运行错误。运行错误不能在编译检查阶段发现,只能在程序运行中才能发现。

运行错误主要是以下几种原因引起的:

1. 程序进入了死循环

例如,以下是一个控制 P0 口 LED 灯闪烁程序

```
        ORG    0000H
        AJMP   MAIN
MAIN:   MOV    P0,#0FFH
        ACALL  DELAY
        MOV    P0,#00H
        AJMP   MAIN
DELAY:  MOV    R7,#200
DEL2:   MOV    R6,#250
DEL1:   DJNZ   R6,DEL2
        DJNZ   R7,DEL1
        RET
        END
```

编译这个程序,不会有任何错误,但运行时就会发现,程序进入延时子程序后出现了死循环,LED 灯始终不亮。将源程序中的以下语句

```
DEL1:   DJNZ   R6,DEL2
        DJNZ   R7,DEL1
```

改为

```
DEL1:   DJNZ   R6,DEL1
        DJNZ   R7,DEL2
```

再运行,P0 口的 LED 灯闪烁了,程序运行正常。

2. 程序有逻辑错误

这种程序没有语法错误,也能运行,但却得不到正确的结果。例如,在程序中将加法指令误写为减法指令,将与指令误写为或指令等,程序运行时都不可能得到正确的结果。

3. 寄存器重复调用

如果在主程序中设定了寄存器 Rn 为某一数值,在子程序又用到 Rn,使 Rn 的值发生紊乱,将会造成程序无法正常执行。解决这一问题的方法是,在程序的适当位置处加入寄存器组设置命令,例如,若主程序中使用的是寄存器组 0 中的 R4,那么在子程序中加入以下两条指令

```
SETB   RS0
CLR    RS1
```

这样,就将子程序中的寄存器组设置为寄存器组1,再使用R4时,就不会发生混淆。

4. 地址发生重叠

地址发生重叠是指程序中两个或两个以上的变量设置了相同的地址,在编译时虽然不会出错,但运行时,由于地址相同,导致数据混乱,因此,不可能得到正常的结果。

例如,以下是某程序中的一部分

```
            DISP_BUF    EQU     30H
            COUNT       EQU     31H
            ORG     0000H
            AJMP    MAIN
            ORG     0030H
MAIN:       MOV DISP_BUF,#01H
            MOV DISP_BUF+1,#02H
            MOV DISP_BUF,#0FFH
```

在程序中,定义了DISP_BUF为30H,COUNT的地址为31H,这没有什么错误,但在主程序中,又使用了变量DISP_BUF+1,而这个变量的地址也为31H,与先前定义的COUNT地址重合,因此,这会导致COUNT和DISP_BUF+1使用上的混乱,程序不会得出正确的运行结果。

再如,以下是某一程序的一部分

```
            COUNT       EQU     60H
            ORG     0000H
            AJMP    MAIN
            ORG     0030H
MAIN:       MOV SP,#5FH
            MOV DISP_BUF,#01H
            MOV DISP_BUF+1,#02H
            MOV DISP_BUF,#0FFH
```

这部分程序看起来好像也没有什么错误,但仔细观察,会发现变量COUNT的地址为60H,而堆栈指针SP的地址为5FH,而进栈时,SP要先加1再进栈,加入后SP的地址就变为60H了,恰好与COUNT的地址重叠,因此,程序运行时,COUNT中数据就会和堆栈中的数据发生混乱,从而导致程序结果错误。

5. 中断引起的问题

中断具有优先权,当中断出现时,它会打断主程序的运行,进入中断服务程序,中断服务程序结束后,再返回到主程序的相应位置继续执行,虽然中断具有保护作用,但CPU所保护的只是一个地址(主程序中断处的地址),而其他的所有东西都不保护,所以如果你在主程序中用到了如A、DPTR、PSW等,在中断程序中又要用它们,还要保证回到主程序后这里面的数据还是没执行中断以前的数据,就得自己保护起来。如果不加入保护,程序就会出现错误的结果。

6. 初始化错误

初始化错误是指忘记初始化工作区,忘记初始化寄存器和数据区;错误地对循环控制变量赋初值等。

引起运行出错的原因还有许多,这里不一一论述。

27.2 程序错误的常用排错方法

通过前面的讲解,可以知道,程序的错误主要分为编译错误和运行错误两大类,编译错误可方便地通过编译器(如 Keil c51)进行查找,找到后会提示我们出错的原因及大致位置,只要根据其提示内容,就可以方便地进行排错;而运行错误则比较隐蔽,查错需要一定的方法和技巧,下面重点介绍运行错误的查错方法。

27.2.1 LED 灯排错法

在开发产品时,大都会在单片机的 I/O 端口上留一些 LED 接口,并在相应端口接上 LED 测试工具(见第 22 章图 22-1),测试工具的正极接在电源上,负极接在单片机相应的端口(设为 P0.0 脚);程序启动后,会将系统状态值送到 P0.0 脚的 LED 灯上,只要观看该接口 LED 灯的显示情形,即可得知 P0.0 脚的状态如何,若单片机 P0.0 脚为高电平,则 LED 灯不亮;若 P0.0 脚为低电平,则 LED 灯亮。将这种采用 LED 灯进行排错的方法称为 LED 灯排错法。

有些时候,LED 接口上的灯变化太快了,看不出送出的状态值来,此时可以视情况在 LED 接口显示之后加上一段 0.5 s 左右的时间延迟,就可以清晰地看到 LED 灯的状态了。保守地估计,有一半以上的软件错误可用这种简易而有效的方法找出问题点来。

下面举一个简单的例子,说明 LED 灯的排错方法。

```
        FLAG  BIT   20H.0
        K1    BIT   P3.2
        ORG   0000H
        AJMP  MAIN
        ORG   0030H
MAIN:   CLR   FLAG
        MOV   P0,#0FFH
START:  JB    K1,$
        CPL   FLAG
        AJMP  START
        END
```

这处程序的作用是,每按一下【K1】键(接在单片机 P3.2 脚),标志位 FLAG 取反一次,假如,我们需要观察 FLAG 的状态,应该如何做呢?很简单,只需将 LED 灯接在单片机的一个端口(设为 P0.0 脚),然后,在 CPL FLAG 语句的后面加入以下语句即可。

```
        MOV   C,FLAG
        MOV   P0.0,C
```

这样,当 FLAG 取反时,将 FLAG 的状态送到 P0.0 脚的 LED 灯,LED 会随着 FLAG 的变化而变化;如果 LED 灯始终不亮或始终常亮,都说明程序存在问题。

27.2.2 蜂鸣器排错法

蜂鸣器排错法与 LED 灯排错法的原理是一致的,不同的是,LED 排错法是通过 LED 灯的亮与灭反映程序的执行情况,而蜂鸣器排错法则是通过蜂鸣器的响与不响来反映程序的执行情况。

例如,在上面的实例中,只要在 CPL　FLAG 语句的后面加入以下语句即可判断 FLAG 的变化情况。

```
MOV  C,FLAG
MOV  P3.7,C
```

这里,P3.7 表示蜂鸣器接在单片机的 P3.7 脚,当 FLAG 取反时,FLAG 的状态会送到 P3.7 脚的蜂鸣器,若 FLAG 为低电平,蜂鸣器会发声;若 FLAG 为高电平,蜂鸣器会停止发声,如果蜂鸣器始终不响或始终常响,都说明程序存在问题。

另外,您还可以制作一个蜂鸣器响一声子程序 BEEP_ONE,来判断程序的执行情况,BEEP_ONE 子程序如下所示:

```
BEEP_ONE:
    CLR   P3.7
    ACALL DELAY
    SETB  P3.7
    RET
```

假如您编写的程序比较长,而且您很想知道某一部分程序是否被执行,那么,您可以在此部分程序中加入一条语句 ACALL　BEEP_ONE 即可,若此部分语句被执行,蜂鸣器会响一声,若此部分程序未被执行,蜂鸣器不会发声;这样,根据蜂鸣器的发声情况,就可以方便地判断出这部分程序是否被执行了。

27.2.3 仿真排错法

通过软件仿真或硬件仿真进行查错的方法称为仿真排错法,在 Keil c51 软件中,有多种程序状态窗口供使用,适时地打开这些窗口,通过观察这些窗口中的有关数据,可以帮助快速地查出出错的位置。下面,简要说明这些窗口的使用方法。

1. 存储器观察窗口

在调试状态下单击菜单"View"→"Memory Window"选项,即可打开或关闭该窗口。此窗口也同样包括 4 个小窗口,分别是"Memory♯1~Memory♯4",如图 27-1 所示。

通过这些窗口可以观察不同存储区不同单元,DATA 是可直接寻址的片内数据存储区,XDATA 是外部数据存储区,IDATA 是间接寻址的片内数据存储区,CODE 是程序存储区。可以在存储区观察窗口的 Address 栏内输入相应的字母(D、X、I、C)来观察不同的存储单元,如输入"C:0x00",则系统会给出从 00H 单元开始的程序存储器(ROM)及其相应的值,即查看程序的二进制代码。如图 27-2 所示。

第 27 章 单片机开发深入揭秘与研究

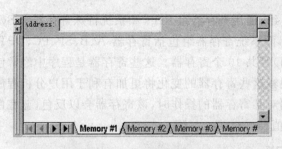

图 27-1 存储器观察窗口

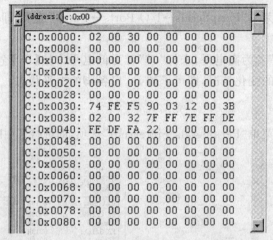

图 27-2 00H 单元开始的程序存储器及其相应的值

2. 寄存器观察窗口

在调试状态下单击菜单"View→Project Window"选择，即可打开或关闭如图 27-3 所示的寄存器观察窗口。

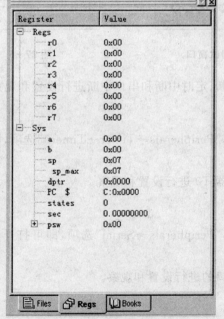

图 27-3 寄存器观察窗口

·509·

寄存器窗口包括2组：通用寄存器组Regs和系统特殊寄存器组Sys。通用寄存器组包括R0~R7共8个寄存器，而系统寄存器组包括寄存器A、B、SP、PC、DPTR、PSW和SEC（能够观察每条指令执行时间）等共10个寄存器。这些寄存器是程序中经常使用的和控制程序运行中至关重要的。通过观察这些寄存器的变化将更加有利于用户分析程序。

每当程序中执行到对某寄存器的操作时,该寄存器会以反色（蓝底白字）显示,单击然后按下【F2】键,即可修改该值。

3．I/O 口观察窗口

在调试状态下单击菜单"Peripherals→I/O Ports→Port0"选项,即可打开P0口的观察窗口,如图27-4所示。

图中,凡框内打"√"者为高电平,未打"√"者为低电平。按【F5】全速运行,观察Port0调试窗口中各框中"√"号的变化情况,即可了解P0口各脚的电平状态。

4．中断观察窗口

在调试状态下单击菜单"Peripherals→interrupt"选项,即可打开中断观察窗口,如图27-5所示。

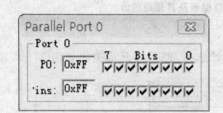

图 27-4　Port0 调试窗口

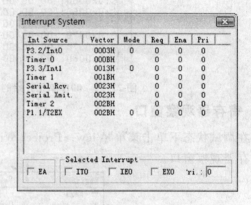

图 27-5　中断观察窗口

在该窗口中,可对外中断、定时中断和串口中断进行设置和观察。

5．定时器观察窗口

在调试状态下单击菜单"Peripherals→Timer→Timer0"选项,即可打开定时器T0口的观察窗口,如图27-6所示。

在该窗口中,可对定时器T0进行设置和观察。

6．串口属性观察窗口

在调试状态下单击菜单"Peripherals→Serial"选项,即可打开串行口属性的观察窗口,如图27-7所示。

在该窗口中,可对串行口的进行设置和观察。

7．串口调试观察窗口

在调试状态下单击菜单"View→Serial Window #1"或"SerialWindow #2"选项即可打开

或关闭该窗口,串口输出的数据可以在这个窗口上显示,输入的数据也可以从这个窗口中输入,因此,可以在没有硬件的情况下模拟串口通信。

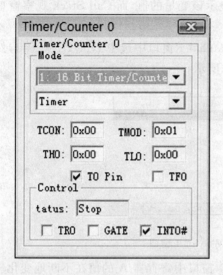

图 27-6 定时器 T0 的观察窗口

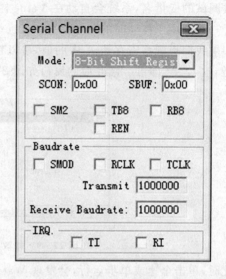

图 27-7 串行口属性观察窗口

8. 代码作用范围分析窗口

在你写的程序中,有些代码可能永远不会被执行到(这是无效的代码),也有一些代码必须在满足一定条件后才能被执行到,借助于代码范围分析工具,可以快速地了解代码的执行情况。进入调试后,全速运行,然后按"停止"按钮,停下来后,使用调试工具条上的 按钮,可打开"代码作用范围分析"的窗口,里面有各个模块代码执行情况的更详细的分析。同时,在源程序的左列有 3 种颜色:灰、淡灰和绿,其中淡灰所指的行并不是可执行代码,如变量或函数定义、注释行等,灰色行是可执行但从未执行过的代码,而绿色则是已执行过的程序行。如果你发现全速运行后有一些未被执行到的代码,那么就要仔细分析,这些代码究竟是无效的代码还是因为条件没有满足而没有被执行到。

9. 变量观察窗口

在调试状态下单击菜单"View→Watch & Call Stack Windows"选项,即可打开或关闭该窗口。打开后的窗口,如图 27-8 所示。

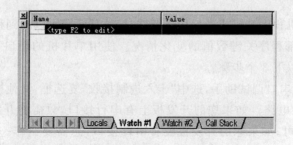

图 27-8 变量观察窗口

此窗门又包括4个小窗口（分4页显示），分别是 Locals、Watch♯1、Watch♯2 和 Call Stack。可以在 Locals 窗口中相应局部变量的值，也可以在 Watch♯1、Watch♯2 观察窗口中输入被调试的变量名，系统会自动在 Value 栏内显示该变量的值，而 Call Stack 观察窗口主要给出了一些调用子程序时的基本信息。

如果我们想观察寄存器 A 中的值，可以在 Watch♯1 窗口中选中 type F2 to edit，然后按【F2】键，输入"A"即可。修改后的窗口如图 27-9 所示。

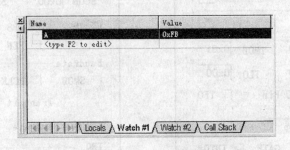

图 27-9 修改后的 Watch♯1 窗口

此时，单击全速或单步运行，会发现 Watch♯1 窗口中寄存器 A 的值在不断地变化。

10. 输出窗口

单击菜单"View→Out Windows"选项，可打开输出窗口，如图 27-10 所示。

图 27-10 输出窗口

进入调试程序后，输出窗口自动进入到 Command 页，该页用于输入调试命令和输出调试信息。

以上简要介绍了 Keil C51 软件中的几个常用窗口，开发人员应学会这些窗口的设置和使用方法，并合理设置断点，合理选择运行方式（单步运行、全速运行），从而快速地排除程序中存在的问题。

27.2.4 串行通信排错法

当我们进行单片机程序排错或进行程序调试时，总是希望可以看到程序运行的情况，这包括 I/O 口的状态和内部程序关键数值的变化情况。使用单片机的串口可方便地满足我们的要求。使用串口需要以下3个步骤：

第一步，打开顶顶串口调试助手，选中"十六进制接收"复选框，其他按默认设置即可。

第二步，连接硬件电路。如果您的开发板上有串行接口，只需将开发板通过串行线连接到计算机的串口上即可；如果您的开发板没有串行接口，您需要制作一个串行接口电路（采用 MAX232 或分立元件均可），制作好后，将开发板通过串行接口电路与计算机串口连接起来。

第27章 单片机开发深入揭秘与研究

第三步,把一个串口程序加入到要调试的源程序之中,当程序运行时我们所需要的数据就在串口中得到了。

下面举例进行说明。

以下是一个加入了串口程序的闪烁 LED 灯的源程序,在源程序中,设置了一个计数器 COUNT,它可以对 LED 灯的闪烁次数进行计数,当计数到 10 再回到 0,然后再继续加 1 计数。最终程序的数据在串口调试助手上显示出来。

```
            COUNT  EQU   30H
            ORG    0000H
            AJMP   MAIN
            ORG    0030H
MAIN:       MOV    COUNT,#00H
START:      ACALL  INIT_COM
            MOV    P0,#0FFH        ;P0口灯灭
            ACALL  DELAY
            MOV    P0,#00H         ;P0口灯亮
            ACALL  DELAY
            INC    COUNT
            MOV    SBUF,COUNT
WAIT:       JBC    TI,NEXT
            SJMP   WAIT
NEXT:       MOV    A,COUNT
            CJNE   A,#10,START
            AJMP   MAIN
;串口初始化子程序
INIT_COM:
            MOV    SCON,#50H       ;串口设为方式1,允许接收
            MOV    TMOD,#20H       ;定时器1设为模式2
            MOV    TL1,#0FDH       ;置定时器初值,
            MOV    TH1,#0FDH
            MOV    PCON,#00H       ;波特率不倍增
            SETB   TR1             ;启动T1
            RET
;以下是 0.5s 延时子程序
DELAY:(略)
            END
```

该程序在随书光盘的 ch27/ch27_1 文件夹中。

源程序中,加粗的语句为串口程序,加入这些语句后,就可以在串口调试助手上观察到计数器 COUNT 的计数值了,如图 27-11 所示。

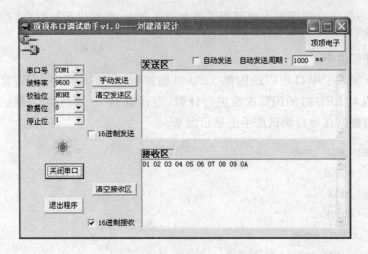

图 27-11 接收到的计数值

27.3 单片机抗干扰设计深入研究

在进行单片机应用产品的开发过程中,经常会碰到一个很棘手的问题,即在实验室环境下系统运行很正常,但小批量生产并安装在工作现场后,却出现一些不太规律、不太正常的现象。究其原因主要是系统的抗干扰设计不全面,导致应用系统的工作不可靠。下面从单片机设计入手,简要分析单片机系统的抗干扰问题。

27.3.1 提高单片机系统稳定性的硬件措施

一个稳定的单片机应用系统是由硬件和软件组成,因此系统稳定性也要从软、硬件这两个方面来分析。由于单片机的软件设计在很大程度上是由程序员的经验和水平决定的,是一个长期的时间积累的过程,在短时间内不可能有本质的提高,因此从设计者的角度来看,通过较为完善的硬件设计来弥补软件设计的不足是一个比较明智的做法。为提高系统的抗干扰能力,在硬件设计时一般要注意以下 3 个方面:

1. 单片机及其相关元器件的选择

一个单片机系统的核心是处理器,如果处理器的稳定性和可靠性比较差,那么整个系统的可靠性也不可能得到保证。目前,市面上流行的单片机型号不下几十种,而 8 位单片机则是我国单片机市场的主流产品。从国内流行的产品来看,51 系列及其兼容机型仍占主流,国内常用的有 ATMEL 公司的 89C5x、89S5xx 系列,STC 公司的 STC89C 系列、WINBOND 公司的 W77、W78 系列,NXP 公司的 P87C、P89C 系列,SST 公司的 SST89 系列,Cygnal 公司的 C8051F 系列。非 51 系列的 8 位单片机在中国应用较广的有 Freescale 的 M68HC05/08 系列、微芯公司的 PIC 单片机以及 ATMEL 的 AVR 单片机。为提高单片机系统的抗电磁干扰能力,使产品能适应恶劣的工作环境,满足电磁兼容性方面更高标准的要求,各个单片机厂家在设计单片机内部电路时均采取了一些新的技术措施,如有的单片机在内部增加了看门狗定时器,有的单片机内置电源检测和复位电路,这些措施都大大增强了单片机自身的抗干扰能力。因此从选型上来看,如果不太过分计较成本,可以考虑选择一些新型的单片机,如 ATMEL 公司的 AT89S51,不但内含看门狗定时器,而且可以关闭 ALE 信号以提高系统的可靠性;NXP 公司的 89C51RD2 单片机除了可以关闭 ALE 信号外,还改善了单片机的内部时序,6 个时钟周期为 1 个机器周期,在不提高时钟频率的条件下,提高了处理器运算速度,自身的抗干扰能力也得到了加强。如果设计的系统要在环境非常恶劣的条件下工作,可以选择 Freescale 公司的一些产品,其芯片的可靠性和稳定性已在国内工控界得到普遍认可。PIC 单片机则在家电产品中得到了广泛应用,它采用的一些技术如 OTP(一次性可编程)、RISC 结构等是保证其产品稳定性的基础。

　　除了 MCU 的选择外,其他元器件的选择也很重要,如半导体二极管、晶体管以及集成电路各项电气参数应能满足系统性能的基本要求。在环境比较恶劣的场合还应考虑温度对系统的影响,应尽量选择温漂系数小、稳定性好的器件。如果能使用集成电路,则尽量不采用分立器件。在集成电路的选择上也有一个基本的原则,一般情况下,CMOS 数字集成电路的抗干扰能力要强于 TTL 集成电路。这是因为 CMOS 数字集成电路的噪声容限较 TTL 的高,因而比较而言其抗干扰能力也强。对于常用的 TTL 门电路,其抗干扰能力也有区别,54 系列集成电路的工作温度和电源电压都比 74 系列的高,一般应用于环境较为恶劣的场合,抗干扰的能力也高于 74 系列。在使用 CMOS 芯片时,由于 CMOS 芯片的输入电阻极大,因此对干扰信号比较敏感,因此电路不用的输入引脚不可开路,可以根据实际情况将输入端接电源或直接接地,否则,很容易增加 CMOS 芯片的功耗。严重的会导致芯片被静电击穿。另外,为了兼顾 TTL 芯片的高速度和 CMOS 芯片的低功耗,可选用 74HC 系列的集成电路,如果要兼顾二者的电平,可采用 74HCT 系列的芯片。

2. PCB 布线的可靠性设计

　　印制电路板设计的好坏直接影响到单片机系统的稳定性和可靠性,随着单片机技术的不断发展,PCB 布线的密度也越来越高。PCB 设计的好坏对抗干扰能力影响极大。因此,在进行印制电路板 PCB 设计时,要使系统获得最佳性能,元器件的布置及导线的布设相当重要,必须遵守 PCB 设计的一般原则,并应符合抗干扰设计的要求,以下规则是设计电路板必须遵守的。

　　(1) 总体布局

　　电路板的总体布局要合理分区,强、弱信号,数字、模拟信号一定要分区布置。在电路设计中尽可能把干扰源(如电机、继电器)与敏感元件(如单片机)远离,易受干扰的元器件不能相互挨得太近,输入和输出元件应尽量远离。尤其要注意高压电路部分的元器件与低压部分要分隔开放置,如有可能,最好将高压电路部分的元器件独立布板,这样可减少许多不必要的麻烦。在设计单片机系统的电路板时,应尽可能以单片机为中心,按照电路的流程安排各个功能电路单元的位置,使布局便于信号流通,并使信号尽可能保持一致的方向。如果系统有高频器件,应尽可能缩短高频元器件之间的连线,设法减少它们的分布参数和相互间的电磁干扰。

　　(2) 布　线

　　PCB 导线的布设应尽可能的短,印制导线的拐弯如能成圆角则不采用直角形式,以减小高频信号对外的发射与耦合。布置双面板时,正反两面的导线应采用垂直布线,避免相互平行,以减小寄生耦合。走线的宽度应能满足电气性能要求,导线宽度在大电流情况下还要考虑其温度。通常情况下 1 mm 宽度(经验值)走线的最大承载电流在 1～2 A 之间(根据板材而定),信号线可选择在 10～12 mil(约 0.25～0.3 mm)。在高密度、高精度的印制线路中,导线宽度和间距一般可取 12 mil(0.3 mm)。为了提高系统的抗干扰能力,应采取线路板全局性环型屏蔽,并尽可能让地线和电源线宽一些。走线导线的间距必须能满足电气安全要求,最小间距至少要能满足所承受的电压,这个电压一般包括工作电压、附加波动电压以及其他原因引起的峰值电压,如条件允许,间距应尽量宽些。由于电路板的一个过孔会带来大约 10 pF 的电容效应,这对于高频电路,将会引入太多的干扰,所以在布线的时候,应尽可能地减少过孔的数量。

(3) 接　地

在地线的布置上,数字地线和模拟地线要分开布置,最后都要接到电源地线上,尤其是在设计 A/D、D/A 转换电路时一定要遵守该规则,否则可能会大幅度降低 A/D 采样的精度。其次,地线应尽量加宽加粗,若线径很细,接地电位则随电流的变化而变化,会造成系统的抗噪声性能变坏。因此应将接地线尽量加粗,如有可能,接地线的宽度应大于 3 mm。最后,接地线最好构成闭环路,这是因为印制电路板上的集成电路元件在流过大电流时,因受接地线粗细的限制,会在地线上产生较大的电位差,引起抗噪声能力下降,若将接地线构成环路,则会缩小电位差值,提高电子设备的抗噪声能力,在设计数字电路时更应如此。图 27-12 为正确的地线布置示意图。

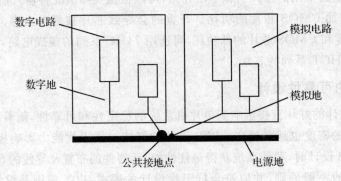

图 27-12　正确的接地示意图

3. 常见硬件抗干扰措施

(1) 采用滤波和退耦电容

充分考虑电源对单片机的影响,电源做得好,整个电路的抗干扰就解决了一大半。单片机对电源噪声比较敏感,应给电源加滤波电路或稳压器,以减小电源噪声对单片机的干扰;可在单片机电路板的 V_{CC} 入口处并联一个几十 μF(尽量采用大容量的钽电容或聚脂电容,最好不用电解电容)和一个 0.1 μF 的滤波电容,以减少电源的高频和低频干扰。其次,最好在每个集成电路电源处并接一个 0.01～0.1 μF 高频退耦电容,以减小集成电路对电源的影响,正确的滤波电容和退耦电容的布置图 27-13 所示,退耦电容的接地端应直接到地,不能多点接地,否则会增大退耦电容的等效串联电阻,影响滤波效果。

(2) 采用光耦合器

光耦合器(也称光电耦合器)是把一个发光二极管和一个光电晶体管封装在一个外壳里的

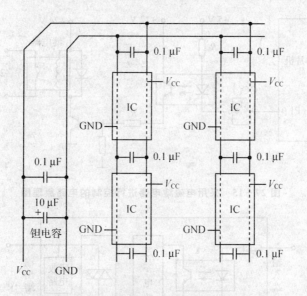

图 27-13　滤波电容和退耦电容的接法

器件,输入信号使发光二极管发光,其光线又使光电晶体管产生电信号输出,从而既完成了信号的传递,又实现了电气上的隔离,图 27-14 所示是采用光耦合器进行信号输入的电路图。

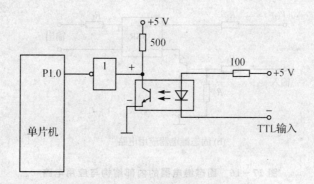

图 27-14　使用光耦合器进行输入

(3) 采用继电器

如果输出开关量是用于控制大负荷设备时,就需采用继电器隔离输出。因为继电器触点的负载能力远远大于光电隔离的负载能力,它能直接控制动力回路,图 27-15 所示是采用电磁继电器进行控制的电路原理图。

图中,在电磁继电器线圈处设有续流二极管 D1,其作用是消除断开线圈时产生的反电动势,减小电火花。另外,在采用电磁继电器做开关量隔离输出时,要在单片机输出端与继电器间设置一个 OC 门驱动器,用以提供较高的驱动电流。

除电磁继电器外,还有一种性能较好的固态继电器,固态继电器是将发光二极管与双向晶闸管封装在一起的一种新型电子开关。其内部结构框图如图 27-16(a)所示。当发光二极管导通时,晶闸管被触发而接通电路。固态继电器可分为交流固态继电器(控制交流通断)和直流固态继电器(控制直流通断)两大类。其基本单元接口电路如图 27-16(b)所示。

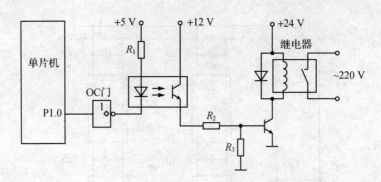

图 27-15 采用电磁继电器进行控制的电路原理图

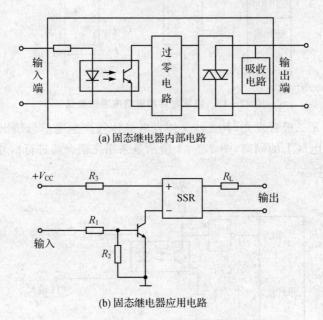

(a) 固态继电器内部电路

(b) 固态继电器应用电路

图 27-16 固态继电器的内部结构与应用电路

(4) 其他措施

对于单片机闲置的 I/O 口,最好不要悬空,要接地或接电源。其他 IC 的闲置端在不改变系统逻辑的情况下也应接地或接电源。单片机的晶体的引脚要尽量短,外壳要焊接到电路板的接地端,这样可大大减少一些莫名其妙的问题。在速度和性能满足设计要求的前提下,尽量降低单片机的晶振频率和选用低速数字电路。另外,现在流行的一些 A/D 模拟数字转换芯片,如 TLC2543、TLC5510 均有 AGND、DGND 两个接地端,分别对应模拟地和数字地。AGND、DGND 在芯片的内部一般不连接,只有通过外部引线相接。在设计电路板时,AGND、DGND 线应通过独立的电源线单独走线,可采用屏蔽良好的双绞线,最后统一接到电源地。AGND、DGND 应当分别用 $0.1~\mu F$ 的电容去耦,电容应尽量靠近 AGND 和 DGND 引脚。同时,模拟输入信号端、数字信号输出端应严格与 AGND 走线隔离,不得交叉,以防止 AGND 上的杂波信号对输入、输出端形成干扰。有条件的话,AGND 的走线最好放在模拟信号输入端以形成屏蔽。

27.3.2 提高单片机系统稳定性的软件措施

一个成熟的单片机应用系统中,硬件设计是系统抗干扰能力的基础,而软件抗干扰则是对硬件的补充。这些措施往往是一些有经验的程序员长期积累的经验。软件抗干扰措施一般包括有开机自检、软件陷阱、指令冗余、软件滤波、软件看门狗等。

1. 开机自检

开机自检程序通常包括对 RAM、ROM、I/O 口状态等的检测。在程序编制中,可将 RAM 或 ROM 区的中重要内容分区存放,在程序运行的初始或中间过程中经常对这些数据进行比较检查,如发现数据出错,则重写这些数据。

2. 软件陷阱

软件陷阱就是在程序存储器的未使用区域中,加上若干条空操作和无条件跳转指令,无条件跳转指令指向复位入口地址。如果程序跳到这些未用区域,就通过强行执行无条件跳转指令,转到复位入口地址。例如,在 0200H 以后的程序区均未使用,可在该区域用 NOP 和 LJMP 0000H 指令填充,程序如下:

```
ORG   0000H
AJMP  MAIN
;主程序区
MAIN:
    ⋮
ORG   0200H
NOP
NOP
LJMP  MAIN
```

3. 指令冗余

指令冗余与软件陷阱有点相似,只是软件陷阱用在程序存储器的未使用区域中,而指令冗余通常在程序区中。

CPU 取指令过程是先取操作码,再取操作数。当 PC 受干扰出现错误,程序便脱离正常轨道"乱飞",当乱飞到某双字节指令,若取指令时刻落在操作数上,误将操作数当作操作码,程序将出错。若"飞"到了 3 字节指令,出错概率更大。

在程序中的关键地方人为插入一些单字节指令称为指令冗余。通常是在双字节指令和 3 字节指令后插入两个字节以上的空指令 NOP。这样即使乱飞程序飞到操作数上,由于空操作指令 NOP 的存在,避免了后面的指令被当作操作数执行,程序自动纳入正轨。

此外,对系统流向起重要作用的指令如 RET、RETI、LCALL、LJMP、JC 等指令之前插入两条 NOP,也可将乱飞程序纳入正轨,确保这些重要指令的执行。

4. 软件滤波

在数据采集系统中,可以通过软件滤波来达到提高系统的数据采集精度的作用。软件滤波包括算术平均法、中值滤波法和 RC 低通滤波法等。算术平均法就是对一点数据连续采样多次，然后取其平均，可以减少系统随机干扰对数据采集造成的影响。中值滤波法则是对数据采集奇数次，取其中间值，可以减少错误概率。RC 低通滤波法则是用软件模拟低通滤波器，对周期性干扰有比较好的效果。

5. 软件看门狗

"看门狗"好比是主人（单片机）养的一条"狗"，在正常工作时，每隔一段固定时间就给"狗"吃点东西，"狗"吃过东西后就不会影响主人干活了。如果主人打瞌睡，到一定时间，"狗"饿了，发现主人还没有给它吃东西，就会叫醒主人。由此可以看出，"看门狗"就是一个监视跟踪定时器，应用"看门狗"技术可以使单片机从死循环中恢复到正常状态。

"看门狗"分硬件看门狗和软件看门狗两种，其作用一样，都是为了更好地监测程序的运行。有关软件看门狗的详细内容，参见本书第 14 章有关内容。

27.4 热启动与冷启动探讨

所谓冷启动是指单片机从断电到通电的这么一个启动过程；而热启动是单片机始终通电，由于看门狗动作或按复位按钮形成复位信号而使单片机复位。冷启动与热启动的区别在于：冷启动时单片机内部 RAM 中的数值是一些随机量，而热启动时单片机内部 RAM 的值不会被改变，与启动前相同。

对于工业控制单片机系统，往往设有看门狗电路，当看门狗动作，使单片机复位，程序再从头开始运行，这就是热启动。需要说明的是，热启动时，一般不允许从头开始，这将导致现有的已测量到或计算到的值复位，引起系统工作异常。因此，在程序必须判断是热启动还是冷启动，常用的方法是：确定某内存单位为标志位（如 7EH、7FH 两个单元），启动时首先读该内存单元的内容，如果它等于一个特定的值（例如，7EH 单元的值为 AAH，7FH 单元的值为 55H），就认为是热启动，否则就是冷启动。

下面这段程序中，可区分出是热启动还是冷启动；如果是热启动，可将保存在 RAM 从 7AH 开始的 4 个备份单元中数据，回存到 RAM 从 40H 开始的工作单元中；如果是冷启动，则从外部 EEPROM 中读取上次断电时保存的数据，回存到 RAM 从 40H 开始的工作单元中。

```
        SLAVE_BUF   EQU   7AH        ;从 7AH 开始的 4 个单元用来存入备份数据
        START_BUF   EQU   7EH        ;RAM 的 7EH 存放启动代码 AAH, RAM 的 7FH 存放启动代
码 55H
        WORK_BUF    EQU   40H        ;正常工作时，数据存放在 40H 开始的 4 个单元中
        ORG   0000H
        AJMP  MAIN
        ORG   0030H
MAIN:   MOV   A, START_BUF           ;将 START_BUF 的启动代码送 A
        CJNE  A, #0AAH, COLD_START   ;启动代码是 AAH 吗？不是，转冷启动
        MOV   A, START_BUF + 1       ;再将 START_BUF + 1 中的启动代码送 A
        CJNE  A, #55H, COLD_START    ;启动代码是 55H 吗？不是，转冷启动
HOT_START:                           ;若启动代码是 AAH 和 55H，说明是热启动，将备份数据回
                                     ;送到工作单元
```

第 27 章　单片机开发深入揭秘与研究

```
        MOV   WORK_BUF,SLAVE_BUF            ;回送第 1 个数据到 WORK_BUF
        MOV   WORK_BUF+1,SLAVE_BUF+1        ;回送第 2 个数据到 WORK_BUF+1
        MOV   WORK_BUF+1,SLAVE_BUF+1        ;回送第 3 个数据到 WORK_BUF+2
        MOV   WORK_BUF+1,SLAVE_BUF+1        ;回送第 4 个数据到 WORK_BUF+3
        ……
COLD_START:                                 ;若启动代码不是 AAH 或 55H,说明是冷启动
        MOV   START_BUF,#0AAH               ;将 AAH 送 START_BUF 单元
        MOV   START_BUF,#55H                ;将 55H 送 START_BUF+1 单元
        ACALL READ_nBYTE                    ;调读 n 字节数据子程序
                                            ;将保存在 EEPROM 中的数据送到 WORK_BUF 开始的 4 个单元中
        ……
;以下是数据保存子程序,在每个工作循环中,及时将工作数据存储在 RAM 从 SLAVE_BUF 开始的 4 个单
元中
DATA_SLAVE:
        MOV   SLAVE_BUF,WORK_BUF            ;将第 1 个工作数据备份到 SLAVE_BUF 单元
        MOV   SLAVE_BUF+1,WORK_BUF+1        ;将第 2 个工作数据备份到 SLAVE_BUF+1 单元
        MOV   SLAVE_BUF+2,WORK_BUF+2        ;将第 3 个工作数据备份到 SLAVE_BUF+2 单元
        MOV   SLAVE_BUF+3,WORK_BUF+3        ;将第 4 个工作数据备份到 SLAVE_BUF+3 单元
        RET
        ……
        END
```

该程序在随书光盘 ch27/ch27_2 文件夹中。

程序中,定义了两个 RAM 单元 START_BUF(7EH)、START_BUF+1(7FH),然后判断这个单元中的值是否等于 AAH 和 55H,如果这两个单元中的值正好等于 AAH 及 55H,说明这是热启动,则执行有关热启动的代码,并将保存于 SLAVE_BUF(7AH)开始的 4 个单元中的值分别赋给 WORK_BUF(40H)开始的 4 个单元中。如果是冷启动,那么,将数据 AAH 和 55H 分别存入内部 RAM 的 START_BUF(7EH)、START_BUF+1(7FH)单元,以建立热启动标记,并从外部 EEPROM(如 24C04 等)单元中读取 4 个数据,分别赋给 WORK_BUF(40H)开始的 4 个单元中。

然而实际调试中发现,无论是热启动还是冷启动,开机后所有 RAM 内存单元的值都被复位为 0,当然也实现不了热启动的要求。这是为什么呢?

原来,开机时执行的代码并非是从主程序的第一句语句开始的,在主程序执行前要先执行一段起始代码 STARTUP.A51,STARTUP.A51 在 C51\LIB\startup.a51 文件夹中,首先将 STARTUP.A51 程序复制一份到源程序所在文件夹,然后将 STARTUP.A51 加入工程(Keil 在每次建立新工程时都会提问是否要将该源程序复制到工程文件所在文件夹中,如果回答 "Yes",则将自动复制该文件并加入到工程中),如图 27-17 所示。

打开 STARTUP.A51 文件,可以看到如下代码:

```
        IDATALEN    EQU   80H             ; the length of IDATA memory in bytes
STARTUP1:
        IF IDATALEN <> 0
        MOV R0,#IDATALEN - 1
        CLR A
```

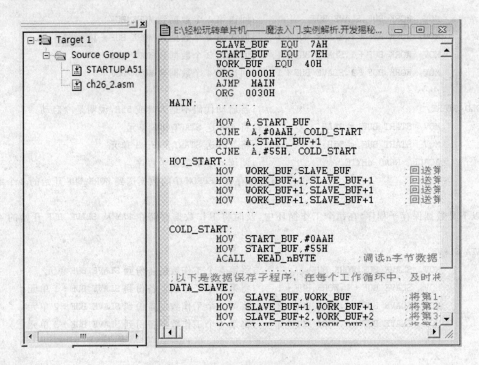

图 27-17 加入启动文件的工程

```
IDATALOOP:
        MOV @R0,A
        DJNZ R0,IDATALOOP
        ENDIF
```

可见，在执行到判断是否热启动的代码之前，起始代码已将所有内存单元清零。如何解决这个问题呢？好在启动代码是可以更改的，方法是：将以上代码中的第一行 IDATALEN EQU 80H 中的 80H 改为 7AH，就可以使 7AH 到 7FH 的 6B 内存不被清零。

参考文献

[1] 伟纳电子. ME500B产品资料. http://www.willar.com/.
[2] 刘建清. 从零开始学单片机技术[M]. 北京:国防工业出版社,2006.
[3] 周坚. 单片机轻松入门[M]. 北京:北京航空航天大学出版社,2004.
[4] 张俊. 匠人手记[M]. 北京:北京航空航天大学出版社,2008.
[5] 李光飞,楼然苗,胡佳文,等. 单片机课程设计实例指导[M]. 北京:北京航空航天大学出版社,2004.
[6] 王守中. 51单片机开发入门与典型实例[M]. 北京:人民邮电出版社,2008.

参考文献

[1] 维库仪器仪表. MES00H智能数据采集卡[EB]. http://www.witbay.com.
[2] 闫润生. 水泵节能与优化运行技术[M]. 北京: 中国矿业大学出版社, 2004.
[3] 周苏. 虚拟仪器设计入门[M]. 北京: 北京航空航天大学出版社, 2002.
[4] 姚晓先主编. 电机[M]. 北京: 北京理工大学出版社, 2009.
[5] 李发海, 陈汤铭, 郑逢时. 电机电力拖动基础[M]. 哈尔滨: 哈尔滨工业大学出版社, 2007.
[6] 张帆. 可视化编程人门与实践. 中文版[M]. 北京: 人民邮电出版社, 2008.